新装版

新修線形代数

梶原壤二 著

現代数学社

はしがき

この本は，数学が好きな人，数学は好きでないが，将来の生活設計の為，数学を学ぶ意志のある人，これらの，数学に深く拘る事が予感される人々の為に書かれたものである．高校一，二年の一般数学や数学Ｉ，Ⅱと大学一，二年の線形代数のカリキュラムに基き，ベクトルや行列を通じて数学を楽しみつつ，しかも，確かな学力の向上を計ると云う，趣味と実益を兼ねて，高校一年生から，大学四年生迄の生徒や学生を主要な対象として書かれている．中学の数学を予備知識としており，極く普通の高等学校で中以上の成績を取り，極く普通の大学に進学するであろう生徒，及び，かれらと同程度の学力を持つ大学生や社会人を主要な対象として書かれている．云いかえれば，落ち零れでない高校一年生と，落ち零れていてもよいが大学生である人，この様な人々が，この本に取り付く事が出来る様に筆を進めた．

私は，日本将棋連盟のアマ二段であって，上京の夕べを千駄ケ谷の日本将棋連盟の道場で過す事が多い．小学生から御隠居に至る迄の老若のアマが，プロの対局を見学したり，その実況のモニター・テレビを見つつ将棋を指して，術を磨いている．この道場で修業した生徒が，プロの登用試験である将励会の入会試験の合格者の半分を占めると云う．勿論，私の如き，プロになれる見込みの全くないアマでも，プロの雰囲気に接しつつ，将棋を指す事によって，勤務時間外の人生に彩りを添える事が出来るのである．この本を，数学のプロやノンプロの登用試験を味う事によって，人生に深みを増し，その試験問題に苦しみながら修業し，アマの高段者となる事を目指す，線形代数の道場として，数学を愛好する全ての人々に開放する．修業が過ぎて，不幸にして，数学のプロやノンプロに進んだとしても，経済的には恵まれぬであろうが，それも一局の人生であろう．

最近，大学入学者の中に五月病に罹る人が多いと聞く．この様な人々の存在それ自身が証明する様に，大学はもはや最高学府ではなく幼稚園に過ぎない．にも拘らず，五月病患者やそのママは大学合格が最高学府入学を意味するかの様に錯覚をして，合格と同時に，勉強の目標を見失ない，しかも，生態学的理由より，今迄の受験態勢を解くのが不安で，親子ともども，ノイローゼになるのである．これは，ファーブルが画く昆虫の生態によく似ている．この本は，高校生諸君には，五月病の予防薬として，大学生諸君には五月病の治療薬として，私の長年の経験に基いて，処方した，云わば，漢方薬である．即効性，従って，副作用も皆無であるが，高校一年の時より，この本を読んでいれば，大学入試には効き目は零であるが，実力に応じた大学に自然に合格し，気が付いたら，五月病に罹る事無く，大学を卒業しているであろう．唯一の副作用は，気が付いたら，どこかの大学院の数学専攻に入院していたとなり兼ねない事であろうが，これも，又，人生であって，よいではないか．

この本の内容は，高校の一，二年の一般数学や数I，数IIのベクトルや行列，大学の教養部の一，二年の線形代数のやはり，ベクトルや行列を，高校一年から大学の教養二年迄のカリキュラムに従いつつ，高校と大学の数学が混然一体となって解説されている．これは，本書の特色の一つである．当然の事ながら，高校の授業と大学の講義は異質である．折角，大学に合格し，その当然の論理的帰結として，大学の講義を受けるに十分な学力を持ちながら，大学の講義に適応出来ないと云う，全く生態学的な理由から，大学で落ち零れる学生が多い．そして，それが名門校出身者や教育者の子弟に多いのは全く不思議な現象である．この様な人々には，本書を通じて，高校の時より，大学の講義やテキストはどうあるかを 識って頂き，それに慣れて頂くのが一番である．この本の最初の 第1，2，3，5章は高校のカリキュラムに基きながら，それを大学の講義風にアレンジした．これによって，高校生諸君が，大学の講義に免疫を作り，入学後にアレルギー反応を起さぬ様，予防注射を行った．しかも，その教材は，全国の都道府県の教育委員会が実施した中学校，並びに，高等学校教員採用試験の数学専門試験問題の中から精選した．高校生諸君が高校教員採用試験問題を勉強するとは面妖な，と思う人が大半であろう．しかし，これが教職試験の実態であり，その内容と程度は紛れもなく，高校のカリキュラムであって，大学入試よりも易しいのが多いので，安心されたい．将来，教職を希望される高校生諸君が，高校一，二年の時，高校のカリキュラムを修めながら，同時に，教員試験問題を究めて終うのは全く合理的である．大学四年にもなると，この種の問題には取り組み難いからである．この本の第4，6，7，9，10，11，12，13章は大学の教養一年の線形代数に基いている．従って，高校生や大学の新入生諸君が，途中のどこかで小休止する方が健全なのであって，行き詰ったからと云って，呉々も，首を吊らぬ様にお願いしたい．

大学教養課程の線形代数に対しても，この本は，全国の大学院入学試験問題，国家公務員上級職理工系専門試験，及び，上述の教職試験問題より精選し，これらを解説する事により，行列に関する基本事項が自然に修得される様心掛けた．中盤の第8章と終盤の第14，15，16章は大学の二年のカリキュラムに対応するので，かなり専門的になるが，それだけに，現代数学の片鱗に接する事が出来よう．

この本は，高校生諸君に取っては，別に珍らしくも感じられないであろうが，大学生諸君に取っては，方法論的に全くユニークである．上述の様に，国立大学共通一次テストより3題，中学校や高等学校の教員採用試験における数学専門問題より80題弱，国家公務員上級職理工系専門試験問題より16

題，全国の大学の大学院入学試験問題より130余題，合計230題を精選して，これを解説する形式を取った．これは，大学生を対象とする学術書としては，同時出版予定の姉妹書「新修解析学」以外には類を見ないものと信じる．「新修解析学」は大学の二，三年のカリキュラムに基き，本書とほぼ同様の形式にて，解析学を解説する事を目的とした，啓蒙書であるが，本書は線形代数をテーマにして，高校一，二年と大学教養の一，二年のカリキュラムに基いており，従って，読者層も更に低学年を予期している．しかし，本書が解説する上述の登用試験問題の受験生である大学の四年生にもよき指針となるであろう．それ故，読者が高校一年から大学四年迄の七年間の長きに渉って，この本を愛読下されば，幸甚である．途中で何度も，中休みをしながら，息長く，高校から大学卒業迄に，この本を読破して下されば，この本の目的は達せられた事になる．

この本の執筆をお勧め下さった現代数学社の冨田栄様，この本の編集を担当して下さり，割り付けから，イラストの配慮，校正に至る迄，全てをお世話下さった，古宮修様に，心から感謝申し上げます．また，九州大学理学部数学科4年の野田光昭様は，拙稿のレフェリーを勤めて下さいました．その友情に心から感謝の意を表明します．

また，大学入試センターと共通一次テストの出題委員，各県の教育委員会とその出題委員，人事院とその出題委員，各大学の大学院研究科とその出題委員の諸先生には，貴重な教材を提供して頂き，この紙面を借りて厚く御礼申し上げます．共通一次テストの問題は，監督に際して当局より頂きましたが，その他の数学のプロやノンプロの登用試験問題は，巻尾の出題別分類に紹介しております出版社や学会が発行する問題集にて選ぶ事が出来ました．これらの出版物無しには，この本の資料を揃える事は出来ませんでした．「新修解析学」同様，これらの出版社にも厚く御礼申し上げるとともに，読者が直接これらの問題集で研究される様，お勧めします．

梶　原　壌　二

目　　次

線形代数の学び方

線形代数 は微分積分学と並んで，数学の全ゆる分野の基礎である．従って，高校に入学すると同時に，微分積分学と同様に，一般数学や数学 I，数学 II において，ベクトルや行列として学び始める．大学入学と同時に，教養部の一年の折，「線形代数」の名称の下で，高校の復習を兼ねつつ組織的にベクトルや行列の系統的な理論として学ぶ．大学の二年に長じるに及んで，行列の標準形や，最小多項式，単因子論として，やや専門的に学ぶであろう．何れにせよ，大学教養のカリキュラムであり，大学院入試に際しても，大学入試において共通一次テストの果す様な役割を期待しつつ，共通問題として教養の知識を問う立場で出題されている．従って，大学の教養部期末試験とほぼ同レベルであると考えて，支障はない．だから，この本は，期末試験の模擬試験も兼ねる様に，多目的に書かれている．

10年程前迄は， 「代数及び幾何学」の名の下で，かなり平面や立体の幾何学への応用にも重点を置いて，大学教養で講義されていたものだが，今では「線形代数」の名の下に，抽象数学的な横顔を見せながら，ベクトルや行列の理論として講義される様になり，云わば，現代化されている．この様に，抽象数学的に取り扱われると，予備知識は皆無となり，自己包含的なコンパクトな学問となる．私は九州大学理学部において解析学講座を担当しているが，金沢大学では幾何学の講座に所属し，幾何の講義を行って来た．また，縁あって，九州産業大学で，非常勤講師として，数学 I の名の下に，線形代数の講義をさせて貰っている．この本は，これらの幾何の教師としての体験に基くものである．線形代数の講義は，本当の話，コンパクトで予備知識も不要で全く，行り易い．唯一つの難点は，行列の絵を画くのが重労動な事である．省資源の目的で，行列を $\mathrm{A}=(a_{ij})$ と略記する事が多いが，読者はこれを広告の裏等を利用して資源を節約しつつ，露骨に

$$A=\begin{bmatrix} a_{11} & a_{12} & \cdots & a_{1n} \\ a_{21} & a_{22} & \cdots & a_{2n} \\ \cdots & \cdots & \cdots & \cdots \\ a_{m1} & a_{m2} & \cdots & a_{mn} \end{bmatrix} \tag{1}$$

と画く事をいとわんで欲しい．先週の進学生コンパで，或る二年生が，「一生懸命，講義のノートをしています．」と云っていたが，書く事は理解の第一歩で，大変よろしい．私も，数学の論文を書く際，夜床に入って考えた事どもは，朝起きて，机に向って欧文で清書していくと，どこか条件が抜けていて，泡沫の様に消えて行く．それなのに，本書や「新修解析学」の原稿は，夢現の中でも，思考を停める事が出来ずに着想した事が，翌朝計算しても正しいから不思議である．数学は，キチント，正しい文章で表現する事が重要である．そのエチュードとして，大学の講義のノートの作成がある．

先程から， ベクトルや行列と述べて来たが，行列とは何か．それは簡単である．上の(1)の式の右辺の様に，長方形の形で，数字，又は，数字を表す文字が，m 行，n 列並んだ物を (m, n) **行列**と呼ぶ．特に，$m=1$，即ち，行が一つの時

$$x=(x_1, x_2, \cdots, x_n) \tag{2}$$

を n 次の**行ベクトル**と云う．対照的に，$n=1$，即ち，列が一つの時

$$y=\begin{bmatrix} y_1 \\ y_2 \\ \vdots \\ y_m \end{bmatrix} \tag{3}$$

を m 次の**列ベクトル**と云う．従って，ベクトルは行列の特別な場合であり，**線形代数は行列の理論である**と云い換える事が出来る．

行列 A とは， (1) の様に長方形に数字，又は，数字を表す文字が並んだ絵 A であり，それ以上妄想しない方がよろしい．これが，前述の，行列の抽象数学的側面である．その代り，何の予備知識も不要である．行列 A は絵であると云い切ったが，これが数学の対象である以上，これを藝術的に観賞するので

はない．演算を定義して，スカラーとの掛算や，行列同志の和，差，積を導入して行く．しかし，これは，あく迄も定義なのであるから，**定義に忠実に従えばよい**．反抗したり，妄想したりするとロクな事はない．これは，線形代数に限らず，他の全ての抽象数学に共通な事項である．これさえ克服すれば，線形代数は単純明解である．なお，ヤヤコシイ事が数学と考えておられる向きもあるが，誤解も甚しい．単純明解さ clarté et simplicité こそ，数学の生命である．

以上を克服すると，線形代数は決して，難しくないが，もう一箇所，高校生の従いて来れない所がある．それは(1)の表現に現れた a_{11}，更には，a_{ij} の表現である．アルファベットは数字を代表するが，全部で26字しかない．字数の多い漢字を和算の様に使用した所で，恐らく数万字しかなかろう．しからば，数億の行や列を持つ行列は，この様な方法では表現出来ない．これに反して，任意の自然数 m, n に対して，(1)の様に表現すれば，如何なる行列をも表現出来るのである．その際，i 行 j 列の要素を a_{ij} と書き，これで以って行列 A を代表させれば，行列 A を

$$A=(a_{ij}) \tag{4}$$

と記す事が出来る．(4) の方が (1) より高級な表現である．従って，よく理解しようと思ったら，より低級な (1) の表現をサボってはいけない．水は低き所にて交わる．さて，活字 a_{ij} に対して，i, j を下添字と云う．a_{ij} は a 掛け，i 掛け j ではなく，a_{ij} で，i 行 j 列の要素と云う，一つの数字を表す．例えば，アパートの2階の5号室を205等と記す，表記法と同じである．

行列は絵であり， これに演算を導入する事，及び，a_{ij} なる下添字を伴う表記法をのみこめば，線形代数は単純明解で何のヤヤコシサもない．

なお，線形代数は微積分と同じく，数学の基礎科目であり，線形代数の専門家はいないが，その延長線にある数学の分野としてはリー群論がある．本書読了後に，と云う事は，大学の4年生，又は，大学院生として読む書物として一つだけ挙げておこう．他は，この書物の引用文献を芋づる式に調べればよい．

Hans Freudenthal-H de Vries, Linear Lie groups, Academic Press.

更に，本書の執筆には，次の書物を参考にした．

近藤孝一，線形代数，至文堂．

古屋茂，行列と行列式，培風館．

佐武一郎，行列と行列式，裳華房．

不思議な事に，殆んど全ての大学院入試問題は佐武氏の著書にルーツを持つ様である．出題者がこの本で勉強したのであろうか，彼等は鮭と同じ習性を持つ様である．又，九州産業大学が一律採用しているテキスト

佐伯-金沢-横手，線形代数，森北出版

を私も読む事が多いので，影響を受けている点も多いと思われる．これらの諸氏に心から感謝の意を表明する．

この本の使い方と数学専攻について

1． 先ず，各章の初めに掲げてある問題や各章末の練習問題を一目見る．全く解けそうになかったら，直ちに解説を見る．解けそうであったら，5分程考える．脳細胞が始動しない様であれば，下手な考え休むに似たりであり，それ以上貴重な青春を空費する事なしに，直ちに解説を読み，そこで説かれている事項を修得する．逆に，脳細胞がその問題に対して作動している間は，何時間であろうと，何日間であろうと，脳細胞が活動を停止する迄，その問題に取り組む事．勝負は武士の習いであり，事の成否は問題でない．いずれにせよ，脳細胞がその問題に取り組む事を停止したら，直ちに，

2． その問題の解説をよく読む．そして，次の問題に取り組む．

3． 独力で問題が解けても，必らずその解説を読む事．この本の解説は模範答案ではないので，解法が違っていても落胆する必要はない．この本は問題集ではなく，問題の解説を通じて，線形代数を講義する事を目的としている．従って，この本の解法や解説を必らず習得する事．

1 平面のベクトルと内積

［指針］ 平行四辺形を構成する二つの有向線分を同じベクトルの二通りの表現と考えますと，ベクトルに固有なのはその線分の長さと向きであって，ベクトルは大きさと向きを持つ量と云えましょう．この章では高校の数Ⅰ，数Ⅱの範囲で，高校の一，二年生に高校教員採用試験問題を楽しんで頂きましょう．

1 （ベクトル） 平面上に O(0, 0), A(6, −3), B(4, 8), C(2, 4), D(5, 0) がある．

(i) ベクトル $\overrightarrow{AB}$, $\overrightarrow{CD}$ を成分で表すと，$\overrightarrow{AB}=(\boxed{アイ}, \boxed{ウエ})$, $\overrightarrow{CD}=(\boxed{オ}, \boxed{カキ})$ となる．

(ii) $\overrightarrow{CD}=\dfrac{\boxed{ク}}{\boxed{ケ}}\overrightarrow{OA}-\dfrac{\boxed{コ}}{\boxed{サ}}\overrightarrow{OB}$ である．

(iii) $\overrightarrow{OP}=\overrightarrow{OA}+\dfrac{\boxed{シ}}{\boxed{ス}}\overrightarrow{AB}=\overrightarrow{OC}+\dfrac{\boxed{セ}}{\boxed{ソ}}\overrightarrow{CD}$ となるようなPがある．

（共通一次テスト数学一般選択）

2 （ベクトル） 点Pが △OAB の内部（周を含まない）にあるための必要十分条件は

$$\overrightarrow{OP}=a\overrightarrow{OA}+b\overrightarrow{OB},\ a>0,\ b>0,\ a+b<\boxed{ア}$$

であることを示そう．

(i) まず，点Pが △OAB の内部にあると仮定しよう．線分 OP の延長と辺 AB との交点をQとする．線分 OP と線分 OQ の長さの比を $s:1$ とおけば，$0<s<\boxed{イ}$ であって，$\overrightarrow{OP}=\boxed{ウ}\ \overrightarrow{OQ}$ である．つぎに，線分 AQ と線分 AB の長さの比を $t:1$ とおけば，$\overrightarrow{OQ}=(\boxed{エ}-\boxed{オ})\overrightarrow{OA}+\boxed{カ}\ \overrightarrow{OB}$ となる．したがって $\overrightarrow{OP}=(\boxed{キ}-\boxed{クケ})\overrightarrow{OA}+\boxed{コサ}\overrightarrow{OB}$ が成り立つ．そこで $a=\boxed{キ}-\boxed{クケ}$, $b=\boxed{コサ}$ とおけば，$a>0,\ b>0,\ a+b<\boxed{ア}$ となる．

(ii) 逆に，$\overrightarrow{OP}=a\overrightarrow{OA}+b\overrightarrow{OB},\ a>0,\ b>0,\ a+b<\boxed{ア}$ であると仮定しよう．線分 AB を $b:a$ に内分する点をRとすれば

$$\overrightarrow{OP}=(\boxed{シ}+\boxed{ス})\overrightarrow{OR}$$

が成り立ち，$0<\boxed{シ}+\boxed{ス}<\boxed{セ}$ であるから，P は △OAB の内部の点である．

（共通一次テスト数学Ⅰ）

3 （内積） $\|\vec{a}\|=1$, $\|\vec{b}\|=2$, $1\leqq\langle\vec{a}|\vec{b}\rangle\leqq 2$ の時，次の範囲を求めよ．

(i) $\vec{a}$ と $\vec{b}$ のなす角．

(ii) $\|2\vec{a}+\vec{b}\|$

（兵庫県高校教員採用試験）

1 (平面ベクトルの和，差，スカラーとの積の演算)

平面，または，空間に二点 A, B が与えられた時，線分 AB の長さが表すAからBに移動する**変位の大きさ**の他に，その**向き**も同時に示す為，向きを持った線分 AB を考え，$\overrightarrow{AB}$ で表わし，**有向線分** AB と読む．Aをその**始点**，Bをその**終点**と云う．二つの有向線分 AB, CD は，ABDC の順で，下図の様に平行四辺形を構成している時，**等しい**と約束し

$$\overrightarrow{AB}=\overrightarrow{CD} \tag{1}$$

と書き，等しい有向線分は同じ**ベクトル**を表すものと考える．強烈な印象を与えたい時は，$\overrightarrow{AB}\equiv\overrightarrow{CD}$ と書く事もある．ベクトルは高校の数学では矢印を付けて $\vec{a}$，大学の教養部では太文字 $\boldsymbol{a}$，または，ドイツ文字 $\mathfrak{a}$，更に，専門課程に進学すると単なるイタリック a で表される．学問が進む程，あっさりと表現される．逆に表記法を見て，設問の程度を知る事が出来る．仰々しい表記法を伴う出題程，低級である．

二つのベクトル $\vec{a}, \vec{b}$ は始点を共有する有向線分 AB, AC で表される．この時 ∠BAC 内に点Dを取り

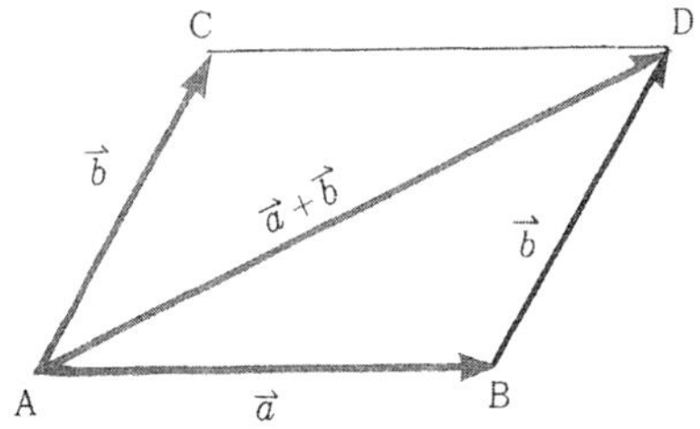

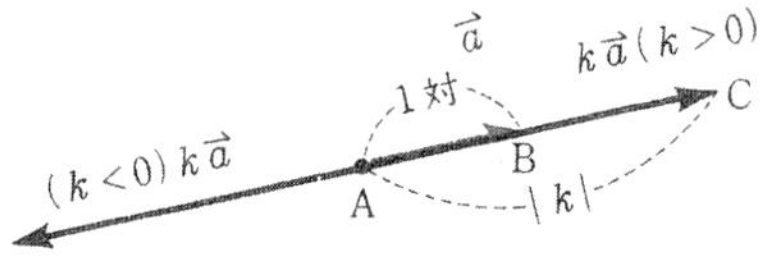

ABDC がこの順に平行四辺形を構成する様にする．有向線分 $\overrightarrow{AD}$ が表すベクトルを二つのベクトル $\vec{a}, \vec{b}$ の**和**と呼び，

$$\vec{a}+\vec{b}=\overrightarrow{AD} \tag{2}$$

と書く．上図において，$\overrightarrow{AC}=\overrightarrow{BD}$ であるから，次の様に説明する事も出来る．$\vec{a}$ を表す有向線分 AB の終点Bと，$\vec{b}$ を表す有向線分 BD の始点Bを一致させれば，$\vec{a}+\vec{b}$ は $\vec{a}$ の始点と $\vec{b}$ の終点とを結ぶ有向線分で表される．この説明では △ABD のみが関与する．実数をベクトルと区別したい時，**スカラー**と呼ぶ．

スカラー k とベクトル $\vec{a}$ が与えられたとしよう．ベクトル $\vec{a}$ を上図の様な有向線分 AB で表す時，$k>0$ であれば，線分 AB，または，その延長上に，$k<0$ であれば，線分 BA の延長上に点Cを取り，線分 AB, AC の長さ，AB, AC が，$AC=|k|AB$ を満す様にする．この時，有向線分 AC は**ベクトル $\vec{a}$ のスカラー k 倍**であると約束し

$$k\vec{a}=\overrightarrow{AC} \tag{3}$$

と書く．この約束の下では

$$\overrightarrow{BA}=(-1)\overrightarrow{AB}=-\overrightarrow{AB} \tag{4}$$

が成立し，A≠B であれば，$\overrightarrow{AB}$ と $\overrightarrow{BA}$ とは異なる．A=B の時，有向線分 $\overrightarrow{AA}$ は**零ベクトル**を表すものと考え，**0** と書く．$k=0$ の時は，$0\overrightarrow{AB}=\overrightarrow{AA}$ と約束するので，スカラー 0 とベクトル $\vec{a}$ との積に対して

$$0\vec{a}=\mathbf{0} \tag{5}$$

が成立するが，これは約束事である．

以上の考察では，有向線分は平面にあろうと空間にあろうと，どちらでもよいが，今からは，xy 座標平面で考察する．下図の様に，x 軸上に点 E_1 を，y 軸上に点 E_2 を取り，線分 OE_1 と OE_2 の長さが共に 1 である様にする．早く云うと，E_1, E_2 は，夫々，点(1,0),(0,1)である．$\vec{e_1}=\overrightarrow{OE_1}$, $\vec{e_2}=\overrightarrow{OE_2}$ とおく．平面上に点 $A(a_1, a_2)$ を取り，A から x 軸，y 軸に下した垂線の足を，夫々，A_1, A_2 とする．上図より $\overrightarrow{OA}=\overrightarrow{OA_1}+\overrightarrow{OA_2}$, $\overrightarrow{OA_1}=a_1\vec{e_1}$, $\overrightarrow{OA_2}=a_2\vec{e_2}$ なので，$\overrightarrow{OA}=a_1\vec{e_1}+a_2\vec{e_2}$ を得る．$a_1\vec{e_1}+a_2\vec{e_2}$ と書く代りに，$\overrightarrow{OA}=(a_1, a_2)$ と書き，ベクトル $\overrightarrow{OA}$ の**成分表示**と云う．別の点 $B(b_1, b_2)$ を取ると，やはり，$\overrightarrow{OB}=b_1\vec{e_1}+b_2\vec{e_2}$. 上図より $\overrightarrow{OB}=\overrightarrow{OA}+\overrightarrow{AB}$ なので，$\overrightarrow{AB}=\overrightarrow{OB}-\overrightarrow{OA}=b_1\vec{e_1}+b_2\vec{e_2}-a_1\vec{e_1}-a_2\vec{e_2}=(b_1-a_1)\vec{e_1}+(b_2-a_2)\vec{e_2}$. 従って，次の基本事項を得る．

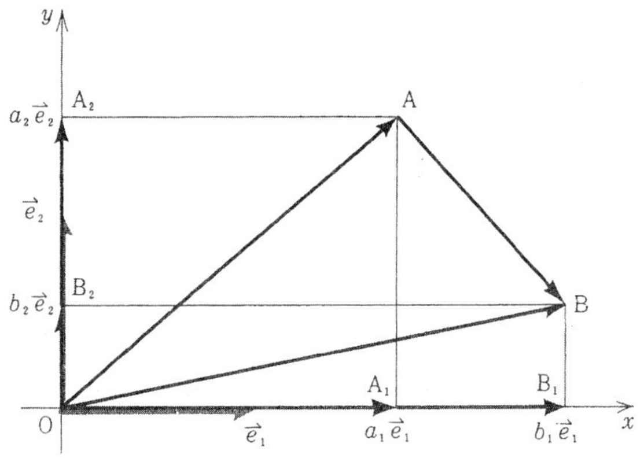

基-1　2 点 $A(a_1, a_2)$, $B(b_1, b_2)$ に対して，ベクトル $\overrightarrow{AB}=(b_1-a_1, b_2-a_2)$.

さて，本問の(i)では A(6, −3), B(4, 8), C(2, 4), D(5, 0) に対して，基-1より，$\overrightarrow{AB}=(4-6, 8-(-3))=(-2, 11)$. $\overrightarrow{CD}=(5-2, 0-4)=(3, -4)$. (ii)は面倒なりと，$\overrightarrow{CD}=\alpha\overrightarrow{OA}-\beta\overrightarrow{OB}$ とおくと，$\overrightarrow{OA}=(6, -3)$, $\overrightarrow{OB}=(4, 8)$ なので，$\alpha\overrightarrow{OA}-\beta\overrightarrow{OB}=(6\alpha-4\beta, -3\alpha-8\beta)$ の様に，スローガン

　　ベクトルの演算は成分毎に行え！

を唱えつつ計算する．これが $\overrightarrow{CD}=(3,-4)$ に等しいので，各成分が等しく $6\alpha-4\beta=3$, $-3\alpha-8\beta=-4$. これは連立方程式なので，仕事にありついて有難いと感謝しつつ，第二式の 2 倍を第一式に加えて，$6\alpha-4\beta-6\alpha-16\beta=-20\beta=3-8=-5$ より，$\beta=\frac{1}{4}$. これを第一式に代入して，$6\alpha=1+3$, $6\alpha=4$, $\alpha=\frac{2}{3}$. (iii)も同じであって，スローガン

　　下手な考えで休む間に，分らないものは $x, y, \cdots$ とおき，連立方程式を解け！

の下に，仕事に勤しむ，$P=(x, y)$, $\overrightarrow{OP}=\overrightarrow{OA}+\gamma\overrightarrow{AB}=\overrightarrow{OC}+\delta\overrightarrow{CD}$ とおくと，$\overrightarrow{OP}=(x, y)$ が $\overrightarrow{OA}+\gamma\overrightarrow{AB}=(6, -3)+\gamma(-2, 11)=(6-2\gamma, -3+11\gamma)$, 及び，$\overrightarrow{OC}+\delta\overrightarrow{CD}=(2, 4)+\delta(3, -4)=(2+3\delta, 4-4\delta)$ に等しく，やはり連立方程式 $x=6-2\gamma=2+3\delta$, $y=-3+11\gamma=4-4\delta$ にありつく．入試問題を計算問題に帰着させたら，計算をうるさいと思わず，**合格を計算で勝ち取る**のだと合掌し

　　急ぐ時，心静かに落着いて，絶対に暗算をせず！

を唱えつつ，第 2 式より得た $\delta=\frac{7-11\gamma}{4}$ を第 1 式に代入し，$6-2\gamma=2+3\frac{7-11\gamma}{4}$ を解き，$\gamma=\frac{1}{5}$, $\delta=\frac{7-11\gamma}{4}=\frac{6}{5}$. 従って，$x=6-2\gamma=2+3\delta=\frac{28}{5}$, $y=-3+11\gamma=4-4\delta=\frac{-4}{5}$ は左辺からと右辺からの計算が合う事を験かめる．天は自らを助ける者を助けるが，努力しない者を助けない．

2 （平面ベクトルの１次結合）

前問で注意をしたが，一度云った位では徹底しないので，もう一度注意する．計算を嫌う人間の計算が合う筈がない．計算に辿り着いたら，失業しないで済むので有難いと思わねばならぬ．試験場で，答案を書く能力と意欲はありながら，取り付く島がない事程，悲しい事はない．従って，計算にありついたら，有難いと思って，丹念に一つ一つのプロセスを暗算をせずに，一々チェックしながら筆算しなければならない．私の永年の入試の採点の経験では，成績の悪い人程，暗算をして，冒頭に誤りを冒して見事零点である．これは小学校における暗算と早算の奨励の結果ではなかろうか．中高にかけて小学校での成績との逆転が起るのも，一因はここにあると見ている．この現象が連続した答案に起るのも，出身校によるのか．

xy 座標平面において，x 軸上に正の向きを持つ長さ１の有向線分を取り，それが表すベクトルを $\vec{e_1}$, y 軸上に同様なベクトル $\vec{e_2}$ を取る．任意のベクトル $\vec{a}$ を原点Oを始点とする有向線分 $\overrightarrow{\mathrm{OA}}$ で表す時，点Aの座標が (a_1, a_2) であれば，$\vec{a}=a_1\vec{e_1}+a_2\vec{e_2}$ が成立するので，これを $\vec{a}=(a_1, a_2)$ と書き，ベクトル $\vec{a}$ の成分表示と呼んだ．これは点Aの座標と同じなので，まぎらわしいが，逆に $\overrightarrow{\mathrm{OA}}=(a_1, a_2)$ と混然一体となっているのが，暗記不要で有難い．上の様に，二つのベクトル $\vec{e_1}, \vec{e_2}$ に対してスカラー a_1, a_2 を掛けて加えた $a_1\vec{e_1}+a_2\vec{e_2}$ を，ベクトル $\vec{e_1}, \vec{e_2}$ の**１次結合**と呼ぶ．この術語は，高校生諸君の教科書には無いが，高校の教材でも，既に前問の (ii), (iii) で１次結合の係数を求める問題として現われた．**１次結合**と云う術語は大学に進学してすぐに教わるので，どうせ大学に進学するに定っている諸君が知っておいて無駄ではない．第一，カッコいいではないか．さて，平面上の二点 $\mathrm{A}(a_1, a_2)$, $\mathrm{B}(b_1, b_2)$ を結ぶ線分 AB を $m:n$ に内分する点 $\mathrm{P}(p_1, p_2)$ を求めよう．左図が示す様にベクトル $\overrightarrow{\mathrm{AB}}$ はベクトル $\overrightarrow{\mathrm{AP}}$ と同じ向きを持ち，それを表わす線分の長さが，AB は AP の $\frac{m+n}{m}$ 倍なので，前問の約束(3)より $\overrightarrow{\mathrm{AB}}=\frac{m+n}{m}\overrightarrow{\mathrm{AP}}$．一方，二点，$\mathrm{A}(a_1, a_2)$, $\mathrm{B}(b_1, b_2)$ に対して，前問の基−1を適用し，$\overrightarrow{\mathrm{AB}}=(b_1-a_1,\ b_2-a_2)$, $\overrightarrow{\mathrm{AP}}=(p_1-a_1,\ p_2-a_2)$．従って，$\overrightarrow{\mathrm{AB}}=(b_1-a_1,\ b_2-a_2)=\frac{m+n}{m}\overrightarrow{\mathrm{AP}}=\frac{m+n}{m}(p_1-a_1, p_2-a_2)=\left(\frac{m+n}{m}p_1-\frac{m+n}{m}a_1,\ \frac{m+n}{m}p_2-\frac{m+n}{m}a_2\right)$ の成分は等しいので，$b_1-a_1=\frac{m+n}{m}p_1-\frac{m+n}{m}a_1$, $b_2-a_2=\frac{m+n}{m}p_2-\frac{m+n}{m}a_2$．$p_1, p_2$ について解き，$p_1=\frac{na_1+mb_1}{m+n}$, $p_2=\frac{na_2+mb_2}{m+n}$．ベクトル記法では，$\overrightarrow{\mathrm{OP}}=\frac{n}{m+n}\overrightarrow{\mathrm{OA}}+\frac{m}{m+n}\overrightarrow{\mathrm{OB}}$ であるので，次の基本事項を得る．

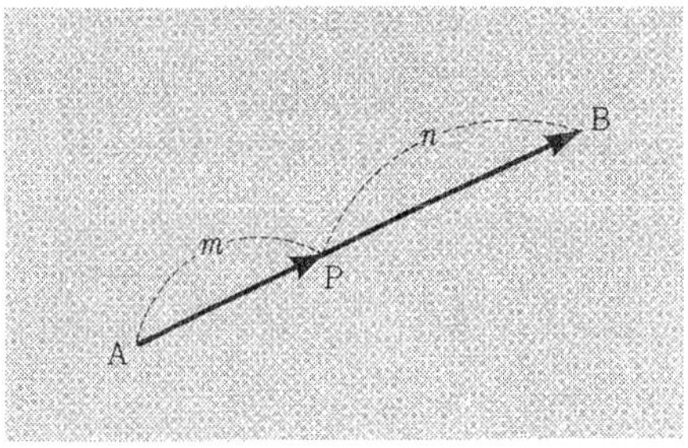

> **基-1**　線分 AB を $m:n$ に内分する点をPとすると，$\overrightarrow{\mathrm{OP}}=\frac{n}{m+n}\overrightarrow{\mathrm{OA}}+\frac{m}{m+n}\overrightarrow{\mathrm{OB}}$.

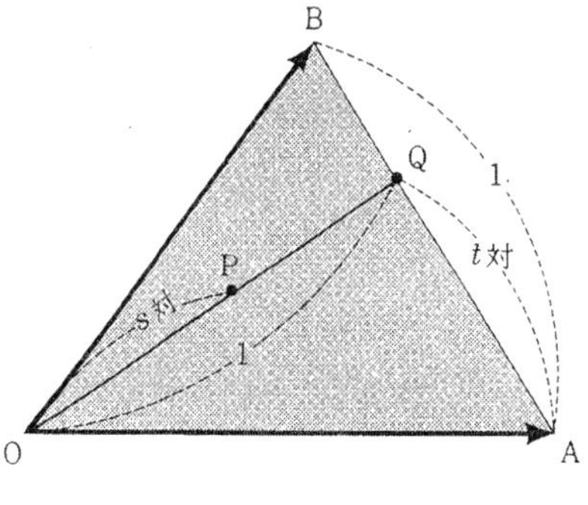

さて，本問の解答に移ろう．Pは線分 OQ を s 対 $1-s$ の比に内分する点であるから，$0<s<1$ であって，基−1 の A, B, m, n の所に，夫々，O, Q, s, $1-s$ を代入し，$\overrightarrow{\mathrm{OP}}=s\overrightarrow{\mathrm{OQ}}$．次に，基−1の P, m, n の所に Q, t, $1-t$ を代入して，$\overrightarrow{\mathrm{AQ}}=t\overrightarrow{\mathrm{AB}}$．前頁の図と前問の約束(2)より $\overrightarrow{\mathrm{OQ}}=\overrightarrow{\mathrm{OA}}+\overrightarrow{\mathrm{AQ}}=\overrightarrow{\mathrm{OA}}+t\overrightarrow{\mathrm{AB}}=\overrightarrow{\mathrm{OA}}+t(\overrightarrow{\mathrm{OB}}-\overrightarrow{\mathrm{OA}})=(1-t)\overrightarrow{\mathrm{OA}}+t\overrightarrow{\mathrm{OB}}$．従って，$\overrightarrow{\mathrm{OP}}=s\overrightarrow{\mathrm{OQ}}=s(1-t)\overrightarrow{\mathrm{OA}}+st\overrightarrow{\mathrm{OB}}=(s-st)\overrightarrow{\mathrm{OA}}+st\overrightarrow{\mathrm{OB}}$．$a=s-st$, $b=st$ とおけば，$a>0$, $b>0$ $a+b<1$ であって，$\overrightarrow{\mathrm{OP}}=a\overrightarrow{\mathrm{OA}}+b\overrightarrow{\mathrm{OB}}$.

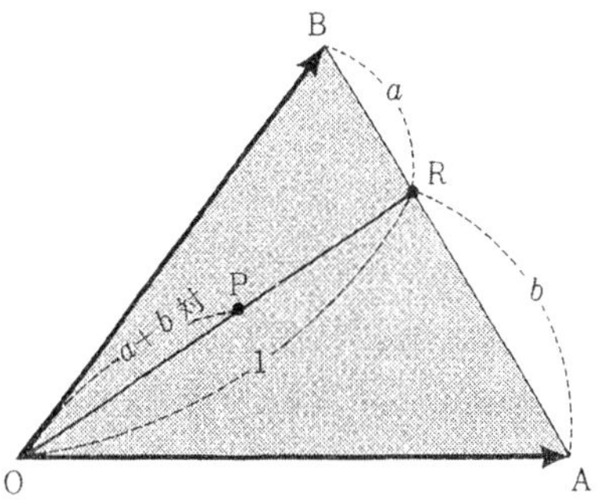

逆に，$\overrightarrow{OP}=a\overrightarrow{OA}+b\overrightarrow{OB}$, $a>0$, $b>0$, $a+b<1$ とする．R が線分 AB を $b:a$ の比に内分する点であれば，基−1 に，$m=b$, $n=a$ を代入して，$\overrightarrow{OR}=\frac{a}{a+b}\overrightarrow{OA}+\frac{b}{a+b}\overrightarrow{OB}$. 故に，$\overrightarrow{OP}=a\overrightarrow{OA}+b\overrightarrow{OB}=(a+b)\overrightarrow{OR}$. $1>a+b>0$ であるから，前問の約束 (3) より，点Pは線分 OR 上の線分 OP の長さが線分 OR の長さの $a+b(<1)$ 倍である様な点であり，点Pは △OAB の内点である．

一般に，二つのベクトル $\vec{a},\vec{b}$ が与えられた時，スカラー α,β に対して，ベクトル $\alpha\vec{a}+\beta\vec{b}$ をベクトル $\vec{a},\vec{b}$ の1次結合と呼ぶ事は既に述べたが，$\alpha\geqq 0, \beta\geqq 0, \alpha+\beta\leqq 1$ の時，$\overrightarrow{OP}=\alpha\vec{a}+\beta\vec{b}$ を満す点Pの位置を調べよう．ベクトル $\vec{a},\vec{b}$ をOを始点とする有向線分，$\vec{a}=\overrightarrow{OA}$, $\vec{b}=\overrightarrow{OB}$ で表わす．$\alpha>0, \beta>0, \alpha+\beta<1$ と全てが不等号であれば，本問より，点Pは △OAB の内点である．どれか，一つに等号が成立すれば，点Pは △OAB の周上にある．$\alpha>0, \beta>0, \alpha+\beta=1$ であれば，基−1 より点Pは線分 AB を $\beta:\alpha$ の比に内分する点である．$\alpha=0$ であれば，$0\leqq\beta\leqq 1$, $\overrightarrow{OP}=\beta\overrightarrow{OB}$ なので，点Pは線分 OB を $\beta:1-\beta$ の比に内分する点である．$\beta=0$ であれば，$\overrightarrow{OP}=\alpha\overrightarrow{OA}$, $0\leqq\alpha\leqq 1$ なので，点Pは線分 OA を $\alpha:1-\alpha$ の比にに内分する点である．

以上，二つのベクトル $\vec{a},\vec{b}$ の1次結合 $\alpha\vec{a}+\beta\vec{b}$ について学んだが，これは1次結合と云う術語は別として，高校の数Ⅰや一般数学のカリキュラムである．次に数Ⅱの内容の一つであるベクトルの内積に進む．ベクトル $\vec{a},\vec{b}$ を始点を同じくする有向線分で表し，$\vec{a}=\overrightarrow{OA}$, $\vec{b}=\overrightarrow{OB}$ とする．線分 OA の長さを，ベクトル $\vec{a}$ の**大きさ**と云い $|\vec{a}|$ で表わす．従って，

$$|\overrightarrow{OA}|=OA \qquad (1)$$

は約束である．大学に入学すると，ベクトルの大きさをベクトルの**ノルム**と呼び，$\|\ \|$ と書く．$\theta=\angle AOB$ とおく時，$\|\vec{a}\|\,\|\vec{b}\|\cos\theta=OA\cdot OB\cos\theta$ をベクトル $\vec{a},\vec{b}$ の**内積**と云い，$(\vec{a},\vec{b})$ と書く．

$$(\vec{a},\vec{b})=\|\vec{a}\|\,\|\vec{b}\|\cos\theta \qquad (2)$$

は約束事である．$|\cos\theta|\leqq 1$ なので，

（シュワルツの不等式）　$$|(\vec{a},\vec{b})|\leqq\|\vec{a}\|\,\|\vec{b}\| \qquad (3)$$

を得る．(3)において等号が成立するのは，$\cos\theta=\pm 1$，つまり，$\theta=0°$ または $180°$ の時，云いかえれば，O, B, A が同一直線上にある時に限る．不等式(3)は大学に進学し，更に大学の高学年に進む程重要性が増す．

(2) を θ について解くと

$$\cos\theta=\frac{(\vec{a},\vec{b})}{\|\vec{a}\|\,\|\vec{b}\|} \qquad (4)$$

を得る．高校の数学では，(4)は二つのベクトル $\vec{a}$ と $\vec{b}$ のなす角 θ を与える公式ではあるが，定義式ではない．大学に進学しても，教養部の初期の段階では事情は変らないが，高学年に進み，抽象的な議論を学ぶと，事情は一変し，逆に(4)が，二つのベクトル $\vec{a},\vec{b}$ のなす角 θ の定義式となる．もっとも，大学では，この様にベクトルを $\vec{a}$ とは表現しない．本書でも，4次元以上のベクトルのなす角は(4)を定義式とする．その際，$\cos\theta$ が意味を持つには，(4)の右辺の絶対値が1を越えてはいけない．それを保証するのが，シュワルツの不等式である．

なお，点 $A(a_1, a_2)$ と述べる代りに，点 $A=(a_1, a_2)$ と書くのが，大学の数学である．いよいよ，$\overrightarrow{OA}=(a_1, a_2)$ と紛れるのが，短所でもあり，長所でもある．

3 (二つの平面ベクトルの内積，大きさとそのなす角)

二つのベクトル $\vec{a}, \vec{b}$ を始点を同じくする有向線分 OA, OB で表わし，$\vec{a}=\overrightarrow{OA}, \vec{b}=\overrightarrow{OB}$ とする時，ベクトル $\vec{a}, \vec{b}$ の内積 $(\vec{a}, \vec{b})$ は前問の解答の終りで触れた様に

$$(\vec{a}, \vec{b})=||\vec{a}||\,||\vec{b}||\cos\theta \tag{1}$$

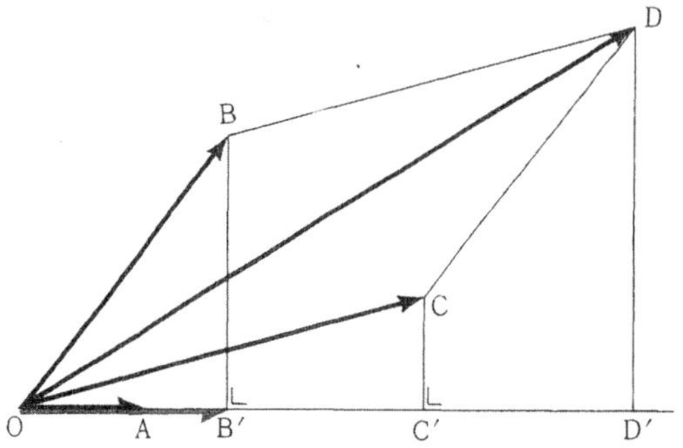

で表わされる．ただし，$\theta=\angle AOB$ である．B から直線 OA に下した垂線の足を B′ とする時，ベクトル $\overrightarrow{OB'}$ をベクトル $\overrightarrow{OB}$ のベクトル $\overrightarrow{OA}$ の上への**正射影**と云う．線分 OB′ の長さを符号も入れて考えると，$OB'=OB\cos\theta$ なので，(1)は，

$$(\vec{a}, \vec{b})=||\vec{a}||\cdot OB' \tag{2}$$

とも表わされる．別のベクトル $\vec{b}=\overrightarrow{OC}$ に対して，同様に，正射影 $\overrightarrow{OC'}$ を考える．$\angle COB$ 内に点Dを取り，OCDB がこの順に平行四辺形を構成する様にすると，問題1の約束(2)より $\overrightarrow{OD}=\vec{a}+\vec{b}$. $\overrightarrow{OD}$ の $\overrightarrow{OA}$ に関する正射影を $\overrightarrow{OD'}$ とすると，上図より，符号もこめて，$OD'=OC'+C'D'=OC'+OB'$ が成立するので，$(\vec{a}, \vec{b}+\vec{c})=||\vec{a}||OD'=||\vec{a}||OB'+||\vec{a}||OC'=(\vec{a}, \vec{b})+(\vec{a}, \vec{c})$ が成立し，公式

$$(\vec{a}, \vec{b}+\vec{c})=(\vec{a}, \vec{b})+(\vec{a}, \vec{c}) \tag{3}$$

を得る．また，スカラー β に対して，ベクトル $\beta\overrightarrow{OB}$ の正射影は $\beta\overrightarrow{OB'}$ なので，

$$(\vec{a}, \beta\vec{b})=\beta(\vec{a}, \vec{b}) \tag{4}$$

を得る．(1)は $\vec{a}, \vec{b}$ に関して対称なので，

$$(\vec{a}, \vec{b})=(\vec{b}, \vec{a}) \tag{5}$$

が成立する．スカラー α に対して，(5), (4) より，$(\alpha\vec{a}, \vec{b})=(\vec{b}, \alpha\vec{a})=\alpha(\vec{b}, \vec{a})=\alpha(\vec{a}, \vec{b})$ が成立するので

$$(\alpha\vec{a}, \vec{b})=\alpha(\vec{a}, \vec{b}) \tag{6}$$

を得る．最後に，四個のベクトル $\vec{a}, \vec{b}, \vec{c}, \vec{d}$ と四個のスカラー α β γ, δ に対して，1次結合 $\alpha\vec{a}+\beta\vec{b}$ と $\gamma\vec{c}+\delta\vec{d}$ は共にベクトルなので，内積を持つが，(3), (4), (5), (3), (4), (5)を順に用いて

$$\begin{aligned}(\alpha\vec{a}+\beta\vec{b}, \gamma\vec{c}+\delta\vec{d})&=(\alpha\vec{a}+\beta\vec{b}, \gamma\vec{c})+(\alpha\vec{a}+\beta\vec{b}, \delta\vec{d})=\gamma(\alpha\vec{a}+\beta\vec{b}, \vec{c})+\delta(\alpha\vec{a}+\beta\vec{b}, \vec{d})\\ &=\gamma(\vec{c}, \alpha\vec{a}+\beta\vec{b})+\delta(\vec{d}, \alpha\vec{a}+\beta\vec{b})=\gamma(\vec{c}, \alpha\vec{a})+\gamma(\vec{c}, \beta\vec{b})+\delta(\vec{d}, \alpha\vec{a})+\delta(\vec{d}, \beta\vec{b})\\ &=\alpha\gamma(\vec{c}, \vec{a})+\beta\gamma(\vec{c}, \vec{b})+\alpha\delta(\vec{d}, \vec{a})+\beta\delta(\vec{d}, \vec{b})=\alpha\gamma(\vec{a}, \vec{c})+\beta\gamma(\vec{b}, \vec{c})+\alpha\delta(\vec{a}, \vec{d})+\beta\delta(\vec{b}, \vec{d})\end{aligned}$$

を得るので，公式

$$(\alpha\vec{a}+\beta\vec{b}, \gamma\vec{c}+\delta\vec{d})=\alpha\gamma(\vec{a}, \vec{c})+\beta\gamma(\vec{b}, \vec{c})+\alpha\delta(\vec{a}, \vec{d})+\beta\delta(\vec{b}, \vec{d}) \tag{7}$$

が成立する．(7)は気楽に展開すればよい事を物語っており，暗記の必要はない．

さて，内積 $(\vec{a}, \vec{b})$ は本問の様に $\langle\vec{a}|\vec{b}\rangle$ と書かれる事もあるし，$\langle\vec{a}, \vec{b}\rangle$ と書かれる事もある．記号は別として，本問は紛れも無く，高校の数Ⅱのカリキュラムである．高校生諸君は高校教員採用試験問題を解く様に云われて，一様に驚いていると思う．

高等学校，並びに，中学校の教員採用数学専門試験の殆んどは高校のカリキュラムから出題

されるので，高校生諸君の手頃な練習問題である．教職志望の高校生諸君は今の内に研究される様にお勧めする．と云うのは，大学に進学すると，高数の問題はアホらしくて，解く気にならなくなるからである．高校生諸君！　間違う時があるからと云って，足し算や引き算の訓練をする気になれますか？　次に，昨日入手した，日仏理工学会誌，30 (Juillet *1979*)，日本における高校までの教育，カトリーヌ·デュフォセ講演，弥永昌吉訳の 6 頁のある行を紹介しよう．「数学の教師は，フランスでは数学者である事が要求され，日本では教育者である事に重きが置かれているようです．」フランスの教員採用試験の程度は，本書並びに姉妹書「新修解析学」の大学院入試問題と同程度である．これは大学卒業生に対する専門試験としては，当然の事と思われる．我国での試験は，秀才は余り合格しない様に出来ているので，諸君は高数の程度の問題に魅力を感じる事が出来る高校生時代に，本書の出題別分類で紹介した問題集で訓練される事を重ねてお勧めする．大学入試の範囲とも殆んど重なるので，一石二鳥である．

さて，本問の解答に入ろう．上述の様に，$\vec{a}=\overrightarrow{OA}$, $\vec{b}=\overrightarrow{OB}$, $\theta=\angle AOB$ とすると，条件 $\|\vec{a}\|=1$, $\|\vec{b}\|=2$ と

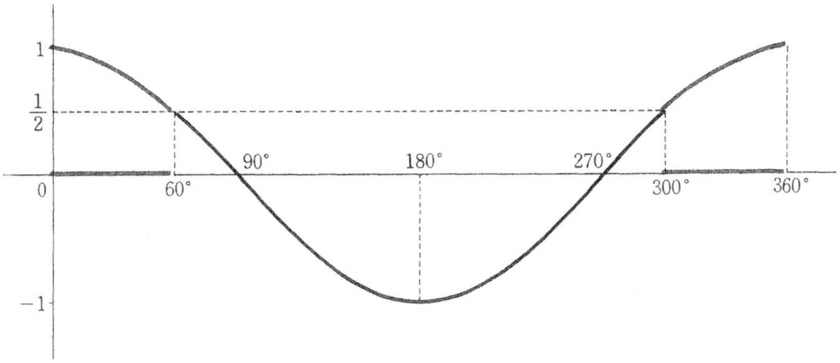

(1)より $(a, b)=2\cos\theta$.　条件 $1\leqq(\vec{a}, \vec{b})\leqq 2$ より，$\frac{1}{2}\leqq\cos\theta\leqq 1$.　上のコサイン(フランス語ではコシニュス)のグラフより $0°\leqq\theta\leqq 360°$ の範囲では，$0°\leqq\theta\leqq 60°$ または $300°\leqq\theta\leqq 360°$．次に，(ii)は一般に(1)に $\vec{b}=\vec{a}$, $\theta=0$ を代入して

$$(\vec{a}, \vec{a})=\|\vec{a}\|^2 \tag{8}$$

を得るので，$\|2\vec{a}+\vec{b}\|^2=(2\vec{a}+\vec{b}, 2\vec{a}+\vec{b})=4(\vec{a}, \vec{a})+2(\vec{b}, \vec{a})+2(\vec{a}, \vec{b})+(\vec{b}, \vec{b})=4\|\vec{a}\|^2+4(\vec{a}, \vec{b})+\|\vec{b}\|^2$ が(7)を用いて展開する事によって得られる．条件 $\|\vec{a}\|=1$, $\|\vec{b}\|=2$, $1\leqq(\vec{a}, \vec{b})\leqq 2$ をこの式に代入すると，$12=4+4+4\leqq 4\|\vec{a}\|^2+4(\vec{a}, \vec{b})+\|\vec{b}\|^2=\|2\vec{a}+\vec{b}\|^2\leqq 4+8+4=16$ を得るので，$2\sqrt{3}=\sqrt{12}\leqq\|2\vec{a}+\vec{b}\|\leqq 4$.

この種の問題は，私よりも，高校生諸君の方が，解答も旨いし，よりよい点を取るであろう．ここで，スローガンを一つ掲げておく．

1次結合同志の内積は1次式の積の展開の様な気持で計算すればよい．

有向線分全体の集合を考察し，その部分集合であって，互に同値な有向線分からなるものを考え，これを**同値類**と呼ぼう．異なる有向線分 $\overrightarrow{AB}$, $\overrightarrow{CD}$ でも ABDC がこの順に平行四辺形を作れば，等しく，一つの同値類に入る．この同値類をベクトルと呼び，$\vec{a}$ と記すのである．かたくなに云えば，ベクトルは同値類をなす有向線分の集合であり，その同値類のメンバーである個々の有向線分は，ベクトルの代表元であり，ベクトルを表現するものである．有向線分を生徒に見立てると，学級に対応するものがベクトルであり，クラスの一人，一人の生徒がクラスを代表し，クラスとその生徒を同一視することが多い．ベクトルと有向線分の同一視は，この考えによる．個々の有向線分によらぬベクトル固有のものは大きさと向きである．

EXERCISES

（解答☞ 178ページ）

1（ベクトル） $\overrightarrow{A}=(1,1)$, $\overrightarrow{B}=(-3,\ -1)$ の時，

$$\vec{x}+2\vec{y}=\overrightarrow{A} \qquad (1)$$

$$\vec{x}+\vec{y}=\overrightarrow{B} \qquad (2)$$

となる $\vec{x}, \vec{y}$ を求めよ．（大阪府中学校教員採用試験）

2（ベクトル） 点 A(1, 2), B(3, 3) がある．

(i) 点A, B を通る直線 l のベクトル方程式を求めよ．

(ii) これを媒介変数 t を使って表わせ．（広島県中学・高校教員採用試験）

3（内積） $\vec{a}$ の大きさ 4，$\vec{b}$ の大きさ10，$\vec{a}$ と $\vec{b}$ のなす角が 60° である時，$2\vec{a}-\vec{b}$ の大きさを求めよ．

（埼玉県高校教員採用試験）

4（ベクトル） 三角形 ABC の辺 BC, AC の中点を，夫々，D, E とし，$\overrightarrow{AB}=\vec{a}$, $\overrightarrow{AC}=\vec{b}$ とおく時，$\overrightarrow{BC}$, $\overrightarrow{AD}$, $\overrightarrow{BE}$ を $\vec{a}, \vec{b}$ を用いて表せ．（群馬県中学校教員採用試験）

5（内積） 二つのベクトル $\vec{a}, \vec{b}$ を二隣辺とする平面四辺形の面積を $\vec{a}, \vec{b}$ に関する内積で表せ．

（群馬県高校・愛知県中学校教員採用試験）

6（ベクトル） 平行四辺形 ABCD の辺 AB の中点を M，辺 AD を $m:n$ に内点する点を N とし MC と NB の交点を P とする時，MP : PC をベクトルを使って求めよ．

Advice

1 $\vec{x}, \vec{y}, \overrightarrow{A}, \overrightarrow{B}$ がすべて，スカラーであるかの様に考えて，普通の二元連立一次方程式に対処するかの様に，加減法を用いる．

2

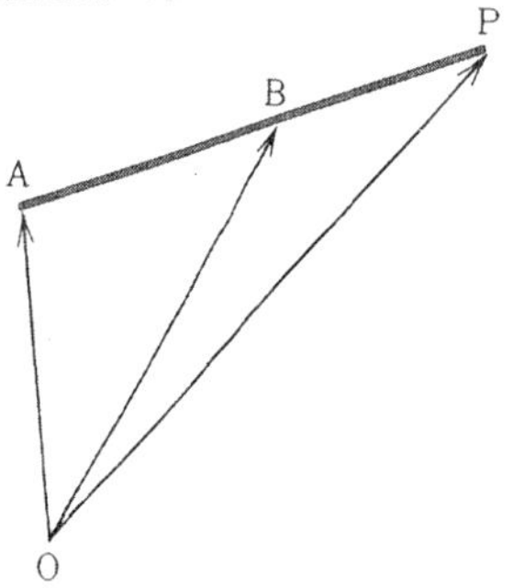

3 $\|2\vec{a}-\vec{b}\|^2=(2\vec{a}-\vec{b},\ 2\vec{a}-\vec{b})$ を，あたかも，1次式の積であるかの様に展開し，$\|\vec{a}\|^2=(\vec{a},\vec{a})$, $\|\vec{b}\|^2=(\vec{b},\vec{b})$, $(\vec{a},\vec{b})=\|\vec{a}\|\|\vec{b}\|\cos\theta$ の値を代入せよ．

4, 5, 6 については右の図を参照せよ．

4

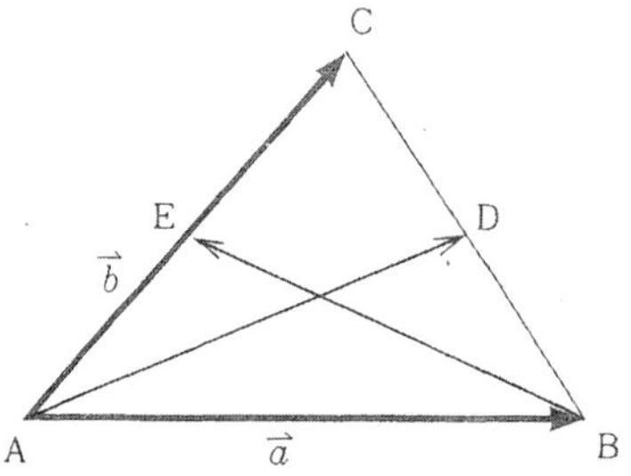

5

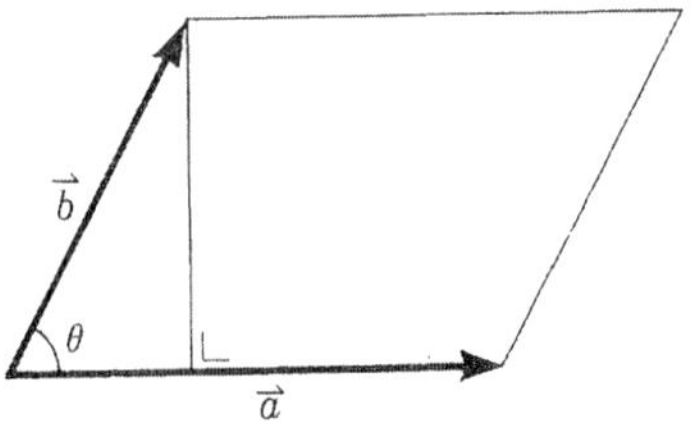

6

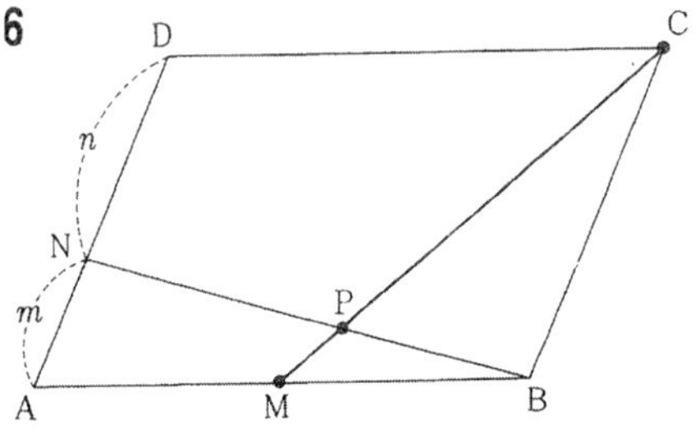

2 平面ベクトルの応用と空間ベクトル

［指針］ 始点を共有する二つの有向線分の内積はその線分の長さと角の余弦の積で定義されます．ベクトルの考えを応用すると多くの幾何の問題が楽しめます．この章でも，引続き，高校の一，二年生に高校の数Ⅰ，数Ⅱの範囲を勉強しながら，高校の数学の教員に要求されている学力を身に付けて貰います．

1 （応用） $\cos(\alpha-\beta)=\cos\alpha\cos\beta+\sin\alpha\sin\beta$ をベクトルの内積を用いて証明せよ．

（岡山県高校教員採用試験）

2 （応用） 平面上に 3 点 O, A, B がある．OP : PA＝3 : 2, OQ : QB＝1 : 3 となる点を，夫々，

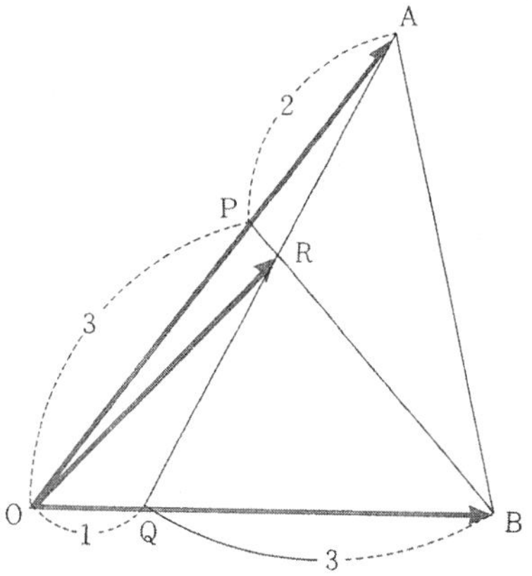

P, Q とする．PB, AQ の交点をRとし，$\overrightarrow{\mathrm{OA}}=\vec{a}$, $\overrightarrow{\mathrm{OB}}=\vec{b}$ とした時，$\overrightarrow{\mathrm{OR}}$ を $\vec{a}$, $\vec{b}$ で表わせ．

（三重県高校教員採用試験）

3 （応用） 三角形の三垂線は 1 点で交わる事を証明せよ．

（大阪府高校教員採用試験）

4 （空間ベクトル） $\vec{a}=(a_1, a_2, a_3)$, $\vec{b}=(b_1, b_2, b_3)$ とした時，両ベクトルの内積は $a_1b_1+a_2b_2+a_3b_3$ になる事を証明せよ．

（高知県高校教員採用試験）

5 （空間ベクトル） O(0, 0, 0), A(0, 0, 1), B(1, 0, 1), C(1, 1, 1) とする時，直線 OC に点Aから垂線 AH を下す．

(i) $\overrightarrow{\mathrm{AH}}$ の成分を求めよ．

(ii) $\angle\mathrm{BAH}=\alpha$ とする時，$\cos\alpha$ の値を求めよ．

（鹿児島県高校教員採用試験）

6 （空間ベクトル） 四つの点 O(0, 0, 0), A(1, 2, 3), B(2, 3, 1), C(3, 1, 2) を頂点とする四面体がある．点Pは 3 点 A, B, C で決定される平面上の点で，線分 OP が線分 OA, OB, OC と等角をなすものとする．この時，次の問に答えよ．

(i) $\overrightarrow{\mathrm{OP}}$ と同じ向きの単位ベクトル $\vec{e}$ を求めよ．

(ii) 点Pの座標を求めよ．

（福岡県高校教員採用試験）

1 (減法定理の内積を用いた証明)

平面，または空間に二つのベクトル $\vec{a}, \vec{b}$ が与えられている時，$\vec{a}, \vec{b}$ を始点Oを共有する有向線分 OA, OB で表し，$\theta=\angle \mathrm{AOB}$ とおく．線分 OA の長さをベクトル $\vec{a}$ の大きさと云い $|\vec{a}|$ で表わすと，ベクトル $\vec{b}$ の大きさ，$|\vec{b}|=\mathrm{OB}$，の時，二つのベクトル $\vec{a}$ と $\vec{b}$ の内積は $|\vec{a}|\,|\vec{b}|\cos\theta$ で与えられ，$(\vec{a}, \vec{b})$ と記される．従って

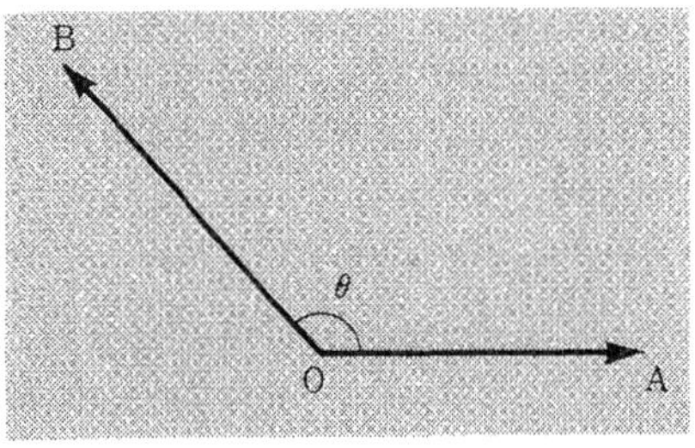

$$(\vec{a}, \vec{b})=|\vec{a}|\,|\vec{b}|\cos\theta \tag{1}$$

は内積の定義である．(1) は $\vec{a}, \vec{b}$ に関して対称であるから，

$$(\vec{a}, \vec{b})=(\vec{b}, \vec{a}) \tag{2}$$

が成立する．

以上の議論は平面でも空間でも，どちらでもよいが，以下の議論は，xy 座標平面で行なう．二点 $\mathrm{P}(x_1, y_1)$, $\mathrm{Q}(x_2, y_2)$ に対して，**位置ベクトル**と呼ばれる，ベクトル $\overrightarrow{\mathrm{OP}}, \overrightarrow{\mathrm{OQ}}$ を考察する．x 軸，y 軸上に，夫々，点 $\mathrm{E}_1(1, 0)$, $\mathrm{E}_2(0, 1)$ を取り，やはり位置ベクトル

$$\vec{e}_1=\overrightarrow{\mathrm{OE}_1},\quad \vec{e}_2=\overrightarrow{\mathrm{OE}_2} \tag{3}$$

を考察する．点Pより x 軸，y 軸に下した垂線の足を，夫々，$\mathrm{P}_1, \mathrm{P}_2$ とすると，$\overrightarrow{\mathrm{OP}_1}=(x_1, 0)$, $\overrightarrow{\mathrm{OP}_2}=(0, x_2)$, $\overrightarrow{\mathrm{OE}_1}=(1, 0)$, $\overrightarrow{\mathrm{OE}_2}=(0, 1)$ なので，$\overrightarrow{\mathrm{OP}_1}=x_1(1, 0)=x_1\vec{e}_1$, $\overrightarrow{\mathrm{OP}_2}=x_2(0, 1)=x_2\vec{e}_2$ が成立する．左下図より，$\overrightarrow{\mathrm{OP}}=\overrightarrow{\mathrm{OP}_1}+\overrightarrow{\mathrm{OP}_2}$ が成立しているので

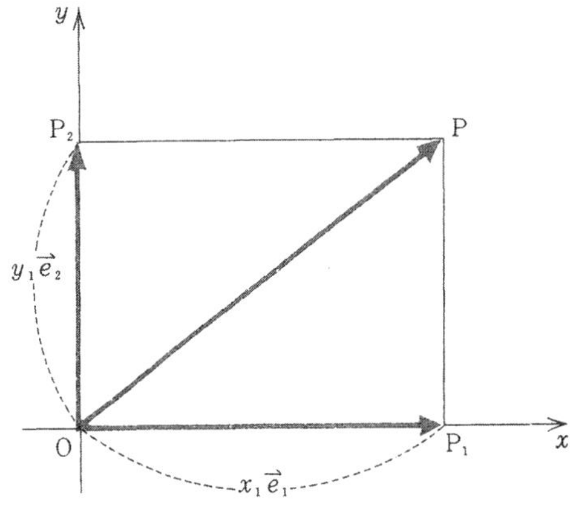

$$\overrightarrow{\mathrm{OP}}=x_1\vec{e}_1+y_1\vec{e}_2 \tag{4}$$

を得る．同様にして，

$$\overrightarrow{\mathrm{OQ}}=x_2\vec{e}_1+y_2\vec{e}_2 \tag{5}$$

が成立する．ところでベクトル $\overrightarrow{\mathrm{OE}_1}$ と $\overrightarrow{\mathrm{OE}_2}$ のなす角は $90°$ であるから，(1)より $(\vec{e}_1, \vec{e}_2)=(\overrightarrow{\mathrm{OE}_1}, \overrightarrow{\mathrm{OE}_2})=0$. 線分 OE_1 は長さが1なので，その大きさは1．ベクトル $\overrightarrow{\mathrm{OE}_1}$ と $\overrightarrow{\mathrm{OE}_1}$ のなす角は勿論0なので，(1) より $(\vec{e}_1, \vec{e}_1)=(\overrightarrow{\mathrm{OE}_1}, \overrightarrow{\mathrm{OE}_1})=1$. 同様にして，$(\vec{e}_2, \vec{e}_2)=1$ を得るので，公式

$$(\vec{e}_1, \vec{e}_2)=(\vec{e}_2, \vec{e}_1)=0,\quad (\vec{e}_1, \vec{e}_1)=(\vec{e}_2, \vec{e}_2)=1 \tag{6}$$

が成立する．二つのベクトル $\overrightarrow{\mathrm{OP}}=x_1\vec{e}_1+y_1\vec{e}_2$, $\overrightarrow{\mathrm{OQ}}=x_2\vec{e}_1+y_2\vec{e}_2$ の内積の計算は，1次式の積であるかの様に行なえるので，(6)を用いて，

$$\begin{aligned}(\overrightarrow{\mathrm{OP}}, \overrightarrow{\mathrm{QQ}})&=(x_1\vec{e}_1+y_1\vec{e}_2,\ x_2\vec{e}_1+y_2\vec{e}_2)\\&=x_1x_2(\vec{e}_1, \vec{e}_1)+y_1x_2(\vec{e}_2, \vec{e}_1)+x_1y_2(\vec{e}_1, \vec{e}_2)+y_1y_2(\vec{e}_1, \vec{e}_2)=x_1x_2+y_1y_2.\end{aligned}$$

従って，次の基本事項を得る．

> **基-1**　ベクトル $\vec{a}=(a_1, a_2)$, $\vec{b}=(b_1, b_2)$ の内積は $(\vec{a}, \vec{b})=a_1b_1+a_2b_2$.

特に，$\vec{b}=\vec{a}$ とおくと，$\vec{a}$ と $\vec{b}$ のなす角は0で，$\cos\theta=1$ なので，$|\vec{a}|^2=(\vec{a}, \vec{a})=a_1{}^2+a_2{}^2$. 従って，次の基本事項を得る．

基-2　ベクトル $a=(a_1, a_2)$ の大きさは，$|\vec{a}|=\sqrt{a_1{}^2+a_2{}^2}$.

大きさ1のベクトルを**単位ベクトル**と云う．単位ベクトル $\vec{e}=(l, m)$ を有向線分 $\overrightarrow{\mathrm{OE}}$ で表し，線分 OE の x 軸，y 軸となす角を，夫々，θ, φ とすると，$l=\cos\theta,\ m=\cos\varphi$ が成立するので，l, m を単位ベクトル $\vec{e}$ の**方向余弦**と云う．$\theta+\varphi=90°$ なので，$m=\cos(90°-\theta)=\sin\theta$ が成立し，$\vec{e}=(\cos\theta, \sin\theta)$ である．

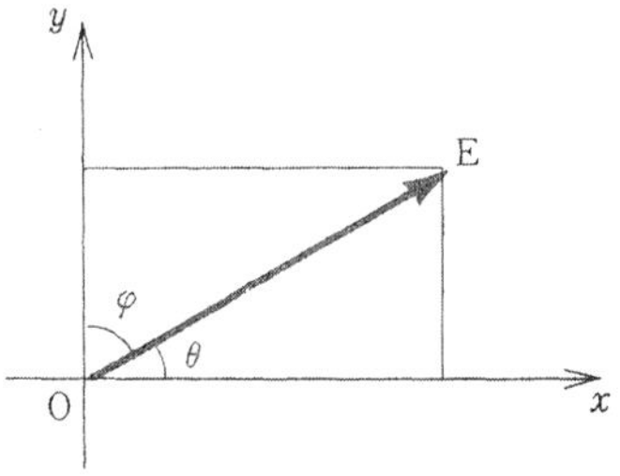

以上の準備の下で，本問を考察しよう．ベクトル $\vec{e}=(\cos\alpha, \sin\alpha)$，$\vec{f}=(\cos\beta, \sin\beta)$ は，上に見たように x 軸となす角が，夫々，α, β である様な単位ベクトルである．従って，$|\vec{e}|=|\vec{f}|=1$，$\vec{e}$ と $\vec{f}$ のなす角は $\alpha-\beta$ である．(1)より

$$(\vec{e}, \vec{f})=|\vec{e}|\,|\vec{f}|\cos(\alpha-\beta)=\cos(\alpha-\beta) \tag{7}$$

が成立し，基-1より

$$(\vec{e}, \vec{f})=\cos\alpha\cos\beta+\sin\alpha\sin\beta \tag{8}$$

が成立するので，(7)と(8)の右辺を等しいとおき，

（減法定理）
$$\cos(\alpha-\beta)=\cos\alpha\cos\beta+\sin\alpha\sin\beta \tag{9}$$

を得る．

なお，(1)と基-1, 2より

基-3　ベクトル $\vec{a}=(a_1, a_2)$，$\vec{b}=(b_1, b_2)$ のなす角 θ は $\cos\theta=\dfrac{a_1b_1+a_2b_2}{\sqrt{a_1{}^2+a_2{}^2}\,\sqrt{b_1{}^2+b_2{}^2}}$

が成立する．更に $\vec{a}$ と $\vec{b}$ が直交するための必要十分条件は $\cos\theta=0$ であるから

基-4　ベクトル $\vec{a}=(a_1, a_2)$，$\vec{b}=(b_1, b_2)$ が直交するための必要十分条件は $(\vec{a}, \vec{b})=a_1b_1+a_2b_2=0$ が成立する事である．

を得る．

ベクトル $\vec{a}$ は，一見全く異質的とも思われる二つの表現を持ち，云わば二重人格である．その一つは，1章の問題3の終りで解説した様な有向線分の同値類としての本性に基き，有向線分を具体的な表現として持つ，幾何学的な横顔である．もう一つは，本問で解説した様に，互に直交する単位ベクトル $\vec{e_1}, \vec{e_2}$ の1次結合 $\vec{a}=a_1\vec{e_1}+a_2\vec{e_2}$ で表した場合の，係数 a_1, a_2 の組が作る，通常数ベクトルと呼ばれる実数の組 (a_1, a_2) としての代数的横顔である．二つのベクトル $\vec{a}=a_1\vec{e_1}+a_2\vec{e_2}$，$\vec{b}=b_1\vec{e_1}+b_2\vec{e_2}$ の和差 $\vec{a}\pm\vec{b}=(a_1\pm b_1)\vec{e_1}+(a_2\pm b_2)\vec{e_2}$ には，数ベクトルの和差 $(a_1, a_2)\pm(b_1, b_2)=(a_1\pm b_1, a_2\pm b_2)$ が対応し，スカラ α との積 $\alpha\vec{a}=\alpha a_1\vec{e_1}+\alpha a_2\vec{e_2}$ には，数ベクトルのスカラー倍 $\alpha(a_1, a_2)=(\alpha a_1, \alpha a_2)$ が対応する．この様に，幾何学的ベクトルと数ベクトルの間には一対一の対応が付き，ベクトルとしての演算が保たれるので，両者は同じと見るのが，現代数学の精神である．

2 (線分の分点のベクトルによる表現)

P は OA を 3 : 2 の比に内分するから，線分 OP の長さは OA のそれの $\frac{3}{5}$ であって

$$\overrightarrow{OP}=\frac{3}{5}\overrightarrow{OA}=\frac{3}{5}\vec{a} \quad (1)$$

全く同様にして

$$\overrightarrow{OQ}=\frac{1}{4}\overrightarrow{OB}=\frac{1}{4}\vec{b} \quad (2).$$

分らないのは PR:RB と QR:RA の比である．スローガン

下手な考えで休むよりも，未知なるものは $x, y, \cdots$ とおき連立方程式に持込め／

の下に仕事に勤しむと，正直者の頭に神が宿り，必らず報いられる．昭和55年1月14日付赤旗が共通一次試験を検討し，連立方程式に重点が置かれ，全てが計算問題に帰着されている事を指摘し，批判しながらも，出題者の学力観に基くと分析した．さすがは前衛紙，本質を衝いている．これが高校の先生と数学者の学力観の相異であり，私の立場も赤旗と異なる．正数 x, y を

$$\overrightarrow{PR}=x\overrightarrow{PB} \quad (3)$$

$$\overrightarrow{QR}=y\overrightarrow{QA} \quad (4)$$

が成立する様に取る．勿論 $0<x<1, 0<y<1$ であり，そうでない結果が出たら，計算の誤まりなので，そこで一旦計算を中止し，見直すこと．その際，答案をきちんと書いていないと見直しの作業に支障を来す．また，計算間違いを見出して，カーッとなったり，ガタガタ震え出したらだめである．その時こそ，

急ぐとも，心静かに落着いて，暗算を絶対せずに，一つ一つ確認すること／

かの，一松信先生の様なプロ中のプロでさえ，一つ一つ指先で確認されるそうである．

△OPB に注目して

$$\overrightarrow{OB}=\overrightarrow{OP}+\overrightarrow{PB} \quad (5).$$

(1)と $\overrightarrow{OB}=\vec{b}$ を(5)に代入して

$$\vec{b}=\frac{3}{5}\vec{a}+\overrightarrow{PB} \quad (6).$$

(6)を $\overrightarrow{PB}$ について解き，

$$\overrightarrow{PB}=\vec{b}-\frac{3}{5}\vec{a} \quad (7).$$

(3)より

$$\overrightarrow{PR}=x\vec{b}-\frac{3x}{5}\vec{a} \quad (8).$$

△OQA に注目して

$$\overrightarrow{OA}=\overrightarrow{OQ}+\overrightarrow{QA} \quad (9).$$

(2)と $\overrightarrow{OA}=\vec{a}$ を(9)に代入し，移項して

$$\overrightarrow{QA}=\vec{a}-\frac{1}{4}\vec{b} \quad (10).$$

(4)より

$$\overrightarrow{QR}=y\vec{a}-\frac{y}{4}\vec{b} \qquad (11).$$

さて，いよいよ $\overrightarrow{OR}$ の計算である．次の図の △OPR に注目して

$$\overrightarrow{OR}=\overrightarrow{OP}+\overrightarrow{PR} \qquad (12).$$

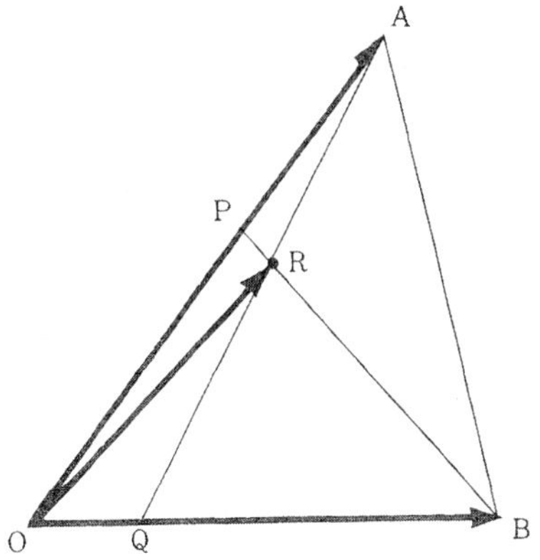

(1)と(8)を(12)に代入して，$\overrightarrow{OR}=\frac{3}{5}\vec{a}+\left(x\vec{b}-\frac{3x}{5}\vec{a}\right)=\frac{3}{5}(1-x)\vec{a}+x\vec{b}$ と全ての過程を答案に書いて，暗算無しで計算し

$$\overrightarrow{OR}=\frac{3}{5}(1-x)\vec{a}+x\vec{b} \qquad (13).$$

一方 △OQR に注目して

$$\overrightarrow{OR}=\overrightarrow{OQ}+\overrightarrow{QR} \qquad (14).$$

(2)と(11)を(13)に代入して，$\overrightarrow{OR}=\frac{1}{4}\vec{b}+\left(y\vec{a}-\frac{y}{4}\vec{b}\right)=y\vec{a}+\frac{1}{4}(1-y)\vec{b}$ を得るので，

$$\overrightarrow{OR}=y\vec{a}+\frac{1}{4}(1-y)\vec{b} \qquad (15).$$

(13)と(14)の $\overrightarrow{OR}$ は等しいので，$\frac{5}{3}(1-x)\vec{a}+x\vec{b}=y\vec{a}+\frac{1}{4}(1-y)\vec{b}$．$\vec{a}$ を左に，$\vec{b}$ を右に移項して，$\left(\frac{3}{5}(1-x)-y\right)\vec{a}=\left(\frac{1}{4}(1-y)-x\right)\vec{b}$．$\vec{a}$ のスカラー倍と $\vec{b}$ のスカラー倍が等しいのは，その係数のスカラーが共に零になる場合に限るので，連立方程式

$$\frac{5}{3}(1-x)=y \qquad (16)$$

$$\frac{1}{4}(1-y)=x \qquad (17)$$

を得る．(16)を(17)に代入し，$\frac{1}{4}-\frac{1}{4}\cdot\frac{3}{5}(1-x)=\frac{1}{4}-\frac{3}{20}+\frac{3}{20}x=x$．故に，$\left(1-\frac{3}{20}\right)x=\frac{1}{4}-\frac{3}{20}$，$\frac{20-3}{20}x=\frac{5-3}{20}$，$\frac{17}{20}x=\frac{2}{20}$，$x=\frac{2}{17}$．

$$x=\frac{2}{17}. \qquad (18).$$

(18)を(16)に代入して，$y=\frac{3}{5}-\frac{3}{5}x=\frac{3}{5}-\frac{3}{5}\cdot\frac{2}{17}=\frac{3\cdot(17-2)}{5\cdot17}=\frac{3\cdot15}{5\cdot17}=\frac{9}{17}$

$$y=\frac{9}{17} \qquad (19).$$

(18)，(19)を(15)に代入して，$\frac{1}{4}\left(1-\frac{9}{17}\right)=\frac{1}{4}\cdot\frac{17-9}{17}=\frac{1}{4}\cdot\frac{8}{17}=\frac{2}{17}$ なので

$$\overrightarrow{OR}=\frac{9}{17}\vec{a}+\frac{2}{17}\vec{b} \qquad (20)$$

に達する．この程度の問題の解答に要する所要時間を予め知っておくと，冷静に受験出来る．孫子の兵法に曰く；敵を知り，己を知れば，百戦危うからず．教職試験に合格し，宿望を達しよう．

私は終戦の翌年最後となった旧制中学に入学し，物理の時間にベクトルを学び，ベクトルとは大きさと向きの二つを併せ持つ量であることを教わった．又，長じて大学の教養部の「代数及び幾何学」において，ベクトルを数ベクトルと同一視することを教った．これらの二点が，教った時は，先生の仰っしゃる事は分るが，どうも合点が行かなかった．これらが本当に分ったのは，更に，理学部数学科に進学して，抽象数学を学び，数学上の二つの対象 X と Y の間に一対一の対応があり，論じている数学上の演算が保存されるならば，X と Y とは同一視され，数学的に同じものの二通りの表現と見なす事を知った時である．高校生諸君は，大学入試や教員試験の問題が解ければ十分であろう．

3 (内積の垂心への応用)

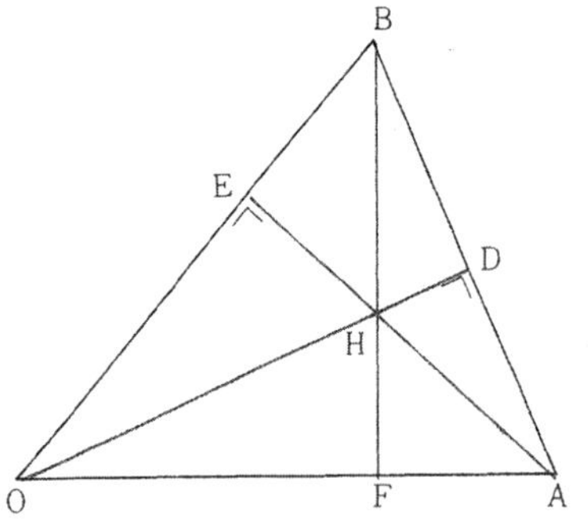

三角形を OAB とし O より AB またはその延長上に垂線を下し，その足を D とする．A より OB またはその延長上に垂線を下しその足を E とする．ベクトル $\overrightarrow{OD}$ と $\overrightarrow{AB}$ は直交しているので，内積は 0 であり，

$$(\overrightarrow{OD}, \overrightarrow{AB})=0 \qquad (1).$$

ベクトル $\overrightarrow{AE}$ と $\overrightarrow{OB}$ は直交しているので内積は 0 であり，

$$(\overrightarrow{AE}, \overrightarrow{OB})=0 \qquad (2).$$

直線 OD と直線 AE の交点を H とする，直線 BH と OA との交点を F とする．$(\overrightarrow{HB}, \overrightarrow{OA})=0$ が云えれば，ベクトル $\overrightarrow{HB}, \overrightarrow{OA}$ は直交し，BF は B より OA に下した垂線となり，三垂線 OD, AE, BF が 1 点 H で交わることが云え，目的を達する．従って，内積 $(\overrightarrow{HB}, \overrightarrow{OA})$ の計算を目標とする．記号の簡略化のため

$$\overrightarrow{AB}=\vec{a}, \quad \overrightarrow{OB}=\vec{b} \qquad (3)$$

とおく．更に

$$\overrightarrow{OD}=\vec{d}, \quad \overrightarrow{AE}=\vec{e} \qquad (4)$$

とおく．勿論，条件(1), (2)は

$$(\vec{d}, \vec{a})=(\vec{a}, \vec{d})=0 \qquad (5),$$

$$(\vec{e}, \vec{b})=(\vec{b}, \vec{e})=0 \qquad (6)$$

と同値である．ベクトル $\overrightarrow{AH}$ はベクトル $\overrightarrow{AE}$ のスカラー倍なので，スカラー α があって

$$\overrightarrow{AH}=\alpha\overrightarrow{AE}=\alpha\vec{e} \qquad (7).$$

ベクトル $\overrightarrow{OH}$ はベクトル $\overrightarrow{OD}$ のスカラー倍なので，スカラー β があって

$$\overrightarrow{OH}=\beta\overrightarrow{OD}=\beta\vec{d} \qquad (8).$$

△AHB に注目して，

$$\overrightarrow{AB}=\overrightarrow{AH}+\overrightarrow{HB} \qquad (9)$$

より，$\overrightarrow{HB}=\overrightarrow{AB}-\overrightarrow{AH}=\vec{a}-\alpha\vec{e}$ なので

$$\overrightarrow{HB}=\vec{a}-\alpha\vec{e} \qquad (10).$$

△OBH に注目して

$$\overrightarrow{OB}=\overrightarrow{OH}+\overrightarrow{HB} \qquad (11).$$

$\overrightarrow{HB}=\overrightarrow{OB}-\overrightarrow{OH}$ に $\overrightarrow{OB}=\vec{b}, \overrightarrow{OH}=\beta\vec{d}$ を代入して

$$\overrightarrow{HB}=\vec{b}-\beta\vec{d} \qquad (12).$$

(10)の $\overrightarrow{HB}$ と(12)の $\overrightarrow{HB}$ を等しいとおき，$\vec{a}-\alpha\vec{e}=\vec{b}-\beta\vec{d}$ より，

$$\alpha\vec{e}=\vec{a}-\vec{b}+\beta\vec{d} \qquad (13).$$

ベクトル $\overrightarrow{HB}$ とベクトル $\overrightarrow{OA}$ の内積は(10)，$\overrightarrow{OA}=\overrightarrow{OB}-\overrightarrow{AB}=\vec{b}-\vec{a}$ と(6)より

$$(\overrightarrow{\mathrm{HB}}, \overrightarrow{\mathrm{OA}}) = (\vec{a}-\alpha\vec{e}, \vec{b}-\vec{a}) = (\vec{a}, \vec{b}-\vec{a}) - (\alpha\vec{e}, \vec{b}-\vec{a}) = (\vec{a}, \vec{b}-\vec{a}) - \alpha(\vec{e}, \vec{b}) + \alpha(\vec{e}, \vec{a})$$
$$= (\vec{a}, \vec{b}-\vec{a}) + (\alpha\vec{e}, \vec{a}) \qquad (14).$$

(13)を(14)の $\alpha\vec{e}$ に代入し，(5)より

$$(\overrightarrow{\mathrm{HB}}, \overrightarrow{\mathrm{OA}}) = (\vec{a}, \vec{b}-\vec{a}) + (\vec{a}-\vec{b}+\beta\vec{d}, \vec{a}) = (\vec{a}, \vec{b}-\vec{a}) + (\vec{a}-\vec{b}, \vec{a}) + \beta(\vec{d}, \vec{a})$$
$$= (\vec{a}, \vec{b}-\vec{a}) + (\vec{a}-\vec{b}, \vec{a}) + \beta(\vec{d}, \vec{a}) = \beta(\vec{d}, \vec{a}) = 0$$

を得，目標に達する．

一つの学校を生徒の集合と見る．二人の生徒は同じ学級に属している時，同値であると考える．同値な生徒が作る集合が一つの学級であり，学級は同値類と見なされる．学級はベクトルに対応しており，その時，学級の構成員である生徒が，ベクトルを表す有向線分に対応する．ベクトル $\vec{a}$ を表す有向線分 $\overrightarrow{\mathrm{AB}}$ はベクトル $\vec{a}$ を代表するものであるが，その様なベクトル $\vec{a}$ を表す有向線分は $\overrightarrow{\mathrm{AB}}, \overrightarrow{\mathrm{CD}}$ と沢山ある．学級を代表する者は，その学級の構成員である生徒であるが，通常は，選挙等で選ばれた学級委員であり，生徒会等では，その学級委員とそれが代表するクラスとを同一視する事が多いし，その方が便利である．しかし，かたくなに云えば，委員とそれが代表するクラスとは違うが，この様に硬直した主張は教条主義的であると呼ばれ，どの世界でも余り歓迎されない．

学級を代表する委員や選手は，学業，統率力，又は，スポーツ面で優れた生徒が選ばれる事が多い．しかし，ベクトルを代表する有向線分は，同値類であるそのベクトルに属しさえすれば，何でもよい．この任意性が，数学の上の対象の代表元と社会的な代表元の違いである．しかし，一人の生徒の悪行が報じられると，その生徒のクラス，ひいては，その生徒の学校が悪いとされる任意性は，一脈，相通じるものがある．代表元の取り方が沢山ある以上，個々の代表元の取り方に依らぬ全ての代表元に共通な性質こそ，その同値類の特性である．ベクトルでは，それが，有向線分の大きさと向きである．

ついでに重心の問題に取り組もう．△OAB にて，やはり $\overrightarrow{\mathrm{AB}}=\vec{a}, \overrightarrow{\mathrm{OB}}=\vec{b}$ とし，AB, OB の中点を，夫々，D, E とし，OD と AE の交点を G, BG の延長と OA の交点を F とする．$\overrightarrow{\mathrm{AG}}$ と $\overrightarrow{\mathrm{OG}}$ は，夫々，$\overrightarrow{\mathrm{AE}}, \overrightarrow{\mathrm{OD}}$ のスカラー倍なので，スカラ α, β があって

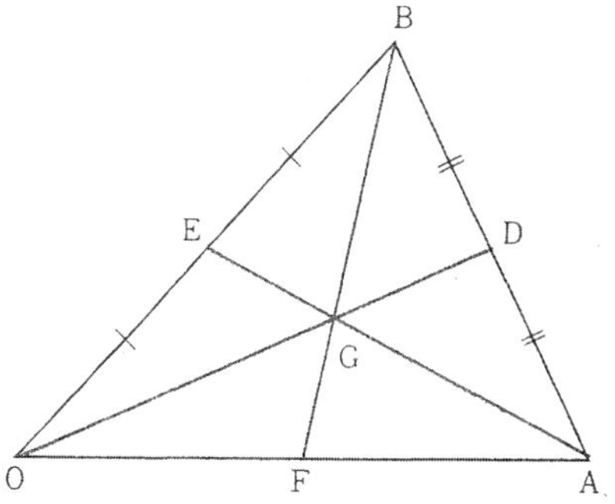

$$\overrightarrow{\mathrm{AG}} = \alpha\overrightarrow{\mathrm{AE}}, \quad \overrightarrow{\mathrm{OG}} = \beta\overrightarrow{\mathrm{OD}} \qquad (15).$$

$\overrightarrow{\mathrm{AE}} = \overrightarrow{\mathrm{AO}} + \overrightarrow{\mathrm{OE}} = \vec{a} - \vec{b} + \frac{\vec{b}}{2} = \vec{a} - \frac{\vec{b}}{2}$, $\overrightarrow{\mathrm{OD}} = \overrightarrow{\mathrm{OA}} + \overrightarrow{\mathrm{AD}} = \vec{b} - \vec{a} + \frac{\vec{a}}{2} = -\frac{\vec{a}}{2} + \vec{b}$. これらを (15) に代入し，$\overrightarrow{\mathrm{AG}} = \alpha\vec{a} - \frac{\alpha}{2}\vec{b}$, $\overrightarrow{\mathrm{OG}} = -\frac{\beta}{2}\vec{a} + \beta\vec{b}$. △OGB に注目し，$\overrightarrow{\mathrm{GB}} = \overrightarrow{\mathrm{OB}} - \overrightarrow{\mathrm{OG}} = \vec{b} + \frac{\beta}{2}\vec{a} - \beta\vec{b} = \frac{\beta}{2}\vec{a} + (1-\beta)\vec{b}$. △AGB に注目し，$\overrightarrow{\mathrm{GB}} = \overrightarrow{\mathrm{AB}} - \overrightarrow{\mathrm{AG}} = \vec{a} - \alpha\vec{a} + \frac{\alpha}{2}\vec{b} = (1-\alpha)\vec{a} + \frac{\alpha}{2}\vec{b}$. 例の考えで二つの $\overrightarrow{\mathrm{GB}}$ の $\vec{a}$ と $\vec{b}$ の係数を等しくおき，$1-\alpha = \frac{\beta}{2}, 1-\beta = \frac{\alpha}{2}$. これを解き，$\alpha = \beta = \frac{2}{3}$. 故に，$\overrightarrow{\mathrm{AG}} = \frac{2}{3}\vec{a} - \frac{\vec{b}}{3}$, $\mathrm{OG} = -\frac{\vec{a}}{3} + \frac{2}{3}\vec{b}$, $\overrightarrow{\mathrm{GB}} = \frac{\vec{a}+\vec{b}}{3}$.

類題

（解答☞ 179ページ）

1．上図において，$\overrightarrow{\mathrm{FG}} = x\overrightarrow{\mathrm{FB}}, \overrightarrow{\mathrm{OF}} = y\overrightarrow{\mathrm{OA}}$ とおき，$\overrightarrow{\mathrm{FG}} = \overrightarrow{\mathrm{OG}} - \overrightarrow{\mathrm{OF}}, \overrightarrow{\mathrm{FG}} = x(\overrightarrow{\mathrm{OB}} - \overrightarrow{\mathrm{OF}})$ を共に，$\vec{a}, \vec{b}$ で表すことにより，$x = \frac{1}{3}$ を導き，F が線分 OA の中点である事の証明を完結せよ．

4 （空間のベクトルの内積）

x, y, z 座標空間の x 軸，y 軸，z 軸上に単位の点 $E_1(1,0,0)$，$E_2(0,1,0)$，$E_3(0,0,1)$ を取り，ベクトル $\vec{e_1}=\overrightarrow{OE_1}$, $\vec{e_2}=\overrightarrow{OE_2}$, $\vec{e_3}=\overrightarrow{OE_3}$ を考えると，これらは，単位ベクトル，即ち，大きさが1のベクトルである．任意の空間ベクトル，$\vec{a}$ を有向線分 $\overrightarrow{OA}$ で表わし，点Aの座標を (a_1, a_2, a_3) とする．点Aを通り yz 平面，

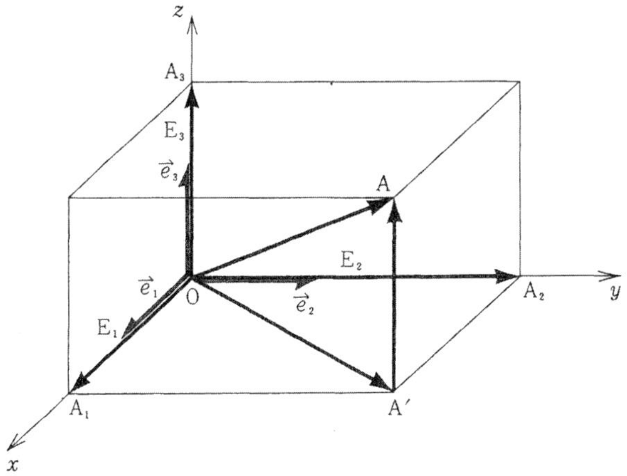

xz 平面，xy 平面に平行な平面と，x 軸，y 軸，z 軸との交点を，夫々，A_1, A_2, A_3 とおく．A から xy 平面に下した垂線の足を A′ とすると

$$\overrightarrow{OA_3}=\overrightarrow{A'A} \tag{1}$$

及び，

$$\overrightarrow{OA'}=\overrightarrow{OA_1}+\overrightarrow{OA_2} \tag{2}$$

が上図より成立している．点Aの座標が (a_1, a_2, a_3) であると云う事は

$$\overrightarrow{OA_1}=a_1\overrightarrow{OE_1},\quad \overrightarrow{OA_2}=a_2\overrightarrow{OE_2},\quad \overrightarrow{OA_3}=a_3\overrightarrow{OE_3} \tag{3}$$

を意味する．$\triangle OA'A$ に注意して，$\overrightarrow{OA}=\overrightarrow{OA'}+\overrightarrow{A'A}=\overrightarrow{OA'}+\overrightarrow{OA_3}$．$\square OA_1A'A_2$ に注目して，$\overrightarrow{OA'}=\overrightarrow{OA_1}+\overrightarrow{OA_2}$．従って，$\overrightarrow{OA}=\overrightarrow{OA_1}+\overrightarrow{OA_2}+\overrightarrow{OA_3}=a_1\overrightarrow{OE_1}+a_2\overrightarrow{OE_2}+a_3\overrightarrow{OE_3}$ を得るので，

$$\vec{a}=a_1\vec{e_1}+a_2\vec{e_2}+a_3\vec{e_3} \tag{4}$$

別のベクトル $\vec{b}$ を有向線分 $\overrightarrow{OB}$ で表した時，点Bの座標が (b_1, b_2, b_3) であれば，

$$\vec{b}=b_1\vec{e_1}+b_2\vec{e_2}+b_3\vec{e_3} \tag{5}$$

を得るので，和と差は

$$\vec{a}\pm\vec{b}=(a_1\pm b_1)\vec{e_1}+(a_2\pm b_2)\vec{e_2}+(a_3\pm b_3)\vec{e_3} \tag{6}$$

で与えられる．また，スカラー α と $\vec{a}$ との積は

$$\alpha\vec{a}=\alpha a_1\vec{e_1}+\alpha a_2\vec{e_2}+\alpha a_3\vec{e_3} \tag{7}$$

で与えられる．この状況の下で，$a_1\vec{e_1}+a_2\vec{e_2}+a_3\vec{e_3}$ と書く代りに，(a_1, a_2, a_3) と書き，

$$\vec{a}=(a_1, a_2, a_3) \tag{8}$$

をベクトル $\vec{a}$ の**成分表示**と云う．(5)は

$$\vec{b}=(b_1,\ b_2,\ b_3) \tag{9}$$

と同じであり，(6)と(7)は，夫々，

$$(a_1,\ a_2,\ a_3)\pm(b_1,\ b_2,\ b_3)=(a_1\pm b_1,\ a_2\pm b_2,\ a_3\pm b_3) \tag{10}$$

$$\alpha(a_1,\ a_2,\ a_3)=(\alpha a_1,\ \alpha a_2,\ \alpha a_3) \tag{11}$$

と同じである．余り難しく思い込まないで，要は**省資源時代の記号の節約**と思えば十分である．無駄を省くのが，数学の真骨頂である．

所でベクトル$\vec{e_1}, \vec{e_2}, \vec{e_3}$は大きさは1なので，$(\vec{e_1}, \vec{e_1})=|\vec{e_1}|^2=1$であり，

$$(\vec{e_1}, \vec{e_1})=1,\ (\vec{e_2}, \vec{e_2})=1,\ (\vec{e_3}, \vec{e_3})=1 \tag{12}$$

ベクトル$\vec{e_1}, \vec{e_2}$と$\vec{e_3}$は互に直交しているので内積は0であり，

$$(\vec{e_1}, \vec{e_2})=(\vec{e_1}, \vec{e_3})=(\vec{e_2}, \vec{e_1})=(\vec{e_2}, \vec{e_3})=(\vec{e_3}, \vec{e_1})=(\vec{e_3}, \vec{e_2})=0 \tag{13}$$

ベクトル$\vec{a}=(a_1,\ a_2,\ a_3)=a_1\vec{e_1}+a_2\vec{e_2}+a_3\vec{e_3}$とベクトル$\vec{b}=(b_1,\ b_2,\ b_3)=b_1\vec{e_1}+b_2\vec{e_2}+b_3\vec{e_3}$の内積を，あたかも，1次式の積であるかのように展開すると，(12)，(13)より$(e_i,\ e_j)$は$i=j$の時のみ1として生き残るので，

$$\begin{aligned}(\vec{a}, \vec{b})&=(a_1\vec{e_1}+a_2\vec{e_2}+a_3\vec{e_3},\ b_1\vec{e_1}+b_2\vec{e_2}+b_3\vec{e_3})=a_1b_1(\vec{e_1}, \vec{e_1})+a_1b_2(\vec{e_1}, \vec{e_2})+a_1b_3(\vec{e_1}, \vec{e_3})\\&\quad+a_2b_1(\vec{e_2}, \vec{e_1})+a_2b_2(\vec{e_2}, \vec{e_2})+a_2b_3(\vec{e_2}, \vec{e_3})+a_3b_1(\vec{e_3}, \vec{e_1})+a_3b_2(\vec{e_3}, \vec{e_2})+a_3b_3(\vec{e_3}, \vec{e_3})\\&=a_1b_1+a_2b_2+a_3b_3\end{aligned}$$

を得，次の基本事項を得る．

> **基-1**　ベクトル$\vec{a}=(a_1,\ a_2,\ a_3)$, $\vec{b}=(b_1,\ b_2,\ b_3)$の内積は，$(\vec{a}, \vec{b})=a_1b_1+a_2b_2+a_3b_3$.

$\vec{b}=\vec{a}$とおくと，$(\vec{a}, \vec{a})=|\vec{a}|^2$なので

> **基-2**　ベクトル$\vec{a}=(a_1,\ a_2,\ a_3)$の大きさは，$|\vec{a}|=\sqrt{a_1^2+a_2^2+a_3^2}$.

ベクトル$\vec{a}$をある時は，$\vec{a}=(a_1,\ a_2,\ a_3)$で成分表示し，ある時は，$\vec{a}=a_1\vec{e_1}+a_2\vec{e_2}+a_3\vec{e_3}$で表す，使い分けを覚えねばならぬ．なお，$\vec{e_1}, \vec{e_2}, \vec{e_3}$を**基底**と云う．任意のベクトル$\vec{e_1}$は基底$\vec{e_1}, \vec{e_2}, \vec{e_3}$の1**次結合**$\vec{a}=a_1\vec{e_1}+a_2\vec{e_2}+a_3\vec{e_3}$で表され，その係数$a_1,\ a_2,\ a_3$が丁度ベクトル$\vec{a}$の成分表示$(a_1,\ a_2,\ a_3)$を与える．基底や1次結合は大学に入学すると直ぐ学びますので，アレルギーを起さぬ様，今から免疫を作っておきましょう．言葉だけで，中味は大した事ありませんね．大学で早熟な同級生の操る術語に劣等感を持たないこと．

空間において，二つの有向線分$\overrightarrow{\mathrm{AB}}, \overrightarrow{\mathrm{CD}}$はABDCがこの順序で平行四辺形をなす時，同値であると定義し，有向線分の同値類，即ち，同値な有向線分の作る集合をベクトルと呼び，その集合の構成要素である個々の有向線分はそのベクトルの代表元とみなし，そのベクトルを表現すると云う．教条主義的な立場では，集合とその要素とは区別しなければならないが，問題3の後半で述べた主旨で，ベクトルとその代表元である有向線分とを同一視する．これがベクトルの幾何的な横顔である．同値な有向線分に共通なものこそ，その有向線分の大きさと向きである．かくして，ベクトルとは大きさと向きを持つ量であると述べる事が出来る．これが中学生時代の私には分らなかった．

類　題　（解答☞ 179ページ）

2．方向余弦が$(l_1,\ m_1,\ n_1)$，$(l_2,\ m_2,\ n_2)$である二つの単位ベクトルの内積は次の内どれか．(1) $l_1m_1n_1+l_2m_2n_2$　(2) $l_1l_2+m_1m_2+n_1n_2$　(3) $(l_1+m_1+n_1)(l_2+m_2+n_2)$　(4) $1+l_1m_1n_1+l_2m_2n_2$　(5) $m_1n_2+n_1l_2+l_1m_2$　（国家公務員上級職物理専門試験）

5 （空間のベクトルの内積）

xyz 座標空間の x 軸，y 軸，z 軸上に単位の点 $E_1(1,0,0)$, $E_2(0,1,0)$, $E_3(0,0,1)$ を取り，単位ベクトル $\vec{e_1}=\overrightarrow{OE_1}$, $\vec{e_2}=\overrightarrow{OE_2}$, $\vec{e_3}=\overrightarrow{OE_3}$ を取ると，前問で考察した様に，$\vec{e_1}$, $\vec{e_2}$, $\vec{e_3}$ は**基底**をなす，云いかえれば，任意のベクトル $\vec{a}$ は，有向線分 OA で表した時，点Aの座標が，(a_1, a_2, a_3) であれば，

$$\vec{a}=\overrightarrow{OA}=a_1\vec{e_1}+a_2\vec{e_2}+a_3\vec{e_3} \tag{1}$$

とベクトル $\vec{e_1}$, $\vec{e_2}$, $\vec{e_3}$ の1次結合で表される．この時，

$$\vec{a}=(a_1, a_2, a_3) \tag{2}$$

と書き，ベクトル $\vec{a}$ の**成分表示**と云う．

別のベクトル $\vec{b}$ が成分表示 $\vec{b}=(b_1, b_2, b_3)$ を持てば，内積は公式

$$(\vec{a}, \vec{b})=a_1b_1+a_2b_2+a_3b_3 \tag{3}$$

で与えられる．ベクトル $\vec{a}$ の大きさは

$$|\vec{a}|=\sqrt{a_1^2+a_2^2+a_3^2} \tag{4}$$

で与えられる．ベクトル $\vec{a}$, $\vec{b}$ を有向線分 OA, OB で表した時，$\theta=\angle AOB$ とおくと，内積は

$$(\vec{a}, \vec{b})=|\vec{a}|\,|\vec{b}|\cos\theta \tag{5}$$

なる幾何学的意味を持つ．$\vec{a}$, $\vec{b}$ が直交する為の必要十分条件は $\cos\theta=0$，即ち，

$$(\vec{a}, \vec{b})=a_1b_1+a_2b_2+a_3b_3=0 \tag{6}$$

で与えられる．

空間の二点 $A(a_1, a_2, a_3)$, $B(b_1, b_2, b_3)$ に対して，$\overrightarrow{OA}=a_1\vec{e_1}+a_2\vec{e_2}+a_3\vec{e_3}$, $\overrightarrow{OB}=b_1\vec{e_1}+b_2\vec{e_2}+b_3\vec{e_3}$, $\overrightarrow{OB}=\overrightarrow{OA}+\overrightarrow{AB}$ が成立するから，$\overrightarrow{AB}=\overrightarrow{OB}-\overrightarrow{OA}=(b_1-a_1)\vec{e_1}+(b_2-a_2)\vec{e_2}+(b_3-a_3)\vec{e_3}$ が成立し，

$$\overrightarrow{AB}=(b_1-a_1, b_2-a_2, b_3-a_3) \tag{7}$$

なる成分表示を得る．以上をまとめると

基-1　ベクトル $\vec{a}=(a_1, a_2, a_3)$, $\vec{b}=(b_1, b_2, b_3)$ の交角 θ は $\cos\theta=\dfrac{a_1b_1+a_2b_2+a_3b_3}{\sqrt{a_1^2+a_2^2+a_3^2}\sqrt{b_1^2+b_2^2+b_3^2}}$．
基-2　ベクトル $\vec{a}=(a_1, a_2, a_3)$, $\vec{b}=(b_1, b_2, b_3)$ が直交する為の必要十分条件は $a_1b_1+a_2b_2+a_3b_3=0$.
基-3　空間の二点 $A(a_1, a_2, a_3)$, $B(b_1, b_2, b_3)$ に対して $\overrightarrow{AB}=(b_1-a_1, b_2-a_2, b_3-a_3)$.

以上の予備知識で，本問に臨もう．$\overrightarrow{OC}=(1,1,1)$ である．点 $P(x,y,z)$ が直線 OC 上にある為の必要十分条件は，スカラー t があって $\overrightarrow{OP}=t\overrightarrow{OC}$. $\overrightarrow{OP}=(x,y,z)$ なので，$(x,y,z)=t(1,1,1)=(t,t,t)$ を得る．云い換えれば，

$$x=y=z=t \tag{8}$$

が直線 OC 上の点 $P(x,y,z)$ を表す**方程式**である．直線 OC 上の点 $H(t,t,t)$ を取る．
$O(0,0,0)$, $H(t,t,t)$ を結ぶベクトルは基-3より

$$\overrightarrow{OH}=(t,t,t) \tag{9}$$

$A(0,0,1)$, $H(t,t,t)$ を結ぶベクトルは基-3より

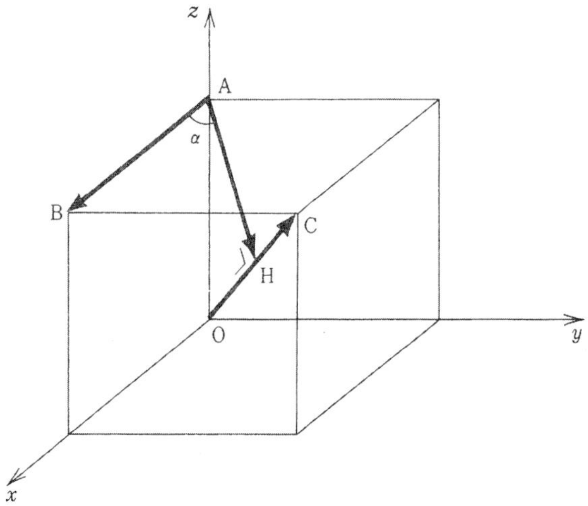

$$\overrightarrow{AH}=(t,\,t,\,t-1) \qquad (10).$$

ベクトル $\overrightarrow{OC}=(1,1,1)$ とベクトル$\overrightarrow{AH}=(t,t,t-1)$ が直交する為の必要十分条件は，基-2より

$$(\overrightarrow{AH},\,\overrightarrow{OC})=t+t+t-1=3t-1=0 \qquad (11),$$

即ち，$t=\frac{1}{3}$．従って，垂線の足は $H\left(\frac{1}{3},\frac{1}{3},\frac{1}{3}\right)$ である．$t=\frac{1}{3}$ に対して，(10)より

$$\overrightarrow{AH}=\left(\frac{1}{3},\frac{1}{3},-\frac{2}{3}\right) \qquad (12).$$

基-3より

$$\overrightarrow{AB}=(1,0,0) \qquad (13)$$

なので，ベクトル $\overrightarrow{AB}$ と $\overrightarrow{AH}$ のなす角 $\alpha=\angle BAH$ は，(3), (4)より $|\overrightarrow{AH}|=\sqrt{\frac{1}{9}+\frac{1}{9}+\frac{4}{9}}=\frac{\sqrt{6}}{3}$，$|\overrightarrow{AB}|=1$，$(\overrightarrow{AH},\overrightarrow{AB})=\frac{1}{3}$ なので，基-1より

$$\cos\alpha=\frac{\frac{1}{3}}{\frac{\sqrt{6}}{3}}=\frac{1}{\sqrt{6}}.$$

空間のベクトルは幾何学的横顔と代数的素顔を持ち，両者は全く異質的に思われ，同一視する事に抵抗を感じる読者が多いと思う．そして実は，これに敏感に反応する読者程，数学的感度が高い．かく申す私も，大学の教養の「代数及び幾何学」で有向線分が実数が三つ並んだ数ベクトルに等しい事を先生は力説されるが，合点が行かなんだ．以下の記述は高校生や教養部の学生には，どうでもよい事であるが，秀才を落ち零れとしない為に書く．問題4の終りで解説した様に，有向線分の同値類である所の有向線分の一つの集合がベクトルである．このベクトルを代表する有向線分の取り方に依らぬ性質こそ，その大きさと向きであり，これがベクトル固有の量である．一方，空間に基底をなすベクトル $\vec{e_1}, \vec{e_2}, \vec{e_3}$ を定めておくと，任意のベクトル $\vec{a}$ は位置ベクトル $\overrightarrow{OA}$ を媒介にして，基底の1次結合 (1) で表され，数字が三つ並んだ，数ベクトル (2)が対応する．ベクトルに対して，数ベクトルが一対一に対応し，ベクトルの演算には，前問の (6)，(7) の様な数ベクトルの代数的演算が対応する．この様に二つの数学的対象の間に一対一の対応があり，演算が保存される時，両者は同じであると考える．これが現代数学のエスプリである．

6 （空間の有向線分の方向余弦）

空間に三点 A, B, C が与えられた時，ベクトル $\overrightarrow{AB}$, $\overrightarrow{AC}$ が同じ向きを持たなければ，三点 A, B, C は一つの平面 π を定める．これをこの答案用紙とする．点Pが π 上にあれば，Pを通り，直線 AC, AB に平行

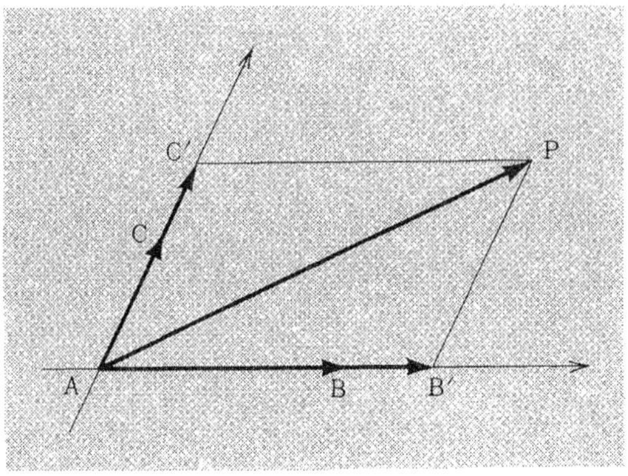

な直線を引き，直線 AB, AC との交点を夫々 B,′ C′ とする．

ベクトル $\overrightarrow{AB'}$ はベクトル $\overrightarrow{AB}$ のスカラー倍であるから，スカラー s があって

$$\overrightarrow{AB'}=s\overrightarrow{AB} \qquad (1).$$

ベクトル $\overrightarrow{AC'}$ はベクトル $\overrightarrow{AC}$ のスカラー倍であるから，スカラー t があって

$$\overrightarrow{AC'}=t\overrightarrow{AC} \qquad (2).$$

AB′PC′ は平行四辺形なので，$\overrightarrow{AP}=\overrightarrow{AB'}+\overrightarrow{AC'}$．従って

$$\overrightarrow{AP}=s\overrightarrow{AB}+t\overrightarrow{AC} \qquad (3).$$

逆に，$\overrightarrow{AP}$ がスカラー s, t を媒介にしてベクトル $\overrightarrow{AB}$, $\overrightarrow{AC}$ の1次結合(3)で表わされれば，点Pは平面 π 上にある．従って(3)は点Pが π 上にある為の必要十分条件である．

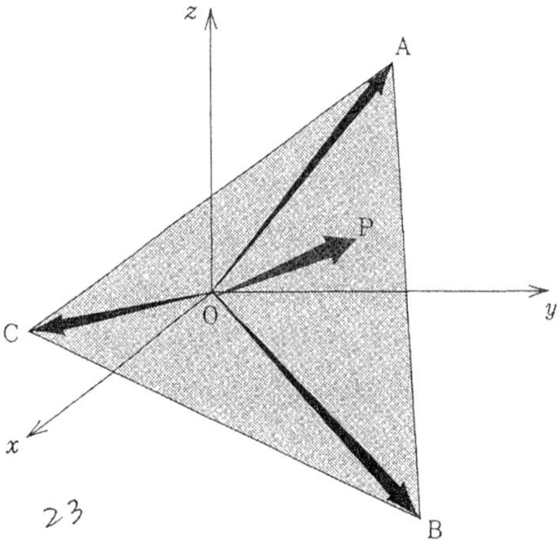

これだけの予備知識で，本問を考察しよう．

二点 A(1, 2, 3), B(2, 3, 1) に対して，前問の基-3を適用し，$\overrightarrow{AB}=(1, 1, -2)$．二点 A(1, 2, 3), C(3, 1, 2) に適用し，$\overrightarrow{AC}=(2, -1, -1)$．点Pが平面 ABC 上にある為の必要十分条件はスカラー s, t があって

$$\overrightarrow{AP}=s\overrightarrow{AB}+t\overrightarrow{AC} \qquad (4).$$

$s\overrightarrow{AB}+t\overrightarrow{AC}=s(1, 1, -2)+t(2, -1, -1)=(s+2t, s-t, -2s-t)$ と真面目に，暗算無しで計算し

$$\overrightarrow{AP}=(s+2t, s-t, -2s-t) \qquad (5).$$

未知数が s と t の二つあるので，条件が二つあれば，s, t 従って，$\overrightarrow{AP}$ 等が定り，合格するのだと微笑しつつ，落着いて，問題文をもう一度読む．

線分 OP が線分 OA, OB, OC となす角を，夫々，α, β, γ とすると，内積の定義より

$$\cos\alpha=\frac{(\overrightarrow{OA},\ \overrightarrow{OP})}{|\overrightarrow{OA}|\ |\overrightarrow{OP}|},\quad \cos\beta=\frac{(\overrightarrow{OB},\ \overrightarrow{OP})}{|\overrightarrow{OB}|\ |\overrightarrow{OP}|},\quad \cos\gamma=\frac{(\overrightarrow{OC},\ \overrightarrow{OP})}{|\overrightarrow{OC}|\ |\overrightarrow{OP}|} \qquad (6).$$

問題文の二行から三行にかけて書いてある条件より，$\beta=\beta=\gamma$ なので

$$\frac{(\overrightarrow{OA},\ \overrightarrow{OP})}{|\overrightarrow{OA}|\ |\overrightarrow{OP}|}=\frac{(\overrightarrow{OB},\ \overrightarrow{OP})}{|\overrightarrow{OB}|\ |\overrightarrow{OP}|}=\frac{(\overrightarrow{OC},\ \overrightarrow{OP})}{|\overrightarrow{OC}|\ |\overrightarrow{OP}|} \qquad (7)$$

を得，全ては計算に帰着されたとホクソ笑む．$\overrightarrow{OA}=(1,2,3)$, $\overrightarrow{OB}=(2,3,1)$, $\overrightarrow{OC}=(3,1,2)$ は成分の並べ方が変っているだけなので，前問の(4)より，$|\overrightarrow{OA}|^2=|\overrightarrow{OB}|^2=|\overrightarrow{OC}|^2=1^2+2^2+3^2$．従って，(7)の三つの分母は共通である．故に $(\overrightarrow{OA},\ \overrightarrow{OP})=(\overrightarrow{OB},\ \overrightarrow{OP})$, $(\overrightarrow{OA},\ \overrightarrow{OP})=(\overrightarrow{OC},\ \overrightarrow{OP})$．$\overrightarrow{AB}=\overrightarrow{OB}-\overrightarrow{OA}$, $\overrightarrow{AC}=\overrightarrow{OC}-\overrightarrow{OA}$ なので，

$$(\overrightarrow{AB},\ \overrightarrow{OP})=(\overrightarrow{OB}-\overrightarrow{OA},\ \overrightarrow{OP})=(\overrightarrow{OB},\ \overrightarrow{OP})-(\overrightarrow{OA},\ \overrightarrow{OP})=0 \qquad (8),$$

$$(\overrightarrow{AC},\ \overrightarrow{OP})=(\overrightarrow{OC}-\overrightarrow{OA},\ \overrightarrow{OP})=(\overrightarrow{OC},\ \overrightarrow{OP})-(\overrightarrow{OA},\ \overrightarrow{OP})=0 \qquad (9).$$

$\overrightarrow{AB}=(1,\ 1,\ -2)$, $\overrightarrow{AC}=(2,\ -1,\ -1)$ 及び(5)より，

$$\begin{aligned}\overrightarrow{OP}&=\overrightarrow{OA}+\overrightarrow{AP}=(1,\ 2,\ 3)+(s+2t,\ s-t,\ -2s-t)\\&=(s+2t+1,\ s-t+2,\ -2s-t+3)\end{aligned} \qquad (10)$$

に対して，内積の公式を適用し，(8)，(9)の左辺を計算すれば，連立方程式

$$(s+2t+1)+(s-t+2)-2(-2s-t+3)=6s+3t-3=0 \qquad (11)$$

$$2(s+2t+1)-(s-t+2)-(-2s-t+3)=3s+6t-3=0 \qquad (12)$$

を得る．(11), (12) より $s=t=\frac{1}{3}$．(10)に代入して，

$$\overrightarrow{OP}=(2,\ 2,\ 2) \quad (13), \qquad P=(2,\ 2,\ 2) \quad (14).$$

$|\overrightarrow{OP}|=\sqrt{2^2+2^2+2^2}=2\sqrt{3}$ なので，$\overrightarrow{OP}$ と同じ向きの単位ベクトルは

$$\frac{\overrightarrow{OP}}{|\overrightarrow{OP}|}=\left(\frac{1}{\sqrt{3}},\ \frac{1}{\sqrt{3}},\ \frac{1}{\sqrt{3}}\right) \qquad (15)$$

で直線 OP の方向余弦と呼ばれる．くどくなりますが，省資源の為ここに記さなかった途中の計算も絶対に暗算してはいけません．全て筆算で行うくせを体で体得した人に栄冠が輝くのです．小学校でかけられた暗算の呪いを解く事が肝要です．

形而下学的な事を述べたので，形而上学的な解説をします．前問迄に解説しました様に，同値な有向線分の作る集合である所の同値類がベクトルであり，幾何学的には有向線分を代表元に持ちます．その際，始点の取り方はどうでもよいので，このどうでもよい所は考慮に入れないで，同値な有向線分に共通の性質を抜き出すと，大きさと向きがベクトル固有のものとして残る事は，既に解説しました．いずれ読者諸君が大学に入学し，教養部の哲学で学びますが，この事を偶有的要素を止揚すると云い，ドイツ語で aufheben と書き，ローマ字読みに発音します．要は，本質を取り出す事です．次に代数的には，空間ベクトルは，数ベクトル $(a_1,\ a_2,\ a_3)$ として表現され，ベクトルの演算が成分毎に代数的に行なわれ，大変便利です．それ故，ベクトルを直観的に把握する時は，有向線分として幾何学的に表現し，計算等の実務を行う時は，代数的に数ベクトルとして表現しますが，くどく説明しております様に，両者は同じものの異なる表現であり，一つの貨幣を表から眺めるか，裏から眺めるかの違いしかありません．

EXERCISES

（解答☞ 179ページ）

1 （内積） $\vec{a}=(1,-1)$ に垂直なベクトル $\vec{\beta}=(2,x)$ がある．x の値を求めよ．（神奈川県中学校教員採用試験）

2 （内積） 座標原点Oを中心に半径 r の円がある．円周上に2点 $P(x_1,y_1)$, $Q(x_2,y_2)$ がある．$x_1x_2+y_1y_2=0$ である時，$(\overrightarrow{OP},\overrightarrow{PQ})$ を求めよ．（北海道中学校教員採用試験）

3 （内積） $\overrightarrow{OA}=(6,1)$, $\overrightarrow{OB}=(3,4)$ の時，$\overrightarrow{AB}$ に垂直な単位ベクトルを求めよ．

（神奈川県中学校・高校教員採用試験）

4 （内積） 円 $(X-A,X-A)=r^2$ 上の一点 X_1 における接線の方程式は

$$(X-X_1,X_1-A)=0 \qquad (1)$$

で与えられることを示せ．ただし，(A,B) はベクトル A,B の内積，X は自由ベクトル，A は固定ベクトルを表すものとする．（埼玉県高校教員採用試験）

5 （内積） $\vec{a}=(1,2)$, $\vec{b}=(3,8)$, $\vec{p}=(1,-1)$ で内積 $(x\vec{a}+y\vec{b},\vec{p})=0$ かつ $x+y=1$ である時，次の問に答えよ．

(i) x,y の値を求めよ．

(ii) $|x\vec{a}+y\vec{b}|$ を求めよ．（千葉県中学校教員採用試験）

6 （空間ベクトル） ベクトル $\vec{a}=(3,-1,-2)$, $\vec{b}=(-1,2,3)$, $\vec{c}=(1,3,4)$ は一次独立か一次従属か．もし，一次従属である時は，$\vec{c}$ を $\vec{a}$ と $\vec{b}$ とで表わせ．（長野県中学校・高校教員採用試験）

Advice

1 ベクトル $\vec{\beta}$ がベクトル $\vec{a}$ に垂直であるとは，二つのベクトル $\vec{a},\vec{\beta}$ が直交する事を意味し，ベクトル $\vec{a}$ と $\vec{\beta}$ の内積 $(\vec{a},\vec{\beta})$ が0になる事と同値である．問題1の基-1を用いて，$\vec{a}$ と $\vec{\beta}$ の内積を計算し，次にその内積を0とせよ．

2 P, Q は円周上にあるので，$x_1^2+y_1^2=r^2$, $x_2^2+y_2^2=r^2$ が成立する．前章の問題1の基-1を用いて，先ず，ベクトル $\overrightarrow{PQ}$ を求め，次に問題1の基1を用いて $(\overrightarrow{OP},\overrightarrow{PQ})$ を求めよ．

3 前章の問題1の基-1を用いて，先ず，$\overrightarrow{AB}$ を求め，次に，問題1の基-1を用いて $\vec{e}=(l,m)$ が，$\overrightarrow{AB}$ と直交する単位ベクトルである様にせよ．二つのベクトル $\overrightarrow{AB}$ と $\vec{e}$ が直交する事は勿論内積が0である事と同値であり，ベクトル $\vec{e}$ が単位ベクトルである事は，ベクトル $\vec{e}$ の大きさが1である事を意味する．

4 この問題は点 X と，位置ベクトル $\overrightarrow{OX}$ を同一視して考えるとよい．大きさ1のベクトル E に対して，方程式 $X-X_1=tE$ を位置ベクトル X が満す点 X は，X_1 を通り，ベクトル E と同じ向きを持つ，直線上にある．従って，$X-X_1=tE$ は X_1 を通る直線の方程式であり，E の成分はその方向余弦である．この直線が円に接する為の必要十分条件は，円と一点のみを共有する事である．X_1 を通る直線 $X-X_1=tE$ が円と共有点を一つしか持たない条件を求めよ．

5 問題1の基-1を用いよ．

6 ベクトル $\vec{a},\vec{b},\vec{c}$ は $\vec{a},\vec{b},\vec{c}$ のどれか一つ，例えば，$\vec{c}$ が他の残りの $\vec{a},\vec{b}$ の1次結合で，$\vec{c}=x\vec{a}+y\vec{b}$ と表される時，**1次従属**と云う．1次従属でない時，**1次独立**と云う．$\vec{c}=x\vec{a}+y\vec{b}$ を成分で書くと，未知数が x,y の二つ，式が三つで，一般には解がないのであるが，解がある時は1次従属である．その様な x,y を求めればよい．

2次の正方行列と列ベクトル

［指針］ 数，又は，数を表す文字を正方形の形に並べた物が行列であり，縦に1列に並べた物が列ベクトルですが，唯それだけでは数学でない．行を表わすベクトルと列ベクトルとの内積を用いて積を定義します．高校生時代に大学入試より易しい数学教員採用試験問題をこなしましょう．一石二鳥です．

1 （積） 平面上の2点 $P=(a, b)$, $Q=(c, d)$ を

$$\begin{pmatrix} a \\ b \end{pmatrix}=\begin{pmatrix} 1 & 3 \\ 1 & -1 \end{pmatrix}\begin{pmatrix} 0 \\ 1 \end{pmatrix},\quad \begin{pmatrix} c \\ d \end{pmatrix}=\begin{pmatrix} 1 & 3 \\ 1 & -1 \end{pmatrix}\begin{pmatrix} 1 \\ s+1 \end{pmatrix}$$

によって定めると，$a=\boxed{\text{ア}}$, $b=\boxed{\text{イウ}}$, $c=\boxed{\text{エ}}s+\boxed{\text{オ}}$, $d=\boxed{\text{カ}}s+\boxed{\text{キ}}$ となる．そして P, Q を通る直線の方程式は

(i) $s\neq -\dfrac{1}{3}$ の時は

$$y=\frac{\boxed{\text{ク}}-\boxed{\text{ケ}}}{3s+1}x-\frac{\boxed{\text{コ}}}{3s+1}$$

であり

(ii) $s=-\dfrac{1}{3}$ の時は，$x=\boxed{\text{サ}}$ である．

（共通一次試行テスト数学一般選択）

2 （積） $\begin{pmatrix} 1 & -2 \\ 3 & 5 \end{pmatrix}X=\begin{pmatrix} 1 & 2 \\ 3 & 4 \end{pmatrix}$ を満す(2, 2)行列 X があれば，それを求めよ．

（愛知県高校教員採用試験）

3 （積） 次の行列を計算し，2×2 型の行列にせよ．

$$A=\begin{pmatrix} \cos\alpha & -\sin\alpha \\ \sin\alpha & \cos\alpha \end{pmatrix}\begin{pmatrix} \cos\beta & -\sin\beta \\ \sin\beta & \cos\beta \end{pmatrix}\begin{pmatrix} \cos\gamma & -\sin\gamma \\ \sin\gamma & \cos\gamma \end{pmatrix}$$

（福岡県高校教員採用試験）

4 （和積） ω を1の3乗根の虚根の1つとすると，任意の複素数は $a+b\omega$ (a, b は実数) で表される．

複素数 $a+b\omega$ に対して行列 $\begin{pmatrix} a & -b \\ b & a-b \end{pmatrix}$ を対応させる．

この時，複素数の和は行列の和に，積は行列の積に対応する事を証明せよ．

（静岡県高校教員採用試験）

1 （2次の行列と2次の列ベクトルの積）

xy 平面の2点 A, B を取り，有向線分 $\overrightarrow{AB}$ を考察し，4点 A, B, C, D が ABDC の順に平行四辺形をなす時，有向線分 $\overrightarrow{AB}$, $\overrightarrow{CD}$ は同じベクトルを表すと考えた．ベクトル $\vec{a}$ を原点Oを始点とする有向線分 OA で表し，点Aの座標を $A(a_1, a_2)$ とする．x 軸，y 軸上に，夫々，単位の点 $E_1(1, 0)$, $E_2(0, 1)$ を取り，ベクトル $\vec{e_1}=\overrightarrow{OE_1}$, $\vec{e_2}=\overrightarrow{OE_2}$ を定義すると，上のベクトル $\vec{a}$ は $\vec{e_1}$, $\vec{e_2}$ の1次結合

$$\vec{a}=a_1\vec{e_1}+a_2\vec{e_2} \tag{1}$$

で表された．記号の簡略化のため，$\vec{a}$ を (a_1, a_2) で表わし，

$$\vec{a}=(a_1, a_2) \tag{2}$$

と書いた．この時，二つのベクトル $\vec{a}=(a_1, a_2)$, $\vec{b}=(b_1, b_2)$ とスカラー α, β に対して

$$\alpha\vec{a}+\beta\vec{b}=(\alpha a_1+\beta b_1, \alpha a_2+\beta b_2) \tag{3}$$

が成立し，ベクトルの演算は成分の対応する演算によって与えられ，大変便利であった．更に内積は

$$(\vec{a}, \vec{b})=a_1b_1+a_2b_2 \tag{4}$$

で与えられ，これ又，成分の積の和で計算される．

この様に，平面のベクトルに対して，その成分表示が対応し，それは実数 a_1, a_2 を横に並べた物であり，この (a_1, a_2) を**2次元の行ベクトル**と呼ぶ．a_1, a_2 を縦に並べた時，

$$\vec{a}=\begin{pmatrix} a_1 \\ a_2 \end{pmatrix} \tag{5}$$

を**2次元の列ベクトル**と呼ぶ．共に，2次元のベクトルの代数的表現であって，計算の上で大変便利である．行ベクトルと列ベクトルとは異なるが，同じ幾何学的平面（2次元）のベクトルの異なる代数的表現と考える事が出来る．

行ベクトルは一つの行からなり，列ベクトルは一つの列からなるが，もう一歩進めて，2行2列の

$$A=\begin{pmatrix} a_{11} & a_{12} \\ a_{21} & a_{22} \end{pmatrix} \tag{6}$$

と云う形をした物を2次の**正方行列**，または，(2,2)行列や 2×2 行列と云う．(6)の中味の $a_{11}, a_{12}, a_{21}, a_{22}$ を行列 A の**要素**又は**元**と云い，夫々，(1,1)成分（または要素），(1,2)成分，(2,1)成分，(2,2)成分と云うが，その各成分 $a_{11}, a_{12}, a_{21}, a_{22}$ は数または数を表す文字とする．従って，(6)は四個の数を成分に持つ絵であって，数ではない，行列 A が数でないからと云って，只，漠然と眺めていては数学ではない．行列 A と行列

$$B=\begin{pmatrix} b_{11} & b_{12} \\ b_{21} & b_{22} \end{pmatrix} \tag{7}$$

とは対応する要素が一つ残らず全て等しく $a_{11}=b_{11}$, $a_{12}=b_{12}$, $a_{21}=b_{21}$, $a_{22}=b_{22}$ が成立する時，**等しい**と云い，$A=B$ と書く．即ち，

$$\begin{pmatrix} a_{11} & a_{12} \\ a_{21} & a_{22} \end{pmatrix}=\begin{pmatrix} b_{11} & b_{12} \\ b_{21} & b_{22} \end{pmatrix} \text{ とは，} a_{11}=b_{11},\ a_{12}=b_{12},\ a_{21}=b_{21},\ a_{22}=b_{22} \tag{8}$$

の事を云う．更にスカラー α, β に対して

$$\alpha\begin{pmatrix} a_{11} & a_{12} \\ a_{21} & a_{22} \end{pmatrix}+\beta\begin{pmatrix} b_{11} & b_{12} \\ b_{21} & b_{22} \end{pmatrix}=\begin{pmatrix} \alpha a_{11}+\beta b_{11} & \alpha a_{12}+\beta b_{12} \\ \alpha a_{21}+\beta b_{21} & \alpha b_{22}+\beta b_{22} \end{pmatrix} \tag{9}$$

で行列 A, B の1次結合を定義する．

更に，2次の列ベクトル

$$X=\begin{pmatrix} x_1 \\ x_2 \end{pmatrix} \tag{10}$$

に対して，

$$\begin{pmatrix} a_{11} & a_{12} \\ a_{21} & a_{22} \end{pmatrix}\begin{pmatrix} x_1 \\ x_2 \end{pmatrix}=\begin{pmatrix} a_{11}x_1+a_{12}x_2 \\ a_{21}x_1+a_{22}x_2 \end{pmatrix} \tag{11}$$

で，2次の正方行列と2次の列ベクトルの積を定義する．**この積の順序を入れ換える事は絶対に許されない．** (11) の右辺の第1成分 $a_{11}x_1+a_{12}x_2$ は第1行の作る行ベクトル (a_{11}, a_{12}) と列ベクトル X との内積であり，第2成分 $a_{21}x_1+a_{22}x_2$ は第2行の作る行ベクトル (a_{21}, a_{22}) と列ベクトル X との内積であり，(11) を記憶する事は大した負担ではない．

それよりも，このあたりの説明で，高校生諸君が異和感を持つのは，$a_{11}, a_{12}, a_{21}, a_{22}$ 等の記法である．これを a, b, c, d としてしまえば，悩みは無くなるが，高次の場合へと飛翔する事が出来ない．行ベクトル (a_1, a_2) に出て来る a_1, a_2 の1, 2や上の a_{11}, a_{12} 等の11, 12を**添字**と云い，特に，後者を**2重添字**と云う．a_{ij} は i 行 j 列の要素を表すので，慣れるとこちらの方が便利である．当然の事であるが，a_{11} で一つの数を表す文字であり，暫くは $a_{11}, a_{12}, a_{21}, a_{22}$ の代りに a, b, c, d と読み換えてもよい．**この様な記法の不慣れが大学に入学して，直ぐ落ち零れて行く要因の一つ**なので，今から慣れておくと，高校から大学への接続がスムースになる．

さて，試行テストを眺めよう．(11)で導いた積の演算の定義より

$$\begin{pmatrix} a \\ b \end{pmatrix}=\begin{pmatrix} 1 & 3 \\ 1 & -1 \end{pmatrix}\begin{pmatrix} 0 \\ 1 \end{pmatrix}=\begin{pmatrix} 1\times0+3\times1 \\ 1\times0+(-1)\times1 \end{pmatrix}=\begin{pmatrix} 3 \\ -1 \end{pmatrix},$$

$$\begin{pmatrix} c \\ d \end{pmatrix}=\begin{pmatrix} 1 & 3 \\ 1 & -1 \end{pmatrix}\begin{pmatrix} 1 \\ s+1 \end{pmatrix}=\begin{pmatrix} 1\times1+3\times(s+1) \\ 1\times1+(-1)\times(s+1) \end{pmatrix}=\begin{pmatrix} 3s+4 \\ -s \end{pmatrix}$$

なので，$a=3,\ b=-1,\ c=3s+4,\ d=-s$.

点 $\mathrm{X}(x, y)$ が直線 PQ 上にある為の必要十分条件は，スカラー t があって，$\overrightarrow{\mathrm{PX}}=t\overrightarrow{\mathrm{PQ}}$.
$\overrightarrow{\mathrm{PX}}=(x-a, y-b)=(x-3, y+1)$, $\overrightarrow{\mathrm{PQ}}=(c-a, d-b)=(3s+1, -s+1)$ なので，$x-3=(3s+1)t, y+1=(-s+1)t$ より，t を消去して，直線の方程式を得る：

$$s\neq-\frac{1}{3} \text{ の時 } y=\frac{(-s+1)}{3s+1}(x-3)-1=\frac{-s+1}{3s+1}x-\frac{4}{3s+1}$$

$$s=-\frac{1}{3} \text{ の時 } x=3.$$

大学で線形代数の期末試験の採点をしていると，幾ら注意しても行列と数の区別が付かない人があるのは不思議である．先程も述べたが，2次の行列 A とは (6) の形で，文字の表す数字を正方形の形に書いた絵であり，数そのものではない．所で，読者諸君，上に「(6)の形で」と記した時に，前頁の(6)を振り返ってもう一度見ましたか．ここで，今の様にくどく注意されなくても見る様でないと大学で落ち零れとなります．今は，大学は幼稚園化しましたが，元来は最高学府であり，完成された紳士淑女が学ぶ所であったのです．ストレートに教養部に進学した学生は成人に達していませんが，チアンノチマタヲヒククミルエリートであり，並の成人以上の紳士として教授から遇されたのです．従って，暴力とも強制とも無関係の良識の府であったのです．そこで，今私が申した様に，大学の先生は，「(6)を見なさい」とは決して命じません．大学の連絡も，掲示板に張るだけです．従って，自らを助ける人以外は，適応しませんので，今から，ママや先生等の指示に頼ったりしないで，自らの考えで行動する様にしましょう．脱線して終いましたが，数字又は数字を表す文字が並んだ絵が行列であり，これに1次結合や積の演算を導入して，数学を基き上げて行くのです．哲学的には，数学は構造物です．

2 （2次の正方行列と2次の正方行列の積）

二つの行列

$$A=\begin{pmatrix} a_{11} & a_{12} \\ a_{21} & a_{22} \end{pmatrix}, \quad B=\begin{pmatrix} b_{11} & b_{12} \\ b_{21} & b_{22} \end{pmatrix} \tag{1}$$

を考察する．B を構成する二つの列ベクトル

$$B_1=\begin{pmatrix} b_{11} \\ b_{21} \end{pmatrix}, \quad B_2=\begin{pmatrix} b_{12} \\ b_{22} \end{pmatrix} \tag{2}$$

を考察しよう．行列 A と列ベクトル B_1 の積 AB_1 は前問にて定義した．それは，A を構成する第一行の作る行ベクトル (a_{11}, a_{12}) とベクトル B_1 との内積 $a_{11}a_{11}+a_{12}b_{21}$ を第1成分に，第二行の作る行ベクトル (a_{21}, a_{22}) と B_1 との内積 $a_{21}b_{11}+a_{22}b_{21}$ を第2成分にする列ベクトルであり，

$$AB_1=\begin{pmatrix} a_{11} & a_{12} \\ a_{21} & a_{22} \end{pmatrix}\begin{pmatrix} b_{11} \\ b_{21} \end{pmatrix}=\begin{pmatrix} a_{11}b_{11}+a_{12}b_{21} \\ a_{21}b_{11}+a_{22}b_{21} \end{pmatrix} \tag{3}$$

が成立する．全く同様にして

$$AB_2=\begin{pmatrix} a_{11} & a_{12} \\ a_{21} & a_{22} \end{pmatrix}\begin{pmatrix} b_{12} \\ b_{22} \end{pmatrix}=\begin{pmatrix} a_{11}b_{12}+a_{12}b_{22} \\ a_{21}b_{12}+a_{22}b_{22} \end{pmatrix} \tag{4}.$$

上の(3)，(4)を念頭において，二次の正方行列 A と B の**積** AB を

$$AB=\begin{pmatrix} a_{11} & a_{12} \\ a_{21} & a_{22} \end{pmatrix}\begin{pmatrix} b_{11} & b_{12} \\ b_{21} & b_{22} \end{pmatrix}=\begin{pmatrix} a_{11}b_{11}+a_{12}b_{21} & a_{11}b_{12}+a_{12}b_{22} \\ a_{21}b_{11}+a_{22}b_{21} & a_{21}b_{12}+a_{22}b_{22} \end{pmatrix} \tag{5}$$

によって定義する．2次の正方行列の積はやはり2次の正方行列であるが，上の様な背景を理解すれば，(5)を記憶する事は何の負担でもないし，試験場でアガった時でも，間違い様がない．機械的に暗記していれば，試験場での緊張はその暗記を引き出せないか，ねじ曲げてしまうであろう．

さて，本問において，与えられた行列を，説明の都合上

$$A=\begin{pmatrix} 1 & -2 \\ 3 & 5 \end{pmatrix}, \quad B=\begin{pmatrix} 1 & 2 \\ 3 & 4 \end{pmatrix} \tag{6}$$

とおき，求める行列を

$$X=\begin{pmatrix} x_{11} & x_{12} \\ x_{21} & x_{22} \end{pmatrix} \tag{7}$$

とおく．行列 A と行列 X の積を定義(5)に従い，絶対に暗算をせず逐一計算をする．

$$AX=\begin{pmatrix} 1 & -2 \\ 3 & 5 \end{pmatrix}\begin{pmatrix} x_{11} & x_{12} \\ x_{21} & x_{22} \end{pmatrix}=\begin{pmatrix} 1\times x_{11}+(-2)\times x_{21} & 1\times x_{12}+(-2)\times x_{22} \\ 3\times x_{11}+5\times x_{21} & 3\times x_{12}+5\times x_{22} \end{pmatrix}$$

$$=\begin{pmatrix} x_{11}-2x_{21} & x_{12}-2x_{22} \\ 3x_{11}+5x_{21} & 3x_{12}+5x_{22} \end{pmatrix} \tag{8}.$$

(8)の AX が(6)の B に等しいので，対応する要素が等しく，

$$\begin{aligned} &x_{11}-2x_{21}=1, \quad x_{12}-2x_{22}=2 \\ &3x_{11}+5x_{21}=3, \quad 3x_{12}+5x_{22}=4 \end{aligned} \tag{9}.$$

上の四個の式を眺めると，第1列の二つの式と，第2列の二つの式が2元連立1次方程式をなし，解けそうである，二元連立方程式を二つ解けば高校の先生になれるとは有難いと合掌しつつ

$$x_{11}-2x_{21}=1 \tag{10}$$

$$3x_{11}+5x_{21}=3 \tag{11}$$

とおき，3×(10)−(11)を作り，$(-6-5)x_{21}=3-3=0$ より，$x_{21}=0$．(10)に代入して，$x_{11}=1$．従って

$$x_{11}=1,\quad x_{21}=0 \tag{12}$$

を得る．次に，(9)の第2列より，連立方程式

$$x_{12}-2x_{22}=2 \tag{13}$$

$$3x_{12}+5x_{22}=4 \tag{14}$$

を作る．やはり，3×(13)−(14)を作り，$(-6-5)x_{22}=-11x_{22}=6-4=2$ より $x_{22}=-\frac{2}{11}$．5×(13)+2×(14)を作り，$(5+6)x_{12}=11x_{12}=10+8=18$ より $x_{12}=\frac{18}{11}$．従って

$$x_{12}=\frac{18}{11},\quad x_{22}=-\frac{2}{11} \qquad (13).$$

以上の計算より，縦と横を取り違えない様，細心の注意をして，X を書くと，

$$X=\begin{pmatrix} 1 & \frac{18}{11} \\ 0 & \frac{-2}{11} \end{pmatrix} \tag{14}$$

が求める行列である．$AX=B$ と(9)は同値なので，理論的には検算不要であるが，念を入れると

$$AX=\begin{pmatrix} 1 & -2 \\ 3 & 5 \end{pmatrix}\begin{pmatrix} 1 & \frac{18}{11} \\ 0 & \frac{-2}{11} \end{pmatrix}=\begin{pmatrix} 1\times1-(-2)\times0 & 1\times\frac{18}{11}+(-2)\times\frac{-2}{11} \\ 3\times1+5\times0 & 3\times\frac{18}{11}+5\times\frac{-2}{11} \end{pmatrix}$$

$$=\begin{pmatrix} 1 & \frac{18+4}{11} \\ 3 & \frac{54-10}{11} \end{pmatrix}=\begin{pmatrix} 1 & 2 \\ 3 & 4 \end{pmatrix}$$

を得る．私の長年の経験では，出来ない人程，暗算をして長征的な計算の冒頭に失敗し零点であり，しかも検算もしない．と云うよりも，暗算を絶対にせず一つ一つ丁寧に筆算し，時間の余裕があれば，検算をする人が受験戦争に残るのであろう．前にも述べたが，入試の採点をしていて気付くのは，偶然には起り得ない同種の誤りが連続して起る事である．入試にカンニングの余地はないので，まとまった出身校の受験生が同種の誤りをしているとしか思えない．教師の責任と云うものをこの時程痛切に感じる事はない．私共も，ゼミで院生が話すのを聞いていると，己の醜い姿を鏡に映している様で，自己嫌悪に陥る事がある．特に，九大の傍に空港があるので，飛行機が通過する際は，騒音の為，講義は全く聞き取れない．ゼットと騒音を競う愚は避け，話したい文章を，そのまま黒板に記して，講義を続ける先生が多い．その結果はどうなるか．板書中心が通常の講義であるかの様に錯覚し，学会の講演に際しても，文章全体を板書する院生が現れるので，余程事前に注意しておかないと恥をかく．教職に就いておられる読者も多いと思われるので，この機会に書き難い事を敢えて書かせて頂く．受け持ちの生徒がその志望校に入学出来る様に念じ，その実現の為，様々な指導をなさるのは聖職にある者として当然の責務である．かく申す私も，なるべく多くの九大の学生が，大学院に合格する事を念じ，その結果が，入試問題の研究から，本書の執筆へとエスカレートした．しかし，大学合格が人生の終着点であるかの様に錯覚し，学力以上の大学に無理に入学させないで欲しい．大学入試で全力を尽した学生は，単位修得の余力を持たず，中途退学を常とするからである．私の長年の経験では，その様に無理して入学して来る生徒の大半は名門校からであり，そして，不思議な事に教育者の子弟が多い．成績のよい学生についても教育者の子弟は家庭でのしつけが全くなされていず，よく云えば変人，悪く云えば，人格に欠陥を持つ者が多いのは，自戒すべきであろう．早く云えば使い物にならない．

3 （回転に対応する２次の正方行列の積）

説明の便宜上

$$R(\alpha)=\begin{pmatrix}\cos\alpha & -\sin\alpha \\ \sin\alpha & \cos\alpha\end{pmatrix} \tag{1}$$

とおくと，前問で導いた行列の積の定義より

$$R(\alpha)R(\beta)=\begin{pmatrix}\cos\alpha & -\sin\alpha \\ \sin\alpha & \cos\alpha\end{pmatrix}\begin{pmatrix}\cos\beta & -\sin\beta \\ \sin\beta & \cos\beta\end{pmatrix}$$

$$=\begin{pmatrix}\cos\alpha\cos\beta-\sin\alpha\sin\beta & -\cos\alpha\sin\beta-\sin\alpha\cos\beta \\ \sin\alpha\cos\beta+\cos\alpha\sin\beta & -\sin\alpha\sin\beta+\cos\alpha\cos\beta\end{pmatrix} \tag{2}$$

を得るが，加法定理より

$$\cos(\alpha+\beta)=\cos\alpha\cos\beta-\sin\alpha\sin\beta \tag{3}$$

$$\sin(\alpha+\beta)=\sin\alpha\cos\beta+\cos\alpha\sin\beta \tag{4}$$

が成立しているので，

$$R(\alpha)R(\beta)=\begin{pmatrix}\cos(\alpha+\beta) & -\sin(\alpha+\beta) \\ \sin(\alpha+\beta) & \cos(\alpha+\beta)\end{pmatrix},$$

即ち

$$R(\alpha)R(\beta)=R(\alpha+\beta) \tag{5}$$

を得る．従って，

$$A=R(\alpha)R(\beta)R(\gamma)=R(\alpha+\beta)R(\gamma)=R(\alpha+\beta+\gamma)=\begin{pmatrix}\cos(\alpha+\beta+\gamma) & -\sin(\alpha+\beta+\gamma) \\ \sin(\alpha+\beta+\gamma) & \cos(\alpha+\beta+\gamma)\end{pmatrix} \tag{6}$$

本問の解答はこれで終り，付随的説明を加える．

先ず，(6)の証明に潜在的に用いたが，行列

$$A=\begin{pmatrix}a_{11} & a_{12} \\ a_{21} & a_{22}\end{pmatrix},\quad B=\begin{pmatrix}b_{11} & b_{12} \\ b_{21} & b_{22}\end{pmatrix},\quad C=\begin{pmatrix}c_{11} & c_{12} \\ c_{21} & c_{22}\end{pmatrix} \tag{7}$$

の積 ABC に関して，**結合の法則**

$$(AB)C=A(BC) \tag{8}$$

が成立する事を証明しよう．(8) が成立するからこそ，$ABC=(AB)C=A(BC)$ と気安く書けて，$A(BC)$ 又は $A(BC)$ によって計算出来るのである．勿論，試験に際して，全ゆる関連事項を証明するのはアホウである．行列の積の定義より

$$AB=\begin{pmatrix}a_{11} & a_{12} \\ a_{21} & a_{22}\end{pmatrix}\begin{pmatrix}b_{11} & b_{12} \\ b_{21} & b_{22}\end{pmatrix}=\begin{pmatrix}a_{11}b_{11}+a_{12}b_{21} & a_{11}b_{12}+a_{12}b_{22} \\ a_{21}b_{11}+a_{22}b_{21} & a_{21}b_{12}+a_{22}b_{22}\end{pmatrix}$$

$$(AB)C=\begin{pmatrix}a_{11}b_{11}+a_{12}b_{21} & a_{11}b_{12}+a_{12}b_{22} \\ a_{21}b_{11}+a_{22}b_{21} & a_{21}b_{12}+a_{22}b_{22}\end{pmatrix}\begin{pmatrix}c_{11} & c_{12} \\ c_{21} & c_{22}\end{pmatrix}$$

$$=\begin{pmatrix}(a_{11}b_{12}+a_{12}b_{21})c_{11}+(a_{11}b_{12}+a_{12}b_{22})c_{21} & (a_{11}b_{11}+a_{12}b_{21})c_{12}+(a_{11}b_{12}+a_{12}b_{22})c_{22} \\ (a_{21}b_{11}+a_{22}b_{21})c_{11}+(a_{21}b_{12}+a_{22}b_{22})c_{21} & (a_{21}b_{11}+a_{22}b_{21})c_{21}+(a_{12}b_{12}+a_{22}b_{22})c_{22}\end{pmatrix},$$

$$BC=\begin{pmatrix}b_{11} & b_{12} \\ b_{21} & b_{22}\end{pmatrix}\begin{pmatrix}c_{11} & c_{12} \\ c_{21} & c_{22}\end{pmatrix}=\begin{pmatrix}b_{11}c_{11}+b_{12}c_{21} & b_{11}c_{12}+b_{12}c_{22} \\ b_{21}c_{11}+b_{22}c_{21} & b_{21}c_{12}+b_{22}c_{22}\end{pmatrix},$$

$$A(BC)=\begin{pmatrix}a_{11} & a_{12} \\ a_{21} & a_{22}\end{pmatrix}\begin{pmatrix}b_{11}c_{11}+b_{12}c_{21} & b_{11}c_{12}+b_{12}c_{22} \\ b_{21}c_{11}+b_{22}c_{21} & b_{21}c_{12}+b_{22}c_{22}\end{pmatrix}$$

$$=\begin{pmatrix}a_{11}(b_{11}c_{11}+b_{12}c_{21})+a_{12}(b_{21}c_{11}+b_{22}c_{21}) & a_{11}(b_{11}c_{12}+b_{12}c_{22})+a_{12}(b_{21}c_{21}+b_{22}c_{22}) \\ a_{21}(b_{11}c_{11}+b_{12}c_{21})+a_{22}(b_{21}c_{11}+b_{22}c_{21}) & a_{21}(b_{11}c_{12}+b_{12}c_{22})+a_{22}(b_{21}c_{12}+b_{22}c_{22})\end{pmatrix}$$

が成立するので，よく眺めると，実数に対する結合と配合の法則より，例えば，$(a_{11}b_{11}+a_{12}b_{21})c_{11}+(a_{11}b_{12}+a_{12}b_{22})c_{21}=a_{11}(b_{11}c_{11}+b_{12}c_{21})+a_{12}(b_{21}c_{11}+b_{22}c_{21})$ が成立するので，行列 $(AB)C$ と $A(BC)$ の成分は等しく，$(AB)C=A(BC)$ を得る．

行列

$$A=\begin{pmatrix} a_{11} & a_{12} \\ a_{21} & a_{22} \end{pmatrix} \tag{9}$$

は，その二つの列ベクトルが大きさが1で互に直交し，行ベクトルがやはり大きさが1で互に直交している時，**直交行列**と呼ばれる．例えば，列ベクトルについてこの条件を記すと

$$a_{11}{}^2+a_{21}{}^2=a_{12}{}^2+a_{22}{}^2=1 \tag{10}$$

$$a_{11}a_{12}+a_{21}a_{22}=0 \tag{11}$$

$|a_{11}|\leqq 1$ なので，$a_{11}=\cos\alpha$ とおくと，$a_{21}{}^2=1-a_{11}{}^2=1-\cos^2\alpha=\sin^2\alpha$ なので，$a_{21}=\pm\sin\alpha$．同様にして $a_{22}=\cos\beta$ とおくと，$a_{12}{}^2=1-a_{22}{}^2=1-\cos^2\beta=\sin^2\beta$ なので，$a_{12}=\pm\sin\beta$．±は四通りの場合がある．$a_{11}=\cos\alpha$, $a_{12}=\sin\alpha$, $a_{21}=\sin\beta$, $a_{22}=\cos\beta$ の時は，$a_{11}a_{12}+a_{21}a_{22}=\sin\beta\cos\alpha+\cos\beta\sin\alpha=\sin(\beta+\alpha)=0$ より，$\beta+\alpha=n\pi$．$a_{12}=\sin(n\pi-\alpha)=(-1)^{n-1}\sin\alpha$, $a_{22}=\cos(n\pi-\alpha)=(-1)^n\cos\alpha$．他の場合もこれに帰着出来て，結局，直交行列は次の二通りである：

$$A=\begin{pmatrix} \cos\alpha & -\sin\alpha \\ \sin\alpha & \cos\alpha \end{pmatrix} \tag{12}$$

$$A=\begin{pmatrix} \cos\alpha & \sin\alpha \\ \sin\alpha & -\cos\alpha \end{pmatrix} \tag{13}$$

xy 座標平面にて，原点はそのままであるが，新しい XY 座標軸を設け，左下図の様に，新しい X 軸は旧い x 軸と角 θ をなす様にする．この時，同じ点Pを xy 座標で表したものを (x,y), XY 座標で表したものを (X, Y) とすると，両者には

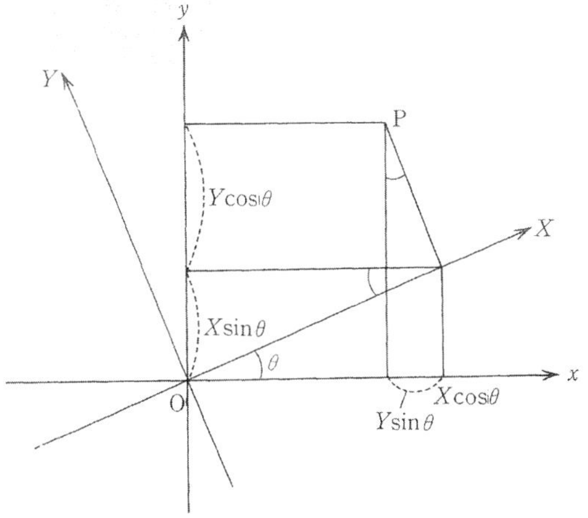

$$x=X\cos\theta-Y\sin\theta$$
$$y=X\sin\theta+Y\cos\theta \tag{14}$$

なる関係がある．これを2次の正方行列と2次の列ベクトルの積で表すと

$$\begin{pmatrix} x \\ y \end{pmatrix}=\begin{pmatrix} \cos\theta & -\sin\theta \\ \sin\theta & \cos\theta \end{pmatrix}\begin{pmatrix} X \\ Y \end{pmatrix} \tag{15}$$

なる関係を得，我々の行列 $R(\alpha)$ は角 α の回転に対応する行列である．これを知っていれば，我々の解答が角 $\alpha+\beta+\gamma$ の回転に対応する行列 $R(\alpha+\beta+\gamma)$ である事は，条件反射として出来るが，本問はあくまでも，行列の積の演算の出題である．

4 （複素数に対応する２次の正方行列）

この問題は一つ手前の背景より説明する方が，話が早い．自然数 1, 2, 3, 4, …, n, … 全体の集合 $\boldsymbol{N}$ については，その任意の二元 m, n に対して，数としての和 $m+n$ を考えると，和$m+n$ も $\boldsymbol{N}$ に属し，この様な意味で $\boldsymbol{N}$ は加法に関して閉じている．そして，**交換**の法則

$$m+n=n+n \qquad (1)$$

と**結合**の法則

$$(l+m)+n=l+(m+n) \quad (l, m, n \in \boldsymbol{N}) \qquad (2)$$

が成立する．ここに $l, m, n \in \boldsymbol{N}$ と記したのは，l, m, n が $\boldsymbol{N}$ に属する事，即ち，l, m, n は自然数である事を意味する．大学に進学すると，いきなり数学者が，この様な記法を乱用するので今から慣れましょう．しかも，１年の教養課程の時程，先生には若い新進の生きの好い数学者が多く，その講義は専門課程の先生よりも学問的色彩が濃く，教育的色彩が薄いので，それだけ学問的には有難いので，その有難さを落ち零れる事無しに満喫出来る様に，高校生の時から本書によって慣れておきましょう．蛇足であるが，１章の問題３で論じた様に，中学・高校教員採用試験は，日本ではその殆んどが高校のカリキュラムより出題されるが，フランスでは大学の教科より出題され，その当然の結果として，その程度は本書並びに姉妹書「新修解析学」の大学院入試問題と同じであり，その論理的帰結として，フランスの中学・高校の先生の学問的レベルは日本の大学の先生と同じであり，その権威は高い．例えば，故ポンピドー大統領は高校の先生であったし，ルベグも積分論をナンシー高校の先生の時代に樹立したのである．

ルベグ

脱線して終ったが，$\boldsymbol{N}$ の任意の二元 m, n に対して，数としての積 mn を考えると，積 mn も $\boldsymbol{N}$ に属し，この様な意味で $\boldsymbol{N}$ は乗法に関して閉じている．そして，交換の法則と結合の法則が成立する．

$$mn=nm \quad (3), \qquad (lm)n=l(mn) \quad (4).$$

しかし，$\boldsymbol{N}$ は差 $m-n$ に関しては閉じていないので，０及び負の整数も数の仲間に入れて，整数全体の集合 $\boldsymbol{Z}$ を考察すると，$\boldsymbol{Z}$ は和，差，積について閉じている．しかし，$\boldsymbol{Z}$ は商について閉じていないので，有理数全体の集合 $\boldsymbol{Q}$ を考察し，数の範囲を広げる．$\boldsymbol{Q}$ は和，差，積，商の四則演算について閉じているが，ギリシャ人の表現によれば，造化の神にも手落ちがあって，簡単な２次方程式

$$x^2-2=0 \qquad (5)$$

が $\boldsymbol{Q}$ の範囲では解を持たない．そこで数の範囲が実数へと拡張され，実数全体の集合 $\boldsymbol{R}$ が考察される．実数全体の集合 $\boldsymbol{R}$ は姉妹書「新修解析学」の１章の問題２で論じる様に完備であり，四則演算について閉じていて完備であると云う意味では $\boldsymbol{R}$ は完全であり，満足すべき物であろう．

しかし，人間の欲望には限りが無い．簡単な２次方程式

$$x^2+1=0 \qquad (6)$$

が解を持たないのは不満である．この不満を解消させる為に，**虚数単位** $i=\sqrt{-1}$ を導入し，(6) の解であると，天下り的に定義し，$\boldsymbol{R}$ 上の１と i の１次結合全体，云いかえれば，実数 a, b を用いて $a+bi$ と表さ

れる物全体を $\boldsymbol{C}$ とし，$a+bi$ と云う形をしたものを**複素数**と呼び，和と積を

$$(a+bi)+(c+di)=(a+c)+(b+d)i \tag{7}$$

$$(a+bi)(c+di)=(ac-bd)+(ad+bc)i \tag{8}$$

で導くと，$\boldsymbol{C}$ は実数同様四則演算に関して閉じており，しかも，姉妹書「新修解析学」の8章の問題5で証明する様に，任意の代数方程式は $\boldsymbol{C}$ の範囲では解を持つと云う**代数学の基本定理**が成立し，代数方程式の解に対する我々の欲望は完全に満足される．方程式 $x^2+1=0$ が解を持たないので，数の範囲の方を実数よりも拡げて，虚数単位 i を導入し，解を持つ様にした．だからと云って，他の代数方程式が $a+bi$ と云う形の解を持つとは即断出来ないが，代数学の基本定理より，全ての代数方程式が複素数の範囲では解を持ち，複素数を考察する事の正しさが，理論的な裏付けを得，複素数が想像上の数としての位置より脱却していく．この様に数学とは数を作る創造的な学問であるが，数が天下り的に神から与えられたと考える人々には複素数 $a+bi$ は何となく，ウサン臭い．この様な人々に対する特効薬として，次に述べる複素数 $a+bi$ の行列による表現がある．これは実数の中だけの話ですむ．

2次の正方行列全体の中で，行列

$$E=\begin{pmatrix}1 & 0\\ 0 & 1\end{pmatrix} \tag{9}$$

は，任意の行列に対して

$$\begin{pmatrix}a & b\\ c & d\end{pmatrix}\begin{pmatrix}1 & 0\\ 0 & 1\end{pmatrix}=\begin{pmatrix}1 & 0\\ 0 & 1\end{pmatrix}\begin{pmatrix}a & b\\ c & d\end{pmatrix}=\begin{pmatrix}a & b\\ c & d\end{pmatrix} \tag{10}$$

を満足し，乗法に関して単位元の役割を果すので，実数1になぞらえる事が出来る．行列

$$I=\begin{pmatrix}0 & -1\\ 1 & 0\end{pmatrix} \tag{11}$$

は

$$I^2=\begin{pmatrix}0 & -1\\ 1 & 0\end{pmatrix}\begin{pmatrix}0 & -1\\ 1 & 0\end{pmatrix}=\begin{pmatrix}-1 & 0\\ 0 & -1\end{pmatrix}=-E \tag{12}$$

を満足すので，虚数単位 $i=\sqrt{-1}$ になぞらえる事が出来る．複素数 $z=x+iy$ に対して，行列

$$f(z)=\begin{pmatrix}x & -y\\ y & x\end{pmatrix} \tag{13}$$

を対応させる対応 f は，別の複素数 $w=u+iv$ に対して，$z+w=(x+u)+i(y+v)$, $zw=(xu-yv)+i(xv+yu)$ なので，行列の和は成分の和を成分とする行列であり，更に積の定義より

$$f(z+w)=\begin{pmatrix}x+u & -y-v\\ y+v & x+u\end{pmatrix}=\begin{pmatrix}x & -y\\ y & x\end{pmatrix}+\begin{pmatrix}u & -v\\ v & u\end{pmatrix}=f(z)+f(w) \tag{14}$$

$$f(zw)=\begin{pmatrix}xu-yv & -xv-yu\\ xv+yu & xu-yv\end{pmatrix}=\begin{pmatrix}x & -y\\ y & x\end{pmatrix}\begin{pmatrix}u & -v\\ v & u\end{pmatrix}=f(z)f(w) \tag{15}$$

を満足し，f は複素数の和を和に，積を積に対応する写像であり，複素数の行列による表現と考えられる．本問はこの問題の習作である．

類　題 （解答☞ 179ページ）

1．$\omega=\dfrac{-1\pm\sqrt{3}i}{2}$ に対して，$(x+y\omega)(u+v\omega)$ を $1, \omega$ の $\boldsymbol{R}$ 上の1次結合で表せ．

2．問題4の解答を記せ．

EXERCISES

(解答☞ 180ページ)

1 (積) 二つの行列の積 $\begin{pmatrix} a & b \\ c & d \end{pmatrix}\begin{pmatrix} p & q \\ r & s \end{pmatrix}$ を求めよ. (山梨県高校教員採用試験)

2 (積) $\begin{pmatrix} 2 & 1 \\ 3 & 2 \end{pmatrix}\begin{pmatrix} x \\ y \end{pmatrix}=\begin{pmatrix} 5 \\ 8 \end{pmatrix}$ を満足する x, y を求めよ. (茨城県中学・高校教員採用試験)

3 (積) 行列 $X=\begin{pmatrix} x & y \\ u & z \end{pmatrix}$ で, $X^2+X+E=O$ である為には, $x+z=\square$, $yu\leqq\triangle$ でなければならない. $\square$, $\triangle$ に適当な数を入れよ. ただし, E は単位行列 $\begin{pmatrix} 1 & 0 \\ 0 & 1 \end{pmatrix}$, O は零行列 $\begin{pmatrix} 0 & 0 \\ 0 & 0 \end{pmatrix}$ を示す. また x, y, z, u は実数である. (三重県高校教員採用試験)

4 (積) $A=\begin{pmatrix} p & q \\ q & p \end{pmatrix}$ とする. (i) $A^n=\begin{pmatrix} p_n & q_n \\ r_n & s_n \end{pmatrix}$ とした時, $p_n=s_n$, $q_n=r_n$ である事を証明せよ. (ii) p_n+q_n を p, q を用いて表せ. (愛知県高校教員採用試験)

5 (積) 行列 $A=\begin{pmatrix} 3 & 2 \\ 1 & 4 \end{pmatrix}$ の固有値 λ と λ に対する固有ベクトル $X=\begin{pmatrix} x \\ y \end{pmatrix}$ を求めよ. (宮崎県高校教員採用試験)

Advice

1 二つの2次の正方行列の積の定義を思い出しましょう.

2 2次の正方行列と列ベクトルの積の定義に従って与えられた式を計算し, 列ベクトルで表わし, その第1成分を5に, 第2成分を8に等しくして, 二元連立方程式に帰着させ, この連立方程式を加減法によって解き, x, y を求めましょう. 4章の問題1で, 行列式を用いた, 連立方程式のクラメルの解法を学び, 更に類題5で, 逆行列を用いた解法を学び, この問題を深める.

3 先ず二つの2次の正方行列の積の定義に従って X^2 を計算し, 次に正方行列の和の定義に従って成分を和を成分とする行列を作り X^2+X+E を計算し, 全ての成分を零として, x, y, z, u に関する四個の関係式を得, その中で $x+z$ と yu の情報を与えるものを探しましょう.

なお, $(X-E)(X^2+X+E)=X^3+X^2+X-X^2-X-E=X^3-E$ であるから, 我々の $X^2+X+E=O$ の解は $X^3=E$ の解, 即ち, 単位行列の立方根とも考えられ, 代数方程式 $x^2+x+1=0$ の根である問題4の ω と類似の役割を果す行列であるとも考えられる. 勿論, この事は全くの蛇足である.

4 (i)は数学的帰納法によって示しましょう. (ii)は p_n+q_n が等比級数になる様努めましょう.

5 方程式 $AX=\lambda X$ が零ベクトルでない解 X を持つ様なスカラー λ を行列 A の**固有値**と云い, そのベクトル X を λ に対する A の**固有ベクトル**と云う. $AX=\lambda X$ を x, y に関する二元連立1次方程式で表すと, この連立方程式が $x=y=0$ 以外の解を持つ為の必要十分条件が, スカラー λ に関する2次方程式で表される. この2次方程式を行列 A の**固有方程式**と云う. 従って, この方程式の解である固有値は二つあり, 夫々に, 固有ベクトルが対応する. 我々の A に対して, λ が固有値で, X が固有ベクトルであれば, $AX=\lambda X$ が成立するので, 左辺の2次の正方行列と2次の列ベクトルの積を計算して2次の列ベクトルを得る. この2次の列ベクトルの二つの成分が, 夫々, 右辺の2次の列ベクトル λX の二つの成分に等しいとすると, 二元連立一次方程式を得る. これより, y を消去すると λ の二次式掛け $x=0$, x を消去すると λ の二次式掛け $y=0$ を得るが, この二次式は共通である. x か y のどちらかは0でないので, λ の二次式$=0$ を得, これが固有方程式であり, 固有値 λ を与える. 高数の学力で解けるが, 大学で学ぶ概念である.

4 行列式と逆行列並びに連立方程式

［指針］ 行列は数字が正方形の形に並んだ絵で，数ではありませんが，行列に行列式と呼ばれる数値を対応させて，問題3の様に記します．大学に入学すると直ぐに学ぶ物なので，高校生諸君にも理解出来ます．今から予習しておくと，入学して落ち零れません．本章は五月病の予防薬であり，特効薬である．

1 （逆行列） $A=\begin{pmatrix} a & b \\ c & d \end{pmatrix}$ の時，逆行列 A^{-1} が存在する為の必要十分条件は，列ベクトル $\vec{p}=\begin{pmatrix} a \\ c \end{pmatrix}$，$\vec{q}=\begin{pmatrix} b \\ d \end{pmatrix}$ に対して，$x\vec{p}+y\vec{q}=0$ を満す実数 x, y が $x=y=0$ に限る事を証明せよ．

（岡山県高校教員採用試験）

2 （連立方程式）

$$3x-y+2z=0$$
$$2x+3y-3z=-1$$
$$3x+y+3z=3$$

に適する x, y, z の値を行列式で表せ．

（茨城県中学・高校教員採用試験）

3 （行列式） $\begin{vmatrix} a & a & a \\ a & b & b \\ a & b & c \end{vmatrix}$ の値は次のどれに等しいか．（イ） $a(c-b)(c-a)$ （ロ） $a(b-c)(a-b)$ （ハ） $a(a-b)(c-b)$ （ニ） $a(a-c)(c-b)$ （ホ） $a(a+b)(b-c)$．

（国家公務員上級職化学専門試験）

4 （行列式） $\begin{vmatrix} 0 & 0 & 0 & x \\ 0 & x & x & 0 \\ 0 & x & x & 0 \\ x & 0 & 0 & 0 \end{vmatrix}=0$ を証明せよ．

（山形県中学校教員採用試験）

5 （行列式） 方程式 $\begin{vmatrix} 1-x & 1 & 1 & 1 \\ 1 & 1-x & 1 & 1 \\ 1 & 1 & 1-x & 1 \\ 1 & 1 & 1 & 1-x \end{vmatrix}=0$ を解け．

（栃木県高校教員採用試験）

6 （行列式） 行列式 $\begin{vmatrix} 1 & 0 & 5 & 2 \\ 0 & 0 & 2 & 0 \\ 2 & 2 & 1 & 3 \\ -1 & -5 & -3 & 1 \end{vmatrix}$ を計算せよ．（イ） -3 （ロ） -2 （ハ） -1 （ニ） 1 （ホ） 2．

（国家公務員上級職機械専門試験）

1 （二元連立一次方程式の解の単純性と逆行列の存在）

2次の正方行列 A に対して2次の正方行列 X があって，$AX=E=\begin{pmatrix}1&0\\0&1\end{pmatrix}$ が成立する時，X を A の**逆行列**と云う．逆行列 X が存在する様な A を**正則行列**と云う．我々の行列 $A=\begin{pmatrix}a&b\\c&d\end{pmatrix}$ に対して，行列 $X=\begin{pmatrix}x&y\\z&u\end{pmatrix}$ があって $AX=E$ が成立する事と，

$$AX=\begin{pmatrix}a&b\\c&d\end{pmatrix}\begin{pmatrix}x&y\\z&u\end{pmatrix}=\begin{pmatrix}ax+bz&ay+bu\\cx+dz&cy+du\end{pmatrix}=\begin{pmatrix}1&0\\0&1\end{pmatrix} \tag{1}$$

即ち，二つの二元連立一次方程式

$$ax+bz=1 \tag{2}$$

$$cx+dz=0 \tag{3}$$

と

$$ay+bu=0 \tag{4}$$

$$cy+du=1 \tag{5}$$

が同時に成立する事とは同値である．$d\times(2)-b\times(3)$, $c\times(2)-a\times(3)$ より

$$(ad-bc)x=d \quad (6), \qquad (bc-ad)z=c \quad (7)$$

を得る．$d\times(4)-b\times(5)$, $c\times(4)-a\times(5)$ より

$$(ad-bc)y=-b \quad (8), \qquad (bc-ad)u=-a \quad (9)$$

を得る．もしも $ad-bc=0$ であれば，(6), (7), (8), (9) の左辺の係数が全て零になり $d=c=b=a=0$ となる．これらを(2), (3), (4), (5)に代入すると $0=1$, $0=0$, $0=0$, $0=1$ が得られ，矛盾である．従って，逆行列 X が存在する為には

$$ad-bc\neq 0 \tag{10}$$

が必要である．逆に，この条件が満される時，(6), (7), (8), (9)を x, y, z, u について解き，X に代入して

$$X=\begin{pmatrix}\dfrac{d}{ad-bc}&\dfrac{-b}{ad-bc}\\[2ex]\dfrac{-c}{ad-bc}&\dfrac{a}{ad-bc}\end{pmatrix} \tag{11}$$

とおくと

$$AX=\begin{pmatrix}a&b\\c&d\end{pmatrix}\begin{pmatrix}\dfrac{d}{ad-bc}&\dfrac{-b}{ad-bc}\\[2ex]\dfrac{-c}{ad-bc}&\dfrac{a}{ad-bc}\end{pmatrix}=\begin{pmatrix}1&0\\0&1\end{pmatrix}=E,$$

$$XA=\begin{pmatrix}\dfrac{d}{ad-bc}&\dfrac{-b}{ad-bc}\\[2ex]\dfrac{-c}{ad-bc}&\dfrac{a}{ad-bc}\end{pmatrix}\begin{pmatrix}a&b\\c&d\end{pmatrix}=\begin{pmatrix}1&0\\0&1\end{pmatrix}=E.$$

そこで

$$A^{-1}=\begin{pmatrix}\dfrac{d}{ad-bc}&\dfrac{-b}{ad-bc}\\[2ex]\dfrac{-c}{ad-bc}&\dfrac{a}{ad-bc}\end{pmatrix} \tag{12}$$

を A の**逆行列**と呼び，この様に A^{-1} と記す．勿論，今示した様に

$$AA^{-1}=A^{-1}A=E \tag{13}$$

が成立している．この時の分母 $ad-bc$ を行列 A の**行列式**と呼び

$$|A|=ad-bc \tag{14}$$

と記す．以上の考察より，A^{-1} が存在する事，即ち，A が正則行列である為の必要十分条件は

$$|A|\neq 0 \tag{15}$$

である．

次に，連立方程式

$$ax+by=e \tag{16}$$

$$cx+dy=f \tag{17}$$

は，$d\times(16)-b\times(17)$, $a\times(17)-c\times(16)$ より

$$(ad-bc)x=ed-bf \quad (18), \qquad (ad-bc)y=af-ce \quad (19).$$

$|A|=ad-bc\neq 0$ であれば，(18), (19)より得られる

$$x=\frac{ec-bf}{ad-bc}=\frac{\begin{vmatrix} e & b \\ f & d \end{vmatrix}}{\begin{vmatrix} a & b \\ c & d \end{vmatrix}}, \quad y=\frac{af-ce}{ad-bc}=\frac{\begin{vmatrix} a & e \\ c & f \end{vmatrix}}{\begin{vmatrix} a & b \\ c & d \end{vmatrix}} \tag{20}$$

が連立方程式(16), (17)の解である．1次結合 $x\vec{p}+y\vec{q}$ を各成分毎に計算すると

$$x\vec{p}+y\vec{q}=x\begin{pmatrix} a \\ c \end{pmatrix}+y\begin{pmatrix} b \\ d \end{pmatrix}=\begin{pmatrix} ax+by \\ cx+dy \end{pmatrix}$$

なので，特に $e=f=0$ の時，$x\vec{p}+y\vec{q}=0$，即ち，連立方程式

$$ax+by=0 \tag{21}$$

$$cx+dy=0 \tag{22}$$

の解は $x=y=0$ しかない．$ad-bc=0$ の時，$a=b=c=d=0$ であれば，全ゆる x, y は(21)·(22)の解である．どれか一つ，例えば，$a\neq 0$ であれば，(18)より $x=-\dfrac{b}{a}y$. この時，自動的に $cx+dy=\dfrac{ad-bc}{a}y=0$ が成立し，$y\neq 0$ に対する $x=-\dfrac{b}{a}y$ は $x=y=0$ でない(18)と(19)の解を与える．他の場合も同様であり，結局，逆行列の存在，$|A|\neq 0$, $\vec{p}$ と $\vec{q}$ の1次結合 $x\vec{p}+y\vec{q}=0$ より $x=y=0$, の三命題は同値である．**三次の行列式**を

$$\begin{vmatrix} a_{11} & a_{12} & a_{13} \\ a_{21} & a_{22} & a_{23} \\ a_{31} & a_{32} & a_{33} \end{vmatrix}=a_{11}a_{22}a_{33}+a_{13}a_{21}a_{32}+a_{12}a_{23}a_{31}-a_{13}a_{22}a_{31}-a_{12}a_{21}a_{33}-a_{11}a_{23}a_{32} \tag{23}$$

で定義すると，(20)と全く同じ結果が得られる．これらを**クラメルの公式**と云う．

正則行列の正則は英語では regular，フランス語では régulier で同じラテン系の言葉である．「新修解析学」でも述べたが，パリのメトロには，切符なしで乗車したら situation irrégulière と見なすと記されている．これを見て始めて，私は正則が不正乗車等をせず，規**則**を**正**しく守ると云うニュアンスを持つ事を知った．正則行列は極く普通のマトモな行列である．これに反し，12章の問題4で学ぶ正規行列は normal である．パンテオンの近くのユルム街にある Ecole normale supérieure は高等師範学校と訳されているが，エリート学校で，その卒業生でないとソルボンヌ大学の先生にはなれないと云われて来た．従って，正規行列の方は，メッタにない立派な行列である．率直に云って，私は漢字，「正則」と「正規」の違いが実感出来ず，よく取り違えていたが，パリに行って始めて，この二つの漢語のニュアンスの相異が分った．フランスではよく買物に行列が出来る．私も，ある映画を待つ行列に一時間余り加った経験がある．開演となり，丁度私の前のアベックから定員外となった．男の方が C'est normal（こんなもんさ）と云い，女の方が Il y en a l'autre（別のにしましょう）と応じ，別の映画館に向った．

2 (三元連立一次方程式のクラメルの解法)

2次の行列式の値を

$$\begin{vmatrix} a_{11} & a_{12} \\ a_{21} & a_{22} \end{vmatrix} = a_{11}a_{22} - a_{12}a_{21} \tag{1}$$

で定義すると，連立方程式

$$a_{11}x_1 + a_{12}x_2 = b_1 \tag{2}$$

$$a_{21}x_1 + a_{22}x_2 = b_2 \tag{3}$$

の解は

$$x_1 = \frac{\begin{vmatrix} b_1 & a_{12} \\ b_2 & a_{22} \end{vmatrix}}{\begin{vmatrix} a_{11} & a_{12} \\ a_{21} & a_{22} \end{vmatrix}}, \quad x_2 = \frac{\begin{vmatrix} a_{11} & b_1 \\ a_{21} & b_2 \end{vmatrix}}{\begin{vmatrix} a_{11} & a_{12} \\ a_{21} & a_{22} \end{vmatrix}} \tag{4}$$

で与えられた．(4)は x_i について解く時，分母は係数の行列式，分子は係数の行列式において x_i の係数を右辺で置き換えるのだと理解しておけば，暗記の負担は殆んどなく，クラメルの公式と呼ばれる．3次の行列式の値を前問の(23)で定義すると，三元連立一次方程式

$$a_{11}x_1 + a_{12}x_2 + a_{13}x_3 = b_1 \tag{5}$$

$$a_{21}x_1 + a_{22}x_2 + a_{23}x_3 = b_2 \tag{6}$$

$$a_{31}x_1 + a_{32}x_2 + a_{33}x_3 = b_3 \tag{7}$$

の解について

$$x_1 = \frac{\begin{vmatrix} b_1 & a_{12} & a_{13} \\ b_2 & a_{22} & a_{23} \\ b_3 & a_{32} & a_{33} \end{vmatrix}}{\begin{vmatrix} a_{11} & a_{12} & a_{13} \\ a_{21} & a_{22} & a_{23} \\ a_{31} & a_{32} & a_{33} \end{vmatrix}}, \quad x_2 = \frac{\begin{vmatrix} a_{11} & b_1 & a_{13} \\ a_{21} & b_2 & a_{23} \\ a_{31} & b_3 & a_{33} \end{vmatrix}}{\begin{vmatrix} a_{11} & a_{12} & a_{13} \\ a_{21} & a_{22} & a_{23} \\ a_{31} & a_{32} & a_{33} \end{vmatrix}}, \quad x_3 = \frac{\begin{vmatrix} a_{11} & a_{12} & b_1 \\ a_{21} & a_{22} & b_2 \\ a_{31} & a_{32} & b_3 \end{vmatrix}}{\begin{vmatrix} a_{11} & a_{12} & a_{13} \\ a_{21} & a_{22} & a_{23} \\ a_{31} & a_{32} & a_{33} \end{vmatrix}} \tag{8}$$

が成立する事を証明しよう．二次と三次の行列式の定義に共通する事は**各行各列から正確に一つの要素を頂いて来て掛け，±の符号を付けて加える**のであるが，その符号は，下図が示す様に，**右下りの時は＋，左下りの時は－である**．ここで，掛ける要素を繋いだ線において，多数派が占める線が右下りの時，上の様に右

(関孝和「解伏題之法」(1683年)では換三式と呼ぶ)

$$\begin{bmatrix} a_{11} & a_{12} \\ a_{21} & a_{22} \end{bmatrix} \qquad \begin{bmatrix} a_{11} & a_{12} & a_{13} \\ a_{21} & a_{22} & a_{23} \\ a_{31} & a_{32} & a_{33} \end{bmatrix} \begin{matrix} a_{11} & a_{12} \\ a_{21} & a_{22} \\ a_{31} & a_{32} \end{matrix} \tag{9}$$

(i)　　(ii)

(和算では換二式と呼ぶ)

下り，左下りの時，上の様に左下りと云う．これを**サリューの法則**と云うが，このムードを理解しておけば，二次や三次の行列式の定義はその暗記が特に負担となる筈ではない．なお，サリューの法則は普通**サラスの法則**とアメリカ流に読まれるが，Pièrre Frédéric Sarrus (1798–1861) はフランス人なので，現地音でサ

リューと読むのが教養であろう．西洋数学のサリューの法則は和算では上述の様に遅くとも1683年に見出している．また，**この法則は4次以上では通用しない．**

前問の(23)で定義した行列式

$$\begin{vmatrix} a_{11} & a_{12} & a_{13} \\ a_{21} & a_{22} & a_{23} \\ a_{31} & a_{32} & a_{33} \end{vmatrix} = a_{11}a_{22}a_{33}+a_{13}a_{21}a_{32}+a_{12}a_{23}a_{31}-a_{13}a_{22}a_{31}-a_{12}a_{21}a_{33}-a_{11}a_{23}a_{32} \tag{10}$$

において，a_{ij} を含む項の和を a_{ij} で割った物を a_{ij} の**余因子**と呼び，$\varDelta_{ij}$ と書くと

$$\begin{aligned} &\varDelta_{11}=\begin{vmatrix} a_{22} & a_{23} \\ a_{32} & a_{33} \end{vmatrix}, \quad \varDelta_{12}=-\begin{vmatrix} a_{21} & a_{23} \\ a_{31} & a_{33} \end{vmatrix}, \quad \varDelta_{13}=\begin{vmatrix} a_{21} & a_{22} \\ a_{31} & a_{32} \end{vmatrix}, \\ &\varDelta_{21}=-\begin{vmatrix} a_{12} & a_{13} \\ a_{32} & a_{33} \end{vmatrix}, \quad \varDelta_{22}=\begin{vmatrix} a_{11} & a_{13} \\ a_{31} & a_{33} \end{vmatrix}, \quad \varDelta_{23}=-\begin{vmatrix} a_{11} & a_{12} \\ a_{31} & a_{32} \end{vmatrix}, \\ &\varDelta_{31}=\begin{vmatrix} a_{12} & a_{13} \\ a_{22} & a_{23} \end{vmatrix}, \quad \varDelta_{32}=-\begin{vmatrix} a_{11} & a_{13} \\ a_{21} & a_{23} \end{vmatrix}, \quad \varDelta_{33}=\begin{vmatrix} a_{11} & a_{12} \\ a_{21} & a_{22} \end{vmatrix} \end{aligned} \tag{11}$$

で表わされ，$\varDelta_{ij}$ は下図の様に a_{ij} を含む行と列を除いて得られる2次の行列式に $(-1)^{i+j}$ を掛けた物である．

$$\varDelta_{ij}=(-1)^{i+j}\left|\longleftarrow a_{ij} \longrightarrow\right| \text{―この } i \text{ 行を除く} \quad (\text{この } j \text{ 列を除く}) \tag{12}.$$

(10)が与える行列式を $|A|$ と記すと，$|A|$ は各行各列から正確に1個づつ取って来て掛けて，±を付けて加えた和であるので，第 j 列に注目して，$a_{1j}\varDelta_{1j}+a_{2j}\varDelta_{2j}+a_{3j}\varDelta_{3j}$ を作ると精確に $|A|$ を表わしている．

$$|A|=a_{1j}\varDelta_{1j}+a_{2j}\varDelta_{2j}+a_{3j}\varDelta_{3j} \tag{13}$$

を行列式 $|A|$ を**第 j 列について展開する**と云い，**ラプラスの展開式**と云うが，実は和算において西欧数学よりも10年前に，関孝和によって，この公式が得られている．なお j 列の余因子の定義は j 列の要素と無関係なので，a_{1j}, a_{2j}, a_{3j} に $k(\neq j)$ 列の余因子を加えると，行列式 $|A|$ の第 k 列の所にて j 列を持った来た行列式が得られ，例えば

$$a_{11}\varDelta_{12}+a_{21}\varDelta_{22}+a_{31}\varDelta_{32}=\begin{vmatrix} a_{11} & a_{11} & a_{13} \\ a_{21} & a_{21} & a_{23} \\ a_{31} & a_{31} & a_{33} \end{vmatrix}=0 \tag{14}$$

の様に二つの列が一致する行列式は定義式(10)より0である．この様にして，次の公式を得る：

$$a_{1j}\varDelta_{1k}+a_{2j}\varDelta_{2k}+a_{3j}\varDelta_{3k}=\begin{cases} 0 & j\neq k \\ |A| & j=k \end{cases} \tag{15}$$

さて，三元連立方程式(5),(6),(7)に対して，$\varDelta_{11}\times(5)+\varDelta_{21}\times(6)+\varDelta_{31}\times(7)$ を作ると，左辺の x_1 の係数は $a_{11}\varDelta_{11}+a_{21}\varDelta_{21}+a_{31}\varDelta_{31}=|A|$ であるが，x_2, x_3 の係数は(15)の趣旨より0になる．一方，右辺は $b_1\varDelta_{11}+b_2\varDelta_{21}+b_3\varDelta_{31}$ であるが，これは，丁度，行列式 $|A|$ において，x_1 の係数である第1列を b_1, b_2, b_3 で置き換えて得られる行列式を第1列について展開した物に等しく

$$|A|x_1=\begin{vmatrix} b_1 & a_{12} & a_{13} \\ b_2 & a_{22} & a_{23} \\ b_3 & a_{32} & a_{33} \end{vmatrix}, \text{ 同様にして，} |A|x_2=\begin{vmatrix} a_{11} & b_1 & a_{13} \\ a_{21} & b_2 & a_{23} \\ a_{31} & b_3 & a_{33} \end{vmatrix}, |A|x_3=\begin{vmatrix} a_{11} & a_{21} & b_1 \\ a_{21} & a_{22} & b_2 \\ a_{31} & a_{32} & b_3 \end{vmatrix} \tag{16}$$

を得る．$|A|\neq 0$ であれば，これより，直ちにクラメルの公式(8)を得る．$|A|=0$ の時も，(16)に基いて議論出来る．

3 （三次の行列式）

問題１の定義(23)に従えば，

$$\begin{vmatrix} a & a & a \\ a & b & b \\ a & b & c \end{vmatrix} = abc + a^2b + a^2b - a^2b - ab^2 - a^2c = a(bc + ab - b^2 - ac) = a(b-c)(a-b).$$

問題２の公式(11)，(13)に従って，第１列について展開し，問題１の(14)を用いれば

$$\begin{vmatrix} a & a & a \\ a & b & b \\ a & b & c \end{vmatrix} = a\begin{vmatrix} b & b \\ b & c \end{vmatrix} - a\begin{vmatrix} a & a \\ b & c \end{vmatrix} + a\begin{vmatrix} a & a \\ b & b \end{vmatrix} = a(bc - b^2 - ac + ab + ab - ab) = a(b-c)(a-b).$$

$n \times n$ 個の数字，又は，数字を表す文字が正方形に並んだ絵

$$A = \begin{pmatrix} a_{11} & a_{12} & \cdots & a_{1n} \\ a_{21} & a_{22} & \cdots & a_{2n} \\ \cdots & \cdots & \cdots & \cdots \\ a_{n1} & a_{n2} & \cdots & a_{nn} \end{pmatrix} \tag{1}$$

を n 次の**正方行列**，$n \times n$ 行列，又は，(n, n) 行列と云う．行列 A に対して，行列式を旨く定義し，n 元連立１次方程式に対して，クラメルの公式を成立させたい．

１から n 迄の数字を並べた物 $\sigma = (p_1 p_2 \cdots p_n)$ を**順列**と云う．順列 σ に対して，一組の文字を入れ換える操作を**互換**と云う．$x_1, x_2, \cdots, x_n$ の多項式

$$P = (x_1 - x_2)(x_1 - x_3) \cdots (x_1 - x_n)(x_2 - x_3)(x_2 - x_4) \cdots (x_2 - x_n) \cdots (x_{n-1} - x_n) \tag{2}$$

は一組の文字 x_i と x_j を入れ換えると符号が変る．順列 $\sigma = (p_1 p_2 \cdots p_n)$ に対して

$$P_\sigma = (x_{p_1} - x_{p_2})(x_{p_1} - x_{p_3}) \cdots (x_{p_1} - x_{p_n})(x_{p_2} - x_{p_3}) \cdots (x_{p_2} - x_{p_n}) \cdots (x_{p_{n-1}} - x_{p_n}) \tag{3}$$

を対応させよう．順列 σ は順列 $(12 \cdots n)$ に互換を何回か施して得られる．その互換は一通りではないが，P は互換を一回施す度に符号が変り，P_σ に達するので，その互換の回数が偶数であるか，奇数であるかだけは，σ によって定り，曖昧さはない．順列 σ は順列 $(12 \cdots n)$ から偶数回の互換で得られる時，**偶順列**，奇数回の互換で得られる時，**奇順列**と云う．

$$\mathrm{sgn}(\sigma) = \begin{cases} +1, & \sigma \text{ が偶順列の時} \\ -1, & \sigma \text{ が奇順列の時} \end{cases} \tag{4}$$

とおき，σ の**符号**と呼ぶ．例えば，$n=2$ の時，$\mathrm{sgn}(1\,2) = +1$，$\mathrm{sgn}(2\,1) = -1$ なので

$$\begin{vmatrix} a_{11} & a_{12} \\ a_{21} & a_{22} \end{vmatrix} = a_{11}a_{22} - a_{12}a_{21} = \sum \mathrm{sgn}(p_1 p_2) a_{1p_1} a_{2p_2} \tag{5}$$

が成立している．$n=3$ の時，$\mathrm{sgn}(1\,2\,3) = \mathrm{sgn}(3\,1\,2) = \mathrm{sgn}(2\,3\,1) = 1$，$\mathrm{sgn}(3\,2\,1) = \mathrm{sgn}(2\,1\,3) = \mathrm{sgn}(1\,3\,2) = -1$ なので

$$\begin{vmatrix} a_{11} & a_{12} & a_{13} \\ a_{21} & a_{22} & a_{23} \\ a_{31} & a_{32} & a_{33} \end{vmatrix} = a_{11}a_{22}a_{13} + a_{13}a_{21}a_{32} + a_{12}a_{23}a_{31} - a_{13}a_{22}a_{31} - a_{12}a_{21}a_{33} - a_{11}a_{23}a_{32}$$

$$= \sum \mathrm{sgn}(p_1 p_2 p_3) a_{1p_1} a_{2p_2} a_{3p_3} \tag{6}$$

が成立している．一般に(1)で与えられる n 次の正方行列 A の**行列式** $|A|$ を

$$\begin{vmatrix} a_{11} & a_{12} & \cdots & a_{1n} \\ a_{21} & a_{22} & \cdots & a_{2n} \\ \cdots & \cdots & \cdots & \cdots \\ a_{n1} & a_{n2} & \cdots & a_{nn} \end{vmatrix} = \sum \mathrm{sgn}(p_1 p_2 \cdots p_n) a_{1p_1} a_{2p_2} \cdots a_{np_n} \tag{7}$$

で定義すると，これは2次や3次の行列式の一般化となっている．行列 A の第 i 行 $(a_{i1}, a_{i2}, \cdots, a_{in})$ が二つの行ベクトル $(a_{i1}', a_{i2}', \cdots, a_{in}')$, $(a_{i1}'', a_{i2}'', \cdots, a_{in}'')$ の1次結合 $(\alpha a_{i1}'+\beta a_{i1}'', \alpha a_{i2}'+\beta a_{i2}', \cdots, \alpha a_{in}'+\beta a_{in}'')$ で表される時，

$$\begin{aligned}(7)\text{の右辺} &= \sum \operatorname{sgn}(p_1, p_2, \cdots, p_n) a_{1p_1} a_{2p_2} \cdots (\alpha a_{ip_i}'+\beta a_{ip_i}'') \cdots a_{np_n} \\ &= \alpha \sum \operatorname{sgn}(p_1, p_2, \cdots, p_n) a_{1p_1} a_{2p_2} \cdots a_{ip_i}' \cdots a_{np_n} \\ &\quad + \beta \sum \operatorname{sgn}(p_1 p_2 \cdots p_n) a_{1p_1} a_{2p_2} \cdots a_{ip_i}'' \cdots a_{np_n}\end{aligned}$$

なので

$$\begin{vmatrix} a_{11} & a_{12} & \cdots & a_{1n} \\ a_{21} & a_{22} & \cdots & a_{2n} \\ \cdots & \cdots & \cdots & \cdots \\ \alpha a_{i1}'+\beta a_{i1}'' & \alpha a_{i2}'+\beta a_{i2}'' & \cdots & \alpha a_{in}'+\beta a_{in}'' \\ \cdots & \cdots & \cdots & \cdots \\ a_{n1} & a_{n2} & \cdots & a_{nn} \end{vmatrix}$$

$$= \alpha \begin{vmatrix} a_{11} a_{12} & \cdots & a_{1n} \\ a_{21} a_{22} & \cdots & a_{2n} \\ \cdots & \cdots & \cdots \\ a_{i1}' a_{i2}' & \cdots & a_{in}' \\ \cdots & \cdots & \cdots \\ a_{n1} a_{n2} & \cdots & a_{nn} \end{vmatrix} + \beta \begin{vmatrix} a_{11} & a_{12} & \cdots & a_{1n} \\ a_{21} & a_{22} & \cdots & a_{2n} \\ \cdots & \cdots & \cdots & \cdots \\ a_{i1}'' & a_{i2}'' & \cdots & a_{in}'' \\ \cdots & \cdots & \cdots & \cdots \\ a_{n1} & a_{n2} & \cdots & a_{nn} \end{vmatrix} \tag{8}$$

を得る．更に，A の i 行と j 行を入れ換えると，$\operatorname{sgn}(p_1 \cdots p_i \cdots p_j \cdots p_n) = -\operatorname{sgn}(p_1 \cdots p_j \cdots p_i \cdots p_n)$ なので，(7) より行列式 $|A|$ は符号のみが変り

$$\begin{vmatrix} a_{11} & a_{12} & \cdots & a_{1n} \\ \cdots & \cdots & \cdots & \cdots \\ a_{i1} & a_{i2} & \cdots & a_{in} \\ \cdots & \cdots & \cdots & \cdots \\ a_{j1} & a_{j2} & \cdots & a_{jn} \\ \cdots & \cdots & \cdots & \cdots \\ a_{n1} & a_{n2} & \cdots & a_{nn} \end{vmatrix} = - \begin{vmatrix} a_{11} & a_{12} & \cdots & a_{1n} \\ \cdots & \cdots & \cdots & \cdots \\ a_{j1} & a_{j2} & \cdots & a_{jn} \\ \cdots & \cdots & \cdots & \cdots \\ a_{i1} & a_{i2} & \cdots & a_{in} \\ \cdots & \cdots & \cdots & \cdots \\ a_{n1} & a_{n2} & \cdots & a_{nn} \end{vmatrix} \tag{9}$$

を得る．

ここで初心者の誤り易い点を述べるが，講義で余り強調し過ぎると，必らずおかしな学生が一クラスに一人や二人はいて，かえって暗示にかかって，誤るから，いやになる．先ず，$|A|$ を A の絶対値と読む学生がいるが，これは頂けない．記号は絶対値の記号を拝借したが，意味は異るので，A の行列式と読むべきである．これは御愛敬で未だ罪は軽い．行列 A は(1)の右辺の様に記し，絶対値の記号を用いた(7)の左辺の様に表してはいけない．行列 A は(1)の様に，数字又は文字が並んだ絵であり，数ではない．一方，行列式 $|A|$ は(7)の右辺によって，行列 A に数 $|A|$ を対応させた物である．従って，行列式 $|A|$ は，紛れもなく数であり，行列ではない．従って，行列 A を表すのに，ふくらみを持たせた線を用いて(1)の右辺の様に表さず，絶対値の記号を用いて (7) の左辺の様に表したら，私は行列や行列式の事は全く理解しておりません，と告白する様なものである．勿論，その様な答案は，一目見るなり，零点を付けられても，文句は云えまい．

行列は絵であり，行列式は数であり，両者は全く異なる！

類　題 （解答☞ 180ページ）

1．問題2の解 x, y, z をクラメルの公式を用いて行列式で表せ．

2．その行列式の値を計算せよ．

4 (二つの行が一致する行列式は 0)

前問の解説を続ける．行列式は前問の (9) より二つの行を入れ換えると符号が変る．従って，行列式 $|A|$ にて，二つの行が一致していると，その二つの行を入れ換えても同じ $|A|$ を得るので，前問の (9) より $|A|=-|A|$．故に，$|A|=0$．**二つの行が一致する行列式の値は 0 であり，**公式

$$\begin{vmatrix} a_{11} & a_{12} & \cdots & a_{1n} \\ \cdots & \cdots & \cdots & \cdots \\ a_{i1} & a_{i2} & \cdots & a_{in} \\ \cdots & \cdots & \cdots & \cdots \\ a_{i1} & a_{12} & \cdots & a_{in} \\ \cdots & \cdots & \cdots & \cdots \\ a_{n1} & a_{n2} & \cdots & a_{nn} \end{vmatrix} = 0 \tag{1}$$

を得る．例えば，本問は第 2 行と第 3 行が等しいので，眺めた瞬間に，値 0 を得る．次に行列式 $|A|$ において，i 行 j 列の要素 a_{ij} を含む項の和を a_{ij} で割った物を $\varDelta_{ij}$ と書き，a_{ij} の**余因子**と云う．前問の(7)で与えられる行列式は各行各列から正確に一個づつ n 個取って来て符号を付けた和であるから，a_{ij} の余因子を求める際には，i 行や j 列のポストは a_{ij} によって既に占められているから，もはやお呼びでない．従って，a_{ij} の余因子は i 行と j 列の要素に無関係である．例えば，a_{11} の余因子 $\varDelta_{11}$ は

$$\begin{vmatrix} a_{11} & 0 & \cdots & 0 \\ a_{22} & a_{21} & \cdots & a_{2n} \\ \cdots & \cdots & \cdots & \cdots \\ a_{n1} & a_{n2} & \cdots & a_{nn} \end{vmatrix} = a_{11} \sum \operatorname{sgn}(p_2 p_3 \cdots p_n) a_{2p_2} a_{3p_3} \cdots a_{np_n} = a_{11} \begin{vmatrix} a_{22} & \cdots & a_{2n} \\ \cdots & \cdots & \cdots \\ a_{n2} & \cdots & a_{nn} \end{vmatrix} \tag{2}$$

の余因子に等しい．(2)の左辺の 行列式$=\sum \operatorname{sgn}(p_1 p_2 p_3 \cdots p_n) a_{1p_1} a_{2p_2} \cdots a_{np_n}$ において $a_{1p_1} \neq 0$ であるのは $p_1=1$ の時に限るので，$\sum \operatorname{sgn}(1 p_2 \cdots p_n) a_{11} a_{2p_2} a_{3p_3} \cdots a_{np_n}$ に等しい．$p_1=1$ の時，$(p_2 p_3 \cdots p_n)$ は $n-1$ の数字 $2, 3, \cdots, n$ の順列であって，この偶奇と $(p_1 p_2 \cdots p_n)$ の偶奇は等しいので，(2) の左辺は第 2 式に等しい．第 2 の $\sum \operatorname{sgn}(p_2 p_3 \cdots p_n) a_{2p_2} a_{3p_3} \cdots a_{np_n}$ は右辺の $n-1$ 次の行列式に等しいので，(2) を得る．従って，

$$\varDelta_{11} = \begin{vmatrix} a_{22} & a_{23} & \cdots & a_{2n} \\ a_{32} & a_{33} & \cdots & a_{3n} \\ \cdots & \cdots & \cdots & \cdots \\ a_{n2} & a_{n3} & \cdots & a_{nn} \end{vmatrix} \tag{3}$$

が成立する．(3) は行列式 $|A|$ より a_{11} を含む第 1 行と第 1 列を除いて得られる $n-1$ 次の行列式である事を注意しておく．次に，1 行 j 列要素 a_{1j} の余因子 $\varDelta_{1j}$ を求めよう．直ぐ説明するが，$\varDelta_{1j}$ は行列式

$$\begin{vmatrix} 0 & \cdots & 0 & a_{1j} & 0 & \cdots & 0 \\ a_{21} & \cdots & a_{2j-1} & a_{2j} & a_{2j+1} & \cdots & a_{2n} \\ \cdots & \cdots & \cdots & \cdots & \cdots & \cdots & \cdots \\ a_{n1} & \cdots & a_{nj-1} & a_{nj} & a_{nj+1} & \cdots & a_{nn} \end{vmatrix} = (-1)^{j-1} a_{1j} \sum \operatorname{sgn}(p_2 p_3 \cdots p_n) a_{2p_2} a_{3p_3} \cdots a_{np_n}$$

$$= (-1)^{j-1} a_{1j} \begin{vmatrix} a_{21} & \cdots & a_{2j-1} & a_{2j+1} & \cdots & a_{2n} \\ a_{31} & \cdots & a_{3j-1} & a_{3j+1} & \cdots & a_{3n} \\ \cdots & \cdots & \cdots & \cdots & \cdots & \cdots \\ a_{n1} & \cdots & a_{nj-1} & a_{nj+1} & \cdots & a_{nn} \end{vmatrix} \tag{4}$$

の余因子に等しい．(4)の左辺の行列式$=\sum \operatorname{sgn}(p_1 p_2 \cdots p_n) a_{1p_1} a_{2p_2} \cdots a_{np_n}$ において $a_{1p_1} \neq 0$ であるのは $p_1=j$ の時に限るので，$\sum \operatorname{sgn}(j p_2 \cdots p_n) a_{1j} a_{2p_2} \cdots a_{np_n}$．この和を取る際，真に動くのは $p_2, p_3, \cdots, p_n$ であって，$n-1$ 個の文字 $1, 2, \cdots, j-1, j+1, \cdots, n$ の順列となる様に動く．n 個の文字の順列 $(j p_2 p_3 \cdots p_{j-1} p_j \cdots p_n)$ に対して，j と p_2 とを入れ換える互換をして $(p_2 j p_3 \cdots p_{j-1} p_j \cdots p_n)$，更に j と p_3 を入れ換えて $(p_2 p_3 j \cdots p_{j-1} p_j \cdots p_n)$，この操作を $j-1$ 回施すと，$(j p_2 p_3 \cdots p_{j-1} p_j \cdots p_n)$ は $j-1$ 回の互換によって，$(p_2 p_3 \cdots p_{j-1} j p_j \cdots p_n)$ に達するの

で，$\mathrm{sgn}(jp_2p_3\cdots p_{j-1}p_j\cdots p_n)=(-1)^{j-1}\,\mathrm{sgn}(p_2p_3\cdots p_{j-1}jp_j\cdots p_n)$．順列 $(p_2p_3\cdots p_{j-1}jp_j\cdots p_n)$ において，j は丁度 j 番目に来て，これは動かないので，その偶奇は $n-1$ の文字 $1, 2, \cdots, j-1, j+1, \cdots, n$ の順列 $(p_2p_3\cdots p_{j-1}p_j\cdots p_n)$ の偶奇に等しく，$\mathrm{sgn}(jp_2p_3\cdots p_{j-1}p_j\cdots p_n)=(-1)^{j-1}\,\mathrm{sgn}(p_2p_3\cdots p_{j-1}p_j\cdots p_n)$．従って，(4) の左辺は第 2 式に等しく，第 2 式の和は右辺の $n-1$ 次の行列式に他ならないので，(4)が成立する．

最後に，一般の，i 行 j 列要素 a_{ij} の余因子 Δ_{ij} を求めよう．前問の (9) で論じたように二つの行を入れ換えると符号が変るので，先ず第 i 行と $i-1$ 行とを入れ換え，次に $i-2$ 行と入れ換え，この操作を $i-1$ 回施すと，他の行の順序を乱さないで，i 行のみが第 1 行に昇格するので

$$\begin{vmatrix} a_{11} & a_{12} & \cdots & a_{1j} & \cdots & a_{1n} \\ \cdots & \cdots & \cdots & \cdots & \cdots & \cdots \\ a_{i1} & a_{i2} & \cdots & a_{ij} & \cdots & a_{in} \\ \cdots & \cdots & \cdots & \cdots & \cdots & \cdots \\ a_{n1} & a_{n2} & \cdots & a_{nj} & \cdots & a_{nn} \end{vmatrix} = (-1)^{i-1} \begin{vmatrix} a_{i1} & a_{i2} & \cdots & a_{ij} & \cdots & a_{in} \\ a_{11} & a_{12} & \cdots & a_{1j} & \cdots & a_{1n} \\ \cdots & \cdots & \cdots & \cdots & \cdots & \cdots \\ \cdots & \cdots & \cdots & \cdots & \cdots & \cdots \\ a_{n1} & a_{n2} & \cdots & a_{nj} & \cdots & a_{nn} \end{vmatrix} \tag{5}$$

を得る．(5) の右辺の n 次の行列式の a_{ij} の余因子は (4) で求めた様に a_{ij} を含む行と列を除いて得られる $(n-1)$ 次の行列式 $\times(-1)^{j-1}$ なので，元来の a_{ij} の余因子はこれに $(-1)^{i-1}$ を掛けて得られ，公式

$$\Delta_{ij}=(-1)^{i+j}\times(a_{ij}\text{ を含む行と列を除いて得られる行列式}) \tag{6}$$

を得る．即ち，

$$\Delta_{ij}=(-1)^{i+j}\begin{vmatrix} a_{11} & \cdots & a_{1j-1} & a_{1j+1} & \cdots & a_{1n} \\ \cdots & \cdots & \cdots & \cdots & \cdots & \cdots \\ a_{i-11} & \cdots & a_{i-1j-1} & a_{i-1j+1} & \cdots & a_{i-1n} \\ a_{i+11} & \cdots & a_{i+1j-1} & a_{i+1j+1} & \cdots & a_{i+1n} \\ \cdots & \cdots & \cdots & \cdots & \cdots & \cdots \\ a_{n1} & \cdots & a_{nj-1} & a_{nj+1} & \cdots & a_{nn} \end{vmatrix}.$$

行列式を定義する和において各項は正確に i 行（または j 列）の要素を一つ含むので，i 行（または j 列）の要素に，その余因子を掛けて加えた物は行列式 $|A|$ の値に等しく，公式

$$|A|=a_{i1}\Delta_{i1}+a_{i2}\Delta_{i2}+\cdots+a_{in}\Delta_{in} \tag{7}$$

$$|A|=a_{1j}\Delta_{1j}+a_{2j}\Delta_{2j}+\cdots+a_{nj}\Delta_{nj} \tag{8}$$

を得る．これを行列式 $|A|$ を第 i 行(または j 列)において展開する**ラプラスの公式**と云う．

i 行の各要素 a_{ij} に異なった行，k 行の同じ列の要素 a_{kj} の余因子 Δ_{kj} を掛けて加えた和は，行列式 $|A|$ において，第 k 行を第 i 行で置き換えた物に等しく，この行列式は i 行と k 行が等しいので，公式(1)より 0 であり

$$a_{i1}\Delta_{k1}+a_{i2}\Delta_{k2}+\cdots+a_{in}\Delta_{kn}=0 \quad (i\neq k) \tag{9}$$

を得る．この様な行列式の理論を我々は西洋数学の頭で学ぶが，実は我国の和算の方が時間的には早いのである．西洋数学が西洋で始めて行列式を見出したのはライプニッツで，それも1693年に行列式の性質をほんの少し述べているに過ぎない．**関孝和**は1683年に刊行した「解伏題之法」で行列式の理論を展開した．この事を西洋数学者に話すと，彼等は信じ様とせず，中国やポルトガルを経由して，西洋数学が日本に着いたのだと主張する．彼等西洋人の言が正しければ，関孝和先生は本書の様なケチな線形代数のみならず，タイムマシンを作っておられた事になり，その業績は SF 的偉大さを加えて称えなければならなくなる．

5 (基本変形による四次の行列式の計算)

高次の行列式は問題3の(7)によって定義されるが，これに従って計算するのはアホである.

> **基-1** 行列式のある行に他の幾つかの行の何倍かを加えても，行列式の値は変らない.

例えば，問題3の行列式(7)の第 i 行に第 k 行 $(k\neq i)$ の α 倍を加えた行列式は，問題3の(8)と問題4の(1)より，次の様に計算出来る（ここで38頁の(7)式を見ない読者は落ち零れますよ！）：

$$\begin{vmatrix} a_{11} & a_{12} & \cdots & a_{1m} \\ \cdots & \cdots & \cdots & \cdots \\ a_{i1}+\alpha a_{k1} & a_{i2}+\alpha a_{k2} & \cdots & a_{in}+\alpha a_{kn} \\ \cdots & \cdots & \cdots & \cdots \\ a_{k1} & a_{k2} & \cdots & a_{kn} \\ \cdots & \cdots & \cdots & \cdots \\ a_{n1} & a_{n2} & \cdots & a_{nn} \end{vmatrix} = \begin{vmatrix} a_{11} & a_{12} & \cdots & a_{1n} \\ \cdots & \cdots & \cdots & \cdots \\ a_{i1} & a_{i2} & \cdots & a_{in} \\ \cdots & \cdots & \cdots & \cdots \\ a_{k1} & a_{k2} & \cdots & a_{kn} \\ \cdots & \cdots & \cdots & \cdots \\ a_{n1} & a_{n2} & \cdots & a_{nn} \end{vmatrix} + \alpha \begin{vmatrix} a_{11} & a_{12} & \cdots & a_{1n} \\ \cdots & \cdots & \cdots & \cdots \\ a_{k1} & a_{k2} & \cdots & a_{kn} \\ \cdots & \cdots & \cdots & \cdots \\ a_{k1} & a_{k2} & \cdots & a_{kn} \\ \cdots & \cdots & \cdots & \cdots \\ a_{n1} & a_{n2} & \cdots & a_{nn} \end{vmatrix}$$

$$= \begin{vmatrix} a_{11} & a_{12} & \cdots & a_{1n} \\ \cdots & \cdots & \cdots & \cdots \\ a_{i1} & a_{i2} & \cdots & a_{in} \\ \cdots & \cdots & \cdots & \cdots \\ a_{k1} & a_{k2} & \cdots & a_{kn} \\ \cdots & \cdots & \cdots & \cdots \\ a_{n1} & a_{n2} & \cdots & a_{nn} \end{vmatrix} \qquad (1).$$

基-1を何回か適用して，ある列を一つを除いて全て0にし，前問の(8)に基いて(41頁を開き(8)式を見る事の無い読者は落ち零れますよ)，この行列式をその列について展開すると，一つの項しか生き残らず，次数が一つ下った行列式に帰着出来る．以下，この方法を繰り返して，2次の行列式に持って行き，和算の換二式，西洋数学のサリューの公式に持込み計算する．例えば，本問は，第1行に他の残りの行を加えて，

$$\begin{vmatrix} 1-x & 1 & 1 & 1 \\ 1 & 1-x & 1 & 1 \\ 1 & 1 & 1-x & 1 \\ 1 & 1 & 1 & 1-x \end{vmatrix} = \begin{vmatrix} 4-x & 4-x & 4-x & 4-x \\ 1 & 1-x & 1 & 1 \\ 1 & 1 & 1-x & 1 \\ 1 & 1 & 1-x & 1-x \end{vmatrix}.$$

右辺の行列式の定義式の各項は皆第1行の要素を持つので $4-x$ で括れ，次に第2行，第3行，第4行から第1行を減じて，

$$=(4-x)\begin{vmatrix} 1 & 1 & 1 & 1 \\ 1 & 1-x & 1 & 1 \\ 1 & 1 & 1-x & 1 \\ 1 & 1 & 1 & 1-x \end{vmatrix} = (4-x)\begin{vmatrix} 1 & 1 & 1 & 1 \\ 0 & -x & 0 & 0 \\ 0 & 0 & -x & 0 \\ 0 & 0 & 0 & -x \end{vmatrix}.$$

後は次々と第1列について展開し，

$$=(4-x)\begin{vmatrix} -x & 0 & 0 \\ 0 & -x & 0 \\ 0 & 0 & -x \end{vmatrix} = (4-x)(-x)\begin{vmatrix} -x & 0 \\ 0 & -x \end{vmatrix} = (4-x)(-x)^3 = x^3(x-4).$$

従って，行列式$=0$とした方程式の解は単根 $x=4$ と3重根 $x=0$.

対角線より下の皆0である様な行列式を**上三角行列式**と云う．上の方法と同じく，次々と第1列について展開して，次の基本事項を得る.

> **基-2** 上三角行列式の値は対角線要素の積に等しい.

n 次の正方行列 A に対して，行と列の役割を入れ換えて得られる行列を行列 A の**転置行列**と云い，${}^tA$ と表す．即ち，次の左の行列 A の転置行列 ${}^tA$ が右の行列である．

$$A=\begin{pmatrix} a_{11} & a_{12} & \cdots & a_{1n} \\ a_{21} & a_{22} & \cdots & a_{2n} \\ \cdots & \cdots & \cdots & \cdots \\ a_{n1} & a_{n2} & \cdots & a_{nn} \end{pmatrix},\quad {}^tA=\begin{pmatrix} a_{11} & a_{21} & \cdots & a_{n1} \\ a_{12} & a_{22} & \cdots & a_{n2} \\ \cdots & \cdots & \cdots & \cdots \\ a_{1n} & a_{2n} & \cdots & a_{nn} \end{pmatrix} \tag{2}$$

基-3 行列 A の行列式とその転置行列 ${}^tA$ の行列式は等しい，即ち，$|A|=|{}^tA|$.

上の基本事項を数学的帰納法によって示そう．最初に説明すべきであったが，1次の行列式とは実数 a の値そのものであり，勿論，基-3が成立している．$n-1$ 次迄の行列式に対して，基-3が成立すると仮定して，n 次の正方行列 A の転置行列 ${}^tA$ の行列式を第1列において展開し，帰納法の仮定より余因子を構成する $n-1$ 次の行列式に対して，行と列の役割を入れ換えると

$$|{}^tA|=a_{11}\begin{vmatrix} a_{22} & a_{32} & \cdots & a_{n2} \\ a_{23} & a_{33} & \cdots & a_{n3} \\ \cdots & \cdots & \cdots & \cdots \\ a_{2n} & a_{3n} & \cdots & a_{nn} \end{vmatrix}-a_{12}\begin{vmatrix} a_{21} & a_{31} & \cdots & a_{n1} \\ a_{23} & a_{33} & \cdots & a_{n3} \\ \cdots & \cdots & \cdots & \cdots \\ a_{2n} & a_{3n} & \cdots & a_{nn} \end{vmatrix}+\cdots+(-1)^{n+1}a_{1n}\begin{vmatrix} a_{21} & a_{31} & \cdots & a_{n1} \\ a_{22} & a_{32} & \cdots & a_{n2} \\ \cdots & \cdots & \cdots & \cdots \\ a_{2n-1} & a_{3n-1} & \cdots & a_{nn-1} \end{vmatrix}$$

$$=a_{11}\begin{vmatrix} a_{22} & a_{23} & \cdots & a_{2n} \\ a_{32} & a_{33} & \cdots & a_{3n} \\ \cdots & \cdots & \cdots & \cdots \\ a_{n2} & a_{n3} & \cdots & a_{nn} \end{vmatrix}-a_{12}\begin{vmatrix} a_{21} & a_{23} & \cdots & a_{2n} \\ a_{31} & a_{33} & \cdots & a_{3n} \\ \cdots & \cdots & \cdots & \cdots \\ a_{n1} & a_{n3} & \cdots & a_{nn} \end{vmatrix}+\cdots+(-1)^{n+1}a_{1n}\begin{vmatrix} a_{21} & a_{22} & \cdots & a_{2n-1} \\ a_{31} & a_{32} & \cdots & a_{3n-1} \\ \cdots & \cdots & \cdots & \cdots \\ a_{n1} & a_{n2} & \cdots & a_{nn-1} \end{vmatrix}$$

を得るが，最後の式は行列 A の行列式 $|A|$ を第1行において展開した物に他ならないから，n の時も基-3が成立する．

基-3により

基-4 行列式において，行(列)に関して成立する命題は列(行)に関しても成立する．

を得る．

おかしな学生の話をする事により，学生諸君の参考としたい．十年程前，ある学生より，出欠を取って貰わないと安心出来ないとの訴えがあり，それ以来出欠を取っている．京大の森先生は出席しても成績の悪い学生は欠席している学生より悪いとの見解であるが，私は出席しても成績の悪い学生の存在の責任の半分は教師に属すると考えている．早く云えば，サボって成績の悪い学生は良心の呵責無しに落すことが出来る．数日前，出欠を取っていると迫力のない返事があった．長年のカンでハハンと思い，もう一度名前を呼ぶと返事がない．そこで，友人の為を思う友情は美しいが，友情には犠牲を伴う．悪い事をして迄，友人を庇うつもりならば，退学処分を覚悟で友情を貫け，と諭した．講義が終って，一学生が来て，私がしましたと謝った．これは悪い事ではあるが，ノーマルな現象である．その後で，もう一人，青白い学生が来て，「先生！私は退学処分になるのでしょうか.」と聞く．代返問題とは何の関係もないこの26才にもなる学生曰く，「先生の言葉は刺戟が強過ぎます.」この学生は代返されて，活を入れないで教師が勤まるとでも思っているのであろうか．勿論，このおかしい学生は教育者の子弟である．この様な手合は，日本語の会話の経験無しに，受験一点張りで，過して来たので，日本語の聞き取りも，表現も出来ない．その言動は全くランダムである．

6 (四次の行列式の計算)

高次の行列式の値を計算するには，1を含む行(列)の何倍かを他の行(列)より引き，1以外は全て零にして，ラプラスの展開を用いて逐次，次数を減して行く．例えば，本問では第3行$-2\times$第1行，第4行＋第1行を求め，次に第1列について展開し，得られた3次の行列式を第1行について展開すると

$$\begin{vmatrix} 1 & 0 & 5 & 2 \\ 0 & 0 & 2 & 0 \\ 2 & 2 & 1 & 3 \\ -1 & -5 & -3 & 1 \end{vmatrix} = \begin{vmatrix} 1 & 0 & 5 & 2 \\ 0 & 0 & 2 & 0 \\ 0 & 2 & -9 & -1 \\ 0 & -5 & 2 & 3 \end{vmatrix} = \begin{vmatrix} 0 & 2 & 0 \\ 2 & -9 & -1 \\ -5 & 2 & 3 \end{vmatrix} = -2\begin{vmatrix} 2 & -1 \\ -5 & 3 \end{vmatrix}$$

$$= -2(2\times 3-(-1)\times(-5)) = -2$$

を得るので，(ロ)のマークシートを塗り潰せばよい．

n次の正方行列を

$$A=\begin{pmatrix} a_{11} & a_{12} & \cdots & a_{1n} \\ a_{21} & a_{22} & \cdots & a_{2n} \\ \cdots & \cdots & \cdots & \cdots \\ a_{n1} & a_{n2} & \cdots & a_{nn} \end{pmatrix} \tag{1}$$

と表すと分り易いが，書物に印刷する際は活字と紙を，黒板に板書する時はチョークと教師のエネルギー並びに学生の労力とノートを浪費し，もったいない．それ故，数列を表す時の真似をして，一般の行列要素a_{ij}を代表的に表して，$A=(a_{ij})$と書く．この表記法ならば，文中にも任意に式が書けるし，大変便利である．更に，省エネルギー以上に重要な事は，記号の簡略化は理論の飛躍的進歩へと直結する事である．「始めに言葉ありき」で，「記号が数学の思考法を決定する」．人間の頭脳の許容量は限られているので，この事は特に重要である．

さて，二つのn次の**正方行列**$A=(a_{ij})$, $B=(b_{ij})$**の積**$C=(c_{ij})$を

$$c_{ij}=\sum_{k=1}^{n} a_{ik}b_{kj} \tag{2}$$

によって，定義する．対角要素が全て1で，残りが全て0のn次の正方行列Eの行列要素δ_{ij}は

$$\delta_{ij}=\begin{cases} 1, & i=j \\ 0, & j\neq i \end{cases} \tag{3}$$

を満している．このデルタを**クロネッカーのデルタ**と呼ぶ．例えば，任意の正方行列$A=(a_{ij})$との積は，AEとEAの二通りあり，その(i,j)要素は(2)より$\sum_{k=1}^{n} a_{ik}\delta_{kj}$と$\sum_{k=1}^{n} \delta_{ik}a_{kj}$であるが，これらの和は，夫々，$k=j$, $k=i$の時のみ生残るので，共にa_{ij}であり，公式

$$AE=EA=A,\quad E=(\delta_{ij}) \tag{4}$$

を得る．行列Eは乗法に関して単位元の役割を果たすので，n次の**単位行列**と呼ばれる．

さて，行列Aの(i,j)要素a_{ij}の余因子をΔ_{ij}としよう．(i,j)要素がΔ_{ji}である様な行列を**余因子行列**と云い，$\mathrm{ad}\,A$と書く．$\mathrm{ad}\,A$の(i,j)要素をb_{ij}とすると，余因子行列は

$$\mathrm{ad}\,A=(b_{ij}),\quad b_{ij}=\Delta_{ji} \tag{5}$$

と書ける．これに対する，(1)の表記法は

$$\mathrm{ad}\,A=\begin{pmatrix} \Delta_{11} & \Delta_{21} & \cdots & \Delta_{n1} \\ \Delta_{12} & \Delta_{22} & \cdots & \Delta_{n2} \\ \vdots & & & \\ \Delta_{1n} & \Delta_{2n} & \cdots & \Delta_{nn} \end{pmatrix} \tag{6}$$

であり，第 i 行の余因子が第 i 列に来て，行と列が入れ換っているのが重要である．ad$A$ と A との積は (ad$A$)A と A(ad$A$) の二通りあるが，その (i, j) 要素は定義より，夫々，j 列の要素に i 列の余因子を掛けて加えた物と，i 行の要素に j 行の余因子を掛けて加えた物であり，これらは $i=j$ の時のみ行列 A の行列式 $|A|$ に一致するので

$$\sum_{k=1}^{n} b_{ik}a_{kj} = \sum_{k=1}^{n} \Delta_{ki}a_{kj} = |A|\delta_{ij} \tag{7}$$

$$\sum_{k=1}^{n} a_{ik}b_{kj} = \sum_{k=1}^{n} a_{ik}\Delta_{jk} = |A|\delta_{ij} \tag{8}$$

を得る．一般に

$$\alpha(a_{ij}) = (\alpha a_{ij}) \tag{9}$$

によって，スカラー α と行列 (a_{ij}) との積を定義すると，(7), (8)は，単位行列 E を用いた

$$(\mathrm{ad}\,A)A = A(\mathrm{ad}\,A) = |A|E \tag{10}$$

を意味する．特に $|A| \neq 0$ であれば

$$\left(\frac{\mathrm{ad}\,A}{|A|}\right)A = A\left(\frac{\mathrm{ad}\,A}{|A|}\right) = E \tag{11}$$

が成立するので

$$A^{-1} = \frac{\mathrm{ad}\,A}{|A|} \tag{12}$$

の右辺を行列 A の**逆行列**と云い，左辺の様に A^{-1} と記す．$AA^{-1} = A^{-1}A = E$ が成立している．逆行列を持つ正方行列を**正則行列**と云う．

> **基-1**　正方行列 A の行列式 $|A| \neq 0$ であれば，A は逆行列を持ち，(12)で与えられる．

前問の終りの話を続ける．小学生時代より，人と交る事無く受験一本槍で大学に進学した人の言動は全くランダムであり，予想が付かない．指導教官として，様々な場合を想像して指示すると，その予想の範囲にある時はよいが，外れるとギョッとする様な結果が起るが，別に悪意がある訳ではない．ある銀行で，上役が転勤の辞令を渡したら，翌日から出行しなくなった．下宿を探しても，実家を探してもいない．警察へ届ける時点で，ハタと感じる所があって，転勤先へ電話を入れると，もうそちらに出勤していると云う．普通の人は，上役，同役へ挨拶し，事務引継をしてから，転勤する．その様な習慣を知らない時は，上役や友人から聞くのがノーマルである．このアブノーマルな銀行員は，大学卒業後も人と交らなかった様である．この様な人は，道で指導教官と会っても，目礼するどころか，目を逸して終う．人の顔色を見る事無しで暮して来たので，どの様な言動が人を驚かせるかを知らない．

類 題 (解答☞ 181ページ)

3. 3章の問題2の行列 $A=\begin{pmatrix} 1 & -2 \\ 3 & 5 \end{pmatrix}$ の逆行列 A^{-1} を公式(12)を用いて求め，更に行列の積 $A^{-1}\begin{pmatrix} 1 & 2 \\ 3 & 4 \end{pmatrix}$ を計算せよ．

4. 3章の問題3の行列 $R(\alpha)=\begin{pmatrix} \cos\alpha & -\sin\alpha \\ \sin\alpha & \cos\alpha \end{pmatrix}$ の逆行列 $R(\alpha)^{-1}$ を公式(12)を用いて求め，$R(-\alpha)$ に等しい事を確かめよ．

5. 3章の Exercise 2の行列 $A=\begin{pmatrix} 2 & 1 \\ 3 & 2 \end{pmatrix}$ の逆行列 A^{-1} を求め，更に積 $A^{-1}\begin{pmatrix} 5 \\ 8 \end{pmatrix}$ を計算せよ．

6. 問題2の係数の行列 $A=\begin{pmatrix} 3 & -1 & 2 \\ 2 & 3 & -3 \\ 3 & 1 & 3 \end{pmatrix}$ の逆行列を公式(12)を用いて求め，更に積 $A^{-1}\begin{pmatrix} 0 \\ -1 \\ 3 \end{pmatrix}$ を計算せよ．

EXERCISES

（解答☞ 181ページ）

1 （行列式） 実数を成分とする n 次正方行列 $A=(a_{ij})$ に対して，実数 $D(A)$ が対応して，次の性質 (i), (ii), (iii), (iv) を持つ時，$D(A)$ は A の行列式 $|A|$ に一致する事を示し，この結果を用いて，二つの n 次正方行列 A, B に対し，$|AB|=|A||B|$ が成立する事を示せ：

(i) A の二つの列を入れ換えれば，$D(A)$ は符号だけが変る．

(ii) A の一つの列の各成分を α 倍した行列を B とすれば，$D(B)=\alpha D(A)$.

(iii) A の一つの列の各成分が二つの数の和であれば，この和の各項をその列の成分として出来る行列を A_1, A_2 とする時，$D(A)=D(A_1)+D(A_2)$.

(iv) n 次の単位行列 E に対して，$D(E)=1$.

（神戸大学大学院入試）

2 （逆行列） 次の各行列が逆行列を持つか調べ，持つ時は，逆行列を求めよ．

(i) $\begin{pmatrix} 1 & 2 & 3 \\ 6 & 5 & 4 \\ 7 & 8 & 9 \end{pmatrix}$ (ii) $\begin{pmatrix} 1 & 2 & 3 \\ 8 & 9 & 4 \\ 7 & 6 & 5 \end{pmatrix}$

（金沢大学大学院入試）

3 （行列式） n を 2 以上の整数とする時，次式を証明せよ．

$$\begin{vmatrix} 1 & 1 & \cdots 1 & 1 & 1 & \cdots 1 \\ x_1 & x_2 & \cdots x_n & 2x_1 & 2x_2 & \cdots 2x_n \\ x_1^2 & x_2^2 & \cdots x_n^2 & 3x_1^2 & 3x_2^2 & \cdots 3x_n^2 \\ \cdots & \cdots & \cdots & \cdots & \cdots & \cdots \\ x_1^{2n-1} & x_2^{2n-1} & \cdots x_n^{2n-1} & 2nx_1^{2n-1} & 2nx_2^{2n-1} & \cdots 2nx_n^{2n-1} \end{vmatrix}$$

$$=(-1)^{\frac{n(n-1)}{2}}\left(\prod_{i=1}^{n} x_i\right)\left(\prod_{1\leq i<j\leq n}(x_i-x_j)^4\right)$$

（広島大学大学院入試）

4 （行列式） $A=(a_{ij})$ を $m\times n$ 行列，$B=(b_{ij})$ を $n\times m$ 行列とする時，行列式 $|AB|$ の値について述べよ．

（大阪教育大学大学院入試）

Advice

1 行列式の値は問題 3 の (7) の式で定義されますが，これを用いて計算する事は殆んどなく，実際には本問の(i), (ii), (iii)を用いて低次の行列式に帰着させて求めます．本問は各行各列に一つしか要素がない行列式の和に帰着させて解きます．

2 行列 A が逆行列を持つ為の必要十分条件は $|A|\neq 0$ であり，この時問題 6 の公式(6), (12)を用いて逆行列を計算します．

3 E−1 で述べた行又は列の操作により，一つの行，又は，列が一つを除いて 0 である様にして，その行(列)で展開して，次数を下げればよいのですが，文字の式の場合に，その操作の発見には，経験と閃きが必要です．

4 $m=n$ の時は，E−1 の後半ですので，E−1 の真似をして，一般化しましょう．

5　1　次　変　換

［指針］ 再び，高校の数Ⅱの教材に戻り，高校生諸君に教職問題や大学院入試問題を楽しんで貰いましょう．高校の教材を用い，高校のカリキュラムに従いましたが，高校生諸君に徐々に大学での講義に慣れて頂き，入学後の落ち零れや五月病を予防する為，大学の講義風に味付けしました．

1 （1次変換） 1次変換

$$\begin{cases} x'=ax+by \\ y'=cx+dy \end{cases} \qquad (ad-bc\neq 0) \tag{1}$$

について，次の問に答えよ．

(i) 直線は直線に写される事を示せ．

(ii) 1辺の長さが1の正方形の変換後の面積を S とすれば，$S=|ad-bc|$ である事を示せ．

(iii) 1次変換 (1) が逆変換を持つ為には，係数 a, b, c, d の間にどの様な関係がある事が必要かつ十分であるか．又，逆変換を持つ1次変換全体の集合 $\mathcal{L}$ は群をなす事を証明せよ．

（栃木県高校教員採用試験）

2 （線形写像） M は2個の実数の順序付けられた組 (p_1, p_2) の全体からなる集合，$\boldsymbol{R}^2$ はその全体からなる2次元のベクトル空間を表す．M の元を $p=(p_1, p_2)$，$q=(q_1, q_2)$ などで表し，$\overrightarrow{pq}$ はベクトル

$$\overrightarrow{pq}=(q_1-p_1,\ q_2-p_2)\in \boldsymbol{R}^2 \tag{1}$$

を表すとする．M から M への写像 f が与えられ，M の元 a, b, c, d の像を，夫々，a', b', c', d' で表し，もし，実数 λ に対して，

$$\overrightarrow{ab}=\lambda\overrightarrow{cd} \text{ ならば，常に } \overrightarrow{a'b'}=\lambda\overrightarrow{c'd'} \tag{2}$$

となる時，次の事を示せ．

(i) f は $\boldsymbol{R}^2$ から $\boldsymbol{R}^2$ への線形写像を引き起す．

(ii) 任意の元 $x\in M$ に対し，$x'=f(x)$ は，次の形

$$\begin{pmatrix} x_1' \\ x_2' \end{pmatrix}=\begin{pmatrix} a_{11} & a_{12} \\ a_{21} & a_{22} \end{pmatrix}\begin{pmatrix} x_1 \\ x_2 \end{pmatrix}+\begin{pmatrix} a_1 \\ a_2 \end{pmatrix} \tag{3}$$

で表される．ただし，$a_{11}, a_{12}, a_{21}, a_{22}$ や a_1, a_2 は定数である．

（金沢大学大学院入試）

1 （1次変換）

(1)は1**次変換**と呼ばれるが，xy 座標平面の点 (x, y) に対して，(1)で定義される x', y' を座標に持つ，同じ，xy 座標平面の別の点 (x', y') を対応させる対応と考える見方と，同一の点を，二つの異なる座標 (x, y), (x', y') で表した時の座標の間の対応と考える見方がある．ここでは，前者の考え方をする事にしよう．相対性原理より，二つの考え方は同値である．いずれにせよ，1次変換 (1) は行列と列ベクトルの積を用いて表現した

$$\begin{pmatrix} x' \\ y' \end{pmatrix} = \begin{pmatrix} a & b \\ c & d \end{pmatrix} \begin{pmatrix} x \\ y \end{pmatrix} \tag{2}$$

と同値であり，更に，2次元の列ベクトル $\boldsymbol{x}$, $\boldsymbol{x}'$, 2次の正方行列 A を

$$\boldsymbol{x} = \begin{pmatrix} x \\ y \end{pmatrix}, \quad \boldsymbol{x}' = \begin{pmatrix} x' \\ y' \end{pmatrix} \quad (3), \qquad A = \begin{pmatrix} a & b \\ c & d \end{pmatrix} \quad (4)$$

で定義すると，(2)は列ベクトル $\boldsymbol{x}$ に対して，列ベクトル

$$\boldsymbol{x}' = A\boldsymbol{x} \tag{5}$$

を対応させる対応と見なす事が出来る．この辺は共通1次試験の射程内にある．4章の問題1によると，条件 $|A| = ad - bc \neq 0$ の下で，(4)で与えられる行列 A の逆行列 A^{-1} が存在し，それは

$$A^{-1} = \begin{pmatrix} \dfrac{d}{ad-bc} & \dfrac{-b}{ad-bc} \\ \dfrac{-c}{ad-bc} & \dfrac{a}{ad-bc} \end{pmatrix} \tag{6}$$

で与えられるので，(5)を $\boldsymbol{x}$ について解き，$\boldsymbol{x} = A^{-1}\boldsymbol{x}'$ とする事により

$$\begin{pmatrix} x \\ y \end{pmatrix} = A^{-1} \begin{pmatrix} x' \\ y' \end{pmatrix} = \begin{pmatrix} \dfrac{d}{ad-bc} & \dfrac{-b}{ad-bc} \\ \dfrac{-c}{ad-bc} & \dfrac{a}{ad-bc} \end{pmatrix} \begin{pmatrix} x' \\ y' \end{pmatrix} = \begin{pmatrix} \dfrac{dx'-by'}{ad-bc} \\ \dfrac{-cx'+ay'}{ad-bc} \end{pmatrix} \tag{7}$$

の左辺と右辺の第1成分と第2成分を等しいとし，x, y を x', y' によって表現した式

$$x = \frac{dx'-by'}{ad-bc}, \quad y = \frac{-cx'+ay'}{ad-bc} \tag{8}$$

を得る．

xy 平面において直線 L の方程式は，定数 α, β, γ を用いて

$$\alpha x + \beta y + \gamma = 0 \quad ((\alpha, \beta) \neq (0, 0)) \tag{9}$$

で与えられる．1次変換(1)によって，直線 L が図形 L' に写ったとする．(8)を(9)に代入．図形 L' は $x'y'$ 平面において，方程式

$$\alpha' x' + \beta' y' + \gamma = 0, \qquad \alpha' = \frac{d\alpha - c\beta}{ad-bc}, \quad \beta' = \frac{-b\alpha + a\beta}{ad-bc} \tag{10}$$

で与えられる．α, β と α', β' の間の対応は行列と列ベクトルの積で表現すると

$$\begin{pmatrix} \alpha' \\ \beta' \end{pmatrix} = \frac{1}{ad-bc} \begin{pmatrix} d & -c \\ -b & a \end{pmatrix} \begin{pmatrix} \alpha \\ \beta \end{pmatrix} \tag{11}$$

によって与えられ，その係数の行列式の値は0でない．従って，その係数の行列は逆行列を持ち，4章の問題1の(12)によって，逆行列を求め，

$$\begin{pmatrix} \alpha \\ \beta \end{pmatrix} = \begin{pmatrix} a & c \\ b & d \end{pmatrix} \begin{pmatrix} \alpha' \\ \beta' \end{pmatrix} \tag{12}$$

を得る．これは，$(\alpha', \beta')=(0,0)$ であれば，$(\alpha, \beta)=(0,0)$ を意味するので，$(\alpha, \beta)\neq(0,0)$ なる仮定より，$(\alpha', \beta')\neq(0,0)$，従って，(10)は与えられる図形 L' は確かに $x'y'$ 平面の直線である．

さて，1次変換(1)には(4)の行列 A が対応した．もう1つの1次変換を考え，次の行列 A' を対応させると

$$\begin{pmatrix} x'' \\ y'' \end{pmatrix}=\begin{pmatrix} a' & b' \\ c' & d' \end{pmatrix}\begin{pmatrix} x' \\ y' \end{pmatrix} \quad (13), \qquad A'=\begin{pmatrix} a' & b' \\ c' & d' \end{pmatrix} \quad (14).$$

x'', y'' と x, y の間の関係は

$$\begin{pmatrix} x'' \\ y'' \end{pmatrix}=\begin{pmatrix} a' & b' \\ c' & d' \end{pmatrix}\begin{pmatrix} x' \\ y' \end{pmatrix}=\begin{pmatrix} a' & b' \\ c' & d' \end{pmatrix}\begin{pmatrix} a & b \\ c & d \end{pmatrix}\begin{pmatrix} x \\ y \end{pmatrix} \tag{15}$$

で与えられるので，二つの1次変換の合成には，行列の積 $A'A$ が対応する．恒等変換

$$x'=x, \quad y'=y \tag{16}$$

に対しては，単位行列 $E=\begin{pmatrix} 1 & 0 \\ 0 & 1 \end{pmatrix}$ が対応するので，1次変換(1)が逆変換を持つ為の必要十分条件は行列 A が逆行列を持つ事であり，これは $|A|=ad-bc\neq0$ と同値である．従って，$ad-bc\neq0$ を満す1次変換(1)全体と，$ad-bc\neq0$ なる2次の正方行列 A 全体，即ち，2次の正則行列全体 $GL(2, \boldsymbol{R})$ の間には1対1の対応が付き，恒等変換には単位行列が，1次変換の合成には行列の積 $A'A$ が対応する．一般に，行列式の値が0でない n 次の正方行列，即ち，n 次の**正則行列**全体を $GL(n, \boldsymbol{R})$ と記す．$A, B\in GL(n, \boldsymbol{R})$ の行列としての積 AB の行列は4章の E-1 より，$|AB|=|A||B|\neq0$ を満すので，$AB\in G(n, \boldsymbol{R})$，即ち，$GL(n, \boldsymbol{R})$ は**積に関して閉じている**．n 次の単位行列 E の行列式の値は $1\neq0$ なので $E\in GL(n, \boldsymbol{R})$．$GL(n, \boldsymbol{R})$ の元 A に対して，$AE=EA=A$ が成立し，E は $GL(n, \boldsymbol{R})$ の積に関する**単位元**である．更に $A, B, C\in GL(n, \boldsymbol{R})$ に対して，可換律 $AB=BA$ は一般に成立しないが，**結合律** $(AB)C=A(BC)$ は成立する．最後に，$GL(n, \boldsymbol{R})$ の任意の元 A は正則行列なので，逆行列 X を持ち，$AX=XA=E$ が成立し，X は A の**逆元**である．以上の考察により，$GL(n, \boldsymbol{R})$ は行列の積に関して群をなす．特に，$GL(2, \boldsymbol{R})$ も群をなすので，対応する，$ad-bc\neq0$ なる1次変換(1)全体は，写像の合成を積とみて，群をなす．

この様にして，二変数 x, y の1次変換(1)全体 $\mathcal{L}$ と2次の正則行列全体 $GL(2, \boldsymbol{R})$ の間に1対1の対応が付き，1次変換の合成には行列の積が対応する．さらに，共通1次テストにも出題される様に，1次変換で重要な事は合成であり，行列の著しい性質はその積である．上述の1次変換全体 $\mathcal{L}$ と正則行列全体 $GL(2, \boldsymbol{R})$ の間の対応が，この演算を保存するので，1次変換では合成，正則行列では積の演算を考える限り，$\mathcal{L}$ と $GL(2, \boldsymbol{R})$ は同じと見てよい．これを，両者は群として**同型**であると云う．勿論，今後，我々は，両者を同一視する．これが現代数学を貫く思潮である．

次に，幼稚な注意を一席．行列 A の行列式は $|A|=ad-bc$．一方，(ii)の $S=|ad-bc|$ は絶対値を表す．これは行列 A の行列式の絶対値である．後者をどう記号化するか，悩む読者も多かろう．これは，ズバリ，行列 A の行列式の絶対値と書き，幼稚な事には深入りしない．

類　題　（解答☞ 186ページ）

1．1次変換の合成を $GL(2, \boldsymbol{R})$ を経由しないで求め，更に，1次変換(1)の逆変換を求めよ．

2．本問の(ii)の解答をせよ．

2 (平面の有向線分の線形写像と座標の1次変換)

xy 座標平面 π の任意の点 p の x 座標を p_1, y 座標を p_2 とする時，平面 π の点 p に対して M の元 (p_1, p_2) を対応する対応は1対1であり，この対応により，平面 π と集合 M を同一視する事が出来る．更に，ベクトル $\overrightarrow{pq}$ に二つの実数の組 (q_1-p_1, q_2-p_2) を対応させる事により，2次元のベクトル全体の集合 $\boldsymbol{R}^2$ も M と同一視されるので，注意を要する．

さて，本問において，原点を表す二つの実数の組 $0=(0,0)$ の f による像はやはり M の元であり，

$$(\alpha_1, \alpha_2)=f(0) \tag{4}$$

とおくと，(α_1, α_2) は M の元であり，α_1 と α_2 は実数の定数である．更に，M の二つの元 $e_1=(1, 0)$, $e_2=(0,1)$ の f による像 $e_1'=f(e_1)$, $e_2'=f(e_2)$ も M の元であり，

$$(\beta_{11}, \beta_{21})=e_1', \quad (\beta_{12}, \beta_{22})=e_2' \tag{5}$$

とおくと，$(\beta_{1i}, \beta_{2i})(i=1,2)$ は共に M の元であり，$\beta_{ij}(i,j=1,2)$ は実数の定数である．

$$a_{1i}=\beta_{1i}-\alpha_1, \quad a_{2i}=\beta_{2i}-\alpha_2 \qquad (i=1,2) \tag{6}$$

とおくと，$a_{ij}(i,j=1,2)$ も実数の定数である．

さて，M の任意の元 x の f による像 $x'=f(x)$ を考察しよう．$x\in M$ とは，x が二つの実数 x_1, x_2 の組 $x=(x_1, x_2)$ である事を意味する．$x'\in M$, なので，x' も二つの実数 x_1', x_2' の組 $x'=(x_1', x_2')$ で表される．これらの x, x' に対して，$y=(x_1, 0)$, $z=(0, x_2)$, $y'=(y_1', y_2')=f(y)$, $z'=(z_1', z_2')=f(z)$ とおく．四辺形 $0yxz$ に注目すると，$\overrightarrow{0y}=\overrightarrow{0z}$ なので，(2)より $\overrightarrow{f(0)f(y)}=\overrightarrow{f(z)f(x)}$. (4)より $(y_1'-\alpha_1, y_2'-\alpha_2)=(x_1'-z_1', x_2'-z_2')$ を得るので

$$x_i'=z_i'+y_i'-\alpha_i(i=1,2) \tag{7}$$

一方 $\overrightarrow{0y}=x_1\overrightarrow{0e_1}$ なので，(2)より $\overrightarrow{f(0)f(y)}=x_1\overrightarrow{f(0)f(e_1)}$. (4), (5), (6)より $(y_1'-\alpha_1, y_2'-\alpha_2)=x_1(a_{11}, a_{21})$ が成立するので，次の(8)，同様にして(9)を得る．

$$y_i'=a_{i1}x_1+\alpha_i \qquad (i=1,2) \tag{8}$$

$$z_i'=a_{i2}x_2+\alpha_i \qquad (i=1,2) \tag{9}$$

(8), (9)を(7)に代入して

$$\begin{cases} x_1'=a_{11}x_1+a_{12}x_2+\alpha_1 \\ x_2'=a_{21}x_1+a_{22}x_2+\alpha_2 \end{cases} \tag{10}$$

を得る．2次の正方行列と2次元の列ベクトルの積を用いると(10)は

$$\begin{pmatrix} x_1' \\ x_2' \end{pmatrix}=\begin{pmatrix} a_{11} & a_{12} \\ a_{21} & a_{22} \end{pmatrix}\begin{pmatrix} x_1 \\ x_2 \end{pmatrix}+\begin{pmatrix} \alpha_1 \\ \alpha_2 \end{pmatrix} \tag{11}$$

即ち，(3)と同値である．

逆に，M の任意の元 (x_1, x_2) に対して，(11)によって M の元 (x_1', x_2') を対応させる対応を f としよう．M の元 $a=(a_1, a_2)$, $b=(b_1, b_2)$, $c=(c_1, c_2)$, $d=(d_1, d_2)$ の f による像を $a'=(a_1', a_2')$, $b'=(b_1', b_2')$, $c'=(c_1', c_2')$, $d'=(d_1', d_2')$ とすると，$\overrightarrow{ab}=(b_1-a_1, b_2-a_2)$, $\overrightarrow{cd}=(d_1-c_1, d_2-c_2)$, $\overrightarrow{a'b'}=(b_1'-a_1', b_2'-a_2')$, $\overrightarrow{c'd'}=(d_1'-c_1', d_2'-c_2')$ であり，(11)より

$$\begin{pmatrix} b_1'-a_1' \\ b_2'-a_2' \end{pmatrix}=\begin{pmatrix} b'_1 \\ b'_2 \end{pmatrix}-\begin{pmatrix} a_1' \\ a_2' \end{pmatrix}=\begin{pmatrix} a_{11} & a_{12} \\ a_{21} & a_{22} \end{pmatrix}\begin{pmatrix} b_1 \\ b_2 \end{pmatrix}+\begin{pmatrix} \alpha_1 \\ \alpha_2 \end{pmatrix}-\begin{pmatrix} a_{11} & a_{12} \\ a_{21} & a_{22} \end{pmatrix}\begin{pmatrix} a_1 \\ a_2 \end{pmatrix}-\begin{pmatrix} \alpha_1 \\ \alpha_2 \end{pmatrix}$$

$$=\begin{pmatrix} a_{11} & a_{12} \\ a_{21} & a_{22} \end{pmatrix}\begin{pmatrix} b_1 \\ b_2 \end{pmatrix}-\begin{pmatrix} a_{11} & a_{12} \\ a_{21} & a_{22} \end{pmatrix}\begin{pmatrix} a_1 \\ a_2 \end{pmatrix}=\begin{pmatrix} a_{11} & a_{12} \\ a_{21} & a_{22} \end{pmatrix}\begin{pmatrix} b_1-a_1 \\ b_2-a_2 \end{pmatrix}.$$

この様にして，

$$\begin{pmatrix} b_1'-a_1' \\ b_2'-a_2' \end{pmatrix}=\begin{pmatrix} a_{11} & a_{12} \\ a_{21} & a_{22} \end{pmatrix}\begin{pmatrix} b_1-a_1 \\ b_2-a_2 \end{pmatrix},\quad \begin{pmatrix} d_1'-c_1' \\ d_2'-c_2' \end{pmatrix}=\begin{pmatrix} a_{11} & a_{12} \\ a_{12} & a_{22} \end{pmatrix}\begin{pmatrix} d_1-c_1 \\ d_2-c_2 \end{pmatrix} \tag{12}$$

を得るので，$\overrightarrow{ab}=\lambda\overrightarrow{cd}$，即ち，$b_i-a_i=\lambda(d_i-c_i)$ $(i=1,2)$ であれば

$$\begin{pmatrix} b_1'-a_1' \\ b_2'-a_2' \end{pmatrix}=\begin{pmatrix} a_{11} & a_{12} \\ a_{21} & a_{22} \end{pmatrix}\begin{pmatrix} \lambda(d_1-c_1) \\ \lambda(d_2-c_2) \end{pmatrix}=\lambda\begin{pmatrix} a_{11} & a_{12} \\ a_{21} & a_{22} \end{pmatrix}\begin{pmatrix} d_1-c_1 \\ d_2-c_2 \end{pmatrix}=\lambda\begin{pmatrix} d_1'-c_1' \\ d_2'-c_2' \end{pmatrix},$$

即ち，$b_i'-a_i'=\lambda(d_i'-c_i')$ $(i=1,2)$，従って，$\overrightarrow{a'b'}=\lambda\overrightarrow{c'd'}$ を得る．

写像 f と1次変換(11)は同値であり，写像 f を $\boldsymbol{R}^2$ から $\boldsymbol{R}^2$ への写像と見，$\boldsymbol{R}^2$ の元 $(x_{,1}, x_2)$ を列ベクトル $\begin{pmatrix} x_1 \\ x_2 \end{pmatrix}$ に翻訳すると，関係式(12)は f が列ベクトル $\begin{pmatrix} x_1 \\ x_2 \end{pmatrix}$ を

$$\begin{pmatrix} x_1' \\ x_2' \end{pmatrix}=\begin{pmatrix} a_{11} & a_{12} \\ a_{21} & a_{22} \end{pmatrix}\begin{pmatrix} x_1 \\ x_2 \end{pmatrix} \tag{13}$$

で与えられる列ベクトル $\begin{pmatrix} x_1 \\ x_2 \end{pmatrix}$ に変換する事を物語り，f は**線形写像**と呼ばれる．

先ず細かな注意をしよう．座標平面において2個の実数の順序付けられた組 (p_1, p_2) は座標が，夫々，p_1, p_2 である様な平面上の点を表し，その様な $p=(p_1, p_2)$ 全体の集合 M を座標平面と同一視出来る．高数の出題であれば，点 $p(p_1, p_2)$ と記される所を，同じ内容を，大学では $p=(p_1, p_2)$ と記し，間に等号を入れる．一方，平面の2点 p, q を結ぶ有向線分 $\overrightarrow{pq}$ の同値類がベクトルである．M の点 $p=(p_1, p_2)$ に対して，原点を始点とする有向線分で表されるベクトルを対応し，これを p の**位置ベクトル**と呼ぶと，点 $p=(p_1, p_2)$ にその位置ベクトルを対応する対応は平面 M から2次元ベクトル空間 $\boldsymbol{R}^2$ の上への一対一対応であり，M と $\boldsymbol{R}^2$ とも同一視され，本問の様に $\boldsymbol{R}^2$ の元も (p_1, p_2) と記される．更に，M の2点 $p=(p_1, p_2)$, $q=(q_1, q_2)$ を結ぶ有向線分 $\overrightarrow{pq}$ をも，それが表すベクトル (q_1-p_1, q_2-p_2) と同一視し，$\boldsymbol{R}^2$ の元と見ている．本問では，**平面の点**，その**位置ベクトル**，**有向線分**の三つが全て，二つの実数の組で表され，混然一体となった．ここが理解出来ない読者が多いと思われるが，皮相的に異なったものを同一視する大学の考えに慣れて欲しい．

次に高尚な事を述べる．変換(3)を**アファイン変換**と云い，行列式 $a_{11}a_{22}-a_{12}a_{21}\neq 0$ の時，**固有**と云う．固有なアファイン変換は直線を直線に，しかも平行なものは平行なものに移す点変換として特徴付けられる．固有アファイン変換のなす群によって不変な図形の性質を研究する学問を**アファイン幾何学**と云う．この考えは，1872年 ***Erlangen*** が教授就任の際提出した ***Programm*** に盛られていた．

類　題

（解答☞ 186ページ）

3. $\begin{pmatrix} 1 & 2 \\ 1 & 3 \end{pmatrix}$ で正方形$(0,0), (0,1), (1,1), (1,0)$を変換した時の図形，および，その面積を求め，逆変換を表す行列を作れ．（兵庫県高校教員採用試験）

4. $f:\begin{pmatrix} x \\ y \end{pmatrix}\to\begin{pmatrix} a & b \\ c & d \end{pmatrix}\begin{pmatrix} x \\ y \end{pmatrix}$

この変換において，原点を含む平行四辺形の面積を変えない変換の条件を求めよ．（埼玉県高校教員採用試験）

5. $\begin{bmatrix} a & b \\ 0 & c \end{bmatrix}$ が与える1次変換で，直線 $ax+by=c$ はどの様な図形に写るか．（千葉県高校教員採用試験）

6. 直線 $x-2y=0$ 上の点 M を通り，この直線に垂直な直線上に点 P がある．又，$2\overrightarrow{\mathrm{PM}}=\overrightarrow{\mathrm{MP'}}$ となる点 P′ がある時，$\overrightarrow{\mathrm{OP}}$ を $\overrightarrow{\mathrm{OP'}}$ に変換する式を求めよ．そして行列で表せ．（京都府中学校教員採用試験）

7. 直線 l を1次変換 $\begin{pmatrix} 2 & 1 \\ -3 & -1 \end{pmatrix}$ で変換して，直線 m が得られる物とする．

(i) 直線 m が方程式 $2x-y+3=0$ で与えられる時，直線 l の方程式を求めよ．

(ii) 二つの直線 l と m の交点をPとする．点Pを m 上の点と見なした時，点Pに対応する l 上の点Pの座標を求めよ．（福岡県高校教員採用試験）

EXERCISES

（解答☞ 187ページ）

1 （1次変換） 1次変換 $\begin{bmatrix} \frac{1}{\sqrt{2}} & -\frac{1}{\sqrt{2}} \\ \frac{1}{\sqrt{2}} & \frac{1}{\sqrt{2}} \end{bmatrix}$ によって，$x^2-xy+y^2=1$ なる図形はどの様な図形になるか．

（東京都高校教員採用試験）

2 （1次変換） $3x^2+2xy+3y^2=2$ について，次の問に答えよ：

(i) $\begin{pmatrix} x \\ y \end{pmatrix}=\begin{pmatrix} \cos\theta & -\sin\theta \\ \sin\theta & \cos\theta \end{pmatrix}\begin{pmatrix} u \\ v \end{pmatrix}$ によって，$\mathrm{P}(x, y)$ を $\mathrm{P}'(u, v)$ に変換すると，$Au^2+Bv^2=C$ になると云う．この時，θ を求めよ．ただし，$0\leqq\theta\leqq\frac{\pi}{2}$, A, B, C は定数である．

(ii) $\mathrm{P}'(u, v)$ の軌跡を図示せよ． （福岡県高校教員採用試験）

3 （1次変換） f をベクトル空間 V 上の1次変換とし，W を V の部分空間とする．W の任意の元 x に対して $f(x)\in W$ の時 W はf-**不変**と云い，W の任意の元 x に対して $f(x)=x$ の時，W はf-**不動**と云い，W の任意の元 x に対して，$f(x)$ が零ベクトルの時，W はf-**零**と云う．e_1, e_2, e_3 を基底に持つ実数上の3次元のベクトル空間を V とし，f は

$$\begin{cases} f(e_1)=e_1-e_2+e_3 \\ f(e_2)=-e_1+e_2+e_3 \\ f(e_3)=e_1-e_2+e_3 \end{cases} \qquad (1)$$

で定義される V 上の1次変換とする時，V の1次元部分空間で，(i) f-不変な物，(ii) f-不動な物，(iii) f-零な物があれば，夫々，全て求めよ． （金沢大学大学院入試）

Advice

1 1次変換が $\begin{bmatrix} x \\ y \end{bmatrix}=\begin{bmatrix} \frac{1}{\sqrt{2}} & -\frac{1}{\sqrt{2}} \\ \frac{1}{\sqrt{2}} & \frac{1}{\sqrt{2}} \end{bmatrix}\begin{bmatrix} u \\ v \end{bmatrix}$ を意味する，ものであれば，x, y を u, v で表して $x^2-xy+y^2=1$ に代入します．

$$\begin{bmatrix} u \\ v \end{bmatrix}=\begin{bmatrix} \frac{1}{\sqrt{2}} & -\frac{1}{\sqrt{2}} \\ \frac{1}{\sqrt{2}} & \frac{1}{\sqrt{2}} \end{bmatrix}\begin{bmatrix} x \\ y \end{bmatrix}$$

を意味する物であれば，逆行列を求めて，$\begin{bmatrix} x \\ y \end{bmatrix}$ について解き，前者の方法によります．どちらを意味するのか，私には分りませんが，高校生諸君は御存知ですね．ここいらがトップクラスの学生が不合格となる原因の一つで，次問の様な表現でないと数学をする者は体質的に受け付けません．

2 x, y を u, v で表して $3x^2+2xy+3y^2$ に代入し uvの係数を0としましょう．出題形式をこの様にして頂かないと，行列と一次変換の間に一対一の対応があるとは云え，前問の様にいきなり，行列を書かれて一次変換と云われたのでは，定義がはっきりせず，むしろ，大学の講義を受けて数学の洗礼を受けた人の方が落ち，大学に通わないで塾や家庭教師に専念している人の方が合格し，教育上困ります．

3 集合 V が**ベクトル空間**であるとは，その任意の二元の一次結合が定義出来てやはり V の元であり，数ベクトルが満す様な公式が成立することを云います．この時，V の元をベクトルと云います．しかし，e_1, e_2, e_3 がベクトル空間 V の**基底**であるとは，任意のベクトル x が

$$x=x_1e_1+x_2e_2+x_3e_3$$

と e_1, e_2, e_3 の1次結合で唯一通りに書ける事を意味しますので，x は行ベクトル(x_1, x_2, x_3)，又は，それを縦に並べた列ベクトルと考えれば十分です．

$$x'=f(x)=x_1'e_1+x_2'e_2+x_3'e_3$$

とおくと，$x'=f(x)=f(x_1e_1+x_2e_2+x_3e_3)=x_1f(e_1)+x_2f(e_2)+x_3f(e_3)$ が得られますので，これに(1)を代入すると (x_1', x_2', x_3') の列ベクトルを3次の正方行列 X と (x_1, x_2, x_3) の列ベクトルの積で表し，連立方程式の問題に帰着させる事が出来ます．

6 行列の階数と連立方程式の解の存在

［指針］ 本章は大学一年の初夏の頃の教材です．行列Aに 0，又は，自然数 $r(A)$ が対応してランク (rank) と呼ばれ，行列の太り加減を示す重要な概念です．$r(A)$ は A の 0 でない小行列式の最高次数，1 次独立なAの行(列)ベクトルの個数，Aを係数とする同次方程式の解の自由度等幾つかの横顔を持ちます．

1 （階数） 行列の階数 (rank) について述べよ． （慶応大学，東京女子大学大学院入試）

2 （階数） 次の行列の階数はどれか．（イ）0，（ロ）1，（ハ）2，（ニ）3，（ホ）4

$$A=\begin{pmatrix} 1 & 2 & -1 & 3 \\ -1 & -1 & 0 & 1 \\ 1 & 3 & -2 & 7 \\ -1 & 0 & -1 & 5 \end{pmatrix}$$

（国家公務員上級職機械専門試験）

3 （階数） 実行列 $\begin{pmatrix} a & b & b \\ b & a & b \\ b & b & a \end{pmatrix}$ の階数を求めよ． （九州大学大学院入試）

4 （階数） 行列 $A=\begin{pmatrix} 1 & 0 & 4 & 2 \\ 3 & 1 & 2 & 6 \\ 1 & -2 & -1 & 2 \end{pmatrix}$ の階数を求め，更に次の連立方程式の解があれば，求めなさい．

$$x_1+4x_3+2x_4=2$$
$$3x_1+x_2+2x_3+6x_4=3$$
$$x_1-2x_2-x_3+2x_4=-1$$

（慶応大学大学院入試）

5 （階数） A, B は n 次の(実)正方行列で $\operatorname{rank} A=s$, $\operatorname{rank} B=t$ とする時，$AB=O$ ならば $s+t\leqq n$ が成り立つ事を証明せよ． （早稲田大学，お茶の水大学大学院入試）

6 （階数） (m, n) 型行列 A （但し $m>n$) に対し，次の二条件は同値である事を証明せよ．

(i) $\operatorname{rank} A=n$

(ii) 任意の自然数 l と任意の (l, n) 型行列 C に対し，$C=BA$ となる (l, m) 型行列 B が存在する．

（奈良女子大学大学院入試）

1 （行列の階数の定義）

(m, n) 行列

$$A=\begin{pmatrix} a_{11} & a_{12} & \cdots & a_{1n} \\ a_{21} & a_{22} & \cdots & a_{2n} \\ \cdots & \cdots & \cdots & \cdots \\ a_{m1} & a_{m2} & \cdots & a_{mn} \end{pmatrix} \tag{1}$$

に対して，自然数 r が $r \leqq m, n$ を満す時，行列 A から r 個の行，及び，列を選んで作る行列式を A の r 次の**小行列式**と云う．行列式の値が 0 でない様な r 次の小行列式が存在する様な，r の最大数を行列 A の**階数**，又は，**ランク**と云い，$r(A)$ 等で記す．数学の多くの定義がそうである様に，同値な定義が多数ある．それを追求するのが，本章の目的である．従って，本問の解説は満点の答案の作成を意図した物ではない．

行列 A に，行列式の計算でお馴染みの，次の操作を考え，**行基本変形**と呼ぶ：

［Ⅰ］ 行列 A の第 i 行に，スカラー $\alpha \neq 0$ を掛ける．

［Ⅱ］ 行列 A の第 i 行$+\alpha\times$第 j 行．

［Ⅲ］ 行列 A の第 i 行と第 j 行を入れ換える．

行列式に対して，行基本変形（Ⅰ）を施すと値が α 倍になり，（Ⅱ）を施しても値は変らず，（Ⅲ）を施すと符号だけ変るので，行列 A に行基本変形を施しても，その小行列式が 0 であるかどうかと云う性質は変らない．従って，行基本変形によって，行列のランクは不変である．（Ⅰ）に対しては，対角要素が (i, j) 要素が α で，それ以外は全て 1，対角要素以外は皆 0 の正方行列を左から A に掛ける事が対応し，（Ⅱ）に対しては対角要素が皆 1 で，(i, j) 要素が α で，それ以外は全て 0 の正方行列を左から A に掛ける事が対応し，（Ⅲ）に対しては対角要素が (i, i) 要素と (j, j) 要素が 0 の外は皆 1 で，(i, j) 要素と (j, i) 要素が 1 で，他の要素は皆 0 の行列を左から A に掛ける事が対応する（行列を画き，体で確めておかないと試験の時，思い出せません）．これらの正方行列の行列式の値は 0 でないので，その積も 4 章の E-1 より 0 でなく，正則行列である．従って，行列 A に行基本変形を施して，行列 B に達すると云う事は，左から m 次の正則行列 P を掛けて

$$B=PA, \quad |P| \neq 0 \tag{2}$$

を得る事を意味する．同様にして，**列基本変形**を定義する．行列 A に列基本変形を施して，行列 B に達すると云う事は，右から n 次の正則行列 Q を掛けて

$$B=AQ, \quad |Q| \neq 0 \tag{3}$$

に達する事を意味する．行，及び，列基本変形を総称して，**基本変形**と呼ぶ．基本変形によって，小行列式 $\neq 0$ と云う性質は不変なので，

> **基-1** 基本変形によって，行列のランクは不変であり，(m, n) 行列 A に基本変形を施して，行列 B に達するならば，m 次の正則行列 P, n 次の正則行列 Q があって，
>
> $$B=PAQ \tag{4}$$

行列 A に基本変形を施して行列 B に達する時，行列 A は行列 B と**同値**であると云い

$$A \sim B \tag{5}$$

と書く．この時，(4)が成立し，行列 A と B はランクが同じであり，ランクを論じる限り，行列 A を考えるも，B を考えるも同じである．

行列式の計算で訓練した方法により，行列 A に基本変形を施すと，0又は自然数 r があって，

$$A\sim\begin{bmatrix} \overbrace{1 & 0 & \cdots & 0}^{r} & 0 & 0 & \cdots & 0 \\ 0 & 1 & \cdots & 0 & 0 & 0 & \cdots & 0 \\ \vdots & & \ddots & \vdots & \vdots & & & \vdots \\ 0 & 0 & \cdots & 1 & 0 & 0 & \cdots & 0 \\ 0 & 0 & \cdots & 0 & 0 & 0 & \cdots & 0 \\ \cdots & \cdots & \cdots & \cdots & \cdots & \cdots & \cdots & \cdots \\ 0 & 0 & \cdots & 0 & 0 & 0 & \cdots & 0 \end{bmatrix} \quad (6).$$

行列 A を上の様に，左上隅が r 次の単位行列で，残りは全て0である様に出来る．この時，左上隅の r 次の単位行列が作る r 次の小行列式の値は1で0でなく，$r+1$ 次以上の小行列式は，必らず0のみから成る行や列を含むので，0である．故に，(6)の状態の時

$$r(A)=r \quad (7)$$

が成立する．(6)を行列 A のランクの定義に採用する事と，最初に述べた定義は同値である．

この方法は，一般の，未知数の数が n，式の数が m の連立1次方程式の解法に対して有効である．

$$\begin{cases} a_{11}x_1+a_{12}x_2+\cdots+a_{1n}x_n=b_1 \\ a_{21}x_1+a_{22}x_2+\cdots+a_{2n}x_n=b_2 \\ \cdots\cdots\cdots\cdots\cdots\cdots \\ a_{m1}x_1+a_{m2}x_2+\cdots+a_{mn}x_n=b_m \end{cases} \quad (8)$$

に対して，次の (m, n) 行列 A を**係数行列**，$(m, n+1)$ 行列 $\tilde{A}$ を**拡大係数行列**と云う：

$$A=\begin{pmatrix} a_{11} & a_{12} & \cdots & a_{1n} \\ a_{21} & a_{22} & \cdots & a_{2n} \\ \cdots & \cdots & \cdots & \cdots \\ a_{m1} & a_{m2} & \cdots & a_{mn} \end{pmatrix} \quad (8), \qquad \tilde{A}=\begin{pmatrix} a_{11} & a_{12} & \cdots & a_{1n} & b_1 \\ a_{21} & a_{22} & \cdots & a_{2n} & b_2 \\ \cdots & \cdots & \cdots & \cdots & \cdots \\ a_{m1} & a_{m2} & \cdots & a_{mn} & b_m \end{pmatrix} \quad (9).$$

行列 $\tilde{A}$ に行基本変形を施すと云う事は連立方程式(7)に加減法を施す事であり，同値な方程式を与える．列基本変形を施す事は出来ないが，**列を入れ換える事は，未知数の番号を入れ換える操作**に過ぎない．行列 $\tilde{A}$ に行基本変形と列の入れ換えを施すと

$$\tilde{A}\to B=\begin{pmatrix} \overbrace{1 & 0 & \cdots & 0}^{r} & \alpha_{1\,r+1} & \cdots & \alpha_{1n} & \beta_1 \\ 0 & 1 & \cdots & 0 & \alpha_{2\,r+1} & \cdots & \alpha_{2n} & \beta_2 \\ \cdots & \cdots & \cdots & \cdots & \cdots & \cdots & \cdots & \cdots \\ 0 & 0 & \cdots & 1 & \alpha_{r\,r+1} & \cdots & \alpha_{rn} & \beta_r \\ 0 & 0 & \cdots & 0 & 0 & \cdots & 0 & \beta_{r+1} \\ \cdots & \cdots & \cdots & \cdots & \cdots & \cdots & \cdots & \cdots \\ 0 & 0 & \cdots & 0 & 0 & \cdots & 0 & \beta_m \end{pmatrix} \quad (10)$$

が得られる．最後の $m-r$ 行に対応する方程式は，$0x_1+0x_2+\cdots+0x_n=\beta_{r+1}$, $0x_1+0x_2+\cdots+0x_n=\beta_{r+2}$, …, $0x_1+0x_2+\cdots+0x_n=\beta_n$ なので，(8)が解を持つ為の必要十分条件は $\beta_{r+1}=\beta_{r+2}=\cdots=\beta_n=0$，即ち，次の関係が成立する事である：

$$r(A)=r(\tilde{A}) \quad (11).$$

偶然，行列を表す活字が(1)，(6)，(9)，(10)と不統一になり，編集者より注意して頂いたが，実戦に備えて読者に慣れて頂く為，そのままにする．線形代数は講義で学ぶが，社会常識は，様々な実際的な社会的訓練を通じて学ぶ．幼い頃の遊びとケンカ，青春時代の様々な友人との付き合いを通じて，多くの失敗を重ねる内に，如何なる言動が人を悲しめ，人を怒らせ，人に奇異な感を与えるかを学び，次第に，奇怪な言動をしなくなるのである．これらは実地に試行錯誤によって学ぶものである．

2 （数よりなる行列の階数の求め方）

基本操作を次の様に実行する．

$$A=\begin{pmatrix}1&2&-1&3\\-1&-1&0&1\\1&3&-2&7\\-1&0&-1&5\end{pmatrix}\xrightarrow[4行+1行]{2行+1行\quad 3行-1行}\begin{pmatrix}1&2&-1&3\\0&1&-1&4\\0&1&-1&4\\0&2&-2&8\end{pmatrix}\xrightarrow{3行-2行\quad 4行-2\times 2行}\begin{pmatrix}1&2&-1&3\\0&1&-1&4\\0&0&0&0\\0&0&0&0\end{pmatrix}$$

$$\xrightarrow{1行-2\times 2行}\begin{pmatrix}1&0&1&-5\\0&1&-1&4\\0&0&0&0\\0&0&0&0\end{pmatrix}\xrightarrow{4列+5\times 1列-4\times 2列\quad 3列-1列+2列}\begin{pmatrix}1&0&0&0\\0&1&0&0\\0&0&0&0\\0&0&0&0\end{pmatrix}$$

を得るので，$r(A)=2$．もっとも，3番目の行列に達した瞬間に $r(A)=2$ を識るが，標準形を得る道筋に馴れる為，計算を続行した．本問では(ハ)のマークシートを塗り潰せばよい．

前問の解説を続けよう．前問の(10)は連立1次方程式

$$\begin{aligned}
x_1 \qquad\qquad &+a_{1\ r+1}x_{r+1}+\cdots+a_{1n}x_n=\beta_1\\
x_2 \qquad &+a_{2\ r+1}x_{r+1}+\cdots+a_{2n}x_n=\beta_2\\
&\cdots\cdots\cdots\cdots\cdots\cdots\\
x_r&+a_{r\ r+1}x_{r+1}+\cdots+a_{rn}x_n=\beta_r\\
&0=\beta_{r+1}\\
&\vdots\\
&0=\beta_m
\end{aligned}$$

を与えるので，前問で述べた様に，$\beta_{r+1}=\cdots=\beta_m=0$，即ち，$r(A)=r(\tilde{A})$ の時に限り，解があり，$c_1, c_2, \cdots, c_{n-r}$ を任意の定数とする時，$x_{r+1}=c_1, x_{r+2}=c_2, \cdots, x_n=c_{n-r}$ とした

$$\begin{aligned}
x_1&=\beta_1-a_{1\ r+1}c_1-\cdots-a_{1n}c_{n-r}\\
x_2&=\beta_2-a_{2\ r+1}c_1-\cdots-a_{2n}c_{n-r}\\
&\cdots\cdots\cdots\cdots\cdots\cdots\\
x_r&=\beta_r-a_{r\ r+1}c_1-\cdots-a_{rn}c_{n-r}\\
x_{r+1}&=c_1\\
x_{r+2}&=c_2\\
&\cdots\cdots\\
x_n&=c_{n-r}
\end{aligned}$$

が未知数の順序を度外視した，前問の連立方程式(8)の解である．$(n-r)$ 個の任意定数 $c_1, c_2, \cdots, c_{n-r}$ は自由に取れるので，(8)の解は自由度 $n-r$ であると云う．自由度0の時は，解が一意的に定まる事であり，解がない事ではない事を注意する．

基-1　未知数の数が n 個の連立1次方程式が解を持つ為の必要十分条件は係数行列と拡大係数行列のランクが等しい事である．このランクを r とすると，方程式は自由度 $n-r$ の解を持つ．

右辺が $b_1=b_2=\cdots=b_m=0$ である様な連立1次方程式

$$\begin{cases}a_{11}x_1+a_{12}x_2+\cdots+a_{1n}x_n=0\\a_{21}x_1+a_{22}x_2+\cdots+a_{2n}x_n=0\\\cdots\cdots\cdots\cdots\cdots\cdots\\a_{m1}x_1+a_{m2}x_2+\cdots+a_{mn}x_n=0\end{cases}\qquad(1)$$

を**同次方程式**と云う．(1) の係数行列 $A=(a_{ij})$ と拡大係数行列のランクは等しいので，(1) は必らず解を持つ．これは $x_1=x_2=\cdots=x_n=0$ が(1)の解である事からも分る．この解を**トリビヤルな解**と云う．$r(A)=r$ とおくと，基-1より，(1) は自由度 $n-r$ の解を持つ．従って，(1) がノン・トリビヤルな解を持つ為の必要条件は $r<n$ である．

> **基-2**　同次方程式(1) がノン・トリビヤルな解を持つ為の必要十分条件は，(1) の係数行列のランクが n より小さい事である．

特に $m=n$ の時は，(1) の係数行列 $A=(a_{ij})$ は正方行列であり，$r(A)<n$ とは $|A|=0$ を意味するので，次の基本事項，即ち，**関流和算の極意**を得る．

> **基-3**　未知数と式の数が等しい，同次連立 1 次方程式がノン・トリビヤルな解を持つ為の必要十分条件は，係数の行列式が 0 である事である．

行の数が 1 つしかない $(1, n)$ 行列を n 次の**行ベクトル**と云い，列の数が 1 つしかない $(m, 1)$ 行列を m 次の**列ベクトル**と云う．n 個の m 次の列ベクトル

$$\boldsymbol{a}_1=\begin{pmatrix} a_{11} \\ a_{21} \\ \vdots \\ a_{n1} \end{pmatrix},\quad \boldsymbol{a}_2=\begin{pmatrix} a_{21} \\ a_{22} \\ \vdots \\ a_{m2} \end{pmatrix},\quad \cdots,\quad \boldsymbol{a}_n=\begin{pmatrix} a_{1n} \\ a_{2n} \\ \vdots \\ a_{mn} \end{pmatrix} \tag{2}$$

は，その 1 次結合 $x_1\boldsymbol{a}_1+x_2\boldsymbol{a}_2+\cdots+x_n\boldsymbol{a}_n=\boldsymbol{0}$ であれば，必らず，係数 $x_1=x_2=\cdots=x_n=0$ である時，**1 次独立**であると云う．$x_1\boldsymbol{a}_1+x_2\boldsymbol{a}_2+\cdots+x_n\boldsymbol{a}_n=\boldsymbol{0}$ は同次方程式(1) と同値なので，基-2より，次の基本事項を得る：

> **基-4**　n 個の列ベクトル $\boldsymbol{a}_1, \boldsymbol{a}_2, \cdots, \boldsymbol{a}_n$ が 1 次独立である為の必要十分条件は，これらの列ベクトルを並べて出来る行列のランクが n に等しい事である．

前問の終りで述べたが，人間は幼時の遊び，青春時代の交遊を通じて，多くの失敗を重ねながら，如何なる言動が人から奇怪と思われるかを学ぶ．その試行錯誤を通じてのみ，奇怪な言動をしなくなり，円満な人格の持主となる．それ故，何気ない日常会話の積み重ねが重要である．日本語であろうと，米語であろうと仏語であろうと，相手を見ながら，会話をする事が重要である．目は口程に物を云い，のたとえの様に，特に恋愛で重要であるが，通常の会話でも，相手の目に視線を合せると，失礼な事を云えば相手の表情が変るので，どの様な事を云えば人の感情を損うか，を学ぶ事が出来る．従って，口頭試問において，試問中の試験官と視線が合わない受験生は，心理上の問題を持つ者として処理される．第一，この様な受験生は日本語会話の経験が無く，試問と云う事で緊張の極に達して口が重く，時に発する言葉はこの世のものとは思われない程非常識である．それでは学問上はどうか？　教えられた事の何%かはペーパーテストに表現出来るが，創造力は零．少しでも独創を要する時は，敬語も用いず，ワカランの一語．この人間の形成に最大の貢献をしたママは，坊やは学者タイプと仰っしゃる．

3 （文字よりなる行列の階数の求め方）

基本操作を実行する．

$$A=\begin{pmatrix} a & b & b \\ b & a & b \\ b & b & a \end{pmatrix} \xrightarrow{1\,行+2\,行+3\,行} \begin{pmatrix} a+2b & a+2b & a+2b \\ b & a & b \\ b & b & a \end{pmatrix}.$$

$a+2b\neq 0$ の場合と $a+2b=0$ の場合に分れる．

(i)　$a+2b\neq 0$ の時

$$\xrightarrow{第1行\div(a+2b)} \begin{pmatrix} 1 & 1 & 1 \\ b & a & b \\ b & b & a \end{pmatrix} \xrightarrow[3行-b\times 1行]{2行-b\times 1行} \begin{pmatrix} 1 & 1 & 1 \\ 0 & a-b & 0 \\ 0 & 0 & a-b \end{pmatrix}$$

$$\xrightarrow[3列-1列]{2列-1列} \begin{pmatrix} 1 & 0 & 0 \\ 0 & a-b & 0 \\ 0 & 0 & a-b \end{pmatrix}.$$

この場合，$a-b\neq 0$ であれば，$r(A)=3$．$a=b$ であれば，$r(A)=1$．

(ii)　$a+2b=0$ の時

$$\to\begin{pmatrix} 0 & 0 & 0 \\ b & a & b \\ b & b & a \end{pmatrix} \xrightarrow{1列+2列+3列} \begin{pmatrix} 0 & 0 & 0 \\ a+2b & a & b \\ a+2b & b & a \end{pmatrix} \longrightarrow \begin{pmatrix} 0 & 0 & 0 \\ 0 & a & b \\ 0 & b & a \end{pmatrix}.$$

この場合，$a=0$ であれば，$b=0$ であり，$r(A)=0$．

$a\neq 0$ の時，$b\neq 0$ であって，$\dfrac{b}{a}=-\dfrac{1}{2}$，$\dfrac{a}{b}=-2$ であり

$$\xrightarrow[1列を最後の列に]{1行を最後の行に} \begin{pmatrix} a & b & 0 \\ b & a & 0 \\ 0 & 0 & 0 \end{pmatrix} \xrightarrow[2行\div b]{1行\div a} \begin{pmatrix} 1 & -\frac{1}{2} & 0 \\ 1 & -2 & 0 \\ 0 & 0 & 0 \end{pmatrix}$$

$$\xrightarrow{2行-1行} \begin{pmatrix} 1 & -\frac{1}{2} & 0 \\ 0 & -\frac{3}{2} & 0 \\ 0 & 0 & 0 \end{pmatrix} \xrightarrow{2行\times\left(-\frac{2}{3}\right)} \begin{pmatrix} 1 & -\frac{1}{2} & 0 \\ 0 & 1 & 0 \\ 0 & 0 & 0 \end{pmatrix}$$

$$\xrightarrow{1行+\frac{1}{2}\times 行} \begin{pmatrix} 1 & 0 & 0 \\ 0 & 1 & 0 \\ 0 & 0 & 0 \end{pmatrix}.$$

従って，$r(A)=2$ である．

以上，まとめると，$a+2b\neq 0,\ a\neq b$ の時 $r(A)=3$．$a+2b\neq 0,\ a=b$，即ち，$a=b\neq 0$ の時，$r(A)=1$．$a+2b=0,\ a\neq 0$ の時，$r(A)=2$．$a+2b=0,\ a=0$ 即ち，$a=b=0$ の時，$r(A)=0$．

上の基本操作における矢印は，行列のランクが等しい事を示すのであって，行列が等しい事を示すのではない．従って，これを等号で置き換えてはならない．又，ランクが等しいと云う事は，行列式の値とは関係があるにせよ，これが等しいと云う事は意味しない．入試で間違えば，即，零点である．

この機会に行基本変形を用いて，正則行列 A の逆行列 A^{-1} を求める方法を学ぼう．n 次の正則行列 A の横に n 次の単位行列 E を並べて $n\times 2n$ 行列を作る．行列 A が正則行列であると云う事は，基本変形によって $A\to E$ と出来る事であり，これは，問題1の基-1より，正則行列 P, Q があって，$PAQ=E$ を意味する．故に $QPA=Q(PAQ)Q^{-1}=QEQ^{-1}=QQ^{-1}=E$ なので，$QPA=E, QP=A^{-1}$．これは A に対して，行

基本変形 QP を施して E に達すると，同時に単位行列 E に同じ基本変形 QP を施して，$QPE=QP=A^{-1}$ を得る事を意味する．即ち，$n\times 2n$ 行列 (A, E) に行基本変形を施して，

$$(A, E)\longrightarrow(E, A^{-1})$$

と A が E になったら，自動的に，E の片割れは，上の様に A^{-1} を与える事を意味する．

例えば，3章の問題2の行列 A に対して，行基本変形

$$(A, E)=\begin{pmatrix}1 & -2 & 1 & 0\\ 3 & 5 & 0 & 1\end{pmatrix}\xrightarrow{2行-3\times 1行}\begin{pmatrix}1 & -2 & 1 & 0\\ 0 & 11 & -3 & 1\end{pmatrix}$$

$$\xrightarrow{2行\div 11}\begin{pmatrix}1 & -2 & 1 & 0\\ 0 & 1 & -\frac{3}{11} & \frac{1}{11}\end{pmatrix}\xrightarrow{1行+2\times 2行}\begin{pmatrix}1 & 0 & \frac{5}{11} & \frac{2}{11}\\ 0 & 1 & -\frac{3}{11} & \frac{1}{11}\end{pmatrix}$$

なので，$A^{-1}=\begin{pmatrix}\frac{5}{11} & \frac{2}{11}\\ -\frac{3}{11} & \frac{1}{11}\end{pmatrix}$ を得るが，これは4章の類題3の結果と一致する．

この種の問題は何度も実施に試みて，多くの失敗の後，試行錯誤により，自分の個性に合った方法を身に付け，体で以って覚えねばならぬ．学期末試験の前に体得しておけば，行列のランクは恐くない．そして，一度体得した事は，教職試験や入学試験の様な最悪の条件下でも，忘れる事がない．1978年5月の人民日報と光明日報が，悪名高い文化大革命の再評価を開始する露払いとして，胡福明の「実践は真理を検証する唯一つの基準である．」なる論文を揚げ，文革派の心胆を寒からしめたが，何事も，実地に体で覚えなければならない．こう云うと，現代の学生諸君は勉強の面では実行して下さるが，生活の智恵を得る面では中々実行して下さらぬ．くどくどと何度も申し上げるが，人との交りで，試行錯誤によって，社会常識を身に付けねばならない．分らぬ事は，友人，先輩，先生，上司に聞く位の日本語の会話力は身に付けられよ．大学を出ていながら，辞令を受け取ったら，直ちに新たな勤務地に行く前に，為すべき事を聞くだけの日本語の力がないとは情ない．大学とは元来エリート養成の場であった．卒業生は直ぐに指導的地位に付き，先生と呼ばれる人々が多い．学者とは，その先生を教えるその又先生で，人格的に人の模範でなければならぬ．全く常識を欠く坊やを学者タイプと思い込むママは見当違いも甚だしい．

類　題

（解答☞ 189ページ）

1.　4章類題5の行列 $A=\begin{pmatrix}2 & 1\\ 3 & 2\end{pmatrix}$ の逆行列 A^{-1} を行基本変形によって求めよ．

2.　4章類題6の行列 $A=\begin{pmatrix}3 & -1 & 2\\ 2 & 3 & -3\\ 3 & 1 & 3\end{pmatrix}$ の逆行列を行基本変形によって求めよ．

3.　4章 E-2 の行列　$A=\begin{pmatrix}1 & 2 & 3\\ 8 & 9 & 4\\ 7 & 6 & 5\end{pmatrix}$ の逆行列を行基本変形によって求めよ．

4.　行列 $A=\begin{pmatrix}1 & 2 & 3\\ 2 & -1 & 4\\ 0 & -2 & -5\end{pmatrix}$ の逆行列 A^{-1} を求めよ．

（神奈川県高校教員採用試験）

5.　行列 $A=\begin{pmatrix}1 & p & q\\ 0 & 1 & 0\\ 0 & 0 & 1\end{pmatrix}$ の逆行列を求めよ．

（宮崎県高校教員採用試験）

6.　次の行列の逆行列はどれか．

$$A=\begin{pmatrix}1 & 2 & 3\\ 0 & 5 & 0\\ 2 & 4 & 3\end{pmatrix}$$

（国家公務員上級職機械専門試験）

4 (行列の階数と非同次連立方程式の解の存在)

拡大係数行列を行基本変形する：

$$\begin{pmatrix}1&0&4&2&2\\3&1&2&6&3\\1&-2&-1&2&-1\end{pmatrix}\xrightarrow[3\text{行}-1\text{行}]{2\text{行}-3\times1\text{行}}\begin{pmatrix}1&0&4&2&2\\0&1&-10&0&-3\\0&-2&-5&0&-3\end{pmatrix}\xrightarrow{3\text{行}+2\times2\text{行}}\begin{pmatrix}1&0&4&2&2\\0&1&-10&0&-3\\0&0&-25&0&-9\end{pmatrix}$$

$$\xrightarrow{3\text{行}\div(-25)}\begin{pmatrix}1&0&4&2&2\\0&1&-10&0&-3\\0&0&1&0&\frac{9}{25}\end{pmatrix}\xrightarrow{\substack{2\text{行}+10\times3\text{行}\\1\text{行}-4\times3\text{行}}}\begin{pmatrix}1&0&0&2&\frac{14}{25}\\0&1&0&0&\frac{15}{25}\\0&0&1&0&\frac{9}{25}\end{pmatrix}.$$

対応する連立方程式は

$$\begin{cases}x_1 \qquad\qquad +2x_4=\dfrac{14}{25}\\ \qquad x_2 \qquad\qquad =\dfrac{15}{25}\\ \qquad\qquad x_3 \qquad =\dfrac{9}{25}\end{cases}$$

であるから，任意定数 c に対して，$x_4=c$ とした，$x_1=\frac{14}{25}-2c,\ x_2=\frac{15}{25},\ x_3=\frac{9}{25}$ と云う任意定数を一つ含む，自由度1の解がある．なお，係数行列と拡大係数行列のランクは共に3である．

n 個の m 次元の列ベクトル

$$\boldsymbol{a}_1=\begin{pmatrix}a_{11}\\a_{21}\\\vdots\\a_{m1}\end{pmatrix},\ \boldsymbol{a}_2=\begin{pmatrix}a_{12}\\a_{22}\\\vdots\\a_{m2}\end{pmatrix},\ \cdots,\ \boldsymbol{a}_n=\begin{pmatrix}a_{1n}\\a_{2n}\\\vdots\\a_{mn}\end{pmatrix} \tag{1}$$

の考察を続けよう．これら n 個のベクトルの内の r 個，例えば，最初の $a_1, a_2, \cdots, a_r$ が1次独立である為の必要十分条件は，1次結合が $\mathbf{0}$ ベクトル，即ち

$$x_1\boldsymbol{a}_1+x_2\boldsymbol{a}_2+\cdots+x_r\boldsymbol{a}_r=\mathbf{0} \tag{2}$$

より，$x_1=x_2=\cdots=x_r=0$ が導かれる事，云いかえれば，同次連立1次方程式

$$\begin{cases}a_{11}x_1+a_{12}x_2+\cdots+a_{1r}x_r=0\\a_{21}x_1+a_{22}x_2+\cdots+a_{2r}x_r=0\\\cdots\cdots\cdots\cdots\cdots\cdots\cdots\cdots\\a_{m1}x_1+a_{m2}x_2+\cdots+a_{rr}x_r=0\end{cases} \tag{3}$$

がノン・トリビヤルな解を持たない事である．この条件は問題2の基-2より，(3)の係数行列のランクが r である事，云いかえれば，$m\geqq r$ であって，しかも，(3)の係数行列の中で行列式の値が0にならない r 次の小行列式がある事と同値である．実際，その様な小行列式があれば，列は r 個全部用いねばならぬが，行の方は $i_1<i_2<\cdots<i_r$ の行を頂いて来て作った小行列式が0でないとすると，連立方程式

$$\begin{cases}a_{i_11}x_1+a_{i_12}x_2+\cdots+a_{i_1r}x_r=0\\a_{i_21}x_1+a_{i_22}x_2+\cdots+a_{i_2r}x_r=0\\\cdots\cdots\cdots\cdots\cdots\cdots\cdots\cdots\\a_{i_r1}x_1+a_{i_r2}x_2+\cdots+a_{i_rr}x_r=0\end{cases} \tag{4}$$

において，係数の行列式が0でないので，クラメルの方法で(4)を解くと，分子の行列式は必らず0列を含み $x_1=x_2=\cdots=x_r=0$ となる事からも分る．

ベクトル $\boldsymbol{a}_1, \boldsymbol{a}_2, \cdots, \boldsymbol{a}_n$ の中に r 個の1次独立なベクトルがあれば，今見た様に，$\boldsymbol{a}_1, \boldsymbol{a}_2, \cdots, \boldsymbol{a}_n$ を横に並べて自然に得られる $m\times n$ 行列 $A=(\boldsymbol{a}_1, \boldsymbol{a}_2, \cdots, \boldsymbol{a}_n)$ は行列式の値が0になる様な r 次の小行列式を持つ．逆に，その様な r 次の小行列式があれば，(4)の考察より，その小行列式の列を構成する r 個のベクトルは1次独立である．その様な r の最大数が行列 A のランクであるから，次の基本事項を得る．

基-1 n 個の次元 m の列ベクトル $\boldsymbol{a}_1, \boldsymbol{a}_2, \cdots, \boldsymbol{a}_n$ の中の1次独立なベクトルの個数は，列ベクトル $\boldsymbol{a}_1, \boldsymbol{a}_2, \cdots, \boldsymbol{a}_n$ を横に並べて得られる (m, n) 行列の階数と一致する．

行列式の値は，行と列を入れ換えても変らないので，行列 A のランクと，その転置行列 ${}^tA$ のランクは一致し，公式

$$r({}^tA)=r(A) \tag{5}$$

が成立する．従って，上の基本事項は，行ベクトルに対しても，成立する．

1次独立でないベクトルは**1次従属**であると云う．

公務員上級職試験に合格した者は20代で課長となる．10年程前となったが，某県警の刑事課長に赴任して来た人が，その新任の日の挨拶にママが従いて来て，と云うよりもママの後に課長殿が従いて来て，ママが息子をよろしくと云うのを後ろで聞いていて，並いる刑事の猛者連はあきれて物が云えなかったと云う．この頃聞いた話であるが，某大学の大学院学生が某大学の助手に赴任する事になったが，両親が従って来て，宿の世話を要求し，教室主任は唖然としたと云う．この助手，演習の時間に，学生が解答を板書するのに説明を加えず，全く無口で，丁度大学紛争の頃だったので，講義をする先生と助手と聴講する学生と三者の大衆団交となり，先生と学生の二者の意見が一致し，演習とは学生の解答を助手が講評するものであると決議したが，助手はこれに従わなかったと云う．この助手は勿論教育者の子弟で，父親が退職の年に丁度大学に入学したので，下宿に父親が同居して面倒を見て，学生時代をお守りしたと聞く．この助手は院生時代に，学会で講演する事となったが，私の宿はどうなってますかと指導教官に迫り，自分は宿屋の客引きではないと指導教官を怒らせたと云う．シンポジウム等は主催校が面倒を見るので，それと同じと見たのであるが，友人や先輩に様子を聞く事なしに先生に迫ったのである．この人も，現在は助教授として指導し，最近の学生の常識の無さを嘆いていると云う．確かに，指導教官と日本語の会話するだけ，マシであった．

類題

(解答☞ 190ページ)

7． 2章の問題6の行ベクトル$(3, -1, -2)$, $(-1, 2, 3)$, $(1, 3, 4)$ の1次従属性を行列のランクの計算によって導け．

8． 3章の E-5 の行列 $A=\begin{pmatrix} 3 & 2 \\ 1 & 4 \end{pmatrix}$ の固有値を行列式の計算によって導け．

9． 4章の問題1の行列 $A=\begin{pmatrix} a & b \\ c & d \end{pmatrix}$ が逆行列を持つ為の必要十分条件を行列式を用いて述べよ．

10． 4章の問題2の連立方程式

$$\begin{aligned} 3x-y+2z&=0 \\ 2x+3y-3z&=-1 \\ 3x+y+3z&=3 \end{aligned}$$

を拡大係数行列の行基本変形によって解け．

11． スカラー $x_1, x_2, \cdots, x_n$ に対して，**バンデルモンドの行列式**

$$\begin{vmatrix} 1 & 1 & \cdots & 1 \\ x_1 & x_2 & \cdots & x_n \\ x_1{}^2 & x_2{}^2 & \cdots & x_n{}^2 \\ \cdots & \cdots & \cdots & \cdots \\ x_1{}^{n-1} & x_2{}^{n-1} & \cdots & x_n{}^{n-1} \end{vmatrix}$$

の値を求めよ．

12． n 個の列ベクトル $\begin{pmatrix} x \\ x_1 \\ x_1{}^2 \\ \vdots \\ x_1{}^{n-1} \end{pmatrix}, \begin{pmatrix} 1 \\ x_2 \\ x_2{}^2 \\ \vdots \\ x_2{}^{n-1} \end{pmatrix}, \cdots, \begin{pmatrix} 1 \\ x_n \\ x_n{}^2 \\ \vdots \\ x_n{}^{n-1} \end{pmatrix}$

は $x_1, x_2, \cdots, x_n$ が相異なるスカラーである時，1次独立である事を示せ．

5 (行列の階数と同次連立一次方程式の解への存在)

様子が分らない時は，行列を幼稚に

$$A=\begin{bmatrix} a_{11} & a_{12} & \cdots & a_{1n} \\ a_{21} & a_{22} & \cdots & a_{2n} \\ \cdots & \cdots & \cdots & \cdots \\ a_{n1} & a_{n2} & \cdots & a_{nn} \end{bmatrix}, \quad B=\begin{bmatrix} b_{11} & b_{12} & \cdots & b_{1n} \\ b_{21} & b_{22} & \cdots & b_{2n} \\ \cdots & \cdots & \cdots & \cdots \\ b_{n1} & b_{n2} & \cdots & b_{nn} \end{bmatrix} \tag{1}$$

と書いたり，与えられた条件である $AB=O$ に注目し，積を幼稚に

$$AB=\begin{bmatrix} \sum_{k=1}^{n} a_{1k}b_{k1} & \sum_{k=1}^{n} a_{1k}b_{k2} & \cdots & \sum_{k=1}^{n} a_{1k}b_{kn} \\ \sum_{k=1}^{n} a_{2k}b_{k1} & \sum_{k=1}^{n} a_{2k}b_{k2} & \cdots & \sum_{k=1}^{n} a_{2k}b_{kn} \\ \cdots & \cdots & \cdots & \cdots \\ \sum_{k=1}^{n} a_{nk}b_{k1} & \sum_{k=1}^{n} a_{nk}b_{k2} & \cdots & \sum_{k=1}^{n} a_{nk}b_{kn} \end{bmatrix} \tag{2}$$

と書いたり，連立方程式を学んだので，それとの関係を見る為に行列 B が与えるベクトルを

$$\boldsymbol{b}_1=\begin{bmatrix} b_{11} \\ b_{21} \\ \vdots \\ b_{n1} \end{bmatrix}, \quad \boldsymbol{b}_2=\begin{bmatrix} b_{12} \\ b_{22} \\ \vdots \\ b_{n2} \end{bmatrix}, \quad \cdots, \quad \boldsymbol{b}_n=\begin{bmatrix} b_{1n} \\ b_{2n} \\ \vdots \\ b_{nn} \end{bmatrix} \tag{3}$$

と書いて，シドロモドロ，試行錯誤を繰り返す内にふと，条件 $AB=O$ は，(3) で与えられる n 個の列ベクトル $\boldsymbol{b}_j$ が全て，同次連立1次方程式

$$A\boldsymbol{b}_j=\begin{bmatrix} \sum_{k=1}^{n} a_{1k}b_{kj} \\ \sum_{k=1}^{n} a_{2k}b_{kj} \\ \cdots \\ \sum_{k=1}^{n} a_{nk}b_{kj} \end{bmatrix}=\begin{bmatrix} 0 \\ 0 \\ \vdots \\ 0 \end{bmatrix}=\boldsymbol{0} \tag{4}$$

の解である事と同値である事を悟る．悟らなければ，どうなるか．勿論，その問題は解けないが，統計学の大数の法則より，多くの問題の中には，悟りの境地に入れる問題が必らずあるので，そちらを解けばよい．その為には，本書や姉妹書「新修解析学」によって，確率論が適用出来る程度の実力を付けねばならぬ．数学の創造的な論文を作る際でも，同様である．かの偉大的，岡潔先生でさえ，1000 に一つの vérité しかなく，毎日を反古の作成に空しくした日々が続いたと語られた事がある．勝敗は武士の習いで敗北や失敗は恥ではない．降伏が恥なのである．キチンと敗けると，人生には必らず敗者復活戦がある．と云うわけで，$AB=O$ と $A\boldsymbol{b}_j=O\ (1\leqq j\leqq n)$ の同値性に気付く事が本問の鍵であるが，気付いた人と気付かなかった人との差は僅小差なので，呉々も，本書の問題が解けなかったからと云って，ノイローゼになって，首吊りをしない様にお願いする．数学が解けないからと云って首吊りする人は，死んで終っては，数学者には勿論なれる筈がないが，生きていても，その様な心掛けでは，数学のみならず，なまの人生に挑む訳には行かない．

さて，同次方程式 $A\boldsymbol{x}=\boldsymbol{0}$ は，行列 A のランクが s で，未知数の数が n なので，問題2の基-1よりその解は $n-s$ 個の任意定数を含み，自由度 $n-s$ である．と云う事は，同次方程式 $A\boldsymbol{x}=\boldsymbol{0}$ は1次独立な 解を $n-s$ 個持つのである．

一方，列ベクトル $\boldsymbol{b}_1, \boldsymbol{b}_2, \cdots, \boldsymbol{b}_n$ は，その同次方程式 $A\boldsymbol{x}=\boldsymbol{0}$ の解である．この列ベクトルを並べた物が行

列 B であり，行列 B のランクとは，$\boldsymbol{b}_1, \boldsymbol{b}_2, \cdots, \boldsymbol{b}_n$ の中の1次独立なベクトルの個数である．B のランクは t なので，$\boldsymbol{b}_1, \boldsymbol{b}_2, \cdots, \boldsymbol{b}_n$ の中に，正確に1次独立なベクトルが t 個ある，と云う事は，同次方程式 $A\boldsymbol{x}=\boldsymbol{0}$ は少なくとも t 個の1次独立な解を持つ．故に，t は同次方程式 $A\boldsymbol{x}=\boldsymbol{0}$ の解の自由度 $n-s$ を越える事は出来ず，

$$t \leqq n-s \tag{5}$$

が成立する．行列 B の列ベクトル以外にも，同次方程式 $A\boldsymbol{x}=\boldsymbol{0}$ の解は有り得るので，(5)において，必らずしも，等号は成立しない．(5) において等号が成立する為の必要十分条件は，同次方程式 $A\boldsymbol{x}=\boldsymbol{0}$ の全ての解が列ベクトル $\boldsymbol{b}_1, \boldsymbol{b}_2, \cdots, \boldsymbol{b}_n$ の1次結合で

$$\boldsymbol{x}=y_1\boldsymbol{b}_1+y_2\boldsymbol{b}_2+\cdots+y_n\boldsymbol{b}_n \tag{6}$$

の如く，表される事である．

よく考えて見ると，この問題において，A, B は同じ次数の正方行列である必要はなく，行列としての積 AB が定義出来れば，十分である．従って，次の様に，一般化しておこう．

基-1 (l, m) 行列 A, (m, n) 行列 B の積 AB が

$$AB=O \tag{7}$$

を満せば，それらのランクの間には，不等式

$$r(A)+r(B) \leqq m \tag{8}$$

が成立する．

芸術家の卵が巨匠の作品の習作より創作活動を開始する様に，既に得られている定理を一般化する仕事は数学上の創造的活動の訓練となる．

行列 B を構成する n 個の列ベクトル $\boldsymbol{b}_1, \boldsymbol{b}_2, \cdots, \boldsymbol{b}_n$ の内で，$r(B)$ 個は1次独立であり，これらは，同次方程式

$$A\boldsymbol{x}=\boldsymbol{0} \tag{9}$$

の解である．同次方程式の未知数の数はベクトル $\boldsymbol{b}_j$ の次元 m なので，同次方程式 (9) は $m-r(A)$ 個の1次独立な解を持つ．$m-r(A)$ は1次独立な解の最大個数であり，$r(B)$ は行列 B の列ベクトルのなす(9)の解の内で，1次独立な物の数であるから，$r(B) \leqq m-r(A)$，即ち，(8)を得る．なお，この場合も，(8) において等号が成立する為の必要十分条件は，B の列ベクトルで以って，1次独立な (9) の解を尽している事，即ち，(9)の任意の解 $\boldsymbol{x}$ が(6)の様に，$\boldsymbol{b}_1, \boldsymbol{b}_2, \cdots, \boldsymbol{b}_n$ の1次結合で表される事である．

くどくなるが，機械的な計算でない数学は，教養1年初夏の頃の本問より始まるので，分らなかったからと云って諦めず，逆に，計算が何も無いからと云って侮らずに，真面目に取組んで欲しい．分らん，と云ってすませば，少しも進歩がなく，留年や浪人の繰り返しである．そして，大学院とは，その様な留年生や浪人をお守りする所ではなく，ランクが上の学生を集める所である．社会常識の無い人は，人格的に人の師表と仰がれるべき先生になる事は出来ない．その様な人格に欠陥のある人を親は欲目で学者タイプと見て，何年留年しようと，学者になれると疑わない．先生である事無しに学者である事の出来るのは，京大数研等の研究所の教授である．これは論文を作る事が仕事なので，何時も創造的な仕事をしていなければいけない．少し分らぬ事があると，分らん，と云って，何年でも留年する人がなれる筈がない．

6 (行列の階数と非同次連立一次方程式の解の存在への応用)

先ず(i)→(ii)を示すに当って，前問の考えで臨もうとすると，A が左にあって，具合が悪い．その際には，**転置行列**を考えればよい．

(m, n) 行列

$$A=\begin{bmatrix} a_{11} & a_{12} & \cdots & a_{1n} \\ a_{21} & a_{22} & \cdots & a_{2n} \\ \cdots & \cdots & \cdots & \cdots \\ a_{m1} & a_{m2} & \cdots & a_{mn} \end{bmatrix} \tag{1}$$

の第1行を第1列に，第2行を第2列に，…，第 m 行を第 m 列に並べて得る，(n, m) 行列

$${}^tA=\begin{bmatrix} a_{11} & a_{21} & \cdots & a_{m1} \\ a_{12} & a_{22} & \cdots & a_{m2} \\ \cdots & \cdots & \cdots & \cdots \\ a_{1n} & a_{nn} & \cdots & a_{mn} \end{bmatrix} \tag{2}$$

を行列 A の**転置行列**と云い，上の様に ${}^tA$ と書いたり，A' と記したりする．

(l, m) 行列 $B=(b_{ij})$, (m, n) 行列 $A=(a_{ij})$ の積行列 $C=(c_{ij})$ の (i, j) 要素は

$$c_{ij}=\sum_{k=1}^{m} b_{ik}a_{kj}\ (1\leqq i\leqq l,\ 1\leqq j\leqq n) \tag{3}$$

で与えられるので，C の転置行列 $C'=(c_{ij}')$ の (i, j) 要素 c_{ij}' は，i, j を入れ換えた

$$c_{ij}'=\sum_{k=1}^{m} b_{jk}a_{ki}\ (1\leqq i\leqq n,\ 1\leqq j\leqq l) \tag{4}$$

で与えられる．一方，A, B の転置行列 $A'=(a_{ij}')$, $B'=(b_{ij}')$ の (i, j) 要素は，夫々，i, j を入れ換えた $a_{ij}'=a_{ji}$, $b_{ij}'=b_{ji}$ なので，A' と B' の積行列 $A'B'$ の (i, j) 要素は定義より

$$\sum_{k=1}^{m} a_{ik}'b_{kj}'=\sum_{k=1}^{m} a_{ki}b_{jk}=c_{ij}' \tag{5}$$

が成立するので，公式

$${}^t(BA)=({}^tA)({}^tB) \tag{6}$$

を得る．この様に，転置行列を取る時，積の順序が逆転する事が注意を要するのであるが，本問に対しての様に，有用な時もある．

任意の (l, n) 行列 $C=(c_{ij})$ を取り，その転置行列を C' とすると，C' は (n, l) 行列であり，l 個の列ベクトル $\boldsymbol{c}_1', \boldsymbol{c}_2', \cdots, \boldsymbol{c}_l'$ より構成される．各列ベクトル $\boldsymbol{c}_j'$ に対して，与えられた (m, n) 行列 A の転置行 列 $A'=(a_{ij}')$ にする方程式 $A'\boldsymbol{x}=\boldsymbol{c}_j'$ は連立1次方程式

$$\begin{cases} \displaystyle\sum_{k=1}^{m} a_{1k}'x_k=c_{1j}' \\ \displaystyle\sum_{k=1}^{m} a_{2k}'x_k=c_{2j}' \\ \qquad\cdots \\ \displaystyle\sum_{k=1}^{m} a_{nk}'x_k=c_{nj}' \end{cases} \tag{7}$$

と同値である．方程式(7)の係数行列 A' のランクはその転置行列 A のランク n に等しい．一方(7)の拡大係数行列は $(n, m+1)$ 型なので，そのランクは n を越える事はない．故に，両者のランクが等しく，問題2の基-1より解を持つ．それを $\boldsymbol{b}_j'$ とする．l 個の m 次の列ベクトル $\boldsymbol{b}_1', \boldsymbol{b}_2', \cdots, \boldsymbol{b}_l'$ を横に並べて得た (n, l) 行列を B' とし，その転置行列を B とする．方程式

$$A'\mathbf{b}_j'=c_j' \ (1\leqq j\leqq l) \tag{8}$$

と

$$A'B'=C' \tag{9}$$

とは同値であり，更に，転置行列を作った

$$C=BA \tag{10}$$

とは同値である．この様にして，l 個の連立1次方程式の解を並べて，(l, m) 行列 B を得る．

次に(ii)→(i)に取組もう．$r(A)=n$ を云うには，0でない様な A の n 次の小行列式を見出せばよい．与えられた条件は積に関する物である．これに関する我々の知識は4章の E-4 しかないので，これを用いる事にしよう．

(ii)の条件において，$l=n$, C とし n 次の正方行列 E を取ると，(n, m) 行列 B があって

$$BA=E \tag{11}$$

が成立する．$m>n$ なので，4章の E-4 を用いると，積行列 $E=BA$ の行列式は

$$1=|E|=\sum_{1\leqq\alpha_1<\alpha_2<\cdots<\alpha_n\leqq m}\begin{vmatrix} b_{1\alpha_1} & b_{1\alpha_2} & \cdots & b_{1\alpha_n} \\ b_{2\alpha_1} & b_{2\alpha_2} & \cdots & b_{2\alpha_n} \\ \cdots & \cdots & \cdots & \cdots \\ b_{n\alpha_1} & b_{2\alpha_2} & \cdots & b_{n\alpha_n} \end{vmatrix}\begin{vmatrix} a_{\alpha_1 1} & a_{\alpha_1 2} & \cdots & a_{\alpha_1 n} \\ a_{\alpha_2 1} & a_{\alpha_2 2} & \cdots & a_{\alpha_2 n} \\ \cdots & \cdots & \cdots & \cdots \\ a_{\alpha_n 1} & a_{\alpha_n 2} & \cdots & a_{\alpha_n n} \end{vmatrix} \tag{12}$$

を満足するので，(12)の右辺の現れる行列 A の n 次の小行列式のどれか一つは0でない．従って (m, n) 行列 A のランクは n である．

ゼミ等で学生や院生諸君に接していて，もどかしく思う事がある．それは，数学の問題の解決を計る際，只漠然と考え込んでいる事である．先ず，関連する定義や公理を紙に書き，関係のありそうな定理や公式を書き並べて，順次解決に役立つかどうかをチェックして行く事が肝要である．分らんと云って受け付けないよりはましだが，只，何も書かないで考え込んでいて，よい着想が浮ぶ筈がない．今，行っている一つ一つの作業が成功に結び付くかどうか，その様な実利的な事は考えないで，労力を嫌わず，定理や公式を紙に書いて，視覚に訴えつつ計算して行かねばならない．

将棋や碁の専門棋士は数時間に及ぶ長考をする事があるが，それは作戦の岐路に当って，古今の対局の関連ある局面において，どの様な手を指したら，どの様な結果になったかを，次々と思い浮べつつ，よりよいと思われる作戦の選択をしているのであって，漫然と考え込んでいるのではない．

数学においても，漫然と考え込むのは，全く無意味であって，くどくなるが，この問題に関していえば，ランクに関係のある，小行列式が0になるか，連立方程式の解の自由度，1次独立なベクトルの個数，更には，行列の積と関係があるので，行列の積の定義や積と行列式との関係，これらの既得の知識を，なぐり書きでよいから，紙の上にさらけ出して，視覚に訴えつつ，解決の手掛りを得る様，努力しなければならない．この様な努力は，正に，専門棋士の長考に内容的に対応する物であり，将棋，碁，数学に限らず，諸君が夫々の専門において，専門家として創造的な仕事をする際に，よりよい習慣として必らずや，生きて来るであろう．

重要な事なので，身に沁みる迄説くが，真理は実践によってのみ検証される．多くの試行錯誤によってのみ正しい結果に達する．その経験が無い人が口頭試問を受けると，お父さんのお仕事は？　と聞かれて，皆さんと同じです，と答えたり，将来の進路は？　と聞かれて，助手になりますと答えたり，何故受験したのですか？　と聞かれて，就職に有利だからです，と答えて，試験官を唖然とさせるのは序の口である．

EXERCISES

（解答☞ 191ページ）

1 （**階数と連立方程式**） A, B は n 次の正方行列で $AB=O$ とする時，次の条件(i), (ii)は互に同値である事を示せ：

(i) $\mathrm{rank}\,A+\mathrm{rank}\,B=n$

(ii) $AX=O$ を満す任意の n 次正方行列 X に対して，$X=BY$ となる n 次正方行列 Y が存在する．

（東京都立大学大学院入試）

2 （**階数と連立方程式**） A を $l\times m$ 行列，B を $m\times n$ 行列とし，$AB=O$ とする．この時，次の事柄を示せ．

(i) $\mathrm{rank}\,A+\mathrm{rank}\,B\leqq m$

(ii) (i)において符号が成立する為には，$XB=O$ となる任意の行列 X に対して，$X=YA$ となる行列 Y が存在する事が必要十分である．

（広島大学大学院入試）

3 （**階数**） (i) n 次の正方行列 A, B が $ABA=A$ を満す時，行列 A と行列 BA の階数は等しい事を示せ．

(ii) n 次の正方行列 A が与えられた時，$ABA=A$ を満す次の正方行列 B が少なくとも一つ存在する事を示せ．

（九州大学大学院入試）

4 （**階数**） A が n 次複素正方行列で，ある正の整数 $m(\leqq n)$ に対して，

$$\mathrm{rank}\,(A^{m-1})\neq\mathrm{rank}\,(A^m)=n-m \tag{1}$$

が成立するとする．この時，$\mathrm{rank}\,A=n-1$ である事を示せ．

（京都大学大学院入試）

Advice

1 行列のランクは四個の顔を持つ：1次独立な列ベクトルの個数，1次独立な行ベクトルの個数，n-(1次独立な同次方程式の解の数)，0でない小行列式の最高次数である．問題5で述べた様に，第1と第3の性質を旨く用いて $\mathrm{rank}\,A+\mathrm{rank}\,B\leqq n$，及び，等号が成立する条件を調べる．

2 先ず，E-1 を正方行列でない場合に拡張し，(l, m) 行列 A と (m, n) 行列 B の積について述べると，E-1 の(i), (ii)を一般化出来る．しかし，この問題では E-1 と積の順序が逆である．か様な時は，転置行列を取ればよい．

3 一般に (m, n) 行列 A と (n, l) 行列 B の積のランクについては，$r(AB)\leqq r(A)$, $r(AB)\leqq r(B)$ が成立する事を示すと(i)が得られる．(ii)は基本変形により $\varDelta=PAQ$ を対角行列化して，$\varDelta$ に対する(ii)の考察より，B をデッチ上げる．

4 $1\leqq i\leqq m-1$ の時，前問より $r(A^{i+1})\leqq r(A^i)$ だが，等号が成立したら，同次方程式 $A^{i+1}\boldsymbol{x}=\boldsymbol{0}$ の1次独立な解の個数と $A^i\boldsymbol{x}=\boldsymbol{0}$ のそれとは一致する．ここから，適当に矛盾を出し，$r(A^{i+1})>r(A^i)\,(1\leqq i\leqq m-1)$ を示すと，$r(A)$ はどうなるかな？

代数的諸概念

〔**指針**〕 代数学の第一章の第一節に書いてある最も基礎的な諸概念を取り出し，線形代数を学ぶに必要な最低限の予備知識を吸収し，併せて，教職，公務員上級職，大学院入試（非代数学専攻）に間に合せると云う，一石数鳥の効果を狙いました．大学のカリキュラムですが，線形代数その物ではありません．

1 （群，環，体） 群，環，体について述べてある次の命題の内，正しい命題はどれか：

(i) 整数全体は乗法に関して，逆元が存在しない．よって，加法，乗法について環を作らない．

(ii) 整数全体は通常の加法，乗法，夫々に関して群を作る．

(iii) 要素が実数，複素数の全ての正方行列全体は加法，乗法に関して環を作る．

(iv) 整数全体は体をなす．

(v) 偶数全体は乗法に関して単位元が存在しないが加法，乗法に関して環を作る．

（国家公務員上級職数学専門試験）

2 （群） R_1 を1以外の実数の集合とする．R_1 に演算 $\circ$ を，$a\circ b=a+b-ab$ で定義する時，R_1 は演算 $\circ$ に関して群をなす事を証明せよ．

（静岡県高校教員採用試験）

3 （関係） 関係 $R=(A, B, P(x,y))$ において，$P(a, b)$ が真ならば，${}_aR_b$ と表す時，

${}_aR_b \longrightarrow {}_bR_a$ を symmetric relation（対称関係） (1)

${}_aR_b,\ {}_bR_a \longrightarrow a=b$ を anti-symmetric relation（歪対称関係） (2)

${}_aR_b,\ {}_bR_c \longrightarrow {}_aR_c$ を transitive relation（推移関係） (3)

と云う．自然数の集合 $\boldsymbol{N}$ において，次の(i)〜(iv)の open sentence は上の (1), (2), (3) のどの関係を表すか調べよ．

(i) $x+2y=12$

(ii) $x\leqq y$

(iii) x は y の倍数である．

(iv) xy は平方数である．

（大阪府高校教員採用試験）

4 （1次独立） ベクトルの1次独立（線形独立）について述べよ．

（東京女子大学大学院入試）

1 （群，環，体）

代数的諸概念を修め様と思えば，代数学を修めねばならず，それには，この本に匹敵する別の書物を読まねばならない．それは，フランスのテレビに関する岸恵子の表現を拝借すれば，カッタルイので，手っとり早く，教職，公務員，（代数を専攻しない）大学院入試，これらの試験に間に合う程度の速成を目指そう．大学では，代数学の始めの議義にちょっと顔を出し，直ぐに専門化して離れて行く．

何でもよいから，物の集まり A があって，構成要素を持つ時，A は空でないと云って，$A\neq\phi$ と書く．要素 a を持って来た時，a が A に属するかどうか，即ち，$a\in A$ であるかどうかが判定出来るとする．この時，A は空でない**集合**と云う．唯，集合 A があるそれだけでは，数学的に面白くないので，様々な演算を考える．

空でない集合 A があって，その任意の二元 a, b が与えられた時，その順序も問題にしつつ，その組に対して A の元 ab を与える演算があって，A の三つの元 a, b, c に対して

（結合律）　$(ab)c=a(bc)$

が成立する時，A を**準群**と云う．この時，集合 A はどんなケッタイな物の集りであっても，演算 ab はどんな奇想天外な方法で定義されていても，結合律を満しさえすれば，A は準群である．例えば，整数全体の集合 $\boldsymbol{Z}$ は，数としての加法，並びに，乗法に関して準群をなす．又，実数を要素とする n 次の正方行列全体 $M_n(\boldsymbol{R})$，複素数を要素とする n 次の正方行列全体 $M_n(\boldsymbol{C})$ は，共に，行列としての加法，並びに，乗法に関して，準群をなす．この様に，一つの集合に対して，演算は沢山考えられるので，どの演算を考えるのかを，明らかにするのが，親切であろう．$\boldsymbol{Z}$ の乗法では $ab=ba$ が成立する．準群 A の任意の二元 a, b に対して

（可換律）　$ab=ba$

が成立する時，準群 A は**可換**であると云う．$M_n(\boldsymbol{R})$ や $M_n(\boldsymbol{C})$ は行列としての積に関して，可換でない．

準群 G に特別な元 e があって，G の任意の元 a に対して

$$ae=ea=a \tag{1}$$

が成立する時，e を G の**単位元**と云う．単位元 e を持つ準群 G の元 a に対して，G の元 x は

$$ax=xa=e \tag{2}$$

を満す時，a の**逆元**であると云い，a^{-1} と書く．単位元を持つ準群 G の任意の元が逆元を持つ時，準群 G を**群**と云う．可換群を**アーベル群**と云い，その演算を ab の代りに $a+b$ と書く事が多い．この時，G を**加法群**と云い，加法に関する単位元を**零元**と云い，e の代りに 0 と書き，逆元を a^{-1} の代りに $-a$ と書く．

さて，加法群 A が加法 $a+b$ と，乗法 ab を持っていて，この乗法に関して準群をなすのみならず，加法と乗法の間に，$a, b, c\in A$ に対して，

（左分配律）　$a(b+c)=ab+ac$,　　**（右分配律）**　$(b+c)a=ba+ca$

が成立する時，A を**環**と云う．$\boldsymbol{Z}$ や $M_n(\boldsymbol{R})$, $M_n(\boldsymbol{C})$ は，通常の加法や乗法に関して，環をなし，後者は，くどくなるが，非可換である．環 A の元 a, b が，共に 0 でないのに，$ab=0$ となる時，a, 及び，b を A の**零因子**と云う．乗法に関して単位元を持ち，零因子を持たない環を**整域**と云う．$\boldsymbol{Z}$ は整域であるが，$M_n(\boldsymbol{R})$ や $M_n(\boldsymbol{C})$ は整域ではない．

環 K が二つ以上の元を持ち，0 以外の元全体が乗法に関して群をなす時，K を**体**と云う．有理数全体 $\boldsymbol{Q}$，実数全体 $\boldsymbol{R}$，複素数全体 $\boldsymbol{C}$ は，数としての加法と乗法に関して，体をなし，夫々，**有理数体，実数体，複素数体**と云う．ある大学の医学部図書館には，誤って体論の書物が納められている．

以上の定義が分れば，本問が判る．(i)の前半は正しいが，$\boldsymbol{Z}$ は環をなすので，後半は誤り．(ii) $\boldsymbol{Z}$ の１以外の元は乗法に関する逆元を持たない（又は，あるが $\boldsymbol{Z}$ には属さない）ので，$\boldsymbol{Z}$ は乗法に関して，群をなさず，(ii)も誤り．(iii) n を一つ固定すると，$M_n(\boldsymbol{R})$ と $M_n(\boldsymbol{C})$ は環をなすので，筆者はうっかり，丸を付けそうになったが，よく見ると $\bigcup_{n\geqq 1} M_n(\boldsymbol{R})$ や $\bigcup_{n\geqq 1} M_n(\boldsymbol{C})$ を意味しているので，次数が異なる者同志では積は定義も出来ず，これらは環でないので，(iii)は誤り．桑原，桑原．(iv)くどくなるが，１以外の $\boldsymbol{Z}$ の元は乗法に関して逆元を持たぬので，$\boldsymbol{Z}$ は体をなさず，(iv)も誤り．(v)は正しいので，結局(v)のマークシートを塗り潰す事となる．

マーク・シート方式だけでは，課長さんになっても職場にママが付き添うかどうか，判定出来ないので，口頭試問をして，眼を見る必要がある．日本語の聞き取りと表現が出来るか，問答する必要がある．６章の問題６の終りで述べた口頭試問の添削を行う．皆さんと同じです，との答は，試験官と受験生の立場の相違が全く理解出来ていない．これでは，対等である．父は xy 大学の教師をして z を担当していますと答えるべきである．元来，人間は平等であり，親の職業が合否を分ける筈はないが，回答のマナーは合否を分ける．助手になります，との答は，指導教官をして，合格させたら助手にする義務を求めているので，よくない．出来れば，研究職をと望んでいます．と答えるべきである．就職に有利は本音である．**試験は公的なものであるから，あく迄建前を貫き**，その学問を如何に愛し，それを専攻する事を如何に熱望するかを述べるべきである．元来，この様な事は家庭でママが教えるべき事なのに，その様なシツケはせず，お呼びでない時に，シャシャリ出る．それ故，ママに代って，シツコクしつけているのです．

類　題

（解答☞ 193ページ）

1．体にはベキ等元がない事を証明せよ．

（大阪府高校教員採用試験）

2．(i) 次の数体系の内，環となる物と，体となる物の記号（a〜d）を，夫々，選び出せ．

a．自然数（０を含む）　b．整数
c．有理数　d．実数
答 環　体

(ii) 体には零因子がない事を背理法により証明せよ．

（大阪府中学校教員採用試験）

3．次のＡ群とＢ群の中から，最も関係の有る物を選んで，記号で結べ．

Ａ群：a．整数　b．有理数　c．無理数　d．実数
Ｂ群：(ア) 循環しない無限小数
(イ) 四則（０での除法を除く）について閉じている．
(ウ) 自然数 a, b に対して $x+a=b$ なる x を含む数全体
(エ) 自然数 a, b に対して $x+a=b$ や $ax=b$ $(a\neq 0)$ なる x を含む数全体
(オ) $\dfrac{m}{n}$（m は整数，n は自然数）の形で表される数

（東京都高校教員採用試験）

4．群の定義を述べよ．次に群をなす物の例をあげ，それが Abel 群であるかどうかを確かめよ．

（山梨県中学校教員採用試験）

5．$S=\left\{\begin{pmatrix}1 & a\\ 0 & 1\end{pmatrix}\middle| a\in\boldsymbol{R}\right\}$ ただし，$\boldsymbol{R}$ は実数の集合とする．

(i) S は積で閉じている事を示せ．
(ii) 単位元，逆元を求めよ．

（福島県高校教員採用試験）

6．$E=\begin{pmatrix}1 & 0\\ 0 & 1\end{pmatrix}$, $A=\begin{pmatrix}1 & 0\\ 0 & -1\end{pmatrix}$, $B=\begin{pmatrix}-1 & 0\\ 0 & 1\end{pmatrix}$, $C=\begin{pmatrix}-1 & 0\\ 0 & -1\end{pmatrix}$ で $M=\{E, A, B, C\}$ は乗法に関して閉じている．

(i) $A\times B$ の表を書き．(ii) 群になる事を示せ．

A＼B	E	A	B	C
E				
A				
B				
C				

（大分県中学・高校教員採用試験）

7．$\begin{pmatrix}1 & 0\\ 0 & 1\end{pmatrix}$, $\begin{pmatrix}1 & 0\\ 0 & -1\end{pmatrix}$, $\begin{pmatrix}-1 & 0\\ 0 & 1\end{pmatrix}$, $\begin{pmatrix}-1 & 0\\ 0 & -1\end{pmatrix}$ の普通の積による乗積表を作り，この四個の行列が群をなす事を示せ．

（兵庫県高校教員採用試験）

2 (群の具体例)

$a, b \in R_1$ に対して

$$a \circ b = a + b - ab \tag{1}$$

とおく．

先ず，R_1 が $\circ$ について閉じている事を示さねばならない．$a, b \in R_1$ であれば，$a-1 \neq 0$, $b-1 \neq 0$

$$1 - a \circ b = 1 - a - b + ab = (1-a)(1-b) \neq 0,$$

即ち，$a \circ b \in R_1$ を得るので，R_1 は $\circ$ に関して閉じている．

次に，結合律を示さねばならない．$a, b, c \in R_1$ に対して，$\circ$ の定義(1)より

$$(a \circ b) \circ c = a \circ b + c - (a \circ b)c = a + b - ab + c - (a + b - ab)c = a + b + c - ab - bc - ca + abc$$

が成立する．これは a, b, c に関して対称なので，いい線行っていると微笑しつつ，もう一つの

$$a \circ (b \circ c) = a + (b \circ c) - a(b \circ c) = a + (b + c - bc) - a(b + c - bc) = a + b + c - ab - bc - ca + abc$$

を計算し，結合律

$$a \circ (b \circ c) = (a \circ b) \circ c \tag{2}$$

を得るので，R_1 は $\circ$ に関して，準群である．

更に，準群 R_1 の単位元 e を探そう．0 が臭い様な気がするが，R_1 の元 e が単位元である為の必要十分条件は，R_1 の任意の元 a に対して，$a \circ e = e \circ a = a$, 即ち，

$$a + e - ae = e + a - ea = a \tag{3}$$

が成立する事である．(3)は $e(1-a) = 0$ と同値であるが，$1 - a \neq 0$ なので，$e = 0$ を得る．念の為に検算すると，確かに，E_1 の任意の元 a に対して，

$$a \circ 0 = 0 \circ a = a \tag{4}$$

が成立し，数零 0 は準群 R_1 の単位元である．

最後に，R_1 の任意の元 a の逆元 x を見付けなければならない．x が a の逆元である為の必要十分条件は $a \circ x = x \circ a = 0$, 即ち

$$a + x - ax = x + a - xa = 0 \tag{5}$$

が成立する事である．(5)は実数 x に対する 1 次方程式であり，これを解き，

$$x = \frac{a}{a-1} \tag{6}$$

を得る．勿論 $a \in R_1$ なので，(6)の分母 $a - 1 \neq 0$ であり，x は実数であるが，$x \in R_1$, 即ち，$x \neq 1$ を示さねばならない．その為 $x - 1$ を作ると，

$$x - 1 = \frac{1}{a-1} \tag{7}$$

を得るので，$x \neq 1$, 即ち，$x \in R_1$ であり，x は準群 R_1 における a の逆元である．

単位元を持つ準群 R_1 の任意の元が逆元を持つので，R_1 は群である．積 $a \circ b$ の定義式(1)は a, b に関して対称なので，群 R_1 は可換であり，R_1 はアーベル群である．

この様にして，どの様に，奇妙奇天烈な物の集まりであろうと，そこに，何らかの方法で積なる物が定義され，一定の規則を満せば，その積が如何に荒唐無稽であろうと，四の五の云わずに，これを群と認知するのである．ここに抽象数学の面白さがある．要は柔軟な頭を持つ事である．

くどくなる位，家庭でシツケなければならぬのに，ママは勉強の事ばかり，せついて，肝心のマナーや生活の知恵は与えようとしないので，本書で若干代行しているのである．前問の終りで解説した様なおかしな

回答を口頭試問で行なえば，試験官の表情が変り，とんでもない事を云ったと悟り，軌道修正をして，正しい回答へと取り繕うのが，並の人間である．特異な人間は前から述べている様に，人と視線を合せて会話をした経験どころか，人と視線を合せて挨拶を交した経験もないから，試験官の微妙な表情の変化も読めない．それどころか，初めから試験官の顔等は見ていず，あらぬ無機物質へと視線を向けるを常とする．それ故，おかしな事を云い，ある試験官は真赤になって怒り，ある試験官は笑いをこらえるのに苦心しているのにも気付かず，この世のものとも思えぬ答えを繰り返す．堪り兼ねて，一人の試験官が，学問的な位置付けはどうでしょう？と柔らかく，そのおかしさを指摘しているのであるが，ペーパーテストの国語としてしか，日本語を把えた事の無いこの受験者は，試験官が言外に述べている事等，日本語の意味が分る筈も無く，とてもこの紙上には再現出来ぬ様な事を，貧弱な語いを用いて，無遠慮に述べる．人の目を見て会話をする習慣が付いていれば，この様な事は決して起らぬ筈である．と云って，やたらに人をにらんでは，気が狂ったのかと思われる．第一，ヤー様から因縁を吹っ掛けられる．

パリのバーは日本と違って，色気がない．カルチェ・ラタンのバーで飲んでいる内，酔って目が坐ったのか，ヤー様らしきフランス人より，pourquoi regarder? と因縁を吹っ掛けられた．何で眼付けるんや！と云うイチャモンは万国共通の様である．外国の豚箱に入るのはいやなので，無駄な抵抗をせず，貴殿が如何に私の注意を惹いたかを説明したら，納得して殴られずにすんだ．

類題 （解答☞ 194ページ）

8. a, b を実数とする時，演算 $*$ は

$$a*b=a+b-ab$$

と定義する．この時，$*$ の可換性，結合性を問う．

（新潟県高校教員採用試験）

9. 実数 a, b に対して

$$a*b=a+b-2 \qquad (1)$$

と演算 $*$ を定めた時の単位元を求む．

（神奈川県高校教員採用試験）

10. 次の(1), (2), (3)について，結合法則，交換法則が成り立つかどうか答えよ．

$$a\circ b=a-b \qquad (1)$$

$$a\circ b=a \qquad (2)$$

$$a\circ b=\frac{a+b}{1-ab} \qquad (3)$$

（神奈川県中学校教員採用試験）

11. 集合 $G=\{(a, b)|a, b$ は実数，$a\neq 0\}$ における演算を次の様に定義する．

$$(a_1, b_1)\circ(a_2, b_2)=(a_1a_2, b_1+b_2) \qquad (1)$$

(i) G は演算 $\circ$ に関して可換群となる事を示せ．

(ii) G の単位元，及び，(a, b) の逆元を求めよ．

（群馬県高校教員採用試験）

12. 関数

$f_1=x,\ f_2=\dfrac{1}{x},\ f_3=1-x,\ f_4=\dfrac{1}{1-x},\ f_5=\dfrac{x}{x-1}$

$f_5=\dfrac{x-1}{x}$

を集合 G とし，操作 $\circ$ を考える．この時，下の表を埋めよ．（ただし，$*$ の所の $f_2\circ f_4$ は，$f_2(f_4(x))$ の合成関数である）．更に，G は群をなすかを調べよ．

（大阪府中学・高校教員採用試験）

$\circ$	f_1	f_2	f_3	f_4	f_5	f_6
f_1						
f_2						
f_3						
f_4						
f_5						
f_6						

13. $f(x), g(x)$ を次の通り定義する：

$$f(x)=\frac{x+x^r}{2} \quad (1) \qquad g(x)=\frac{x-x^r}{2} \quad (2)$$

ただし，r は有理数で，$x>0$ とする．

平面上の変換行列を $Tx=\begin{bmatrix} f(x) & g(x) \\ g(x) & f(x) \end{bmatrix}$ とする時，$G=\{Tx|x>0\}$ は可換群である事を次の様に証明する．

(i) G は行列の変換の演算 $\circ$ について閉じている事を証明せよ．

(ii) G の単位元を求めよ．

(iii) G の逆元を求めよ．

(iv) 結合法則が成り立つ事を証明せよ．

（大阪府高校教員採用試験）

3 （関　係）

$\boldsymbol{N}$を自然数全体の集合とする．勿論

$$\boldsymbol{N}=\{1,2,3,\cdots\} \tag{4}$$

である．日本語はフィン語同様，定冠詞や不定冠詞の概念がないので，自然数全体の集合 $\boldsymbol{N}$, the set $\boldsymbol{N}$ of positive integers と自然数の集合 A, a set A of positive integers, 例えば， $A=\{2,4,6\}$ とを区別するのが困難である．従って，本書や普通の大学の講義では，自然数**全体**の集合と云う表現をして，$\boldsymbol{N}=\{1,2,3,\cdots\}$ と自然数の一部のみが構成してもよい，自然数の任意の部分集合 $\{2,4,6\}$, $\{1,3,5\}$ 等とを区別する．

(i) $x,y\in\boldsymbol{N}$ は，

$$x+2y=12 \tag{5}$$

が成立する時，関係 ${}_xR_y$ が成立すると定義する．**対称律**(1)が成立すれば，${}_xR_y$ より ${}_yR_x$, 従って $x+2y=12$ より $y+2x=12$ が成立しなけれならない．連立1次方程式 $x+2y=12, y+2x=12$ の解は $x=y=4$ なので，例えば ${}_{10}R_1$ であるが，${}_1R_{10}$ でない様に，一般には，対称律(1)は成立しない．これに反し，${}_xR_y$, ${}_yR_x$ であれば，今見た様に，$x=y=4$ なので，確かに，**反対称律**(2)が成立する．$8+2\times2=12$, $2+2\times5=12$ であるが $8+2\times5=18\neq12$ なので，${}_8R_2$, ${}_2R_5$ より ${}_8R_5$ が導かれず，推移律は成立しない．従って，(i)は(2)のみ満す．

(ii) $x,y\in\boldsymbol{N}$ は

$$x\leqq y \tag{6}$$

が成立する時，関係 ${}_xR_y$ が成立すると約束する．$1\leqq2$ なので ${}_1R_2$ は成立するが，$2\leqq1$ ではないので ${}_2R_1$ は成立しない．従って，対称律(1)は成立しない．${}_xR_y$, ${}_yR_x$ であれば，x,y には不等式 $x\leqq y, y\leqq x$ が成立するので，$x=y$ を得る．故に，反対称律(2)が成立している．${}_xR_y$, ${}_yR_z$ であれば，x,y,z には不等式$x\leqq y$, $y\leqq z$ が成立しているので，不等式 $x\leqq z$, 即ち，${}_xR_z$ を得る．よって，推移律(3)が成立する．従って，(ii)は(2),(3)を満す．

(iii) $x,y\in\boldsymbol{N}$ は $u\in\boldsymbol{N}$ があって

$$x=uy \tag{7}$$

が成立する時，関係 ${}_xR_y$ が成立すると定義する．$6=2\times3$ なので ${}_6R_3$ は成立するが，$3=6u$ を満す自然数はないので，${}_3R_6$ は成立しない．従って，対称律(1)は成立しない．さて，${}_xR_y$, ${}_yR_x$ であれば，自然数 u,v があって，$x=uy, y=vx$. 故に，自然数 u,v は $x=uvx$ なので，$uv=1$ を満す．この様な自然数は $u=v=1$ しかないので，$x=y$ を得，反対称律(2)が成立する．${}_xR_y$, ${}_yR_z$ であれば，自然数 u,v があって $x=uy, y=vz$. 従って，自然数 $w=uv$ に対して，$x=wz$ が成立し，${}_xR_z$. 推移律(3)が成立する．従って，(iii)も(2),(3)を満す．

(iv) $x,y\in\boldsymbol{N}$ は $u\in\boldsymbol{N}$ があって，

$$xy=u^2 \tag{8}$$

が成立する時，関係 ${}_xR_y$ が成立すると定義する．(8)は x,y に関して対称な命題なので，文字通り対称律(1)が成立する．さて，$3\times12=36=6^2$ なので ${}_3R_{12}$, ${}_{12}R_3$ は成立するが，$3\neq12$. 従って，反対称律(2)は成立しない．${}_xR_y$, ${}_yR_z$ であれば，$u,v\in N$ があって $xy=u^2, yz=v^2$. 故に $xz=\left(\dfrac{uv}{y}\right)^2$. uv は y で割り切れて $w=\dfrac{uv}{y}$ は自然数であり，$xz=w^2$ が成立し，推移律(3)を得る．(iv)の場合は(1),(3)を満す．

集合 X の任意の二元 x,y に対して，関係 ${}_xR_y$ が成立するかどうかが判っていて，この関係 ${}_xR_y$ が，対称律，反射律 ${}_xR_x$, 推移律を満す時，関係 R を**同値関係**と呼び，対称律，反射律，推移律をまとめて，**同**

値律と云う．他の多くの数学的諸概念と同様に，集合 X がどんなケッタイな物でも，関係 R がどんなムチャな物でも，同値律が成立すれば，R を同値関係として認知しなければならない．これが抽象数学の恐さであると同時に，その魅力であり，他学科や他学部の人で，この抽象数学の魅力に魅かれて，数学へ転向し，我国を代表する偉大な数学者になる人が多い．本書において，様々な実戦的問題を提供しているのも，読者へのサービスは勿論の事，本書によって数学上の逸材が一人でも多く世に現われ，我国の学問的レベルを維持し，資源の乏しい我国の将来を担って貰う為である．

集合 X に同値関係 R が与えられているとしよう．X の元 x に対して，X の部分集合．

$$\bar{x}=\{y\in X;\ {}_yR_x\} \tag{9}$$

を x の**剰余類**と云う．二つの剰余類 $\bar{x}$ と $\bar{y}$ が共有元 z を持てば，(9)より ${}_zR_x$, ${}_zR_y$. 対称律，次に推移律より，${}_xR_z$, ${}_zR_y$, 従って，${}_xR_y$. よって，$u\in\bar{y}$ であれば，${}_xR_y$, ${}_uR_y$ より，${}_uR_y$, ${}_yR_x$, 従って，${}_uR_x$, 即ち，$u\in\bar{x}$. 集合 $\bar{y}$ の任意の値 u が $\bar{x}$ に含まれるので，$\bar{y}$ は $\bar{x}$ に含まれる，既ち，$\bar{y}\subset\bar{x}$. 逆向きも云えて，$\bar{x}\subset\bar{y}$. 故に $\bar{x}=\bar{y}$. この様にして，集合 R が互に素な剰余類に分けられる．X の部分集合 E は，$x,y\in E$ であれば ${}_xR_y$ であり，X の元 z が E の元 x と ${}_zR_x$ である時，$z\in E$ であれば，**同値類**と呼ばれる．X の元 x の剰余類は同値類であり，逆に，同値類 E はその任意の元 x の剰余類 $\bar{x}$ に一致する．E の任意の元 x を E の**代表元**と云うが，別に，x が E の特別に立派な元である事を意味しない．これは，国会議員の中には汚職高官も含まれていて，特に庶民に比して立派とは思えないが，この様な議員を選出すると云う意味において，その選挙区の風土を実に見事に代表しているのと同じく，代表元は同値類を代表している．

さて，集合 X に同値関係 R を何らかの方法で導くと，同値類によって，X が互に素に分けられる．これを X の**類別**と云う．そして，同値類全体の集合を考えて，X の R による**商集合**と呼び X/R と割り算で表す．勿論

$$X/R=\{\bar{x};\ x\in X\} \tag{10}$$

が成立しているが，重要な事は，商集合 X/R の元は同値類である所の X の部分集合である．この様に，X の部分集合 $\bar{x}$ を X/R の元と見る弁証法的思考法に慣れる必要がある．と云うと，難しく聞え，立派な学問をしている様であるが，小学校の生徒全体を X とし，X の二人の生徒 x,y は同じクラスに入る時，${}_xR_y$ と定義すると，同値類は丁度，この小学校のクラスであり，そのクラスを元と見た，クラスの集合が商集合 X/R に他ならない．クラスの一人の生徒がクラスを代表すると云う学校運営法に過ぎない，極く，常識的な事である．

空間の有向線分全体の集合を X とし，二つの有向線分 $\overrightarrow{\mathrm{AB}}$, $\overrightarrow{\mathrm{CD}}$ は ABDC が平行四辺形をなす時と定義すると，関係 R は X 上の同値関係である．この時，有向線分 $\overrightarrow{\mathrm{AB}}$ の剰余類 $\boldsymbol{a}$ が有向線分 AB が表す**ベクトル**に他ならず，商集合 X/R が，空間のベクトル全体の集合，いわゆる，3次元ベクトル空間である．従って，教条主義的に述べれば，X の元である有向線分 $\overrightarrow{\mathrm{AB}}$ と，商集合 X/R の元である所の同値な有向線分のなす集合である所の，X の同値類 $\boldsymbol{a}$ とは異なり，糞真面目に云えば，$\boldsymbol{a}=\overrightarrow{\mathrm{AB}}$ と記さずに，$\overrightarrow{\mathrm{AB}}\in\boldsymbol{a}$ と記すべきである．しかし，生徒会において委員が，クラスを代表し，委員とクラスを同一視するが如く，$\boldsymbol{a}=\overrightarrow{\mathrm{AB}}$ としてもよい．この様に，一つのベクトル $\boldsymbol{a}$ は多くの同値な有向線分の集合であり，多くの有向線分によって代表される．その代表元の取り方に無関係な代表元に共通の性質は，有向線分の向きと大きさである．それ故，**ベクトルは大きさと向きを持つ量**と説明される．筆者は中学校以来，この事が判らなかったが，大学で商集合を学び，やっと合点が行った．この辺が，人が数学的か物理学的かの分れ目であろう，心して，学科の選択をされよ．

4 （ベクトル，1次独立）

物の集まり X があって，ある物 x を持って来た時，$x\in X$ か $x\notin X$ か，即ち，x が X に属するか，x が X に属さないかが判定出来る時，X を**集合**と呼び，x が X に属する時，x を X の**元**，又は，**要素**と云う．これだけでは，数学らしくないので，数に関係付けようと努力する．その一つが線形空間の概念である．

集合 X と体 K がある時，何らかの方法で，任意の個数 n 個の X の任意の元 $x_1, x_2, \cdots, x_n$ と同じ個数の K の任意の元 $\alpha_1, \alpha_2, \cdots, \alpha_n$ に対して，$\alpha_1, \alpha_2, \cdots, \alpha_n$ を**係数**とする $x_1, x_2, \cdots, x_n$ の**1次結合**と呼ばれる演算

$$z=\alpha_1x_1+\alpha_2x_2+\cdots+\alpha_nx_n \tag{1}$$

が定義されて，$z\in X$ であり，しかも，次の公理

（V1）$1\cdot x=x \quad (x\in X)$

（V2）X は加法＋に関して可換群をなす．

（V3）スカラーとの乗法に関して，給合律が成立する，即ち，$\alpha, \beta\in K, x\in X$ であれば

$$\alpha(\beta x)=(\alpha\beta)x \tag{2}.$$

（V4）乗法と加法に関して，分配律が成立する，即ち，$\alpha, \beta\in K, x, y\in X$ であれば

$$\alpha(x+y)=\alpha x+\alpha y \qquad (3), \qquad (\alpha+\beta)x=\alpha x+\beta x \qquad (4).$$

が成立する時，X は K を**係数体**とする**線形空間**，又は，**ベクトトル空間**と呼ばれ，X の元 x を**ベクトル**，K の元 α を**スカラー**と呼ぶ．

X は加法群なので零元を持つ．K も加法群なので零元を持つ．普通は，共に，0で表されるが，ここは入り口なので，馬鹿丁寧に X の零元を θ, K の零元を0と書き，区別しよう．(4)に $\alpha=\beta=0$ を代入すると，$0x=0x+0x$ を得るので，$0x=\theta$，従って公式

$$0x=\theta \quad (x\in X) \tag{5}.$$

(4)に $\alpha=1, \beta=-1$ を代入すると，(5)，(V 4)，(V1)より $\theta=0x=(1+(-1))x=1\cdot x+(-1)x=x+(-1)x$ が成立するので，公式

$$(-1)x=-x \tag{6}$$

を得る．この様に，抽象的なベクトルに対しても，普通の公式が得られる．と云うよりも，逆に普通の計算が出来る様に，サワリの部分を抜き出して来て抽象化したのがベクトル空間の概念である．

ベクトル空間 X の部分集合 Y は任意の有限個の $x_1, x_2, \cdots, x_n\in Y$ と同じ個数のスカラー $\alpha_1, \alpha_2, \cdots, \alpha_n\in K$ に対して，1次結合 $z=\alpha_1x_1+\alpha_2x_2+\cdots+\alpha_nx_n\in Y$ の時，X の**部分空間**，又は，詳しく，**線形部分空間**と呼ばれる．ベクトル空間 X の部分空間 Y は X の演算に関して，ベクトル空間をなす．

さて，ベクトル空間 X とその有限個の元 $x_1, x_2, \cdots, x_n$ が与えられたとしよう．これらの1次結合が零ベクトルであれば，係数が皆0になる時，即ち，$\alpha_1, \alpha_2, \cdots, \alpha_n\in K$ に対して

$$\alpha_1x_1+\alpha_2x_2+\cdots+\alpha_nx_n=\theta \text{ であれば } \alpha_1=\alpha_2=\cdots=\alpha_n=0 \tag{7}$$

が成立する時，ベクトル $x_1, x_2, \cdots, x_n$ は**1次独立**であると云う．蛇足であるが，$\alpha_1=\alpha_2=\cdots=\alpha_n=0$ の時は，公式(5)より，1次結合(1)は常に零ベクトル．これ以外に零ベクトルとなる1次結合がない時，1次独立である．X の元 $x_1, x_2, \cdots, x_n$ は1次独立でない時，**1次従属**と云う．この時，$\alpha_1=\alpha_2=\cdots=\alpha_n=0$ でないスカラー $\alpha_1, \alpha_2, \cdots, \alpha_n$ を係数とする1次結合が零ベクトルである．従って，$\alpha_i\neq0$ なるスカラーがある．$\beta_j=-\dfrac{\alpha_j}{\alpha_i}(j\neq i)$ は K の元であって

$$x_i=\beta_1x_1+\beta_2x_2+\cdots+\beta_{i-1}x_{i-1}+\beta_{i+1}x_{i+1}+\cdots+\beta_nx_n \tag{8}.$$

逆に(8)が成立すれば，$\alpha_j=\beta_j(j\neq i)$, $\alpha_i=-1\neq 0$ に対して

$$\alpha_1x_1+\alpha_2x_2+\cdots+\alpha_nx_n=\theta \tag{9}$$

が成立するので，$x_1, x_2, \cdots, x_n$ は1次従属である．

基-1. $x_1, x_2, \cdots, x_n$ が1次従属である為の必要十分条件は，その内の一つ例えば x_i が，他の残りの1次結合(8)で表される事である．

ベクトル空間 X の1次独立な元の個数の上限を空間 X の**次元**と呼び，$\dim X$, 又は，詳しく，$\dim_K X$ と書く．解析学で用いるベクトル空間は普通∞次元であるが，教養部で学ぶベクトル空間は有限次元であり，更に，高校で学ぶベクトル空間は2次元，又は，3次元である．又，我々の係数体 K は実数体 $\boldsymbol{R}$ 又は複素数体 $\boldsymbol{C}$ である．

ベクトル空間 X の任意の二元 x, y に対して，$K=\boldsymbol{R}$ の時は実数 $\langle x, y\rangle$, $K=\boldsymbol{C}$ の時は複素数 $\langle x, y\rangle$ が対応して，$\alpha\in K$, $x, y, z\in X$ に対して，次の公理

(I 1) $\langle x, x\rangle\geqq 0$, $\langle x, x\rangle=0$ であれば $x=\theta$.

(I 2) $K=\boldsymbol{R}$ の時は，$\langle x, y\rangle=\langle y, x\rangle$, $K=\boldsymbol{C}$ の時は $\langle x, y\rangle=\langle y, x\rangle$ の共役複素数.

(I 3) $\langle x+y, z\rangle=\langle x, z\rangle+\langle y, z\rangle$, $\langle \alpha x, y\rangle=\alpha\langle x, y\rangle$.

が成立する時，X を**内積を持つ線形空間**と云い，$\langle x, y\rangle$ をベクトル x, y の**内積**，又は，**スカラー積** $\|x\|=\sqrt{\langle x, x\rangle}$ をベクトル x の**ノルム**，又は，**大きさ**と云う．$\langle x, y\rangle=0$ である様な二つのベクトルは**直交**すると云う．

基-2. 零でないベクトル $x_1, x_2, \cdots, x_n$ が互に直交すれば，1次独立である．

先ず，任意の $x\in X$ と零ベクトル θ の内積は，(5)，(I 2)，(I 3) より $\langle x, \theta\rangle=\langle x, 0\theta\rangle=\overline{\langle 0\theta, x\rangle}=\overline{0\langle \theta, x\rangle}=0$. 従って，公式

$$\langle x, \theta\rangle=\langle \theta, x\rangle=0 \quad (x\in X) \tag{10}$$

を得る．さて，(7)の1次結合と x_i との内積は(10)より0であるが $\langle x_j, x_j\rangle=0 (i\neq j)$ なので，(I 3)より

$$0=\langle \theta, x_i\rangle=\langle \sum_{j=1}^{n}\alpha_jx_j, x_i\rangle=\sum_{j=1}^{n}\alpha_j\langle x_j, x_i\rangle=\alpha_i\langle x_i, x_i\rangle$$

を得るが，$x_i\neq\theta$ なので，(I 1)より，$\langle x_i, x_i\rangle\neq 0$ であり，$\alpha_i=0$ を得るので，1次独立である．逆に1次独立な $x_1, x_2, \cdots, x_n$ が与えられると，**グラムーシュミットの方法**と呼ばれる下の入試問題の方法により，これらの1次結合で，ノルムが1で互に直交する，いわゆる，**正規直交列**を作る事が出来る．

(お茶の水女子大学大学院入試問題) $x_1, x_2, \cdots, x_n$ が1次独立であれば，

$$e_1=\frac{x_1}{\|x_1\|},\ e_{i+1}=\frac{x_{i+1}-\sum_{k=1}^{i}\langle x_{i+1}, e_k\rangle e_k}{\|x_{i+1}-\sum_{k=1}^{i}\langle x_{i+1}, e_k\rangle e_k\|} \quad (1\leqq i\leqq n-1) \tag{11}$$

は正規直交列であって $\langle x_i, e_j\rangle=0$ $(1\leqq i\leqq k, k+1\leqq j\leqq n)$ が成立し，$x_1, \cdots, x_k, e_{k+1}, \cdots, e_n$ は1次独立である事を示せ．

EXERCISES

（解答☞ 195ページ）

1 （加法群） 整数の部分集合 S が減法について閉じている時，即ち，$s, t \in S$ ならば $s-t \in S$ の時，次の問に答えよ．

(i) S は加法についても閉じている事を示せ．

(ii) S は，ある自然数 k の全ての倍数の集合からなる事を証明せよ． （青森県中学・高校教員採用試験）

2 （群の同型） 1の3乗根の1以外の根の一つを ω とし，$M=\{1, \omega, \omega^2\}$ とおく．又，原点の廻りに $\frac{2}{3}\pi$ だけ回転する一次変換を f_1，$\frac{4}{3}\pi$ だけ回転する物を f_2 とし，これに恒等変換 e を加えて $L=\{e, f_1, f_2\}$ とすると M と L は，夫々，群をなす．この時，M と L は同型である事を説明せよ． （千葉県高校教員採用試験）

3 （剰余類） 5を法とすれば，全ての整数は五つの類 $(5n, 5n+1, 5n+2, 5n+3, 5n+4)$ に類別される．この五つの類を，夫々，順に A_0, A_1, A_2, A_3, A_4，で表す時，次の問に答えよ．

(i) A_0, A_1, A_2, A_3, A_4 の類から乗法に関して，群をなす物を選び，群をなす事を証明すると共に，群表を作れ．

(ii) 加法に関して群をなす類を選び，その群表を作れ． （大阪府中学校教員採用試験）

4 （1次独立） 関数列 $\{e^{nxi};\ n=0, \pm 1, \pm 2, \cdots\}$ の1次独立性を示せ． （京都大学大学院入試）

5 （内積） (i) 内積空間において，1次独立なベクトル $x_1, x_2, \cdots, x_n$ が与えられている時，これから正規直交系を構成する為の Gram-Schmidt の手続きについて，説明せよ．

(ii) $\boldsymbol{R}^3$ において，$x_1=(3, 0, 4)$, $x_2=(-1, 0, 7)$, $x_3=(2, 9, 11)$ から(i)の方法によって正規直交基底 e_1, e_2, e_3 を求めなさい． （慶応大学大学院入試）

6 （内積） $\boldsymbol{R}$ 上の次数が n 次以下の1変数多項式のなすベクトル空間 V を考える．$(n \geqq 2)$

$$\langle f, g \rangle = \int_0^\infty e^{-x} f(x) g(x)\, dx \quad (f, g \in V) \tag{1}$$

とおくと，$\langle\ ,\ \rangle$ は V に内積を定義する事を示し，$\{1, x, x^2\}$ より(1)の内積に関して正規直交系を構成せよ．

（上智大学大学院入試）

Advice

1 (i) $s+t=s-(-t)$ に注目せよ．

(ii) 商と剰余に関係がある．

2 複素数 $a=r(\cos\theta+i\sin\theta)$ を $z=x+iy$ に掛ける事と角 θ の回転とは同じである．

3 乗積表を乗法と加法について作りましょう．

4 1次結合 $\sum_{k=-n}^{n} a_k e^{ikx}=0$ に $2n+1$ 個の x の値を行列式 $\neq 0$ なる様に選び代入するか，内積を導入し，直交性に頼る．

5 グラムーシュミットの直交化の問題

6 E-5 を(1)の内積に応用する．

8 完 全 列

〔**指針**〕 この章はホモロジー代数の第一章である．ホモロジー代数は第2次大戦後盛んになった分野であり，線形代数その物ではないが，線形代数と云う言葉をホモロジー代数と理解する数学者も多い．後続の数章より専門的であるが，現代数学を紹介する目的で挿入した．勿論，飛ばしても支障はない．

1 （完全列） 加法群の完全系列 $0 \to A \xrightarrow{\alpha} G \xrightarrow{\beta} B \to 0$ において，A の位数 a と B の位数 b は互に素とする．この時，G は $\mathrm{Im}\,\alpha$ と $H=\{x \in G;\ bx=0\}$ の直和であり，H は B と同型である事，即ち，$G \cong A \oplus B$ を証明せよ．

（九州大学，津田塾大学大学院入試）

2 （完全列） アーベル群と準同型の可換図式

$$\begin{array}{ccccc} & & B & \xrightarrow{j} & C & & \\ & \overset{i}{\nearrow} & & & & \overset{k}{\searrow} & \\ A & & \downarrow\beta & & \gamma\downarrow & & D \\ & \underset{i'}{\searrow} & & & & \underset{k'}{\nearrow} & \\ & & B' & \xrightarrow[j']{} & C' & & \end{array} \qquad (1)$$

において，上下の水平列 $A \xrightarrow{i} B \xrightarrow{j} C \xrightarrow{k} D$, $A \xrightarrow{i'} B' \xrightarrow{j'} C' \xrightarrow{k'} D$ が完全系列 (exact sequence) とする．その時，$\mathrm{Im}\,\beta/\mathrm{Im}\,i'$ と $\mathrm{Ker}\,k/\mathrm{Ker}\,\gamma$ とは同型となる事を示せ．

（大阪市立大学，九州大学大学院入試）

3 （完全列） 群とその準同型の作る可換な diagram

$$\begin{array}{ccccc} G & \xrightarrow{\varphi} & H & \xrightarrow{\psi} & K \\ \downarrow\alpha & & \downarrow\beta & & \downarrow\gamma \\ G' & \xrightarrow{\varphi'} & H' & \xrightarrow{\psi'} & K' \end{array} \qquad (1)$$

において，$\mathrm{Im}(\varphi)=\mathrm{Ker}(\psi)$, $\mathrm{Im}(\varphi')=\mathrm{Ker}(\psi')$ とする．その時，剰余群に関する下記の同型が成立つ事を証明せよ．

$$\frac{\mathrm{Im}(\beta)\cap\mathrm{Im}(\varphi')}{\mathrm{Im}(\beta\circ\varphi)} \cong \frac{\mathrm{Ker}(\gamma\circ\psi)}{\mathrm{Ker}(\beta)\cdot\mathrm{Ker}(\psi)} \qquad (2)$$

（東京大学大学院入試）

1 (準同型定理の完全系列による出題)

群 G_1 から群 G_2 の中への写像 h は，G_1 の任意の二元 x, y に対して

$$h(xy)=h(x)h(y) \tag{1}$$

と積 xy を積 $h(x)h(y)$ に写す時，**準同型対応**と呼ばれる．この時，G_2 の単位元 e に対して

$$\mathrm{Ker}\,h=\{x\in G_1\,;\,h(x)=e\} \tag{2}$$

を h の**核**と云い，上の様に $\mathrm{Ker}\,h$ と記す．又，

$$\mathrm{Im}\,h=\{h(x)\in G_2\,;\,x\in G_1\} \tag{3}$$

を h の**像**と云い，上の様に $\mathrm{Im}\,h$ と記す．一般に集合 X から集合 Y の中への写像 f は，$f\colon X\to Y$，又は，$X\overset{f}{\to}Y$ と記されるが，$x, x'\in X$ に対して，$f(x)=f(x')$ ならば，$x=x'$ が常に成立する時，昨今は，**単射**，昔は，**1対1**と云う．$f(X)=\{f(x)\,;\,x\in X\}=\mathrm{Im}\,f=Y$ の時，**全射**，又は，**上への**対応と云う．単射，かつ，全射な写像を昨今では，双射，昔は，上への1対1写像と云う．さて，準同型写像 $h\colon G_1\to G_2$ は単射の時，G_2 の**中への同型対応**，双射の時，G_2 の**上への同型対応**と云い，この時，G_1 と G_2 は**同型**であると云い，$G_1\cong G_2$ と書く．

加法群と準同型対応の列

$$\to A_{n-1}\overset{h_{n-1}}{\to}A_n\overset{h_n}{\to}A_{n+1}\overset{h_{n+1}}{\to}A_{n+2}\to\cdots \tag{4}$$

は

$$\mathrm{Ker}\,h_n=\mathrm{Im}\,h_{n-1} \tag{5}$$

が成立する時，A_n において**完全**であると云い，各群 A_n において完全な時，単に**完全系列**，又は，**完全列**と云う．

有限群 G の元の個数を群 G の**位数**と云う．

群 G の部分集合 H は，$x, y\in H$ に対して $xy^{-1}\in H$ の時，G の**部分群**と云う．群 G とその部分群 H をしばらく考察する．$x, y\in G$ は，$z\in H$ があって，$xz=y$ が成立する時，H **を法として右合同**であると云い

$$x\equiv y \pmod{Hr} \tag{6}$$

と書く，(6)で与えられる $\equiv$ は同値関係である．その同値類を E としよう．$a\in E$ とし

$$aH=\{az\,;\,z\in H\} \tag{7}$$

とおく．任意の $x\in E$ に対して，$x\equiv a$ なので，$z\in H$ があって $xz=a$．故に $x=az^{-1}\in aH$．逆に，任意の $z\in H$ に対して，$x=az$ は定義より，$x\equiv a$ であって，$x\in E$．従って $E=aH$．G の同値関係(6)による類別の類は G の元 a に対して aH と云う形をしている事が分った．この aH を**右剰余類**と云う．同様にして，**左剰余類**も定義出来る．

さて，H を有限群 G の部分群とし，m, n を，夫々 G, H の位数とする．$a, b\in G$ の時，aH の元 az に対して，bH の元 bz を対応させる写像は aH から bH の上への1対1対応であるから，右剰余類 aH の元の個数 r は，a には無関係で一定である．群 G はこれらの剰余類に類別されているので，$m=nr$ であり，

(ラグランジュの定理) 有限群 G の部分群 H の位数は G の位数の約数である．

群 G の元 a に対して，$[a]=\{a^m\,;\,m=0, \pm1, \pm2, \cdots\}$ は G の部分群をなし，a で生成される**巡回群**と云い，その位数を a の**位数**と云う．$m\neq n$ なる時，$a^m\neq a^n$ であれば，$[a]$ は**無限巡回群**である．$m>n$ に対して，$a^m=a^n$ が成立すれば，$a^{m-n}=e$．この時，$a^t=e$ を満す最小の自然数 t がある．$s>0$ に対して，$a^s=e$ であれば，s を t で割った商を q，剰余を r とすると，$s=tq+r\ (0\leqq r<t)$ であるが，$e=a^s=a^{tq+r}=(a^t)^q a^r=a^r$ が成立し，t の最小性より $s=0$ であって，s は t の倍数である．よって，正確に

$$[a]=\{e, a, a^2, \cdots, a^{t-1}\} \tag{8}$$

となり，a の位数はこの t で特徴付けられる．G が有限群であれば，その任意の元 a の位数 t は有限で，ラグランジュの定理より，G の位数の約数であり，次の基本事項を得る．

基-1. 有限群 G の任意の元の位数は G の位数の約数である．

さて，群 G とその部分群 H の話に戻ろう．一般に左右の剰余類は一致しないが，これが一致して，任意の $a\in G$ に対して，$aH=Ha$ が成立する時，H を G の**正規部分群**と云う．この時 $HH=\{xy; x, y\in H\}=H$ なので $(aH)(bH)=a(Hb)H=a(bH)H=(ab)HH=(ab)H$ の流儀で，剰余類全体の集合に群の構造を導く事が出来る．これを G/H と書き，群 G の正部規分群 H による**商**と呼ぶ．例えば，準同型 $\varphi: G_1\to G_2$ の核 $\mathrm{Ker}\,\varphi$ は，任意の $a\in G_1$, $z, z'\in \mathrm{Ker}\,\varphi$ に対して，$\varphi(az)=\varphi(a)\varphi(z)=\varphi(a)=\varphi(z)\varphi(a)=\varphi(za)$ が成立し，$a\,\mathrm{Ker}\,\varphi=(\mathrm{Ker}\,\varphi)a$ なので，群 G_1 の正規部分群である．この時，$\psi(a\,\mathrm{Ker}\,\varphi)=\varphi(a)$ とおくと，$\psi(a\,\mathrm{Ker}\,\varphi)=\psi(b\,\mathrm{Ker}\,\varphi)$ より，$\varphi(a)=\varphi(b)$, $\varphi(ba^{-1})=e$, $ba^{-1}\in \mathrm{Ker}\,\varphi$, 従って $a\,\mathrm{Ker}\,\varphi=b\,\mathrm{Ker}\,\varphi$ が導かれ，ψ は $G_1/\mathrm{Ker}\,\varphi$ から G_2 の中への同型写像である．従って，**準同型定理**とも呼ばれる次の定理を得る．

(第１同型定理) 準同型 $\varphi_1: G_1\to G_2$ が全射であれば，$G_1/\mathrm{Ker}\,\varphi\cong G_2$.

群 G の部分群 G_1, G_2 があって，任意の $a_1\in G_1$, $a_2\in G_2$ に対して $a_1a_2=a_2a_1$ が成立し，G_1 と G_2 が可換であり，しかも G_1 と G_2 が単位元 e しか共有せず，$G_1\cap G_2=e$ であるとする．この時，$H=G_1G_2=\{a_1\in G_1, a_2\in G_2\}$ は群をなし，任意の $h\in H$ が $h=a_1a_2=a_1'a_2'$, $a_1, a_1'\in G_1$, $a_2, a_2'\in G_2$ と表されると，$a_1'^{-1}a_1=a_2'a_2^{-1}\in G_1\cap G_2=e$ なので，$a_1=a_1'$, $a_2=a_2'$ が得られ，$h=a_1a_2$ なる積の表現は一意的である．この時，H を G_1, G_2 の**直積**と云い，$H=G_1\otimes G_2$, 又は，$H=G_1\times G_2$ と記し，G が加法群の時は，**直和**と呼び，$H=G_1\oplus G_2$ と書く．

以上の予備知識の下で，本問を考えるに，$0\to A\xrightarrow{\alpha} G\xrightarrow{\beta} B\to 0$ において，A への像は 0 なので，A において完全とは $\mathrm{Ker}\,\alpha=0$, 即ち，α が A から G の中への同型である事に他ならぬ．G において完全であるとは，G の二つの部分群が一致し $\mathrm{Im}\,\alpha=\mathrm{Ker}\,\beta$ の事である．B は $B\to 0$ の核なので，B において完全であるとは，β が全射である事に他ならない．ここで，第１同型定理に飛びついて $G/\mathrm{Ker}\,\beta\cong B$. G の位数を n とすると，$n=ab$ が成立している．与えられた H は位数 $\leqq b$ なる G の元全体の作る G の部分群である．$x\in H\cap \mathrm{Im}\,\alpha$ であれば，$y\in A$ があって，$x=\alpha(y)$. $\alpha(by)=b\alpha(y)=bx=0$ で，α は同型なので，$by=0$. A の元 y の位数は基-1より a の約数であるが，$by=0$ なので，b の約数でもある．a と b は互に素なので，$y=0$. 従って，$H\cap \mathrm{Im}\,\alpha=0$. 上に見た事より，直和 $H\oplus \mathrm{Im}\,\alpha$ が定義できて，G の部分群であるが，その位数は $n=ab$ に一致するので，G に一致し，$G=H\oplus \mathrm{Im}\,\alpha$. 所で，準同型 $\beta: G\to B$ は，ついでに，H を B の中に写すが，その核は $H\cap \mathrm{Ker}\,\beta=H\cap \mathrm{Im}\,\alpha=0$ なので，同型である．又，G の元 $x=y+z$, $y\in H$, $z\in \mathrm{Im}\,\alpha$ に対して，$z\in \mathrm{Im}\,\alpha=\mathrm{Ker}\,\beta$ なので，$\beta(z)=0$ であり，$\beta(x)=\beta(y)+\beta(z)=\beta(y)$ なので，$\beta(H)=\beta(G)=B$ が成立し，β は全射である．故に $\beta: H\cong B$. α は同型なので，$\alpha: A\cong \mathrm{Im}\,\alpha$.

一般に群 A, B が与えられた時，**積集合**

$$A\times B=\{(a, b); a\in A, b\in B\}$$

において，$(a_1, b_1), (a_2, b_2)\in A\times B$ に対して，ベクトル式に積を $(a_1, b_1)\circ(a_2, b_2)=(a_1a_2, b_1b_2)$ で定義すると，$A\times B$ は群となり，A, B の**直積**と呼ばれる．A, B が加法群の時は，$A\oplus B$, 又は，$A+B$ と書き，**直積**と云う．我々の場合，同型対応 $\alpha: A\cong \mathrm{Im}\,\alpha$, $\beta: H\cong B$ は同型 $G=H\oplus \mathrm{Im}\,\alpha\cong A\oplus B$ を与える．完全列の議論において，上の様に，$\mathrm{Im}\,\alpha=\mathrm{Ker}\,\beta$ を駆使するのがコツである．

2 （完全列が導く商群の同型）

完全列の議論を武器とする**ホモロジー代数**は，戦後盛んになった数学の分野であって，前問で見た様に，第1同型定理等の古典代数をモダンに図式化し，複雑な群の計算を見通しよくさせるものである．玄人衆はこちらの方を**線形代数**と称えるので，「新修線形代数」と題する本書にも取り入れないと，「羊頭狗肉」とプロの数学者から，叱られる．と怖気付いた訳でもないが，現代数学の一端を垣間見る為本章を挿入した．従って，本章を飛ばされても結構ではあるが，本書の目玉商品の一つである．

平面，又は，空間的に拡がる群と準同型写像の列の図式は，矢印の方向に準同型を合成すると，その準同型は始点と終点の群にのみ依存して，途中の準同型を合成する道の取り方に関係しない時，**可換図式**と呼ばれる．従って，本図(1)が可換であると云う事は $i'=\beta\circ i, j'\circ\beta=\gamma\circ j, k=k'\circ\gamma$ と同値であり，式の方が面積が少なくて，省エネルギー的ではあるが，図式(1)の方が直観的で分り易い．省資源の目的で，(1)の様に図式化されていない時でも，読者諸君は，広告の裏でも利用して資源を節約しつつ，図式化して考察する様，お勧めする．水は低き所にて交わる．低次元の話でこそ，本音を語る事が出来る．

商群が出て来た以上，割られる物は割る物を部分群として含まねばならない．この辺を手掛りにして，考察を始めよう．$i'=\beta\circ i$であるから，A に冠せて，$i'(A)=\beta(i(A))\subset\beta(B)$．従って，先ず

$$\operatorname{Im} i'\subset\operatorname{Im}\beta \tag{2}$$

を得るが，可換群 $\operatorname{Im}\beta$ の部分群 $\operatorname{Im} i'$ は正規部分群なので，商群 $\operatorname{Im}\beta/\operatorname{Im} i'$ が意味を持つ．なお，この群の本籍は B' である事を念頭に置こう(図形(1)を見ようとしない人は留年しますよ！)．次に，$k=k'\circ\gamma$ なので，$x\in\operatorname{Ker}\gamma$ であれば，$k(x)=k'(\gamma(x))=k'(0)=0$．従って $x\in\operatorname{Ker} k$ であり，

$$\operatorname{Ker}\gamma\subset\operatorname{Ker} k \tag{3}$$

を得るが，可換群 $\operatorname{Ker} k$ の部分群 $\operatorname{Ker}\gamma$ は正規部分群なので，商群 $\operatorname{Ker} k/\operatorname{Ker}\gamma$ が定義される．この群の本籍は C である事を念頭に置こう(ここで図形(1)にて C の位置を確めない人は留年生です！)．

さて，二つの商群 $\operatorname{Im}\beta/\operatorname{Im} i'$ と $\operatorname{Ker} k/\operatorname{Ker}\gamma$ の本籍が分ったので，次に，これらの結び付きを同型対応によって示さねばならない．その為には，同型と欲張らずに，先ず準同型

$$\varphi: \operatorname{Im}\beta/\operatorname{Im} i' \longrightarrow \operatorname{Ker} k/\operatorname{Ker}\gamma \tag{4}$$

を作ろう．$\beta/\operatorname{Im} i'$ の本籍は B' で $\operatorname{Ker} k/\operatorname{Ker}\gamma$ の本籍は C であって，図式(1)において，B' から C への矢印はない．しかし，前者は像であり，B から転出して来た者であるので，準同型 $j: B\to C$ が唯一つの手掛りとなる．求めよさらば与えられんと云う語があるが，求めない人に栄冠は与えられない．

$\operatorname{Im}\beta/\operatorname{Im} i'$ とは何か？ それは加法群 $\operatorname{Im}\beta$ をその部分群 $\operatorname{Im} i'$ で割った商であり，その元は剰余類 $y+\operatorname{Im} i'$ $(y\in\operatorname{Im}\beta)$ で表される．B の元 y は $\operatorname{Im}\beta$ に属するので，B の元 x があって

$$y=\beta(x) \tag{5}$$

で表される．対応 $y\to x$ は勿論一意的でないが，その様な事を云っていては，何も手掛りが無くなるので，細かい事は気にせず，委細構わず，後生大事に，この x を用いて，ズバリ

$$\varphi(y+\operatorname{Im} i')=j(x)+\operatorname{Ker}\gamma \tag{6}$$

とおく．為すべき事は多々あるが，これによって曲りなりにも，本籍を B に持つ群から本籍地 C 方向への矢印が得られた．後は，真面目に，この φ が求められた資格を全て満す事を一々チェックすればよい．かくして，何の閃きも要らない，努力の問題となった．この段階において，後の作業をウルサイと思わず，不景気の御時世に仕事を頂いて，「御民われ，生けるしるしあり」と感謝せねばならぬ．

(i) $y\in\operatorname{Im}\beta$ の時，$x\in B, y=\beta(x)$ であれば，$j(x)\in\operatorname{Ker} k$ である事．C において，図式(1)は完全なの

で，$\mathrm{Im}\,j=\mathrm{Ker}\,k$．従って，$j(x)\in\mathrm{Im}\,j=\mathrm{Ker}\,k$ である．故に，$j(x)+\mathrm{Ker}\,\gamma\in\mathrm{Ker}\,k/\mathrm{Ker}\,\gamma$ である．

(ii)　$\varphi:\mathrm{Im}\,\beta/\mathrm{Im}\,i'\to\mathrm{Ker}\,k/\mathrm{Ker}\,\gamma$ は旨く定義され，well-defined, bien défini, wohl definiert である事．(6)は(5)を満す $x\in B$ の取り方に依らず，一意に定義される事を示そう．この事をアチラの言葉で上の様に云う．最初のは，拙訳である．二つの $x,x'\in B$ が $y=\beta(x)=\beta(x')$ を満したとしよう．β は準同型なので，$\beta(x-x')=0$．**矢印の方向に進むのがホモロジー代数のコツで**，j' を冠せて，$j'(\beta(x-x'))=j'(0)=0$．ここで，図式(1)の可換性，$j'\circ\beta=\gamma\circ j$ を用いて，$\gamma(j(x-x'))=j'(\beta(x-x'))=0$．故に，$j(x)-j(x')=j(x-x')\in\mathrm{Ker}\,\gamma$．故に，部分群 $\mathrm{Ker}\,\gamma$ による $\mathrm{Ker}\,k$ の商群において，$j(x)+\mathrm{Ker}\,\gamma=j(x')+\mathrm{Ker}\,\gamma\in\mathrm{Ker}\,k/\mathrm{Ker}\,\gamma$ が成立し，x を取るも，x' を取るも，φ の値は同じであり，φ はビャン・デヒニである．

(iii)　φ が準同型対応である事．$y_1,y_2\in\mathrm{Im}\,\beta$ に対して，$x_1,x_2\in B$ を頂いて来て，$y_1=\beta(x_1),y_2=\beta(x_2)$ とすると，$\varphi((y_1+\mathrm{Im}\,\gamma')+(y_2+\mathrm{Im}\,\gamma'))=\varphi(y_1+y_2+\mathrm{Im}\,\gamma')$ であり，$y_1+y_2=\beta(x_1+x_2)$ が成立し，φ の値は(ii)で示した様に，x の取り方には依らないので，$\varphi((y_1+\mathrm{Im}\,\gamma')+(y_2+\mathrm{Im}\,\gamma')=j(x_1+x_2)+\mathrm{Ker}\,\gamma=j(x_1)+j(x_2)+\mathrm{Ker}\,\gamma=(j(x_1)+\mathrm{Ker}\,\gamma)+(j(x_2)+\mathrm{Ker}\,\gamma)=\varphi((y_1+\mathrm{Im}\,\gamma'))+\varphi(y_2+\mathrm{Im}\,\gamma')$ を得て，φ は間違いなく，準同型である．

(iv)　φ は同型である事．$\mathrm{Ker}\,\varphi=0$ を示そう．$y\in\mathrm{Im}\,\beta, x\in B, y=\beta(x)$，に対して，$\varphi(y+\mathrm{Im}\,i')=j(x)+\mathrm{Ker}\,\gamma\in(\mathrm{Ker}\,k/\mathrm{Ker}\,\gamma)$ が単位元 $\mathrm{Ker}\,\gamma$ としよう．勿論，$j(x)\in\mathrm{Ker}\,\gamma$，即ち，$\gamma(j(x))=0$．ここで，又，芋中年のベリ・ベリ・スペシャル・ワン・パターンと呼ばれるのも気にせず，図式(1)の可換性を用いて，$j'(\beta(x))=\gamma(j(x))=0$．故に $\beta(x)\in\mathrm{Ker}\,j'$．又，又ワンパターンで，$B'$ における完全性 $\mathrm{Ker}\,j=\mathrm{Im}\,i'$ を用いて，$y=\beta(x)\in\mathrm{Ker}\,j'=\mathrm{Im}\,i'$．よって，$y+\mathrm{Im}\,i'$ は $\mathrm{I'm}\,\beta/\mathrm{Im}\,i'$ の単位元 $\mathrm{Im}\,i'$ となり，φ は同型である．

(v)　φ は全射である事，$z\in\mathrm{Ker}\,k$ を任意に取る．z の本籍かつ現住所は C で，又又又，ワン・パターン性を発揮して，図式(1)の C における完全性に依り，$z\in\mathrm{Ker}\,k=\mathrm{Im}\,j$．従って，$z$ は B の元 x が j によって転出して来た末路 $z=j(x)$ である事を知る．$y=\beta(x)\in\mathrm{Im}\,\beta$ とおくと，$\varphi(y+\mathrm{Im}\,i')=z+\mathrm{Ker}\,\gamma$ が成立し，$\mathrm{Ker}\,k/\mathrm{Ker}\,\gamma$ の任意の元は φ の像である．

以上によって，為すべき事が全て示されて，同型対応

$$\varphi:\mathrm{Im}\,\beta/\mathrm{Im}\,i'\cong\mathrm{Ker}\,k/\mathrm{Ker}\,\gamma$$

が旨く定義出来た．精神一到，何事か成らざらん！

この機会に第2同型定理を解説しよう．群 G の部分群 H と正規群 N に対して

$$HN=\{za;\ z\in H,\ a\in N\}\tag{7}$$

は G の部分群であり，N は HN の部分群と見なせるので，HN/N が考えられる．部分群の交わり $H\cap N$ も部分群であり，N が正規部分群ならば $H\cap N$ も正規部分群なので，$H/(H\cap N)$ も考えられるが，

（第2同型定理）

$$HN/N\cong H/(H\cap N)\tag{8}$$

が成立する事を示そう．$z\in H$ に対して，$\varphi(z)=zN\in HN/N$ とおくと，$\varphi: H\to HN/N$ は準同型である．HN/N の元とは，$x\in H, y\in N$ に対する，$xyN=xN$ なる剰余類であるから，φ は全射である．$z\in H$ に対して，$\varphi(z)=0$ である為の必要十分条件は $z\in N$，即ち，$z\in H\cap N$ なので，写像 φ に対して，第1同型定理を用いると，第2同型定理を得る．

本問が九大大学院入試に出題された折，監督の助手が転げ込んで来て，「先生！“この準同型は行先が怪しい”と受験生が云いました」．そこで，「“入試問題に誤があれば，正して解答せよ”と指示しなさい」と答えた．

3 (必らずしも可換でない完全列)

やはり，商群において，割られる者が割る者を正規部分群として含む所から始めよう．正しく，中年のワン・パターンである．任意の $z\in\mathrm{Im}(\beta\circ\varphi)$ に対して，G を本籍地とする x があって，こう書いたら，図式(1)を見る事を要求しているのです．怠けてはいけませんね．**大学は自由の府であり，命令はありませんので，**高校では，「梶原！ x をせよ！」と先生が大声で云う所を，大学では，「梶原さん！ x をしたら如何でしょうか」と先生が云えばよくよくの事なので，よく注意しましょうね．G を本籍地とする x があって，$z=(\beta\circ\varphi)(x)$，即ち，$z=\beta(\varphi(x))$． よって，$z\in\mathrm{Im}\,\beta$． 図式(1)は可換なので， 馬鹿の一つ覚えで，$z=\beta(\varphi(x))=(\beta\circ\varphi)(x)=(\varphi'\circ\alpha)(x)=\varphi'(\alpha(x))\in\mathrm{Im}\,\varphi'$． 図式(1)を見て，一松先生が要望される様に指先で一つずつチェックしていますか．そうでないと，一松先生の様な偉大的数学者にはなれませんよ．かくして

$$\mathrm{Im}\,\beta\circ\varphi\subset\mathrm{Im}\,\beta\cap\mathrm{Im}\,\varphi' \tag{3}$$

が成立する．

(i) $\mathrm{Im}\,\beta\circ\varphi$ は $\mathrm{Im}\,\beta\cap\mathrm{Im}\,\varphi'$ の正規部分群である事．完全列と云うと a priori（ラテン語：アプリオリ）に，つまり，何が何でも，出て来る群は加法群＝可換群であるが，完全列と云う言葉が，わざと用いられてない所が東大的であって，九大大学院入試の様に成るべく受験生の美点を見出そうとすると，大学院が溢れるので止むなく，選別と差別を徹底させる．商が群を構成するには，可換と云ってないので，正規性を示さねばならない．出題者の思わく通りに間違えてはならぬ．任意の $z\in\mathrm{Im}\,\beta\cap\mathrm{Im}\,\varphi'$ に対して，$x\in H, y\in G$ があって（図式(1)を見ていますか？），$z=\beta(x)=\varphi'(y)$． 任意の $u\in\mathrm{Im}\,(\beta\circ\varphi)$ に対して，$v\in G$ があって，$u=\beta(\varphi(v))=\varphi'(\alpha(v))$． そこで $zu=\beta(x)\beta(\varphi(v))=\beta(x\varphi(v))$． 所で，図式(1)は H において完全なので， $\mathrm{Im}\,\varphi=\mathrm{Ker}\,\psi$． $\mathrm{Ker}\,\psi$ はアプリオリに正規なので， $\mathrm{Im}\,\varphi$ も正規． よって $x\,\mathrm{Im}\,\varphi=(\mathrm{Im}\,\varphi)x$． $v'\in G$ があり，$x\varphi(v)=\varphi(v')x$． $zu=\beta(x\varphi(v))=\beta(\varphi(v')x)=(\beta\circ\varphi)(v')\beta(x)=(\beta\circ\varphi)(v')z\in\mathrm{Im}\,\beta\circ\varphi\,z$． かくして， $z\,\mathrm{Im}(\beta\circ\varphi)=\mathrm{Im}(\beta\circ\varphi)z$ が，H における図式(1)の完全性より，築かれ，$\mathrm{Im}\,\beta\circ\varphi$ は $\mathrm{Im}\,\beta\cap\mathrm{Im}\,\varphi'$ の正規部分群である．

(ii) $\mathrm{Ker}\,\beta\cdot\mathrm{Ker}\,\psi$ が $\mathrm{Ker}(\gamma\circ\psi)$ の正規部分群である事．核は正規部分群なので， $\mathrm{Ker}\,\beta$, $\mathrm{Ker}\,\psi$ は H の正規部分群である．従って，問題 2 で解説した様に，$\mathrm{Ker}\,\beta\cdot\mathrm{Ker}\,\psi$ は H の部分群であるが，これが，$\mathrm{Ker}\,\psi\circ\varphi$ に含まれる事を先ず示そう．$z\in\mathrm{Ker}\,\beta\cdot\mathrm{Ker}\,\psi$ に対して，$x, y\in H$ があって， $z=xy$, $\beta(x)=e$, $\psi(y)=e$． $(\gamma\circ\psi)(z)=\gamma(\psi(z))=\gamma(\psi(xy))=\gamma(\psi(x)\psi(y))=(\gamma(\psi(x)))(\gamma(\psi(y)))$． 図式(1)は可換なので， $\gamma\circ\psi=\psi'\circ\beta$． 都合の好い方を採用して， $(\gamma\circ\psi)(z)=\psi'(\beta(x))(\gamma(\psi(y)))=\psi'(e)\gamma(e)=e$． よって， $z\in\mathrm{Ker}\,\gamma\circ\psi$，即ち， $\mathrm{Ker}\,\beta\cdot\mathrm{Ker}\,\psi\subset\mathrm{Ker}\,\gamma\circ\psi$ を得る．次に， $\mathrm{Ker}\,\beta\cdot\mathrm{Ker}\,\psi$ が $\mathrm{Ker}\,\gamma\circ\psi$ の正規部分群である事を示そう．任意の $z\in\mathrm{Ker}\,\gamma\circ\psi$ を取ると，$\mathrm{Ker}\,\beta$ と $\mathrm{Ker}\,\psi$ は H の正規部分群なので，$z\,\mathrm{Ker}\,\gamma=(\mathrm{Ker}\,\gamma)z$, $z\mathrm{Ker}\,\psi=(\mathrm{Ker}\,\psi)z$． 従って，$z\,\mathrm{Ker}\,\gamma\cdot\mathrm{Ker}\,\psi=(\mathrm{Ker}\,\gamma)z\,\mathrm{Ker}\,\psi=(\mathrm{Ker}\,\gamma\cdot\mathrm{Ker}\,\psi)z$ が成立し，$\mathrm{Ker}\,\gamma\cdot\mathrm{Ker}\,\psi$ は H の，従って，$\mathrm{Ker}\,\gamma\circ\psi$ の正規部分群である．

(i), (ii)より(2)の両辺の商群が定義出来る．右辺の本籍地は H で左辺の本籍地は H' なので，準同型 $\beta: H\to H'$ を用いて，同型対応

$$\xi: \mathrm{Ker}\,\gamma\circ\psi/\mathrm{Ker}\,\beta\cdot\mathrm{Ker}\,\psi \longrightarrow \mathrm{Im}\,\beta\cap\mathrm{Im}\,\varphi'/\mathrm{Im}\,\beta\circ\varphi \tag{4}$$

が定義出来そうである．(2)と(4)では順序がわざと逆になり，気付き難い様にしてあるのも東大入試的で面白い．勿論，最初から同型等と欲張らず，準同型 ξ を作る事から始める．$x\in\mathrm{Ker}\,\gamma\circ\psi$ に対して，シャニムニ

$$\xi(x+\mathrm{Ker}\,\beta\cdot\mathrm{Ker}\,\psi)=\beta(x)+\mathrm{Im}\,\beta\circ\varphi \tag{5}$$

とおく．勿論，前問同様，為すべき事は多々ある．

(iv) $\beta(x)\in\mathrm{Im}\,\beta\cap\mathrm{Im}\,\varphi'$． 図式(1)の可換性より， $\psi'\circ\beta=\gamma\circ\psi$ なので， $\psi'((\beta(x))=\gamma(\psi(x))$ が成立するが，$x\in\mathrm{Ker}\,\gamma\circ\psi$ なので，$\psi'(\beta(x))=\gamma(\psi(x))=0$． 零が出来たら，核＝像と馬鹿の一つ覚えで，$H'$ における図式(1)

の完全性 $\mathrm{Ker}\,\psi'=\mathrm{Im}\,\varphi'$ を用いて，$\beta(x)\in\mathrm{Ker}\,\psi'=\mathrm{Im}\,\varphi'$．従って，$\beta(x)\in\mathrm{Im}\,\beta\cap\mathrm{Im}\,\varphi'$．

(v) $x\in\mathrm{Ker}\,\beta\cdot\mathrm{Ker}\,\psi$ であれば，$\beta(x)\in\mathrm{Im}\,\beta\circ\varphi$．$y,z\in H$ があって，$\beta(y)=e,\psi(z)=e,x=yz$．$\beta(x)=\beta(y)\beta(z)$ が成立している．所で，$z\in\mathrm{Ker}\,\psi=\mathrm{Im}\,\varphi$ なので，$u\in G$ があって，$z=\varphi(u)$．一方 $y\in\mathrm{Ker}\,\beta$ なので，$\beta(y)=e$．従って，$\beta(x)=\beta(z)=\beta(\varphi(u))\in\mathrm{Im}\,\beta\circ\varphi$．

(iv), (v)より(5)の ξ は(4)の準同型を旨く定義する．

(vi) ξ は同型である事．$x\in\mathrm{Ker}\,\gamma\circ\psi$ に対して，$\xi(x+\mathrm{Ker}\,\beta\cdot\mathrm{Ker}\,\psi)=\beta(x)+\mathrm{Im}\,\beta\circ\varphi$ が $\mathrm{Im}\,\beta\cap\mathrm{Im}\,\varphi'/\mathrm{Im}\beta\circ\varphi$ における単位元であれば，$\beta(x)\in\mathrm{Im}\,\beta\circ\varphi$．$v\in G$ があって，$\beta(x)=\beta(\varphi(v))$．$u=x\varphi(v^{-1})\in H$ とおくと，$\beta(u)=\beta(x)(\beta(\varphi(v^{-1})))=\beta(x)(\beta(\varphi(v)))^{-1}=e$ なので，$u\in\mathrm{Ker}\,\beta$ であって，$x=u\varphi(v)$．$\mathrm{Im}\,\varphi=\mathrm{Ker}\,\psi$ なので，$x=u\varphi(v)\in\mathrm{Ker}\,\beta\cdot\mathrm{Ker}\,\psi$．

(vii) ξ は全射である事．$z\in\mathrm{Im}\,\beta\cap\mathrm{Im}\,\varphi'$ であれば，$x\in H,y\in G'$ があって $z=\beta(x)=\varphi'(y)$．図式(1)は可換なので，$\gamma\circ\psi=\psi'\circ\beta$ が成立し，$(\gamma\circ\psi)(x)=\psi'(\beta(x))=\psi'(\varphi'(y))$．$\mathrm{Im}\,\varphi'=\mathrm{Ker}\,\psi'$ なので，$(\gamma\circ\psi)(x)=\psi'(\varphi'(y))=0$．故に $x\in\mathrm{Ker}\,\gamma\circ\psi$ であって，$z=\beta(x)$．従って $\xi(x+\mathrm{Ker}\,\beta\cdot\mathrm{Ker}\,\psi)=\beta(x)+\mathrm{Im}\beta\circ\varphi=z+\mathrm{Im}\,\beta\circ\varphi$ が成立し，ξ は全射である．

この様に木目細かく面倒を見て，極＝像と準同型の合成の可換性を図式(1)を見ながら，念仏の如く唱えているると，何時の間にやら，全てが示されて証明終り，これがホモロジー代数の神髄である．又，普通，完全列の議論は専ら加法群，即ち，可換群に対して行われるが，この問題で可換性は必らずしも保証されていない．その為，若干，特別の配慮を要する事は(i), (ii)で述べた通りである．この様に，普通の議論に少し味が付いている点が東大入試問題の特質である．選別の為の落し穴に陥り，不合格とならぬ様，気を配りましょう．更に低次元の注意を繰り返すと，本問でも途中で注意した様に，本文で説かれている事を一つ一つ図なり式なりで確認し，式を書きながら追従する事が肝要である．小説でも読むかの様に，ぼんやりと紙面を追うだけでは，数学を理解する事は出来ぬ．怠けずに関連する式を全て書く事が重要である．

類 題

（解答☞ 199ページ）

1．A,B,C を可換群とし，群の演算を＋で表す事にする．$f\colon A\to B$, $g\colon B\to C$, $u\colon C\to B$, $v\colon B\to A$ を準同型写像とし，写像列

$$0\longrightarrow A\xrightarrow{\ f\ }B\xrightarrow{\ g\ }C \qquad (1)$$

$$C\xrightarrow{\ u\ }B\xrightarrow{\ v\ }A\longrightarrow 0 \qquad (2)$$

は共に exact であり，かつ gu は C の恒等写像に等しいとする．この時 (i) g は全射，(ii) u は単射，(iii) vf は A の自己同型写像である事を示せ．又，vf は A の恒等写像に等しいか．

（早稲田大学大学院入試）

2．アーベル群とその準同型の可換図式

$$\begin{array}{ccccccccccc}
\cdots\xrightarrow{h_{i-1}} & A_i & \xrightarrow{f_i} & B_i & \xrightarrow{g_i} & C_i & \xrightarrow{h_i} & A_{i+1} & \xrightarrow{f_{i+1}}\cdots \\
 & \downarrow{\scriptstyle a_i} & & \downarrow{\scriptstyle b_i} & & \downarrow{\scriptstyle c_i} & & \downarrow{\scriptstyle a_{i+1}} & \\
\cdots\xrightarrow{h_{i-1}'} & A_i' & \xrightarrow{f_i'} & B_i' & \xrightarrow{g_i'} & C_i' & \xrightarrow{h_i'} & A'_{i+1} & \xrightarrow{f_{i+1}'}\cdots
\end{array} \qquad (1)$$

において，上下の水平列が完全列であり，すべての i に対して c_i が同型とする．この時，次の列

$$\cdots\longrightarrow A_i\xrightarrow{(a_i,f_i)}A_i'\oplus B_i\xrightarrow{f_i'-b_i}B_i'\xrightarrow{h_ic_i^{-1}g_i'}A_{i+1}\longrightarrow\cdots \qquad (2)$$

が完全である事を証明せよ．ただし，$(a_i,f_i)(x)=(a_i(x),f_i(x))$, $(f_i'-b_i)(x,y)=f_i'(x)-b_i(y)$ とする．

（大阪市立大学大学院入試）

EXERCISES

（解答☞ 201ページ）

1 （完全列） 加群と準同型からなる可換な図式

$$
\begin{array}{ccccccccc}
 & & 0 & & 0 & & 0 & & \\
 & & \downarrow & & \downarrow & & \downarrow & & \\
0 & \longrightarrow & A_1 & \xrightarrow{\alpha_1} & A_2 & \xrightarrow{\alpha_2} & A_3 & \longrightarrow & 0 \\
 & & \downarrow{\scriptstyle \varphi_1} & & \downarrow{\scriptstyle \varphi_2} & & \downarrow{\scriptstyle \varphi_3} & & \\
0 & \longrightarrow & B_1 & \xrightarrow{\beta_1} & B_2 & \xrightarrow{\beta_2} & B_3 & \longrightarrow & 0 \\
 & & \downarrow{\scriptstyle \psi_1} & & \downarrow{\scriptstyle \psi_2} & & \downarrow{\scriptstyle \psi_3} & & \\
0 & \longrightarrow & C_1 & \xrightarrow{\gamma_1} & C_2 & \xrightarrow{\gamma_2} & C_3 & \longrightarrow & 0 \\
 & & \downarrow & & \downarrow & & \downarrow & & \\
 & & 0 & & 0 & & 0 & &
\end{array}
\qquad (1)
$$

において，3列全ては完全 (exact) とする．その時，

(i) 第1行と第3行が完全ならば，$0\to B_1\to B_2$, $B_2\to B_3\to 0$ が完全である事を示せ．

(ii) $A_2\to A_3\to 0$ と第2行が完全であれば，第3行のどの部分が完全であるか．

（北海道大学，大阪市立大学大学院入試）

2 （完全列） 縦横3本ずつの完全系列からなる右図の様な，加群と準同形写像の可換図がある．今，三つの写像

$$
\begin{array}{ccccccccc}
 & & 0 & & 0 & & 0 & & \\
 & & \downarrow & & \downarrow & & \downarrow & & \\
0 & \longrightarrow & M_{11} & \xrightarrow{f_{11}} & M_{12} & \xrightarrow{f_{12}} & M_{13} & \longrightarrow & 0 \\
 & & {\scriptstyle g_{11}}\downarrow & & {\scriptstyle g_{12}}\downarrow & & {\scriptstyle g_{13}}\downarrow & & \\
0 & \longrightarrow & M_{21} & \xrightarrow{f_{21}} & M_{22} & \xrightarrow{f_{22}} & M_{23} & \longrightarrow & 0 \\
 & & {\scriptstyle g_{21}}\downarrow & & {\scriptstyle g_{22}}\downarrow & & {\scriptstyle g_{23}}\downarrow & & \\
0 & \longrightarrow & M_{32} & \xrightarrow{f_{31}} & M_{32} & \xrightarrow{f_{32}} & M_{33} & \longrightarrow & 0 \\
 & & \downarrow & & \downarrow & & \downarrow & & \\
 & & 0 & & 0 & & 0 & &
\end{array}
\qquad (1)
$$

$\alpha: M_{11} \longrightarrow M_{22}$,　$\beta: M_{22} \longrightarrow M_{23}\oplus M_{32}$

$\gamma: M_{23}\oplus M_{32} \longrightarrow M_{33}$　を

$\alpha(m_{11})=g_{12}\circ f_{11}(m_{11})$　$(m_{11}\in M_{11})$,

$\beta(m_{22})=(f_{22}(m_{22}),\ g_{22}(-m_{22}))$　$(m_{22}\in M_{22})$,

$\gamma(m_{23}, m_{32})=g_{23}(m_{23})+f_{32}(m_{32})$

$(m_{23}\in M_{23},\ m_{32}\in M_{32})$

によって定める時，次の系列は完全列となる事を証明せよ：

$$0 \longrightarrow M_{11} \xrightarrow{\alpha} M_{22} \xrightarrow{\beta} M_{23}\oplus M_{32} \xrightarrow{\gamma} M_{33} \longrightarrow 0 \qquad (2)$$

（学習院大学大学院入試）

Advice

1 二つの集合 X, Y が等しい事を云うには，二つの不等式 $X\subset Y$, $Y\subset X$ を示さねばならぬ． 完全である事を云うには，像＝核を云わねばならぬので，像⊂核，核⊂像を云わねばならない．

2 前問と同様，弥陀の尊号ならぬ，可換性と核＝像を唱えながら，一心不乱に像⊂核，核⊂像を導くべく，上に，左へと勢力を伸ばして行くと，他力本願で気が付いた時は解決している．

直線, 平面, 部分空間, ベクトル空間

〔**指針**〕 大きさが1で直線と同じ方向を持つベクトルをこの直線の方向余弦と云います. 又, 原点から平面に下した垂線の方向余弦をこの平面の方向余弦と云います. 方向余弦の持つこの意味と, それが方程式の如何なる係数を表すかを知っておれば, 線形代数の幾何への応用は十分です.

1 (**直線と平面**) 平面 π と直線 g の方程式を, 夫々

$$Ax+By+Cz+D=0 \tag{1}$$

$$\frac{x-x_0}{L}=\frac{y-y_0}{M}=\frac{z-z_0}{N} \tag{2}$$

とする. 平面 π に直線 g が一点で交る為の条件は次のどれか.

(i) $AL+MB+CN\neq 0$　　(ii) $AL+BM+CN=0$

(iii) $AN+MB+AL\neq 0$　　(iv) $AN+BM+AL=0$

(v) $Ax_0+By_0+Cz_0\neq 0$

(国家公務員上級職機械専門試験)

2 (**部分空間**) 3次元数ベクトル空間 $S=D^3$ の中の部分集合として, 次の様な物を考える. $s=(x_1, x_2, x_3)\in S$ とする時, 次の五つの部分集合の中で S の部分空間となる物はどれか.

(i) x_1 が奇数である s の全体,　　(ii) $x_1=1,\ x_2=1$ である s の全体

(iii) x_1, x_2, x_3 のいずれか2個が整数である様な s の全体

(iv) $x_1+x_2=1$ となる s の全体　　(v) $9x_1-x_2=0$ となる s の全体

(国家公務員上級職数学専門試験)

3 (**平面**) n 次元線形空間 $\boldsymbol{R}^n$ の一点 a, 及び, $\boldsymbol{R}^n$ の線形部分空間 V に対し, 集合

$$a+V=\{a+v \mid v\in V\} \tag{1}$$

を $\boldsymbol{R}^n$ の**平面**と云う. 特に V が r 次元の時, $a+V$ を r 次元平面と云う.

(i) (ア) $\boldsymbol{R}^n$ の部分集合 M があって, M の任意の相異なる2点を結ぶ直線上の点が全て M に属するならば M は平面である事を証明せよ.

(イ) $\boldsymbol{R}^n$ の二つの平面 M, N が共有点を持てば, $M\cap N$ も平面である事を証明せよ.

(ii) $\boldsymbol{R}^n$ の $r+1$ 個の点 $a_0, a_1, \cdots, a_r$ がベクトルとして1次独立の時, これら $r+1$ 個の点で定る平面 M は r 次元平面で, M は

$$x=\sum_{i=0}^{r}\lambda_i a_i, \qquad \sum_{i=0}^{r}\lambda_i=1 \tag{2}$$

で表される点 x の全体である事を証明せよ.

(東京理科大学大学院入試)

1 (直線と平面の方向余弦)

直線 g 上に一点 $P_0(x_0, y_0, z_0)$ を取り，固定する．即ち，P_0 を直線 g 上の定点とする． g 上に P_0 とは異なる点 $P_1(x_1, y_1, z_1)$ を取り，これ又，固定する． 直線 g 上に任意の点 $P(x, y, z)$ をとり，これは動点とみなす．最初に云うべきであったが， 空間には x, y, z 座標系が導入されており， その原点を O とする． 点 P_0, P_1, P の座標が，夫々，(x_0, y_0, z_0), (x_1, y_1, z_1), (x, y, z) であると云う事は，ベクトルを通して見ると，**位置ベクトル**と呼ばれる $\overrightarrow{OP_0}, \overrightarrow{OP_1}, \overrightarrow{OP}$ の成分表示が

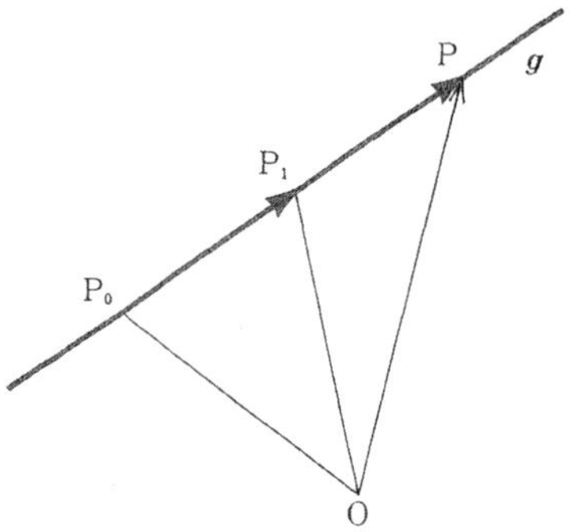

$$\overrightarrow{OP_0}=(x_0, y_0, z_0),\ \overrightarrow{OP_1}=(x_1, y_1, z_1),\ \overrightarrow{OP}=(x, y, z) \qquad (3)$$

である事に他ならない．$\triangle OP_0P_1$, $\triangle OP_0P$ に注目すると，$\overrightarrow{OP_1}=\overrightarrow{OP_0}+\overrightarrow{P_0P_1}$, $\overrightarrow{OP}=\overrightarrow{OP_0}+\overrightarrow{P_0P}$ が成立しているので， $\overrightarrow{P_0P_1}=\overrightarrow{OP_1}-\overrightarrow{OP_0}$, $\overrightarrow{P_0P}=\overrightarrow{OP}-\overrightarrow{OP_0}$ であり，ベクトル $\overrightarrow{P_0P_1}, \overrightarrow{P_0P}$ の成分表示は各成分の差を成分とする

$$\overrightarrow{P_0P_1}=(x_1-x_0, y_1-y_0, z_1-y_0z_0),\ \overrightarrow{P_0P}=(x-x_0, y-y_0, z-z_0) \qquad (4)$$

である事が分る．P が P_0 に関して P_1 と同じ側にある時は， 線分 P_0P の長さを線分 P_0P_1 の長さで割った物を t とし，P が P_0 に関して P_1 と反対側にある時は，その比のマイナスを t とすると， スカラーとベクトルの積の定義より

$$\overrightarrow{P_0P}=t\,\overrightarrow{P_0P_1} \qquad (5)$$

即ち，

$$(x-x_0,\ y-y_0,\ z-z_0)=t(x_1-x_0,\ y_1-y_0,\ z_1-z_0),$$

$$x=x_0+t(x_1-x_0),\ y=y_0+t(y_1-y_0),\ z=z_0+t(z_1-z_0) \qquad (7)$$

となり，$\overrightarrow{P_0P_1}=(L, M, N)$ とおくと，(7)は(2)と同値となる． 従って，方程式(2)は点 (x_0, y_0, z_0) を通り，その表すベクトルが (L, M, N) である様な有向線分 $\overrightarrow{P_0P_1}$ を含む直線の方程式である．その x 軸， y 軸， z 軸となす角を α, β, γ とすると，$\overrightarrow{P_0P_1}$ の大きさは線分の長さ $\overline{P_0P_1}$ なので，x 軸， y 軸，z 軸上の正の向きの大きさ1のベクトルを e_1, e_2, e_3 とすると，内積は成分を用いて表せて， $(\overrightarrow{P_0P_1}, e_1)=L$, $(\overrightarrow{P_0P_1}, e_2)=M$, $(\overrightarrow{P_0P_1}, e_3)=N$ であるが，角を用いて表すと，$(\overrightarrow{P_0P_1}, e_1)=\overline{P_0P_1}\cos\alpha$, $(\overrightarrow{P_0P_1}, e_2)=\overline{P_0P_1}\cos\beta$, $(\overrightarrow{P_0P_1}, e_3)=\overline{P_0P_1}\cos\gamma$ であり，$\overline{P_0P_1}=\sqrt{L^2+M^2+N^2}$ なので，

$$\cos\alpha=\frac{L}{\sqrt{L^2+M^2+N^2}},\ \cos\beta=\frac{M}{\sqrt{L^2+M^2+N^2}},\ \cos\gamma=\frac{N}{\sqrt{L^2+M^2+N^2}} \qquad (8)$$

が成立し，$\overrightarrow{P_0P_1}$ をその大き $\overline{P_0P_1}=\sqrt{L^2+M^2+N^2}$ で割ったベクトルは $(\cos\alpha, \cos\beta, \cos\gamma)$ であり，P_0 から直線上を単位の長さだけ進んで得るベクトル (l, m, n) に等しい．これを直線 g の**方向余弦**と云う．直線 g 上に $\overline{P_0P_1}=1$ なる点 P_1 は互に逆向きに二通り取れるので，方向余弦は符号のみ異なる二通りの値がある．

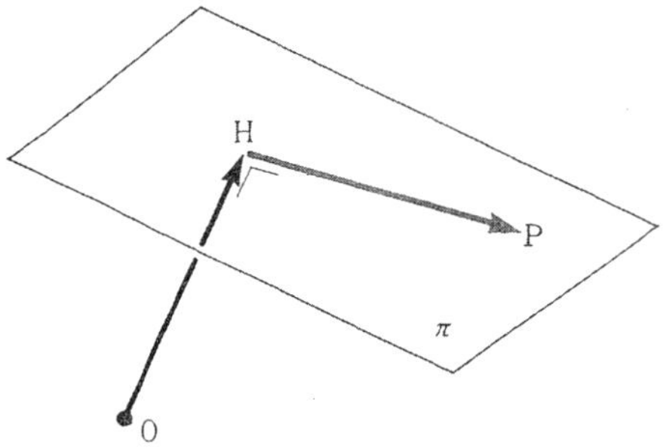

これに反し，原点 O より平面 π に垂線を下し，その足を H とすると，$O\notin\pi$ である限り， H は一意的に定まる．線分 OH の長さ，即ち， ベクトル $\overrightarrow{OH}$ の大きさを p とし，$\overrightarrow{OH}=p(l, m, n)$ とおくと，l, m, n は O から

H に向う，向き迄定めた直線 OH の方向余弦であり，平面 π の**方向余弦**と呼ばれる．点 P が平面 π 上にある為の必要十分条件はベクトル $\overrightarrow{\mathrm{HP}}$ がベクトル $\overrightarrow{\mathrm{OH}}$ に直交する事である．点Pの座標を (x, y, z) としよう．$\overrightarrow{\mathrm{OH}}=(pl, pm, pn)$, $\overrightarrow{\mathrm{OP}}=(x, y, z)$ なので，$\overrightarrow{\mathrm{HP}}=\overrightarrow{\mathrm{OP}}-\overrightarrow{\mathrm{OH}}=(x-pl, y-pm, z-pn)$．行ベクトルの内積は成分の積なので，$\overrightarrow{\mathrm{OH}}$ の大きさ $p^2=p^2(l^2+m^2+n^2)$ に注意すると

$$(\overrightarrow{\mathrm{OH}}, \overrightarrow{\mathrm{HP}})=(x-pl)pl+(y-pm)pm+(z-pn)pn=p(lx+my+nz-p)$$

を得るので，平面 π の方程式は，

$$lx+my+nz=p \tag{9}$$

であり，l, m, n は π の**法線** OH の方向余弦である．(9)を**ヘッセの標準形**と云う．平面(1)をヘッセの標準形にするには，D を右辺に移項して $-D$，これを $\sqrt{A^2+B^2+C^2}$ で割った符号が正である様にした

$$\frac{\pm A}{\sqrt{A^2+B^2+C^2}}x+\frac{\pm B}{\sqrt{A^1+B^2+C^2}}y+\frac{\pm C}{\sqrt{A^2+B^2+C^2}}z=\mp D \tag{10}$$

である．従って，(1)の (A, B, C) は平面 π の法線の方向余弦のスカラー倍であり，やはり，法線を表すベクトルである．

それ故，本問では**平面 π と直線 g が交わる為の必要十分条件は g が π の法線と直交しない事**である．ベクトル (L, M, N) は直線 g を表し，ベクトル (A, B, C) は π の法線を表すので，この条件は，その内積 $=AL+BM+CN\neq 0$，即ち，(i)で与えられる．(ii), (iii), (iv)は論外として，(v)はらしくもあるが，点 $(x_0, y_0, z_0)\in\pi$ なる条件は $Ax_0+By_0+Cz_0+D=0$ であり，この条件＋(i)は点 (x_0, y_0, z_0) でのみ g と π が交わる事であり，この条件＋$(AL+BM+CN=0)$ は g と π が (x_0, y_0, z_0) を共有し，かつ，平行である事，即ち，$g\subset\pi$ である．故に，$g\subset\pi$ である為の必要十分条件は

$$Ax_0+By_0+Cz_0+D=0, \quad AL+BM+CN=0 \tag{11}$$

で与えられる．これと(i)とが混然一体となって終った人は(v)のマークシートを塗り潰すであろう．この様に考えると，平面幾何等，特に学ばねばならぬ事は何もない．(1)の (A, B, C) は法線ベクトル $\overrightarrow{\mathrm{OH}}$ のスカラー倍である事のみ認識しておけば，後は，ベクトルの知識の応用に過ぎない．それ故十数年前迄，「代数及び幾何」と呼ばれていたこの課程が何時の間にか，「線形代数」に衣更えした．

諸君は次第に数学書を読む機会が多くなると思われる．これは一応，幼稚園の生徒が読むのではなく，大学生が読む事を期待して書かれている事が多い．従って，紙面を費す画や，判り切った計算は省略されている事が多く，読者が自らの意志によりこれらを補う事を期待して書かれている．それ故，著者の意志に反して，これらを補わないで，字面だけ，マーク・シート方式の国語の試験問題にでも接する様なつもりで，通過して行く読者は，ある時点で判らなくなる．秀才とて，判り切っているからと follow を怠ると，著者がどの様な場合にどの様に暗示して略したかが，決定的な段階で判らなくなり，先へ進めなくなる事がある．これは日本語の日用会話を怠り，人の顔を見て会話をする訓練をしておかなかった受験生が，口頭試問で，その特異性を遺憾なく発揮するのと同じである．この様な人は，講義やゼミの最中はテキストを見ていて，あくびをする時だけ，講演者の方を向いて大口を開ける．又，普通の人は床のゴミを拾うのに，平気で床にゴミを捨てる作業に専念する．要するに，他人の反応を全く顧慮しない．この様なシャイな特異性格の人に，ママに代って，それを直す方法を考えて上げましょう．自分の家庭内の人や，近所の人々，下宿の近くの人々に，道で会ったら目礼をする様にしましょう．必らず，反応があり，人の心の動きを知り，それを知る喜びと悲しみが判るでしょう．次に，相手の眼を穏やかに見ながら，今日は／と云う習慣を付けましょう．やはり，反応があり，人と挨拶する喜びを覚えます．これらの人々は試験官では無く，合否には関係ないので，リラックスして行なって下さい．しかし，口頭試問の演習と思って続行して下さい．

2 (部分空間)

物の集まり，即ち，集合 X がある．別に体 K が与えられて，K の任意の個数 n 個の任意の元 $x_1, x_2, \cdots, x_n$ と同じ個数の X の元 $v_1, v_2, \cdots, v_n$ に対して，1次結合

$$x=x_1v_1+x_2v_2+\cdots+x_nv_n \tag{1}$$

が定義出来て，やはり，X に属し，その他に適当な公理が満され，普通の演算が出来る時，X は**ベクトル空間**，又は，**線形空間**であると云う．数学的帰納法を用いれば，この条件は $n=2$ の時の命題と同値である，即ち，K の任意の二元 x_1, x_2 と X の任意の二元 v_1, v_2 に対して1次結合 $x_1v_1+x_2v_2\in X$ が定義されて，X に属すると云う事と同値である．

X の部分集合 Y は，Y の任意の二元 x, y に対して，K の任意の二元 α, β との1次結合 $\alpha x+\beta y$ がやはり Y に属する時，X の**部分空間**と云う．X での演算に関して，Y も線形空間となる．

n 個の実数の組 $(x_1, x_2, \cdots, x_n)$ 全体の集合を $\boldsymbol{R}^n$ とする．実数体 $\boldsymbol{R}$ を係数体として，$\boldsymbol{R}$ の任意の二元 α, β と $\boldsymbol{R}^n$ の任意の二元 $x=(x_1, x_2, \cdots, x_n), y=(y_1, y_2, \cdots, y_n)$ に対して，1次結合を

$$\alpha x+\beta y=(\alpha x_1+\beta y_1, \alpha x_2+\beta y_2, \cdots, \alpha x_n+\beta y_n) \tag{2}$$

で定義すると，$\alpha x+\beta y\in\boldsymbol{R}^n$ であって，公理も満され，$\boldsymbol{R}^n$ はベクトル空間である．これは当り前で，むしろ，ベクトル空間が $\boldsymbol{R}^n$ の抽象化である．

$n=3$ の時，3個の実数の組全体の集合 $\boldsymbol{R}^3$ はベクトル空間であり，前に論じた様に，空間(我々の住んでいる空間ですぞ）の有向線分が定義するベクトル全体の集合と1対1の対応が付き，しかも，ベクトルに関する演算迄対応が付くので，同じと見なす．丁度，あるクラスで，生徒全体の集合とその名前全体の集合との間に1対1の対応が付くので，生徒を呼ぶ代りに，名前を呼ぶのと同様である．この様な事に余り神経質にならぬがよい．どうしても許せぬ程，石頭の人は，数学はやらないで，数学無しで，自分の真価を発揮出来る方向へ進むがよかろう．尤も，人を名前で呼ぶ事を認めない人は，社会生活は出来ないであろうが．

さて，本問の $S=D^3$，我々の記号の $\boldsymbol{R}^3$ の部分集合 T を次の五つの場合に考える．

(i) $$T=\{x=(x_1, x_2, x_3)\in\boldsymbol{R}^3;\ x_1=奇数\} \tag{1}$$

$x=(1,1,0), y=(1,1,0)\in T$ なのに，$x+y=(2,2,0)$ の第1成分は偶数2なので，$x+y\notin T$．従って T は $\boldsymbol{R}^3$ の部分空間ではない．否定する時は，成立しない例，即ち，**反例**を挙げるのが作法である．歴史には，「時に反例無きにしもあらず」と云う言葉が出て来ますぞ．カッコの中の誤字を正しましょう．

(ii) $$T=\{x=(x_1, x_2, x_3)\in\boldsymbol{R}^3;\ x_1=x_2=1\} \tag{2}$$

(i)の $x, y\in T$ であって，$x+y=(2,2,0)\notin T$ なので，T は部分空間でない．

(iii) $$T=\{x=(x_1, x_2, x_3)\in\boldsymbol{R}^3;\ i\neq j \text{ が}1,2,3\text{の中にあって，} x_i \text{ と } x_j \text{ は整数}\} \tag{3}$$

今迄は加法でアウトでしたが，今度は(i)の x, y の1次結合 $\dfrac{x}{3}+\dfrac{y}{3}=\left(\dfrac{2}{3}, \dfrac{2}{3}, 0\right)\notin T$．これも部分空間ではない．

(iv) $$T=\{x=(x_1, x_2, x_3)\in\boldsymbol{R}^3;\ x_1+x_2=1\} \tag{4}$$

仲々，しつこいが，これは $x=(1,0,0), y=(1,0,0)$ の1次結合 $\dfrac{x}{3}+\dfrac{y}{3}=\left(\dfrac{2}{3}, 0, 0\right)\notin T$ なので T は部分空間ではない．

(v) $$T=\{x=(x_1, x_2, x_3)\in\boldsymbol{R}^3;\ 9x_1-x_2=0\} \tag{5}$$

任意の $x=(x_1, x_2, x_3), y=(y_1, y_2, y_3)\in T$ と任意のスカラー $\alpha, \beta\in\boldsymbol{R}$ に対して，$z=\alpha x+\beta y=(z_1, z_2, z_3)$ を求めると

$$z=\alpha x+\beta y=(\alpha x_1+\beta y_1, \alpha x_2+\beta y_2, \alpha x_3+\beta y_3) \tag{6}$$

なので，$z_1=\alpha x_1+\beta y_1$, $z_2=\alpha x_2+\beta y_2$ が成立し，$9z_1-z_2=\alpha(9x_1-x_2)+\beta(9y_1-y_2)$．一方，$x, y\in T$ なので，$9x_1-x_2=0, 9y_1-y_2=0$ が成立し，$9z_1-z_2=0$．従って，$z\in T$ が云えるので，T は部分空間である．

勿論，慣れると，後で論じる様に，1次の同次式＝0で与えられる集合のみが部分空間であって，一目見た瞬間に(v)のみが正しく，このマーク・シートを塗り潰して終り．上に述べたのが建前で，こちらが本音である．どうせ，マーク・シート方式なので，本音ですませるのが賢明であろう．

線形空間 X の有限個の元 $v_1, v_2, \cdots, v_n$ は1次結合(1)が零ベクトルであれば，係数 $x_1, x_2, \cdots, x_n$ が全て零になる時，**1次独立**と云う．線形空間 X に対して，自然数 n があって，$n+1$ 個の X の任意のベクトルは1次独立でなく，1次従属であるが，n 個のベクトル $e_1, e_2, \cdots, e_n$ があって，1次独立である時，X は有限次元であり，X の**次元**は n であると云い，$\dim X=n$ と書く．この時，任意の $x\in X$ を持って来ると，$x, e_1, e_2, \cdots, e_n$ は1次従属なので $\beta_0=\beta_1=\cdots=\beta_n=0$ ではないスカラー $\beta_0, \beta_1, \cdots, \beta_n$ があって $\beta_0 x+\beta_1 e_1+\beta_2 e_2+\cdots+\beta_n e_n=0$．$\beta_0=0$ であれば，$\beta_1=\beta_2=\cdots=\beta_n=0$ でないのに，$\beta_1 e_1+\beta_2 e_2+\cdots+\beta_n e_n=0$ が成立し，$e_1, e_2, \cdots, e_n$ が1次従属となり仮定にする．故に $\beta_0\neq 0$ であって，$x_i=-\dfrac{\beta_i}{\beta_0}$ に対して x は1次結合

$$x=x_1e_1+x_2e_2+\cdots+x_ne_n \tag{7}$$

で表される．もう一つの表現 $x=x_1'e_1+x_2'e_2+\cdots+x_n'e_n$ があれば，$(x-x_1')e_1+(x_2-x_2')e_2+\cdots+(x_n-x_n')e_n=0$ と $e_1, e_2, \cdots, e_n$ の1次独立性より $x_1=x_1', x_2=x_2', \cdots, x_n=x_n'$ が成立し，ベクトル x を1次結合(7)で表現する方法は一通りである．更に $y=y_1e_1+y_2e_2+\cdots+y_ne_n$ との和，差やスカラー α との積に対して，$x\pm y=(x_1\pm y_1)e_1+(x_2\pm y_2)e_2+\cdots(x_n\pm y_n)e_n$, $\alpha x=\alpha x_1e_1+\alpha x_2e_2+\cdots+\alpha x_ne_n$ が成立するので，ベクトル空間 X においてベクトルの和，差，スカラーとの積を論じる限りにおいて，X を考察する事と係数体 K の n 個の元を成分に持つ組，n 次元の行ベクトルの全体の集合を考察する事とは同じであり，後者を K^n で表す．K が実数体 $\boldsymbol{R}$ や複素数体 $\boldsymbol{C}$ の時が，我々が大分馴れて来た $\boldsymbol{R}^n$ や $\boldsymbol{C}^n$ である．$n=2$ の時は，$\boldsymbol{R}^2$ は丁度，幾何学的な平面ベクトル全体の集合と同値であり，2次元のユークリッド空間と呼ばれる．$\boldsymbol{R}^3$ は丁度，幾何学的な空間ベクトル全体の集合と同値であり，3次元のユークリッド空間と呼ばれる．2次元の $\boldsymbol{R}^2$ や3次元の $\boldsymbol{R}^3$ は，従って，目に見る事が出来る．我々の住む宇宙は3次元なので(本当は議論の余地があるが)，3次元迄を目で見る事は出来るが，4次元のベクトルを目で見る事は出来ない．しかし，n 個の実数が並んだ $(x_1, x_2, \cdots, x_n)$ は n 次元のベクトルなので，これを思考する事は出来る．又，只今見る事は出来ないと云ったが $(x_1, x_2, \cdots, x_n)$ の意味を直観的に把握して，この紙面において，$(x_1, x_2, \cdots, x_n)$ を眺める時，n 次元を見ているのである．故岡潔先生は，多変数の世界最高峰であるが，私に高次元空間の像を見るとおっしゃった．恐らく，この様な意味であろう．無限個並べた，数列や関数の作る線形空間は無限次元のベクトル空間であり，その元である数列や関数は，実は，無限次元のベクトルである．そして，諸君が，この事を自覚して，数列や関数を考える時，既に，諸君は無限次元に住む．

類題　(解答☞ 204ページ)

1．3次元ユークリッド空間において $x+y+z=1$ を満す点 (x, y, z) の集合は，2次元ユークリッド平面になる事を示せ．　(神戸大学大学院入試)

2．R はベクトル $\vec{a_1}, \vec{a_2}, \vec{a_3}$ と基とするベクトル空間である．

$$\begin{aligned}\vec{b_1}&=a_{11}\vec{a_1}+a_{12}\vec{a_2}+a_{13}\vec{a_3}\\ \vec{b_2}&=a_{21}\vec{a_1}+a_{22}\vec{a_2}+a_{23}\vec{a_3}\\ \vec{b_3}&=a_{31}\vec{a_1}+a_{32}\vec{a_2}+a_{33}\vec{a_3}\end{aligned} \tag{1}$$

とする時，$\vec{b_1}, \vec{b_2}, \vec{b_3}$ が R の基である為の条件を求めよ．　(大阪府高校教員採用試験)

3 (平面)

x_0 を線形部分空間 V の点とすると，V は1次結合について閉じているので，$0x_0=0\in V$. 従って，**線形部分空間は零ベクトルを必らず含む**. 線形部分空間 V を左下図の様に a だけ平行移動した物が，平面 $a+V$ である．$a\in V$ であれば $-a\in V$, 従って，$0=a+(-a)\in a+V$. 逆に $0\in V$ であれば，$a=a+0\in a+V$. 従って，平面 $a+V$ が0を含む為の必要十分条件は $a\in V$ である．早速，本問の解答を始めよう．

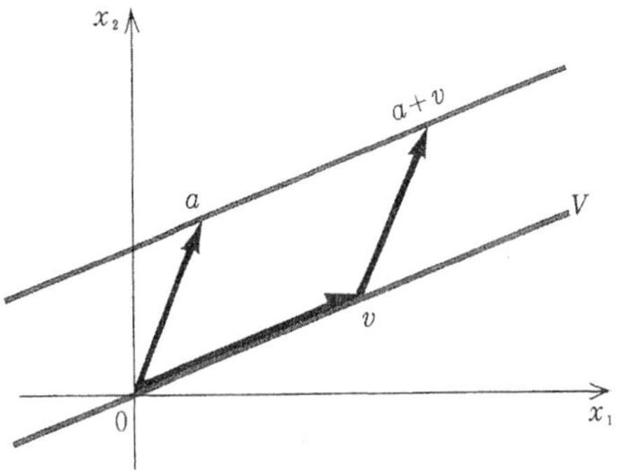

(i)-(ア). M が平面とは $a\in \boldsymbol{R}^n$ と $\boldsymbol{R}^n$ の部分空間 V があって，$M=a+V$. 従って，その様な a と V とを見付けねばならない．手掛りがあるのは M だけなので，先ず M の任意の元 a を取ろう．この a を固定して，定点と見なします．すると(1)より，V らしき物は

$$V=\{x-a\in \boldsymbol{R}^n;\ x\in M\} \tag{3}$$

でなければなりません．この様に，ステップ・バイ・ステップ，歩一歩，理詰めに話を進める習慣が大事です．見込み捜査でなく，証拠に基き，丹念な調査に裏付けされた，科学的捜査による犯人の割出しが大切です．特に，手掛りのない抽象数学では，数少ない証拠を見落さない様にしましょう．初動捜査を誤ると，アチャラの方向へ行って終います．

と云う訳で，(3) によって V を定義し，V が $\boldsymbol{R}^n$ の線形部分空間であること，早く云えば，1次結合について閉じている事を示します．V の任意の二元を u, v とする．α, β を任意の実数とし，

$$w=\alpha u+\beta v \tag{4}$$

とおく．$x=a+u, y=a+v$ とおくと，定義(3)より $x, y\in M$ である．$z=a+\alpha x+\beta y$ とおく．原点を始点とする有向線分でベクトル a, u, v, w 等を表し，$a=\overrightarrow{\mathrm{OA}}$, $u=\overrightarrow{\mathrm{OP}}$, $v=\overrightarrow{\mathrm{OQ}}$, $w=\overrightarrow{\mathrm{OR}}$, $\alpha u=\overrightarrow{\mathrm{OP}_\alpha}$, $\beta v=\overrightarrow{\mathrm{OQ}_\beta}$, $x=\overrightarrow{\mathrm{OP}'}$, $y=\overrightarrow{\mathrm{OQ}'}$, $z=\overrightarrow{\mathrm{OR}'}$, $a+\alpha u=\overrightarrow{\mathrm{OP}_\alpha{}'}$, $a+\beta v=\overrightarrow{\mathrm{OQ}_\beta{}'}$ とおくと

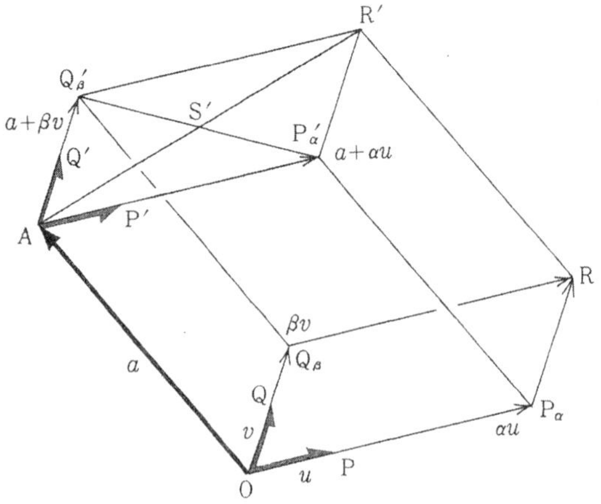

上図の様な関係にある．A, P′, Q′$\in M$ なので，直線 AP′, 直線 AQ′$\subset M$. P$_\alpha$′$\in$ 直線 AP′, Q$_\beta$′$\in$ 直線 AQ′ なので，仮定より，P$_\alpha$′, Q$_\beta$′$\in M$. 再び，仮定より直線 P$_\alpha$′Q$_\beta$′$\subset M$. 線分 P$_\alpha$′Q$_\beta$′ の中点を S′ とすると，$\overrightarrow{\mathrm{AS}'}=\frac{1}{2}\overrightarrow{\mathrm{AR}'}$. S′$\in$P$_\alpha$′Q$_\beta$′ なので A, S′$\in M$ より，三度び仮定より直線 AS′$\subset M$. $\overrightarrow{\mathrm{AR}'}=2\overrightarrow{\mathrm{AS}'}$ なので，R′$\in$ 直線 AS′ であり，R′$\in M$. 従って，$z=\overrightarrow{\mathrm{OR}'}=\overrightarrow{\mathrm{OA}}+\overrightarrow{\mathrm{OR}}=a+w$ なので，(3) より $w\in V$. この

様にして，任意の二元 $u, v\in V$ の任意のスカラー α, β を係数とする1次結合 $w=\alpha u+\beta v\in V$ が云えたので，V は $\boldsymbol{R}^n$ の部分空間である．従って，$M=a+V$ は平面である．

(i)-(イ)．M が平面 $a+V$ であれば，M の相異なる二点 P', Q' に対して，直線 $\mathrm{P}'\mathrm{Q}'$ 上の任意の点を S' とし $u=\overrightarrow{\mathrm{OP}'}-a=\overrightarrow{\mathrm{OP}}, v=\overrightarrow{\mathrm{OQ}'}-a=\overrightarrow{\mathrm{OQ}}, \overrightarrow{\mathrm{OS}'}-a=\overrightarrow{\mathrm{OS}}$ なる点 P, Q, S をとると，u, v は部分空間 V に属し，S は直線 PQ 上にあるので，$\overrightarrow{\mathrm{OS}}$ は $u=\overrightarrow{\mathrm{OP}}, v=\overrightarrow{\mathrm{OQ}}$ の1次結合であって，$\overrightarrow{\mathrm{OS}}\in V$．$M=a+V$，$\overrightarrow{\mathrm{OS}'}=a+\overrightarrow{\mathrm{OS}}$ なので，S は M 上にある．故に，平面 M は(ア)の性質で特徴付けられる．$M\cap N$ の相異なる任意の二点 P, Q と直線 PQ 上の任意の点 S に対して，M, N は平面なので，$\mathrm{S}\in M, N$ であり，$\mathrm{S}\in M\cap N$．(i)-(ア)より，$M\cap N$ は平面である．

(ii)　つられて，上の解説でも，何時の間にか，$\boldsymbol{R}^n$ の点とベクトルとを同一視して終ったが，この態度を続ける．(i)で見た様に，$\boldsymbol{R}^n$ の部分集合 M が平面であれば，$a\in M$ を任意に取って来て(3)で V を定義すると V は $\boldsymbol{R}^n$ の部分空間であって $M=a+V$ が成立する．もう一つの b に対して，$a-b\in V$ なので，$b+V=b+((a-b)+V)=(b+(a-b))+V=a+V$ が成立し，平面 M から部分空間 V を作る方法は，(3)において，a の取り方には関係しない．そこで，a_0 をこの a と見なし

$$V=\{x-a_0;\ x\in M\} \tag{5}$$

とおくと，V は $\boldsymbol{R}^n$ の，線形部分空間である．V の次元を調べよう．その為

> **基-1.** ベクトル $a_0, a_1, a_2, \cdots, a_r$ が1次独立であれば，$a_1-a_0, a_2-a_0, \cdots, a_r-a_0$ も1次独立である．

を証明する．1次結合 $\alpha_1(a_1-a_0)+\alpha_2(a_2-a_0)+\cdots+\alpha_r(a_r-a_0)=-(\alpha_1+\alpha_2+\cdots+\alpha_r)a_0+\alpha_1a_1+\alpha_2a_2+\cdots+\alpha_ra_r=0$ であれば，$a_0, a_1, \cdots, a_r$ の1次独立性より，$\alpha_1=\alpha_2=\cdots=\alpha_r=0$．

M が $a_0, a_1, \cdots, a_r$ によって定まる平面と云う事は，上の考察より V が $a_1-a_0, a_2-a_0, \cdots, a_r-a_0$ で張られる線形部分空間，即ち，それらの1次結合全体である事を意味し，基-1より，その次元は r であり，従って，M も r 次元である．従って M は次式(6)の形の元全体の集合である．整理すると

$$a_0+\alpha_1(a_1-a_0)+\alpha_2(a_2-a_0)+\cdots+\alpha_r(a_r-a_0)=(1-\alpha_1-\alpha_2-\cdots-\alpha_r)a_0+\alpha_1a_1+\cdots+\alpha_ra_r \tag{6}$$

が成立するので，$\lambda_0=1-\alpha_1-\alpha_2-\cdots-\alpha_r, \lambda_i=\alpha_i\ (1\leqq i\leqq r)$ に対して(2)が成立する．

アメリカ人は，よく，日本人が英語の学力はあるのに会話力はまるでダメであると難じるが，私のフランスに居た時の経験では，アメリカ人程外国語の話せぬ人種はいない．宇宙人でさえ英語を話すと信じている国民性からして当然であろう．ブザンソンの語学研修所に，フランス語を教えているアメリカの高校の先生方が研修に来ていたが，彼女等は日本の英語の先生が英語を話せぬ以上に，仏語が話せなかった．私となら英語が通じるので，よく私に話し掛けて来た．フランス人がよく，あれは話すのではなくて食べているのだと難じるその米語の発音の聞き取りが私には苦痛で，恥かしながら，イギリス婦人に打明けたら，彼女もその米語を聞き取るのには骨が折れると云ったので，安心した．会話は日常生活で身に付けねば，物にならぬ．諸君の日本語会話とて同様ですぞ．

類題

（解答☞ 204ページ）

3. n 次元実数空間 $\boldsymbol{R}^n$ の r 次元平面は，$\boldsymbol{R}^n$ の1点 a と $\boldsymbol{R}^n$ の r 次元の部分空間 V によって

$$a+V=\{a+v|v\in V\} \tag{1}$$

によって定義される．今，二つの平面 M_1, M_2 に対し，M を M_1 の点と M_2 の点とを結ぶ全ての直線（1次元平面）上の点全体の集合とする時次を証明せよ．

(i)　M は平面である．

(ii)　M_1, M_2 を含む任意の平面 N に対し $N\supset M$ である．ただし $M_1\cap M_2\neq\phi$．

（東京理科大学大学院入試）

EXERCISES

(解答☞ 205ページ)

1 (直線) 平面上の二直線 $l_i : a_ix+b_iy+c_i=0\ (i=1, 2)$ を考える．行列,

$$A=\begin{pmatrix} a_1 & b_1 \\ a_2 & b_2 \end{pmatrix},\ B=\begin{pmatrix} a_1 & b_1 & c_1 \\ a_2 & b_2 & c_2 \end{pmatrix}$$

において，A の階数は B の階数の $\frac{1}{2}$ である．この時，直線 l_1, l_2 の相互の位置関係はどの様になっているか？次の中から選べ．

(i) 2直線は全く一致している．

(ii) 2直線は平行である．

(iii) 2直線は一点で交っている．

(iv) l_1, l_2 は原点を通る直線である．

(v) これだけの条件では l_1, l_2 の相互関係は定らない． (国家公務員上級職数学専門試験)

2 (平面) n 次元実数空間 $\boldsymbol{R}^n$ の平面は，$\boldsymbol{R}^n$ の一点 a_0 と $\boldsymbol{R}^n$ の一つの線形部分空間 V によって $\{a_0+v | v\in V\}$ によって定義される．今，$\boldsymbol{R}^n$ の部分集合 $S(\neq\phi)$ に対して

(i) $M_0\supset S$ 及び

(ii) $M\supset S$ を満す任意の平面 M に対して $M\supset M_0$ を満す唯一つの平面 M_0 が存在する事

を証明せよ． (東京理科大学大学院入試)

3 (平面) 実線形空間 R の一点 a 及び R の線形部分空間 V に対し，集合

$$a+V=\{a+v | v\in V\} \tag{1}$$

を R の平面と云う．又，R の二つの平面 $M_1=a_1+V_1, M_2=a_2+V_2$ に対して，$M_1\cup M_2$ を含む全ての平面の交りを M_1+M_2 で表す．

(i) $M_1\cap M_2=\phi$ である為の必要十分条件は，$a_2-a_1\notin V_1+V_2$ である事を証明せよ．

(ii) $$M_1+M_2=a_1+(L(a_2-a_1)+V_1+V_2) \tag{2}$$

である事を証明せよ．ここで，$L(a_2-a_1)$ は a_2-a_1 で張られる線形部分空間である．

(東京理科大学大学院入試)

Advice

1 行列のランクとは，0でない小行列式の最高次数なので，$0\leqq r(A), r(B)\leqq 2$．行列のランクは1次独立な行ベクトルの個数でもある．l_i は直線を表すので，$(a_i, b_i)\neq(0, 0)$．従って，$1\leqq r(A), r(B)\leqq 2$．$r(B)=2r(A)$ と (a_i, b_i) が直線 l_i の方向余弦のスカラー倍である事，及び，行列 A のランクが1であれば，ある行が他の行のスカラー倍である事を用いて，幾何的命題に結び付ける．

2 M が S を含む平面であれば，$a_0\in S$ に対して，$M-a_0$ は $S-a_0$ を含む $\boldsymbol{R}^n$ の線形部分空間であるので，その様な最小の部分空間を見出しましょう．

3 M_1+M_2 は $M_1\cup M_2$ を含む最小の平面なので，E-2の応用問題である．ここの R は実数体 $\boldsymbol{R}$ ではありません．この説明無しでは，Rを実数体として把えておかしな答案を書く人が現れそうである．

10 線形写像

〔**指針**〕 ベクトル空間Vからベクトル空間Wへの写像fは，1次結合を像の1次結合に写す時，線形写像，線形変換と呼ばれ，2次元の場合の高校数学の1次変換の一般化である．Vが有限次元の時は， 像 $\mathrm{Im}\,f=f(V)$ も有限次元なので， 基底で表すと，本質的には行列と同じである．

1 （線形写像） 数ベクトル空間 $\boldsymbol{R}^4$ から $\boldsymbol{R}^4$ への線型写像fが

$$\begin{aligned} f(e_1)&=e_1 \\ f(e_2)&=e_2+e_4 \\ f(e_3)&=e_3+e_4 \\ f(e_4)&=e_1+e_3+e_4 \end{aligned} \tag{1}$$

を満すとする． ここに， $e_1=(1,0,0,0)$, $e_2=(0,1,0,0)$, $e_3=(0,0,1,0)$, $e_4=(0,0,0,1)$ とする．$\dim \mathrm{Im}\,f$, $\dim \mathrm{Ker}\,f$ と $\mathrm{Ker}\,f$ の直交補空間の正規直交基を一組求めよ．

（金沢大学大学院入試）

2 （線形写像） $\boldsymbol{R}$ を実数体， V を $\boldsymbol{R}$-係数の $(n-1)$ 次以下の多項式全体のなす実ベクトル空間とし，D を V の元fを変数xの関数と見た時の導関数f'を用いて，

$$Df=f' \tag{1}$$

で定義される線形変換とする．

(i) V の基底 $\left(1, \dfrac{x}{1!}, \dfrac{x^2}{2!}, \cdots, \dfrac{x^{n-1}}{(n-1)!}\right)$ に関して，D を表現する行列を書け．

(ii) σ を $(\sigma f)=f(x+1)$ で定義される線形変換とする時，

$$\sigma=1+\frac{D}{1!}+\frac{D^2}{2!}+\cdots+\frac{D^{n-1}}{(n-1)!} \tag{2}$$

となる事を証明せよ．

（東海大学大学院入試）

3 （線形写像） $\boldsymbol{R}$ を実数体，V を $\boldsymbol{R}$ 上の有限次元ベクトル空間，fを V から他のベクトル空間 W への線型写像とする時，次式が成立する事を示せ：

$$\dim V=\dim \mathrm{Ker}\,f+\dim \mathrm{Im}\,f \tag{1}$$

（早稲田，津田塾大学大学院入試）

4 （線形写像） Vを(必らずしも有限次元とは限らない)実ベクトル空間とし，$L(V,\boldsymbol{R})$ を V から $\boldsymbol{R}$ の中への線形写像全体の作る実ベクトル空間とする．$L(V,\boldsymbol{R})$ の元 $f, f_1, f_2, \cdots, f_n$ に対して

$$\mathrm{Ker}\,f \supset \bigcap_{i=1}^{n} \mathrm{Ker}\,f_i \tag{1}$$

が成立すれば，f は $f_1, f_2, \cdots, f_n$ の1次結合として表される事を示せ．（大阪大学大学院入試）

1 （線形写像の像空間と核空間）

先ず，線形写像の定義を述べる代りに，次の

> **問題**　次の文を英語，独語，又は，仏語に翻訳せよ：
> M, N を二つの（$\boldsymbol{R}$ 上の）ベクトル空間とする時，M から N への写像 φ があって，任意の $x, y \in M$, $\lambda \in \boldsymbol{R}$ に対して
> $$\varphi(x+y)=\varphi(x)+\varphi(y),\ \varphi(\lambda x)=\lambda\varphi(x)$$
> が成り立つならば，即ち，φ が線形演算を保存するならば，φ は M から N への準同形写像，又は，**線形写像**であると云う．
> （学習院大学大学院入試）

を紹介しよう．線形写像は，**線形変換**とも1次変換とも呼ばれ，1次変換ならば高校の教材として，5章で学んだ事柄である．この様に，同じ内容でも，それを学ぶ段階によって術語が異なる．言は人を表すと云うが，出題された問題の記号や術語によって，出題者の問題意識を知る事が出来て面白い．受験生を試験しているつもりでも，テストされているのは，実は出題者なのである．それ故，大学入試の出題委員になったら，思いは千々に乱れて，眠られぬ夜が続く．

$\boldsymbol{R}^4$ の任意の元 x は四個の実数の作る行ベクトル $x=(x_1, x_2, x_3, x_4)$ であるから，

$$x=x_1e_1+x_2e_2+x_3e_3+x_4e_4 \tag{2}$$

が成立する．云いかえれば，$\boldsymbol{R}^4$ の任意の元は e_1, e_2, e_3, e_4 の1次結合で表される．1次結合(2)が零ベクトル $(0, 0, 0, 0)$ であれば，$(x_1, x_2, x_3, x_4)=(0, 0, 0, 0)$ なので $x_1=x_2=x_3=x_4=0$ を得，e_1, e_2, e_3, e_4 は1次独立である．$\boldsymbol{R}^4$ の任意の元は1次独立な e_1, e_2, e_3, e_4 の1次結合で表されるので，e_1, e_2, e_3, e_4 は $\boldsymbol{R}^4$ の基底である．さて，(2)に f を冠せると，f の線形性より

$$\begin{aligned}f(x)&=x_1f(e_1)+x_2f(e_2)+x_3f(e_3)+x_4f(e_4)=x_1e_1+x_2(e_2+e_4)+x_3(e_3+e_4)+x_4(e_1+e_3+e_4)\\&=(x_1+x_4)e_1+x_2e_2+(x_3+x_4)e_3+(x_2+x_3+x_4)e_4\end{aligned} \tag{3}$$

が得られる．

$$y=y_1e_1+y_2e_2+y_3e_3+y_4e_4=f(x) \tag{4}$$

と書くと，

$$\begin{aligned}y_1&=x_1+x_4\\y_2&=x_2\\y_3&=x_3+x_4\\y_4&=x_2+x_3+x_4\end{aligned} \tag{5}$$

が成立し，行列を用いると

$$\begin{pmatrix}y_1\\y_2\\y_3\\y_4\end{pmatrix}=\begin{pmatrix}1&0&0&1\\0&1&0&0\\0&0&1&1\\0&1&1&1\end{pmatrix}\begin{pmatrix}x_1\\x_2\\x_3\\x_4\end{pmatrix} \tag{6}$$

で与えられる．f の**核** $\mathrm{Ker}f$ は，$\mathrm{Ker}f=\{x\in\boldsymbol{R}^n; f(x)=0\}$ で与えられる $\boldsymbol{R}^4$ の線形部分空間であり，連立方程式 $x_1+x_4=x_2=x_3+x_4=x_2+x_3+x_4=0$ の解 (x_1, x_2, x_3, x_4) 全体の集合である．この次元は6章の問題1, 2で行列の行基本変形をして学んだ様に，行列と基本変形

$$A=\begin{pmatrix}1&0&0&1\\0&1&0&0\\0&0&1&1\\0&1&1&1\end{pmatrix},\quad A\xrightarrow{4行-2行-3行}\begin{pmatrix}1&0&0&1\\0&1&0&0\\0&0&1&1\\0&0&0&0\end{pmatrix}$$

を用いて，最後の行列の高々３次の行列式が０でないので $r(A)=3$ であり，

$$\dim \mathrm{Ker}=4-r(A)=4-3=1 \tag{7}$$

で与えられる．f の**像** $\mathrm{Im} f$ は，$\mathrm{Im} f=\{f(x)\in \boldsymbol{R};\ x\in \boldsymbol{R}^4\}$ で与えられる $\boldsymbol{R}^4$ の線形部分空間なので，(3)よりベクトル $e_1=(1,0,0,0)$, $e_2+e_4=(0,1,0,1)$, $e_3+e_4=(0,0,1,1)$, $e_1+e_3+e_4=(0,1,1,1)$ の１次結合全体の作る $\boldsymbol{R}^4$ の部分空間，即ち，$(1,0,0,0)$, $(0,1,0,1)$, $(0,0,1,1)$, $(0,1,1,1)$ のリニヤ・スパンであり，その次元 $\dim \mathrm{Im} f$ とは，上の４つの行ベクトルの内の１次独立な物の個数，即ち，行列 A の四つの行ベクトルの１次独立な物の個数である．これは，何も計算しなくとも，行列 A のランクその物であり，

$$\dim \mathrm{Im} f=r(A)=3 \tag{8}$$

を得る．

次に為すべき事は $\mathrm{Ker} f$ の正規直交基底の作成である．(5)の y_1, y_2, y_3, y_4 を零にして，$x_1=c, x_2=0, x_3=c, x_4=-c$ が与える $\{c(1,0,1,-1);\ c\in \boldsymbol{R}\}$ が１次元の $\mathrm{Ker} f$ である．$(x_1, x_2, x_3, x_4)\in \mathrm{Ker} f^{\perp}$，即ち，$\mathrm{Ker} f$ の直交補空間に属する為の必要十分条件は内積＝０として $x_1+x_3-x_4=0$．従って，

$$\mathrm{Ker} f^{\perp}=\{(x_1, x_2, x_3, x_4)\in \boldsymbol{R}^4;\ x_4=x_1+x_3\} \tag{9}$$

は x_1, x_2, x_3 が自由な３次元の部分空間である．x_1, x_2, x_3 の一つを１，他を０とした $n_1=(0,1,0,0)$, $n_2=(1,0,0,1)$, $n_3=(0,0,1,1)$ は $\mathrm{Ker} f^{\perp}$ の１次独立な三つのベクトルである．これを，決して，イヤラシイと思わず，算術で済むなら有難いと感謝しつつ，７章の E-5 で論じた，グラム-シュミットの方法で直交化する．n_1 は単位ベクトルなので，$e_1=n_1=(0,1,0,0)$ とおき，n_2 は n_1 と直交しているので，$\|n_2\|=\sqrt{2}$ で割って，$e_2=\dfrac{n_2}{\|n_2\|}=\dfrac{n_2}{\sqrt{2}}=\left(\dfrac{1}{\sqrt{2}}, 0, 0, \dfrac{1}{\sqrt{2}}\right)$ と正規化するだけでよい．n_3 の e_1, e_2 に関するフーリエ係数は内積 $a_1=\langle n_3, e_1\rangle=0$, $a_2=\langle n_3, e_2\rangle=\dfrac{1}{\sqrt{2}}$ が n_3 の n_1 と n_2 のリニヤ・スパンへの正射影 $a_1e_1+a_2e_2=\left(\dfrac{1}{2}, 0, 0, \dfrac{1}{2}\right)$を与える．従って，$z_3=n_3-(a_1e_1+a_2e_2)=\left(-\dfrac{1}{2}, 0, 1, \dfrac{1}{2}\right)$のノルム $\|z_3\|=\dfrac{\sqrt{6}}{2}$ で割って，z_3 を正規化した $e_3=\dfrac{z_3}{\|z_3\|}=\left(-\dfrac{1}{\sqrt{6}}, 0, \sqrt{\dfrac{2}{3}}, \dfrac{1}{\sqrt{6}}\right)$ を加えた，三人組 $(0,1,0,0)$, $\left(\dfrac{1}{\sqrt{2}}, 0, 0, \dfrac{1}{\sqrt{2}}\right)$, $\left(-\dfrac{1}{\sqrt{6}}, 0, \sqrt{\dfrac{2}{3}}, \dfrac{1}{\sqrt{6}}\right)$ は確かに互に直交して，大きさ１の $\mathrm{Ker} f$ の三つの元の組，即ち，$\mathrm{Ker} f$ の正規直交基底を与える．

次の問題は線形写像とは，直接の関係はないが，連立方程式の問題に還元して，ゴチャゴチャと算術をする所が，この問題と一脈相通じる所があるので，この機会に練習しておきましょう．
どちらかと云うと，数値解析にルーツを持ち，恐らく，その専門家が出題した物と思われる．

アメリカ人はアメリカでは馬鹿でもアメリカ語を話すが，外国で外国語を話すのは苦手である．日本人の外国語の学力は抜群であるが，英会話の能力並びに仏会話や独会話の能力が，他の旧植民地の人々に比べると著しく劣る原因は日常の会話の欠如以外にはない．従って，家庭，学校，塾の三点を結ぶ曲線から外れる事なく，ペーパーテストの成績の向上に邁進させられて来た人は，如何にその国語や英語の成績が抜んでていても，まともな日本語の会話が出来ない．これらの人々は無料の日本語会話の塾での**口頭試問の受験勉強**のつもりで，家族，友人，近所の人々と会話をして下さい．

類 題 （解答☞ 206ページ）

1．複素数を成分とする n 次行列 $A=(a_{ij})$ において．この

$$s_i=|a_{ii}|-\sum_{j\neq i}|a_{ij}|>0\ (i=1,2,\cdots,n) \tag{1}$$

とする．この時

(i) $\det A\neq 0$

(ii) $A^{-1}=(b_{ij})$ とおけば，

$$|b_{ij}|\leqq|b_{jj}|\leqq\frac{1}{s_j}\ (i,j=1,2,\cdots,n) \tag{2}$$

である事を証明せよ．

（国家公務員上級職数学専門試験）

2 (多項式のなす線形空間における線形写像としての微分作用素)

V は実変数 x の実係数の高々 $n-1$ 次の多項式 $f(x)=a_0+a_1x+\cdots+a_{n-1}x^{n-1}$ 全体の集合であって，別の高々 n 次の多項式 $g(x)=b_0+b_1x+\cdots+b_{n-1}x^{n-1}$ との和 $f+g$ を

$$f(x)+g(x)=(a_0+b_0)+(a_1+b_1)x+\cdots+(a_{n-1}+b_{n-1})x^{n-1} \tag{3}$$

によって，スカラー a との積 af を

$$af(x)=aa_0+aa_1x+\cdots+aa_nx^{n-1} \tag{4}$$

によって定義すると，V は実数体 $\boldsymbol{R}$ を係数体に持つ線形空間である．

V の n 個のベクトル $1, x, \cdots, x^{n-1}$ が1次独立である事を示そう．スカラー $a_0, a_1, \cdots, a_{n-1}$ を係数とする1次結合は，これらを係数とする多項式 $a_0+a_1x+\cdots+a_{n-1}x^{n-1}$ に他ならず，これがゼロベクトルであると云う事は，x の関数として，すべての $x\in\boldsymbol{R}$ に対して，実数として

$$a_0+a_1x+\cdots+a_{n-1}x^{n-1}=0 \tag{5}$$

が成立する事を意味する．相異なる $n-1$ の個の実数 $x_1, x_2, \cdots, x_n$ を取り(5)に代入すると，同次連立1次方程式

$$\begin{cases} a_0+a_1x_1+\cdots+a_{n-1}x_1{}^{n-1}=0 \\ a_0+a_1x_2+\cdots+a_{n-1}x_2{}^{n-1}=0 \\ \cdots\cdots\cdots\cdots\cdots\cdots\cdots\cdots \\ a_0+a_1x_n+\cdots+a_{n-1}x_n{}^{n-1}=0 \end{cases} \tag{6}$$

を得る．その係数の行列式は，仏人 Alexandre Théophile Vandermonde (1735–1796) の名を冠したバンデルモンドの行列式として有名な

$$\begin{vmatrix} 1 & x_1 & \cdots & x_1{}^{n-1} \\ 1 & x_2 & \cdots & x_2{}^{n-1} \\ \cdots & \cdots & \cdots & \cdots \\ 1 & x_n & \cdots & x_n{}^{n-1} \end{vmatrix}=(-1)^{\frac{n(n-1)}{2}}\prod_{i<j}(x_i-x_j)\neq 0 \tag{7}$$

であって，(7)の値は6章の類題11で論じた様に0ではない．と云うよりも寧ろ，バンデルモンドの行列式(7)はベクトル $1, x, \cdots, x^{n-1}$ の1次独立性の為にあると云う方が適切であろう．従って，$1, x, \cdots, x^{n-1}$ は線形空間 V の基底であり，対応 $f=a_0+a_1x+\cdots+a_{n-1}x^{n-1}\to(a_0, a_1, \cdots, a_{n-1})$ によって，$\boldsymbol{R}^n$ と同型である．

本問は，受験生のベクトル空間に関する知識が，数ベクトルを超えて，ここ迄達しているかと云う，到達度を試している．さて，$1, x, \cdots, x^{n-1}$ は V の基底をなすので，これをスカラーで割った $1, \frac{x}{1!}, \cdots, \frac{x^{n-1}}{(n-1)!}$ も V の基底である．多項式 $f\in V$ を，今後は，この基底を用いて，

$$f(x)=\sum_{i=0}^{n-1} b_i\frac{x^i}{i!} \tag{8}$$

で表現し，対応 $f\to(b_0, b_1, \cdots, b_{n-1})$ によって，$V\cong\boldsymbol{R}^{n-1}$ とみなす所がミソである．

さて，微分の公式

$$\frac{d}{dx}x^i=ix^{i-1} \tag{9}$$

は高校でお馴染みで，知らない読者はなかろうが，この公式(9)を中心に本問は展開する．(9)を用いて(8)を微分すると，$\frac{i}{i!}=\frac{1}{(i-1)!}\,(i\geqq 1)$, $\frac{0}{0!}=0$ なので，$i=j+1$ とおき，$j=i-1$ は0から $n-2$ 迄動き，

$$\frac{df}{dx}=f'(x)=\sum_{i=0}^{n-1} b_i\, i\frac{x^{i-1}}{i!}=\sum_{i=1}^{n-1} b_i\frac{x^{i-1}}{(i-1)!}=\sum_{j=0}^{n-2} b_{j+1}\frac{x^j}{j!}$$

を得るが，Σ や定積分の変数は何を用いても，変りがないので，i を j に戻し，$Df=f'$ なので

$$Df=\sum_{i=0}^{n-2} b_{i+1}\frac{x^i}{i!} \qquad (10).$$

f と Df とを $(b_0, b_1, \cdots, b_{n-1})$ と $(b_1, b_2, \cdots, b_{n-1}, 0)$ の転置ベクトルである列ベクトル(列に書いたら，大変なスペースを取るので，行で書きますが，チラシの裏を利用して資源を節約しながら，諸君は列に書いて下さいね❗) と見なすと，f と Df との対応は，行列を用いて

$$\begin{bmatrix} b_1 \\ b_2 \\ \vdots \\ b_{n-1} \\ 0 \end{bmatrix}=\begin{bmatrix} 0 & 1 & 0 & \cdots & 0 \\ 0 & 0 & 1 & \cdots & 0 \\ & & \vdots & & \\ 0 & 0 & 0 & \cdots & 1 \\ 0 & 0 & 0 & \cdots & 0 \end{bmatrix}\begin{bmatrix} b_0 \\ b_1 \\ \vdots \\ b_{n-2} \\ b_{n-1} \end{bmatrix} \qquad (11)$$

と表現され，この線形写像 D は，対角線の一路右が 1 で，他の全て 0 と云う，ランク $n-1$ の行列

$$A=\begin{bmatrix} 0 & 1 & 0 & \cdots & 0 \\ 0 & 0 & 1 & \cdots & 0 \\ & \cdots\cdots & \cdots\cdots & \cdots\cdots & \\ 0 & 0 & 0 & \cdots & 1 \\ 0 & 0 & 0 & \cdots & 0 \end{bmatrix} \qquad (12)$$

で表現される.

次に $f\in V$ に対して，$(\sigma f)=f(x+1)\in V$ なる変数 x を $x+1$ とずらした多項式を対応させる対応 $\sigma: V\to V$ を考える. σ は線形写像である事が直ぐ分るが，証明せよと書いてない事は示さなくてよい. ここで，n 回**連続微分可能**な関数 f，即ち，C^n **級**の関数，もっと露骨に云えば，微係数 $f', f'', \cdots, f^{(n)}$ が存在して連続な関数 f に対する

(テイラーの定理) $$f(x+h)=\sum_{i=1}^{n-1}\frac{f^{(i)}(x)}{i!}h^i+\frac{f^{(n)}(x+\theta h)}{n!}h^n \quad (0<\theta<1) \qquad (13)$$

を想起し，(8)で与えられる f と $h=1$ に対して適用しよう. f は高々 $n-1$ 次の多項式なので，n 次の導関数 $f^{(n)}(x)\equiv 0$ である所がミソで，$f^{(i)}(x)=D^i f$ に気付き

$$(\sigma f)(x)=f(x+1)=\left(\sum_{i=0}^{n-1}\frac{D^i}{i!}f\right)(x) \qquad (14),$$

即ち，(2)を得る，$D^j=0(j\geqq n)$ なので，(2)は $\sigma=e^D$ と書き，対応する行列は e^A である. $\sigma=e^D$ は多項式でなくとも成立し，数値解析にルーツを持つ出題である.

蛇足ながら，A^i を計算すると，A を一回掛ける毎に 1 が右に一路移動し，次の公式を得る：

$$e^A=\sum_{i=0}^{n-1}\frac{A^i}{i!}=\begin{bmatrix} 1 & \frac{1}{1!} & \frac{1}{2!} & \cdots & \frac{1}{(n-1)!} \\ 0 & 1 & \frac{1}{1!} & \cdots & \frac{1}{(n-2)!} \\ & \cdots\cdots & \cdots\cdots & \cdots\cdots & \\ 0 & 0 & 0 & \cdots & 1 \end{bmatrix} \qquad (14).$$

ある銀行の支店で，新人の学士様を集めて，支店長殿が勤務の心掛けについて一席弁じようとして，ふと見ると，足を組んでいる者，タバコをすっている者がいる. 仰天して，マナーに反するではないかと注意すると，マナーを知りませんでしたと云う. 信じ難いことではあるが，家庭でママからシツケられなかったらしい. この種の人物は，転勤の辞令を貰うや否や，事務引継ぎも上司への挨拶も無しに先方へすっ飛んで行って終う. 警察へ捜査願いを出したら，大恥をかき，支店長は首が危くなる所であった. か様な人々を戦力としておだてながら経済戦争に立ち向わねばならぬ我々の苦悩を察して，もう少しましな学士を生産する様，大学は心掛けて欲しいと仰っしゃったが，こんな坊やのお守りをする大学も大変である. ペーパーテストでは選別出来ず，不本意にも入学して来るのだから.

3 （線形写像の核と像の次元）

線形空間 V から線形空間 W の中への写像 f は V の任意の二元 x,y と任意のスカラー α,β に対して，

$$f(\alpha x+\beta y)=\alpha f(x)+\beta f(y) \tag{2}$$

が成立し，1次結合の演算を保つ時，**線形写像**と呼ばれる．V の部分集合

$$\mathrm{Ker}\,f=\{x\in V;\,f(x)=0\} \tag{3}$$

は f の**核**と呼ばれる．$\mathrm{Ker}\,f$ の任意の二元 x,y と任意のスカラー α,β に対して，(2)より

$$f(\alpha x+\beta y)=\alpha f(x)+\beta f(y)=\alpha 0+\beta 0=0 \tag{4}$$,

即ち，$\alpha x+\beta y\in \mathrm{Ker}\,f$ が成立するので，$\mathrm{Ker}\,f$ は V の線形部分空間である．他方 W の部分集合

$$\mathrm{Im}\,f=\{f(x)\in W;\,x\in V\} \tag{5}$$

を f の**像**と云う．$\mathrm{Im}\,f$ の任意の二元，z,w と任意のスカラー α,β に対して，$x,y\in V$ があって，$z=f(x)$, $w=f(y)$ が成立する．(2)より

$$\alpha z+\beta w=\alpha f(x)+\beta f(y)=f(\alpha x+\beta y)\in \mathrm{Im}\,f \tag{6}$$

が成立し，W の部分集合 $\mathrm{Im}\,f$ も1次結合に関して閉じているので，$\mathrm{Im}\,f$ は W の線形部分空間である．

V の零ベクトル0に対して $f(0)=f(0+0)=f(0)+f(0)$ が成立し，$f(0)$ は W の零ベクトルであり，

$$f(0)=0 \tag{7}$$.

が成立する．従って，V の元 $v_1,v_2,\cdots,v_n$ とスカラー $\alpha_1,\alpha_2,\cdots,\alpha_n$ の1次結合が0ベクトルであれば，W の元 $f(v_1),f(v_2),\cdots,f(v_n)$ の同じ係数の1次結合も

$$\alpha_1 f(v_1)+\alpha_2 f(v_2)+\cdots+\alpha_n f(v_n)=f(\alpha_1 v_1+\alpha_2 v_2+\cdots+\alpha_n v_n)=f(0)=0 \tag{8}$$

が成立し，零ベクトルである．特に $v_1,v_2,\cdots,v_n$ が1次従属であれば，$(\alpha_1,\alpha_2,\cdots,\alpha_n)\neq 0$ なる $\alpha_1,\alpha_2,\cdots,\alpha_n$ に対して，$\alpha_1 v_1+\alpha_2 v_2+\cdots+\alpha_n v_n=0$ が成立するから，(7)より，$f(v_1),f(v_2),\cdots,f(v_n)$ も1次従属である．標語的に云えば，線形写像は1次従属性を保つ．

さて，線形空間 V が有限次元の時，$m=\dim V$ とおくと，V の m 個の1次独立なベクトル $e_1,e_2,\cdots,e_m$ を取れば，他の任意のベクトル $x\in V$ は $e_1,e_2,\cdots,e_m$ の1次結合

$$x=x_1e_1+x_2e_2+\cdots+x_me_m \tag{9}$$

で一通りに表現され，ベクトル $x\in V$ に対して，$\boldsymbol{R}^m$ のベクトル $(x_1,x_2,\cdots,x_m)$ を対応させる対応は双射な線形写像であり，$V\cong\boldsymbol{R}^m$ と考えられるので，$e_1,e_2,\cdots,e_m$ を V の**基底**と云う．

$f(e_1),f(e_2),\cdots,f(e_n)$ の1次結合で表される W の元全体の集合を $L(f(e_1),f(e_2),\cdots,f(e_n))$ と記す．これは，$f(e_1),f(e_2),\cdots,f(e_n)$ で**張られる** W の**部分空間**，急ぐ時や講義では，$f(e_1),f(e_2),\cdots,f(e_n)$ のリニヤ・スパンと呼ばれる．我々の場合は，f の線形性より，丁度

$$\begin{aligned}L(f(e_1),f(e_2),\cdots,f(e_n))&=\{x_1f(e_1)+x_2f(e_2)+\cdots+x_mf(e_m);\,x_i\in\boldsymbol{R}(1\leq i\leq m)\}\\&=\{f(x_1e_1+x_2e_2+\cdots+x_me_m);\,x_i\in\boldsymbol{R}\,(1\leq i\leq m)\}=f(V)=\mathrm{Im}\,f\end{aligned} \tag{10}$$

が成立する．f は1次従属なベクトルは1次従属なベクトルに写し，$\mathrm{Im}\,f$ の元は全て $f(e_1),f(e_2),\cdots,f(e_m)$ の1次結合で表わされるので，$r=\dim\mathrm{Im}\,f$ とおくと，$r\leq m$ であって，m を越える事はない．しかし，$f=0$ の例で分る様に，1次独立なベクトルも，1次従属なベクトルに写される事があるから，次元 r は次元 m より減る可能性が多い．この減り方を調べよう．

$\mathrm{Im}\,f$ の次元は r なので，$f(e_1),f(e_2),\cdots,f(e_m)$ の中の r 個が1次独立で，他の残りの $m-r$ 個はこれらの r 個の1次結合で表される．e_i の番号の付け方を変えて，最初の $f(e_1),f(e_2),\cdots,f(e_r)$ が1次独立で，他の

残りの $f(e_i)(r+1\leqq i\leqq m)$ がこれらの1次結合で表される様にし，その係数を

$$f(e_i)=\sum_{j=1}^{r}a_{ij}f(e_j)\quad(r+1\leqq i\leqq m) \tag{10}$$

と書こう．任意の $x=x_1e_1+x_2e_2+\cdots+x_me_m\in V$ に対して，(2)を用いて f を冠せ，(10)を用いて

$$\begin{aligned}f(x)&=f\left(\sum_{i=1}^{m}x_ie_i\right)=\sum_{i=1}^{m}x_if(e_i)=\sum_{i=1}^{r}x_if(e_i)+\sum_{i=r+1}^{m}x_if(e_i)=\sum_{i=1}^{r}x_if(e_i)+\sum_{i=r+1}^{m}x_i\sum_{j=1}^{r}a_{ij}f(e_j)\\&=\sum_{i=1}^{r}x_if(e_i)+\sum_{j=1}^{r}\left(\sum_{i=r+1}^{m}a_{ij}x_i\right)f(e_j)\\&=\sum_{i=1}^{r}\left(x_i+\sum_{j=r+1}^{m}a_{ji}x_j\right)f(e_i)\end{aligned} \tag{11}$$

を得るが，(11)の最後から2番目の式の第二項の Σ の記号の i と j とを入れ換えて，最後の式に整えた．$f(x)=\sum_{i=1}^{r}y_if(e_i)$ と基底 $f(e_1),f(e_2),\cdots,f(e_r)$ で表現し，V の任意の元 $x=x_1e_1+x_2e_2+\cdots+x_me_m$ に対応する数ベクトル $(x_1,x_2,\cdots,x_m)$ と W におけるその像 $f(x)=y_1f(e_1)+y_2f(e_2)+\cdots+y_rf(e_r)$ に対応する数ベクトル $(y_1,y_2,\cdots,y_r)$ との関係を，列ベクトルと行列の積で端的に表現すると

$$\begin{bmatrix}y_1\\y_2\\\vdots\\y_r\end{bmatrix}=\begin{bmatrix}1&0&\cdots&0&a_{r+1\,1}&a_{r+2\,2}&\cdots&a_{m1}\\0&1&\cdots&0&a_{r+1\,2}&a_{r+2\,2}&\cdots&a_{m2}\\\cdots&\cdots&\cdots&\cdots&\cdots&\cdots&\cdots&\cdots\\0&0&\cdots&1&a_{r+1\,r}&a_{r+2\,r}&\cdots&a_{mr}\end{bmatrix}\begin{bmatrix}x_1\\x_2\\\vdots\\x_r\\x_{r+1}\\x_{r+2}\\\vdots\\x_m\end{bmatrix} \tag{12}$$

で表される．$x=x_1e_1+x_2e_2+\cdots+x_me_m\in\mathrm{Ker}\,f$ である為の必要十分条件は，(11)より，

$$x_i=-\sum_{j=r+1}^{m}a_{ji}x_j\quad(1\leqq i\leqq r) \tag{13}$$

で与えられ，任意の $x_{r+1},x_{r+2},\cdots,x_m$ に対して(13)で与えられる $x_1,x_2,\cdots,x_r$ を用いた $(x_1,x_2,\cdots,x_m)$ に対する(9)の x である．従って，$\mathrm{Ker}\,f$ は，(12)の行列 A を係数とする $x_1,x_2,\cdots,x_m$ に関する連立1次同次方程式の解全体のなす $\boldsymbol{R}^m$ の線形部分空間と同値である．行列 A は始めから標準形で書かれていて，そのランクは r，従って，同次解のなす $\boldsymbol{R}^{m-r}$ の線形部分空間の次元は $m-r$ であり，これと同形な $\mathrm{Im}f$ の次元は $m-r$ であり，(1)が成立する．11章の問題1でスマートな伝統的解答を与える．

前問の終りで述べた様なおかしな学生が増える傾向，と云うよりもおかしな生徒でないと大学に入学し難い現状が，中央集権的な共通一次テストの施行に大学側が余り抵抗を示さなかった原因の一つではないか．マーク・シート方式に端的に現れる，破れたコンピューター的な生徒しか大学に入学し難くなっているのは嘆かわしい．これは大学人の共通の意識と思う．そして，不幸にして，共通一次テストはこれに拍車を掛けるであろう．その結果はどうなのか．現在の大学院入試の方式が次第に採用され，共通一次テストによって一般的学力を見，二次試験は専門科目のテストと小論文や口頭試問によって，学問への情熱，専門への適性，人間性を見る事のみになるのではないか．いずれにせよ，高校生諸君の日本語会話の能力が重要な役割を果す時代が来ると思う．人の目を見て会話をする事の出来ない無機質的な人間が，始めからふるいに懸けられる時代が来ると思う．その様な日本語の会話の能力は日常生活の中で，家庭や交友で得るしかない．

類　題 （解答☞ 207ページ）

2. A を係数とする連立同次1次連程式の $m-r$ 個の1次独立な解を書き下せ．

4 (多数の線形写像の核の共通集合)

一般に，線形空間 V から，同じでも別でもよいが係数体だけは同じ，線形空間 W への線形写像 f 全体の集合を $L(V, W)$ とし，$L(V, W)$ の二元 f, g と二つのスカラー α, β に対して，1次結合 $\alpha f+\beta g$ を

$$(\alpha f+\beta g)(x)=\alpha f(x)+\beta g(x) \quad (x\in V) \tag{2}$$

で定義すると，$L(V, W)$ は線形空間となる．$L(V, W)$ の任意の元 f に対して，集合

$$\mathrm{Ker}\, f=\{x\in V; f(x)=0\} \tag{3}$$

を f の**核**と呼ぶが，$\mathrm{Ker}\, f$ は V の部分空間である．集合

$$\mathrm{Im}\, f=\{f(x)\in W; x\in V\} \tag{4}$$

を f の**像**と呼ぶが，$\mathrm{Im}\, f$ は W の方の部分空間である．本問の様に $W=\boldsymbol{R}$ の時，$L(V, \boldsymbol{R})$ の元を**線形汎関数**と云う事もある．これは V が関数の作る線形空間であれば，$L(V, \boldsymbol{R})$ の元は関数であるベクトルに数を対応させる関数であるから，関数よりも立派な名前を奉ったのである．

さて，$f_1, f_2, \cdots, f_n\in L(V, \boldsymbol{R})$ に対して，$f\in L(V, \boldsymbol{R})$ が $f_1, f_2, \cdots, f_n$ の1次結合であれば，スカラー $\alpha_1, \alpha_2, \cdots, \alpha_n$ があって

$$f=\alpha_1 f_1+\alpha_2 f_2+\cdots+\alpha_n f_n \tag{5}$$

が成立する．従って，任意の $x\in \bigcap_{i=1}^{n} \mathrm{Ker}\, f_i$ に対して，$x\in \mathrm{Ker}\, f_i, f_i(x)=0$ が各 i について云えて，(2)と(5)より

$$f(x)=\alpha_1 f_1(x)+\alpha_2 f_2(x)+\cdots+\alpha_n f_n(x)=0 \tag{6}$$

が成立し，$x\in \mathrm{Ker}\, f$ を得る．$\bigcap_{i=1}^{n} \mathrm{Ker}\, f_i$ の任意の元 x が $\mathrm{Ker}\, f$ に含まれるので，集合 $\bigcap_{i=1}^{n} \mathrm{Ker}\, f_i$ 自体が $\mathrm{Ker}\, f$ に含まれ，(1)が成立する．

本問はこの逆を，V が必ずしも有限次元でない時に示せと要求している．前問では高々 $(n-1)$ 次の多項式を考えたので，n 次元であったが，一般の，或る条件を満す関数全体の集合を考えると，無限次元の線形空間が得られる事が多い．有限の n 次元であれば，前問の様に，基底を用いて，線形空間は，数ベクトルの空間 $\boldsymbol{R}^n$ に，線形写像も行列を用いて表す事が出来，問題を列ベクトルや，行列の計算に帰着させる事が出来る．しかし，本問では，必らずしも有限次元とは限らないと親切にも書いてあるので，行列に拘って，特別な場合に迷い込んで，零点とならない様に注意せねばならぬ．

$f_1=f_2=\cdots=f_n=0$ であれば，$f=0$ である．又，$f_1, f_2, \cdots, f_n$ が1次独立でなく，1つが他の1次結合で表される場合は，これを除いてよいので，$f_1, f_2, \cdots, f_n$ は一次独立として仮定して話を進める．

さて，$f\in L(V, \boldsymbol{R})$ が $\bigcap_{i=1}^{n} \mathrm{Ker}\, f_i\subset \mathrm{Ker}\, f$ を満したとしよう．$\mathrm{Ker}\, f=V$ であれば，任意の $x\in V$ に対して，$f(x)=0$ なので，f は $f=0f_1+0f_2+\cdots+0f_n$ と $f_1, f_2, \cdots, f_n$ のトリビヤルな1次結合にせよ，兎に角1次結合で表されて，一件落着．

次に，$\mathrm{Ker}\, f\subsetneqq V$ の場合を考察しよう．$x_0\in V-\mathrm{Ker}\, f$ がある．即ち，$x_0\in V, x_0\notin \mathrm{Ker}\, f$ なるベクトル x_0 を取る．$x_0\notin \mathrm{Ker}\, f$ なので，$f(x_0)\neq 0$．任意の $x\in V$ に対して，f の x における値 $f(x)$ がスカラーである事が，この問題の鍵であって，$f(x_0)\neq 0$ なので，スカラー $\dfrac{f(x)}{f(x_0)}$ をベクトル x_0 に掛けた物は V のベクトルであり，ベクトル

$$T_0 x=x-\frac{f(x)}{f(x_0)}x_0 \tag{7}$$

を作る事が出来る．f の線形性より，f を冠せる際，スカラーは全て f の前に出て

$$f(T_0 x)=f(x)-\frac{f(x)}{f(x_0)}f(x_0)=0 \tag{8}$$

が成立し，$T_0x\in\mathrm{Ker}\,f$. f の線形性より，写像 T_0: $V\to\mathrm{Ker}\,f$ は線形空間 V から線形空間 $\mathrm{Ker}\,f$ の中への線形写像である．この時，$\mathrm{Im}\,T_0\subset\mathrm{Ker}\,f_1$ か否かで二通りのケースがある．

$\mathrm{Im}\,T_0\subset\mathrm{Ker}\,f_1$ の場合．$f_1(x_0)=0$ であれば，(8)と同じく，$f_1(x)=f_1(T_0x)=0(x\in V)$ が成立し，$f_1=0$ なので，1次独立性の仮定に反し，矛盾である．従って，$f_1(x_0)\neq0$ が成立する．この時，(7) に f_1 を冠せれば，

$$f(x)=\frac{f(x_0)}{f_1(x_0)}f_1(x)\quad(x\in V)\tag{9}$$

が成立し，f はちゃんと1次結合 $f=\dfrac{f(x_0)}{f_1(x_0)}f_1+0f_2+\cdots+0f_n$ で表されているので，一件落着．

$\mathrm{Im}\,T_0\subset\mathrm{Ker}f_1$ が成立しない場合．$x_1\in V$ があって，$x_1\in\mathrm{Im}\,T_0$ だが，$x_1\notin\mathrm{Ker}\,f_1$. $\mathrm{Im}\,T_0\subset\mathrm{Ker}\,f$ なので，$f(x_1)=0, f_1(x_1)\neq0$ が成立している．(7)の考えを継承して

$$T_1x=T_0x-\frac{f_1(T_0x)}{f_1(x_1)}x_1\quad(x\in V)\tag{10}$$

とおくと，T_0 と f の線形性より，T_1 は線形写像 T_1: $V\to\mathrm{Ker}\,f\cap\mathrm{Ker}\,f_1$ を与える．

この操作を繰り返して，$1\leqq j\leqq n-1$ に対して，ここ迄問題が解決せず，持ち越されて，$x_0\in\mathrm{Ker}\,f-\bigcup_{i=1}^{j}\mathrm{Ker}\,f_i$, $x_1\in\mathrm{Ker}\,f-\mathrm{Ker}\,f_1$, $x_2\in\mathrm{Ker}\,f\cap\mathrm{Ker}\,f_1-\mathrm{Ker}\,f_2$, $\cdots$, $x_j\in\mathrm{Ker}\,f\cap\mathrm{Ker}\,f_1\cap\cdots\cap\mathrm{Ker}\,f_{j-1}-\mathrm{Ker}\,f_j$ と線形写像 T_0: $V\to\mathrm{Ker}\,f$, T_1: $V\to\mathrm{Ker}\,f\cap\mathrm{Ker}\,f_1$, $\cdots$, T_j: $V\to\mathrm{Ker}\,f\cap\mathrm{Ker}\,f_1\cap\cdots\cap\mathrm{Ker}\,f_j$ が取れて，$1\leqq i\leqq j$ に対して，

$$T_ix=T_{i-1}x-\frac{f_i(T_{i-1}x)}{f_i(x_i)}x_i\quad(x\in V)\tag{11}$$

が成立したとしよう．この時，$\mathrm{Im}\,T_j\subset\mathrm{Ker}f_{j+1}$ か否かで，二通りのケースに分れる．

$\mathrm{Im}\,T_j\subset\mathrm{Ker}f_{j+1}$ の時，$f_{j+1}(T_{j-1}x)=f_{j+1}(T_jx)=0\ (x\in V)$ が成立し，

$$x=\frac{f(x)}{f(x_0)}x_0+\frac{f_1(T_0x)}{f_1(x_1)}x_1+\cdots+\frac{f_j(T_{j-1}x)}{f_j(x_j)}x_j+T_jx\quad(x\in V)\tag{12}$$

なので，$f_{j+1}(x_0)=0$ であれば，f_{j+1} は $f_1, f_2, \cdots, f_j$ の1次結合で表され，矛盾である．故に，$f_{j+1}(x_0)\neq0$ が成立する．この時，(12)に f_{j+1} を冠せて，$f(x)$ の係数$\neq0$ で両辺を割って，$f(x)$ について解き，式はゴチャゴチャしているが，f を $f_1, f_2, \cdots, f_{j+1}$ の1次結合で表して，一件落着．

$\mathrm{Im}\,T_j\subset\mathrm{Ker}f_{j+1}$ が成立しない時は，$x_{j+1}\in\mathrm{Im}\,T_j$ があって，$x_{j+1}\notin\mathrm{Ker}f_{j+1}$. 馬鹿の一つ覚えで

$$T_{j+1}x=T_jx-\frac{f_{j+1}(T_jx)}{f_{j+1}(x_{j+1})}x_{j+1}\quad(x\in V)\tag{13}$$

とおいて，線形写像 T_{j+1}: $V\to\mathrm{Ker}\,f_1\cap\mathrm{Ker}\,f_2\cap\cdots\cap\mathrm{Ker}\,f_{j+1}$ を作って，先へ進む．

数学的帰納法により，$n-1$ 段階迄進み，n 段に臨む．ここで，又，$\mathrm{Im}\,T_{n-1}\subset\mathrm{Ker}f_n$ の場合．$f_n(x_0)=0$ であれば，f_n が，$f_1, f_2, \cdots, f_{n-1}$ の1次結合で表されて矛盾であるので，$f_n(x_0)\neq0$ が成立する．この時，$j=n-1$ の(12)に f_n を冠せて，$f(x)$ の係数$\neq0$ で両辺を割り，$f(x)$ で解き，

$$f(x)=\frac{f(x_n)}{f_n(x_0)}f_n(x)-\sum_{j=1}^{n-2}\frac{f(x_0)}{f_n(x_0)}\frac{f_n(x_j)}{f_j(x_j)}f_j(T_{j-1}x)+\frac{f(x_0)}{f_n(x_0)}f_n(T_{n-1}x)\quad(x\in V)\tag{14}$$

を $f_1, f_2, \cdots, f_n$ の1次結合に整理する事が出来る．$\mathrm{Im}\,T_{n-1}\subset\mathrm{Ker}f_n$ が成立しない時は，$x_n\in\mathrm{Im}\,T_{n-1}$ の元があって，$f_n(x_n)\neq0$. $i=n$ の場合の(11)を用いて T_n を定義し，線形写像 T_n: $V\to\mathrm{Ker}\,f_1\cap\mathrm{Ker}\,f_2\cap\cdots\cap\mathrm{Ker}\,f_n$ を得る．n 度目の正直で，やっと，条件 $\bigcap_{i=1}^{n}\mathrm{Ker}\,f_i\subset\mathrm{Ker}\,f$ にありついて，$f(T_{n-1}x)=\dfrac{f_n(T_{n-1}x)}{f_n(x_n)}f(x_n)$. $2\leqq j\leqq n-2$ に対して，$f(T_jx)$ が $f, f_1, f_2, \cdots, f_{j-1}$ の1次結合であれば，(12)より $f(T_{j+1}x)$ は $f, f_1, f_2, \cdots, f_j$ の1次結合である．従って，数学的帰納法を用いて，やっと f は $f_1, f_2, \cdots, f_n$ の1次結合となる．

EXERCISES

（解答☞ 207ページ）

1 **（線形写像）** (m, n) 型行列 $A=(a_{ij})$ による実ユークリッド空間 $\boldsymbol{R}^n$ から $\boldsymbol{R}^m$ への線形写像 $x \to Ax$ において

$$\|Ax\| \leqq \sqrt{\sum_{i=1}^{m}\sum_{j=1}^{n} a_{ij}^2}\,\|x\| \tag{1}$$

が成立する事を証明せよ.（東海大学大学院入試）

2 **（線形写像）** T を n 次元実 Euclid 空間 X から X への線形写像とし，S を X の部分集合とする．X の全てのベクトル x に対して，$Tx \in S$ で，$x - Tx \in S^\perp$ であれば，S は X の線型部分空間となる事を証明せよ．ここで，$S^\perp$ は S に直交する空間とする.（神戸大学大学院入試）

3 **（線形写像）** V と W を可換体 K 上のベクトル空間とし，T を V から W の上への1次変換とする．U を T の核とする時，商空間 V/U は W に同型である事を証明せよ.（九州大学大学院入試）

4 **（線形写像）** V を実数体 $\boldsymbol{R}$ 上の n 次正方行列の作るベクトル空間とし，f を V から $\boldsymbol{R}$ への線形写像とする．この時

(i) $A \in V$ があって，すべての $X \in V$ に対して，$f(x) = \mathrm{Tr}(AX)$ である事を示せ.

(ii) 特に，任意の $X, Y \in V$ に対して，$f(XY) = f(YX)$ が成立するならば，$c \in \boldsymbol{R}$ があって，$f(X) = c\mathrm{Tr}(X)$ である事を示せ．ただし，$X = (x_{ij}) \in V$ のトレースは $\mathrm{Tr}(X) = \sum_{i=1}^{n} x_{ii}$ で与えられる.

（東京都立大学，名古屋大学大学院入試）

5 **（線形写像）** $C(\boldsymbol{R})$ を実数空間 $\boldsymbol{R}$ 上の実数値連続関数全体のなす線形空間，φ を $C(\boldsymbol{R})$ から $C(\boldsymbol{R})$ への線形写像とする．任意の開区間 I に対して，I で恒等的に 0 となる $f \in C(\boldsymbol{R})$ に対して，$\varphi(f)$ も I で恒等的に 0 となるならば，$g \in C(\boldsymbol{R})$ が存在して，全ての $f \in C(\boldsymbol{R})$ に対して，$\varphi(f) = gf$ となる事を証明せよ.

（東京工業大学大学院入試）

Advice

1 シュワルツの不等式を用います．有限次元の線形空間からの線形写像は有界である事を物語っています.

2 $\mathrm{Im}\, T \subset S$ ですが，S が X の線型部分空間に等しいとすれば，如何なる部分空間に等しいでしょうか.

3 第1同型定理の線形空間版ですので，剰余類に対して，標準的に線形写像を定義し，双射を示しましょう.

4 (i) 線形空間 V は n^2 個の成分を持つ $\boldsymbol{R}^{n^2}$ と同型であるので，線形写像 $f\colon \boldsymbol{R}^{n^2} \to \boldsymbol{R}$ は行列で表される筈です.

(ii) 行や列基本変形に対応する行列を左や右から掛けたら，如何でしょうか.

5 先ず，その様な g があったとしたら φ を用いて，どの様に表されるか，考えましょう．前問同様，非常に弱い条件から，線形写像の具体像を割り出す所に，推理物の様な抽象数学の面白さを感じませんか.

11 直和とベキ等

[指針] 本章の主題はあく迄も教養の数学ではあるが，学部で学ぶ純粋数学との接続点に当る．従って，学問的色彩が，それだけ，濃くなり，取り付き難く感じる読者も現われようが，数学を観賞するつもりで，楽しんで頂きたい．本書のメーンテーマである標準形が顔を出す．

1 （直和） V を実数体 $\boldsymbol{R}$ の上の有限次元ベクトル空間，f を V の線形変換とする時，次の命題(i), (ii), (iii)は互に同値である事を示せ：

(i) $\mathrm{Im}\,f=\mathrm{Im}\,f^2$

(ii) $\mathrm{Ker}\,f=\mathrm{Ker}\,f^2$

(iii) $V=\mathrm{Im}\,f+\mathrm{Ker}\,f$ （直和）

（広島大学大学院入試）

2 （ベキ等） V は体 K 上の n 次元ベクトル空間，A は K 上の n 次正方行列とする．

$$W_1=\{x\in V\,|\,Ax=x\},\quad W_2=\{x\in V\,|\,Ax=0\}$$

とおく．この時，V が W_1, W_2 の直和となる為には，$A^2=A$ が必要十分である事を示せ．

（金沢大学大学院入試）

3 （直交ベキ等） V を $\boldsymbol{C}$ 上のベクトル空間 $T_i\colon V\to V$ $(1\leqq i\leqq n)$ を次の条件(i), (ii)を満す線形変換とする：

(i) $T_1+T_2+\cdots+T_n=I$ ただし $I\colon V\to V$ は恒等変換

(ii) $T_iT_j=\delta_{ij}T_j$ $(1\leqq i, i\leqq n)$ ただし $\delta_{ij}=0(i\neq j), \delta_{ij}=1(i=j)$.

さて，$V_i=\{x\in V\,|\,T_ix=x\}$ と定義する時，V は $V_1, V_2, \cdots, V_n$ の直和となる事を示せ．

（津田塾大学大学院入試）

4 （ベキ等） X, Y は実ベクトル空間で，$1\leqq\dim Y=k\leqq\dim X=n<+\infty$ とする．X から Y への線型写像 A, Y から X への線型写像 B があって，次の二つの条件を満しているとする．

$$(BA)^2=BA \tag{1}$$

$$\mathrm{rank}(BA)=k \tag{2}$$

この時，AB は Y における恒等写像である時を証明せよ．

（東北大学大学院入試）

1 （直　和）

自分自身の中への線形写像 $f: V\to V$ を**線形変換**と云う人もある．この場合，f の像は V 自身に含まれないと，ナンセンス．V は有限次元なので，その次元を n とする．次元の定義より，n は V の中の１次独立なベクトルの最大個数である．$e_1, e_2, \cdots, e_n$ を V の１次独立な n 個のベクトルとすると，これ以上，１次独立である様にベクトルを追加する事は出来ない．従って，V の任意のベクトル x は $e_1, e_2, \cdots, e_n$ の１次結合

$$x=x_1e_1+x_2e_2+\cdots+x_ne_n \tag{1}$$

で表されるが，もう一つの表記法 $x=x_1'e_1+x_2'e_1+\cdots+x_n'e_n$ があれば，$(x_1-x_1')e_1+(x_2-x_2')e_2+\cdots+(x_n-x_n')e_n=0$，即ち，$x_1=x_1', x_2=x_2', \cdots, x_n=x_n'$ が得られ，(1)の表現は一意的である．それ故，$e_1, e_2, \cdots, e_n$ は V の**基底**と呼ばれる．V に別に $r(<n)$ 個の１次独立なベクトル $e_1', e_2', \cdots, e_r'$ がある時，

> **基-1．** $e_1, e_2, \cdots, e_n$ の内の r 個を $e_1', e_2', \cdots, e_r'$ でおきかえて，残りの $n-r$ 個 $e_{r+1}'+e_{r+2}', \cdots, e_n'$ は $e_1, e_2, \cdots, e_n$ の中から選んで，$e_1', e_2', \cdots, e_n'$ が１次独立である様に出来る．

が成立する事を証明しよう．$e_1', e_2', \cdots, e_r'$ を基底 $e_1, e_2, \cdots, e_n$ で表し

$$e_i'=\sum_{j=1}^{n} a_{ij}e_j \quad (1\leqq i\leqq r) \tag{2}$$

とする．$e_1', e_2', \cdots, e_r'$ は，基底 $e_1, e_2, \cdots, e_n$ に関する行ベクトルと見なすと，行列

$$A=\begin{bmatrix} a_{11} & a_{12} & \cdots & a_{1n} \\ a_{21} & a_{22} & \cdots & a_{2n} \\ \cdots & \cdots & \cdots & \cdots \\ a_{r1} & a_{r2} & \cdots & a_{rn} \end{bmatrix} \tag{3}$$

の行ベクトルを構成する．これらが１次独立であると云う事は，A のランクが r で，A がフル·ランクである事を意味し，r 次の小行列式で０でないものがある．$e_1, e_2, \cdots, e_n$ の番号を付け変える事によって，行列 A の第１列，第２列，…，第 r 列が構成する小行列式が０でないと仮定してよい．この時行列

$$B=\begin{bmatrix} a_{11} & a_{12} & \cdots & a_{1r} & a_{1r+1} & a_{1r+2} & \cdots & a_{1n} \\ a_{21} & a_{22} & \cdots & a_{2r} & a_{2r+1} & a_{2r+2} & \cdots & a_{2n} \\ \cdots & \cdots & \cdots & \cdots & \cdots & \cdots & \cdots & \cdots \\ a_{r1} & a_{r2} & \cdots & a_{rr} & a_{rr+1} & a_{rr+1} & \cdots & a_{rn} \\ 0 & 0 & \cdots & 0 & 1 & 0 & \cdots & 0 \\ 0 & 0 & \cdots & 0 & 0 & 1 & \cdots & 0 \\ \cdots & \cdots & \cdots & \cdots & \cdots & \cdots & \cdots & \cdots \\ 0 & 0 & \cdots & 0 & 0 & 0 & \cdots & 1 \end{bmatrix} \tag{4}$$

の行列式は上の r 次の小行列式の値に等しく０でないので，その n 個の行ベクトルに対応するベクトル $e_1', e_2', \cdots, e_r', e_{r+1}, e_{r+2}, \cdots, e_n$ は１次独立である．

さて，写像 f の核，$\mathrm{Ker}f=\{x\in V; f(x)=0\}$ は f の**零空間**とも呼ばれるが，f の線形性より，任意のベクトル $x, y\in \mathrm{Ker}f$ とスカラー α, β に対して，$f(\alpha x+\beta y)=\alpha f(x)+\beta f(y)=0$，即ち，$\alpha x+\beta y\in\mathrm{Ker}f$ が成立するので，$\mathrm{Ker}f$ は V の部分空間である．その次元を r とすると，r 個の１次独立なベクトル $e_1', e_2', \cdots, e_r'$ がある．基-1より $e_1, e_2, \cdots, e_n$ の番号を付け変えて，$e_1', e_2', \cdots, e_r', e_{r+1}, \cdots, e_n$ が１次独立であって，V の基底を再び構成する様に出来る．

f の像 $\mathrm{Im}=\{f(x); x\in V\}$ も V の線形空間であって，$f(V)$ の任意のベクトルは，$f(x_1e_1'+x_2e_2'+\cdots+x_r'e_r'+x_{r+1}e_{r+1}+\cdots+x_ne_n)=x_1f(e_1')+x_2f(e_2')+\cdots+x_rf(e_r')+x_{r+1}f(e_{r+1})+\cdots+x_nf(e_n)=x_{r+1}f(e_{r+1})+$

$x_{r+2}f(e_{r+1})+\cdots+x_nf(e_n)$ なので，$n-r$ 個のベクトル $f(e_{r+1}), f(e_{r+2}), \cdots, f(e_n)$ によって張られる．1次結合 $a_{r+1}f(e_{r+1})+a_{r+2}f(e_{r+2})+\cdots+a_nf(e_n)=0$ であれば，f の線形性より $f(a_{r+1}e_{r+1}+a_{r+2}e_{r+2}+\cdots+a_ne_n)=0$，即ち，$a_{r+1}e_{r+1}+a_{r+2}e_{r+2}+\cdots+a_ne_n\in\mathrm{Ker}\,f$ が云えて，$\mathrm{Ker}\,f$ のベクトルは $e_1', e_2', \cdots, e_r'$ の1次結合であり，$a_{r+1}e_{r+1}+a_{r+2}e_{r+2}+\cdots+a_ne_n=\beta_1e_1'+\beta_2, e_2'+\cdots+\beta_re_r'$．$e_1', e_2', \cdots, e_r', e_{r+1}, \cdots, e_n$ は1次独立なので，$a_{r+1}=a_{r+2}=\cdots=a_n=0$ が成立し，$f(e_{r+1}), f(e_{r+2}), \cdots, f(e_n)$ は1次独立である．故に，

$$\dim \mathrm{Im}\,f=\dim V-\dim \mathrm{Ker}\,f \tag{5}$$

が云えて，10章の問題3の別証明を得る．

さて，線形写像 $f^2: V\to V$ の核を考察しよう．$\mathrm{Ker}\,f\subset\mathrm{Ker}\,f^2$, $\mathrm{Im}\,f\supset\mathrm{Im}\,f^2$ が成立しているので，

$$\dim \mathrm{Ker}\,f\leqq\dim \mathrm{Ker}\,f^2 \quad (6), \qquad \dim \mathrm{Im}\,f\geqq\dim \mathrm{Im}\,f^2 \quad (7)$$

である．所で，V は有限次元なので，

$$\dim \mathrm{Ker}\,f=\dim \mathrm{Ker}\,f^2 \Longleftrightarrow \mathrm{Ker}\,f=\mathrm{Ker}\,f^2 \tag{8}$$

$$\dim \mathrm{Im}\,f=\dim \mathrm{Im}\,f^2 \Longleftrightarrow \mathrm{Im}\,f=\mathrm{Im}\,f^2 \tag{9}$$

$$\dim \mathrm{Im}\,f^2=\dim V-\dim \mathrm{Ker}\,f^2 \tag{10}$$

が成立するので，(5), (8), (9), (10)を総合すると，$\mathrm{Ker}\,f=\mathrm{Ker}\,f^2$ と $\mathrm{Im}\,f=\mathrm{Im}\,f^2$，即ち，命題(i), (ii)は同値である．(i), (ii)が成立する時，$y\in\mathrm{Ker}\,f\cap\mathrm{Im}\,f$ であれば，$x\in V$ があって，$f(x)=y, y\in\mathrm{Ker}\,f$ なので，$f^2(x)=f(y)=0$，即ち，$x\in\mathrm{Ker}\,f^2=\mathrm{Ker}\,f$ が成立し，$y=0$．従って

$$\mathrm{Ker}\,f\cap\mathrm{Im}\,f=0 \tag{11}$$

を得る．この時，任意の $y\in V$ に対して，$f(y)\in\mathrm{Im}\,f=\mathrm{Im}\,f^2$ なので，$x\in V$ があって，$f(y)=f^2(x)$．従って，$f(y-f(x))=0$，即ち，$z=y-f(x)\in\mathrm{Ker}\,f$ が成立し，$y\in V$ は $f(x)\in\mathrm{Im}\,f$ と $z\in\mathrm{Ker}\,f$ の和 $y=f(x)+z$ で表される．もう一通り，$y=f(x')+z', x'\in V, z'\in\mathrm{Ker}\,f$ なる表現があれば，$f(x)+z=f(x')+z'$ より，$f(x-x')=z'-z\in\mathrm{Ker}\,f\cap\mathrm{Im}\,f=0$，即ち，$x-x'=0, z'-z=0$ が導かれ，$y=f(x)+z\ (x\in V, z\in\mathrm{Ker}\,f)$ なる表現は一意的である．この時，V は $\mathrm{Im}\,f$ と $\mathrm{Ker}\,f$ の**直和**であると云い，$V=\mathrm{Im}\,f\oplus\mathrm{Ker}\,f$ と書く．何れにせよ，(iii)が導かれる．

逆に，(iii)が成立すれば，任意の $y\in V$ に対して，$x\in V, z\in\mathrm{Ker}\,f$ があって，$y=f(x)+z$．$z\in\mathrm{Ker}\,f$ なので，$f(y)=f^2(x)\in\mathrm{Im}\,f^2$．従って，$\mathrm{Im}\,f\subset\mathrm{Im}\,f^2$ が導かれ，(i)が成立する．

ペーパーテスト対策一本槍の受験勉強に終始して来た学生は，既述の様に日本語の会話能力は零であり，日本語をペーパーテストの対象としてしか把握していない．他の学科の把握も同じであり，応用力，創造力は期待すべくもない，破れたコンピューターの様な人間像が形成されている．この様な坊やをママは学者タイプと称えるが，通常大学教師は講義をなりわいとしているのに，日本語が話せない人が講義が出来るのであろうか．勿論，研究所の教授は論文作成をなりわいとするが，創造力零のマーク・シート方式人物がなれる筈がない．

類　題

(解答☞ 212ページ)

1．加群 M, N に準同型 $f: M\to N$, $g: N\to M$ があって，$g\circ f: M\to M$ が M の自己同型であれば，N は M とある加群との直和に同型である事を示せ．

（京都大学大学院入試）

2．U, V, W を体 K の上有限次元ベクトル空間とし，$f: U\to V$, $g: V\to W$ を線形写像とする．

(i) $\mathrm{rank}\,(g\circ f)=\mathrm{rank}\,(g)$ である為の必要十分条件は $V=g^{-1}(\{0\})+f(U)$ となる事を示せ．

(ii) $\mathrm{rank}\,(g\circ f)=\mathrm{rank}\,(f)$ である為の必要十分条件は $g^{-1}(\{0\})\cap f(U)=\{0\}$ となる事を示せ．

（九州大学大学院入試）

2 (ベキ等)

今迄も学んで来た様に，線形空間 V とその線形空間 W_1, W_2 が与えられている時，V 任意の元 x が，W_1 の元 x_1 と W_2 の元 x_2 の和

$$x=x_1+x_2 \tag{1}$$

で表される時，V は W_1 と W_2 の**直和**であると云い

$$V=W_1\oplus W_2 \tag{2}$$

と書く．(2)が成立すれば，

$$W_1+W_2=\{x_1+x_2;\ x_1\in W_1,\ x_2\in W_2\} \tag{3}$$

と云う記号の下では，$V=W_1+W_2$ が成立する．逆に

$$V=W_1+W_2 \tag{4}$$

が成立している時，$V=W_1\oplus W_2$ が成立すれば，任意の $x\in W_1\cap W_2$ は $x=x+0=0+x$ と $x\in W_1$, $0\in W_2$ の和，及び，$0\in W_1$ と $x\in W_2$ の和で表され，直和なので，この和の表現は一意的であって，$x=0$ でなければならない．つまり，$W_1\cap W_2$ の要素が零元のみと云う意味で

$$W_1\cap W_2=0 \tag{5}$$

でなければならない．逆に，(4) と (5) が成立していれば，V の任意の元 x は $x_1\in W_1$ と $x_2\in W_2$ を用いて，$x=x_1+x_2$ と表され，もう一通りの $x=x_1'+x_2'$ $(x_1'\in W_1,\ x'_2\in W_2)$ なる和の表現があっても，$x_1-x_1'=x_2'-x_2\in W_1\cap W_2=0$ より $x_1=x_1'$, $x_2=x_2'$ を得る．和の表現が一意的なので，(4)は直和である．以上，まとめると，線形空間 V が，その部分空間 W_1, W_2 の直和 $V=W_1\oplus W_2$ である為の必要十分条件は $V=W_1+W_2$, $W_1\cap W_2=0$ が成立する事である．

以上の教養の下で，本問を眺めよう．V は体 K の元を要素とする n 次の列ベクトルのなす線形空間である．V の元 x に対して，n 次の正方行列 $A=(a_{ij})$ を左から掛けて，行列としての積

$$x=\begin{bmatrix} x_1 \\ x_2 \\ \vdots \\ x_n \end{bmatrix},\ Ax=\begin{bmatrix} a_{11} & a_{12} & \cdots & a_{1n} \\ a_{21} & a_{22} & \cdots & a_{2n} \\ \cdots & \cdots & \cdots & \cdots \\ a_{n1} & a_{n2} & \cdots & a_{nn} \end{bmatrix}\begin{bmatrix} x_1 \\ x_2 \\ \vdots \\ x_n \end{bmatrix}=\begin{bmatrix} \sum_{j=1}^{n} a_{1j}x_j \\ \sum_{j=1}^{n} a_{2j}x_j \\ \cdots\cdots \\ \sum_{j=1}^{n} a_{nj}x_j \end{bmatrix}$$

で以って，対応 $V\in x\to Ax\in V$ を定義し，A を線形写像 $A\colon V\to V$ と見なす．別の正方行列 $B=(b_{ij})$ に対して，行列として $A=B$ であれば，全ての $x\in V$ に対して $Ax=Bx$ が成立し，線形写像としても，A と B は等しい．逆に線形写像として A と B が等しければ，全ての $x\in V$ に対して，$Ax=Bx$ が成立する．この時，体 K の乗法に関する単位元 1 と加法に関する零元 0 を用いて第 j 成分が 1 で，他の成分は全て 0 である列ベクトルを e_j とすると，

$$\begin{bmatrix} a_{1j} \\ a_{2j} \\ \vdots \\ a_{nj} \end{bmatrix}=Ae_j=Be_j=\begin{bmatrix} b_{1j} \\ b_{2j} \\ \vdots \\ b_{nj} \end{bmatrix}$$

が全ての j に対して成立するので，$a_{ij}=b_{ij}$ $(1\leqq i,j\leqq n)$，即ち，$A=B$ を得て，行列 A と行列 B は等しくなる．要するに，行列 A は線形写像 $A\colon V\to V$ と同一視される．さて

$$W_1=\{x\in V\,|\,Ax=x\} \quad (6), \qquad W_2=\{x\in V\,|\,Ax=0\} \quad (7)$$

は共に V の線形部分空間である．$x\in W_1\cap W_2$ であれば，$x=Ax=0$ なので，(5) は無条件で成立している．$V=W_1+W_2$ としよう．任意の $x\in V$ に対して，$x\in W_1$, $x\in W_2$ があって，$x=x_1+x_2$. この時，$x_i\in W_i$ の定義(6), (7)より，$Ax=Ax_1+Ax_2=x_1$, $A^2x=A^2x_1+A^2x_2=A(Ax_1)+A(Ax_2)=Ax_1=x_1$ が成立し，$Ax=A^2x$. $x\in V$ は任意なので，上の注意より，$A=A^2$. 逆に，$A=A^2$ であれば，V の任意の元 x に対して，$x_1=Ax$, $x_2=x-Ax$ とおくと，$Ax_1=A^2x=Ax=x_1$, $Ax_2=Ax-A^2x=Ax-Ax=0$, 即ち，$x_1\in W_1$, $x_2\in W_2$ が成立する．$x=x_1+x_2$ なので，$V=W_1+W_2$ を得る．我々の W_1, W_2 は始めから，$W_1\cap W_2=0$ を満していたので，$V=W_1\oplus W_2$. 故に，$V=W_1\oplus W_2$ と $A^2=A$ とは同値である．

$A^2=A$ を満す正方行列は**ベキ等**と呼ばれる．部分空間 W_2 の次元を s とすると，$0\leqq s\leqq n$ が成立している．$r=n-s$ とおくと，$0\leqq r\leqq n$. W_2 の1次独立なベクトルは丁度 s 個あるので，それらを $e_{r+1}, e_{r+2}, \cdots, e_n$ としよう．問題1の基-1より，これに r 個のベクトル $e_1', e_2', \cdots, e_r'$ を加えて，n 個の1次独立なベクトル e_1', $e_2', \cdots, e_r', e_{r+1}, e_{r+2}, \cdots, e_n$ を作り，V の基底とする事が出来る．やはり，問題1で論じた様に，$e_1=Ae_1'$, $e_2=Ae_2', \cdots, e_r=Ae_r'$ は1次独立である．$A^2=A$ より，$Ae_1=e_1, Ae_2=e_2, \cdots, Ae_r=e_r$ が成立し，$e_1, e_2, \cdots, e_r\in W_1$. さて，$e_1, e_2, \cdots, e_n$ の1次結合

$$a_1e_1+a_2e_2+\cdots+a_ne_n=0 \tag{8}$$

としよう．(8) に左から A を掛けて，$a_1Ae_1+a_2Ae_2+\cdots+a_rAe_r+a_{r+1}Ae_{r+1}+\cdots+a_nAe_n=a_1e_1+a_2e_2+\cdots+a_re_r=0$. $e_1, e_2, \cdots, e_r$ は1次独立なので，$a_1=a_2=\cdots=a_r=0$. (8) に代入して，$a_{r+1}e_{r+1}+a_{r+2}e_{r+2}+\cdots+a_ne_n=0$. $e_{r+1}, e_{r+2}, \cdots, e_n$ は1次独立なので，$a_{r+1}=a_{r+2}=\cdots=a_n=0$. 係数が全て $a_1=a_2=\cdots=a_n=0$ となり，$e_1, e_2, \cdots, e_n$ は1次独立となり，線形空間 V の基底をなす．各 i について

$$e_j=\begin{bmatrix} p_{1j} \\ p_{2j} \\ \vdots \\ p_{nj} \end{bmatrix} \tag{9}$$

とおくと，正方行列 $P=(p_{ij})$ に対して，行列 AP の各列は順に，$Ae_1=e_1, Ae_2=e_2, \cdots, Ae_r=e_r, Ae_{r+1}=0, Ae_{r+2}=0, \cdots, Ae_n=0$ である．$e_1, e_2, \cdots, e_n$ は1次独立なので，行列 P は正則行列である．一方，下の(10)の右辺の行列に左から P を掛けた行列は，上の行列 AP に等しいので，次の様な行列 A の標準形を得る．

$$P^{-1}AP=\begin{bmatrix} 1 & 0 & \cdots & 0 & 0 & 0 & \cdots & 0 \\ 0 & 1 & \cdots & 0 & 0 & 0 & \cdots & 0 \\ \cdots & \cdots & \cdots & \cdots & \cdots & \cdots & \cdots & \cdots \\ 0 & 0 & \cdots & 1 & 0 & 0 & \cdots & 0 \\ 0 & 0 & \cdots & 0 & 0 & 0 & \cdots & 0 \\ \cdots & \cdots & \cdots & \cdots & \cdots & \cdots & \cdots & \cdots \\ 0 & 0 & \cdots & 0 & 0 & 0 & \cdots & 0 \end{bmatrix} r\text{行} \tag{10}$$

正則行列 P に対して，行列 $P^{-1}AP$ が(10)の様な対角行列，又は，それに近い行列になる時，行列 $P^{-1}AP$ を行列 A の**標準形**と云う．標準形を求める事が出来れば，行列 A の素性が分ったと云ってもよい．それ故，標準形を求める事が線形代数の最も重要な課題であり，標準形を苦も無く求める事が出来，自由に駆使出来る境地に達した読者は線形代数の免許皆伝であると云ってよい．従って，本書の目的は，任意の行列を標準形に帰着し，それを用いて，行列 A の素性を探る方法を習得する事にある．

話が変るが愚息の考察より得た結論は，男の子は男の先生の言動を学ぶと云う事である．大学生，院生に長じても同じで，指導している学生，院生の行動はまるで，私を鏡に写してるのを見るかの様である．

3 (直交ベキ等変換系)

いきなり $\boldsymbol{C}$ と云ったら複素数体，$\boldsymbol{R}$ と云ったら実数体である．と云っても，係数体が本問の様に $\boldsymbol{C}$ であろうと，前問の様に一般の体 K であろうと，前々問の様に $\boldsymbol{R}$ であろうと，何の影響も受けない．スカラーと云って，すましておけばよい．

線形空間 V とその部分空間 $V_1, V_2, \cdots, V_n$ が与えられた時，V の任意の元 x に対して，$x_i \in V_i$ $(1 \leqq i \leqq n)$ が唯一通り取れて，即ち，一意的に存在して

$$x = x_1 + x_2 + \cdots + x_n \tag{1}$$

が成立する時，V は $V_1, V_2, \cdots, V_n$ の**直和**であると云い，

$$V = V_1 \oplus V_2 \oplus \cdots \oplus V_n \tag{2}$$

と書く．

本問を考察すると，V の任意の元 x に対して，

$$x_i = T_i x \tag{3}$$

とおくと，$x_i \in V_i = \{y \in V;\ T_i y = y\}$ が成立し，

$$x_1 + x_2 + \cdots + x_n = T_1 x + T_2 x + \cdots + T_n x = (T_1 + T_2 + \cdots + T_n) x = Ix = x \tag{4}$$

と x はこれら $x_i \in V_i$ の和で表される．

更に，$y, z \in V_i$ とスカラー α, β に対して，$T_i(\alpha y + \beta z) = \alpha T_i y + \beta T_i z = \alpha y + \beta z$ が成するので，$\alpha y + \beta z \in V_i$ であり，各 V_i は V の線形部分空間である．

又，V の或る元 x に対して，

$$x = x_1 + x_2 + \cdots + x_n = x_1' + x_2' + \cdots + x_n' \quad (x_i, x_i' \in V_i, 1 \leqq i \leqq n) \tag{5}$$

と二通りの和の表現があるとしよう．$x_i = T_i x$ なので，$T_i x_i = T_i T_i x = T_i x = x_i$，同様にして，$T_i x_i' = x_i'$．これらを(5)に代入し，

$$T_1 x_1 + T_2 x_2 + \cdots + T_n x_n = T_1 x_1' + T_2 x_2' + \cdots + T_n x_n' \tag{6}$$

(6)の両辺に左から T_i を掛けると，$T_i T_j$ は $j = i$ の時のみ T_i として生き残るので，

$$T_i x_i = T_i x_i' \tag{7}$$

を得るので，$x_i = T_i x_i = T_i x_i' = x_i'$ が成立し，$x = x_1 + x_2 + \cdots + x_n$ $(x_i \in V_i, 1 \leqq i \leqq n)$ と和で表す方法は一通りであって，定義より，V は部分空間 $V_1, V_2, \cdots, V_n$ の直和である．

これにて，本問の解答は終りであるが，面白そうなので，逆を追求しよう．即ち，線形空間 V がその部分空間 $V_1, V_2, \cdots, V_n$ の直和で表されたとしよう．この時，V_i を**直和因子**と云う．V の任意の元 x は一意的に和

$$x = x_1 + x_2 + \cdots + x_n \quad (x_i \in V_i, 1 \leqq i \leqq n) \tag{8}$$

で表されるので，対応 $T_i: V \to V_i$ を，

$$T_i x = x_i \quad (x \in V, 1 \leqq i \leqq n) \tag{9}$$

によって定義する時が出来る．別の $y \in V$ に対して，$y = y_1 + y_2 + \cdots + y_n$ $(y_i \in V_i, 1 \leqq i \leqq n)$ とし，スカラー α, β を任意に取ると，$\alpha x + \beta y = (\alpha x_1 + \beta y_1) + \cdots + (\alpha x_i + \beta y_i) + \cdots + (\alpha x_n + \beta y_n)$ が成立し，V_i は部分空間なので，$x_i, y_i \in V_i$ とスカラー α, β に対して，$\alpha x_i + \beta y_i \in V_i$．和の表し方は一通りなので，$T_i(\alpha x + \beta y) = \alpha x_i + \beta y_i = \alpha T_i x + \beta T_i y$．従って，各 $T_i: V \to V_i$ は線形写像である．これを線形空間 V から直和因子 V_i の上への**射影**と云う．x_i を V の元 x の V_i の上への**正射影**と云う．V_i の任意の元 x_i は他の V_j の元 0

との和と考えられるので，$T_jx_i=x_i$. 従って，(8) の $x\in V$ に対して T_i^2 を施して，$T_i^2x=T_i(T_ix)=T_ix_i=x_i=T_ix$ を得るので，$T_i^2=T_i$. 又，(9) の $x\in V$ に対して，先ず T_j を施して，$T_jx=x_j$. これに $i\neq j$ なる T_i を施し，$T_iT_jx=T_ix_j$. しかし，x_j は他の i に対しては，V_i から 0 を取った和と考えられるので，$T_ix_j=0$. 従って，$T_iT_j=0$ を得る．故に，線形空間 V が部分空間 V_i の直和で表される時，V から V_i の上への射影 T_i は

$$T_iT_j=0 \quad (i\neq j),\quad T_i^2=T_i \quad (1\leq i\leq n) \tag{10}$$

を満す．又，$I=T_1+T_2+\cdots+T_n$ も成立している．

この様にして，条件(i),(ii)は線形空間から，その直和因子の上への射影を特徴付ける事が分る．

前問の終りで述べたが，児童は同性の教師の言動を真似る．愚息は小学校入学以来，女の先生が担任であった．その時は，学業は先生から学ぶが，言動については，先生の影響を余り受けない．パリの日本人学校に転校して始めて，男の先生が担任となった．「……ナーンテッチャャッテ」等の言動に見るいささか軽薄な江戸っ子気質と云い，全て，先生の殆んどの言動を無意識の内に真似，まことに恐ろしい気がした．同時に，私自身教師稼業をしているので，我が身を振り返って，反省する事が多く，汗顔の極みであった．教師は聖職であると云う言葉を痛感した．それ以来この観点より大学生や大学院生を観察すると，教師を真似る事は小学生以上である．例えば九大は空港に近く，ゼット機の騒音で講義が出来ぬ時が多い．この時は，無駄な抵抗を止めて，黒板に full sentence を書き，口をぱくぱくさせる事はしない．この教育を受けた学生が院生や助手，講師となり学会で講演すると，専門家を前にして，全ての文章を板書し，余り発音しない．聞いている私が穴に入りたい程恥かしくなる．相手は学生ではないのだ．

類題

(解答☞ 212ページ)

3. V^n を x を変数とする n 次以下の複素係数多項式全体のなすベクトル空間とし，線形変換 $T: V^n\to V^n$ を

$$T(f)=\frac{d^2f}{dx^2}+2\frac{df}{dx} \quad (f\in V^n) \tag{1}$$

で定義する時，T の rank を求めよ．

（津田塾大学大学院入試）

4. A, B を n 次実正方行列とし，A と B とを並べて出来る n 行 $2n$ 列の行列を C とする．

$$W=\{X\in \boldsymbol{R}^n \mid ある\ Y\in\boldsymbol{R}^n\ があり\ AX=BY\}$$

とおくと，W は $\boldsymbol{R}^n$ の部分空間であって

$$\dim W=n+\operatorname{rank} B-\operatorname{rank} C \tag{2}$$

である事を示せ．（学習院大学大学院入試）

5. V は体 K 上 $\{v_1, v_2, \cdots, v_n\}$ を基底に持つベクトル空間とする．V 上の K-1 次自己写像 f に対して，$1\leq i\leq n$ について

$$f(v_i)=\sum_{j=1}^n v_ja_{ji};\ a_{ji}\in K \tag{1}$$

とする時，n 次の正方行列 (a_{ij}) の階数が r で，最初の r 列が 1 次独立であるとする．

この時，$\{v_1, v_2, \cdots, v_r\}$ から張られる部分空間を W とすれば，

$$f(W)=f(V)\ かつ\ V=W\oplus f^{-1}(0)$$

を示せ．（大阪市立大学大学院入試）

6. V を n 次元ベクトル空間，$f_1, f_2, \cdots f_s$ を V の 1 次変換とし，それらの合成について，

$$f_i\circ f_j=\delta_{ij}f_i \quad (i, j=1, 2, \cdots, s) \tag{1}$$

が成り立っているとする．ただし，$\delta_{ij}=0(i\neq j)$, $\delta_{ii}=1$. この時，次の事を示せ．

(i) W_i を f_i の像，U を全ての f_i の核の共通部分とすると

$$V=W_1\oplus W_2\oplus\cdots\oplus W_s\oplus U \tag{2}$$

(ii) 全ての i に対して $\dim W_i=1$ ならば，V の 1 次変換 $f_{s+1}, \cdots, f_n$ が存在して，

$$f_k\circ f_l=\delta_{kl}f_k \quad (k, l=1, 2\ \cdots, n) \tag{3}$$

が成り立つ．（広島大学大学院入試）

7. n 次の正方行列 A, B のトレースについて

$$\operatorname{tr}(A+B)=\operatorname{tr}(A)+\tan(B),\ \operatorname{tr}(AB)=\operatorname{tr}(BA)$$

及び，B が正則行列の時

$$\operatorname{tr}(B^{-1}AB)=\operatorname{tr}(A)$$

が成立する事を示せ．

4 (ベキ等)

線形写像 $A:X\to Y$ と $B:Y\to X$ の合成写像 $BA:X\to X$ の像 BAX は B の像 BY に含まれ，$BAX\subset BY$ が成立するので，$k=r(BA)=\dim BAX\leqq\dim BY=r(B)\leqq\dim Y=k$. 従って，$r(B)=k$. 一方，線形空間の次元は1次独立なベクトルの個数であり，線形写像は1次従属なベクトルの組を1次従属なベクトルの組に写し，そのランクは像空間の次元なので，合成すると，やはり減る傾向にあり，$k=r(BA)=\dim BAX\leqq\dim AX=r(A)\leqq\dim Y=k$. 従って，$r(A)=k$. この様にして，$A,B$ 共にランクは k である.

以上は，真面目に勉強した学生諸君が，その時の条件によって，気付いたり，気付かなかったりするが，何度も，訓練している内に，手筋として，条件反射の様に，出て来る様になる．しかし，合成写像 $AB:Y\to Y$ が恒等写像である事，それ自体は，手筋としてくり込まれていない．本問では条件 $(BA)^2=BA$ が本質的なので，ベキ等に分類される．題意は AB の恒等写像性なので，せいては事を仕損じるのたとえもあり，その手前の AB のベキ等性を導き，AB のベキ等性を拠点として，仕事をしてはどうであろうか．この様にステップ・バイ・ステップの方針を立てる以外にはない.

少ない手掛りより，真犯人 $AB=$恒等写像 $I:Y\to Y$ を割出すには，なるべく初等的な様に，なるべく露骨に，手掛りを陳列して，眺めるがよい．(1)は $BABA=BA$ である．AB のベキ等性に近づく為，左から A を掛けて，$(AB)(AB)A=(AB)A$. ム，ム！ 何だか，それらしくなって来た．写像の $A:X\to Y$ のランクが k と云う事は，$AX\subset Y$ にて，$\dim AX=k=\dim Y$ が成立すると云う事であり，$AX=Y$. 任意の $y\in Y$ に対して，$x\in X$ があって，$y=Ax$. $(AB)(AB)A=(AB)A$ なので，この $x\in X$ に対して，$(AB)(AB)Ax=(AB)Ax$ が成立すると云う事は，任意の $y\in Y$ に対して，$(AB)(AB)y=(AB)y$ が成立すると云う事であり，$(AB)(AB)=AB$ を得るので，AB はベキ等である.

次に，写像 $AB:Y\to Y$ のランクを調べよう．$BABA=BA$, $AX=Y$ なので，上の議論を繰り返し $BAB=B$. Y の基底を $e_1,e_2,\cdots,e_k$ とする．AB のランクは $ABe_1,ABe_2,\cdots,ABe_k$ の中の1次独立なベクトルの個数に等しい．さて，1次結合 $a_1(ABe_1)+a_2(ABe_2)+\cdots+a_k(ABe_k)=0$ としよう．左から B を掛けて $a_1(BABe_1)+a_2(BABe_2)+\cdots+a_k(BABe_k)=0$ を得る．$BAB=B$ より，$a_1Be_1+a_2Be_2+\cdots+a_kBe_k=0$. さて，写像 $B:Y\to X$ のランクが k であると云う事は，像空間 BY の次元が k と云う事であり，それは BY を張る $Be_1,Be_2,\cdots,Be_k$ が1次独立である事を意味し，$a_1Be_1+a_2Be_2+\cdots+a_kBe_k=0$ より $a_1=a_2=\cdots=a_k=0$ を得る．これは，$ABe_1,ABe_2,\cdots,ABe_k$ が1次独立であると云う事を意味し，そのリニヤ・スパン ABY の次元は k. この様にして，$r(AB)=\dim ABY=k$ に達する.

今迄，得られた事を中間的にまとめると，線形写像 $AB:Y\to Y$ はランク k のベキ等写像である．Y の次元は k なので，$AB:Y\to Y$ はフル・ランクのベキ等写像である．$C=AB$ とおく．Y の基底を，上の様に，$e_1,e_2,\cdots,e_k$ としよう．$Ce_1,Ce_2,\cdots,Ce_k$ は Y のベクトルであり，基底 $e_1,e_2,\cdots,e_k$ の1次結合で表されるので，

$$\begin{cases} Ce_1=c_{11}e_1+c_{21}e_1+\cdots+c_{k1}e_k \\ Ce_2=c_{12}e_1+c_{22}e_2+\cdots+c_{k2}e_k \\ \vdots \\ Ce_n=c_{1k}e_1+c_{2k}e_2+\cdots+c_{kk}e_k \end{cases} \qquad (3)$$

とおくと，$y=y_1e_1+y_2e_2+\cdots+y_ke_k$ に対して，$x=x_1e_1+x_2e_2+\cdots+x_ke_k=Cy$ は，$Cy=y_1Ce_1+y_2Ce_2+\cdots+y_kCe_k$ より，$x_1=c_{11}y_1+c_{12}y_2+\cdots+c_{1k}y_k$, $x_2=c_{21}y_1+c_{22}y_2+\cdots+c_{2k}y_k$, $\cdots$, $x_k=c_{k1}y_1+c_{k2}y_2+\cdots+c_{kk}y_k$, 即ち，

$$\begin{bmatrix} x_1 \\ x_2 \\ \vdots \\ x_k \end{bmatrix} = \begin{bmatrix} c_{11} & c_{12} & \cdots & c_{1k} \\ c_{21} & c_{22} & \cdots & c_{2k} \\ \cdots & \cdots & \cdots & \cdots \\ c_{k1} & c_{k2} & \cdots & c_{kk} \end{bmatrix} \begin{bmatrix} y_1 \\ y_2 \\ \vdots \\ y_k \end{bmatrix} \tag{4}$$

が成立し，線形写像 $C: Y \to Y$ を $k\times k$ 行列 $C=(c_{ij})$ と同一視する事が出来る．ただし，この際，(4)の行列 C は(3)の係数の行列の転置行列であると云う細かな，細かな注意をしておく．

以上の考察によって，本問 $C: Y \to Y$ の恒等写像は行列 C の単位行列，即ち，次の

基-1　フル・ランクのベキ等 $k\times k$ 行列 C は単位行列である．

に帰着される．なお，C は太文字ではないので，複素数体 $\boldsymbol{C}$ と間違わない様にして貰いたい．くどく思う読者はまともで，中には，間違うトンロイ人がいる（トロイは大井川の辺りの方言です）．

$C^2=C, r(C)=k$ だけで，$C=$単位行列 E を導くすべを知らない読者が多いと思われるが，こちらは健全である．その様な人の為に本書はある．ここで，秘伝を伝授しましょう．行列を攻略する時，核や象さんを用いても目途が立たぬ時は，問題2の(10)の様な標準形を用いよ．

行列攻略の最終兵器は標準形であり，線形代数の極意は標準形にあり！

線形代数の殆んどの問題は標準形を用いると解ける．と云うよりも，最終兵器，宇宙戦艦大和で攻めて，返り打ちに合ったら，アキマセン，ポ宣言受諾と云う姿勢である．

一般の標準形は未だ学んでいず，それは，次章以後の，と云うよりも，本書の究極の目標であるが，ベキ等行列の標準形だけは，問題2の(10)で学んだ，ここで，標準形の切れ味を見よう．

$k\times k$ 行列がランク r のベキ等行列であれば，正則行列 P があって，標準形

$$P^{-1}CP=\begin{bmatrix} 1 & & & & & \\ & 1 & & & 0 & \\ & & \ddots & & & \\ & & & 1 & \cdots\cdots & \\ & & & & 0 & \\ & 0 & & & & \ddots \\ & & & & & 0 \end{bmatrix} r\text{行} \tag{5}$$

を得る．(5)の右辺は始めの r 個が1で後は対角要素も0になる様な対角行列である．我々の場合は $r=k$ なので，$P^{-1}CP$ は単位行列 E に等しい．$P^{-1}CP=E$, より，$C=PEP^{-1}=PP^{-1}=E$. と，いとも簡単，単純明解，雀をミサイルで撃つ様に，木端微塵であり，少し大人気ない．

かくして，C は単位行列 E に等しく，線形写像 $C=AB: Y\to Y$ は恒等写像である事の，長征的証明を終る．ついでに，

基-2　トレース r のベキ等行列 C の標準形は(5)である．

を示そう．類題より $\mathrm{tr}(P^{-1}CP)=\mathrm{tr}(C)=r$ であるが，(5)の形の対角行列のランクは0でない対角要素の数に等しく，0でない対角要素は1つなので，$\mathrm{rank}(C)=\mathrm{trace}(C)$ である．従って，$r(C)=\mathrm{tr}(C)=r$ を得て，基-2が示される．特に，$r=k$ とすると

基-3　$k\times k$ 行列 C がトレース k のベキ等行列であれば，C は単位行列である．

を得る．従って，本問を $\mathrm{rank}(BA)=k$ の代りに，$\mathrm{trace}(BA)=k$ でおきかえると，数学的内容は同じであって，一見，より難しくなる．

EXERCISES

（解答☞ 213ページ）

1 （直和） V を内積 $\langle\, ,\, \rangle$ を持つ有限次元ユークリッドベクトル空間とする．

線形写像 $f: V \to V$ が

$$\langle f(x), y\rangle = -\langle x, f(y)\rangle \quad (^\forall x, y \in V) \tag{1}$$

を満す時

$$V = \mathrm{Ker}\, f \oplus \mathrm{Im}\, f \quad \text{（直交分解）} \tag{2}$$

を示せ．ただし，$\mathrm{Ker}\, f = \{x \in V; f(x) = 0\}$，$\mathrm{Im}\, f = \{f(x) \in V; x \in V\}$．（北海道大学大学院入試）

2 （ベキ等） A と B とを n 次の（実）正方行列とする．$A^2 = A$, $B^2 = B$ ならば，A と B の rank が等しい時，A は適当な正則行列 P によって

$$A = PBP^{-1} \tag{1}$$

と書ける事を示せ．（お茶の水大学大学院入試）

3 （ベキ等） 実対称行列 A が $A^2 = A$ を満す時，

$$\mathrm{rank}\, A = \mathrm{Tr}\, A \tag{1}$$

である事を示せ．ただし，$\mathrm{Tr}\, A$ は A の対角線上の要素の和を表す．（東京女子大学大学院入試）

4 （ベキ等） 2次の実行列 X で

$$^tX = X,\ X^2 = X,\ \mathrm{tr}\, X = 1$$

を満す物全体の集合を P^1 とする．P^1 と単位円周 S^1 とは位相同型とみなす事が出来る事を示せ．

（金沢大学大学院入試）

Advice

1 $\mathrm{Ker}\, f$ の任意の元と $\mathrm{Im}\, f$ の任意の元の内積が0となり直交する時，$\mathrm{Ker}\, f$ と $\mathrm{Im}\, f$ は直交すると云う．この時，$\mathrm{Ker}\, f \cap \mathrm{Im}\, f = 0$ が成立し，直和 $\mathrm{Ker}\, f \oplus \mathrm{Im}\, f$ が考察出来る．

2 A と B とは共にベキ等なので，標準形で表される．この時，A, B のランクと標準形の関係，行列 A, B，それらの標準形で表す式等を考えましょう．

3 行列 A はベキ等であり，やはり，標準形で表される．行列 A と標準形のトレースの関係，標準形のトレースとランクの関係を考えましょう．

4 2次の対称行列 $X = \begin{pmatrix} x & y \\ y & z \end{pmatrix}$ のトレースが1である事は，如何なる意味を持つか，よく考えましょう．

12 固有値，固有多項式，固有ベクトル

［**指針**］ 本章は大学1年の前期の終りから後期の始めのカリキュラムである．正方行列は対角行列の様な標準形となって赤裸々な姿をさらけ出す．その際，行列のプロポーションを如実に示すのが固有値であり，行列に衣裳を脱がせる口説きの作法が固有ベクトルを並べた正則行列である．

1 （**固有値**） 行列の固有値について述べよ． （東京女子大学，慶応義塾大学大学院入試）

2 （**固有値と固有ベクトル**） 複素数を成分とする n 次正方行列 A をとする． A の相異なる固有値に対応する固有ベクトルは一次独立であることを示せ． （金沢大学大学院入試）

3 （**対称行列の固有ベクトルの直交性**） $A=\begin{bmatrix} 1 & 2 & 0 \\ 2 & 2 & -2 \\ 0 & -2 & 3 \end{bmatrix}$ の固有値と固有ベクトルを求め，これらの固有ベクトルは直交系をなす事を示せ． （慶応義塾大学大学院入試）

4 （**固有項式**） A, B を実数を成分に持つ n 次正方行列とする．

(i) α が行列 AB の固有値ならば，α は，又，行列 BA の固有値である事を示せ．

(ii) 行列 AB と BA の固有値 α に属する1次独立な固有ベクトルの個数は必らずしも一致しない事を $n=2$ の場合に例を挙げて示せ． （お茶の水女子大学大学院入試）

5 （**標準形**） 実 2×2 行列 $A=\begin{pmatrix} a & b \\ c & d \end{pmatrix}$ の固有方程式が根 $\lambda+i\mu(\lambda, \mu$ は実数，$\mu\neq 0)$ を持つならば，適当な実 2×2 行列 P が存在して

$$P^{-1}AP=\begin{pmatrix} \lambda & \mu \\ -\mu & \lambda \end{pmatrix} \tag{1}$$

となる事を証明せよ． （東京工業大学大学院入試）

6 （**標準形**） A, B を n 次実正方行列，A は n 個の相異なる固有値を持つ対称行列とする．

$$AB=BA \tag{1}$$

が成立する時，B も対称行列である事を証明せよ．

（東京教育大学（＝筑波大学の前身の）大学院入試）

1 （固有値と固有ベクトル）

正方行列 $A=(a_{ij})$ に対して，スカラー λ は，$Ax=\lambda x$ を満す列ベクトル $x\neq 0$ がある時，行列 A の**固有値**と云い，ベクトル x を固有値 λ に対する（属する）**固有ベクトル**と云う．単位行列を E とすると，$Ax=\lambda x$ は $(A-\lambda E)x=0$ と同値であり，x の成分を $x_1, x_2, \cdots, x_n$ とすれば同次連立１次方程式

$$\begin{cases} (a_{11}-\lambda)x_1+a_{12}x_2+\cdots+a_{1n}x_n=0 \\ a_{21}x_1+(a_{22}-\lambda)x_2+\cdots+a_{2n}x_n=0 \\ \quad\vdots \\ a_{n1}x_1+a_{n2}x_2+\cdots+(a_{nn}-\lambda)x_n=0 \end{cases} \tag{1}$$

と同値である．λ が固有値である事は，連立同次１次方程式(1)がノン・トリビヤルな解を持つ事に他ならないので，この条件は(1)の係数の行列式

$$|A-\lambda E|=\begin{vmatrix} a_{11}-\lambda & a_{12} & \cdots & a_{1n} \\ a_{12} & a_{22}-\lambda & \cdots & a_{2n} \\ \cdots & \cdots & \cdots & \cdots \\ a_{n1} & a_{n2} & \cdots & a_{nn}-\lambda \end{vmatrix}=0 \tag{2}$$

が成立する事と同値である．方程式(2)を行列 A の**固有方程式**と云い，多項式 $|A-\lambda E|$ を行列 A の**固有多項式**と云う．術語の作り方は，要するに，固有と云う形容詞をやたらに付ければよいのである．何れにせよ，固有値は固有方程式と呼ばれる n 次の代数方程式の解として与えられる．

代数方程式 (2) は「新修解析学」の８章の問題５で学ぶ代数学の基本定理より，複素数体上では，根を重複度だけ重複して数えると，丁度 n 個の根を持つ．しかし，一般には，この根は複素数である．次に特別な場合に，根の虚実を調べよう．

実行列 $A=(a_{ij})$ は，$a_{ij}=a_{ji}$ $(i, j=1, 2, \cdots, n)$，即ち，A の転置行列 ${}^tA$ が A に等しい時，**対称行列**と呼ばれる．複素行列 $A=(a_{ij})$ は，$a_{ij}=\overline{a_{ji}}$ $(i, j=1, 2, \cdots, n)$，即ち，行列 $A=(a_{ij})$ の成分の共役複素数を成分とする共役行列 $\bar{A}=(\overline{a_{ij}})$ の転置行列 ${}^t\bar{A}$，即ち，**共役転置**行列 $A^*={}^t\bar{A}$ が A に等しい時，**エルミート行列**と呼ばれる．対称行列はエルミート行列である．

基-1　対称行列，並びに，エルミート行列の固有値は実数である．

エルミートの方が少し難しいので，弱きを助け，強きを挫く精神で，n 次のエルミート行列 A に挑む．A の固有値を λ, λ に対する A の固有ベクトルを x とし，その第 i 成分を x_i とする．$Ax=\lambda x$ が成立しているから，

$$\sum_{j=1}^{n} a_{ij}x_j=\lambda x_i \quad (1\leqq i\leqq n) \tag{3}$$

である．複素数 x_i の絶対値 $|x_i|$ の自乗は x_i との共役複素数 $\overline{x_i}$ の積に等しく，$|x_i|^2=x_i\overline{x_i}$ が成立している事に，注意し，ベクトル x のノルムの自乗 $|x|^2$ を作ると，これは０でなく，(3)より，共役は四則演算と可換である事を用い，次に，$a_{ij}=\overline{a_{ji}}$ に注意し，再び(3)より

$$\begin{aligned} \lambda|x|^2 &=\lambda\sum_{i=1}^{n} x_i\overline{x_i}=\sum_{i=1}^{n} \lambda x_i\overline{x_i}=\sum_{i=1}^{n}\left(\sum_{j=1}^{n} a_{ij}x_j\right)\overline{x_i}=\sum_{j=1}^{n}\left(\sum_{i=1}^{n} a_{ij}\overline{x_i}\right)x_j \\ &=\sum_{j=1}^{n}\left(\sum_{i=1}^{n} \overline{a_{ji}}\,\overline{x_i}\right)x_j=\sum_{j=1}^{n}\overline{\left(\sum_{i=1}^{n} a_{ji}x_i\right)}x_j=\sum_{j=1}^{n}\bar{\lambda}\overline{x_j}x_j=\bar{\lambda}\sum_{j=1}^{n} x_j\overline{x_j}=\bar{\lambda}\sum_{j=1}^{n}|x_j|^2 \end{aligned} \tag{4}$$

が成立し，ベクトル x は固有ベクトルなので，零ベクトルでなく，$\sum_{j=1}^{n}|x_j|^2>0$ なので，(4)の左辺の $\lambda|x|^2=\lambda\sum_{j=1}^{n}|x_j|^2$ を移項し，

$$(\lambda-\bar{\lambda})\sum_{j=1}^{n}|x_j|^2=0 \tag{5}$$

を得るので，$\sum_{j=1}^{n}|x_j|^2$ で割り算をして，$\lambda-\bar{\lambda}=0$. 複素数 λ はその共役複素数 $\bar{\lambda}$ に一致するから，実数である．なお，対称の時は，共役を取るのを止めれば，後の証明は全く同じである．所で，読者諸君は，そろそろ，記憶力は長期低落の大政党的状況を呈する代りに，理解力は増進する．そこで，成るべく，下らぬ事は暗記しないですむ様にしたい．ここでは，固有ベクトル x の定義を用いて，ノルムの自乗掛け $\lambda|x|^2$ を $A^*=A$ を用いて計算すると何時の間にか $\bar{\lambda}|x|^2$ となり$\lambda=\bar{\lambda}$，と理解しておけば，学期末試験に万全だし，数年後の大学院の受験迄忘れない．余り，下らぬ暗記をすると，受験の時迄はおろか，学期末試験直前にトイレに入った時，水に流したりするので，御用心．

実行列 $A=(a_{ij})$ は，$a_{ij}=-a_{ji}$ $(i,j=1,2,\cdots,n)$，即ち，A の転置行列 ${}^tA$ が，${}^tA=-A$ を満す時，**歪対称**，**反対称**，**交代行列**等と云う．複素行列 $A=(a_{ij})$ は，$a_{ij}=-\overline{a_{ji}}$，即ち，$A$ の共役転置行列 $^*A$ が，$^*A=-A$ を満す時，**交代エルミート行列**と云う．次の

> **基-2** 交代行列，並びに交代エルミット行列の固有値は，0 でなければ，純虚数である．

も，上に述べた精神で行けば，大した事はない．(4)のまねをして，

$$\lambda|x|^2=\sum_{j=1}^{n}\left(\sum_{i=1}^{n}a_{ij}\overline{x_i}\right)x_j=-\sum_{j=1}^{n}\overline{\left(\sum_{i=1}^{n}a_{ji}x_i\right)}x_j=-\sum_{j=1}^{n}\bar{\lambda}\overline{x_j}x_j=-\bar{\lambda}\sum_{j=1}^{n}|x_j|^2 \tag{6}$$

が成立し

$$(\lambda+\bar{\lambda})\sum_{j=1}^{n}|x_j|^2=0 \tag{7}$$

を得るが，x は零ベクトルでないので，$\sum_{j=1}^{n}|x_j|^2>0$ で(7)を割り，$\lambda+\bar{\lambda}=0$. 従って，λ は純虚数である．

λ が行列 A の固有値の時，λ に対する A の固有ベクトル全体の集合に零ベクトルを付け加えた物 $W(\lambda)$ を固有値 λ に対する行列 A の**固有空間**と云う．これは (1) を満すベクトル全体の集合に等しいので，その次元は，

$$\dim W(\lambda)=n-\mathrm{rank}\,(A-\lambda E) \tag{8}$$

で与えられる．例えば，$r(A-\lambda E)=n-1$ であれば，行列 $A-\lambda E$ の $n-1$ 個の行ベクトルは 1 次独立で，残りの一つの行ベクトルはこれらの $n-1$ 行の 1 次結合で表され，対応する式は余計である．それを，例えば，n 行としよう．初めの $n-1$ 行で作る $n-1$ 次の小行列式の内で 0 でないものがあり，それを例えば，最初の $n-1$ 列と最初の $n-1$ 行で作る小行列式としよう．(1) の最初の $n-1$ 個の式の x_n を右辺に移項し，$x_1, x_2, \cdots, x_{n-1}$ に関する連立 1 次方程式と見て，これをクラメルの解法で解き，

$$\frac{x_1}{\begin{vmatrix} a_{1n} & a_{12} & \cdots & a_{1n-1} \\ a_{2n} & a_{22}-\lambda & \cdots & a_{2n-1} \\ \cdots & \cdots & \cdots & \cdots \\ a_{n-1n} & a_{n-12} & \cdots & a_{n-1n-1}-\lambda \end{vmatrix}}=\cdots=\frac{x_{n-1}}{\begin{vmatrix} a_{11}-\lambda & a_{12} & \cdots & a_{1n-2} & a_{1n} \\ a_{21} & a_{22}-\lambda & \cdots & a_{2n-2} & a_{2n} \\ \cdots & \cdots & \cdots & \cdots & \cdots \\ a_{n-11} & a_{n-12} & \cdots & a_{n-1n-2} & a_{n-1n} \end{vmatrix}}$$

$$=\frac{-x_n}{\begin{vmatrix} a_{11}-\lambda & a_{12} & \cdots & a_{1n-1} \\ a_{21} & a_{22}-\lambda & \cdots & a_{2n-1} \\ \cdots & \cdots & \cdots & \cdots \\ a_{n-11} & a_{n-12} & \cdots & a_{n-1n-1}-\lambda \end{vmatrix}} \tag{9}$$

によって，固有ベクトル成分の比を与える事が出来る．(9) の最後の式の分子のマイナスを忘れない様に．

2 (固有値と固有ベクトル)

$\lambda_1, \lambda_2, \cdots, \lambda_s$ を行列 $A=(a_{ij})$ の s 個の相異なる固有値とし，x_i を λ_i に対する A の固有ベクトルとする．勿論 $1 \leqq s \leqq n$ である．固有ベクトル $x_1, x_2, \cdots, x_s$ は1次独立でないと仮定し，背理法によって証明しよう．固有ベクトル $x_1, x_2, \cdots, x_s$ の中の1次独立なベクトルの個数を r とする．番号を付け変える事により，それが $x_1, x_2, \cdots, x_r$ であり，他の残りの $s-r$ 個はこれらの1次結合で表されると仮定して一般性を失なわない．背理法の仮定より，$r \leqq s-1$ であり，固有ベクトルは零ベクトルでないので，$1 \leqq r$ である．

$r+1$ 番目のベクトル x_{r+1} は $x_1, x_2, \cdots, x_r$ の1次結合で表されるので，スカラー $\alpha_1, \alpha_2, \cdots, \alpha_r$ があって，

$$x_{r+1}=\alpha_1 x_1+\alpha_2 x_2+\cdots+\alpha_r x_r \tag{1}$$

が成立する．(1)に左から行列 A を掛け，ベクトル x_i は固有値 λ_i に対する行列 A の固有ベクトルなので，$Ax_i=\lambda_i x_i$ が成立する事に注意すると，

$$\lambda_{r+1}x_{r+1}=Ax_{r+1}=\alpha_1 Ax_1+\alpha_2 Ax_2+\cdots+\alpha_r Ax_r=\lambda_1\alpha_1 x_1+\lambda_2\alpha_2 x_2+\cdots+\lambda_r\alpha_r x_r \tag{2}$$

を得る．一方，(1)にスカラー λ_{r+1} を掛ければ，

$$\lambda_{r+1}x_{r+1}=\lambda_{r+1}\alpha_1 x_1+\lambda_{r+1}\alpha_2 x_2+\cdots+\lambda_{r+1}\alpha_{r+1}x_{r+1} \tag{3}$$

を得る．ベクトル $x_1, x_2, \cdots, x_r$ は1次独立なので，1次結合の表現は一意的であり，(2), (3) より $\lambda_i\alpha_i=\lambda_{r+1}\alpha_i$ $(1 \leqq i \leqq r)$ を得るが，(1) の x_{r+1} は固有ベクトルなので零ベクトルでなく，ある i があって，$\alpha_i \neq 0$. 従って，この i に対して，$\lambda_i=\lambda_{r+1}$ が成立し，固有値 λ_i と λ_{r+1} が等しくなり，矛盾である．この証明では，係数体は，実数体であろうと複素数体であろうと，一般の体であろうと通用するので，結論の固有ベクトルの1次独立性も，一般の体に要素が属する行列に対して成立する．ただし，固有値の属する体と行列の要素や固有ベクトルの成分の属する体は同じでなければならない．例えば，実行列 A の固有方程式の根は必らずしも実数ではない．その実根である相異なる固有値に対する実ベクトルが実数体上で1次独立なのである．

基-1 n 次の正方行列 $A=(a_{ij})$ が固有値 $\lambda_1, \lambda_2, \cdots, \lambda_n$ を持ち，これらは重複してもよいが，各 λ_i に対する固有ベクトルを v_i とする時，$v_1, v_2, v_3, \cdots, v_n$ が1次独立であれば，列ベクトル v_i を第 i 列とする n 次の正方行列 P に対して，行列 $P^{-1}AP$ は固有値 $\lambda_1, \lambda_2, \cdots, \lambda_n$ を対角要素とする対角行列

$$P^{-1}AP=\begin{bmatrix} \lambda_1 & & & \\ & \lambda_2 & & 0 \\ & & \ddots & \\ 0 & & & \lambda_n \end{bmatrix} \quad (4), \qquad P=\begin{bmatrix} v_{11} & v_{12} & \cdots & v_{1n} \\ v_{21} & v_{22} & \cdots & v_{2n} \\ \cdots & \cdots & \cdots & \cdots \\ v_{n1} & v_{n2} & \cdots & v_{nn} \end{bmatrix} \quad (5)$$
$$\qquad\qquad\qquad\qquad v_1 \quad v_2 \quad \cdots \quad v_n$$

に等しい．(4)を行列 A の**標準形**と云う．

AP の (i, j) 成分は，$A=(a_{ij})$, $P=(v_{ij})$ の積の定義より，$\sum_{k=1}^{n} a_{ik}v_{kj}$ であるが，v_j が固有値 λ_j に対する固有ベクトルなので，これは $\lambda_j v_{ij}$ に等しい．一方，(4)の右辺の対角行列を Λ とすると，これはコロネッカーのデルタを用いて $\Lambda=(\delta_{ij}\lambda_j)$ で表されるので，$P\Lambda$ の (i, j) 成分は $P=(v_{ij})$, $\Lambda=(\delta_{ij}\lambda_j)$ の積の定義より，$\sum_{k=1}^{n} v_{ik}\delta_{kj}\lambda_j=v_{ij}\lambda_j$ が成立し

$$AP=P\Lambda \tag{6}$$

を得る．ここ迄は，$v_1, v_2, \cdots, v_n$ が1次独立である必要は全くない．$v_1, v_2, \cdots, v_n$ が1次独立であると仮定すると P^{-1} が存在し，(4)を得る．

基-2 n 次の実正方行列 A の固有方程式が相異なる n 個の実根 $v_1, v_2, \cdots, v_n$ を持てば，v_1 を第1列に，v_2 を第2列に，$\cdots$，v_n を第 n 列に持つ n 次の正方行列 P に対して，$P^{-1}AP$ は固有値 $\lambda_1, \lambda_2, \cdots, \lambda_n$ を対角要素とする対角行列に等しく，標準形(4)を得る．

問題2の実数体より $v_1, v_2, \cdots, v_n$ は1次独立であるので，基-1より基-2を得る．基-2は複素数体においても成立する．勿論 λ_i は虚根であってよい．

次に，n 次の行列，即ち，$a_{ij}=\overline{a_{ji}}$ $(i, j=1, 2, \cdots, n)$ が成立する様な n 次の正方行列 A について，もう少し，掘り下げて考えよう．

基-3 エルミット行列 $A=(a_{ij})$ の相異なる固有値に対する固有ベクトルは互に直交する．

λ, μ は問題1の基-1より共に実数である．x, y をその固有ベクトルとし，第 i 成分を，夫々，x_i, y_i とする．やはり，中年のワン・パターンで，問題1の(4)の方法を繰り返す：

$$\lambda \sum_{i=1}^{n} x_i \overline{y_i} = \sum_{i=1}^{n} \lambda x_i \overline{y_i} = \sum_{i=1}^{n} \sum_{j=1}^{n} a_{ij} x_j \overline{y_i} = \sum_{i=1}^{n} x_j \overline{\left(\sum_{j=1}^{n} a_{ji} y_i \right)}$$

$$= \sum_{i=1}^{n} x_j \mu \overline{y_j} = \mu \sum_{j=1}^{n} x_j \overline{y_j} \tag{7}$$

が成立し，

$$(\lambda-\mu) \sum_{j=1}^{n} x_j \overline{y_j} = 0 \tag{8}$$

を得る．$\lambda-\mu \neq 0$ なので，(8) より $\langle x, y \rangle = \sum_{j=1}^{n} x_j \overline{y_j} = 0$ が成立し，x, y は直交する．

エルミット行列 A の固有方程式が重根を持たねば，基-3より，n 個の根 $\lambda_1, \lambda_2 \cdots, \lambda_n$ に対する固有ベクトル $v_1, v_2, \cdots, v_n$ は互に直交する．従って，基-2にて，$P^{-1}AP$ を標準形とする行列 P の各列ベクトルは直交している．一般に，各列が直交し，大きさ1である様な，即ち，列ベクトル v_1 $v_2, \cdots, v_n$ が正規直交している様な複素行列を**ユニタリー行列**と云う．

基-4 エルミット行列 A の固有方程式が重根を持たなければ，固有値 $\lambda_1, \lambda_2, \cdots, \lambda_n$ に対する大きさ1の固有ベクトル $v_1, v_2, \cdots, v_n$ を列に持つ様な行列(5) はユニタリー行列であって，この行列 P は $P^{-1}AP$ を標準形(4)とする．

列ベクトルが正規直交する様な実行列を**直交行列**と云う．上の議論は，勿論，実数体でも成立するので

基-5 実対称行列 A の固有方程式が重根を持たなければ，固有値 $\lambda_1, \lambda_2, \cdots, \lambda_n$ に対する大きさ1の固有ベクトルを列ベクトルとする行列 P は直交行列であって，$P^{-1}AP$ は標準形(4)となる．

基-4, 基-5において単根条件は不用であるが，後日に譲る．

11章の問題4の(5)で述べた様に，ベキ等行列 C の標準形は対角線要素が1，又は，0である様な対角行列である．今回，新たに学んだ事項は対称行列やエルミット行列の標準形は，固有値が対角線に並ぶ対角行列であると云う事である．この行列の標準形が行列の理論の最も基礎的な事項である．

3 (対称行列の固有ベクトルのなす正規直交系)

行列 A は対称行列なので，問題2で解説した様に，固有方程式の根は全て実根であり，相異なる固有値に対する固有ベクトルは直交し，これらの大きさを1に正規化すると，これらを列とする3次の行列 P は直交行列であり，しかも $P^{-1}AP$ は固有値を対角要素とする対角行列である．

この問題は，上の基本事項の思考実験であると共に，上述の建前を実行出来る計算力を問うている．上の命題より，分る様に，固有値，固有ベクトルの計算は線形代数のメカである．

先ず，行列 A の固有多項式は行列 A の対角要素から一様に λ を引いた行列式

$$|A-\lambda E|=\begin{vmatrix} 1-\lambda & 2 & 0 \\ 2 & 2-\lambda & -2 \\ 0 & -2 & 3-\lambda \end{vmatrix} \overset{\substack{\text{第1列}\\\text{で展開}}}{=} (1-\lambda)\begin{vmatrix} 2-\lambda & -2 \\ -2 & 3-\lambda \end{vmatrix} -2\begin{vmatrix} 2 & 0 \\ -2 & 3-\lambda \end{vmatrix}$$

$$=(1-\lambda)((2-\lambda)(3-\lambda)-4)-4(3-\lambda)=(1-\lambda)(\lambda^2-5\lambda+2)-4(3-\lambda)$$

$$=-\lambda^3+6\lambda^2-3\lambda-10=-(\lambda+1)(\lambda^2-7\lambda+10)=-(\lambda+1)(\lambda-2)(\lambda-5) \tag{1}$$

は，加減法によりある行や列を一つを残して0にする方法は，分数が出て来そうなので，計算誤りを避ける為，上の様に第1列について展開し，3次の多項式に整理し，次にこれを因数分解する為，$\lambda=0, 1, -1, 2, -2, \cdots$ と順に代入していくと，$\lambda=-1$ で0になるので，剰余定理により $\lambda+1$ は因数なので，これで3次式を割り，商の2次式は，場合によっては，根の公式より求めようとの方針で臨むと，逆に，簡単に因数分解出来て，上の様になる．従って，固有方程式 $-(\lambda+1)(\lambda-2)(\lambda-5)=0$ の根 $\lambda=-1, 2, 5$ が固有値である．各固有値 λ に対する固有ベクトルの成分 x_1, x_2, x_3 の比は，問題1の(9)より

$$\frac{x_1}{\begin{vmatrix} 0 & 2 \\ -2 & 2-\lambda \end{vmatrix}}=\frac{x_2}{\begin{vmatrix} 1-\lambda & 0 \\ 2 & -2 \end{vmatrix}}=\frac{x_3}{-\begin{vmatrix} 1-\lambda & 2 \\ 2 & 2-\lambda \end{vmatrix}} \tag{2}$$

で与えられる．

$\lambda=-1$ に対する固有ベクトルは(2)より

$$\frac{x_1}{\begin{vmatrix} 0 & 2 \\ -2 & 3 \end{vmatrix}}=\frac{x_2}{\begin{vmatrix} 2 & 0 \\ 2 & -2 \end{vmatrix}}=\frac{x_3}{-\begin{vmatrix} 2 & 2 \\ 2 & 3 \end{vmatrix}},\quad \text{即ち，}\ \frac{x_1}{4}=\frac{x_2}{-4}=\frac{x_3}{-2}$$

であり，任意定数 $c_1\neq 0$ に対して，$c_1\begin{pmatrix} 2 \\ -2 \\ -1 \end{pmatrix}$ が $\lambda=-1$ に対して固有ベクトルである．その大きさの自乗は，$4c_1^2+4c_1^2+c_1^2=9c_1^2$ なので，$c_1=\dfrac{1}{3}$ の時，大きさ1の固有ベクトルを与える．

$\lambda=2$ に対する固有ベクトルは

$$\frac{x_1}{\begin{vmatrix} 0 & 2 \\ -2 & 0 \end{vmatrix}}=\frac{x_2}{\begin{vmatrix} -1 & 0 \\ 2 & -2 \end{vmatrix}}=\frac{x_3}{-\begin{vmatrix} -1 & 2 \\ 2 & 0 \end{vmatrix}},\quad \text{即ち，}\ \frac{x_1}{4}=\frac{x_2}{2}=\frac{x_3}{4}$$

であり，任意定数 $c_2\neq 0$ に対して，$c_2\begin{pmatrix} 2 \\ 1 \\ 2 \end{pmatrix}$ が $\lambda=2$ に対する固有ベクトルである．その大きさの自乗は $4c_2^2+c_2^2+4c_2^2=9c_2^2$ なので，$c_2=\dfrac{1}{3}$ の時，大きさ1の固有ベクトルを与える．

$\lambda=5$ に対する固有ベクトルは(2)より

$$\frac{x_1}{\begin{vmatrix} 0 & 2 \\ -2 & -3 \end{vmatrix}}=\frac{x_2}{\begin{vmatrix} -4 & 0 \\ 2 & -2 \end{vmatrix}}=\frac{x_3}{-\begin{vmatrix} -4 & 2 \\ 2 & -3 \end{vmatrix}},\quad \text{即ち，}\ \frac{x_1}{4}=\frac{x_2}{8}=\frac{x_3}{-8}$$

であり，任意定数 $c_3\neq 0$ に対して，$c_3\begin{pmatrix}1\\2\\-2\end{pmatrix}$ が $\lambda=5$ に対する固有ベクトルである．その大きさの自乗は $c_3^2+4c_3^2+4c_3^2=9c_3^2$ なので，$c_3=\dfrac{1}{3}$ の時，大きさ1の固有ベクトルを与える．

ベクトル $\begin{pmatrix}2\\-2\\-1\end{pmatrix}$ と $\begin{pmatrix}2\\1\\2\end{pmatrix}$ の内積は $4-2-2=0$ なので，固有ベクトル $c_1\begin{pmatrix}2\\-2\\-1\end{pmatrix}$ と $c_2\begin{pmatrix}2\\1\\2\end{pmatrix}$ は直交する．ベクトル $\begin{pmatrix}2\\-2\\-1\end{pmatrix}$ と $\begin{pmatrix}1\\2\\-2\end{pmatrix}$ の内積は $2-4+2=0$ なので，固有ベクトル $c_1\begin{pmatrix}2\\-2\\-1\end{pmatrix}$ と $c_2\begin{pmatrix}1\\2\\-2\end{pmatrix}$ は直交する．ベクトル $\begin{pmatrix}2\\1\\2\end{pmatrix}$ と $\begin{pmatrix}1\\2\\-2\end{pmatrix}$ の内積は $2+2-4=0$ なので，固有ベクトル $c_3\begin{pmatrix}2\\1\\2\end{pmatrix}$ と $c_2\begin{pmatrix}1\\2\\-2\end{pmatrix}$ は直交する．従って，相異なる固有値に対する固有ベクトルは直交する事が験められた．

$c_1=c_2=c_3=\dfrac{1}{3}$ に対して，固有ベクトルを並べた行列

$$P=\frac{1}{3}\begin{bmatrix}2&2&1\\-2&1&2\\-1&2&-2\end{bmatrix} \text{に対し，} {}^tPP=\frac{1}{9}\begin{bmatrix}2&-2&-1\\2&1&2\\1&2&-2\end{bmatrix}\begin{bmatrix}2&2&1\\-2&1&2\\-1&2&-2\end{bmatrix}=\begin{bmatrix}1&0&0\\0&1&0\\0&0&1\end{bmatrix}$$

が成立するから，${}^tP=P^{-1}$ であり，次の標準形を得，問題2で解説した一般論が実証される：

$$P^{-1}AP={}^tPAP=\frac{1}{9}\begin{bmatrix}2&-2&-1\\2&1&2\\1&2&-2\end{bmatrix}\begin{bmatrix}1&2&0\\2&2&-2\\0&-2&3\end{bmatrix}\begin{bmatrix}2&2&1\\-2&1&2\\-1&2&-2\end{bmatrix}$$

$$=\frac{1}{9}\begin{bmatrix}2&-2&-1\\2&1&2\\1&2&-2\end{bmatrix}\begin{bmatrix}-2&4&5\\2&2&10\\1&4&-10\end{bmatrix}=\frac{1}{9}\begin{bmatrix}-9&0&0\\0&18&0\\0&0&45\end{bmatrix}=\begin{bmatrix}-1&0&0\\0&2&0\\0&0&5\end{bmatrix}.$$

国鉄ではないが，確認と点検は重要であり，科学する者の第一の心得である．

前に論じた様に男の子は父親より，女の子は母親より生きる術を学ぶ．従って，ある女性に恋した若者には，プロポーズする前にその母親が父親に遇する態度をよく研究する事をおすすめする．その態度は，必ず，その女性が妻として，自分に対する態度となるからである．又，男の生徒は男の先生より，女の生徒は女の先生より，言動を学ぶ．大学生や大学院生は指導教官より学究としての生き方を学ぶ．それ故，教師は学生の言動，学生の答案を見て，自らを顧り見ることが出来る．落第させる事にのみ生きがいを感じる教師を私は憎悪する．いずれにせよ，教師はその言動，人格において人の鏡とならねばならない．理学部や教育学部で講義をする教師は，その教え子である学生は先生として巣立っていくので，先生の先生であると云ってよい．マーク・シート方式にしか対処出来ない様な，日本語も満足に話せない様な，社会的適応力零の人がなれる筈がない事を教育ママは肝に命じるべきである．

類 題

（解答☞ 214ページ）

1．行列 $A=\begin{pmatrix}1&4\\2&3\end{pmatrix}$ の固有値はどれか．

(i) 1，4 (ii) −1，5 (iii) −1，3 (iv) 1，−2

(v) −1，1 （国家公務員上級職機械専門試験）

2．行列 $A=\begin{pmatrix}3&2\\1&4\end{pmatrix}$ の固有値とそれに対する固有ベクトルを求めよ． （宮崎県千葉高校教員採用試験）

3．$A=\begin{pmatrix}2&1\\2&3\end{pmatrix}$ をベクトル空間の1次変換とする．A の固有ベクトルは次の内どれか．

(i) $\begin{pmatrix}1\\-1\end{pmatrix},\begin{pmatrix}1\\2\end{pmatrix}$ (ii) $\begin{pmatrix}3\\4\end{pmatrix}$ (iii) $\begin{pmatrix}1\\0\end{pmatrix},\begin{pmatrix}0\\2\end{pmatrix}$

（国家公務員上級職数学専門試験）

4．類題1，2，3の行列 A の固有ベクトルを列に持つ行列 P に対し，$P^{-1}AP$ が対角行列である事を確めよ．

4 (固有値)

行列 A に対して，正則行列 P を右から，その逆行列 P^{-1} を左から掛けて，$P^{-1}AP$ を標準形にする事は線形代数の最重要事項であると述べた．n 次の実正方行列全体の集合を $M(n, \boldsymbol{R})$ と書こう．n 次の正則行列 P を一つ取り固定する．$M(n, \boldsymbol{R})$ の仕意の元 A に対して，$M(n, \boldsymbol{R})$ の元 $\chi_P(A)=P^{-1}AP$ を対応させる写像 $\chi_P: M(n, \boldsymbol{R}) \to M(n, \boldsymbol{R})$ は環としての同型対応であるが，次に示す様に固有多項式を不変にする．

スカラー λ を変数とする行列式 $|A-\lambda E|$ が A の固有多項式であり，行列式 $|P^{-1}AP-\lambda E|$ が $P^{-1}AP$ の固有多項式である．4章の $E-1$ で学んだ様に，正方行列の積の行列式は行列式の積に等しい．更に $P^{-1}P=E$ なので，$|P^{-1}||P|=|P^{-1}P|=|E|=1$ を用いると

$$|P^{-1}AP-\lambda E|=|P^{-1}(A-\lambda E)P|=|P^{-1}||A-\lambda E||P|=|P^{-1}P||A-\lambda E|=|A-\lambda E| \tag{1}$$

が成立し，$\chi_P(A)$ と A の固有多項式は等しい．従って $AP=P^{-1}(PA)P$ なので，行列 AP と行列 PA の固有多項式は等しい．

本問では，行列 B の正則性が保証されていない所が入試的であって，コロンブスの卵的閃きを要する．行列 B の固有値は n 次の代数方程式の根であるから，重復を許して n 個しかない．これを $\beta_1, \beta_2, \cdots, \beta_n$ とすると，$\beta \neq \beta_i\ (1 \leqq i \leqq n)$ なる任意のスカラー β に対して，行列 $B-\beta E$ は行列式の値が0でないから，正則行列であり，上述の考察より，行列 $A(B-\beta E)$ と行列 $(B-\beta E)A$ の固有多項式は等しく

$$|A(B-\beta E)-\lambda E|=|(B-\beta E)A-\lambda E| \tag{2}$$

が成立する．β は高々 n 個の値 $\beta_1, \beta_2\ \cdots, \beta_n$ を取らなければ，任意なので，これらの値を避けながら，$\beta \to 0$ とすると

$$|AB-\lambda E|=|BA-\lambda E| \tag{3}$$

を得て，行列 AB と BA の固有多項式は等しい事を知る．勿論，その根である固有値は重複度を込めて一致している．ここで得る一般的教訓は

障害があったら，これを避けて，迂回しながら，肉薄せよ！

なお本問の(i)は九大教養部にて最近行れた工学部一年生に対する前期学期末試験の問題の一つである．学生の話では，固有多項式の定義を学んだだけで出題されたそうであるが，これで留年させられる学生は哀れである．ここから得る別の教訓は，大学院入試問題は学期試験問題と同レベルである事である．高校の授業を普通の様に学んでいれば，少なくとも数学に関する限り，共通1次は満点を取るのと事情はよく似ている．逆に，当然の事ながら，本書を学べば，工学部の学生諸君が学期末試験を受ける際のよき事前準備となる．

n 次の複素正方行列 $A=(a_{ij})$ に対して，$\overline{a_{ji}}$ を (i, j) 要素とする行列を A^* と書き，行列 A の**共役転置行列**と云う．$A=A^*$ が成立する正方行列を**エルミット行列**と云う．$U^*U=E$ が成立する n 次の正方行列 U を**ユニタリ**行列と云うが，この条件は，U の n 個の列ベクトルが正規直交系をなす事とも同値である，又，$U^*U=E$ は，$U^*=U^{-1}$ と同値で，これは，$UU^*=E$ とも同値である．$UU^*=E$ は U の n 個の行ベクトルが正規直交系をなす事とも同値である．12章の問題2の基-4において，エルミット行列 A の固有方程式が重根を持たなければ，各固有値 $\lambda_1, \lambda_2, \cdots, \lambda_n$ に対する大きさ1の固有ベクトルを列として順に並べるとユリタリー行列 U が得られ，しかも $U^{-1}AU$ は順に $\lambda_1, \lambda_2, \cdots, \lambda_n$ が対角線に並ぶ対角行列である事を示した．次章では，この単根条件が不要である事を示そう．この機会に，本問で想起したいのは，$A^*A=AA^*$ が成立する正方行列 A を**正規行列**と呼ぶと云う事である．

第 i 成分が x_i, y_i である様な n 次の複素列ベクトル x, y の内積は

$$\langle x, y\rangle = \sum_{i=1}^{n} x_i\overline{y_i} \tag{4}$$

と共役複素数を用いて定義されている事は注意を要する．n 次の複素正方行列 $A=(a_{ij})$ を左から列ベクトル x に掛けると，n 次の列ベクトル Ax を得て，y との内積が考えられるが，

基-1 $$\langle Ax, y\rangle = \langle x, A^*y\rangle \tag{5}$$

が成立する事を示しておくと，後の計算が楽だし，見通しが極めて好くなる：

$$\langle Ax, y\rangle = \sum_{i=1}^{n}\left(\sum_{j=1}^{n} a_{ij}x_j\right)\overline{y_i} = \sum_{j=1}^{n} x_j\overline{\left(\sum_{i=1}^{n} \overline{a_{ij}}y_i\right)} = \langle x, A^*y\rangle.$$

基-2 正規行列 A の相異なる固有値 λ, μ に対する固有ベクトル，x y は直交する．

$$\begin{aligned}
\|Ay-\mu y\|^2 &= \langle Ay-\mu y, Ay-\mu y\rangle = \langle Ay, Ay\rangle - \mu\langle y, Ay\rangle - \bar{\mu}\langle Ay, y\rangle + \mu\bar{\mu}\langle y, y\rangle \\
&= \langle A^*Ay, y\rangle - \mu\langle A^*y, y\rangle - \bar{\mu}\langle y, A^*y\rangle + \mu\bar{\mu}\langle y, y\rangle \\
&= \langle AA^*y, y\rangle - \langle A^*y, \bar{\mu}y\rangle - \langle \bar{\mu}y, A^*y\rangle + \langle \bar{\mu}y, \bar{\mu}y\rangle \\
&= \langle A^*y, A^*y\rangle - \langle \bar{\mu}y, A^*y\rangle - \langle A^*y, \bar{\mu}y\rangle + \langle \bar{\mu}y, \bar{\mu}y\rangle \text{ の共役複素数} \\
&= \langle A^*y-\bar{\mu}y, A^*y-\bar{\mu}y\rangle = \|A^*y-\bar{\mu}y\|^2,
\end{aligned}$$

即ち，(5)を用いて

$$\|Ay-\mu y\|^2 = \|A^*y-\bar{\mu}y\|^2 \tag{6}$$

が，μ が固有値でなくても，y が固有ベクトルでなくとも成立する．しかし，基-2の様に μ が A の固有値で，y が μ に対する A の固有ベクトルであれば，(6)より $A^*y=\bar{\mu}y$ が成立し，$\bar{\mu}$ は A^* の固有値であり，y は $\bar{\mu}$ に対する A^* の固有ベクトルである．さて，x は λ に対する A の固有ベクトルなので，先ず(5)を用いて，次に，$A^*y=\bar{\mu}y$ を用いて

$$\lambda\langle x, y\rangle = \langle \lambda x, y\rangle = \langle Ax, y\rangle = \langle x, A^*y\rangle = \langle x, \bar{\mu}y\rangle = \mu\langle x, y\rangle,$$

即ち，$(\lambda-\mu)\langle x, y\rangle=0$ が成立し，$\lambda\neq\mu$ なので，$\langle x, y\rangle=0$ を得るので，x と y は直交する．

話を本問に戻して，(ii)を解答しよう．次に与える行列の二つの積 AB と BA は

$$A=\begin{bmatrix} 3 & -6 \\ -2 & 4 \end{bmatrix},\quad B=\begin{bmatrix} 2 & 3 \\ 4 & 6 \end{bmatrix},\quad AB=\begin{bmatrix} -18 & -27 \\ 12 & 18 \end{bmatrix},\quad BA=\begin{bmatrix} 0 & 0 \\ 0 & 0 \end{bmatrix} \tag{7}$$

と等しくないが，固有多項式は直接計算しても，本問の(i)を用いても，$|AB-\lambda E|=|BA-\lambda E|=\lambda^2$ で等しく，その固有方程式の解である固有値も，その重複度 2 を込めて等しく 0，0 である．しかし，行列 AB の第 1 列は零ベクトルでないので，そのランクは 1 であり，11章の問題 1 の(5)より 0 に対する AB の固有空間の次元は，$2-r(AB)=2-1=1$ であるが，BA のそれは $2-r(BA)=2-0=2$ で異なる．これより得る教訓は

固有値の中に重根がある時は，固有多項式は，固有空間の情報の全てをもたらすものではない．

更に，詳しく考察する必要があり，最小多項式の議論へと進むが，これは14章に委ねよう．

5 （標準形）

実行列 A の固有多項式 $|A-tE|$ は実係数の t の 2 次関数であるが，それを 0 とする固有方程式の根は必らずしも実根とは限らず，本問の様に虚根を持つ事が起り得る．しかし，2 次方程式の根の公式かり分る様に，虚根 $\lambda+i\mu$ は，必らず，その共役複素数 $\lambda-i\mu$ と連れ添って現れる．この様に，λ は本問で別の意味に用いられるので，変数は t を使用する．

行列 A は実行列であるが，複素行列とも見なす事が出来，複素数体 $\boldsymbol{C}$ 上で考えた時も，固有方程式の根である固有値には変りがなく，やはり $\lambda\pm i\mu$ のペアが固有値である．$\mu\neq 0$ と云う仮定より，これらは相異なる単根であり，問題 2 の基-2 は複素数体 $\boldsymbol{C}$ 上でも成立するので，固有値 $\lambda+i\mu$ に対する複素列ベクトル $z_1=x_1+iy_1$ と，固有値 $\lambda-i\mu$ に対する複素列ベクトル $z_2=x_2+iy_2$ は複素数体 $\boldsymbol{C}$ 上で 1 次独立であって，実ベクトル x_1, y_1, x_2, y_2，複素列ベクトル z_1, z_2 を

$$x_1=\begin{bmatrix} x_{11} \\ x_{21} \end{bmatrix},\ y_2=\begin{bmatrix} y_{11} \\ y_{21} \end{bmatrix},\ x_2=\begin{bmatrix} x_{12} \\ x_{22} \end{bmatrix},\ y_2=\begin{bmatrix} y_{12} \\ y_{22} \end{bmatrix},\ z_1=\begin{bmatrix} x_{11}+iy_{11} \\ x_{21}+iy_{21} \end{bmatrix},\ z_2=\begin{bmatrix} x_{12}+iy_{12} \\ x_{22}+iy_{22} \end{bmatrix} \tag{2}$$

と成分で表すと，行列

$$Z=\begin{bmatrix} z_{11} & z_{21} \\ z_{21} & z_{22} \end{bmatrix},\ z_{jk}=x_{jk}+iy_{jk} \quad (j, k=1, 2) \tag{3}$$

は正則行列であって，行列 A を

$$Z^{-1}AZ=\begin{bmatrix} \lambda+i\mu & 0 \\ 0 & \lambda-i\mu \end{bmatrix} \tag{4}$$

の様に，対角行列にする．なお，Z の成分を (i,j) 成分と云わずに，(3) の様に (j, k) 成分と云うのは，記号 i は虚数単位 $i=\sqrt{-1}$ の為の指定席としたいからである．

問題は，如何にして，以上の結果を実数体 $\boldsymbol{R}$ の中だけの話にするかであろう．手掛りが余りない時，初等的に書く，その作業の内にヒントを得るべきである．数式を書く事を怠っては数学は出来ない．数学を理解出来ず成績が悪い学生，独創的な論文の書けない大学院生に共通の性癖は，数学をマーク・シート方式の対象であるかの様に考えて，字面だけ追い，定義や式を書き並べて眺める作業を怠ることである．z_1 が固有値 $\lambda+i\mu$ に対する行列 A の固有値である事を露骨に書くと

$$\begin{bmatrix} a & b \\ c & d \end{bmatrix}\begin{bmatrix} x_{11}+iy_{11} \\ x_{21}+iy_{21} \end{bmatrix}=(\lambda+i\mu)\begin{bmatrix} x_{11}+iy_{11} \\ x_{21}+iy_{21} \end{bmatrix} \tag{5}$$

(5)の左辺と右辺の掛け算を実行し，a, b, c, d が実数である事に注意しつつ，各成分の実部と虚部を等しいとおくと，四個の式

$$ax_{11}+bx_{21}=\lambda x_{11}-\mu u_{11} \quad (6), \qquad ay_{11}+by_{21}=\mu x_{11}+\lambda y_{11} \quad (7)$$

$$cx_{11}+dx_{21}=\lambda x_{21}-\mu y_{21} \quad (8), \qquad cy_{11}+dy_{21}=\mu x_{21}+\lambda y_{21} \quad (9)$$

を得る．上の関係を行列を用いて，表せば，

$$\begin{bmatrix} a & b \\ c & d \end{bmatrix}\begin{bmatrix} x_{11} & y_{11} \\ x_{21} & y_{21} \end{bmatrix}=\begin{bmatrix} x_{11} & y_{11} \\ x_{21} & y_{21} \end{bmatrix}\begin{bmatrix} \lambda & \mu \\ -\mu & \lambda \end{bmatrix} \tag{10}$$

と天は自らを助ける者を助けるかの如く，(1)の右辺の行列が現れ，行列

$$P=\begin{bmatrix} x_{11} & y_{11} \\ x_{21} & y_{21} \end{bmatrix} \tag{11}$$

が正則行列である様に列ベクトル z_1 を選べばよい事が分る．固有方程式 $|A-tE|=t^2-(a+b)t+ad-bc$ は虚根を持つから，

$$\text{判別式}=(a+d)^2-4(ad-bc)=(a-d)^2+4bc<0 \tag{12}$$

が成立し，b は決して0ではない．従って，行列 $A-(\lambda+i\mu)E$ の第1行の各成分は0でなく，固有ベクトル z_1 は

$$(a-(\lambda+i\mu))(x_{11}+iy_{11})+b(x_{21}+iy_{21})=0 \tag{13}$$

で与えられる．$b\neq0$ なので，$x_{11}+iy_{11}=b$ とおくと，$x_{21}+iy_{21}=\lambda+i\mu-a$ なので，

$$P=\begin{bmatrix} b & 0 \\ \lambda-a & \mu \end{bmatrix} \tag{14}$$

とおくと $|P|=b\mu\neq0$ が成立し，P は正則行列である．この固有ベクトル z_1 を用いた(14)の P は，(10)より(1)を満足する．この問題によって，実行列の固有方程式が虚根 $\lambda+i\mu$ を持つ時は，その共役複素数も虚根であって，固有方程式が虚根を持つ事は，(1)の様に，標準形を求めようとする時，対角線には λ が二回重複して現れ，虚数部分 μ は対角線の近くに現れる事を認識して欲しい．

それにしても，この答案は能率的でない．2次の行列に対してこの有様では，とても試験にパスしそうにない．もっと能率的でインチキでない記法を身に着けよう．行列 A を横線と縦線によって区切って出来る下の左図の様な小行列を用いて，行列 A を下の右図の様に書こう．

A_{11}	A_{12}	$\cdots$	A_{1s}
A_{21}	A_{22}	$\cdots$	A_{2s}
$\cdots$	$\cdots$	$\cdots$	$\cdots$
A_{r1}	A_{r2}	$\cdots$	A_{rs}

$$A=\begin{bmatrix} A_{11} & A_{12} & \cdots & A_{1s} \\ A_{21} & A_{22} & \cdots & A_{2s} \\ \cdots & \cdots & \cdots & \cdots \\ A_{r1} & A_{r2} & \cdots & A_{rs} \end{bmatrix} \tag{15}$$

これを行列の**分割記法**と云う．この方法のメリットは，更に行列 B を下の第2式の様に分割する時，行列の積 $A_{ij}B_{jk}$ が意味がある限り

$$AB=\begin{bmatrix} A_{11} & A_{12} & \cdots & A_{1s} \\ A_{21} & A_{22} & \cdots & A_{2s} \\ \cdots & \cdots & \cdots & \cdots \\ A_{r1} & A_{r2} & \cdots & A_{rs} \end{bmatrix}\begin{bmatrix} B_{11} & B_{12} & \cdots & B_{1t} \\ B_{21} & B_{22} & \cdots & B_{2t} \\ \cdots & \cdots & \cdots & \cdots \\ B_{s1} & B_{s2} & \cdots & B_{st} \end{bmatrix}=\begin{bmatrix} \sum A_{1j}B_{j1} & \sum A_{1j}B_{j2} & \cdots & \sum A_{1j}B_{jt} \\ \sum A_{ij}B_{j1} & \sum A_{2j}B_{j2} & \cdots & \sum A_{2j}B_{it} \\ \cdots & \cdots & \cdots & \cdots \\ \sum A_{rj}B_{j1} & \sum A_{rj}B_{j2} & \cdots & \sum A_{sj}B_{jt} \end{bmatrix} \tag{16}$$

とあたかも，A_{ij} や B_{jk} が行列でなくスカラーであるかの様に，と云う事は何の負担も感じる事なしに，スイスイと膨大な計算を実行出来る事である．行列 A の第1列が a_1，第2列が $a_2, \cdots$，第 n 列が a_n の時，行列 A をこれらの列ベクトルを用いて表すと $A=(a_1, a_2, \cdots, a_n)$ である．

昨日大学入試二次試験の監督をした．試験が始まる前に様々な注意をするが，殆んど聞かずに解答に取り組む者がいる．その様な生徒は，受験番号を記さず，従って，その答案の好し悪しに無関係に見事零点である．5点や10点を取る事以上に大事な事があるのを知らないのである．勿論，注意を聞いていなくても，受験番号を書き，偶然合格する事もある．彼等が入学するとどうなるであろうか．高校では，先生やママが口喧しく注意して，保護するので，自らを律し，自らの判断で行動しなくてすんだ．大学でもこの様な姿勢を取るので，大学に適合出来ず，五月病になったり，ノイローゼになったりする．幸いにして，この様に心理的に悩まずにすむ学生は，何年留年しても，意に介せず，最後には在学期限満了で大学を去って行く．大学では，口頭で通り一片の説明があるのはよい方で，通常はどの様に重要な事でも，文書による掲示ですませる．勉強より大事なものがあることを肝に命じるべきであろう．

6 (標準形)

A は実対称行列であるから，問題1の基-1より A の全ての固有値は実数である．仮定より，これらは相異なるので，$\lambda_1, \lambda_2, \cdots, \lambda_n$ とすると，問題2の基-3より，各 λ_i に対する固有ベクトルは直交する．λ_i に対する大きさ1の固有ベクトル v_i を取り，これを第 i 列とする行列を

$$P=(v_1 v_2 \cdots v_n) \tag{2}$$

とすると，P の転置行列 ${}^tP$ は ${}^tv_i$ を第 i 行とする行列であり

$${}^tP=\begin{pmatrix} {}^tv_1 \\ {}^tv_2 \\ \vdots \\ {}^tv_n \end{pmatrix} \tag{3}$$

従って

$${}^tPP=\begin{pmatrix} v_1 \\ v_2 \\ \vdots \\ v_n \end{pmatrix}({}^tv_1\,{}^tv_2 \cdots {}^tv_n)=\begin{bmatrix} \langle v_1, v_1\rangle & \langle v_1, v_2\rangle & \cdots & \langle v_1, v_n\rangle \\ \langle v_2, v_1\rangle & \langle v_2, v_2\rangle & \cdots & \langle v_2, v_n\rangle \\ \cdots & \cdots & \cdots & \cdots \\ \langle v_n, v_1\rangle & \langle v_n, v_2\rangle & \cdots & \langle v_n, v_n\rangle \end{bmatrix}=E \tag{4}$$

が成立し，P の転置行列 ${}^tP$ は P の逆行列 P^{-1} に等しい．なお，行列 P はその各列が直交しているから，直交行列である．更に，問題2の基-4より，$P^{-1}AP$ は対角行列

$$P^{-1}AP=\Lambda, \Lambda=\begin{bmatrix} \lambda_1 & & & \\ & \lambda_2 & 0 & \\ & & \ddots & \\ & 0 & & \lambda_n \end{bmatrix} \tag{5}$$

となる．

ここで本問に移ると，$AB=BA$ の左から P^{-1}，右から P を掛けて，(5)を考慮に入れると，行列

$$C=P^{-1}BP \tag{6}$$

に対して

$$\Lambda C=(P^{-1}AP)(P^{-1}BP)=P^{-1}(AB)P=P^{-1}(BA)P=(P^{-1}BP)(P^{-1}AP)=C\Lambda,$$

即ち

$$\Lambda C=C\Lambda \tag{7}$$

が成立する．$C=(c_{ij})$とおくと，ΛC の (i,j) 成分は $\lambda_i c_{ij}$，$C\Lambda$ の (i,j) 成分は $c_{ij}\lambda_j$ なので

$$\lambda_i c_{ij}=c_{ij}\lambda_j \quad (i,j=1, 2, \cdots, n) \tag{8}$$

が成立する．$\lambda_i-\lambda_j\neq 0\ (i\neq j)$ なので，(8)より $c_{ij}=0\ (i\neq j)$ が成立し，C は対角行列である．C は対角行列なので，${}^tC=C$. P は直交行列で上に見た様に $P^{-1}={}^tP$ なので，(6)より

$$B=PCP^{-1}=PC\,{}^tP \tag{9}$$

を得るが，

$${}^tB={}^t(PC\,{}^tP)={}^{tt}P\,{}^tC\,{}^tP=PC\,{}^tP=B \tag{10}$$

が成立し，B は対称行列である．

この様に，標準形は極めて，有力な武器なので，単根の場合に止らず，重根を持つ一般の場合に挑む為，少し準備をしよう．複素正方行列 A はその共役転置行列 A^* に対して，$AA^*=A^*A$ が成立する時，正規行列と云った．

基-1 λ_0 が n 次の正規行列 A の固有方程式 $|A-\lambda E|=0$ の k 重根であれば，行列 $A-\lambda_0 E$ のランクは $n-k$ である．

$r(A-\lambda_0 E)=n-l$ としよう．この時，連立方程式 $(A-\lambda_0 E)x=0$ の解 x 全体の作る線形空間である所の固有値 λ_0 に対する A の固有空間 $W(\lambda_0)$ の次元は11章の(5)より l である．従って，丁度 l 個の1次独立な解がある．7章の E-5 で解説したグラム・シュミットの方法により，正規直交系 $v_1, v_2, \cdots, v_l$ を作る．更に，グラム・シュミットの方法で，$n-l$ 個のベクトルを付け加えて，$v_1, v_2, \cdots, v_l, v_{l+1}, \cdots, v_n$ が正規直交基底をなす様にする．勿論行列 $V=(v_1 v_2 \cdots v_n)$ はユニタリー行列であって，$Av_i=\lambda_0 v_i$ $(1\leqq i\leqq l)$ が成立し，次の(11)の様に

$$AV=V\begin{bmatrix}\lambda_0 E_l & B\\ 0 & C\end{bmatrix} \quad (11), \qquad V^*AV=\begin{bmatrix}\lambda_0 E_l & B\\ 0 & C\end{bmatrix} \quad (12)$$

と書けるが，$V^*=V^{-1}$ なので，上の(12)を得る．更に，問題4の(6)より $A^*v_i=\bar{\lambda}_0$ $(1\leqq i\leqq l)$ が成立しているので，全く同じ方法で

$$V^*A^*V=\begin{bmatrix}\bar{\lambda}_0 E_l & B_1\\ 0 & C_1\end{bmatrix} \tag{13}$$

を得る．従って

$$\begin{bmatrix}\lambda_0 E_l & B\\ 0 & C\end{bmatrix}=V^*AV=(V^*A^*V)^*=\begin{bmatrix}\bar{\lambda}_0 E_l & B_1\\ 0 & C_1\end{bmatrix}^*=\begin{bmatrix}\lambda_0 E_l & 0\\ B_1^* & C_1^*\end{bmatrix} \tag{14}$$

が成立し，(14)の左辺と右辺の右上を比較して，$B=0$．早い話が，次の(15)を得るが，

$$V^*AV=\begin{bmatrix}\lambda_0 E_l & 0\\ 0 & C\end{bmatrix} \quad (15), \qquad A-\lambda E=V\begin{bmatrix}(\lambda_0-\lambda)E_l & 0\\ 0 & C-\lambda E_{n-l}\end{bmatrix}V^* \quad (16),$$

$VV^*=E$ なので，$A-\lambda E=VV^*(A-\lambda E)VV^*=V(V^*AV-\lambda E)V^*$ に(15)を代入して，上の(16)を得る．よって，行列式の値は $|A-\lambda E|=|V|\,|\lambda_0-\lambda|^l|C-\lambda E_{n-l}|\,|V^*|=|VV^*|\,|\lambda_0-\lambda|^l|C-\lambda E_{n-l}|=|\lambda-\lambda_0|^l|c-\lambda E_{n-l}|$．他方，ランクの方は，$V^*=V^{-1}$ なので，問題4の(1)より

$$r(A-\lambda_0 E)=r\begin{pmatrix}0 & 0\\ 0 & C-\lambda_0 E_{n-l}\end{pmatrix}=r(C-\lambda_0 E_{n-l}) \tag{17}$$

を得るが，$r(A-\lambda_0 E)=n-l$ と仮定したので，$r(C-\lambda_0 E_{n-l})=n-l$．$C-\lambda_0 E_{n-l}$ は $n-l$ 次の正方行列なので，フル・ランクと云う事より，$|C-\lambda_0 E_{n-l}|\neq 0$．故に，固有多項式 $|A-\lambda E|$ にて $\lambda=\lambda_0$ は l 重根となり，$l=k$，つまり，$r(A-\lambda_0 E)=n-k$．問題4の(ii)の解答が示す様に，一般には，k 重根だからと云って，$r(A-\lambda_0 E)=n-k$ とは限らぬが，正規行列なので，基-1を得る．

n 次正規行列の固有方程式 $|A-\lambda E|=0$ の根を $\lambda_1, \lambda_2, \cdots, \lambda_s$ とし，λ_i が k_i- 重根であれば，上に見た様に，k_i 個だけ互に直交する大きさ1の固有ベクトルが取れる．異なる固有値に対して固有ベクトルは始めから，問題4の基-2より直交しているので，正規直交基底をなす n 個の固有ベクトルが取れ，A が正規行列で，固有方程式が重根を持つ，一般の場合にも，問題2の基-4が成立つ．即ち，正則行列 P があって

$$P^{-1}AP=\begin{bmatrix}\lambda_1 & & & & \\ & \ddots\ {\scriptstyle k_1\text{個}} & & & \\ & & \lambda_1 & & 0 \\ & & & \ddots & \\ & & & & \lambda_s\ {\scriptstyle k_s\text{個}} \\ & 0 & & & \ddots \\ & & & & & \lambda_s\end{bmatrix} \tag{18}$$

なる標準形が得られる．

EXERCISES

（解答☞ 215ページ）

1 （固有多項式） A を任意の (m, n) 行列，B を任意の (n, m) 行列とする．AB の固有多項式と BA の固有多項式との間に成立する関係式を求めよ． （神戸大学大学院入試）

2 （固有値） 第1行と第1列の成分が全て1で，他の成分が全て0である n 次の複素正方行列 A の固有値が全て有理数である様な n を全て求めよ． （東海大学大学院入試）

3 （標準形） 複素数を成分とする n 次正方行列全体の作るベクトル空間 $M(n, \mathbf{C})$ の元 A に対し，$Z(A)=\{B\in M(n, \mathbf{C})|AB=BA\}$ とおく．A が相異なる n 個の固有値を持つ時，$Z(A)$ は $M(n, \mathbf{C})$ の n 次元部分空間である事を示せ． （東京工業大学大学院入試）

4 （固有ベクトル） n 次の複素正方行列 $A=(a_{ij})$ の固有値を $\lambda_1, \lambda_2, \cdots, \lambda_n$ とする時，

$$\sum_{i=1}^{n}|\lambda_i|^2 \leqq \sum_{i,j=1}^{n}|a_{ij}|^2 \qquad (1)$$

が成立する事を証明せよ． （名古屋大学大学院入試）

5 （標準形） $A=(a_{ij})$ を n 次エルミート行列，$Q(x)$ を次のエルミート形式とする：

$$Q(x)=\sum_{i,j=1}^{n} a_{ij}x_i\overline{x_j} \quad (x=(x_1, x_2, \cdots, x_n)) \qquad (1).$$

$\sum_{i=1}^{n}|x_i|^2=1$ なる時，$Q(x)$ の取り得る値の範囲を求めよ． （京都大学大学院入試）

6 （標準形） $A=(a_{ij})$ を $N\times N$ エルミート行列とする．$N\times N$ 行列 B を

$$B=(b_{ij}),\ b_{ij}=\mathrm{Re}(a_{ij}) \quad (i, j=1, 2, \cdots, N) \qquad (1)$$

によって定めれば，不等式

$$\text{「}B\text{ の最大の固有値」} \leqq \text{「}A\text{ の最大の固有値」} \qquad (2)$$

が成立する事を証明せよ．ただし，$\mathrm{Re}(a)$ は a の実数部分を表す． （東京大学大学院入試）

Advice

1 問題4の一般化．一般化を追求するのが，数学者の性である．4章のE-1とE-4の関係に似ている．固有多項式の係数を計算してもよい．

2 行列式 $|A-\lambda E|$ の計算をせよ．

3 A は相異なる固有値 $\lambda_1, \lambda_2, \cdots, \lambda_n$ を持つので，最終兵器 $P^{-1}AP=$対角行列，なる標準形を用いて本問を粉砕せよ．

4 生兵法は怪我のもとであり，固有値が単根とはどこにも書いてないので対角化に走ってはいけない．固有ベクトルの定義とシュワルツの不等式に頼る．

5と6 内積 $\langle Ax, x\rangle$ は**エルミート形式**と呼ばれ，A のユニタリー行列 V による対角化 $V^*AV=(\lambda_1\lambda_2\cdots\lambda_n)$ により，$\langle Ax, x\rangle=\lambda_1|y_1|^2+\lambda_2 y_2{}^2+\cdots+\lambda_n|y_n|^2$，$x=Vy$．標準形で裸にして，云い寄れ！

13 2次形式，エルミート形式の標準形

［指針］ 本章は大学1年後期の試験のヤマである．本章をマスターすれば，線形代数のアマ初段と云えよう．対称，又は，エルミート行列は固有ベクトルの正規直交系が作る直交，又は，ユニタリー行列によって対角化される．これは対応する，2次，又は，エルミート形式の標準形を与える．

1 （2次曲線の標準形） $5x^2-2xy+5y^2-12x+12y+10=0$ を標準方程式に直し，そのグラフを書け．

（奈良県中学校教員採用試験）

2 （2次形式の標準形） 2次形式，$Q(x,y,z)=6x^2+5y^2+7z^2-4xy+4xz$ を，変数の正則な一次変換で対角化し，単位球面 $x^2+y^2+z^2=1$ の上での $Q(x,y,z)$ の最小値，最大値を求めよ．

（早稲田大学大学院入試）

3 （対称行列の標準形） A を対角成分が0で他の成分が1である様な n 次正方行列とする $(n\geqq 2)$．$P^{-1}AP$ が対角行列である様な n 次正方行列 P を求めよ．

（東京工業大学大学院入試）

4 （2次曲面の標準形） 直角座標系 x,y,z に関して，

$$ax^2+by^2+cz^2+2fyz+2gzx+2hxy+2lx+2my+2nz+p=0 \tag{1}$$

で与えられる2次曲面は

$$A=\begin{bmatrix} a & h & g \\ h & b & f \\ g & f & c \end{bmatrix},\qquad A_1=\begin{bmatrix} & & & l \\ & A & & m \\ & & & n \\ l & m & n & p \end{bmatrix} \tag{2}$$

のランクが，夫々，2, 4であれば，楕円的，又は，双曲的放物面である事を証明せよ．

（お茶の水女子大学大学院入試）

5 （エルミート形式） n 次のエルミート行列 $A_1, A_2, \cdots, A_m$ について $A_1{}^2+A_2{}^2+\cdots+A_m{}^2=0$ ならば，各エルミート行列 $A_i\ (i=1,2,\cdots,m)$ は，全て零行列である事を証明せよ．

（名古屋大学大学院入試）

6 （2次の偏導関数の対称行列） $a>b>0$ の時，関数

$$f(x,y)=e^{-x^2-y^2}(ax^2+by^2) \tag{1}$$

の極値を求めよ．

（九州大学大学院入試）

1 （2次曲線の標準形）

2次関数

$$f(x,y)=5x^2-2xy+5y^2-12x+12y+10 \tag{1}$$

を標準形に直すには，先ず，平行移動

$$x=x'+x_0,\ y=y'+y_0 \tag{2}$$

を行ない，x', y' について整理して，

$$f=5x'^2-2x'y'+5y'^2+2(5x_0-y_0-6)x'+2(-x_0+5y_0+6)y'+f(x_0,y_0) \tag{3}$$

において，x' と y' の係数を0にすべく，x_0 と y_0 が連立1次方程式

$$\begin{cases} 5x_0-y_0=6 \\ -x_0+5y_0=-6 \end{cases} \tag{4}$$

を満す様に選ぶ．(4)をクラメルの解法で解き

$$x_0=\frac{\begin{vmatrix} 6 & -1 \\ -6 & 5 \end{vmatrix}}{\begin{vmatrix} 5 & -1 \\ -1 & 5 \end{vmatrix}}=\frac{24}{24}=1,\quad y_0=\frac{\begin{vmatrix} 5 & 6 \\ -1 & -6 \end{vmatrix}}{\begin{vmatrix} 5 & -1 \\ -1 & 5 \end{vmatrix}}=\frac{-24}{24}=-1 \tag{5}$$

を得る．$f(x_0,y_0)$ を計算すると

$$f(x_0,y_0)=f(1,-1)=-2 \tag{6}$$

かくして，平行移動

$$x=x'+1,\quad y=y'-1 \tag{7}$$

によって，f は，新らしい座標 x', y' については2次形式＋定数の

$$f=5x'^2-2x'y'+5y'^2-2 \tag{8}$$

に変った．なお，**平行移動によっては，**(1)と(8)とを比べて見ると分る様に，**2次形式の部分は不変で，定数項のみが変る．**ここ迄は，変数が幾つあっても，原理は同じである．

次に，2次形式 $5x'^2-2x'y'+5y'^2$ を標準形にする為下図の様に，又，新らしい座標系 X, Y を導入する．

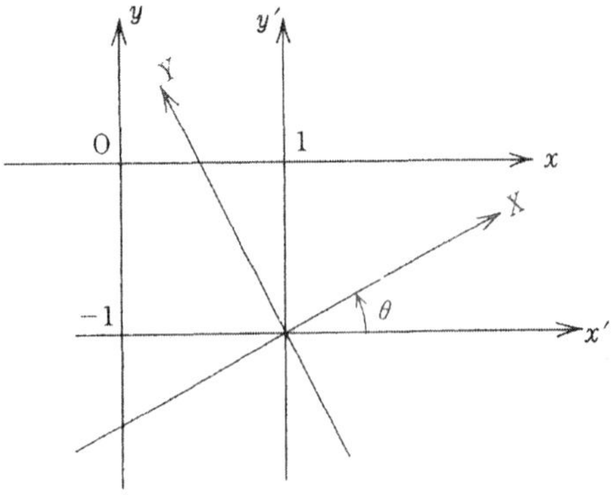

平面上の同一の点Pは (x,y), (x',y'), (X, Y) の三種類の座標で表される． (x,y) と (x',y') との間の関係は(7)で与えられる．(x',y') と (X, Y) の間の関係は5章の E–2 で与えた様に

$$\begin{pmatrix} x' \\ y' \end{pmatrix}=\begin{pmatrix} \cos\theta & -\sin\theta \\ \sin\theta & \cos\theta \end{pmatrix}\begin{pmatrix} X \\ Y \end{pmatrix} \tag{9}$$

で与えられ，(9)の行列は直交行列である．(8)の右辺の $5x'^2-x'y'-y'x'+5y'^2$ の係数の行列

$$A=\begin{pmatrix} 5 & -1 \\ -1 & 5 \end{pmatrix} \tag{10}$$

を対応させ，その固有多項式は

$$|A-\lambda E|=\begin{vmatrix} 5-\lambda & -1 \\ -1 & 5-\lambda \end{vmatrix}=(\lambda-5)^2-1^2=(\lambda-4)(\lambda-6) \tag{11}$$

なので，対称行列 A の固有値は 4，6 である．12章の問題 2 の基-4 によれば，直交行列 P を用いて，行列 A は

$$P^{-1}AP=\begin{bmatrix} 4 & 0 \\ 0 & 6 \end{bmatrix} \tag{12}$$

と対角化出来るが，直交行列 P の第 1 列は固有値 4 に対する大きさ 1 のベクトルである．従って(9)の直交行列が P の役割を果すには，**その第 1 列が 4 に対する A の固有ベクトルであり**，

$$\begin{pmatrix} 5 & -1 \\ -1 & 5 \end{pmatrix}\begin{pmatrix} \cos\theta \\ \sin\theta \end{pmatrix}=\begin{pmatrix} 5\cos\theta & -\sin\theta \\ -\sin\theta & +5\cos\theta \end{pmatrix}=4\begin{pmatrix} \cos\theta \\ \sin\theta \end{pmatrix} \tag{13},$$

即ち，$\cos\theta=\sin\theta$ が成立しなければならない．従って，$\theta=\dfrac{\pi}{4}=45°$ の座標軸の回転

$$\begin{pmatrix} x' \\ y' \end{pmatrix}=\begin{pmatrix} \dfrac{1}{\sqrt{2}} & -\dfrac{1}{\sqrt{2}} \\ \dfrac{1}{\sqrt{2}} & \dfrac{1}{\sqrt{2}} \end{pmatrix}\begin{pmatrix} X \\ Y \end{pmatrix},\quad x'=\frac{X-Y}{\sqrt{2}},\quad y'=\frac{X+Y}{\sqrt{2}} \tag{14}$$

を行うと，12章の E-5 の(7)で述べた様に，2 次形式 $5x'^2-2x'y'+5y'^2$ は標準形 $4X^2+6Y^2$ に移る．全く蛇足であるが，これは(14)を代入して験かめる事が出来る．何れにせよ

$$f=4X^2+6Y^2-2=0 \quad (15),\qquad \frac{X^2}{\left(\dfrac{1}{\sqrt{2}}\right)^2}+\frac{Y^2}{\left(\dfrac{1}{\sqrt{3}}\right)^2}=1 \tag{16}$$

の(16)が我々の 2 次曲線の標準形である．(16)は中心 (1, −1)，回転角45°，標準形(16)のだ円を表し，そのグラフは下図の通りである．

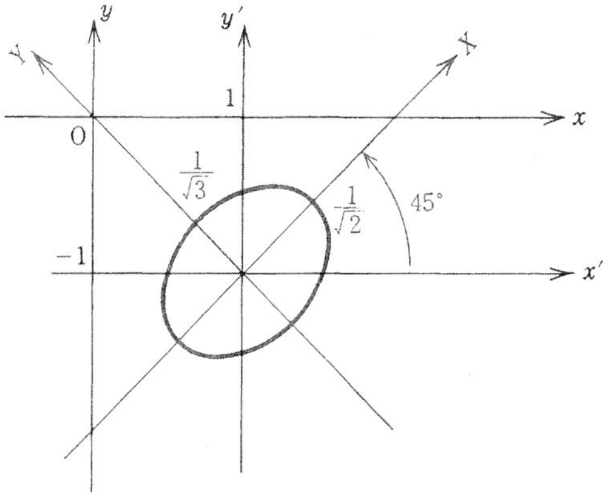

2 （2次形式の標準形）

前問の様に，2次元の x, y 平面において，2次関数＝0で与えられる曲線を**2次曲線**と云い，前問の様に，中心，回転角，標準形等を求めて，グラフの概形を究める事を，**2次曲線の追跡**と云う．旧制高校から旧制大学へ入学する際の入試の出題範囲であったので，興味のある方は，旧制高校の「解析幾何」のテキストや参考書で調べられると面白い．今は，高校と大学1年の中間的存在である．

さて，3次元の x, y, z 平面でも同様であるが，これは入試なので，時間の関係ではしよってある．$Q=6x^2+5y^2+7z^2-2xy-2yx+2yz+2zx$ と見なすと，対応する対称行列は

$$A=\begin{bmatrix} 6 & -2 & 2 \\ -2 & 5 & 0 \\ 2 & 0 & 7 \end{bmatrix} \tag{1}$$

と対角線は x^2, y^2, z^2 の係数をそのまま並べるが，それ以外の要素は係数の半分となる所が注意を要する．

対称行列 A の固有多項式は行列式

$$|A-\lambda E|=\begin{vmatrix} 6-\lambda & -2 & 2 \\ -2 & 5-\lambda & 0 \\ 2 & 0 & 7-\lambda \end{vmatrix} \overset{3行+2行}{=} \begin{vmatrix} 6-\lambda & -2 & 2 \\ -2 & 5-\lambda & 0 \\ 0 & 5-\lambda & 7-\lambda \end{vmatrix}$$

$$\overset{第1列で展開}{=} (6-\lambda)\begin{vmatrix} 5-\lambda & 0 \\ 5-\lambda & 7-\lambda \end{vmatrix}+2\begin{vmatrix} -2 & 2 \\ 5-\lambda & 7-\lambda \end{vmatrix}=(6-\lambda)(5-\lambda)(7-\lambda)+2(-2(7-\lambda)-2(5-\lambda))$$

$$=-\lambda^3+18\lambda^2-99\lambda+162=-(\lambda-3)(\lambda^2-15\lambda+54)=-(\lambda-3)(\lambda-6)(\lambda-9) \tag{2}$$

は下手な考え休むに似たりで，時間を空費するよりも展開して終り．どうせ因数分解出来る様に出題されているので，$\lambda=0, \pm1, \pm2, \pm3, \cdots$ と次々と代入して行くと，$\lambda=3$ で丁度0になり，剰余定理より $\lambda-3$ で因数分解出来るので，商を求めれば2次式，これはどうでも処理出来て，(2)に達する．

従って，$\lambda=3, 6, 9$ は対称行列の固有値である．固有値 λ に対する固有ベクトルの成分 x, y, z は同次連立1次方程式

$$\begin{aligned} (6-\lambda)x-2y+2z&=0 \\ -2x+(5-\lambda)y&=0 \\ 2x+(7-\lambda)z&=0 \end{aligned} \tag{3}$$

の解であるが，行列 A の固有値 λ は重根でないので，12章の問題6の基-1より，係数の行列 $A-\lambda E$ のランクは2である．従って，その解は，12章の問題1の公式(9)より，次の第1式

$$\frac{x}{\begin{vmatrix} 2 & -2 \\ 0 & 5-\lambda \end{vmatrix}}=\frac{y}{\begin{vmatrix} 6-\lambda & 2 \\ -2 & 0 \end{vmatrix}}=\frac{-z}{\begin{vmatrix} 6-\lambda & -2 \\ -2 & 5-\lambda \end{vmatrix}};\quad \frac{x}{\begin{vmatrix} -2 & 2 \\ 5-\lambda & 0 \end{vmatrix}}=\frac{y}{\begin{vmatrix} 2 & 6-\lambda \\ 0 & -2 \end{vmatrix}}=\frac{z}{\begin{vmatrix} 6-\lambda & -2 \\ -2 & 5-\lambda \end{vmatrix}} \tag{4}$$

を得るが，第2式の方がサイクリックで覚え易い．$\lambda=3$ に対しては

$$\frac{x}{4}=\frac{y}{4}=\frac{z}{-2} \tag{5}$$

なので，任意定数 $c\neq0$ に対して，$x=2c, y=2c. z=-c$ が固有ベクトルとなる．$x^2+y^2+z^2=4c^2+4c^2+c^2=9c^2=1$ より，$c=\dfrac{1}{3}$ の時，大きさ1となる．$\lambda=6$ に対しては

$$\frac{x}{-2}=\frac{y}{4}=\frac{z}{4} \tag{6}$$

より，任意定数 $c\neq0$ に対して，$x=c, y=-2c, z=-2c$ が固有ベクトルとなる．$x^2+y^2+z^2=c^2+4c^2+4c^2=9c^2=1$ より，$c=\dfrac{1}{3}$ の時，大きさ1となる．$\lambda=9$ に対しては

$$\frac{x}{-8}=\frac{y}{4}=\frac{z}{-8} \tag{7}$$

より，任意定数 $c\neq0$ に対して，$x=2c, y=-c, z=2c$ が固有ベクトルとなる．$x^2+y^2+z^2=4c^2+c^2+4c^2=9c^2=1$ より，$c=\frac{1}{3}$ の時，大きさ1とする．

上に得た，大きさ1の $\lambda=3,6,9$ に対する固有ベクトルを列とする行列

$$P=\frac{1}{3}\begin{bmatrix} 2 & 1 & 2 \\ 2 & -2 & -1 \\ -1 & -2 & 2 \end{bmatrix} \tag{8}$$

は12章の問題2の基-3より直交行列である．実験的に検算して，掛算を実行すると確かに，${}^tPP=E$ が成立し，P は直交行列である．直交行列 P を用いた変換

$$\begin{bmatrix} x \\ y \\ z \end{bmatrix}=P\begin{bmatrix} X \\ Y \\ Z \end{bmatrix}=\frac{1}{3}\begin{bmatrix} 2 & 1 & 2 \\ 2 & -2 & -1 \\ -1 & -2 & 2 \end{bmatrix}\begin{bmatrix} X \\ Y \\ Z \end{bmatrix} \quad (9),\qquad \begin{bmatrix} X \\ Y \\ Z \end{bmatrix}=P^{-1}\begin{bmatrix} x \\ y \\ z \end{bmatrix}={}^tP\begin{bmatrix} x \\ y \\ z \end{bmatrix} \quad (10)$$

を**直交変換**と云う．(9) によって座標系を旧い (x, y, z) から新しい (X, Y, Z) に移す．この時，X, Y, Z 軸上の単位ベクトル $\begin{bmatrix} X \\ Y \\ Z \end{bmatrix}=\begin{bmatrix} 1 \\ 0 \\ 0 \end{bmatrix},\begin{bmatrix} 0 \\ 1 \\ 0 \end{bmatrix},\begin{bmatrix} 0 \\ 0 \\ 1 \end{bmatrix}$ は旧い座標系ではベクトル $e_1=\begin{bmatrix} \frac{2}{3} \\ \frac{2}{3} \\ -\frac{1}{3} \end{bmatrix}$, $e_2=\begin{bmatrix} \frac{1}{3} \\ -\frac{2}{3} \\ -\frac{2}{3} \end{bmatrix}$, $e_3=\begin{bmatrix} \frac{2}{3} \\ -\frac{1}{3} \\ \frac{2}{3} \end{bmatrix}$

で，これは，(8) の列であるとともに，行列 A の固有値3，6，9に対する大きさ1のベクトルであり，勿論，直交している．新座標系は，e_1, e_2, e_3 を方向余弦とする直線を X, Y, Z 軸とみなした物であり，直交変換(9)は直交座標系の変換に他ならない．この時，(9)，(10) は空間の同じ点を新旧の座標で表した時の，座標の間の対応を与えている．

12章の E-5 の(7)で示した様に，A を係数に持つ2次形式 $Q(x, y, z)$ は，直交変換(10)によって，${}^tPAP$ を係数に持つ2次形式となる．12章の問題2の基-1より ${}^tPAP=P^{-1}AP$ は3，6，9を順に対角要素とする対角行列なので，Q は直交変換(9)，(10)によって，標準形

$$Q=3X^2+6Y^2+9Z^2 \tag{11}$$

となる．従って，12章の E-5 で見た様に，単位球面 $x^2+y^2+z^2=X^2+Y^2+Z^2=1$ 上の Q の最小値は，最小固有値3，最大値は最大固有値9である．

類　題　（解答☞ 218ページ）

1．問題1において，直交変換 (14) によって，標準形 (15) を得る事，問題2の (8) の行列 P は ${}^tPP, {}^tPAP$ を，夫々，単位行列，対角行列に，直交変換 (9) は (11) を与える事を検証せよ．

2．2次曲線

$$3x^2+2xy+3y^2=2 \tag{1}$$

を追跡せよ．　（福岡県高校教員採用試験）

3 (対称行列の標準形)

行列 A の固有多項式は行列式

$$|A-\lambda E|=\begin{vmatrix} -\lambda & 1 & 1 & \cdots & 1 \\ 1 & -\lambda & 1 & \cdots & 1 \\ \cdots & \cdots & \cdots & \cdots & \cdots \\ 1 & 1 & 1 & \cdots & -\lambda \end{vmatrix} \overset{\text{1列+他の全ての列}}{=} \begin{vmatrix} n-1-\lambda & 1 & 1 & \cdots & 1 \\ n-1-\lambda & -\lambda & 1 & \cdots & 1 \\ \cdots & \cdots & \cdots & \cdots & \cdots \\ n-1-\lambda & 1 & 1 & \cdots & -\lambda \end{vmatrix}$$

$$=(n-1-\lambda)\begin{vmatrix} 1 & 1 & \cdots & 1 \\ 1 & -\lambda & \cdots & 1 \\ \cdots & \cdots & \cdots & \cdots \\ 1 & 1 & \cdots & -\lambda \end{vmatrix} \overset{\text{各行}-1\text{行}}{=(n-1-\lambda)} \begin{vmatrix} 1 & 1 & \cdots & 1 \\ 0 & -\lambda-1 & \cdots & 0 \\ \cdots & \cdots & \cdots & \cdots \\ 0 & 0 & \cdots & -\lambda-1 \end{vmatrix} = (n-1-\lambda)(-\lambda-1)^{n-1} \qquad (1)$$

であって，最後は上三角行列式となり，対角要素の積として求められる．固有方程式 $(\lambda+1)^{n-1}(\lambda-n+1)=0$ は $\lambda=-1$ を $n-1$ 重根に，$\lambda=n-1$ を単根に持つ．

先ず，固有値 $\lambda=n-1$ に対しては，行列 $A-\lambda E$ はランク $n-1$ であり，その固有ベクトルの成分を x_1, $x_2, \cdots, x_n$ とすると同次連立1次方程式

$$\begin{aligned} &(1-n)x_1+x_2+\cdots+x_{n-1}+x_n=0 \\ &x_1+(1-n)x_2+\cdots+x_{n-1}+x_n=0 \\ &\cdots\cdots\cdots\cdots\cdots\cdots\cdots\cdots \\ &x_1+x_2+\cdots+(1-n)x_{n-1}+x_n=0 \end{aligned} \qquad (2)$$

の解である．(2)の $(n-1)$ 個の各式を加えて，$-x_1-x_2-\cdots-x_{n-1}+(n-1)x_n=0$. 第一式に加えて，$-nx_1+nx_n=0$, 即ち，$x_1=x_n$. 同様にして，$x_1=x_2=\cdots=x_n$ を得るので，大きさ1にするには $x_1^2+x_2^2+\cdots+x_n^2=nx_1^2=1$ より．$x_1=x_2=\cdots=x_n=\dfrac{1}{\sqrt{n}}$.

次に，固有値 $\lambda=-1$ に対しては，$A-\lambda E$ は全要素が1の行列で，そのランクは1なので，成分が $x_1, x_2, \cdots, x_n$ である様なベクトルが固有ベクトルである為の必要十分条件は

$$x_1+x_2+\cdots+x_n=0 \qquad (3)$$

である．本当は固有ベクトルは列ベクトルなのだが，縦に書くとスペースを取り，省資源に反するので，横書きさせて頂きグラム-シュミットの方法で正規直交固有ベクトルを得ましょう．先ず，$e_1=\left(\dfrac{1}{\sqrt{2}}, 0, \cdots, -\dfrac{1}{\sqrt{2}}\right)$ は大きさ1で(3)を満す．次に，$a_2=(0, 1, \cdots, -1)$ は固有ベクトルである．$\langle a_2, e_1\rangle=\dfrac{1}{\sqrt{2}}$ なので，$b_2=a_2-\langle a_2, e_1\rangle e_1=\left(-\dfrac{1}{2}, 1, \cdots, 0, -\dfrac{1}{2}\right)$ は e_1 に直交する固有ベクトルである．$\|b_2\|^2=\dfrac{6}{4}$ なので，$e_2=\dfrac{b_2}{\|b_2\|}=\left(-\dfrac{1}{\sqrt{6}}, \dfrac{2}{\sqrt{6}}, 0, \cdots, 0, -\dfrac{1}{\sqrt{6}}\right)$ は e_1 に直交する大きさ1のベクトルである．次に，$a_3=(0, 0, 1, \cdots, -1)$ は固有ベクトルである．$\langle a_3, e_1\rangle=\dfrac{1}{\sqrt{2}}$, $\langle a_3, e_2\rangle=\dfrac{1}{\sqrt{6}}$ なので，$b_3=a_3-\langle a_3, e_1\rangle e_1-\langle a_3, e_2\rangle e_2=\left(-\dfrac{1}{3}, -\dfrac{1}{3}, 1, 0, \cdots, 0, -\dfrac{1}{3}\right)$. $\|b_3\|^2=\dfrac{4}{3}$なので，$e_3=\dfrac{b_3}{\|b_3\|}=\left(-\dfrac{1}{2\sqrt{3}}, -\dfrac{1}{2\sqrt{3}}, \dfrac{\sqrt{3}}{2}, 0, \cdots, 0, -\dfrac{1}{2\sqrt{3}}\right)$.

これで，全貌がはっきりした．$e_j=(-\beta_j, -\beta_j, \cdots, \underset{j\text{項}}{j\beta_j}, 0, \cdots, 0, -\beta_j)$ とおくと，$\|b_j\|^2=(j^2+j)\beta_j^2=1$ である為には，$\beta_j=\dfrac{1}{\sqrt{j(j+1)}}$ でなければならぬので，

$$e_j=\left(-\frac{1}{\sqrt{j(j+1)}}, \cdots, -\frac{1}{\sqrt{j(j+1)}}, \underset{j\text{項}}{\sqrt{\frac{j}{j+1}}}, 0, \cdots, 0, -\frac{1}{\sqrt{j(j+1)}}\right) \qquad (4)$$

とおくと，e_j は大きさ1の固有ベクトルである．$j<k$ であれば，確かに，

$$\langle e_j, e_k\rangle=\frac{j-1}{\sqrt{j(j+1)}\sqrt{k(k+1)}}-\sqrt{\frac{j}{j+1}}\frac{1}{\sqrt{k(k+1)}}+\frac{1}{\sqrt{j(j+1)}}\frac{1}{\sqrt{k(k+1)}}=0.$$

よって，$e_1, e_2, \cdots, e_{n-1}$ は固有値 -1 に対する $n-1$ 個の正規直交固有ベクトル系である．

$\lambda=n-1$ に対する大きさ1の固有ベクトル $\left(\frac{1}{\sqrt{n}}, \frac{1}{\sqrt{n}}, \cdots, \frac{1}{\sqrt{n}}\right)$ を第1列に，$\lambda=-1$ に対する上述の正規直交固有ベクトル系 $e_1, e_2, \cdots, e_{n-1}$ を1列ずらして第2列，第3列，…，第 n 列に持つ行列 P を次の様に定義すると，P は直交行列であって，${}^tP=P^{-1}$ を満し，12章の問題2の基-1より，

$$P=\begin{bmatrix} \frac{1}{\sqrt{n}} & \frac{1}{\sqrt{2}} & -\frac{1}{\sqrt{6}} & \cdots & -\frac{1}{\sqrt{n(n-1)}} \\ \frac{1}{\sqrt{n}} & 0 & \frac{2}{\sqrt{6}} & \cdots & -\frac{1}{\sqrt{n(n-1)}} \\ \frac{1}{\sqrt{n}} & 0 & 0 & \cdots & -\frac{1}{\sqrt{n(n-1)}} \\ \cdots & \cdots & \cdots & \cdots & \cdots \\ \frac{1}{\sqrt{n}} & -\frac{1}{\sqrt{2}} & -\frac{1}{\sqrt{6}} & \cdots & \frac{n-1}{\sqrt{n(n-1)}} \end{bmatrix} \qquad (5),$$

$${}^tPAP=P^{-1}AP=\begin{bmatrix} n-1 & 0 & 0 & \cdots & 0 \\ 0 & -1 & 0 & \cdots & 0 \\ 0 & 0 & -1 & \cdots & 0 \\ \cdots & \cdots & \cdots & \cdots & \cdots \\ 0 & 0 & 0 & \cdots & -1 \end{bmatrix} \qquad (6)$$

なる対角行列を得る．

n 次元はこの位にして，3次元空間の2次曲面

$$F(x,y,z)=ax^2+by^2+cz^2+2fyz+2gzx+2hxy+2lx+2my+2nz+p=0 \qquad (7)$$

を考察する際の伝統的記号を説明しよう．

$$\boldsymbol{x}=\begin{bmatrix} x \\ y \\ z \end{bmatrix},\quad \boldsymbol{x}_1=\begin{bmatrix} x \\ y \\ z \\ 1 \end{bmatrix},\quad A=\begin{bmatrix} a & h & g \\ h & b & f \\ g & f & c \end{bmatrix},\quad A_1=\begin{bmatrix} & & & l \\ & A & & m \\ & & & n \\ l & m & n & p \end{bmatrix} \qquad (8)$$

とおくと，$F(x,y,z)={}^t\boldsymbol{x}_1A_1\boldsymbol{x}_1$ と書ける所がミソである．(8)の記法のメリットは平行移動が

$$\begin{cases} x=x'+x_0 \\ y=y'+y_0 \\ z=z'+z_0 \end{cases},\ \text{即ち},\ \boldsymbol{x}_1=P\boldsymbol{x}_1',\quad \boldsymbol{x}_1'=\begin{bmatrix} x' \\ y' \\ z' \\ 1 \end{bmatrix},\quad P_1=\begin{bmatrix} 1 & 0 & 0 & x_0 \\ 0 & 1 & 0 & y_0 \\ 0 & 0 & 1 & z_0 \\ 0 & 0 & 0 & 1 \end{bmatrix} \qquad (9)$$

と考えられ，$F={}^tx_1A_1x_1={}^tx_1'A'_1x'_1$ にて，$A'_1={}^tP_1A_1P_1$ を得る事である．行列 A を F の**係数行列**，行列 A_1 を F の**拡大係数行列**と云う．

類題

（解答☞ 219ページ）

3．$A=(a_{ij})$ を実対称行列とし，$x_1, x_2, \cdots, x_n$ を成分とする列ベクトル $x\in\boldsymbol{R}^n$ に対して，

$$A[x]={}^txAx,\ \|x\|^2=\sum_{i=1}^{n} x_i^2 \qquad (1)$$

により，$A[x], \|x\|$ を考える．

この時，ある正数 c_1, c_2 が存在して，任意の $x\in\boldsymbol{R}^n$ に対して，次の不等式

$$c_1\|x\|^2\leqq A[x]\leqq c_2\|x\|^2 \qquad (2)$$

が成立する事を証明せよ．（津田塾大学大学院入試）

4．任意の正規行列はユニタリ行列により対角行列に変換される事を証明せよ．（学習院大学大学院入試）

4 （2次曲面の標準形）

省資源の為前問の記号を引継ぎ，式の番号も続ける．$A_1'={}^tP_1A_1P_1$ なので，$L=ax_0+hy_0+yz_0+l$, $M=hx_0+by_0+fz_0+m$, $N=gx_0+fy_0+cz_0+n$ とおくと，

$$A_1'=\begin{bmatrix}1&0&0&0\\0&1&0&0\\0&0&1&0\\x_0&y_0&z_0&1\end{bmatrix}\begin{bmatrix}a&h&g&l\\h&b&f&m\\g&f&c&n\\g&m&n&p\end{bmatrix}\begin{bmatrix}1&0&0&x_0\\0&1&0&y_0\\0&0&1&z_0\\0&0&0&1\end{bmatrix}=\begin{bmatrix}a&h&g&L\\h&b&f&M\\g&f&c&N\\L&M&N&F(x_0,y_0,z_0)\end{bmatrix} \qquad (10)$$

が得られ，平行移動 $x=x'+x_0$, $y=y'+y_0$, $z=z'+z_0$ に伴い2次式 F の係数行列 A_1 が上述の行列 A_1' に変化するので，対応する F の係数の変化を知る．特に L, M, N が1次の項，x', y', z' の係数である．3次の対称行列 A の固有値を $\lambda_1, \lambda_2, \lambda_3$ としよう．$\lambda_1, \lambda_2, \lambda_3$ は重複するかも知れないが，実数である事は確かである．根と係数の関係より，$|A|=\lambda_1\lambda_2\lambda_3$. 幾つかの場合に岐れる．

（I）$r(A)=3$, 即ち，$\lambda_1, \lambda_2, \lambda_3$ が全て0でない時．x', y', z' の係数が消える為の条件は，連立1次方程式 $L=M=N=0$ であり，その係数の行列式 $|A|\neq 0$ なので，クラメルの公式で x_0, y_0, z_0 について解き

$$x_0=\frac{-\begin{vmatrix}l&h&g\\m&b&f\\n&f&c\end{vmatrix}}{|A|},\quad y_0=\frac{-\begin{vmatrix}a&l&g\\h&m&f\\g&n&c\end{vmatrix}}{|A|},\quad z_0=\frac{-\begin{vmatrix}a&h&l\\h&b&m\\g&f&n\end{vmatrix}}{|A|} \qquad (11).$$

(11)によって与えられる (x_0, y_0, z_0) を用いて，平行移動 $x=x'_0+x_0$, $y=y'+y_0$, $z=z'+z_0$ を行うと F は2次形式＋定数の形の

$$F=ax'^2+by'^2+cz'^2+2fy'z'+2gz'x'+2h'x'y'+F(x_0, y_0, z_0) \qquad (12)$$

に変化し，2次形式の係数は不変なので，さしあたり暗記の負担を増す物ではない．この時，$F=0$ を**有心2次曲面**であると云い，(x_0, y_0, z_0) をこの2次曲面の**中心**と云う．定数項は F の中心 (x_0, y_0, z_0) における値と理解しておけば，暗記の必要はないが，テキストでは，本問の様な記法で，$L=M=N=0$ に注意しつつ，(10)の両辺の行列式を取り，$|A_1'|=|A_1|=|A|\,F(x_0, y_0, z_0)$ より，公式

$$d=\text{定数項}=F(x_0, y_0, z_0)=\frac{|A_1|}{|A|} \qquad (13)$$

を与えているので，ここで，(13)を暗記する学生の負担が増す．ここで，問題2，3の様に $\lambda_1, \lambda_2, \lambda_3$ に対する固有ベクトルを正規直交系をなす様に取る事が出来て，これを列に並べて対角列 P を作ると，${}^tPAP$ は $\lambda_1, \lambda_2, \lambda_3$ を対角要素とする対角行列 Λ となり，直交変換

$$\begin{bmatrix}x'\\y'\\z'\end{bmatrix}=P\begin{bmatrix}X\\Y\\Z\end{bmatrix} \qquad (14)$$

によって，F は遂に標準形

$$F=\lambda_1X^2+\lambda_2Y^2+\lambda_3Z^2+d \qquad (15)$$

となる．この時，F の定数項 $d=F(x_0, y_0, z_0)$ は不変である．直交変換(14)は P の第1列，第2列，第3列である所の $\lambda_1, \lambda_2, \lambda_3$ に対する大きさ1の固有ベクトルを方向余弦とする x', y', z' 座標平面の原点を通る直線を X, Y, Z 軸とする座標変換を意味する．この時，次の場合に分れる．

(I-1) $\lambda_1, \lambda_2, \lambda_3$ が同符号で d と異符号の時．早く云えば，(1)は，$\alpha, \beta, \gamma>0$ に対して

$$\frac{X^2}{\alpha^2}+\frac{Y^2}{\beta^2}+\frac{Z^2}{\gamma^2}=1 \qquad (16)$$

となり，座標面に平行な平面での切口がだ円なので，**だ円面**と呼ばれる．

(I-2)　$\lambda_1, \lambda_2, \lambda_3, d$ が同符号の時．(16) の右辺が 1 の代りに -1 となり，これを満す点はなく，$-1=i^2$ なので，$\alpha i, \beta i, \gamma i$ を径とするだ円と見，**虚のだ円面**と呼ばれる．

(I-3)　$\lambda_1, \lambda_2, \lambda_3$ が同等号で $d=0$ の時．(16) の右辺が 1 の代りに 0 となり，これを満す点は中心の一点で，**点だ円**，又は，**虚の錐面**と呼ばれる．

(I-4)　d が $\lambda_1, \lambda_2, \lambda_3$ の二つと同符号で，一つと異符号で，早く云うと，(1)は，$\alpha, \beta, \gamma>0$

$$\frac{X^2}{\alpha^2}+\frac{Y^2}{\beta^2}-\frac{Z^2}{\gamma^2}=-1 \tag{17}$$

となり，Z' の満す範囲は $Z\geqq\gamma$ と $Z\leqq-\gamma$ の二つに分れ，**2 葉双曲面**と呼ばれる．座標面に平行な面での切口がだ円のみならず，双曲線が現れるのが，その名の由来である．

(I-5)　d が $\lambda_1, \lambda_2, \lambda_3$ の一つと同符号で，他と異符号の時，早く云うと，$\alpha, \beta, \gamma>0$ に対して

$$\frac{X^2}{\alpha^2}+\frac{Y^2}{\beta^2}-\frac{Z^2}{\gamma^2}=1 \tag{18}$$

と出来，今度は曲面(18)は連がっているので，**1 葉双曲面**と呼ばれる．

(I-6)　$\lambda_1, \lambda_2, \lambda_3$ の一つが異符号で，$d=0$ の時．(16) や (17) の右辺の 1 の代りに 0 となり，**2 次の錐面**と呼ばれる．

以上，一般には $|A|\neq0$ なので，特別な場合を除き，実であるのは，だ円面と双曲面である事が分った．$|A|=0$ となる次の特別な場合の研究が本問である．

(II)　$r(A)=2, r(A_1)=4$ の時，A のランクは $\lambda_1, \lambda_2, \lambda_3$ を対角要素とする対角行列と同じなので，$\lambda_1\neq0, \lambda_2\neq0, \lambda_3=0$ としてよい．$r(A)\leqq2$，即ち，$|A|=0$ の時，$F=0$ は**無心 2 次曲面**と呼ばれる．この場合は，中心が無いので，先ず，直接直交行列 P を用いて，直交変換により，座標系を x, y, z から x', y', z' に変えると，2 次形式の部分が標準形 $\lambda_1x'^2+\lambda_2y'^2+0z'^2$ となり

$$F=\lambda_1x'^2+\lambda_2y'^2+2l'x'+2m'y'+2n'z'+p=0 \tag{19}$$

となる．類題 5 において解いて貰うが，$r(A_1)=4$ なので，$n'\neq0$ であり，平行移動

$$X=x'+\frac{l'}{\lambda_1},\quad Y=y'+\frac{m'}{\lambda_2},\quad Z=z'-\frac{p}{n'} \tag{20}$$

により，標準形

$$F=\lambda_1X^2+\lambda_2Y^2+2n'Z=0 \tag{21}$$

に達する．ここで，二つの場合に分れ，

(II-1)　λ_1, λ_2 が同符号の時は，**だ円放物面**

$$\frac{X^2}{\alpha^2}+\frac{Y^2}{\beta^2}=\gamma Z \quad (\alpha, \beta>0,\ \gamma\neq0) \tag{22}$$

を得る．$z=z_0$ の切口はだ円であり，$x=x_0$ や $y=y_0$ の切口は放物線なのが，この名称の由来である．

(II-2)　λ_1, λ_2 が異符号の時は，**双曲放物面**

$$\frac{X^2}{\alpha^2}-\frac{Y^2}{\beta^2}=\gamma Z \quad (\alpha, \beta>0,\ \gamma\neq0) \tag{23}$$

を得る．平面 $z=z_0$ の切口は双曲線であり，$x=x_0$ や $y=y_0$ の切口は放物線なのが，この名の由来である．(22)で与えられる 2 変数 Y, X の関数 Z は $(X, Y)=(0,0)$ にて，偏微係数 $Z_X=Z_Y=0$ であるにも拘らず，極値を取らない有名な例である．丁度，馬の鞍の様になっているからである．

5 (エルミート形式)

n 次のエルミート行列 $A=(a_{ij})$ は，エルミート形式

$$\langle Ax, x\rangle=\sum_{i,j=1}^{n} a_{ij}\bar{x}_i x_j \tag{1}$$

が，常に $\langle Ax, x\rangle \geqq 0$ である時，**半正定値**と云い，$x\neq 0$ であれば，$\langle Ax, x\rangle>0$ である時，**正定値**(**正値**)であると云う．エルミート行列 A の固有値 $\lambda_1, \lambda_2, \cdots, \lambda_n$ は皆実数であり，ユニタリー行列 U があって，U^*AU は $\lambda_1, \lambda_2, \cdots, \lambda_n$ を対角要素とする対角行列 Λ となる．

(1)の様に，列ベクトル x の成分を $x_1, x_2, \cdots, x_n$ とし，ユニタリー変換

$$x=\Lambda X,\ X=\Lambda^{-1}x=\Lambda^*x \tag{2}$$

によって，列ベクトル x を $X_1, X_2, \cdots, X_n$ を成分とする列ベクトル X に移すと，エルミート形式(1)の $X_1, X_2, \cdots, X_n$ に関する係数行列は $U^*AU=\Lambda$ に移るので，標準形

$$\langle Ax, x\rangle=\lambda_1 X_1{}^2+\lambda_2 X_2{}^2+\cdots+\lambda_n X_n{}^2 \tag{3}$$

を得る．面倒なので，$\langle Ax, x\rangle \geqq 0$ の時，$A\geqq 0$, $\langle Ax, x\rangle>0$ $(x\neq 0)$ の時，$A>0$ と書く事にすると(3)より

> **基-1**　$A\geqq 0 \Longleftrightarrow \lambda_1, \lambda_2, \cdots, \lambda_n \geqq 0$, $A>0 \Longleftrightarrow \lambda_1, \lambda_2, \cdots, \lambda_n>0$

特に，エルミート形式 $\langle Ax, x\rangle$ が恒等的に 0 であれば，(3)より $\lambda_1=\lambda_2=\cdots=\lambda_n=0$，即ち，$\Lambda=0$ が成立し，$U^{-1}AU=\Lambda$ を逆に解いて，$A=0$.

本問の場合，$A=A_1{}^2+A_2{}^2+\cdots+A_m{}^2$ は，$A^*=A_1{}^{*2}+A_2{}^{*2}+\cdots+A_n{}^{*2}=A_1{}^2+A_2{}^2+\cdots+A_n{}^2$ なので，A 自身もエルミート形式である．更に $A=0$ と云う条件があるので，任意の n 次の列ベクトル x に対して，12章の問題 4 の基-1より

$$0=\langle Ax, x\rangle=\sum_{j=1}^{n}\langle A_j{}^2x, x\rangle=\sum_{j=1}^{n}\langle A_jA_jx, x\rangle=\sum_{j=1}^{n}\langle A_jx, A_j{}^*x\rangle$$

$$=\sum_{j=1}^{n}\langle A_jx, A_jx\rangle=\sum_{j=1}^{n}\|A_jx\|^2 \tag{4}$$

が成立し，ノルムの性質より，各 $A_jx=0$. 各 A_j は線形写像として 0 なので行列として 0 である．これより得られる教訓

エルミート行列処理のコツは $\langle Ax, y\rangle=\langle x, A^*y\rangle$ にあり！

さて，条件 $A\geqq 0$ や，$A>0$ を，A の固有値 $\lambda_1, \lambda_2, \cdots, \lambda_n$ を経由しないで，行列 A それ自身で表したい物である．根と係数の関係より

$$|A|=\lambda_1\lambda_2\cdots\lambda_n \tag{5}$$

従って，$A\geqq 0$ であれば，$|A|\geqq 0$, $A>0$ であれば，$|A|>0$ である．行列 A に対して，

$$\Delta_i=\begin{vmatrix} a_{11} & a_{12} & \cdots & a_{1i} \\ a_{21} & a_{22} & \cdots & a_{2i} \\ \cdots & \cdots & \cdots & \cdots \\ a_{i1} & a_{i2} & \cdots & a_{ii} \end{vmatrix} \tag{6}$$

は最初の i 行，i 列を用いて作った行列 A の i 次の小行列式であり，A の**首座行列式**と呼ばれる．

> **基-2**　$A\geqq 0 \Rightarrow$ 各首座行列式$\geqq 0$, $A>0 \Longleftrightarrow$ 各首座行列式>0.

（必要性）　$x_{j+1}=\cdots=x_n=0$ とおくと，$\langle Ax, x\rangle$ は j 変数 $x_1, x_2, \cdots, x_j$ のエルミート形式なので，夫々，$A\geqq 0$, $A>0$ であれば，上の議論より，その係数の行列式 $\triangle_j\geqq 0$, $\triangle_j>0$.

（十分性）　変数の数 n に関する帰納法による．$n=1$ の時，$a_{11}>0$ ならば，$\langle Ax, x\rangle=a_{11}|x_1|^2>0$. $n-1$ の時正しいと仮定し，n の時臨む．最初の $(n-1)$ 行及び列よりなる首座行列を $A^{(n-1)}$ とすると，仮定より，$A^{(n-1)}>0$. ここで策を弄して，$A=\begin{pmatrix} A^{(n-1)} & a \\ {}^t\bar{a} & a_{nn}\end{pmatrix}$ と A を $(n-1, n-1)$ 行列 $A^{(n-1)}$, $(n-1)$ 次列ベクトル a, (n, n) 要素 a_{nn} に分割する．$|A^{(n-1)}|>0$ なので，$A^{(n-1)}$ は正則行列であり，逆行列があり，これを用いて，

$$\begin{pmatrix} E & 0 \\ {}^t\bar{a}A^{(n-1)-1} & 1\end{pmatrix}\begin{pmatrix} A^{(n-1)} & 0 \\ 0 & a_{nn}-{}^t\bar{a}(A^{(n-1)})^{-1}a\end{pmatrix}\begin{pmatrix} E & (A^{(n-1)})^{-1}a \\ 0 & 1\end{pmatrix}$$

$$=\begin{pmatrix} E & 0 \\ {}^t\bar{a}(A^{(n-1)})^{-1} & 1\end{pmatrix}\begin{pmatrix} A^{(n-1)} & a \\ 0 & a_{nn}-{}^t\bar{a}(A^{(n-1)})^{-1}a\end{pmatrix}=\begin{pmatrix} A^{(n-1)} & a \\ {}^t\bar{a} & a_{nn}\end{pmatrix}=A \tag{7}$$

を得る．(7)の両辺の行列式を取り，$|A|=|A^{(n-1)}|(a_{nn}-{}^ta(A^{(n-1)})^{-1}a)$. 仮定，$|A^{(n-1)}|>0$, $|A|>0$ より $a_{nn}'=a_{nn}-{}^t\bar{a}(A^{(n-1)})^{-1}a>0$. 任意の n 次の列ベクトル x を取り，

$$X=\begin{pmatrix} X^{(n-1)} \\ X_n\end{pmatrix}=\begin{pmatrix} E & (A^{(n-1)})^{-1}a \\ 0 & 1\end{pmatrix}x \tag{8}$$

により n 次の列ベクトル X を定義すると，$A^{(n-1)}>0$, $a_{nn}>0$ なので，(7)より

$$\langle Ax, x\rangle={}^t\bar{x}Ax=({}^t\bar{X}^{(n-1)}\ X_n)\begin{pmatrix} A^{(n-1)} & 0 \\ 0 & a'_{nn}\end{pmatrix}\begin{pmatrix} X^{(n-1)} \\ X_n\end{pmatrix}=\langle A^{(n-1)}X^{(n-1)}, X^{(n-1)}\rangle+a'_{nn}|x_n|^2 \tag{9}$$

が成立するので，$A>0$ である．この証明では，$(A^{(n-1)})^{-1}$ の存在を仮定しているので，各首座行列式 >0 でないとダメである．

特別な場合として，$n=2$ の場合を考察しよう．2変数 x_1, x_2 の2次関数

$$f=a_{11}x_1^2+2a_{12}x_1x_2+a_{22}x_2^2 \tag{10}$$

は，勿論，2次形式であり，これが正定値である為の必要十分な条件は首座行列式が，

$$a_{11}>0 \quad (11), \qquad \begin{vmatrix} a_{11} & a_{12} \\ a_{12} & a_{22}\end{vmatrix}=a_{11}a_{22}-a_{12}^2>0 \quad (12)$$

を満たす事である．(12)は判別式 <0 と同値であり，高校の数学で学んだ基本事項に他ならない．

類　題　（解答☞ 219ページ）

5. 問題4において，$r(A)=2$, $r(A_1)=4$ の時，(18)の $n'\neq 0$ である事を示せ．

6. 問題4において，残りの全ての場合を論じよ．

7. 次の2次曲線を追跡せよ．

(i) $5x^2+2xy+5y^2-14x-22y+17=0$

(ii) $x^2-6xy+y^2+2x+10y-11=0$

(iii) $x^2-2xy+y^2-6x-2y+25=0$

8. 次の2次曲面を追跡せよ．

(i) $x^2+y^2+z^2+yz+zx+xy+x+y+z=0$

(ii) $x^2+3y^2+3z^2-2yz-2y+6z+2=0$

(iii) $x^2+2y^2+3z^2-4yz-4xy+2=0$

(iv) $x^2+z^2-2yz-4zx-2xy+2x+4y-10z+14=0$

(v) $3x^2+3y^2+3z^2-2yz+4\sqrt{2}zx-12x-6\sqrt{2}y+6\sqrt{2}z-1=0$

(vi) $x^2+y^2-4yz-4zx+2xy-12x-16y+35=0$

9. 対称行列

$$A=\begin{pmatrix} 1 & 1 & 1 \\ 1 & 1 & 1 \\ 1 & 1 & 0\end{pmatrix}$$

の首座行列式は全て $\geqq 0$ であるが，$A\geqq 0$ ではない事を示せ．

6 （2次の偏導関数のなす対称行列）

先ず，1実変数 t の実数値関数 $g(t)$ を考え，これが $t=0$ を含むある区間で $g'(t), g''(t)$ も存在して連続であるとしよう．この時，g は **C^2 級**であると云う．g を $t=0$ にて2次の項迄テイラー展開すると，定義域内の定数 t に対して $0<\theta<1$ を満す実数 θ があって，

$$g(t)=g(0)+g'(0)t+\frac{g''(\theta t)}{2!}t^2 \tag{2}$$

が成立する事は微分でよく学んだ通りである．忘れたり，サボッていたら，今，喰み込んで下さい．

さて，n 実変数 $x_1, x_2, \cdots, x_n$ の C^2 級関数 $f(x_1, x_2, \cdots, x_n)$，即ち，全ゆる2次迄の偏導関数が存在して連続な関数 $f(x_1, x_2, \cdots, x_n)$ を考察する．シュワルツの定理より $\dfrac{\partial^2 f}{\partial x_i x_j}=\dfrac{\partial^2 f}{\partial x_j x_i}$ が成立し，定義域の各点 x にて，n 次の実行列 $H_f(x)=\left(\dfrac{\partial^2 f}{\partial x_i \partial x_j}\right)$ は対称行列である．対応する2次形式を**ヘッセ形式**，又は，**ヘシヤン**と云う．蛇足ながら，n 複素変数 $z_1, z_2, \cdots, z_n$ の関数 f に対して，エルミート行列 $\left(\dfrac{\partial^2 f}{\partial z_j \partial \bar{z}_k}\right)$ に対応するエルミート行列を，**レビ形式**と呼び，故岡潔先生は，多変数関数論の大問題であるレビの問題を解く際に，縦横に駆使された．こちらは z_j と $\bar{z}_k$ に関する微分である事を弱視の人の為に注意しておく．東大以外の大学院入試には出題されないが，本質は同じである．ヘシヤンの方は本問の中心課題である．

さて，関数 f は定義域の一点 $a=(a_1, a_2, \cdots, a_n)$ において，a 以外の a の近く（これを**近傍**とカッコよく呼ぶのだ）の任意の点 x に対して，

$$f(x)>f(a) \text{ 又は } f(x)<f(a) \tag{3}$$

が成立する時，点 a において**極小値**，又は，**極大値**を取ると云う．C^1 級の関数 f が点 a で極値を取る時，変数 x_i 以外は $x_j=a_j$ と固定すると，1変数 x_i の関数として，点 $x_i=a_i$ で極値を取るので，1変数の場合の議論より，各変数 x_i に関する偏導関数が全て，点 a で零となり，

$$\frac{\partial f}{\partial x_i}(a)=0 \quad (1\leqq i\leqq n) \tag{4}$$

が成立する事は必要条件ではあるが，1変数の場合同様，十分条件ではない．そこで，十分条件を求めるのが肝要である．

f が C^2 級とすると，$a+h$ が定義域内にある，任意の小さなベクトル $h=(h_1, h_2, \cdots, h_n)$ に対して，$g(t)=f(a_1+th_1, a_2+th_2, \cdots, a_n+th_n)$ を考えると，これは疑いもなく1実変数 t の実数値関数であり，テイラー展開 (2) の射程内にある．$t=1$ に対して，(2) を適応すると，定数 $0<\theta<1$ があって，$g(1)=g(0)+g'(0)+\dfrac{g''(\theta)}{2!}$．合成関数の微分法より，$g', g''$ を求めて，ブチ込むと，$g(1)=f(a+h), g(0)=f(a)$ なので，

$$f(a+h)=f(a)+\sum_{i=1}^{n}\frac{\partial f(a)}{\partial x_i}h_i+\frac{1}{2}\sum_{i,j=1}^{n}\frac{\partial^2 f(a+\theta h)}{\partial x_i \partial x_j}h_i h_j \tag{5}$$

を得るが，(4)が成立していれば，1次の項が消えて，

$$f(a+h)-f(a)=\frac{1}{2}\sum_{i,j=1}^{n}\frac{\partial^2 f(a+\theta h)}{\partial x_i \partial x_j}h_i h_j \tag{6}$$

が成立し，$f(a+h)-f(a)$ の符号を決定する (6) の右辺は，正しく，点 $a+\theta h$ におけるヘシヤンである．従って，f が点 a で極小値を取る為の必要十分条件は，$h\neq 0$ の時 $f(a+h)-f(a)>0$，即ち，ヘシヤンが正定値である事であり，極大値を取る為の必要十分条件はヘシヤンが負定値である事である．これが，各 $a+\theta h$ で成立しなければならぬのが，微妙であるが，点 a で，行列 $H(a)$ の固有値 $\lambda_1, \lambda_2, \cdots, \lambda_n$ が0でなければ，スパット定まる．$\lambda_1, \lambda_2, \cdots, \lambda_n$ は代数方程式 $|H(x)-\lambda|=0$ の根であるから，x とともに連続的に変化する．点 a で $\lambda_i>0$，又は，$\lambda_i<0$ なので，a の十分近くの各点 x で，同じ符号を保つ．従って，ヘシヤン $\langle H(a)h, h\rangle$

が正，又は，負定値である事と，$\langle H(a+\theta h)h, h\rangle$ が正，又は，負定値である事とは同値であり，次の基本事項を得る：

基-1　C^2 級関数 f の関数行列 $H_f(a)=\left(\dfrac{\partial^2 f(a)}{\partial x_i \partial x_j}\right)$ が点 a で固有値 0 を持たないとする．この時，f が a で極小値を取る為の必要条件は，点 a において

$$\operatorname{grad} f=\left(\frac{\partial f}{\partial x_1}, \frac{\partial f}{\partial x_2}, \cdots, \frac{\partial f}{\partial x_n}\right)=(0, 0, \cdots, 0) \quad (7), \qquad H_f(a)>0 \quad (8)$$

が同時に成立する事であり，極大値を取る為の必要十分条件は点 a において

$$\operatorname{grad} f=0 \quad (1), \qquad H_f(a)<0 \quad (9)$$

が同時に成立する事である．

問題5の基-2より $H_f(a)>0$ である為の必要十分条件は各首座行列式が正である事である．又，$H_f(a)<0$ である為の必要十分条件は関数 $-f$ のそれが正である事であるから，次の基本事項を得る．

基-2　C^2 級の関数 f が点 a において行列式 $|H(a)|$ を 0 とせず，$\dfrac{\partial f}{\partial x_i}=0\ (1\leqq i\leqq n)$ を満したとする．この時，f が a で極小値を取る為の必要十分条件は，各首座行列式が下の条件 (10) を満す事であり，

$$D_j=\begin{vmatrix} \dfrac{\partial^2 f}{\partial x_1{}^2} & \dfrac{\partial^2 f}{\partial x_1 x_2} & \cdots & \dfrac{\partial^2 f}{\partial x_1 \partial x_j} \\ \dfrac{\partial^2 f}{\partial x_2 \partial x_1} & \dfrac{\partial^2 f}{\partial x_2{}^2} & \cdots & \dfrac{\partial^2 f}{\partial x_2 x_j} \\ \cdots\cdots & \cdots\cdots & \cdots & \cdots\cdots \\ \dfrac{\partial^2 f}{\partial x_j \partial x_1} & \dfrac{\partial^2 f}{\partial x_j \partial x_2} & \cdots & \dfrac{\partial^2 f}{\partial x_j{}^2} \end{vmatrix}>0 \quad (10), \qquad (-1)^j D_j>0 \quad (11)$$

極大値を取る為の必要十分条件は上の条件(11)を満す事である．

特に，2変数の場合をまとめると次の様になる．

基-3　2変数 x, y の C^2 級 f が点 a で，$\Delta=(f_{xy})^2-f_{xx}f_{yy}\neq 0$, $f_x=f_y=0$ を満す時，f が点 a で極値を持つ為の必要十分条件は $\Delta<0$ が成立する事である．この時，$f_{xx}>0$ であれば，f は点 a で極小値を取り，$f_{xx}<0$ であれば，極大値を取る．

さて，本問では，$f_x=2x(a-ax^2-by^2)e^{-x^2-y^2}$, $f_y=2y(b-ax^2-by^2)e^{-x^2-y^2}$, $f_{xx}=2(a-5ax^2-by^2+2ax^4+2bx^2y^2)e^{-x^2-y^2}$, $f_{yy}=2(b-ax^2-5by^2+2ax^2y^2+2by^4)e^{-x^2-y^2}$, $f_{xy}=4xy(-b-a+ax^2y+bxy^2)$．極値の候補者は $f_x=f_y=0$ の解，$x=y=0$, $x=0, y=\pm 1$, $x=\pm 1, y=0$ の三通り，$x=y=0$ では，$\Delta=-4ab>0$, $f_{xx}=2a>0$ で，基-3より極小値 0 を取る．$x=0, y=\pm 1$ では $\Delta=8(a-b)be^{-2}>0$ なので極値を取らず，$x=\pm 1$, $y=0$ では，$\Delta=8(b-a)ae^{-2}<0$, $f_{xx}=-4a>0$ なので極大値 $\dfrac{a}{e}$ を取る．なお，$\Delta=0$ の場合は $f=x^3-y^3$, $f=x^4+y^4$ の例が示す様に，極値を取らない場合と取る場合があり，アテンション·プリーズ．

類　題　(解答☞ 224ページ)

10．次の諸関数の極値を求めよ．

(i)　$z=x^3-3axy+y^3\quad (a>0)$

(ii)　$z=xy+\dfrac{a^3}{x}+\dfrac{a^3}{y}\quad (a>0)$

(iii)　$z=\sin x+\sin y+\cos(x+y)$

11．n 次の正方行列 $X=(x_{ij})$ に対して，$l_i{}^2=\sum_{j=1}^{n} x_{ij}{}^2$ $(1\leqq i\leqq n)$ とすると，X の行列式 $\det X$ は

$$|\det X|\leqq l_1 l_2 \cdots l_n \qquad (1)$$

を満す事を証明せよ．　（北海道大学大学院入試）

EXERCISES

(解答☞ 225ページ)

1 n 次の実対称行列 A に対して，$V=\{x\in \boldsymbol{R}^n;\ {}^t xAx=0\}$ が，n 次元数ベクトル空間 $\boldsymbol{R}^n$ の線形部分空間になる為の必要十分条件は，A，又は，$-A$ が非負定符号(正の半定符号とも云う)である事を証明せよ．

(学習院大学大学院入試)

2 H を n 次のエルミート行列とし，$\boldsymbol{C}^n$ の線形部分空間 V で，そのどの要素 x, y についても $\langle x, Hy\rangle=0$ を満す物を考える．極大な物，その次元等を論じよ．

(国家公務員上級職数学専門試験)

3 $A=(a_{ij})$ を n 次の実正値対称行列とする．任意の実数 $x_1, x_2, \cdots, x_n$ に対して

$$\begin{vmatrix} a_{11} & \cdots & a_{1n} & x_1 \\ \vdots & & \vdots & \\ a_{n1} & \cdots & a_{nn} & x_n \\ x_1 & \cdots & x_n & 0 \end{vmatrix} \leqq 0 \tag{1}$$

を証明し，数学的帰納法により $|A|\leqq a_{11}a_{22}\cdots a_{nn}$ を証明せよ．

(北海道大学大学院入試)

4 f は n 次元ユークリッド空間 $\boldsymbol{R}^n$ で定義された 2 回連続微分可能な関数で，行列 $\left(\dfrac{\partial^2 f}{\partial x_i \partial x_j}\right)$ は正定値とする．又，$\mathrm{grad}\, f=\left(\dfrac{\partial f}{\partial x_1}, \dfrac{\partial f}{\partial x_2}, \cdots, \dfrac{\partial f}{\partial x_n}\right)$ の値域を W とする．次の事を示せ．

(i) W の元 y が与えられた時，$f(x)-\langle x, y\rangle$ を最小にする x は唯一つ存在する．

(ii) $g(y)=\displaystyle\min_{x\in \boldsymbol{R}^n}(f(x)-\langle x, y\rangle)$ とおけば，$f(x)=\displaystyle\max_{y\in W}(g(y)+\langle x, y\rangle)$ である．

(国家公務員上級職数学専門試験)

5 確率変数 (X, Y) が 2 次元正規分布に従い，その確率密度関数が

$$f(x, y)=\frac{1}{2\pi\sigma_x\sigma_y\sqrt{1-\rho_2}}\exp\left(-\frac{1}{2(1-\rho^2)}\left(\frac{x^2}{\sigma_{x^2}}-2\rho\frac{xy}{\sigma_x\sigma_y}+\frac{y^2}{\sigma_{y^2}}\right)\right)\sigma_x,\ \sigma_y>0,\ 0<\rho^2<1$$

(ただし，$-\infty<x, y<\infty,\ \sigma_x, \sigma_y>0,\ 0<\rho^2<1$ で与えられている時)

(i) Y の周辺密度関数を求めよ．

(ii) $Y=y$ が与えられた時の X の条件付分布が正規分布になる事を示し，その平均と分散を求めよ．

(筑波大学大学院入試)

6 $X_1, X_2, \cdots, X_n$ は $N(0, 1)$ からの標本変量とする．

$$\begin{bmatrix} Y_1 \\ Y_2 \\ \vdots \\ Y_n \end{bmatrix}=P\begin{bmatrix} X_1 \\ X_2 \\ \vdots \\ X_n \end{bmatrix},\quad P \text{ は直交行列} \tag{1}$$

とおく時，$Y_1, Y_2, \cdots, Y_n$ は互に独立となり，かつ，各々は $N(0, 1)$ に従う事を示せ．

(熊本大学大学院入試)

Advice

5 と **6** は統計への応用ですが，多変量の正規分布は本章の射程内にあります．

14 最小多項式と不変部分空間

［**指針**］ 正方行列 A に対して，行列式 $|xE-A|$ は固有多項式であるが，変数 x の所に行列 A を代入すると零行列となる．この様な，最高次の係数が1で $g(A)=0$ となる多項式の中で，次数が最低の物を最小多項式と云う．この最小多項式と行列 A の対角化とは密接な関係がある．

1 （固有値と多項式） A を n 次複素行列とする．多項式 $f(x)=a_0x^n+a_1x^{n-1}+\cdots+a_{n-1}x+a_n$（$a_i$: 複素数）に対し，$f(A)=a_0A^n+a_1A^{n-1}+\cdots+a_{n-1}A+a_nE$（$E$ は単位行列）とおく．$f(A)=0$（0 行列）ならば，A の全ての固有値 α に対して，$f(\alpha)=0$ である事を示せ．

（津田塾大学大学院入試）

2 （最小多項式） 最高次の係数が1である様な複素係数多項式 $f(x)$ に対して，それを最小多項式とする複素正方行列 A が存在する事を示せ．

（京都大学大学院入試）

3 （最小多項式） $A=\begin{pmatrix} 1 & 2 & -1 \\ -1 & 2 & 0 \\ 1 & 1 & 1 \end{pmatrix}$ とする時，$A^{-1}=f(A)$ となる様な x の最低次の多項式 $f(x)$ を求めよ．

（筑波大学大学院入試）

4 （最小多項式） n 次正方行列 $A=\begin{pmatrix} 0 & & 1 \\ & 1 & \\ 1 & & 0 \end{pmatrix}$（1 が逆対角線上に並ぶ）の最小多項式及び，ジョルダンの標準形を求めよ．

（大阪市立大学大学院入試）

5 （最小多項式） V を複素数体 $\boldsymbol{C}$ 上の n 次元のベクトル空間とし，σ を V から V の一次変換とする．σ の最小多項式 $f(X)$ が $\boldsymbol{C}[X]$ において，$f(x)=f_1(x)f_2(x)$, $(f_1(x), f_2(x))=1$ と分解される時，$V=V_1+V_2$（直和），$V_i=\{v\in V \mid f_i(\sigma)v=0\}$ $(i=1,2)$ となる事を示せ．

（熊本大学大学院入試）

6 （不変部分空間） n 次複素正方形行列 A の相異なる固有値を $\alpha_1, \alpha_2, \cdots, \alpha_s$ とし，A が作用している n 次元複素ベクトル空間を V とする．E を単位行列とし

$$W_i=\{x\in V \mid (A-\alpha_iE)^m x=0 \text{ なる } m \text{ が存在する}\}\ (1\leqq i\leqq s) \tag{1}$$

とおくと，W_i は V の A-不変な部分空間で，V は $W_1, W_2, \cdots, W_s$ の直和に分解される事を示せ．

（東京教育大学＝筑波大学の前身の大学院入試）

1（固有値と多項式）

スカラー α は行列 A の固有値なので，零でないベクトル x があって，

$$Ax=\alpha x \tag{1}$$

が成立する．自然数 k に対して

$$A^k x=\alpha^k x \tag{2}$$

が成立すると仮定すると，(1) より $A^{k+1}x=A^k(Ax)=A^k(\alpha x)=\alpha A^k x=\alpha\alpha^k x=\alpha^{k+1}x$ が成立し，(2) が自然数 $k+1$ に対しても成立するので，数学的帰納法によって，(2) は任意の自然数 k に対して成立する．なお，$k=0$ の時も，$A^0x=x=\alpha^0 x$ の意味で成立している．

(2)の両辺に a_{n-k} を掛けて $k=0,1,\cdots,n$ に対して加えると

$$(a_0A^n+a_1A^{n-1}+\cdots+a_{n-1}A+E)x=(a_0\alpha^n+a_1\alpha^{n-1}+\cdots+a_{n-1}\alpha+1)x \tag{3}$$

即ち，$f(A)x=f(\alpha)x$ が成立する．これは，任意の多項式に対して成立している事を注意しておく．

本問では $f(A)$ が零行列であると云う条件が与えられているので，(3) より，$f(\alpha)x=0$．ベクトル x の方は零ベクトルでないので，スカラー $f(\alpha)$ の方が 0 となり，$f(\alpha)=0$ を得る．

本問の解答はこれで終りであるが，多くの教訓を残しているので，掘り下げて考えて見よう．先ず，$f(x)$ が行列 A の固有多項式を $(-1)^n$ 倍して x^n の係数を 1 にした多項式

$$f(x)=(-1)^n|A-xE|=|xE-A| \tag{4}$$

の場合を考える．なお，今後，一々，$(-1)^n$ と断わるのも面倒なので，(4)の方も行列 A の固有多項式と呼ぶ事にする．行列 $xE-A$ の (i,j) 要素の余因子を Δ_{ij} とすると，これは x の高々 $(n-1)$ 次の多項式なので，その係数を，i,j を転倒させて態と余因子行列作製に備えて

$$\Delta_{ij}=b_{ji0}x^{n-1}+b_{ji1}x^{n-2}+\cdots+b_{jin-1} \tag{5}$$

と記す．4 章の問題 6 の(10)の余因子行列 $\mathrm{ad}(xE-A)$ の性質より

$$(xE-A)(\mathrm{ad}(xE-A))=(\mathrm{ad}(xE-A))(xE-A)=|xE-A|E \tag{6}$$

が成立しているので，行列 B_λ $(\lambda=0,1,\cdots,n-1)$ を

$$B_\lambda=(b_{ij\lambda}) \tag{7}$$

によって定義すると

$$(xE-A)(B_0x^{n-1}+B_1x^{n-2}+\cdots+B_{n-1})=(B_0x^{n-1}+B_1x^{n-2}+\cdots+B_{n-1})(xE-A)=f(x)E \tag{8}$$

が成立しているので，x の所に $x=A$ を代入して，

$$f(A)=f(A)E=(A-A)(B_0A^{n-1}+B_1A^{n-2}+\cdots+B_{n-1})=0 \tag{9}$$

を得る．

> **基-1** 行列 A の固有多項式 $f(x)=|xE-A|$ に $x=A$ を代入すると，$f(A)=0$.

こうなると，行列 A が与えられた時，最も次数の少ない最高次の係数 1 の多項式 $\varphi(x)$ で，$\varphi(A)=0$ を満す，最も省エネ的で効率のよい物を求めたくなるのが，人情であろう．これを行列 A の**最小多項式**と云う．

行列 A が与えられた時，その最小多項式を $\varphi(x)$ とし，その次数を m とする．例えば，固有多項式の様に，$f(A)=0$ が成立する多項式 $f(x)$ を任意に取る．$f(x)$ を $\varphi(x)$ で割り，その商を $g(x)$，剰余を $h(x)$ とすると，勿論

$$f(x)=g(x)\varphi(x)+h(x) \tag{10}$$

が成立し，h の次数は m より小さい．(10)に $x=A$ を代入すると，$\varphi(A)=f(A)=0$ なので，

$$0=f(A)=g(A)\varphi(A)+h(A)=h(A) \tag{11}$$

が成立し，多項式 $h(x)$ は $h(A)=0$ を満す次数が高々 $m-1$ 次の多項式である．従って，φ の次数の最低性より，$h(x)\equiv 0$ でなければならない．よって，$f(x)$ は $\varphi(x)$ で割り切れる．

> **基-2**　行列 A の最小多項式を $\varphi(x)$ とする時，$f(A)=0$ が成立する様な任意の多項式 $f(x)$ は $\varphi(x)$ で割り切れる．

キザに云えば，その様な $f(x)$ 全体は単項イデアルである．さて，最小多項式の求め方として

> **基-3**　行列 A の固有方程式が重根を持たなければ，固有多項式 $f(x)$ 自身が A の最小多項式である．

が一番簡単な場合である．n 次の行列 A の固有値 $a_1, a_2, \cdots, a_n$ が全て相異なる場合，本問より，最小多項式 $\varphi(x)$ は，$\varphi(a_i)=0\ (1\leqq i\leqq n)$ を満し，剰余定理より $(x-a_1)(x-a_2)\cdots(x-a_n)$ で割り切れる．a_i は全て単根なので，この式は固有多項式 $|xE-A|$ に一致する．一方，固有多項式 $|xE-A|$ は基-1より，$x=A$ を代入すると 0 になるので，基-2 より $\varphi(x)$ で割り切れる．$|xE-A|$ と $\varphi(x)$ は互に他で割り切れ，最高次の係数は共に 1 なので，$|xE-A|=\varphi(x)$，即ち，基-3を得る．

行列 A の固有方程式が重根を持つ時は，事態は基-3 の様に簡単ではない．その解明が当面の課題となる．例えば．次の行列 A, B

$$A=\begin{pmatrix}0&0\\0&0\end{pmatrix} \quad (12), \qquad B=\begin{pmatrix}0&1\\0&0\end{pmatrix} \quad (13)$$

を考えると，その固有方程式は共に x^2 であるが，$A=0$ が成立するので，$\varphi(x)=x$ が行列 A の最小多項式であるが，$B\neq 0, B^2=0$ が成立するので，$\psi(x)=x^2$ が行列 B の最小多項式である．もう少し一般に，対角線以下が全て 0 で，対角線の一路上が全て 1 である様な次の n 次の行列 A のベキを次々と作ると

$$A=\begin{bmatrix}0&1&0&\cdots&0\\0&0&1&\cdots&0\\ &&\cdots\cdots&&\\0&0&0&\cdots&0\end{bmatrix}, \quad A^2=\begin{bmatrix}0&0&1&\cdots&0\\0&0&0&\cdots&0\\ &&\cdots\cdots&&\\0&0&0&\cdots&0\end{bmatrix}, \cdots \tag{14}$$

とベキの次数が一つ上る毎に，1 の斜めのラインが一つずつ右へ移動し，n 乗して始めて 0 になる．故に，行列 A の最小多項式は $\varphi(x)=x^n$ であり，固有多項式と一致する．

正方行列 A に対して，その固有値，固有多項式，最小多項式には，上述の様な関連があるが，それらは，皆，行列 A の標準形と密接な関係がある．ただし，正規行列や，固有方程式が単根ばかりを持つ行列の場合とは異なり，標準形は必らずしも対角行列ばかりとは限らない．例えば，(13) の行列 B や，(14) の行列 A の標準形は，夫々，B や A 自身であって，対角行列ではない．この様な標準形の求め方が，今後の課題である．

2 (最小多項式)

最高次の係数が1の複素係数の任意の多項式

$$f(x)=x^n+a_1x^{n-1}+\cdots+a_n \tag{1}$$

に対して，n 次の正方行列を A，下の様に最下行に $-a_n, -a_{n-1}, \cdots, -a_2, -a_1$ と f の係数の符号を変えて並べ，対角線より一路上の全ての要素を1とし，残りは全て0である様に

$$A=\begin{bmatrix} 0 & 1 & 0 & \cdots & 0 & 0 \\ 0 & 0 & 1 & \cdots & 0 & 0 \\ \multicolumn{6}{c}{\cdots\cdots\cdots\cdots\cdots\cdots} \\ 0 & 0 & 0 & \cdots & 0 & 1 \\ -a_n & -a_{n-1} & -a_{n-2} & \cdots & -a_2 & -a_1 \end{bmatrix} \tag{2}$$

で以って定義し，多項式 f の**随伴行列**と云う．固有多項式は

$$|xE-A|=\begin{vmatrix} x & -1 & 0 & \cdots & 0 & 0 \\ 0 & x & -1 & \cdots & 0 & 0 \\ \multicolumn{6}{c}{\cdots\cdots\cdots\cdots\cdots\cdots} \\ 0 & 0 & 0 & \cdots & x & -1 \\ a_n & a_{n-1} & a_{n-2} & \cdots & a_2 & x+a_1 \end{vmatrix} \overset{1\text{行}+\text{全ての}j\text{行}\times x^{j-1}}{=} \begin{vmatrix} 0 & -1 & 0 & \cdots & 0 & 0 \\ 0 & x & -1 & \cdots & 0 & 0 \\ \multicolumn{6}{c}{\cdots\cdots\cdots\cdots\cdots\cdots} \\ 0 & 0 & 0 & \cdots & x & -1 \\ f(x) & a_{n-1} & a_{n-2} & \cdots & a_2 & x+a_1 \end{vmatrix}$$

$$\overset{\text{第1列で展開}}{=}(-1)^{n+1}f(x)\begin{vmatrix} -1 & 0 & \cdots & 0 & 0 \\ x & -1 & \cdots & 0 & 0 \\ \multicolumn{5}{c}{\cdots\cdots\cdots\cdots} \\ 0 & 0 & \cdots & x & -1 \end{vmatrix}=(-1)^{n+1}f(x)\cdot(-1)^{n-1}=f(x) \tag{3}$$

と最後の行列式は下三角行列式なので，対角線要素の積として計算される．

この様にして，取り敢えず，固有多項式が丁度 $f(x)$ である様な行列 A が見付かった．と云っても，(2) は全く天下り的で，学ばずして，この行列 A を入試と云う悪条件の中で見出せる人は居るまい．しかし，(2) によって行列 A が与えられた時，A の固有多項式を求める事はさしたる計算ではない．これに反し，行列 A の最小多項式である事を示すには，単根条件等与えられていないので，更なる研究が必要である．要するに，備えあれば憂なく，勉強しなければ不合格である．その様な準備の為に本書はある．現在迄，我々が得ている知識は A の最小多項式が $f(x)$ を割ると云う事実のみである．この知識を更に深めなければならない．先ず，最初多項式 $\varphi(x)$ を求める公式として

> **基-1** n 次の正方行列 A の固有多項式を与える行列 $xE-A$ の全ての $(n-1)$ 次の小行列式の最大公約式を $h(x)$ とし，A の固有多項式を $f(x)$ とすれば，
>
> $$g(x)=\frac{f(x)}{h(x)} \tag{4}$$
>
> は行列 A の最小多項式 $\varphi(x)$ に等しい．

が与えられる事を証明しよう．

$$F(x)=xE-A \tag{5}$$

とおくと，その余因子行列 $\mathrm{ad}F(x)$ の全ての成分は $h(x)$ で割れ切れるので，x の多項式を成分に持つ n 次の正方行列 $\Phi(x)$ があって

$$\mathrm{ad}F(x)=h(x)\Phi(x) \tag{6}$$

が成立する．行列 $F(x)$ の $(n-1)$ 次の任意の小行列式は $F(x)$ から，一つの行，それを第 i 行としよう，と一つの列，それを第 j 列としよう，を除いた物であり，$F(x)$ の (i,j) 要素の余因子の $(-1)^{i+j}$ 倍である．従

って行列 $\mathrm{ad}F(x)$ の各要素の共通因数は正に $h(x)$ であり，それで割った，$\Phi(x)$ の各要素に共通な因数はもはや 1 しかない．前問同様，馬鹿の一つ覚えで，4 章の問題 6 の(10)の余因子行列 $\mathrm{ad}F(x)$ の性質より

$$h(x)F(x)\Phi(x)=F(x)(\mathrm{ad}F(x))=f(x)E=h(x)g(x)E \tag{7}$$

が成立しているが，$h(x)\neq 0$ なので

$$F(x)\Phi(x)=g(x)E \tag{8}$$

を得る．(8)の両辺の行列式を作ると，

$$g(x)=f(x)|\Phi(x)| \tag{9}$$

が成立し，問題 1 の基-1より，$f(A)=0$ なので

$$g(A)=f(A)|\Phi|(A)=0 \tag{10}$$

を得る．問題 1 の基-2より，$g(x)$ は最小多項式 $\varphi(x)$ で割り切れる．2 変数 x, y に対して

$$\varphi(x)=\sum_{k=0}^{m} a_{m-k}x^k,\quad \psi(x,y)=\sum_{k=1}^{m}\sum_{j=0}^{k-1} a_{m-k}x^j y^{k-1-j} \tag{11}$$

によって，多項式 $\psi(x,y)$ を定義すると，勿論

$$\varphi(x)-\varphi(y)=(x-y)\psi(x,y) \tag{12}$$

が成立する．x の所に行列 xE, y の所に行列 A を代入し

$$\varphi(x)E-\varphi(A)=(xE-A)\psi(xE,A) \tag{13}.$$

φ は最小多項式なので，$\varphi(A)=0$ が成立し，更に，左から $\mathrm{ad}F(x)$ を両辺に掛けて，

$$\varphi(x)\mathrm{ad}F(x)=(\mathrm{ad}F(x))F(x)\psi(xE,A)=f(x)\psi(xE,A) \tag{14}.$$

(6)より，

$$\varphi(x)h(x)\Phi(x)=g(x)h(x)\psi(xE,A) \tag{15}$$

が成立し，$\Phi(x)$ の全ての要素に共通な因数はないので，スカラー $\varphi(x)$ が $g(x)$ で割り切れる．$\varphi(x)$ と $g(x)$ は最高次の係数が 1 であって，互に割り切れるので等しい．

これだけ準備すると，本問の解答は一瀉千里である．(2) で定義される行列A に対して，固有多項式を与える行列

$$xE-A=\begin{bmatrix} x & -1 & 0 & \cdots & 0 & 0 \\ 0 & x & -1 & \cdots & 0 & 0 \\ \cdots & \cdots & \cdots & \cdots & \cdots & \cdots \\ 0 & 0 & 0 & \cdots & x & -1 \\ x+a_n & x+a_{n-1} & x+a_{n-2} & \cdots & x+a_2 & x+a_1 \end{bmatrix} \tag{16}$$

は第 n 行と第 1 列を除いて得られる $(n-1)$ 次の小行列式は

$$\begin{vmatrix} -1 & 0 & \cdots & 0 \\ x & -1 & \cdots & 0 \\ \cdots & \cdots & \cdots & \cdots \\ 0 & 0 & \cdots & -1 \end{vmatrix}=(-1)^n \tag{17}$$

なる下三角行列式であって，その値は定数なので，A に対する基-1に云う $h(x)=1$．従って，基-1より芽出たく，多項式$f(x)$ に随伴する行列 A の最小多項式は$f(x)$ 自身となる．

3 （最小多項式）

$f(x)$ が

$$A^{-1}=f(A) \tag{1}$$

を満足する様な x の最低次の多項式であれば，多項式

$$g(x)=xf(x)-1 \tag{2}$$

は

$$g(A)=0 \tag{3}$$

を満し，f の次数が成るべく小さいのを求める事と，g の次数が成るべく小さいのを求める事とは本質的に同じである事を知る．かくなれば，問題 2 の基-1 により行列 A の最小多項式を求める手法は与えられているし，何と云っても A は具体的な 3 次の行列なので，兎にも角にも腕力で臨めばよいと自信を持つ．

さて，行列 A に対して

$$xE-A=\begin{pmatrix} x-1 & -2 & 1 \\ 1 & x-2 & 0 \\ -1 & -1 & x-1 \end{pmatrix} \tag{4}$$

の 2 次の小行列式を順に，公約式を念頭に置きながら計算すると，

$$\begin{vmatrix} x-2 & 0 \\ -1 & x-1 \end{vmatrix}=(x-2)(x-1),\ \begin{vmatrix} 1 & 0 \\ -1 & x-1 \end{vmatrix}=x-1,\ \begin{vmatrix} 1 & x-2 \\ -1 & -1 \end{vmatrix}=x-3 \tag{5}$$

となり，ここで，もはや，最大公約式は 1 であり，行列 A の固有多項式 $\varphi(x)=|xE-A|$，その物ズバリが，行列 A の最小多項式である事を知る．固有多項式は，

$$|xE-A|=\begin{vmatrix} x-1 & -2 & 1 \\ 1 & x-2 & 0 \\ -1 & -1 & x-1 \end{vmatrix} \underset{3\text{行}+2\text{行}}{\overset{1\text{行}-(x-1)\times 2\text{行}}{=}} \begin{vmatrix} 0 & -x^2+3x-4 & 1 \\ 1 & x-2 & 0 \\ 0 & x-3 & x-1 \end{vmatrix}$$

$$\overset{1\text{列で展開}}{=} -\begin{vmatrix} -x^2+3x-4 & 1 \\ x-3 & x-1 \end{vmatrix}=x^3-4x^2+8x-7 \tag{6}$$

を得るので，x^3-4x^2+8x-7 は行列 A の最小多項式である．

なお，蛇足ながら，固有方程式が重根を持てば，それは 2 次方程式

$$3x^2-8x+8=0 \tag{7}$$

の解でもあり，(6) を (7)の右辺で割った商を 0 とした 1 次式の解でもある．しかし，(7)は虚根しか持たないので，矛盾である．よって，固有方程式の根は全て単根である．かくして，固有方程式は単根のみを持つので，問題 1 の基-3を用いて $|xE-A|$ が最小多項式である事を導く方が簡単であろう．

いずれにせよ，

$$A^3-4A^2+8A-7E=0 \tag{8}$$

が最も省エネ的多項式である．0 は固有値でないので，A は正則行列であり，逆行列 A^{-1} を持つ．従って，(8)を移項して，両辺に A^{-1} を掛け

$$A^{-1}=\frac{1}{7}A^2-\frac{4}{7}A+\frac{8}{7}E \tag{9}$$

を得る．逆に，多項式 $f(x)$ に対して

$$A^{-1}=f(A) \tag{10}$$

が成立すれば，$Af(A)-E=0$ なので，問題 1 の基-2より $xf(x)-1$ は最小多項式 $\varphi(x)$ で割り切れる．従って，多項式 $h(x)$ があって，$xf(x)-1=\varphi(x)h(x)$．よって

$$f(x)=\frac{1+\varphi(x)h(x)}{x} \tag{11}$$

が成立し，$h(x)=\dfrac{1}{7}$ とした

$$f(x)=\frac{x^2}{7}-\frac{4}{7}x+\frac{8}{7} \tag{12}$$

が最善，即ち，best possible である．蛇足ながら，計算を実行すると

$$A^2=\begin{bmatrix} -2 & 5 & -2 \\ -3 & 2 & 1 \\ 1 & 5 & 0 \end{bmatrix},\quad A^3=\begin{bmatrix} -9 & -4 & 0 \\ -4 & -1 & 4 \\ 0 & 1 & 2 & -1 \end{bmatrix}$$

なので，確かに(8)が成立している．

ここで，そろそろ，一般の正方行列の標準形を得る為のメカ，**単因子論**を学び始めよう．変数 x の多項式を要素とする行列 $P(x)$ は行列式 $|P(x)|$ が変数 x を含まず定数で，しかも 0 でない時，**可逆行列**と云う．二つの正方行列 $A(x), B(x)$ は，同じ次数の可逆行列 $P(x), Q(x)$ を取って

$$B(x)=P(x)A(x)Q(x) \tag{13}$$

と書ける時，**対等**であると云う．n 次の正方行列 $A(x)=[a_{ij}(x)]$ のランクを r とし，$A(x)$ の k 次の全ての小行列式の最大公約式の k 次の係数を 1 として $d_k(x)$ とおくと，$d_0(x)=1, d_1(x), \cdots, d_r(x)$ を行列 $A(x)$ の**行列式因子**と云う．

基-1 対等な行列の行列式因子は一致する．

(13)が成立すれば，$P(x), Q(x)$ は可逆なので，ランク $r(B(x))=r(A(x))=r$ とおく．$A(x), B(x)$ の行列式因子を $d_0(x), d_1(x), \cdots, d_2(x), d_0'(x), d_1'(x), \cdots, d_r'(x)$ とすれば，$B(x)$ の k 次の小行列式は $A(x)$ のそれの x の多項式を係数とする 1 次結合であるから，$d_k'(x)$ は $d_k(x)$ で割り切れる．ここで，$P(x), Q(x)$ は可逆なので，$A(x)=P(x)^{-1}B(x)Q(x)^{-1}$ が成立し，同様にして，$d_k(x)$ も $d_k'(x)$ で割れて，$d_k(x)=d_k'(x)$ を得る．

x の多項式を要素とする正方行列 $A(x)$ 等を考察し，6 章の問題 1 の真似をして，次の変形を**基本変形**と云う．

［Ⅰ］ $A(x)$ の行，又は，列に 0 でない数を掛ける事．

［Ⅱ］ $A(x)$ の一つの行，又は，列に他の行，又は，列に x の多項式を掛けて加える事．

定数を要素とする行列に対する場合と同様に，行列 $A(x)$ に有限回の基本変形を施して，対角行列

$$\begin{bmatrix} e_1(x) & & & & & \\ & e_2(x) & & 0 & & \\ & & \ddots & & & \\ & 0 & & e_r(x) & & \\ & & & & 0 & \\ & & & & & \ddots \\ & & & & & & 0 \end{bmatrix} \tag{14}$$

であって，$r=r(A(x))$，しかも，多項式 $e_i(x)$ の最高次の係数は 1 で，各 $e_i(x)$ は $e_{i+1}(x)$ を割る $(i=1,2,\cdots,r-1)$ 様な物に達する事が出来る．この $e_1(x), e_2(x), \cdots, e_r(x)$ を行列 $A(x)$ の**単因子**と云う．特に，スカラーを要素とする行列 A に対して，行列 $xE-A$ の単因子は $1, 1, \cdots, e_j, e_{j+1}(x), \cdots, e_n(x)$ と云う型であり，行列 A の標準形を得る際に決定的な役割を果す．

4 (最小多項式とジョルダンの標準形)

この行列 A は一目見ただけで対称行列である事が分る．固有方程式 $|xE-A|=0$ がたとえ重根を持とうとも，12章の問題6の最後で述べた様に，行列 A の固有ベクトルより成る正規直交列を列に持つ行列 P が取れて，

$$\Lambda=P^*AP=P^{-1}AP=\begin{pmatrix} \alpha_1 & & & & & & \\ & \ddots & & & & 0 & \\ & & \alpha_1 & & & & \\ & & & \alpha_2 & & & \\ & & & & \ddots & & \\ & & & & & \alpha_2 & \\ & 0 & & & & & \alpha_s \\ & & & & & & & \ddots \\ & & & & & & & & \alpha_s \end{pmatrix} \tag{1}$$

を実根である固有値 α_i がその重複度 n_i だけ重複した対角行列にする事が出来る．これはジョルダンの標準形と呼ばれる物の中では最も簡単形ではあるが，兎に角ジョルダンの標準形なので，後半の解答は固有値を求める事を残すだけである．なお，蛇足ながら，もっとも一般の，ジョルダンの標準形の追求こそ，目下の我々の目標である．

従って，前半の解答は(1)の様に**対角化可能**な行列 A とその最小多項式との関係の追求に係っている．くどくなるが，固有方程式 $|xE-A|$ が重根を持たず，全ての固有値 α_i が皆単根である時は，問題1の基-3より，固有多項式 $|xE-A|$，自らが，行列 A の最小多項式である．**重根の時が曲せ者**であって，筆答試験，並びに，口頭試問で，**減点パパが目を光らせている**所である．逆に，ここをしっかり押えていると，ヨシヨシ，好い子だ，ビャンとなる．これ又，くどいが，ヨシャではあきまへん．

行列 A の固有値 α に対して，α に対する固有ベクトル全体に零ベクトルを加えた集合 $W(\alpha)$ は線形部分空間となるので，固有値 α に対する**固有空間**と呼ばれる．

> **基-1** n 次の正方行列 A, B に対して，n の次正則行列 P があって，$B=P^{-1}AP$ が成立すれば，行列 A と B の最小多項式は同じである．

スカラー $a_0, a_1, \cdots, a_n$ に対して，行列 A に関する方程式

$$a_0A^m+a_1A^{m-1}+\cdots+a_{m-1}A+a_m=0 \tag{2}$$

が成立すれば，(2)の左から P^{-1}，右から P を掛けると，$P^{-1}A^iP=(P^{-1}AP)(P^{-1}AP)\cdots(P^{-1}AP)=(P^{-1}AP)^i=B^i$ なので，次の方程式を得，逆も成立するので，基-1を得る．

$$a_0B^m+a_1B^{m-1}+\cdots+a_{m-1}B+a_n=0 \tag{3}$$

> **基-2** n 次の正方行列 A にして，次の命題(i), (ii), (iii)は同値である：
>
> (i) 正則行列 P があって，$\Lambda=P^{-1}AP$ は(1)の形の対角行列となる．
>
> (ii) 行列 A の最小多項式 $\varphi(x)$ は重根を持たず，相異なる固有値 $\alpha_1, \alpha_2, \cdots, \alpha_s$ を全部用いて
>
> $$\varphi(x)=\prod_{i=1}^{s}(x-\alpha_i) \tag{4}.$$
>
> (iii) n 次元ベクトル空間 V は固有空間 $W(\alpha_i)$ の直和に分解される．
>
> $$V=W(\alpha_1)\oplus W(\alpha_2)\oplus\cdots\oplus W(\alpha_s) \tag{5}.$$

(i)⇨(ii) 基-1より A の最小多項式は対角行列 Λ のそれ $\varphi(x)$ に等しい．問題1より $\varphi(x)$ は $\prod_{i=1}^{s}(x-\alpha_i)$

で割り切れるが，A は対角行列なので，$\prod_{i=1}^{s}(A-\alpha_iE)=0$ が成立する事を直ぐ験せるので，φ の最小性より(4)が成立する．

(ii)⇨(iii)　$(A-\alpha_1E)(A-\alpha_2E)\cdots(A-\alpha_sE)=0$ が成立するので，6 章の問題 5 と数学的帰納法より，$\sum_{i=1}(n-r(A-\alpha_iE))\geqq n$．固有空間 $W(\alpha_i)$ の定義と行列 $A-\alpha_iE$ のランクの持つ性質より，$\dim W(\alpha_i)=n-r(A-\alpha_iE)$．従って，$\sum_{i=1}^{s}\dim W(\alpha_i)\geqq n$ が成立する．12章の問題 2 より，$\sum_{i=1}^{s}W(\alpha_i)$ は直和であり，その次元は直和因子 $W(\alpha_i)$ の次元の和なので，$\dim\sum_{i=1}^{s}W(\alpha_i)=\sum_{i=1}^{s}\dim W(\alpha_i)\geqq n$．$\sum_{i=1}^{s}W(\alpha_i)$ は V の部分空間なので，その次元が n となり，(5)が成立する．

(iii)⇨(i)　V が固有空間 $W(\alpha_i)$ の直和なので，固有ベクトルを基底に選ぶ事が出来る．$W(\alpha_i)$ の次元を n_i とし，基底 $e_1, e_2, \cdots, e_n$ を

$$Ae_j=\alpha_ic_j\left(\sum_{k=1}^{i-1}n_k+1\leqq j\leqq\sum_{k=1}^{i}n_k\right)\tag{6}$$

が成立する様に，固有ベクトルから選べる．12章の問題 2 の (5) により正則行列 $P=(p_{ij})$ を作ると，その(4)，即ち，我々の(1)が成立する．

かくして，我々に残され仕事は，固有多項式を求め，固有値をその重複度迄求めると云う，露骨な行列式の計算である．初等的な計算をすればよいと云うのは，誠に有難く，感謝しなければならない．算術の嫌な人は理工科に入学すべきでない．n 次の場合の固有多項式を $|xE-A|=f_n(x)$ とおくと，

$$f_n(x)=\begin{vmatrix} x & 0 & 0 & \cdots & 0 & 0 & -1\\ 0 & x & 0 & \cdots & 0 & -1 & 0\\ 0 & 0 & x & \cdots & -1 & 0 & 0\\ \cdots & \cdots & \cdots & \cdots & \cdots & \cdots & \cdots\\ 0 & -1 & 0 & \cdots & 0 & x & 0\\ -1 & 0 & 0 & \cdots & 0 & 0 & x \end{vmatrix}\underset{\text{加える}}{\overset{\text{1 行に各行を}}{=}}\begin{vmatrix} x-1 & x-1 & x-1 & \cdots & x-1 & x-1 & x-1\\ 0 & x & 0 & \cdots & 0 & -1 & 0\\ 0 & 0 & x & \cdots & -1 & 0 & 0\\ \cdots & \cdots & \cdots & \cdots & \cdots & \cdots & \cdots\\ 0 & -1 & 0 & \cdots & 0 & x & 0\\ -1 & 0 & 0 & \cdots & 0 & 0 & x \end{vmatrix}$$

$$=(x-1)\begin{vmatrix} 1 & 1 & 1 & \cdots & 1 & 1 & 1\\ 0 & x & 0 & \cdots & 0 & -1 & 0\\ 0 & 0 & x & \cdots & -1 & 0 & 0\\ \cdots & \cdots & \cdots & \cdots & \cdots & \cdots & \cdots\\ 0 & -1 & 0 & \cdots & 0 & x & 0\\ -1 & 0 & 0 & \cdots & 0 & 0 & x \end{vmatrix}\overset{n\text{行}+1\text{行}}{=}(x-1)\begin{vmatrix} 1 & 1 & 1 & \cdots & 1 & 1 & 1\\ 0 & x & 0 & \cdots & 0 & -1 & 0\\ 0 & 0 & x & \cdots & -1 & 0 & 0\\ \cdots & \cdots & \cdots & \cdots & \cdots & \cdots & \cdots\\ 0 & -1 & 0 & \cdots & 0 & x & 0\\ 0 & 1 & 1 & \cdots & 1 & 1 & x+1 \end{vmatrix}$$

$$\overset{\text{1 列で展開}}{=}(x-1)(x+1)\begin{vmatrix} x & 0 & \cdots & 0 & -1 & 0\\ 0 & x & \cdots & -1 & 0 & 0\\ \cdots & \cdots & \cdots & \cdots & \cdots & \cdots\\ -1 & 0 & \cdots & 0 & x & 0\\ 1 & 1 & \cdots & 1 & 1 & x-1 \end{vmatrix}\overset{(n-1\text{列で展開})}{=}(x-1)(x+1)\begin{vmatrix} x & 0 & \cdots & 0 & -1\\ 0 & x & \cdots & -1 & 0\\ \cdots & \cdots & \cdots & \cdots & \cdots\\ -1 & 0 & \cdots & 0 & x \end{vmatrix}=(x-1)(x+1)=f_{n-2}(x).$$

$f_1(x)=x-1, f_2(x)=x^2-1=(x-1)(x+1)$ なので，$f_{2m+1}(x)=(x-1)^{m+1}(x+1)^m$，$f_{2m}(x)=(x-1)^m(x+1)^m$ と n の偶奇によって，答えが違うのは，何となく，大学入試的で面白い．基-2より $n=1$ の時は $\varphi_1(x)=x-1$ が最小多項式であり，$n\geqq2$ の時は $\varphi_n(x)=(x-1)(x+1)=x^2-1$ が最小多項式で，これも又，$n=1$ と $n\neq1$ で答が異なり，大学入試的である．ただし，こちらの誤りは，数学者は余り気にしないので，神経質になる必要はない．従って，ジョルダンの標準形の方は，$n=2m+1$ の時は，$x=1$ が $m+1$ 重根，$x=-1$ が m 重根なので，最初に 1 が $m+1$ 回，次に -1 が m 回並ぶ対角行列であり，$n=2m$ の時は，最初に 1 が m 回，次に -1 が m 回，仲良く，同じ回数だけ並ぶ対角行列である．最小多項式 $\varphi_1(x)=x-1$, $\varphi_n(x)=x^2-1$ $(n\geqq2)$ は，$n=1$ の時 $A=E$, $n\geqq2$ の時，$A^2=\mathrm{E}$ を験める事．最初から，$A^2=E$ に気付けば，解答は極めて，簡単になる．

5 （最小多項式の因数分解と空間の直和分解）

本問は，最小多項式より標準形を求める手立ての核心を衝く物である．

> **基-1** $f_1(x), f_2(x), \cdots, f_s(x)$ が共通因子を持たない多項式であれば，多項式 $g_1(x), g_2(x), \cdots, g_s(x)$ があって，
>
> $$g_1(x)f_1(x)+g_2(x)f_2(x)+\cdots+g_s(x)f_s(x)=1 \tag{1}$$
>
> が成立する．

(1) の左辺の形の多項式 $g(x)$ 全体の集合を I としよう．I の任意の二元の和と，I の任意の元と任意の多項式の積は I に属し，I は所謂，**イデアル**の性質を持つ．I に属する恒等的に 0 でない多項式の次数全体の集合は空でない自然数の集合であるから，最小値がある．云い換えれば，次数最低の I の多項式があるので，それを $f_0(x)$ としよう．I の任意の多項式 $g(x)$ を取り，f_0 で割り，その商を $h(x)$ 剰余を $r(x)$ とすると

$$g(x)=f_0(x)\,h(x)+r(x),\ r(x) \text{ の次数 } < f_0(x) \text{ の次数} \tag{2}$$

が成立している．$g, f_0 \in I$ なので，$f_0h \in I$，従って $r=g-f_0h \in I$．$r \neq 0$ であれば，0 の次数の最低性に反し，矛盾である．故に，$r=0$，即ち，

$$I=\boldsymbol{C}[X]f_0=\{f_0h;\ h \in \boldsymbol{C}[X]\} \tag{3}$$

を得る．(3)の様なイデアル，即ち，ある $f_0 \in I$ の倍数全体となっているイデアルを，**単項イデアル**，プリンシパルと云う．問題 1 の基-2，及びこの (3) を導く手法は，一般に，$\boldsymbol{C}[X]$ の任意のイデアル I が単項イデアルである事を物語っている．更にキザに云えば，環 $\boldsymbol{C}[X]$ は単項イデアル環，即ち，プリンシパル・イデアル・リングであると述べている．田舎から出て来た素朴な学生が，都会の同級生のか様な術語の羅列に出会っても，劣等感を持つ必要はない．たとえ，プリンシパル・イデアル・リングと云う術語を知らなくても，この様な術語を知っている事よりも，(2) から (3) を導く実力の方がより本質を衝く学力だからである．脱線したが，我々の場合，各 $f_i \in I$ なので，f_0 で割られ，f_0 は $f_1, f_2, \cdots, f_s$ の公約式である．逆に，f_0 に対して，$g_i(x)$ があって，$f_0=\sum_{i=1}^{s} g_i(x)f_i(x)$ が成立するので，f_i の公約式 h は f_0 を割る．故に f_0 は最大公約式である．仮定より，f_0 は定数なので 1 としてよく，(1)が成立する．

さて，本問では，f_1, f_2 は互に素なので，基-1より多項式 g_1, g_2 があって

$$f_1(x)g_1(x)+f_2(x)g(x)=g_1(x)f_1(x)+g_2(x)f_2(x)=1 \tag{2}$$

が成立している．x の所に $\sigma: CV \to V$ を代入して

$$f_1(a)g_1(a)+f_2(\sigma)g(\sigma)=g_1(\sigma)f_1(\sigma)+g_2(\sigma)f_2(\sigma)=1 \tag{3}$$

を得る．ただし，$1: V \to V$ は恒等写像である．任意の $v \in V_1 \cap V_2$ に対して，$f_1(\sigma)v=f_2(\sigma)v=0$．従って，(3)より $v=g_1(\sigma)f_1(\sigma)v+g_2(\sigma)f_2(\sigma)v=0$．故に，$V_1 \cap V_2=\{0\}$ が成立する．任意の $v \in V$ に対して，$v_1=f_2(\sigma)g_2(\sigma)v$, $v_2=f_1(\sigma)g_1(\sigma)$ とおくと，(3) より $v=v_1+v_2$．ここで，$f_1(\sigma)f_2(\sigma)=f(\sigma)$ なので，$f_1(\sigma)v_1=f_1(\sigma)f_2(\sigma)g_2(\sigma)v=0$, $f_2(\sigma)v_2=f_2(\sigma)g_1(\sigma)v=0$ が成立し，$v_1 \in V_1$, $v_2 \in V_2$ に対して，$v=v_1+v_2$ が成立するので，以上をまとめると，

$$V=V_1 \oplus V_2 \tag{4}$$

なる直和分解を得る．

上の考えを用いて，n 次の正方行列 A の最小多項式 $\varphi(x)$ について，突き詰めて考えてみよう．行列 A の固有方程式 $|xE-A|=0$ の根 $a_1, a_2, \cdots, a_s$ が固有値であった．各 a_i が n_i 重根とすると勿論，$n=n_1+n_2$

$\cdots+n_s$ が成立し，剰余定理より，$f(x)=\prod_{i=1}^{s}(x-a_i)^{n_i}$ が成立している．問題1より，

$$\varphi(x)=\prod_{i=1}^{s}(x-a_i)^{m_i},\quad (1\leqq m_i\leqq n_i,\ 1\leqq i\leqq s) \tag{5}$$

を最小多項式は満しているが，重根 a_i に対して，$n_i\geqq 2$ なので，m_i が1と n_i の間のどの値を取るかが，問題を複雑にしているが，問題2の基-1によって，求められる．ここで

$$\varphi_i(x)=\frac{\varphi(x)}{(x-a_i)^{m_i}}=\prod_{j\neq i}(x-a_j)^{m_j} \tag{6}$$

とおくと，$\varphi_1,\varphi_2,\cdots,\varphi_s$ は共通因子を持たない．基-1より，多項式 $g_1(x),g_2(x),\cdots,g_s(x)$ があって

$$g_1(x)\varphi_1(x)+g_2(x)\varphi_2(x)+\cdots+g_s(x)\varphi_s(x)=1 \tag{7}$$

故に，

$$A_i=g_i(A)\varphi_i(A)\quad (1\leqq i\leqq s) \tag{8}$$

とおく (7) より $A_1+A_2+\cdots+A_s=g_1(A)\varphi_1(A)+g_2(A)\varphi_2(A)+\cdots+g_s(A)\varphi_s(A)=E$. $\varphi_i\varphi_j$ は φ で割り切れ，$\varphi(A)=0$ が成立するから，$i\neq j$ の時，$A_iA_j=g_i(A)g_j(A)\varphi_i(A)\varphi_j(A)=0$. 従って $A_i=g_i(A)\varphi_i(A)=\sum_j g_i(A)\varphi_i(A)g_j(A)\varphi_j(A)=\sum_j g_i(A)g_j(A)\varphi_i(A)\varphi_j(A)=g_i(A)g_i(A)\varphi_i(A)\varphi_i(A)=g_i(A)\varphi_i(A)g_i(A)\varphi_i(A)=A_i^2$. かくして，丁度，11章の問題3の直交ベキ等条件

$$A_1+A_2+\cdots+A_s=E,\ A_iA_j=0\quad (i\neq j),\ A_i^2=A_i \tag{9}$$

が成立する事が導かれる．従って，V の線形部分空間 V_i を

$$V_i=A_iV=\{v\in V;\ A_iv=v\} \tag{10}$$

で定義すると，V は直和

$$V=V_1\oplus V_2\oplus\cdots\oplus V_s \tag{11}$$

によって表される．

固有空間の考察では不十分なので，固有値 a_i に対して，V の線形部分空間

$$W_i=\{v\in V;\ \text{十分大きな } l \text{ に対して，} (A-a_iE)^l v=0\} \tag{12}$$

を考察し，**拡張された固有空間**と呼ぶ．この時

$$W_i=V_i\quad (1\leqq i\leqq s) \tag{13}$$

が成立する事を示そう．$(x-a_i)^{m_i}\varphi_i(x)=\varphi(x)$ であるから，$(A-a_iE)^{m_i}\varphi_i(A)=\varphi(A)=0$. 故に，$(A-a_iE)^{m_i}A_i=0$ が成立し，$V_i=A_iV\subset W_i$. 逆に，$v\in W_i$ とすれば，自然数 l があって，$(A-a_iE)^lv=0$. $g_i\varphi_i(x)$ が $x-a_i$ で割り切れれば，(7)の右辺である1が $x-a_i$ で割り切れておかしいので，$g_i\varphi_i$ と $(x-a_i)^l$ とは共通因数を持たず，互に素である．よって，基-1より多項式 $k_1(x),k_2(x)$ があって，

$$k_1(x)g_i(x)\varphi_i(x)+k_2(x)(x-a_i)^l=1 \tag{14}$$

従って，$k_1(A)g_i(A)\varphi_i(A)+k_2(A)(A-a_iE)^l=E$ が成立する．故に，$v\in W_i$ に対して，$v=g_i(A)\varphi_i(A)k_1(A)v+k_2(A)(A-a_iE)^lv=A_i(k_1(A)v)\in V_i$ が成立し，$W_i\subset V_i$ を得る．この様にして，$W_i=V_i$ を得て，n 次元のベクトル空間 V の直和因子 V_i を (12) の右辺によって，行列 A とその固有値 a_i のみによって表現する事が出来た．かくして，我々は標準形の至近距離にある．

6 (線形空間の拡大された固有空間による直和分解)

前問の終りで解説した様に，W_i は行列 A の固有値 a_i に対する拡張された固有空間と呼ばれ，V は，これら，$W_1, W_2, \cdots, W_s$ の直和で表される．一般に V の部分空間 W は

$$AW \subset W \tag{2}$$

が成立する時，A一不変であると云う．$x \in W_i$ に対して，自然数 m があって，$(A-a_iE)^m x=0$．この時，$A(A-a_iE)^m=(A-a_iE)^m A$ なので，$(A-a_iE)^m Ax=0$ が成立し，$Ax \in W_i$，即ち，各 W_i は A一不変な部分空間である．前問の解説とここ迄をまとめると，本問の解答を得る．

行列 A の固有値 a_i に対する拡張された固有空間 W_i の次元は，丁度，固有値 a_i の固有方程式 $|xE-A|=0$ における重複度 n_i に等しく

$$\dim W_i = n_i \tag{3}$$

が成立する事を示そう．$n_i'=\dim W_i$ とすると，$V=W_1 \oplus W_2 \oplus \cdots \oplus W_s$ は直和分解なので，$n_1'+n_2'+\cdots+n_s'=n$ が成立し，線形空間 V の基底 $v_1, v_2, \cdots, v_n$ を，各部分空間 W_i より1次独立な n_i' 個のベクトルの系 $\{v_j;\ n_1'+n_2'+\cdots+n'_{i-1}+1 \leqq j \leqq n_1'+n_2'+\cdots+n_i'\}$ を並べる事によって得る事が出来る．第 i 成分が1で他の残りの成分が全て0である n 次の列ベクトルを e_i とすると，$e_1, e_2, \cdots, e_n$ は，元来，n 次元の複素列ベクトル全体のなす線形空間 V の基底をなしているので，スカラー p_{ij} があって

$$v_j = \sum_{i=1}^{n} p_{ij} e_i \quad (1 \leqq i \leqq n) \tag{4}$$

所で，線形空間 W_i は A一不変なので，$AW_i \subset W_i$ である．従って，A の像は W_i の中だけで間に合っていて，

$$Av_j = \sum_{k=m_{i-1}+1}^{m_i} b_{ik} v_k \quad (m_{i-1\,i}+1 \leqq j \leqq m_i,\ m_i=n_1'+n_2'+\cdots+n_i',\ 1 \leqq i \leqq s) \tag{5}$$

と表される．各 i に対して，n_i' 次の正方行列

$$B_i=(b_{jk})\ (j, k=m_{i-1}+1, m_{i-1}+2, \cdots, m_i) \quad (1 \leqq i \leqq s) \tag{6}$$

を考察すると，$P=(p_{ij})$ は正則行列であって，$P^{-1}AP=B$ は，$B_1, B_2, \cdots, B_s$ を対角線の上に並べて後は0とした行列

$$P^{-1}AP=B=\begin{bmatrix} B_1 & & & \\ & B_2 & 0 & \\ 0 & & \ddots & \\ & & & B_s \end{bmatrix} \tag{7}$$

と A より幾分0が多くて簡単な行列に変形される．12章の問題4の (1) より，行列 A と行列 B の固有多項式 $f(x)$ は等しい．各 B_i の固有多項式を $f_i(x)$ とすると，(7)より

$$f(x)=|xE-B|=\prod_{i=1}^{s}|xE-B_i|=\prod_{i=1}^{s} f_i(x) \tag{8}$$

が成立する．$(B-a_iE)^m=P^{-1}(A-a_iE)^m P$ なので，$(A-a_iE)^m$ を W_i に制限して，上述の基底で表現した物が，$(B-a_iE)^m$ である．各 W_i の基底を構成する各ベクトル v_j に対して，m を十分大きくすれば，$(B_i-a_iE)^m v_j=0$ である．W_i の基底の n_i' 個の v_j に対するこの m の最大値を m_i とすれば，W_i の各元 x に対して $(B_i-a_iE)^{m_i}x=0$ が成立する．従って，$(B_i-a_iE)^{m_i}=0$ が成立し，m_i はかかる自然数の最小値である．従って，$(B-a_iE)^{m_i-1} \neq 0=(B_i-a_iE)^{m_i}$ が成立する．$r((B_i-a_iE)^{m_i-1})>0=r((B_i-a_iE)^{m_i})$なので，6章の E-4 の議論より

$$n_i' > r(B_i - a_iE) > r((B_i - a_i)^2) > \cdots > r((B_i - a_i)^{m_i-1}) > r((B_i - a_iE)^{m_i}) = 0 \tag{9}$$

が成立し，$m_i \geqq n_i'$ でなければならない．一方，(9) より，$w_j \in \mathrm{Ker}((B_i - a_i)^j) - \mathrm{Ker}((B_j - a_i)^{j-1})$ $(j=1,2, \cdots, m_i)$ が取れて，$w_1, w_2, \cdots, w_{m_i}$ は1次独立に出来るので，$m_i \leqq \dim W_i = n_i'$．故に $m_i = n_i'$ が成立し，$f_i(x) = (x - a_i)^{n_i'}$ は行列 B_i の固有多項式でなければならない．(8) より，$n_i = n_i'$，即ち，(3) が成立しなければならない．

以上の考察により，行列 A の固有値 a_i の固有方程式 $|xE - A| = 0$ における重複度 n_i が，A の不変部分空間 W_i の次元を与えるのみならず，(9)において $m_i = n_i$ なので，

$$W_{i,j} = \{x \in V;\ (A - a_iE)^j x = 0\} \cong \{x \in W_i;\ (B_i - a_iE)^j x = 0\} \tag{10}$$

とおくと，$\dim W_{i,j} = n_i - r((A - a_iE)^j) = n_i - r((B_i - a_iE)^j)$ なので

$$W_{i,1} \oplus W_{i,2} \oplus \cdots \oplus W_{i,m_i} = W_i \tag{11}$$

が成立している．上にも述べた様に，先ず，$W_{i,1}$ の中から1次独立なベクトルを取り，$W_{i,1}$ の基底とし次に $W_{i,2}$ の中から1次独立なベクトルを補って，$W_{i,2}$ の基底とし，順次，1次独立なベクトルを補って，最終的には $W_{i,m_i} = W_i$ の基底 $w_1, w_2, \cdots, w_{m_i}$ に達する．この基底に関して，線形写像 $B - a_iE$: $W_i \to W_i$ を表現すれば，$(B - a_iE)W_{i,j} \subset W_{i,j-1}$ $(j = 1, 2, \cdots, m_i)$ が成立し，(4), (5), (6), (7) の方法で，m_i 次の正則行列 Q_i を見繕って

$$Q_i^{-1}(B_i - a_iE)Q_i = \begin{bmatrix} 0 & c_{12} & \cdots & c_{1m_i} \\ 0 & 0 & \cdots & c_{2m_i} \\ \cdots & \cdots & \cdots & \cdots \\ 0 & 0 & \cdots & 0 \end{bmatrix} \tag{12}$$

を対角線をこめて，それ以下が全て0なる上三角行列にする事が出来る．従って，$Q_i^{-1}BQ_i = a_iE + Q_i^{-1}(B_i - a_iE)Q_i$ なので，(12)より

$$Q_i^{-1}B_iQ_i = \begin{bmatrix} a_i & & * \\ & a_i & \\ 0 & & \ddots \\ & & & a_i \end{bmatrix} = A_i \tag{13}$$

は対角線に a_i がズラリと並び，その下が0の上三角行列に変形される．対角線上に行列 $Q_1, Q_2, \cdots, Q_s$ を並べて出来る行列を P に右から掛けた物を改めて P とすると，P は正則行列であって，

$$P^{-1}AP = \left[\begin{array}{c|c|c} \begin{matrix} a_1 & & * \\ 0 & \ddots & \\ & & a_1 \end{matrix} & 0 & 0 \\ \hline 0 & \ddots & 0 \\ \hline 0 & 0 & \begin{matrix} a_s & & * \\ 0 & \ddots & \\ & & a_s \end{matrix} \end{array}\right] \tag{14}$$

を上の様に，対角線の周りに (13) の行列 $A_1, A_2, \cdots, A_s$ が並ぶと云う，対角線上に固有値が重複度だけ重複して並び，対角線の少し上に若干0にない物がある他は，殆んど0と云う，上三角行列に達する．行列 $B_i - a_iE$，即ち，ベキ零行列の議論をもう少しすると，(14)は更に簡単なジョルダンの標準形となる．

EXERCISES

（解答☞ 230ページ）

1 （最小多項式と直和分解） V を複素数体上の有限次元ベクトル空間，$\varphi: V \to V$ を線形変換，λ を φ の固有値として，$\psi=\varphi-\lambda\iota$（$\iota$ は恒等変換）とおく．この時，$\psi^{-1}(0)\cap\psi(V)=\{0\}$ である為の必要十分条件は，λ が φ の最少多項式の重根でない事を証明せよ．（新潟大学大学院入試）

2 （不変部分空間） V を体 K 上の有限 n 次元線型空間とし，T を V の線形変換とする．この時，次の３条件(i), (ii), (iii)を満す整数 $n\geqq 0$，及び，V の部分空間 U, W が存在する事を示せ．

(i) $V=U\oplus W$

(ii) $U=\{v\in V \mid$ 任意の整数 $j\geqq 0$ に対し，$T^{n+j}(v)=0\}$

(iii) 任意の整数 $j\geqq 0$ に対し，$W=T^{n+j}(V)$.（上智大学大学院入試）

3 （不変部分空間） V を有限次元実ベクトル空間とする．線型写像 $T: V\to V$ が与えられた時，T—不変な部分空間 W, W' が存在して，次の(i), (ii), (iii)を満す事を証明せよ：

(i) $V=W\oplus W'$（直和）

(ii) T の W への制限 $T|W$ は同型

(iii) T の W' への制限 $T|W'$ は I（東北大学大学院入試）

4 （不変部分空間） f は有限次元実ベクトル空間 V の線型変換で，V の任意の（２次元や，$\dim W=\dim V-1$ に限る場合も考えよ）部分空間 W に対して，$f(W)\subset W$ であるとすると，この時，次を示せ：

(i) V の任意の基底に関し，f は対角行列で表される．

(ii) 実数 λ が存在して，任意の $v\in V$ に対して，$f(v)=\lambda v$ が成立する．

（広島大学，京都大学，奈良女子大学，広島大学大学院入試）

5 （不変部分空間） V を n 次元実線形空間，f をその線形変換とする．

(i) n が奇数の時，任意の f に対して，V の１次元の f—不変部分空間が少なくとも一つある事を示せ．

(ii) n が偶数の時，任意の f に対して，V の２次元の f—不変部分空間が少なくとも一つある事を示せ．

（奈良女子大学大学院入試）

Advice

1 問題４の基-1を一つの固有値 λ に対して精密化した物であり，対角化して，最小多項式の果す役割をよく理解出来る．

2 固有値０に対する拡張された固有空間を考察し，６章の E-4 の考えを用いよ．

3 前問の出題形式を変えて不親切にした．

4 固有ベクトルとの関係を考えよ．

5 f を表す行列に対する固有方程式は実係数の 代数方程式である．

15 ベキ零行列とジョルダンの標準形

［**指針**］ ジョルダンの標準形こそ行列攻略の最終兵器なので，本章で究めよう．任意の正方行列は互に可換な半単純（対角化可能）行列とベキ零行列の和で表され，ジョルダンの標準形を論じる際に重要な役割を果す．学問的にはベキ零が面白く，試験の格好のテーマなので，ニル・ポテントと侮ってはならぬ．

1 （ジョルダンの標準形） 複素数を要素とする 2 次正方行列 A に対し行列方程式 $X^2=A$ が解を持つ為の必要十分条件を求めよ．　（九州大学大学院入試）

2 （ベキ零行列） (i) n 次の行列 A について $A^n=0$ となる為の必要十分条件は A の固有値が全て 0 になる事である．これを証明せよ．　（お茶の水女子大学大学院入試）

(ii) 複素係数の 2 次の正方行列が巾零になる為の必要十分条件を示せ．　（立教大学大学院入試）

3 （ベキ零行列） ベキ零な n 次の正方行列 N の Jordan 標準形を

$$\begin{pmatrix} \lambda_1 & \varepsilon_1 & & 0 \\ & \ddots & \ddots & \\ & & \ddots & \varepsilon_{n-1} \\ 0 & & & \lambda_n \end{pmatrix} \tag{1}$$

とする．この時，

(i) $\lambda_1=\lambda_2=\cdots=\lambda_n=0$ を示せ．

(ii) $N^{n-1}=0$ ならば，$\varepsilon_1, \cdots, \varepsilon_{n-1}$ の中に少なくとも一つは 0 となる物がある事を示せ．

(iii) N と可換な行列が N の多項式以外にない時は，$N^{n-1}\neq 0$ である事を示せ．

（東京工業大学大学院入試）

4 （半単純と巾零への分解） V を複素数体 $\boldsymbol{C}$ 上の有限次元線型空間とする．V の線型変換 S が対角化可能な時，S は**半単純**と云う．又，V の線型変換 N がある自然数 k に対して，$N^k=0$ なる時，N は**巾零**と云う．V の任意の線型変換 A は，半単純線型変換S, 巾零線型変換 N によって

$$A=N+S \tag{1}$$

と一意的に分解出来，S, N は A の多項式で表される．S を A の**半単純部分**，N を**巾零部分**と云う．

(i) 巾零線型変換 N の固有値は 0 のみである事を示せ．

(ii) A を V の線型変換とし，S を A の半単純部分とする．$\lambda\in\boldsymbol{C}$ が A の固有値である事と，S の固有値である事とは同値である事を示せ．　（早稲田大学大学院入試）

1 (ジョルダンの標準形による行列の平方根の求め方)

$A=(a_{ij})$ は2次の行列だからと，行列 $X=(x_{ij})$ を自乗して A に等しくし，四元連立二次方程式に帰着させて解こうとすると，ベトナム戦争の泥沼に陥った米軍の如く，収拾の法が無くなり，時間切れでアウトになる．ここに定石があり．

ベキの問題は標準形で臨め！

行列 A の固有値を λ_1, λ_2 としよう．我々は複素数体で考察しているので，却って楽で，14章 E-5 の様な配慮は不要である．2次方程式 $|xE-A|=0$ は必らず，二根 λ_1, λ_2 を持つ．

(i) $\lambda_1 \neq \lambda_2$ の時．12章の問題2の基-1以来，折に触れ，叫んで来た様に，2次の正方行列 P があって，行列 A はジョルダンの標準形と呼ばれる標準形

$$P^{-1}AP=\Lambda=\begin{bmatrix} \lambda_1 & 0 \\ 0 & \lambda_2 \end{bmatrix} \tag{1}$$

に対角化される．$X^2=A$ と $(P^{-1}XP)^2=(P^{-1}XP)(P^{-1}XP)=P^{-1}X^2P=P^{-1}AP=\Lambda$ と同値なので，$Y^2=\Lambda$ なる Y があればよい．解を沢山求めよとは一言も云ってないので，Λ が対角なら，Y も対角と見当付けて

$$Y=\begin{bmatrix} \sqrt{\lambda_1} & 0 \\ 0 & \sqrt{\lambda_2} \end{bmatrix} \tag{2}$$

とおくと，確かに，$Y^2=\Lambda$．従って，$P^{-1}XP=Y$ を解いた，$X=PYP^{-1}$ は，$X^2=A$ の解である．

(ii) $\lambda_1=\lambda_2$ ($=\lambda$ とおく) の時，行列 A の最小多項式 $\varphi(x)$ が単根しか持たず，$\varphi(x)=x-\lambda$ であれば，14章の問題4の基-2より，A は $\Lambda=P^{-1}AP$ と対角化出来て，

$$P^{-1}AP=\Lambda=\begin{bmatrix} \lambda & 0 \\ 0 & \lambda \end{bmatrix} \tag{3}$$

を得るので，(i)にて $\lambda_1=\lambda_2=\lambda$ となっただけである．

(iii) $\lambda_1=\lambda_2$ ($=\lambda$ とおく) であって，最小多項式 $\varphi(x)=(x-\lambda)^2$ の時．この時が，イヤラシイのであるが，14章の問題6の(14)の型の

$$Q^{-1}AQ=\begin{bmatrix} \lambda & \mu \\ 0 & \lambda \end{bmatrix} \tag{4}$$

と出来て，$\mu=0$ であれば対角化出来て，$\varphi(x)=x-\lambda$ となるので，$\mu \neq 0$ である．そこで，天下り的に

$$\begin{bmatrix} \mu & 0 \\ 0 & 1 \end{bmatrix}^{-1}\begin{bmatrix} \lambda & \mu \\ 0 & \lambda \end{bmatrix}\begin{bmatrix} \mu & 0 \\ 0 & 1 \end{bmatrix}=\begin{bmatrix} \frac{1}{\mu} & 0 \\ 0 & 1 \end{bmatrix}\begin{bmatrix} \lambda\mu & \mu \\ 0 & \lambda \end{bmatrix}=\begin{bmatrix} \lambda & 1 \\ 0 & \lambda \end{bmatrix} \tag{5}$$

と右上がスカッット爽らか1となるので，Q に右から (5) の第1式の右の行列を掛けた正則行列を P とすると，行列 A はジョルダンの標準形と呼ばれる標準形

$$P^{-1}AP=B=\begin{bmatrix} \lambda & 1 \\ 0 & \lambda \end{bmatrix} \tag{6}$$

に変形される．従って，正則行列 P を見繕うと，$P^{-1}AP$ を (1), (3) 又は(6) の型に出来る．この (1), (3), (6)を行列 A の**ジョルダンの標準形**と云う．ここに線形代数の秘伝中の秘伝

ジョルダンの標準形こそ行列攻略の最終兵器である！

を読者諸君に贈る．これだけでも，本書の値段より価値がある．その真価を次にトクト御覧あれ．やはり $Y=P^{-1}XP$ とおくと，$X^2=A$ と，$Y^2=B$ とは同値である．これを解くべく

$$Y=\begin{bmatrix} a & b \\ c & d \end{bmatrix},\ Y^2=\begin{bmatrix} a & b \\ c & d \end{bmatrix}\begin{bmatrix} a & b \\ c & d \end{bmatrix}=\begin{bmatrix} a^2+bc & ab+bd \\ ac+cd & bc+d^2 \end{bmatrix}=\begin{bmatrix} \lambda & 1 \\ 0 & \lambda \end{bmatrix} \tag{7}$$

と計算して行く．a, b, c, d の代りに $y_{11}, y_{12}, y_{21}, y_{22}$ と気取ると時間の無駄になる．

計算は露骨に行え！

(7)の四個の成分を等しいと置き，ここで始めて四元連立方程式

$$a^2+bc=\lambda \quad (8), \qquad ab+bd=1 \quad (9), \qquad ac+cd=0 \quad (10), \qquad bc+d^2=\lambda \quad (11)$$

に帰着させる．後は，高校数学の計算力あるのみ．(9)の $b(a+d)=1$ より，$a+d\neq 0$．従って，(10)の $c(a+d)=0$ より $c=0$．(8), (11)に代入して，$a^2=d^2=\lambda$．$z^2=\lambda$ の根の一つを $\sqrt{\lambda}$ と書く．$a=\pm\sqrt{\lambda}$, $d=\pm\sqrt{\lambda}$ の四通りがあり得るが，$a+d\neq 0$ より，$a=d=\pm\sqrt{\lambda}$．(9)に代入して，$b(a+d)=1$ より，$\pm 2\sqrt{\lambda}b=1$．$\lambda=0$ では解がないが，$\lambda\neq 0$ ならば，$b=\pm\dfrac{1}{2\sqrt{\lambda}}$ が解である．解を求めよとは云ってないので，解が有るか無いか，それが問題である．以上の中間報告をすると，(iii)の $\lambda=0$ の時のみ，解が無い．これでは，解が無い時，解は存在しませんと云うよりはマシであるが，ハッキリしない．ジョルダンの標準形 (1), (3), (6) において，夫々，

$$P^{-1}A^2P=(P^{-1}AP)(P^{-1}AP)=\begin{bmatrix} \lambda_1{}^2 & 0 \\ 0 & \lambda_2{}^2 \end{bmatrix},\ \begin{bmatrix} \lambda^2 & 0 \\ 0 & \lambda^2 \end{bmatrix},\ \begin{bmatrix} \lambda^2 & 2\lambda \\ 0 & \lambda^2 \end{bmatrix} \tag{12}$$

を得るので，(iii)の $\lambda=0$ と云う場合は，正確に $A\neq 0$ かつ $A^2=0$ と線形代数らしく表現出来る．

一般に n 次の行列 A は $A^m=0$ となる $m\geqq 1$ がある時，**ベキ零**と呼ばれる．従って，本問は $A\neq 0$ かつ A がベキ零の時に限って，解が無いと云うのが正解である．なお本文は，ある受験生の解答を参考にさせて頂いた．なお，この受験生は，(6)の対角線の λ, λ の代りに(1)の流れで，λ_1, λ_2 と書いたので，口頭試験で，試験官より，ジョルダンの標準形で如何なる場合に右肩に1が来るかを厳しく追究されていた．彼氏答えて曰く，前からの流れで λ_1, λ_2 とは書きましたが，$\lambda_1\neq\lambda_2$ とは決して云っていません，固有方程式の二根を λ_1, λ_2 としたに過ぎませんと．それでよいのであって，学問上は師と云えども，遠慮してはいけない．くどくなるが，師を乗り越えて行かねばならない．それは兎に角，重根に拘わる先生が多いので，試験の折は呉々も注意されたい．私は学部の学生の折，物理の先生の科学研究費による研究の一環として，行列 A の平方根の計算にアルバイトで雇れた事がある．物理の先生の要求であるから，解が存在すると云う様な微温的な事ではなく，露骨に解 $X=\sqrt{A}$ を計算する仕事である．しかし，本問によって計算方法も分りますね．

くどくなるが，行列 A のジョルダンの標準形 B を求め，B を対角行列か，対角要素の一路上にのみ1がある行列とする．この際，B の対角要素は，勿論，行列 A の固有値である．A よりも，ずっと簡単な行列 B に対して，平方根 $Y=\sqrt{B}$ を $Y^2=B$ が成立する様，露骨に計算すれば，$P^{-1}AP=B$ なる P に対して，$X=PYP^{-1}$ は，行列 A の平方根 $\sqrt{A}$ である．勿論，行列 P を求める事が重要である．

所で，n 次の正方行列 A が，$A^{m-1}\neq 0, A^m=0$ であったとすると，$r(A^{m-1})>r(A^m)=0$．何度も何度も出て来るが，と云うより逆に出て来て貰いたいので掲載しているのであるが，6章の E-4 の解答より，$n=r(A^0)>r(A)>\cdots>r(A^{m-1})>r(A^m)=0$ なので，$m\leqq n$ でなければならない．従って

基-1　n 次の正方行列 A がベキ零であれば，$A^n=0$．

2 （ベキ零行列とは固有値が零の行列である）

行列 A の相異なる固有値を $\alpha_1, \alpha_2, \cdots, \alpha_s$ とすると，14章の問題6の(14)で解説した様に，正則行列 P があって，$B=P^{-1}AP$ は，固有値 α_i を対角要素に持つ s 個の三角行列に分解された

$$B=P^{-1}AP=\left[\begin{array}{c|c|c} \begin{matrix}\alpha_1 & * \\ & \ddots \\ 0 & \alpha_1\end{matrix} & 0 & 0 \\ \hline 0 & \ddots & 0 \\ \hline 0 & 0 & \begin{matrix}\alpha_s & ** \\ & \ddots \\ 0 & \alpha_s\end{matrix}\end{array}\right] \tag{1}$$

なる形の上三角行列で表される．これは，上三角行列 B の重要な性質の一つであるが，

　　上三角行列の m 乗は，対角要素を m 乗した上三角行列である．

その際，対角線の右上の三角形の部分の要素は変るが，**大勢に影響ない**所が，魅力である．一般に，

　　戦略が正しければ，戦術は少々誤っても成功する！

さて

$$B^n=\left[\begin{array}{c|c|c} \begin{matrix}\alpha_1^n & ** \\ & \ddots \\ 0 & \alpha_1^n\end{matrix} & 0 & 0 \\ \hline 0 & \ddots & 0 \\ \hline 0 & 0 & \begin{matrix}\alpha_s^n & *** \\ & \ddots \\ 0 & \alpha_s^n\end{matrix}\end{array}\right]=\underbrace{(P^{-1}AP)(P^{-1}AP)\cdots(P^{-1}AP)}_{n\,\text{回}}=P^{-1}A^nP \tag{2}$$

より，$A^n=0$ が成立すれば，$\alpha_i{}^2=0$ $(1\leqq i\leqq s)$，即ち，行列 A の全ての固有値が 0 でなければならぬ．

逆に，行列 A の固有値が全て 0 であるとしよう．(1)にて，$s=1, \alpha_1=0$ として

$$B=P^{-1}AP=\begin{bmatrix} 0 & b_{12} & b_{13} & \cdots & b_{1n} \\ 0 & 0 & b_{23} & \cdots & b_{2n} \\ \cdots & \cdots & \cdots & \cdots & \cdots \\ 0 & 0 & 0 & \cdots & b_{n-1n} \\ 0 & 0 & 0 & \cdots & 0 \end{bmatrix} \tag{3}$$

と対角要素を含めて，左下が 0 の三角行列になっている．B^2 を露骨に計算すると

$$B^2=\begin{bmatrix} 0 & b_{12} & b_{13} & \cdots & b_{1n} \\ 0 & 0 & b_{23} & \cdots & b_{2n} \\ \cdots & \cdots & \cdots & \cdots & \cdots \\ 0 & 0 & 0 & \cdots & b_{n+1n} \\ 0 & 0 & 0 & \cdots & 0 \end{bmatrix}\begin{bmatrix} 0 & b_{12} & b_{13} & \cdots & b_{1n} \\ 0 & 0 & b_{23} & \cdots & b_{2n} \\ \cdots & \cdots & \cdots & \cdots & \cdots \\ 0 & 0 & 0 & \cdots & b_{n+1n} \\ 0 & 0 & 0 & \cdots & 0 \end{bmatrix}=\begin{bmatrix} 0 & 0 & b_{12}b_{23} & \cdots & b_{12}b_{2n}+\cdots+b_{1n-1}b_{n-1n} \\ 0 & 0 & 0 & \cdots & b_{23}b_{3n}+\cdots+b_{2n-1}b_{n-1n} \\ \cdots & \cdots & \cdots & \cdots & \cdots \\ 0 & 0 & 0 & \cdots & 0 \\ 0 & 0 & 0 & \cdots & 0 \end{bmatrix} \tag{4}$$

と，B においては対角線より左が全て 0 だったのが，B^2 では対角線より一路右の斜めの線より左が全て 0 となり，0 の斜めの線が一路右へ移動する．数学的帰納法により，B^m では $(1, m)$ 要素から始まる右下りの斜めの線より左の要素が全て 0 である事が出来る．従って，無駄な抵抗は止めよ！ とばかりに，委細構わず B^n をすると，残った残ったとはならず，何も残らないで全て零．故に $B^n=0$，従って，$A^n=(PBP^{-1})^n=(PBP^{-1})(PBP^{-1})\cdots(PBP^{-1})=PB^nP^{-1}=0$ を得る．かくして，n 次の正方行列 A が $A^n=0$ を満す為の必要十分条件は，A の固有値が全て 0 である事を示し，(i)の解答を終る．

2 次の正方行列

$$A=\begin{bmatrix} a_{11} & a_{12} \\ a_{21} & a_{22} \end{bmatrix} \tag{5}$$

の固有多項式は

$$|xE-A|=\begin{vmatrix} x-a_{11} & -a_{12} \\ -a_{21} & x-a_{22} \end{vmatrix}=(x-a_{11})(x-a_{22})-a_{12}a_{21}=x^2-(a_{11}+a_{22})x+a_{11}a_{22}-a_{12}a_{21} \tag{6}$$

で与えられる．行列 A の固有値が全て 0 と云う事は，固有方程式 $|xE-A|=0$ が $x=0$ を 2 重根として持つと云う事であり，$|xE-A|=x^2$ に他ならない．従って，(6)より，これは

$$\mathrm{tr}\,(A)=a_{11}+a_{22}=0 \tag{7},$$

$$|A|=a_{11}a_{22}-a_{12}a_{21}=0 \tag{8}$$

と同値である．さて，(5)で与えられる 2 次の正方行列 A が，$A^2=0$ を満す事と，ベキ零，即ち，l があって $A^l=0$（これを講義では $\exists l;\ A^l=0$ と書くが）が成立する事とは，問題 1 の終りで解説した様に同値である．それで，この事は上の考察より，$\mathrm{tr}(A)=0$, $|A|=0$ なる (7), (8) が同時に成立する事と同値である．かくして，(ii)の解答を得る．

なお，$A^n=0$ や，固有値が全て 0 と云う命題は，係数体の取り方には関係しないので，A が実行列であれば，実数体のカテゴリー内で，複素行列であれば，複素数体のカテゴリー内で上の命題は正しい．ただし，途中の(1)の a_i では複素数となる可能性を考慮に入れているが，複素数を媒介にして，結論はあくまでも，実数体に限定出来ている事を注意しておく．要するに気にしなくてよいと云う事である．

(1)の様に，n 次の正方行列 B は，s 個の n_i 次の正方行列 B_i $(1\leqq i\leqq s)$ と零行列を用いて

$$B=\left[\begin{array}{c|c|c|c} B_1 & 0 & 0 & 0 \\ \hline 0 & B_2 & 0 & 0 \\ \hline 0 & 0 & \ddots & 0 \\ \hline 0 & 0 & 0 & B_s \end{array}\right] \quad (n=n_1+n_2+\cdots+n_s) \tag{9}$$

と表される時，行列 $B_1, B_2, \cdots, B_s$ の**直和に分解**されると云い，

$$B=B_1\oplus B_2\oplus\cdots\oplus B_s \tag{10}$$

と書き表すと，便利であるし，省資源的である．n 次元の線形空間 V が直和分解 $V=V_1\oplus V_2\oplus\cdots\oplus V_s$ されれば，線形写像を，各 V_i の基底を用いて表すと，対応する行列は直和に分解出来る．

類 題

（解答☞ 233ページ）

1. V を実数体上の n 次元ベクトル空間とした時，V 上の一次変換 T に対して，正の整数 m が存在して $T^m=0$ となるならば，$T^n=0$ が成立する事を示せ．
（立教大学大学院入試）

2. n 次の複素行列 A がベキ零である事と A の全ての固有値が 0 である事の同値性を示せ．
（津田塾大学大学院入試）

3. n 次の複素平方行列 A が，$A^{n-1}\neq 0$, $A^n=0$ を満せば，$\mathrm{rank}\,A=n-1$ である事を示せ．
（学習院大学大学院入試）

4. $$D=\left\{\left.\begin{pmatrix} a & -b & -c & d \\ b & a & -d & -c \\ c & d & a & b \\ -a & c & -b & a \end{pmatrix}\right|\, a, b, c, d \text{ 実数}\right\}$$
は可換でない体をなし，複素数体に同型な部分体を含む事を証明せよ．
（岡山大学大学院入試）

3 （ベキ零行列のジョルダンの標準形）

(1) において ε_i が 0，又は，1の時，**ジョルダンの標準形**と云う．n 次の正方行列 N は自然数 m があって，$N^m=0$ が成立する時，ベキ零と呼ばれる．問題1で解説した様に，この時，$N^n=0$ が成立し，問題2より，全ての固有値は0であり，$\lambda_1=\lambda_2=\cdots=\lambda_n=0$ が成立する．さて，対角線より一路右の右下りの線が0，又は，1で，他は全て0の行列 N

$$N=\begin{bmatrix} 0 & \varepsilon_1 & 0 & \cdots & 0 \\ 0 & 0 & \varepsilon_2 & \cdots & 0 \\ \cdots & \cdots & \cdots & \cdots & \cdots \\ 0 & 0 & 0 & \cdots & \varepsilon_{n-1} \\ 0 & 0 & 0 & \cdots & 0 \end{bmatrix} \tag{2}$$

に対して，$N^2, N^3, \cdots, N^m$ を順次計算すると，0でない可能性のある斜線が一路づつ右へ移り，

$$N^2=\begin{bmatrix} 0 & 0 & \varepsilon_1\varepsilon_2 & 0 & \cdots & 0 \\ 0 & 0 & 0 & \varepsilon_2\varepsilon_3 & \cdots & 0 \\ \cdots & \cdots & \cdots & \cdots & \cdots & \cdots \\ 0 & 0 & 0 & 0 & \cdots & 0 \\ 0 & 0 & 0 & 0 & \cdots & 0 \end{bmatrix}, \cdots, N^m=\begin{bmatrix} 0 & \cdots & 0 & \varepsilon_1\varepsilon_2\cdots\varepsilon_m & 0 & \cdots & 0 \\ 0 & \cdots & 0 & 0 & \varepsilon_2\varepsilon_3\cdots\varepsilon_{m+1} & \cdots & 0 \\ \cdots & \cdots & \cdots & \cdots & \cdots & \cdots & \cdots \\ 0 & \cdots & 0 & 0 & 0 & \cdots & 0 \\ 0 & \cdots & 0 & 0 & 0 & \cdots & 0 \end{bmatrix} \tag{3}$$

を得る．従って，N^{n-1} は丁度，一番右肩の $(1, n)$ 要素が $\varepsilon_1\varepsilon_2\cdots\varepsilon_{n-1}$ で他は全て0と云う，上三角形行列である．故に，$N^{n-1}=0$ と $\varepsilon_1\varepsilon_2\cdots\varepsilon_{n-1}=0$ とは同値であり，ε_i の内の少なくとも一つは0でない．

(iii)を背理法で示そう．$N^{n-1}=0$ であって，$AN=NA$ なる n 次の正方行列 A は全て，$A=c_0N^{n-1}+c_1N^{n-2}+\cdots+c_{n-1}E$ と N の多項式であるとしよう．この時，(ii)と(3)より，行列 A の $(1, n)$ 要素は0である．特に，$(1, n)$ 要素が1で他は全て0である様な n 次の正方行列 A を考察すると，$AN=NA=0$ が成立し，上の考察より，A の $(1, n)$ 要素が0となり矛盾である．

この機会に，n 次のベキ零行列 N がジョルダンの標準形で表せる事を示そう．自然数 ν があって，$1\leqq\nu\leqq n$, $N^{\nu-1}\neq0$, $N^\nu=0$ が成立している．n 次の列ベクトルのなす線形空間を V とする．

$$W^{(i)}=\{x\in V;\ N^ix=0\} \quad (1\leqq i\leqq\nu) \tag{4}$$

とおくと，しばしば論じる様に，6章の E–4 より

$$V=W^{(\nu)}\supsetneqq W^{(\nu-1)}\supsetneqq\cdots\supsetneqq W^{(1)}\neq0 \tag{5}$$

が成立している．m_0-0, $m_i=\dim W^{(i)}$, $r_i=m_i-m_{i-1}\,(1\leqq i\leqq\nu)$ とおく．$W^{(i)}$ の次元はその真部分空間 $W^{(i-1)}$ の次元プラス r_ν なので，$W^{(\nu-1)}$ の任意の基底に，1次独立な r_ν 個のベクトル $a_1, a_2, \cdots, a_{r_\nu}$ を $W^{(\nu)}-W^{(\nu-1)}$ から選んで，$W^{(r-1)}$ の基底と合せて，$W^{(\nu)}$ の基底を構成する様に出来る．従って，$W^{(\nu)}$ は $a_1, a_2, \cdots, a_{r_\nu}$ のリニヤー・スパンと $W^{(\nu-1)}$ との直和

$$W^{(\nu)}=L(a_1, a_2, \cdots, a_{r_\nu})\oplus W^{(\nu-1)} \tag{6}$$

で表される．この時，$N^{\nu-1}(Na_j)=N^\nu a_j=0$ なので，$Na_j\in W^{(\nu-1)}\,(1\leqq j\leqq r_\nu)$ が云える．

もしも，これらの1次結合が零となり $\sum c_jNa_j=0$ であれば，$\sum c_ja_j\in W^{(1)}\subset W^{(\nu-1)}$ となり，$\sum c_ja_j\in W^{(\nu-1)}$ を得るので，a_j の選び方より $c_j=0$，即ち，$Na_1\ N_2, \cdots, Na_{r_\nu}$ は1次独立である．更に，$\sum c_jNa_j\in L(a_1, a_2, \cdots, a_{r_\nu})\cap W^{(\nu-2)}$ であれば，$N^{\nu-1}(\sum c_ja_j)=N^{\nu-2}(\sum c_jNa_j)=0$ なので，$\sum c_ja_j\in W^{(\nu-1)}$ となり，やはり $c_j=0$ を得，$L(Na_1, Na_2, \cdots, Na_{r_\nu})\cap W^{(\nu-2)}=\{0\}$ である．1次独立な $Na_1, Na_2, \cdots, Na_{r_\nu}$ のリニヤ・スパン $L(Na_1, Na_2, \cdots, Na_{r_\nu})$ と $W^{(\nu-2)}$ の直和が $W^{(\nu-1)}$ の部分空間を構成しているので，$m_{r-1}=\dim W^{(\nu-1)}\geqq r_\nu+m_{\nu-2}$，即ち，$r_{\nu-1}\geqq r_\nu$ と単調である．そこで，$W^{(\nu-2)}$ の基底に $Na_1, Na_2, \cdots, Na_{r_\nu}$ の他に $W^{(\nu-1)}-W^{(\nu-2)}$ のベクトル $a_{r_\nu+1}, a_{r_\nu+2}, \cdots, a_{r_{\nu-1}}$ を付け加えて，$W^{(\nu-1)}$ を構成する事が出来る．この時，$W^{(\nu-1)}$ の

直和分解

$$W^{(\nu-)}=L(Na_1, Na_2, \cdots, Na_{r_\nu}, a_{r_\nu+1}, a_{r_\nu+2}, \cdots, a_{r_{\nu-1}})\oplus W^{(\nu-2)} \tag{7}$$

を得る．この様に帰納的に，基底作成の対象を

$$W^{(i)}=L(N^{\nu-i}a_1, \cdots, N^{\nu-i}a_{r_\nu}, N^{\nu-i-1}a_{r_\nu+1}, \cdots, N^{\nu-i-1}a_{r_{\nu 1}}, \cdots, a_{r_{i+1}+1}, \cdots, a_{r_i})\oplus W^{(i-1)} \tag{8}$$

によって，次々と i が若い世代に送り，次の表の様に，

$W^{(\nu)}$ の基底			$a_1, \cdots, a_{r_\nu}$				
	↑この線より下は全て $W^{(\nu-1)}$ の基底		$Na_1, \cdots, Na_{r_\nu}$	$a_{r_\nu+1}, \cdots, a_{r_{\nu-1}}$			
			$N^{\nu-2}a_1, \cdots, N^{\nu-2}a_{r_\nu}$	$N^{\nu-3}a_{r_\nu+1}, \cdots, N^{\nu-3}a_{r_{\nu-1}}$	$\cdots$	$a_{r_3+1}, \cdots, a_{r_2}$	
		$W^{(1)}$ の基底	$N^{\nu-1}a_1, \cdots, N^{\nu-1}a_{r_\nu}$	$N^{\nu-2}a_{r_{\nu+1}}, \cdots, N^{\nu-2}a_{r_{\nu-1}}$	$\cdots$	$Na_{r_3+1}, \cdots, Na_{r_2}$	$a_{r_2+1}, \cdots, a_{r_1}$

V の基底 $N^k a_{r_{i+1}+1}, \cdots, N^k a_{r_i}$ $(1\leqq i\leqq\nu, 0\leqq k\leqq i-1)$ を作る事が出来る．なお，以上の論理と上の表は，「佐武一郎，行列と行列式，裳華房」のアイデアを借用した．只今，丁度，偶然，13頁で，この本について，コメントした事を，私自身が行っている事に気付いた．著作権の問題以上に学習上重要なので，この佐武著の意義を説いた．

$r_{i+1}+1\leqq j\leqq r_i$ を満す j に対して，$L(a_j, Na_j, \cdots, N^{i+1}a_j)$ は N-不変な部分空間であり，その基底 $N^{i-1}a_j$, $N^{i-2}a_j, \cdots, Na_j, a_j$ に関して，線形写像 N: $L(N^{i-1}a_j, \cdots, a_j)\to L(N^{i-1}a_j, \cdots, a_j)$ を

$$B_{ij}=\begin{bmatrix} 0 & 1 & & & \\ & 0 & 1 & & 0 \\ & & \ddots & \ddots & \\ 0 & & & 0 & 1 \\ & & & & 0 \end{bmatrix} \tag{8}$$

で表す事が出来る．従って，か様な $L(a_j, Na_j, \cdots, N^{i-1}a_j)$ の直和である所の V は，(8) の型の行列 B_{ij} の直和で表す事が出来，結論とし，n 次の正則行列 P を適当に見繕うと，$P^{-1}NP$ は

$$P^{-1}NP=\begin{bmatrix} 0 & \varepsilon_1 & 0 & 0 & \cdots & 0 \\ 0 & 0 & \varepsilon_2 & 0 & \cdots & 0 \\ \cdots & \cdots & \cdots & \cdots & \cdots & \cdots \\ 0 & 0 & 0 & 0 & \cdots & \varepsilon_{n-1} \\ 0 & 0 & 0 & 0 & \cdots & 0 \end{bmatrix} \quad (\varepsilon_i \text{ は} 0\text{，又は，}1) \tag{9}$$

なる標準形に帰着される．(9) をベキ零行列の**ジョルダンの標準形**と云う．なお，行列 (9) の 1 である様な ε_i の数を s としよう．$P^{-1}NP$ の固有多項式 $|xE-N|=|xE-P^{-1}NP|=x^n$ であるが，行列 $xE-P^{-1}NP$ の $(n-1)$ 次小行列式の最大公約式はこの s 個の ε_i を含む小行列式の値の±である所の x^{n-1-s} である．従って，$P^{-1}NP$, 即ち，N の最小多項式は，14章の問題 2 の基-1 より x^{s+1} である．これは，ミミッチイ議論をする時，必要なので，一応注意をしておく．

$$N \text{ の最小多項式}=x^{s+1} \quad (s \text{ は} 1 \text{ である } \varepsilon_i \text{ の数}) \tag{10}$$

4 （正方行列の半単純，ベキ零部分への分解とジョルダンの標準形）

本問によって，永らく懸案であったジョルダンの標準形を締め括る事が出来る．なお，半単純は，準単純とも云われ，講義では，殆んど，セミ・シンプルと呼ばれる．同じく，ベキ零はニル・ポテント，ベキ等はアイデム・ポテントなので，これらの術語に慣れましょう．

行列 A の相異なる固有値を $a_1, a_2, \cdots, a_s$ とし，n_i を固有方程式における固有値 a_i の重複度とすると，固有多項式 $f(x)$ は

$$f(x)=|xE-A|=(x-a_1)^{n_1}\cdots(x-a_i)^{n_i}\cdots(x-a_s)^{n_s} \tag{2}$$

によって与えられる．$1\leqq i\leqq s$ に対して，多項式

$$f_i(x)=(x-a_1)^{n_1}\cdots(x-a_{i-1})^{i-1}(x-a_{i+1})^{n_{i+1}}\cdots(x-a_s)^{n_s},\ f(x)=f_i(x)(x-a)^{n_i} \tag{3}$$

を定義すると，$f_1(x), f_2(x), \cdots, f_s(x)$ の最大公約式は 1 なので，14章の問題 5 の基-1 より，多項式 $g_1(x)$, $g_x(x), \cdots, g_s(x)$ があって

$$g_1(x)f_1(x)+g_2(x)f_2(x)+\cdots+g_s(x)f_s(x)=1 \tag{4}$$

が成立する．この多項式 g_i を用いて，行列 A の多項式

$$S=a_1S_1+a_2S_2+\cdots+a_sS_s,\ S_i=g_i(A)f_i(A)\quad(1\leqq i\leqq s) \tag{5}$$

を定義する．(4)より，$S_1+S_2+\cdots+S_n=E$ が成立している．$i\neq j$ に対して，多項式 $f_i(x)f_j(x)$ は $f(x)$ で割り切れ，14章の問題 1 の基-1 より，$f(A)=0$ なので，$f_i(A)f_j(A)=0$．従って $S_iS_j=0$．又，$S_i=S_iE=S_i(S_1+S_2+\cdots+S_n)=S_i^2$ も成立するので，11章の問題 3 より，V は部分空間 S_iV へ直和分解出来，S_i は V から S_iV の上への射影に他ならない．

所で，$(x-a_i)^{n_i}f_i(x)=f(x)$ なので，$(A-a_iE)^{n_i}f_i(A)=f(A)=0$．従って，固有値 a_i に対する拡張された固有空間

$$\tilde{W}(a_i)=\{y\in V;\ m \text{ があって，} (A-a_iE)^m y=0\} \tag{6}$$

に対して，$S_iV\subset\tilde{W}(a_i)$．逆に，$y\in\tilde{W}(a_i)$ であれば，m があって，$(A-a_iE)^my=0$．$g_i(x)f_i(x)$ が $x-a_i$ で割り切れると，(3), (4)より 1 が $x-a_i$ で割り切れて矛盾である．従って，$g_i(x)f_i(x)$ と $(x-a_i)^m$ は互に素であり，14章の問題 5 の基-1より，多項式 $h(x), k(x)$ があって，$h(x)g_i(x)f_i(x)+k(x)(x-x_i)^m=1$．故に，$h(A)g_i(A)f_i(A)+k(A)(A-a_iE)^m=E$ が成立し，$y=h(A)g_i(A)f_i(A)y+k(A)(A-a_iE)^my=h(A)g_i(A)f_i(A)y=S_ih(A)y\in S_iV$ が成立し，

$$\tilde{W}(a_i)=S_iV\quad(1\leqq i\leqq s) \tag{7}$$

を得る．なお，14章の問題5, 6の考察より，その次元は固有方程式における a_i の重複度 n_i に等しく

$$n_i=\dim\tilde{W}(a_i)\quad(1\leqq i\leqq s) \tag{8}$$

が成立している．先程述べた様に，S_i は $\tilde{W}_i(a_i)$ への射影であり，$S=a_1S_1+a_2S_2+\cdots+a_sS_s$ なので，$\tilde{W}_i(a_i)$ の基底を並べて，V の基底とすれば，線型写像 $S: V\to V$ は，n_i 次の対角行列 a_iE の直和の行列で表現される．と云う事は，正則行列 P があって

$$P^{-1}SP=\begin{bmatrix} a_1E & & & \\ & a_2E & & 0 \\ & 0 & \ddots & \\ & & & a_sE \end{bmatrix} \tag{9}$$

と S は対角化出来，セミ・シンプルである．

$$N=A-S \tag{10}$$

とおく．14章の問題6より，行列 A は $a_1, a_2, \cdots, a_s$ を対角要素に持つ上三角行列 (14) と考えてよいので，$P^{-1}NP=P^{-1}(A-S)P$ は対角線を含めて0の上三角行列であり，問題2の考察より，ニル・ポテントである．よって，N もニル・ポテントである．S が A の多項式なので，N も A の多項式であり，$SN=NS$ も成立する．

基-1　（ア）　S と可換な他のセミ・シンプルな S' も，S と同時に対角化される．
（イ）　N と可換なニル・ポテント N' に対して，$N\pm N'$ もニル・ポテントである．
（ウ）　セミ・シンプルでニル・ポテントな行列 $T=0$.

（ア）　a_i に対する S の固有空間 $W(a_i)$ の元 x に対して，$SS'x=S'Sx=a_iS'x$ が成立し，S' は $W(a_i)$ を不変にする．従って，(9) をもたらす，V の直和分解に対して，S' は $S': W(a_i)\to W(a_i)$ の与える行列 S_i の次の行列 S_i' の直和行列

$$P^{-1}S'P=\begin{bmatrix} S_1' & & \\ & S_2' \ddots & 0 \\ & 0 & S_s' \end{bmatrix} \tag{11}$$

となる．そこで，セミ・シンプルな S' は，$W(a_i)$ の基底を都合よく取ると対角化されるが，この基底は皆，固有値 a_i に対する固有ベクトルなので，(8) には変りがない．この時，$P^{-1}(S\pm S')P=P'^{-1}SP\pm P^{-1}S'P$ も対角行列である．（イ）　$N^n=N'^n=0$ なので，$NN'=N'N$ が成立すれば，二項定理も成立し，$(N\pm N')^{2n-1}=\sum\binom{2n-1}{\nu}N^\nu(\pm N')^{2n-\nu-1}$. $\nu\geqq n$ であれば，N^ν の方が零であるが，$\nu\leqq n-1$ であれば，$2n-\nu-1\geqq 2n-(n-1)-1\geqq n$ なので，$N'^{2n-\nu-1}$ の方が0であり，$(N\pm N')^{2n-1}=0$. 従って，蛇足ながら，$(N\pm N')^n=0$ が成立し，$N\pm N'$ はニル・ポテントである．（ウ）　T はニル・ポテントなので，問題2より固有値は全て0であり，セミ・シンプルなので，対角化されて，その対角行列が零なので，T 自身も零．

さて，行列 A が二通りに $A=S+N=S'+N'$ と分解されれば，$S-S'=N'-N$ は基-1より，同時にセミ・シンプルかつニル・ポテントで零になり，分解は一意的である．ついでに，

（フロベニウスの定理）　重複度をこめて A の固有値を $a_1, a_2, \cdots, a_n$ とすると，多項式 f に対して，$f(A)$ の固有値は，$f(a_1), f(a_2), \cdots, f(a_n)$ である．

を示そう．$SN=NS$ なので，f のテイラー展開に $S+N$ を代入し

$$f(A)=f(S+N)=f(S)+f'(S)N+\cdots+\frac{f^{(n+1)}(S)}{(n+1)!}N^{n+1} \tag{12}$$

を得るが，第二項以降は $f^{(\nu)}(S)N=Nf^{(\nu)}(S)$ なので，ベキ零であり，$P^{-1}SP=$対角行列 Λ であれば，$P^{-1}f(S)P=$対角行列$f(\Lambda)$ であり，固有値は $f(a_1), f(a_2), \cdots, f(a_n)$ となる．

なお，$NS=SN$ なので，N も部分空間 $\tilde{W}(a_i)$ を不変にし，問題3の方法で N を標準形としても，(9) は不変なので，結論として，正則行列 P があって

$$P^{-1}AP=\begin{bmatrix} a_1 & \varepsilon_1 & & \\ & a_2 & \varepsilon_2 \ddots & 0 \\ & & \ddots & \\ & 0 & a_{n-1} & \varepsilon_{n-1} \\ & & & a_n \end{bmatrix} \quad (\varepsilon_i=0,\ 又は1) \tag{13}$$

と対角線が固有値，その一路上が0，又は，1を表す ε_i，その他の要素は全て0の，所謂，**ジョルダンの標準形**に帰着させる事が出来た．

EXERCISES

（解答☞ 234ページ）

1 （標準形） 正方行列 A が $A^3=A$ を満す為の必要十分条件は，A^2 がベキ等，即ち，$A^4=A^2$ であって，かつ，A と A^2 の位（階数）が等しい事である事を証明せよ． （立教大学大学院入試）

2 （標準形） $V=\{g\in M_2(\boldsymbol{C})\mid g$ の Jordan 標準形は対角型でない$\}$ とおく．この時

(i) 行列 $\begin{pmatrix} a & b \\ c & d \end{pmatrix}$ が V に属する為の必要十分条件を求めよ．

(ii) V は複素多様体である事を示せ． （北海道大学大学院入試）

3 （標準形） 複素数体 $\boldsymbol{C}$ 上の n 次正方行列全体を $M_n(\boldsymbol{C})$，その内対角化可能な行列の全体を $D_n(\boldsymbol{C})$ で表す．$M_n(\boldsymbol{C})$ は自然な方法で $\boldsymbol{C}^{n^2}$ と1対1に対応するので，この対応により $\boldsymbol{C}^{n^2}$ から導かれる位相を $M_n(\boldsymbol{C})$ に入れる．この時，$D_n(\boldsymbol{C})$ は $M_n(\boldsymbol{C})$ で稠密である事を示せ． （東北大学大学院入試）

4 （標準形） 行列 $A=\begin{pmatrix} \alpha & 0 & 1 \\ 0 & 1 & 0 \\ 1 & 0 & 0 \end{pmatrix}$ が対角化されない様な複素数 α を求めよ． （東京都立大学大学院入試）

5 （標準形） A は複素数を成分する6次の正方行列で，$(A^3-E)^2=0$，$\mathrm{tr}\,A=0$ を満す物とする．この時，A の Jordan の標準形として可能な物を全て求めよ． （東京都立大学大学院入試）

6 （標準形） n 次の複素正方行列全体のなす空間を $M(n,\boldsymbol{C})$ とする．今，n を3の倍数として

$$\mathfrak{M}=\{X\in M(n,\boldsymbol{C})\mid X^3+E=0,\ \mathrm{Tr}\,(X)=0\} \tag{1}$$

とおく．この時，$\mathfrak{M}$ は $M(n,\boldsymbol{C})$ の閉複素多様体であって，特異点を持たず，かつ連結である事を証明せよ．又，$\mathfrak{M}$ の複素次元を求めよ． （東京大学大学院入試）

7 （単因子） n 次正方行列

$$A=\begin{pmatrix} 0 & 1 & & & \\ & 0 & 1 & & 0 \\ & & \ddots & \ddots & \\ & 0 & & \ddots & 1 \\ & & & & 0 \end{pmatrix},\qquad B=\begin{pmatrix} 0 & & & & \\ 1 & 0 & & 0 & \\ & 1 & \ddots & & \\ & & \ddots & \ddots & \\ 0 & & & 1 & 0 \end{pmatrix}$$

に対し，$P^{-1}AP=B$ となる正則行列があるか？ 理由を付けて答えよ． （京都大学大学院入試）

Advice

1 最終兵器，ジョルダンの標準形と最小多項式を用いて，行列 A をスケスケにして観察せよ．

2 固有値 λ が重根であって，最小多項式も $(x-\lambda)^2$ である事と同値である．

3 固有値が単根である様な行列は全て，$D_n(\boldsymbol{C})$ に属する事を用いよう．

4 固有値と最小多項式にて重根がある．

5 1の3乗根が固有方程式の重根である．

6 -1の3乗根が固有方程式の m 重根であり，最小多項式は x^3+1 の因数である．

7 $xE-A$ と $xE-B$ の単因子を考察せよ．

16 直交行列，対称行列，交代行列，行列の族の同時対角化

［指針］ ジョルダンの標準形こそ行列攻略の最終兵器である．交代行列，対称行列，その他の行列 A は正則行列 P を適当に見繕って $P^{-1}AP$ をジョルダンの標準形にして研究する．その際，対称行列 A に対しては，P を直交行列に選ぶ事が出来るし，可換な準単純行列の族は同時に対角化出来る．

1 **（交代行列の標準形）** V を内積 $\langle\ ,\ \rangle$ を持つ有限次元ユークリッドベクトル空間とする．線形写像 $f: V\to V$ が，$\langle f(x), y\rangle=-\langle x, f(y)\rangle$ $(^\forall x, y\in V)$ を満す時 $\mathrm{rank} f := \dim \mathrm{Im} f$ は偶数である事を示せ． （北海道大学大学院入試）

2 **（交代行列とケーリー変換）** A を n 次実正方行列で，交代，即ち ${}^tA=-A$ とする．

(i) A の固有値は全て純虚数である事を示せ．

(ii) $E+A$ は正則行列となる事を示せ．

(iii) $T=(E-A)(E+A)^{-1}$ は直交行列である事を示せ． （津田塾大学大学院入試）

3 **（直交行列）** n 次直交行列全体の集合 $O(n)$ は n 次正則行列全体の作る微分可能様体 $GL(n, \boldsymbol{R})$ の部分多様体である事を示せ． （富山大学大学院入試）

4 **（対称行列の標準形）** 3 次正方行列 X で，${}^tX=X$, $\mathrm{tr}\,X=0$, $\mathrm{tr}\,X^2=1$, $\det X=0$ を満す物の全体を M とし，

$$X_0=\begin{bmatrix} \frac{1}{\sqrt{2}} & 0 & 0 \\ 0 & 0 & 0 \\ 0 & 0 & -\frac{1}{\sqrt{2}} \end{bmatrix} \tag{1}$$

とする．行列式が 1 である 3 次直交行列全体のなす群 $SO(3)$ の元 g に対して，$f(g)=gX_0g^{-1}$ と定義する．(i) $f(g)\in M$ を示し，$f: SO(3)\to M$ は上への写像である事を示せ．

(ii) 更に，f は位数 4 の被覆写像である事を示せ． （大阪大学大学院入試）

5 **（可換な対角化可能行列の族の同時対角化）** 行列式が 0 でない様な n 次複素行列全体のなす乗法群を $GL(n, \boldsymbol{C})$ とする．複素数体 $\boldsymbol{C}$ の乗法群を $\boldsymbol{C}^* := \boldsymbol{C}-\{0\}$ とする．今，F を群 $\boldsymbol{C}^*$ から群 $GL(n, \boldsymbol{C})$ の中への準同型写像とし，

$$F(z)=(f_{ij}(z)) \tag{1}$$

とする．n^2 個の関数 $f_{ij}(z)$ が何れも $\boldsymbol{C}^*$ 上の正則関数（複素解析的な関数）である時，次の(i), (ii)を証明せよ．

(i) ある行列 $P\in GL(n, \boldsymbol{C})$ が存在して，どの $z\in\boldsymbol{C}^*$ に対しても，$PF(z)P^{-1}$ は対角行列になる．

(ii) 各 $f_{ij}(z)$ は z の有理式になる． （東京大学大学院入試）

1 (交代行列の標準形)

本問は11章の E-1 のオマケである．E-1 は大学1年のカリキュラムであるが，こちらは大学2年のカリキュラムである．

V の基底を $e_1, e_2, \cdots, e_n$ とし，スカラー a_{ij} を

$$f(e_i)=\sum_{j=1}^{n} a_{ji}e_j \quad (1\leqq j\leqq n) \tag{1}$$

が成立する様に定める．V の元 $x=\sum_{j=1}^{n} x_je_j$ に対して，

$$f(x)=\sum_{j=1}^{n} x_jf(e_j)=\sum_{i=1}^{n}\left(\sum_{j=1}^{n} a_{ij}x_j\right)e_i \tag{2}$$

が成立するので，$y=f(x)=\sum_{i=1}^{n} y_ie_i$ は，n 次の正方行列 $A=(a_{ij})$ を用いて

$$\begin{bmatrix} y_1 \\ y_2 \\ \vdots \\ y_n \end{bmatrix}=A\begin{bmatrix} x_1 \\ x_2 \\ \vdots \\ x_n \end{bmatrix} \tag{3}$$

で表現される．我々は，実数体 $\boldsymbol{R}$ で考察している．与えられた条件は

$$\langle Ax, y\rangle=\langle f(x), y\rangle=-\langle x, f(y)\rangle=-\langle x, Ay\rangle \tag{4}$$

と記されるが，12章の問題4の公式(5)を実数体に適用すると

$$\langle x, Ay\rangle=\langle {}^tAx, y\rangle \tag{5}$$

なので，(4), (5)より

$$\langle Ax, y\rangle=-\langle {}^tAx, y\rangle \tag{6}$$

を得る．(6)の両辺に $x=e_i, y=e_j$ を代入すると，$a_{ij}=-a_{ji}$，即ち

$${}^tA=-A \tag{7}$$

を得るので，行列 A は交代行列である．交代行列の標準形等学んでいないと諦らめるのは粘りが足りない．人生は，粘り強くなければ，生きて行けない．${}^tA=-A$，かつ，A は実行列で

$$AA^*=A{}^tA=-A^2={}^tAA=A^*A$$

が成立するので，A は実の正規行列である．正規行列の標準形ならば，即に，12章の問題6において，解明している．もう一度，結論をまとめると，n 次の正規行列 A の固有値 $\lambda_1, \lambda_2, \cdots, \lambda_n$ は重複するにせよ，その重複度だけ同じ固有値に対する1次独立な固有ベクトルがあり，これらは7章の E-5 のグラム-シュミットの方法で正規直交化する時，異なる固有値に対する固有ベクトルは互に直交するので，固有値 $\lambda_1, \lambda_2, \cdots, \lambda_n$ に対する大きさ1のベクトルを並べるとユニタリー行列 U が得られ，$U^{-1}AU$ を作ると

$$\Lambda=U^*AU=U^{-1}AU=\begin{bmatrix} \lambda_1 & & \\ & \lambda_2 & 0 \\ & 0 & \ddots \\ & & & \lambda_n \end{bmatrix} \tag{8}$$

なる対角線にズラリと固有値が並んだ対角行列 Λ が得られる．対角行列 Λ は勿論**正規行列** A の**ジョルダンの**標準形である．

これで話は終ったかと云うと，そうではなく，戦いは今から，戦いはここからである．頑張らなければならない．「新修解析学」の8章の問題5で証明，かつ，解説した**代数学の基本定理**によれば，n 次の代数方程式は必らず根を持つ．従って，n 次の正規行列 A の固有多項式 $|xE-A|=0$ は必ず，n 個の根を持つ．し

かし，代数学の基本定理は，複素変数関数論を用いて証明され，複素数体にて論じられているので，固有方程式の根である固有値は虚根である可能性が強い．一方，始めの正規行列が実行列であれば，その固有方程式は実係数の代数方程式であり，虚根はその共役複素数と共に番で，現れる．ここからは12章の問題5の手法が物を云う．正規行列 A の実の固有値を $a_1, a_2, \cdots, a_r$，虚の固有値を $a_{r+1}+ib_{r+1}, a_{r+1}-ib_{r+1}, a_{r+2}+ib_{r+2}, a_{r+2}-ib_{r+2}, \cdots, a_{r+s}+ib_{r+s}, a_{r+s}-ib_{r+s}$ としよう．勿論，$n=r+2s$ である．行列 A は実行列なので，上述の固有ベクトルは a_i $(1\leqq i\leqq r)$ に対しては実ベクトル w_i，共役な虚の固有値 $a_{r+j}+ib_{r+j}, a_{r+j}-ia_{r+j}$ $(1\leqq j\leqq s)$ に対しては，共役複素ベクトル u_{r+2j-1}, u_{r+2j} を選ぶ事が出来る．ここで

$$u_{r+2j-1}=\frac{1}{\sqrt{2}}(t_{r+2j-1}+it_{r+2j}),\ u_{r+2j}=\frac{1}{\sqrt{2}}(t_{r+2j-1}-it_{r+2j})\quad(1\leqq j\leqq s)\tag{9}$$

と u_{r+2j-1}, u_{r+2j} を実部と虚部に分け，同じムードを貫く．ついでに

$$u_i=t_i\quad(1\leqq i\leqq r)\tag{10}$$

とおく．(8)より

$$t_{r+2j-1}=\frac{1}{\sqrt{2}}(u_{r+2j-1}+u_{r+2j}),\ t_{r+2j}=\frac{1}{i\sqrt{2}}(u_{r+2j-1}-u_{r+2j})\quad(1\leqq j\leqq s)\tag{11}$$

が成立しているので，行列の表示を用いると

$$A(t_{r+2j-1}, t_{r+2j})=(t_{r+2j-1}, t_{r+2j})\begin{pmatrix} a_{r+j} & b_{r+j} \\ -b_{r+j} & a_{r+j}\end{pmatrix}\quad(1\leqq j\leqq s)\tag{12}$$

を得る．容易に験せる様に，実行列 $T=(t_1, t_2, \cdots, t_n)$ は直交行列であって，実正規行列の**標準形**

$$T^{-1}AT={}^tTAT=\begin{bmatrix} a_1 & & & & & \\ & \ddots & & & 0 & \\ & & a_r & & & \\ & & & \begin{array}{cc} a_{r+1} & b_{r+1} \\ -b_{r+1} & a_{r+1}\end{array} & & \\ & 0 & & & \ddots & \\ & & & & & \begin{array}{cc} a_{r+s} & b_{r+s} \\ -b_{r+s} & a_{r+s}\end{array}\end{bmatrix}\tag{13}$$

を得る．正規行列 A が，特に，実交代行列であれば，12章の問題1の基-2より，その固有値は全て純虚数で，上の(12)にて a_i は全て0，従って，その標準形は下の行列(14)となり，そのランクは，0でない，$\pm b_j$ の数 $2s$ で偶数である．標準形(14)を用いれば，本問は一発で終りである．

$$T^{-1}AT={}^tTAT=\begin{bmatrix} 0 & & & & & \\ & \ddots & & & 0 & \\ & & 0 & & & \\ & & & \begin{array}{cc} 0 & b_1 \\ -b_1 & 0\end{array} & & \\ & 0 & & & \ddots & \\ & & & & & \begin{array}{cc} 0 & b_s \\ -b_s & 0\end{array}\end{bmatrix}\tag{14}$$

くどくなるが，ジョルダンの標準形こそ，行列攻略の最終兵器である．用いる理論が高級であればある程，計算は益々少なくてすむ．

2 （交代行列とケーリー変換）

(i)は12章の問題1の基-2にて，既に，証明した．

(ii) n 次の単位行列 E に対して，行列式 $|xE-A|$ が行列 A の固有多項式であり，その根が行列 A の固有値である．従って，x が固有値でなければ，$|xE-A|\neq 0$ であり，行列 $xE-A$ は正則行列である．我々の交代行列 A の固有値は，上述の様に，0，又は，純虚数なので，$x=-1$ は固有値ではなく，行列 $E+A$ は正則行列であり，逆行列 $(E+A)^{-1}$ を持つ．交代行列 A に対して，行列

$$T=(E-A)(E+A)^{-1} \tag{1}$$

を対応させる対応を，**ケーリー変換**と云う．

(iii)を示すに当って，前に証明無しで用いた気がするが，ここで，転置行列を取る操作と逆行列を取る操作の可換性を，チャント，導いておこう．

> **基-1**　n 次の正則行列 B に対して，$({}^tB)^{-1}={}^t(B^{-1})$.

行列 $B=(b_{ij})$ の (i,j) 要素の余因子を $\triangle_{ij}$ とする．遙か昔の話となったが，4章の問題6の(12)より，行列 B の逆行列は，余因子行列 $\mathrm{ad}B$ を用いて

$$B^{-1}=\frac{\mathrm{ad}\,B}{|B|},\ \mathrm{ad}\,B=\triangle_{ji}\text{ を }(i,j)\text{ 要素とする }n\text{ 次の正方行列} \tag{2}$$

で与えられる．従って，B の逆行列の，その又，転置行列 ${}^t(B^{-1})$ は

$${}^t(B^{-1})=\frac{{}^t(\mathrm{ad}\,B)}{|B|},\ {}^t(\mathrm{ad}\,B)=\triangle_{ij}\text{ を }(i,j)\text{ 要素とする行列} \tag{3}$$

で与えられる．他方，${}^tB$ の (i,j) 要素の余因子を Γ_{ij} とすると，Γ_{ij} は ${}^tB$ の転置行列 B において，(i,j) 要素 b_{ji} を含む行と列を除いて得られる $(n-1)$ 次の小行列式掛け±の

$$\begin{array}{r|ccccc|c|ccccc|l}
 & b_{11} & \cdots & b_{j1} & \cdots & b_{n1} & & b_{11} & \cdots & b_{1i} & \cdots & b_{1n} & \\
\Gamma_{ij}=(-1)^{i+j} & b_{12} & \cdots & b_{j2} & \cdots & b_{n2} & & b_{21} & \cdots & b_{2i} & \cdots & b_{2n} & =\triangle_{ji} \\
 & \multicolumn{5}{c|}{\cdots\cdots\cdots\cdots\cdots\cdots} & =(-1)^{i+j} & \multicolumn{5}{c|}{\cdots\cdots\cdots\cdots\cdots\cdots} & \\
\text{この行を除く}\rightarrow & b_{1i} & \cdots & b_{ji} & \cdots & b_{ni} & & b_{j1} & \cdots & b_{ji} & \cdots & b_{jn} & \leftarrow\text{この行を除く} \\
 & \multicolumn{5}{c|}{\cdots\cdots\cdots\cdots\cdots\cdots} & & \multicolumn{5}{c|}{\cdots\cdots\cdots\cdots\cdots\cdots} & \\
 & b_{1n} & \cdots & b_{jn} & \cdots & b_{nn} & & b_{n1} & \cdots & b_{ni} & \cdots & b_{nn} & \\
\multicolumn{3}{c}{} & \multicolumn{1}{c}{\uparrow} & \multicolumn{5}{c}{} & \multicolumn{1}{c}{\uparrow} & \multicolumn{3}{c}{} \\
\multicolumn{3}{c}{} & \multicolumn{1}{c}{\text{この列を除く}} & \multicolumn{5}{c}{} & \multicolumn{1}{c}{\text{この列を除く}} & \multicolumn{3}{c}{}
\end{array} \tag{4}$$

であるが，これ又，遙か昔の，4章の問題5の基-3より，列と行の役割を入れ変えた，行列 B の (i,j) 要素の余因子 $\triangle_{ji}$ に等しい事が分る．従って，公式(2)を ${}^tB$ に適用し，

$$({}^tB)^{-1}=\frac{\mathrm{ad}\,{}^tB}{|{}^tB|}=\frac{\triangle_{ij}\text{ を }(i,j)\text{ 要素とする行列}}{|B|} \tag{5}$$

を得る．(3),(5)は基-1を示している．

さて，行列 T が直交行列である事を示すには，${}^tTT=E$，又は，$T{}^tT=E$，もう少し難しくすれば，逆行列 T^{-1} があって ${}^tT$ に等しい．以上の三命題の内，易しそうなのを示せばよい．${}^tTT=E$ を示す事にし，基-1を用い，${}^tA=-A$ に注意して

$$\begin{aligned}{}^tTT&={}^t((E-A)(E+A)^{-1})(E-A)(E-A)^{-1}={}^t((E+A)^{-1}){}^t(E-A)(E-A)(E+A)^{-1}\\&=(E+{}^tA)^{-1}(E-{}^tA)(E-A)(E+A)^{-1}=(E-A)^{-1}(E+A)(E-A)(E+A)^{-1}\end{aligned} \tag{6}$$

を得るが，ここが，行列 A の二つの多項式の積は可換であると云うココロで，$(E+A)(E-A)=E+A-A-A^2=E-A^2=(E-A)(E+A)$ を軽く導き，

$$ {}^tTT=(E-A)^{-1}(E-A)(E+A)(E+A)^{-1}=E \tag{7}$$

を得る．従って，行列 T は直交行列である．

なお，(1)より

$$ T+E=(E-A)(E+A)^{-1}+(E+A)(E+A)^{-1}=2E(E+A)^{-1}=2(E+A)^{-1} \tag{8}$$

が成立するので，$T+E$ は正則行列であり，行列 T は -1 を固有値に持たない直交行列である．

本問の逆も，又，面白い．行列 T は -1 を固有値に持たない直交行列としよう．$|E+T|\neq 0$ なので，行列 $E+T$ は逆行列 $(E+T)^{-1}$ を持つ．従って，行列

$$ A=(E-T)(E+T)^{-1} \tag{9}$$

が定義出来る．-1 を固有値に持たない直交行列 T に対して，(1) で定義される行列 T を対応する対応も，**ケーリー変換**と呼ばれる．さて，A が交代行列である事を希望し，${}^tA$ を計算しよう．基-1 と，今度は，${}^tT=T^{-1}$ を用いる．

$$\begin{aligned} {}^tA&={}^t((E+T)^{-1})^t(E-T)=(E+{}^tT)^{-1}(E-{}^tT)=(E+T)^{-1}(E-T^{-1})\\ &=(T^{-1}(T+E))^{-1}(T^{-1}(T-E))=(T+E)^{-1}(T^{-1})^{-1}(T^{-1})(T-E)\\ &=(T+E)^{-1}(TT^{-1})(T-E)=(T+E)^{-1}(T-E)=-(E+T)^{-1}(E-T) \end{aligned} \tag{10}$$

を得る．ここで，$S=(E+T)^{-1}$ と $E-T$ の可換性

基-2　$(E+T)^{-1}T=T(E+T)^{-1}$

を証明しよう．$S=(E+T)^{-1}$ なので，$S(E+T)=(T+E)S=E$ が成立している．これより，$S+ST=S+TS=E$，従って，$ST=E-S=TS$ で，基-2を得る．

そこで，(10) の計算を，基-2 を用いて続行すると

$$ {}^tA=-(E+T)^{-1}(E-T)=-(E-T)(E+T)^{-1}=-A \tag{11}$$

が得られ，A は交代行列となり，逆も成立する．

かくして，ケーリー変換 (1), (9) は交代行列全体の集合を固有値が -1 でない直交行列全体の集合の上に1対1に写し，直交行列全体の集合の研究に，重要な役割を果す．

直交行列 T の固有値 λ に対する固有ベクトルを x とすれば，$\lambda\bar{\lambda}\langle x, x\rangle=\langle \lambda x, \lambda x\rangle=\langle Tx, Tx\rangle=\langle {}^tTTx, x\rangle=\langle x, x\rangle$ より $|\lambda|^2=1$ を得る．$|\lambda|^2=1$ なので，T の実数の固有値は ± 1 である．虚の固有値は絶対値1なので，共役複素数と番で $\cos\theta_j\pm i\sin\theta_j$ $(1\leqq j\leqq s)$ と云う形で現れる．直交行列は正規行列なので，問題1の(13)より，直交行列 U を用いて $U^{-1}TU={}^tUTU$ を次の標準形に出来る：

$$ U^{-1}TU={}^tUTU=\begin{bmatrix} 1 & & & & & & & \\ & \ddots & & & & & 0 & \\ & & 1 & & & & & \\ & & & -1 & & & & \\ & & & & \ddots & & & \\ & & & & & -1 & & \\ & & & & & & \begin{array}{|cc|} \cos\theta_1 & -\sin\theta_1 \\ \sin\theta_1 & \cos\theta_1 \end{array} & \\ & & & & & & & \ddots \\ & & 0 & & & & & \begin{array}{|cc|} \cos\theta_s & -\sin\theta_s \\ \sin\theta_s & \cos\theta_s \end{array} \end{bmatrix} \tag{12}$$

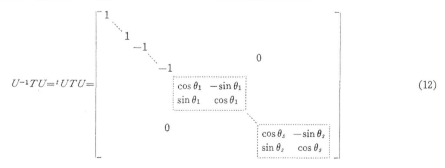

3 (ケーリー変換による直交群の座標系)

n 次の実行列 X 全体の集合 $M(n, \boldsymbol{R})$ は，行列 $X=(x_{ij})$ を n^2 個の実数 $x_{11}, x_{12}, \cdots, x_{1n}, x_{21}, x_{22}, \cdots, x_{2n}, \cdots, x_{n1}, x_{n2}, \cdots, x_{nn}$ の組を座標に持つ，n^2 次元のユークリッド空間 $\boldsymbol{R}^{n^2}$ の点と見なす事により，ユークリッド空間 $\boldsymbol{R}^{n^2}$ と同一視される．即ち，$M(n, \boldsymbol{R}) \cong \boldsymbol{R}^{n^2}$ と考えられる．

n 次の正則行列 $X=(x_{ij})$ は $M(n, \boldsymbol{R})$ の元であって，行列式

$$|X| = \sum \operatorname{sgn}(p_1 p_2 \cdots p_n) x_{1p_1} x_{2p_2} \cdots x_{np_n} \tag{1}$$

が 0 でない行列 X である．行列式 $|X|$ は，X の座標 x_{ij} の多項式であり，正則行列全体の集合

$$GL(n, \boldsymbol{R}) = \{X \in M(n, \boldsymbol{R});\ |X| \neq 0\} \tag{2}$$

は n^2 次元のユークリッド空間 $M(n, \boldsymbol{R})$ から，曲面 $|X|=0$ を除いて得られる集合である．

$$G_+ = \{X \in M(n, \boldsymbol{R});\ |X|>0\}, \quad G_- = \{X \in M(n, \boldsymbol{R});\ |X|<0\} \tag{3}$$

は互に素，即ち，共有点を持たず，しかも，その合併は $GL(n, \boldsymbol{R})$ である：

$$GL(n, \boldsymbol{R}) = G_+ \cup G_-, \quad G_+ \cap G_- = \phi \tag{4}$$

行列式 $|X|$ は X の成分が与える座標 x_{ij} の多項式であり，$M(n, \boldsymbol{R})$ における連続関数である．G_+ の点 X_0 を任意に取ると，$X=X_0$ で連続関数 $|X|$ は正なので，X_0 を中心とする十分小さな半径の球 U で $|X|$ は正である．云いかえると，$M(n, \boldsymbol{R})$ の点 X_0 が G_+ に属すると，X_0 のみならず，X_0 の十分近くの U の点は全て G_+ に属する．この様な時，G_+ は**開集合**であると云う．同様にして，G_- も開集合であり，G_+ と G_- の合併，$GL(n, \boldsymbol{R})$ も $M(n, \boldsymbol{R})$ の開集合である．ユークリッド空間 $M(n, \boldsymbol{R})$ の開集合 $GL(n, \boldsymbol{R})$ は勿論 C^∞ 多様体，即ち，微分可能多様体である．$GL(n, \boldsymbol{R})$ は，互に素な二つの空でない開集合 G_+ と G_- の合併で表されるので，連結ではない．ここが，15章の E-6 で論じた $GL(n, \boldsymbol{C})$ との違いである．くどくなるが，この差の本質は，数直線から原点を除いたものと，数平面から原点を除いた物の差であり，単純明解である．なお，開とか近傍とか，連結については，位相数学で学ぶので，「新修解析学」の10章の位相，12章の連結性とコンパクト性で学ばれたい．しかし，本問で解説したいのは，その様な教養ではない．

n 次の直交行列 T 全体の集合は $O(n)$ と記され，n 次元の**直交群**と呼ばれる．${}^tTT=E$ の両辺の行列式を取り，$|T|^2=1$，即ち，$|T|=\pm 1$．

$$O_+(n) = SO(n) = \{T \in O(n);\ |T|=1\}, \quad O_-(n) = \{T \in O(n);\ |T|=-1\} \tag{5}$$

とおくと，直交群 $O(n)$ も，二つの互に素な空でない $O_+(n)$ と $O_-(n)$ の合併で表され，連結ではない．問題 2 の標準形(12)は，適当な直交座標軸を取り直すと，直交行列 T に対する直交変換は

$$y_i = x_i \quad (1 \leqq i \leqq p), \qquad (6), \qquad\qquad y_i = -x_i \quad (p+1 \leqq i \leqq p+q=r) \qquad (7),$$

$$y_{r+2j-1} = x_{r+2j-1} \cos\theta_j - x_{r+2j} \sin\theta_j,\ y_{r+2j} = x_{r+2j-1} \sin\theta_j + x_{r+2j} \cos\theta_j \quad (r+1 \leqq j \leqq r+s=n) \tag{8}$$

で与えられる事を意味する．(6) の部分は恒等変換である．(7) の一つ $y_i=-x_i$ は x_i 軸の**折返し**である．(8)の部分は高校の数学で学び，5 章の E-2 で解説した様に，x_{r+2j-1}, x_{r+2j} 平面の角 θ_j の**回転**である．従って，直交行列 T は q 回の折返し（これは裏返しとも呼ばれるが）と 2 次元の s 回の回転の合成である．$|T|=(-1)^q$ なので，$T \in O_+(n)$ である為の必要十分条件は q が偶数である事である．敵の敵は味方の言がある様に，q が偶数の時は折返しの影響は消えて，純回転である．従って $T \in O_+(n)$ は回転を意味し，**正の直交変換**と呼ばれる．$T \in O_-(n)$ の時は，q は奇数であり，折返しと回転を意味し，**負の直交変換**，又は，**変格直交変換**と云う．

さて，$T=(t_{ij}) \in GL(n, \boldsymbol{R})$ が $O(n)$ に属する為の必要十分条件は $\dfrac{n(n+1)}{2}$ 個の方程式

$$\sum_{k=1}^{n} t_{ik}t_{kj}=\begin{cases}1, & i=j\\0, & i\neq j\end{cases} \tag{9}$$

が成立する事である．雑に考えれば，$G(n, \boldsymbol{R})$ の次元 n^2 から式の式の数 $\frac{n(n+1)}{2}$ を引いた $\frac{n(n-1)}{2}$ が $O(n)$ の次元であり，$O(n)$ は n^2 次元の $GL(n, \boldsymbol{R})$ の $\frac{n(n-1)}{2}$ 次元の曲面と考えられる．

一般に，l 変数 $x_1, x_2, \cdots, x_l$ の空間 $\boldsymbol{R}^l$ の開集合 O で定義された m 個の C^∞ 級関数 $f_1, f_2, \cdots, f_m$ で与えられる曲面

$$S=\{x=(x_1, x_2, \cdots, x_l)\in O;\ f_1(x)=f_2(x)=\cdots=f_n(x)=0\} \tag{10}$$

の点 x^0 は，その点 x^0 において，**関数行列**と呼ばれる $m\times l$ 行列 $\left(\frac{\partial f_i}{\partial x_j}\right)$ $(i=1, 2, \cdots, m,\ j=1, 2, \cdots, l)$ がフル・ランクの時，**通常点**と云い，通常点でない点を**特異点**と云う．特異点の集合は関数行列の全ての m 次の小行列式の共通零点なので，更に次元の下った，ヤセタ集合である．

以上の様な数学的素養のある人は (9) の左辺の関数の関数行列のランクを計算しそうである．数学の論文を書く場合は，その様な態度の方がよいが，時間制限のある入試では無残な結果となろう．15章の E-6 が複素解析的で，こちらは C^∞ ではあるが，その点はよく似ている．15章の E-6 は等質空間の考え方が重要であった．こちらも同様であるが，更にケーリー変換を用いる所がゴツイ．

$$D=\{T\in O(n);\ |T+E|\neq 0\} \tag{11}$$

は，既述の方法で，$O(n)$ の開集合である事が示される．又，n 次の交代行列全体の集合

$$A=\{X\in M(n, \boldsymbol{R});\ {}^tX=-X\} \tag{12}$$

は，上三角の座標を対応させる事により，$\frac{n(n-1)}{2}$ 次元のユークリッド空間 $\boldsymbol{R}^{\frac{n(n-1)}{2}}$ と同一視される：

$$A\cong \boldsymbol{R}^{\frac{n(n-1)}{2}} \tag{13}.$$

さて，問題2で

$$f(T)=(E-T)(E+T)^{-1}\quad (T\in D),\ g(X)=(E+X)^{-1}(E-X)\quad (X\in A) \tag{14}$$

とおくと，f と g はケーリー変換 $f: D\to A$, $g: A\to D$ であって，互に他の逆変換である事を学んだ．f と g は C^∞ なので，D と A との C^∞ 同型，即ち，微分同型を与える．故に D は $\frac{n(n-1)}{2}$ 次元の微分可能多様体であり，勿論，$GL(n, \boldsymbol{R})$ の曲面 $O(n)$ の通常点である．

D は $O(n)$ の真部分集合であり，困ったと思うのが人情であるが，ここで等質空間の考えを用いる．即ち，$T_0\in O(n)$ で $|T_0+E|=0$ なる点を考えよう．変換

$$h(T)=T_0T \tag{15}$$

を考察すると，${}^t(T_0T)(T_0T)={}^tT({}^tT_0T_0)T={}^tTT=E$ が成立する事実から，写像 $h: O(n)\to O(n)$ は微分同型である．h は $T=E\in D(n)$ の近くでの $O(n)$ の状況を $h(E)=T_0$ の近くでの $O(n)$ の状況に忠実に写す．$O(n)$ は $T=E$ を通常点にするから，$O(n)$ は $T=T_0$ をも通常点にする．従って，直交群 $O(n)$ は，特異点が無く，ツルツルの状態であり，$O(n)$ 自身，$GL(n, \boldsymbol{R})$ の $\frac{n(n-1)}{2}$ 次元の部分多様体である．この様に，群であって多様体であり，群の演算が C^∞ なのを**リー群**，正則なのを，**複素リー群**と云う．

本問はケーリー変換を用いる点で，15章の E-6 よりスゴイ．この様な問題が，入試と云う極めて実力の発揮し難い条件の下で，30分位の制限時間内にスラスラと解ける読者は，私よりズットエライ数学者である．本問が解けぬからと云って，呉々もノイローゼとなり，ぶら下らない様に！ 幾何を学ぶ人に，学問が行き詰ったと思い込み自殺する傾向が強いので，一言させて頂いた．

4 (対称行列の標準形)

${}^tX=X$ であるから，X は3次の対称行列である．12章の問題1の基-1より，X の固有値 $\lambda_1, \lambda_2, \lambda_3$ は，重複するかも知れないが，全て実数であり，12章の問題6で解説した様に，直交行列 $g\in O(3)$ を用いて

$$g^{-1}Xg=\Lambda=\begin{bmatrix}\lambda_1 & 0 & 0\\ 0 & \lambda_2 & 0\\ 0 & 0 & \lambda_3\end{bmatrix} \tag{2}$$

と対角化出来る．先ず，$|g|=1$ であれば，問題3で述べた様に，$g\in SO(3)$ である．$|g|=-1$ であれば $|-g|=(-1)^3|g|=-|g|=1$ なので，$-g\in SO(3)$ であって，$(-g)^{-1}\times(-g)=g^{-1}\times g=\Lambda$ であり，$-g$ の方を用いればよい．従って，始めから，$g\in SO(3)$ と考えてよい．

さて，$\operatorname{tr} X=0$ なので，11章の類題7より $\operatorname{tr}(X)=\operatorname{tr}(g^{-1}Xg)=\operatorname{tr}\Lambda=\lambda_1+\lambda_2+\lambda_3$ なので，条件

$$\lambda_1+\lambda_2+\lambda_3=0 \tag{3}$$

を得る．又，$X^2=(g\Lambda g^{-1})^2=(g\Lambda g^{-1})(g\Lambda g^{-1})=g\Lambda^2g^{-1}$ なので，やはり，$\operatorname{tr} X^2=\operatorname{tr}\Lambda^2$．所で，対角行列の自乗は対角要素の自乗なので，$\operatorname{tr} X^2=\lambda_1{}^2+\lambda_2{}^2+\lambda_3{}^2$ であり，条件

$$\lambda_1{}^2+\lambda_2{}^2+\lambda_3{}^2=1 \tag{4}$$

を得る．更に，行列式については，4章のE-1より，$|X|=|g\Lambda g^{-1}|=|g||\Lambda||g^{-1}|$ なので，$|X|=0$ であれば，$|\Lambda|=\lambda_1\lambda_2\lambda_3=0$ である．番号の付け方等はどうでもよろしいので，

$$\lambda_2=0 \tag{5}$$

と出題者の意図に迎合しよう．なお，九産大で講義をしていて，学生諸君からよく質問される事であるが，固有値の並べ方等はどうでもよく，それが変れば，対応する固有ベクトルの列が変り，直交行列 g の列の並べ方が変るだけである．風が変れば，オイラも変り，気の向く儘，筆の向く儘に固有値を並べ，直交行列を並べればよい．尤も，厳格な先生は，$|g|=1$，即ち，$g\in SO(3)$ でないと，変換でないと叱るかも知れない．いずれにせよ，趣味の問題で，数学の問題ではない．

さて，(5)を(3)に代入して，$\lambda_3=-\lambda_1$，更に(4)に代入して，$\lambda_1{}^2=\dfrac{1}{2}$，$\lambda_1=\pm\dfrac{1}{\sqrt{2}}$，$\lambda_2=\mp\dfrac{1}{\sqrt{2}}$．これ又，趣味の問題で，$\lambda_1=\dfrac{1}{\sqrt{2}}$，$\lambda_2=-\dfrac{1}{\sqrt{2}}$．なお，生真面目な学生諸君は $\dfrac{1}{\sqrt{2}}=\dfrac{\sqrt{2}}{2}$ と書くが，大学では本問の様に，$\dfrac{1}{\sqrt{2}}$ の方が筋が好い．これは趣味でなく，筋の問題であり，大学の数学と高校の数学の違いである．逆に，$\dfrac{1}{\sqrt{2}}$ と書くか，$\dfrac{\sqrt{2}}{2}$ と書くかによって，その人の数学のレベルを知る事が出来る．中学の先生の中には生徒に $\dfrac{3}{2}x$ を $1\dfrac{1}{2}x$ と書く様，強制する方がおられる．全高校生諸君にも，これが全く筋が悪い事はよく理解出来よう．まあ，似た様なものである．

と云う訳で，本問は，上の様な，昨今の真面目な真面目な悩み多い学生諸君の実態をよく御存知の優れた教育者の出題によるものらしく，標準形(1)が X_0 として指定されているのは心憎い．入試と云えども教育の一貫であり，学ぶべき事と感服した次第である．

かくして，(2)の右辺の対角行列は(1)の対角行列 X_0 と出来る事が分った．$g^{-1}Xg=X_0$ を X について解いて，$X=gX_0g^{-1}$．大船に乗った様な気持で，出題者の指示に従って

$$f(g)=gX_0g^{-1} \tag{6}$$

とおく．g は直交行列なので，${}^tg=g^{-1}$．これと問題2の基-1より

$${}^t(f(g))={}^t(gX_0g^{-1})={}^t(g^{-1}){}^tX_0{}^tg=({}^tg)^{-1}{}^tX_0{}^tg=(g^{-1})^{-1}X_0g^{-1}=gX_0g^{-1}=f(g) \tag{7}.$$

再び，11章の類題7より

$$\operatorname{tr} f(g)=\operatorname{tr}(gX_0g^{-1})=\operatorname{tr} X_0=0 \tag{8},$$

$$\operatorname{tr}(f(g))^2=\operatorname{tr}((gX_0g^{-1})(gX_0g^{-1}))=\operatorname{tr}(gX_0{}^2g^{-1})=\operatorname{tr} X_0{}^2=\left(\frac{1}{\sqrt{2}}\right)^2+\left(-\frac{1}{\sqrt{2}}\right)^2=1 \tag{9}.$$

更に，4章の E-1 より

$$|f(g)|=|gX_0g^{-1}|=|g|\,|X_0|\,|g^{-1}|=0 \tag{10}.$$

従って，f は $S(0(3))$ から M の中への写像であるが，最初に調べた様に，任意の $X\in M$ に対して，$g\in SO(3)$ があって，$g^{-1}Xg=X_0$，即ち，$f(g)=gX_0g^{-1}=X$ なので，f は $SO(3)$ から M の上への写像，漢語を用いれば，全射である．

被覆写像なる概念は本書の程度を越えるが，本問を解くに要する学力は正に線形代数である．「新修解析学」で論じた様に，問題解決の為の戦略を巡すのは，本書以上の抽象数学の力であるが，将軍や参謀や高級将校ばかりでは戦は出来ない．鬼軍曹に当る微積分や線形代数の腕力が必要な事を，既に学んだ15章の E-6 や，本問によって学び取られたい．これらを掲載した意図はそこにあり，位相空間論の展開にはない．今後，より高度な数学の問題に取り組む際，線形代数が如何に機能するかを学ばれたい．

ここから先は，15章の E-6，本章の問題3と同じ流れを汲む．$g, h\in SO(3)$ に対して，$f(g)=f(h)$ としよう．$gX_0g^{-1}=hX_0h^{-1}$ より，$h^{-1}gX_0=X_0h^{-1}g$．$SO(3)$ は群をなすので，

$$K=\{k\in SO(3);\ kX_0=X_0k\} \tag{11}$$

を考察しよう．$k=(k_{ij}),\ \lambda_1=\dfrac{1}{\sqrt{2}},\ \lambda_2=0,\ \lambda_3=-\dfrac{1}{\sqrt{2}}$ とおくと，$kX_0=(k_{ij}\lambda_j)$，$X_0k=(\lambda_ik_{ij})$ なので，$kX_0=X_0k$ である為の必要十分条件は，$i\neq j$ の時 $k_{ij}=0$．故に，k は対角行列である．k の各列は大きさ1の列ベクトルでなければならないので，$k_{11}=\pm1, k_{22}=\pm1, k_{33}=\pm1$，しかし，$|k|=1$ でなければならないので，負数は偶数個であり，$k_{11}=k_{22}=k_{33}=1$, $k_{11}=1, k_{22}=k_{33}=-1$, $k_{11}=k_{33}=-1, k_{22}=1$, $k_{11}=k_{22}=-1, k_{33}=1$ とメノコで数えて四個の元から成る．

$$K=\left\{\begin{pmatrix}1&0&0\\0&1&0\\0&0&1\end{pmatrix},\ \begin{pmatrix}1&0&0\\0&-1&0\\0&0&-1\end{pmatrix},\ \begin{pmatrix}-1&0&0\\0&1&0\\0&0&-1\end{pmatrix},\ \begin{pmatrix}-1&0&0\\0&-1&0\\0&0&1\end{pmatrix}\right\} \tag{12}$$

が正確に (11) を与える．任意の $X\in M$ に対して，$f(g)=X$ なる $g\in SO(3)$ を取ると，四個の元よりなる $\{gk;\ k\in K\}$ が $f(h)=X$ なる h 全体の集合を与える．従って，$f:SO(3)\to M$ は4対1対応である．問題3で学んだ如く，$SO(3)$ は $\dfrac{3(3-1)}{2}=3$ 次元の C^∞ 多様体である．$M(3)$ は9実変数の空間 $\boldsymbol{R}^9$ と同じであり，9次元のユークリッド空間である．f: $SO(3)\to M$ を3次元の C^∞ 多様体 $SO(3)$ から9次元のユークリッド空間 $M(3)$ の中への写像と考え，(6) によって具体的に成分を考察すると C^∞ 写像である事が分る．一方，M の方は，$M(3)$ にて，条件 ${}^tX=X$, $\operatorname{tr} X=0$, $\operatorname{tr} X^2=1$, $\det X=0$ は，成分の多項式で表されるので，$M(3)$ の曲面である．C^∞ 写像 f: $SO(3)\to M$ は4対1対応なので，次元を変えず，M の次元もやはり3である．所で，M の特異点の集合 S はヤセタ集合なので，$M-S$ は空でなく，3次元の多様体である．更に，f が $f^{-1}(M-S)$ を $M-S$ の上に写す写像と考えた時，そのヤコビヤンと呼ばれる関数行列式が0である所の $f^{-1}(M-S)$ の部分集合 T も，$f^{-1}(M-S)$ のヤセタ集合である．従って，$f^{-1}(M-S)-T$ の元 g_0 がある．さて，任意の $g_1\in SO(3)$ を取る．写像 $\varphi(g)=g_0g_1{}^{-1}g$ は $SO(3)$ を $SO(3)$ の上に C^∞ 同型に写す．この時，φ は g_1 を g_0 に写すついでに，f を媒介にて，$f(g_1)$ を $f(g_0)$ に写し，しかも，M を M の上に同型に写すので，g_1 や $f(g_1)$ における $SO(3)$ や M の状況と g_0 や $f(g_0)$ における M の状況とは同じであり，f: $SO(3)\to M$ は局所 C^∞ 同型であり，f によって $SO(3)$ は M を丁度四葉に被っている．この状態を，f は4位の被覆写像と呼ぶ様である．

5 (対角化可能な可換族の同時対角化と行列値関数方程式の解法)

上品な解答もあるが，ここでは，本音をさらけ出した，いささか乱暴な，しかし見通しのよい解答をしましょう．この様な暴力を如何に上品に行うかが，数学的素養であろう．

写像 $F: C^* \to GL(n, \boldsymbol{C})$ が群の間の準同型対応であるから，

$$F(zw)=F(z)F(w)=F(wz)=F(w)F(z) \quad (z, w\in C^*=C-\{0\}) \tag{2}$$

が成立している．(2) の様に関数に関する方程式を，**関数方程式**と云う．関数方程式 (2) の解 $F(z)$ とは (2) を満す一般の関数の型を定める事である．ただし，この場合は行列値関数方程式であり，関数方程式として見ても，一味違うのが東大入試的である．$F(z)=(f_{ij}(z))$ の各成分は，複素変数の正則関数と述べている．「新修解析学」の7章複素微分で論じた様に，**複素変数に関して微分出来る関数が正則関数**なのだ．このココロがあれば，新たな計算の公式等不要なのが，関数論のヨカ所で，(2) を複素変数 w で微分する．この際，行列 $F(w)=(f_{ij}(w))$ の微分は，各成分の微分 $f_{ij}'(w)$ を成分に持つ行列 $F'(w)=(f_{ij}'(w))$ を云う．又，この時，他の変数 z は任意だが，固定して，定数と見なし，

$$zF'(zw)=F(z)F'(w)=F'(w)F(z) \quad (z, w\in C^*=C-\{0\}) \tag{3}$$

を得る．ここで，微分した変数 w の方を $w=1$ とし，微分しなかった変数 z を変数と見ると，

$$zF'(z)=F(z)F'(1)=F'(z) \quad (z\in C^*=C-\{0\}) \tag{4}$$

が成立する．もしも F がスカラーであれば，(4)より $\dfrac{F'}{F}=\dfrac{F'(1)}{z}$ なる変数分離形の微分方程式を得るので，$\log F=F'(1)\log z$, $F(z)=Ae^{F'(1)\log z}$ を得る．この議論の正当化の為，行列の積の微分の公式

> **基-1** $l\times m$, $m\times n$ 行列 $F(z)$, $G(z)$ に対して，$(F(z)G(z))'=F'(z)G(z)+F(z)G'(z)$.

を準備しよう．$F(z)=(f_{ij}(z))$, $G(z)=(g_{ij}(z))$, $H(z)=F(z)G(z)=(h_{ij}(z))$ とすると，$h_{ij}(z)=\sum_{k=1}^{m} f_{ik}(z)g_{kj}(z)$ なので，スカラーに対する積の微分の公式より，$h_{ij}'(z)=\sum_{k=1}^{m} f_{ik}'(z)g_{kj}(z)+\sum_{k=1}^{m} f_{ik}(z)g_{kj}'(z)$ を得るので，基-1 が成立している．

さて，上述の $F(z)=Ae^{F'(1)\log z}$ の導入は，いささか腕力に頼り過ぎる．「力は道理を越える事が出来ない」との事なので，チャンと，しかし天下り的に証明する．「新修解析学」の4章級数と指数関数で論じた様に，指数関数のテイラー展開

$$e^x=\sum_{k=0}^{\infty}\frac{x^k}{k!}=1+\frac{x}{1!}+\frac{x^2}{2!}+\cdots+\frac{x^n}{n!}+\cdots \tag{5}$$

の中に $M(n, \boldsymbol{C})$ 等のバナッハ代数の元を代入する事が出来るので，$e^{\pm F'(1)\log z}$ は意味がある．行列値関数 $F(z)e^{-F'(1)\log z}$ を，基-1を用いて微分し，(4)を代入すると

$$(F(z)e^{-F'(1)\log z})'=F'(z)e^{-F'(1)\log z}+F(z)\left(-\frac{F'(1)}{z}\right)e^{-F'(1)\log z}=0 \tag{6}$$

を得るので，$F(z)e^{-F'(1)\log z}$ は定まった行列 A であり，$F(z)=Ae^{F'(1)\log z}$．一方，(2)に $z=w=1$ を代入して，$F(1)=F(1)F(1)$ より，$F(1)$ は単位行列 E に一致する事を知る．かくして，

$$F(z)=e^{F'(1)\log z} \tag{7}$$

に達する．問題を定った行列 $F'(1)$ と複素変数 z の対数 $\log z$ の考察に帰着させる事が出来た．

「新修解析学」の4章の問題4，7章の問題1で論じた様に，(5)に純虚数 $i\theta$ を代入し，**オイラーの公式**

$$e^{i\theta}=\cos\theta+i\sin\theta \tag{8}$$

を得る．従って，複素数 $z=x+iy$ に対する指数関数は $e^z=e^{x+iy}=e^xe^{iy}=e^x(\cos y+i\sin y)$ で与えられる．

同じ7章問題1で論じた様に，複素数 z の絶対値を r，偏角を θ とすると，実部 $x=r\cos\theta$，虚部 $y=r\sin\theta$ なので，$z=x+iy=r(\cos\theta+i\sin\theta)=re^{i\theta}$ を得る．$e^w=z$ の解が $w=\log z$ なので，z の**対数** $\log z$ は，$\log z=\log r+i\theta$ で与えられる．まとめると

$$z=re^{i\theta}\ (\text{極形式})\qquad (9),\qquad\qquad \log z=\log r+i\theta\qquad (10)$$

を得る．上述の様に，(9)を**極形式**と云う．z の絶対値 r は一価であるが，偏角 θ が多価なのが本問の焦点である．極形式(9)は大変便利で，自然数 q に対して，1の q 乗根は，二項方程式 $z^q=1$ の解なので，$z^q=1=e^{2k\pi i}$ より，$z=e^{\frac{2k\pi}{q}i}$ $(k=0,1,2,\cdots,p-1)$ で与えられる．特に $k=1$ とした $z=e^{\frac{2\pi i}{q}}$ を1の**原始 q 乗根**と云う．

さて，(2)に1の原始 q 乗根 $e_q=e^{\frac{2\pi i}{q}}$ を代入しよう．$E=F(1)=F((e_q)^q)=(F(e_q))^q$ なので，行列 $F(e_q)$ は n 次のベキ等行列であり，既に11章の問題2で対角化可能性を示した．類題1で解く次の

> **基-2** n 次の対角化可能な行列の可換な族は同時に対角化可能である．

を用いると，n 次の正則行列 P を一つ用意すれば，任意の $q=1,2,3,\cdots$ に対して，$\Lambda_q=P^{-1}F(e_q)P$ は対角行列である．従って，$e_q\to 1\ (q\to\infty)$ なので，正則な $F(z)$ の $z=0$ における複素微係数 $F'(1)$ に対して

$$\Lambda=P^{-1}F'(1)P=P^{-1}\left(\lim_{q\to\infty}\frac{F(e_q)-F(1)}{e_q-1}\right)P=\lim_{q\to\infty}\frac{PF(e_q)P^{-1}-PP^{-1}}{e_q-1}=\lim_{q\to\infty}\frac{\Lambda_q-E}{e_q-1}\qquad (11)$$

は対角行列である．Λ の対角要素を $\lambda_1,\lambda_2,\cdots,\lambda_n$ とすると，(5),(7),(11)より

$$\begin{aligned}P^{-1}G(z)P&=P^{-1}\sum_{k=0}^{\infty}\frac{(F'(1)\log z)^k}{k!}P=\sum_{k=0}^{\infty}\frac{(\log z)^k}{k!}P^{-1}(F'(1))^kP\\&=\sum_{k=0}^{\infty}\frac{(\log z)^k}{k!}(P^{-1}F'(1)P)(P^{-1}F'((1)P)\cdots(P^{-1}F'(1)P)\\&=\sum_{k=0}^{\infty}\frac{(\log z)^k}{k!}(P^{-1}F'(1)P)^k=\sum_{k=0}^{\infty}\frac{(\Lambda\log z)^k}{k!}\\&=e^{\Lambda\log z}=\begin{bmatrix}e^{\lambda_1\log z}&&0\\&e^{\lambda_2\log z}&\\0&\ddots&e^{\lambda_n\log z}\end{bmatrix}\qquad (12).\end{aligned}$$

を得る．z が原点の廻りを正の向きに一周すると，z の偏角は 2π だけ増えて，(10)より $\log z$ は $2\pi i$ だけ増加するので，各 $e^{\lambda_j\log z}$ は $e^{2\pi i\lambda_j}$ 倍される．一方，(12)の右辺の各成分 $e^{\lambda_j\log z}$ は行列値正則関数 $P^{-1}F(z)P$ の成分なので，一価正則である．従って，$e^{2\pi i\lambda_j}=1$，即ち，各 λ_j は整数でなければならぬ．この時，$e^{\lambda_j\log z}=z^{\lambda_j}$ なので，$P^{-1}F(z)P$ は z の正又は負のベキを成分とする

$$P^{-1}F(z)P=z^{\Lambda}=\begin{bmatrix}z^{\lambda_1}&&\\&z^{\lambda_2}&0\\&0\ \ddots&z^{\lambda_n}\end{bmatrix}\qquad (13)$$

なる形の対角行列 z^{Λ} に等しい．$F(z)=Pz^{\Lambda}P^{-1}$ は z の有理(分数)関数を成分とする行列である．どの様に高級な数学を展開する場合も，基-1や基-2の様な，微積分や線形代数の腕力が必要である事を理解して頂けば，本書も使命を達した事になる．蛇足ながら，東大と京大は，この様に，複素数体上で，一又は多複素変数の関数論と絡ませて，行列を出題する習性を持つ（「新修解析学」8章のE-4とE-5を参照の事）．

類 題

（解答☞ 240ページ）

1. 基本事項2を証明せよ．

2. 正則行列値関数 $A(t)$ の導関数 $\frac{d}{dt}A(t)^{-1}$ に対し成り立つのはどの式か．

（国家公務員上級職数学専門試験）

EXERCISES

（解答☞ 241ページ）

1 （交代行列） 3次の交代行列 $A=(a_{ij})\neq 0$ の実の固有ベクトルは，スカラー倍を除いて唯一つである事を示し，それを a_{ij} を用いて表せ．（奈良女子大学大学院入試）

2 （対称行列） V を内積が定義されている実数体上の n 次元ベクトル空間，$f: V\to V$ を V の線形変換とする．f に対して，次の三つの条件を考える：

（イ） V の任意の二つのベクトル x, y に対して，$\langle f(x), y\rangle=\langle x, f(y)\rangle$ が成立する．

（ロ） n 個の f の固有ベクトルからなる V の正規直交基底が存在する．

（ハ） n 個の f の固有ベクトルからなる V の基底が存在する．

次の三つの命題の夫々に対して，命題の正否を述べて，正しい場合は命題の証明をし，正しくない場合には命題が成立しない様な例を挙げよ．

(i) f が(イ)を満せば，（ロ）を満す． (ii) f が(ロ)を満せば，（イ）も満す． (iii) f が(ハ)を満せば，（ロ）も満す．（奈良女子大学大学院入試）

3 （ケーリー変換） $A=\begin{bmatrix} 0 & \tan\dfrac{\theta}{2} \\ -\tan\dfrac{\theta}{2} & 0 \end{bmatrix}$ とする時，$(E-A)(E+A)^{-1}=\begin{bmatrix} \cos\theta & -\sin\theta \\ \sin\theta & \cos\theta \end{bmatrix}$ を示せ．ただし，E は2次の単位行列である．（埼玉県高校教員採用試験）

4 実数を成分とする2次正方行列 A, B が

$$A^2=B^2=-\begin{pmatrix} 1 & 0 \\ 0 & 1 \end{pmatrix} \quad (1), \qquad AB=BA \quad (2)$$

を満せば，$A=B$ 又は $A=-B$ である事を示せ．（京都大学大学院入試）

5 （行列の指数） $A=\begin{pmatrix} 0 & -1 \\ 1 & 0 \end{pmatrix}$ に対して，$e^{xA}=\sum_{n=0}^{\infty}\dfrac{x^n A^n}{n!}$ は次のどれか．（多肢選択欄は略す）

（国家公務員上級職数学専門試験）

6 （行列の指数） $X\in SO(2)$ に対して，$\exp A=X$ を満す X を求めよ．（金沢大学大学院入試）

7 （行列の指数） $A=\begin{pmatrix} \alpha & -\beta \\ \beta & \alpha \end{pmatrix}$ に対して，$\exp A$ を求めよ．（立教大学大学院入試）

8 （ベキ零行列の指数） n 次のベキ零行列 N に対し，$E+N$ と $\exp N$ は $GL(n, \boldsymbol{C})$ において共役である事を示せ．

（上智大学大学院入試）

Advice

1 交代行列の標準形，問題1の(14)を用いよ．

2 対称行列と対角化可能行列の違いを考えよ．

3 正に2次元のケーリー変換である．

4 対角化可能可換行列の同時対角化を行え．

5 e^{xA} を計算すると意外や，三角．

6 前問の結果をよく，眺めよ．

7 $X=\begin{pmatrix} \alpha & 0 \\ 0 & \alpha \end{pmatrix}$，$Y=\begin{pmatrix} 0 & -\beta \\ \beta & 0 \end{pmatrix}$ に分けよ．

8 N を標準形にし，単因子を比べよ．

類題・Exercises
解　答

1 章

Exercise 1. (1)−2×(2) より, $-\vec{x}=\vec{A}-2\vec{B}$, $\vec{x}=-\vec{A}+2\vec{B}$. (1)−(2)より, $\vec{y}=\vec{A}-\vec{B}$.

Exercise 2. 点 P が直線 AB 上にあるための必要十分条件は, スカラーがあって, $\overrightarrow{AP}=t\overrightarrow{AB}$ が成立する事である. P が AB 又はその延長上にあれば, $t>0$ で $t=\dfrac{AP}{AB}$. P が BA の延長上にあれば, $t<0$ で, $t=-\dfrac{AP}{AB}$. P=A であれば, 勿論, $t=0$. 点 P の座標を (x,y) とすると, 1章の問題1の基-1より, $\overrightarrow{AB}=(3-1,3-2)=(2,1)$ (暗算をするな／), $\overrightarrow{AP}=(x-1,y-2)$. $\overrightarrow{AP}=(x-1,y-2)$ が $t\overrightarrow{AB}=t(2,1)=(2t,t)$ に等しいので, 第1成分, 第2成分を等しいとおき, $x-1=2t, y-2=t, x=1+2t, y=2+t$. 蛇足ながら, もう一つ前の式で $t=\dfrac{x-1}{2}$, $t=y-2$ を等しいとして, $y-2=\dfrac{x-1}{2}$. 故に, $y=\dfrac{x}{2}-\dfrac{1}{2}+2$ より, $y=\dfrac{x}{2}+\dfrac{3}{2}$.

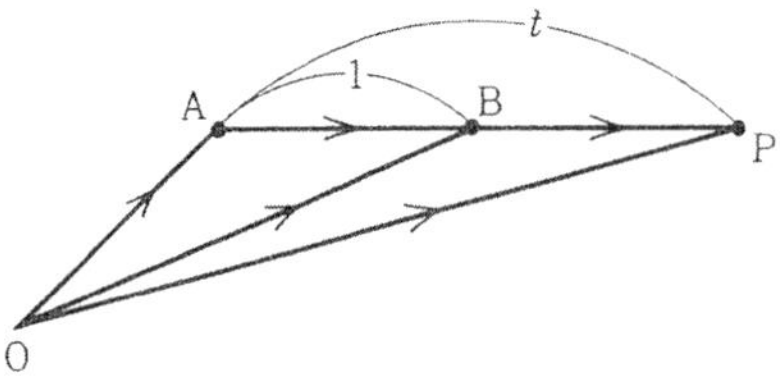

Exercise 3. $\|2\vec{a}-\vec{b}\|^2=(2\vec{a}-\vec{b},2\vec{a}-\vec{b})=4(\vec{a},\vec{a})-4(\vec{a},\vec{b})+(\vec{b},\vec{b})$. $(\vec{a},\vec{a})=\|\vec{a}\|^2=16$, $(\vec{b},\vec{b})=\|\vec{b}\|^2=100$, $(\vec{a},\vec{b})=\|\vec{a}\|\,\|\vec{b}\|\cos 60°=4\times10\times\dfrac{1}{2}=20$ を代入して, $\|2\vec{a}-\vec{b}\|^2=4\cdot16-4\cdot20+100=84=2^2\cdot21$. $\|2\vec{a}-\vec{b}\|=2\sqrt{21}$.

Exercise 4. △ABC に注目して, $\overrightarrow{AC}=\overrightarrow{AB}+\overrightarrow{BC}$. 故に, $\overrightarrow{BC}=\overrightarrow{AC}-\overrightarrow{AB}=\vec{b}-\vec{a}$. 点 D は BC の中点なので, $\overrightarrow{BD}=\dfrac{1}{2}\overrightarrow{BC}=\dfrac{\vec{b}-\vec{a}}{2}$. 同じく, $\overrightarrow{AE}=\dfrac{1}{2}\overrightarrow{AC}=\dfrac{\vec{b}}{2}$. △ABD に注目して, $\overrightarrow{AD}=\overrightarrow{AB}+\overrightarrow{BD}=\vec{a}+\dfrac{\vec{b}-\vec{a}}{2}=\dfrac{\vec{a}+\vec{b}}{2}$. △ABE に注目し, $\overrightarrow{AE}=\overrightarrow{AB}+\overrightarrow{BE}$. 故に. $\overrightarrow{BE}=\overrightarrow{AE}-\overrightarrow{AB}=\dfrac{\vec{b}}{2}-\vec{a}$.

Exercise 5. $\vec{a}$ と $\vec{b}$ のなす角を θ とすると, 面積 $S=\|\vec{a}\|\|\vec{b}\|\sin\theta$. 故に, $S^2=\|\vec{a}\|\|\vec{b}\|\sin^2\theta=\|\vec{a}\|^2\|\vec{b}\|^2-(\|\vec{a}\|\|\vec{b}\|\cos\theta)^2$. $\|\vec{a}\|^2=(\vec{a},\vec{a})$, $\|\vec{b}\|^2=(\vec{b},\vec{b})$, $\|\vec{a}\|\|\vec{b}\|\cos\theta=(\vec{a},\vec{b})$ を代入して, $S=\sqrt{(\vec{a},\vec{a})(\vec{b},\vec{b})-(\vec{a},\vec{b})^2}$. 全く蛇足であるが, $\vec{a}$ と $\vec{b}$ が決定する平面に垂直で, 図の紙面から上に向う向きを持ち, 大きさが S のベクトルを, ベクトル $\vec{a},\vec{b}$ の**外積**と云い, $\vec{a}\times\vec{b}$ と書く. 内積はスカラーなので, **スカラー積**とも呼ばれる. これに反し, 外積はベクトルである.

Exercise 6. 記号の簡略化のため, $\overrightarrow{AB}=\vec{a}$, $\overrightarrow{BC}=\vec{b}$ とおくと, $\overrightarrow{AD}=\vec{b}$. M は AB の中点なので, $\overrightarrow{MB}=\dfrac{\vec{a}}{2}$. △MBC に注目し, $\overrightarrow{MC}=\overrightarrow{MB}+\overrightarrow{BC}=\dfrac{\vec{a}}{2}+\vec{b}$. N は AD を $m:n$ の比に内分するので, 問題2の基-1より, $\overrightarrow{AN}=\dfrac{m}{m+n}\overrightarrow{AD}=\dfrac{m}{m+n}\vec{b}$. △ABN に注目し, $\overrightarrow{AN}=\overrightarrow{AB}+\overrightarrow{BN}$. 故に, $\overrightarrow{BN}=\overrightarrow{AN}-\overrightarrow{AB}=\dfrac{n}{m+n}\vec{b}-\vec{a}$. $\overrightarrow{MP}$ と $\overrightarrow{MC}$, $\overrightarrow{BP}$ と $\overrightarrow{BN}$ は, 夫々, 同じ向きなので, スカラー α,β があって, $\overrightarrow{MP}=\alpha\overrightarrow{MC}$, $\overrightarrow{BP}=\beta\overrightarrow{BN}$ と表される. △MBP に注目し, $\alpha\left(\dfrac{\vec{a}}{2}+\vec{b}\right)=\alpha\overrightarrow{MC}=\overrightarrow{MP}=\overrightarrow{MB}+\overrightarrow{BP}=\dfrac{\vec{a}}{2}+\beta\left(\dfrac{m}{m+n}\vec{b}-\vec{a}\right)$. 故に, $\dfrac{\alpha}{2}\vec{a}+\alpha\vec{b}=\dfrac{\vec{a}}{2}-\beta\vec{a}+\dfrac{m\beta}{m+n}\vec{b}$, $\left(\dfrac{\alpha}{2}+\beta-\dfrac{1}{2}\right)\vec{a}=\left(\dfrac{m\beta}{m+n}-\alpha\right)\vec{b}$. $\vec{a}$ と $\vec{b}$ のスカラー倍が等しいのは, これらのスカラーが零の時に限るので, $\vec{a}$ と $\vec{b}$ の係数を零とおき, 連立方程式 $\dfrac{\alpha}{2}+\beta=\dfrac{1}{2}$, $\alpha=\dfrac{m}{m+n}\beta$ を得る. $\beta=\dfrac{m+n}{m}\alpha$ を第1式に代入し, $\left(\dfrac{1}{2}+\dfrac{m+n}{m}\right)\alpha=\dfrac{1}{2}$. 故に, $\alpha=\dfrac{m}{3m+2n}$, $1-\alpha=\dfrac{2m+2n}{3m+2n}$. $\overrightarrow{MP}=\alpha\overrightarrow{MC}$, $\overrightarrow{PC}=(1-\alpha)\overrightarrow{MC}$ なので, MP: PC$=m:2m+2n$. 蛇足ながら, $\gamma\vec{a}=\delta\vec{b}$ なのは, $\gamma=\delta=0$ に限る事を用いたが, これをベクトル $\vec{a},\vec{b}$ は1次独立であると呼ぶ事を大学に入学して学ぶ. この様に, 埼玉県の出題は, 常に大学の数学の内容を含んでいる. これは一例であって, 本章や次章等の高校のカリキュラムの分野に問題が収録されているからと云って, 即, その県が問題3で述べた様に, 高校の範囲からしか出題しない事を意味しない. 勿論, 問題3の出題県の兵庫県についても同様である. 姉妹書「新修解析学」の巻末の統計が示すように, 兵庫県は大学の数学より出題する事に掛けては全国でも屈指であり, その故にこそ兵庫県の問題において, 教職問題について何のはばかりもなく論じることが出来たのである. 兵庫県の名誉の為に一言する.

2 章

類題 1. $\triangle$OFG に注目し，$\overrightarrow{\mathrm{OG}}=\overrightarrow{\mathrm{OF}}+\overrightarrow{\mathrm{FG}}$. $\overrightarrow{\mathrm{FG}}=\overrightarrow{\mathrm{OG}}-\overrightarrow{\mathrm{OF}}=\left(-\frac{\vec{a}}{3}+\frac{2}{3}\vec{b}\right)-y(\vec{b}-\vec{a})=\left(y-\frac{1}{3}\right)\vec{a}+\left(\frac{2}{3}-y\right)\vec{b}$. 一方 $\overrightarrow{\mathrm{FG}}=x\overrightarrow{\mathrm{FB}}=x(\overrightarrow{\mathrm{OB}}-\overrightarrow{\mathrm{OF}})=x\vec{b}-xy(\vec{b}-\vec{a})=xy\vec{a}+x(1-y)\vec{b}$. 二つの $\overrightarrow{\mathrm{FG}}$ を表現する $\vec{a}$ と $\vec{b}$ の係数は等しいので，$y-\frac{1}{3}=xy$, $\frac{2}{3}-y=x-xy$. $xy=y-\frac{1}{3}$ を第 2 式に代入し，$\frac{2}{3}-y=x-y+\frac{1}{3}$. 故に $x=\frac{1}{3}$. $\overrightarrow{\mathrm{FG}}=\frac{1}{3}\overrightarrow{\mathrm{FB}}$ なので，$\overrightarrow{\mathrm{FG}}=\frac{1}{2}\overrightarrow{\mathrm{GB}}=\frac{\vec{a}+\vec{b}}{6}$. 故に，$\overrightarrow{\mathrm{OF}}=\overrightarrow{\mathrm{OG}}-\overrightarrow{\mathrm{FG}}=-\frac{\vec{a}}{3}+\frac{2}{3}\vec{b}-\frac{\vec{a}+\vec{b}}{6}=\frac{\vec{b}-\vec{a}}{2}=\overrightarrow{\mathrm{FA}}$ を得，F は線分 OA の中点である．高校生諸君は，私より，もっとスマートな解答が出来そうですね．それは，それとして，この解法では，同じ直線上の有向線分で表わされない二つのベクトル $\vec{a}, \vec{b}$ の 1 次結合 $\alpha\vec{a}+\beta\vec{b}=0$ であれば，$\alpha=\beta=0$ と云う 1 次独立の特性を何回も用いていますね．これが，大学に入学すると重要になりますので，今から免疫を作っておきましょう．これは下手な答案の弁解かな．

類題 2. (2)のマークシートをぬりつぶせ．

Exercise 1. $(\vec{\alpha}, \vec{\beta})=2-x=0$ より，$x=2$.

Exercise 2. $\overrightarrow{\mathrm{OP}}=(x_1, y_1)$, $\overrightarrow{\mathrm{PQ}}=(x_2-x_1, y_2-y_1)$ なので，$(\overrightarrow{\mathrm{OP}}, \overrightarrow{\mathrm{PQ}})=x_1(x_2-x_1)+y_1(y_2-y_1)=x_1x_2+y_1y_2-(x_1^2+y_1^2)=0-r^2=-r^2$.

Exercise 3. $\vec{e}=(l, m)$ が $\overrightarrow{\mathrm{AB}}=(3-6, 4-1)=(-3, 3)$ に垂直であるための必要十分条件は $(\overrightarrow{\mathrm{AB}}, \vec{e})=-3l+3m=0$. $\vec{e}$ は大きさが 1 なので，$|\vec{e}|^2=l^2+m^2=1$. 従って，$l=m=\pm\frac{1}{\sqrt{2}}$. 答は $\pm\left(\frac{1}{\sqrt{2}}, \frac{1}{\sqrt{2}}\right)$. なお，くどくなるが，$l, m$ を $\vec{e}$ の方向余弦と云う．

Exercise 4. ベクトル A を有向線分 $\overrightarrow{\mathrm{OA}}$，ベクトル X を有向線分 $\overrightarrow{\mathrm{OX}}$ と同一視すると，X が A を中心として，半径 r の円周上にある為の必要十分条件は $\overrightarrow{\mathrm{AX}}$ の大きさ，$|\overrightarrow{\mathrm{AX}}|=r$，即ち，$(X-A, X-A)=r^2$. これが円の方程式の内積による表現である．$X$ が X_1 を通り，大きさ 1 のベクトル E と同じ方向の直線上にあるための必要十分条件は $X-X_1=tE$. これは直線のベクトル表示である．この直線と円との共有点は，$X=X_1+tE$ を $(X-A, X-A)=r^2$ に代入した．$(X_1-A+tE, X_1-A+tE)=r^2$ の解である．内積を展開すると $(X_1-A+tE, X_1-A+tE)=(X_1-A, X_1-A)+2t(X_1-A, E)+t^2(E, E)=r^2+2t(X_1-A, E)+t^2$. 従って．円と直線の共有点の方程式は $t^2+2t(X_1-A, E)=0$. 直線が円の接線である為の必要十分条件は，共有点が一つしかない事，即ち，上の 2 次方程式が重根を持つ事であり，判$=(X_1-A, E)^2=0$. $X-X_1=tE$ なので，これは，接線の方程式が $(X_1-A, X-X_1)=0$ で与えられる事を意味する．

Exercise 5. $x\vec{a}+y\vec{b}=(x+3y, 2x+8y)$, $\vec{p}=(1\ -1)$ の内積 $(x\vec{a}+y\vec{b}, \vec{p})=x+3y-(2x+8y)=-x-5y=0$. $x+y=1$ と連立させて，$x=\frac{5}{4}$, $y=-\frac{1}{4}$. この時，$x\vec{a}+y\vec{b}=\left(\frac{5-3}{4}, \frac{10-8}{4}\right)=\left(\frac{1}{2}, \frac{1}{2}\right)$ なので，$|x\vec{a}+y\vec{b}|=\sqrt{\left(\frac{1}{2}\right)^2+\left(\frac{1}{2}\right)^2}=\frac{\sqrt{2}}{2}$.

Exercise 6. スカラー x, y に対して，$x\vec{a}+y\vec{b}=x(3, -1, -2)+y(-1, 2, 3)=(3x-y, -x+2y, -2x+3y)$. これが $\vec{c}$ に等しい為の必要十分条件は，連立方程式 $3x-y=1$, $-x+2y=3$, $-2x+3y=4$. 第 1 式と第 2 式より $x=1, y=2$. これは偶然第 3 式を満足するので，$\vec{c}=\vec{a}+2\vec{b}$ が成立し，$\vec{c}$ は $\vec{a}, \vec{b}$ の 1 次結合で表されるので，$\vec{a}, \vec{b}, \vec{c}$ は 1 次従属である．なお，1 次独立，1 次従属の概念は大学に入学すると直ぐに学ぶ物であるから，今から，慣れておきましょう．高校生諸君は，大学に入学して遊ぶ為でなく，勉強する為に受験の準備をしているのであるから，少しは入学後の心構えをしておきましょう．大学で落ち零れにならなくてすみます．

3 章

類題 1. $\omega^2=-\omega-1$ なので，$(x+y\omega)(u+v\omega)=xu+yu\omega+xv\omega+yv\omega^2=(xu-yv)+(yu+xv-yv)\omega$.

類題 2. $z=x+y\omega$ に対して，$g(z)=\begin{pmatrix} x & -y \\ y & x-y \end{pmatrix}$ とおくと，別の $w=u+v\omega$ に対して，$z+w=(x+u)+(y+v)\omega$, $zw=(xu-yv)+(yu+xv-yv)\omega$ なので

$$g(z+w)=\begin{pmatrix} x+u & -y-v \\ y+v & x+u-y-v \end{pmatrix}=\begin{pmatrix} x & -y \\ y & x-y \end{pmatrix}+\begin{pmatrix} u & -v \\ v & u-v \end{pmatrix}=g(z)+g(w)$$

$$g(zw)=g((xu-yv)+(yu+xv-yv)\omega)=\begin{pmatrix} xu-yv & -yu-xv+yv \\ yu+xv-yv & xu-yv-yu-xv+yv \end{pmatrix}$$

$$=\begin{pmatrix} xu-yv & -yu-xv+yv \\ yu+xv-yv & xu-yu-xv \end{pmatrix}=\begin{pmatrix} x & -y \\ y & x-y \end{pmatrix}\begin{pmatrix} u & -v \\ v & u-v \end{pmatrix}=g(z)g(w).$$

Exercise 1. 定義より $\begin{pmatrix} a & b \\ c & d \end{pmatrix}\begin{pmatrix} p & q \\ r & s \end{pmatrix}=\begin{pmatrix} ap+br & aq+bs \\ cp+dr & cq+ds \end{pmatrix}$.

Exercise 2. $\begin{pmatrix} 2 & 1 \\ 3 & 2 \end{pmatrix}\begin{pmatrix} x \\ y \end{pmatrix}=\begin{pmatrix} 2x+y \\ 3x+2y \end{pmatrix}$ が $\begin{pmatrix} 5 \\ 8 \end{pmatrix}$ に等しいので，連立方程式 $2x+y=5$, $3x+2y=8$ を得る．2×第1式−第2式より $(4-3)x=x=2\times5-8=2$ より $x=2$. 第1式に代入し，$y=5-2\times2=1$. 即ち，$x=2, y=1$.

Exercise 3. $X^2=\begin{pmatrix} x & y \\ u & z \end{pmatrix}\begin{pmatrix} x & y \\ u & z \end{pmatrix}=\begin{pmatrix} x^2+yu & xy+yz \\ xu+zu & yu+z^2 \end{pmatrix}$ なので，$X^2+X+E=\begin{pmatrix} x^2+yu+x+1 & xy+yz+y \\ xu+zu+u & yu+z^2+z+1 \end{pmatrix}=\begin{pmatrix} 0 & 0 \\ 0 & 0 \end{pmatrix}$ より，$x^2+yu+x+1=0$, $xy+yz+y=0$, $xu+zu+u=0$, $yu+z^2+z+1=0$. 第2式より $y=0$, 又は，$x+z=-1$. $y=0$ を第1式に代入すると $x^2+x+1=0$. その判別式$=-3<0$ なので，$y\neq0$. 従って，$x+z=-1$. $yu=-x^2-x-1=-\left(x+\frac{1}{2}\right)-\frac{3}{4}\leqq-\frac{3}{4}$. 実際に $x=-\frac{1}{2}, z=-\frac{1}{2}, y=\frac{\sqrt{3}}{2}, u=-\frac{\sqrt{3}}{2}$ の時，$X=\begin{pmatrix} -\frac{1}{2} & \frac{\sqrt{3}}{2} \\ -\frac{\sqrt{3}}{2} & -\frac{1}{2} \end{pmatrix}$, $X^2=\begin{pmatrix} -\frac{1}{2} & \frac{\sqrt{3}}{2} \\ -\frac{\sqrt{3}}{2} & -\frac{1}{2} \end{pmatrix}\begin{pmatrix} -\frac{1}{2} & \frac{\sqrt{3}}{2} \\ -\frac{\sqrt{3}}{2} & -\frac{1}{2} \end{pmatrix}=\begin{pmatrix} -\frac{1}{2} & -\frac{\sqrt{3}}{2} \\ \frac{\sqrt{3}}{2} & -\frac{1}{2} \end{pmatrix}$ なので，$X^2+X+E=O$, $yu=-\frac{3}{4}$ が成立し，$yu\leqq-\frac{3}{4}$ はシャープな評価である．

Exercise 4. $A^n=\begin{pmatrix} p_n & q_n \\ r_n & s_n \end{pmatrix}$ にて，$p_n=s_n$, $q_n=r_n$ であれば，$A^{n+1}=AA^n=\begin{pmatrix} p & q \\ q & p \end{pmatrix}\begin{pmatrix} p_n & q_n \\ r_n & s_n \end{pmatrix}=\begin{pmatrix} pp_n+qr_n & pq_n+qs_n \\ qp_n+pr_n & qq_n+ps_n \end{pmatrix}$ なので，$p_{n+1}=pp_n+qr_n$, $q_{n+1}=pq_n+qs_n=pr_n+qp_n$, $r_{n+1}=qp_n+pr_n=q_{n+1}$, $s_{n+1}=qq_n+ps_n=pp_n+qr_n=p_{n+1}$ が成立し，数学的帰納法により，任意の自然数 n に対して，$p_n=s_n$, $q_n=r_n$ が成立する．$p_{n+1}+q_{n+1}=(p+q)(p_n+r_n)=(p+q)(p_n+q_n)$ なので，$p_n+q_n=(p+q)^n$ $(n\geqq1)$.

Exercise 5. $AX=\begin{pmatrix} 3 & 2 \\ 1 & 4 \end{pmatrix}\begin{pmatrix} x \\ y \end{pmatrix}=\begin{pmatrix} 3x+2y \\ x+4y \end{pmatrix}$ が $\lambda X=\lambda=\lambda\begin{pmatrix} x \\ y \end{pmatrix}=\begin{pmatrix} \lambda x \\ \lambda y \end{pmatrix}$ に等しいのは，第1成分と第2成分が等しい事，即ち，連立方程式 $3x+2y=\lambda x$, $x+4y=\lambda y$ と同値である．$(3-\lambda)x+2y=0$, $x+(4-\lambda)y=0$ の第1式から $(3-\lambda)\times$第2式を引くと，$(2-(3-\lambda)(4-\lambda))y=0$, 即ち，$(\lambda^2-7\lambda+10)y=0$. $(4-\lambda)\times$第1式から2×第2式を引くと $((4-\lambda)(3-\lambda)-2)x=0$, 即ち，$(\lambda^2-7\lambda+10)x=0$. $x=y=0$ 以外の解があれば，係数の $\lambda^2-7\lambda+10=(\lambda-2)(\lambda-5)=0$ が成立しなければならない．これを行列 A の**固有方程式**と云う．その解は $\lambda=2, 5$. $\lambda=2$ の時は，$AX=\lambda X$ は，一つの式 $x=-2y$ と同値であり，任意定数 c に対して，$x=-2c, y=c$ がその解なので，$X=c\begin{pmatrix} -2 \\ 1 \end{pmatrix}(c\neq0)$ が $\lambda=2$ に対する A の固有ベクトルである．$\lambda=5$ の時は $AX=\lambda X$ は一つの式 $x=y$ と同値であり，$X=c\begin{pmatrix} 1 \\ 1 \end{pmatrix}(c\neq0)$ が $\lambda=5$ に対する A の固有ベクトルである．

4 章

類題 1.

$$x=\frac{\begin{vmatrix} 0 & -1 & 2 \\ -1 & 3 & -3 \\ 3 & 1 & 3 \end{vmatrix}}{\begin{vmatrix} 3 & -1 & 2 \\ 2 & 3 & -3 \\ 3 & 1 & 3 \end{vmatrix}},\quad y=\frac{\begin{vmatrix} 3 & 0 & 2 \\ 2 & -1 & -3 \\ 3 & 3 & 3 \end{vmatrix}}{\begin{vmatrix} 3 & -1 & 2 \\ 2 & 3 & -3 \\ 3 & 1 & 3 \end{vmatrix}},\quad z=\frac{\begin{vmatrix} 3 & -1 & 0 \\ 2 & 3 & -1 \\ 3 & 1 & 3 \end{vmatrix}}{\begin{vmatrix} 3 & -1 & 2 \\ 2 & 3 & -3 \\ 3 & 1 & 3 \end{vmatrix}}.$$

類題 2. サリューの法則より，上の四個の行列式の値は

$$\begin{vmatrix} 3 & -1 & 2 \\ 2 & 3 & -3 \\ 3 & 1 & 3 \end{vmatrix} = 3\cdot3\cdot3+(-1)(-3)\cdot3+2\cdot1\cdot2-3\cdot3\cdot2-2\cdot(-1)\cdot3-1\cdot(-3)\cdot3$$
$$=27+9+4-18+6+9=37,$$

$$\begin{vmatrix} 0 & -1 & 2 \\ -1 & 3 & -3 \\ 3 & 1 & 3 \end{vmatrix} = 0\cdot3\cdot3+(-1)(-3)\cdot3+(-1)\cdot1\cdot2-3\cdot3\cdot2-(-1)(-1)\cdot3-1(-3)\cdot0$$
$$=9-2-18-3=-14,$$

$$\begin{vmatrix} 3 & 0 & 2 \\ 2 & -1 & -3 \\ 3 & 3 & 3 \end{vmatrix} = 3\cdot(-1)\cdot3+0\cdot(-3)\cdot3+2\cdot3\cdot2-3\cdot(-1)\cdot2-3(-3)\cdot3-2\cdot0\cdot3$$
$$=-9+12+6+27=36.$$

$$\begin{vmatrix} 3 & -1 & 0 \\ 2 & 3 & -1 \\ 3 & 1 & 3 \end{vmatrix} = 3\cdot3\cdot3+2\cdot1\cdot0+(-1)\cdot(-1)\cdot3-3\cdot3\cdot0-2\cdot(-1)\cdot3-3\cdot1\cdot(-1)$$
$$=27+3+6+3=39.$$

故に，クラメルの解法より，$x=\frac{-14}{37}$, $y=\frac{36}{37}$, $z=\frac{39}{37}$. 念の為，検算すると $3x-y+2z=\frac{-42-36+78}{37}=0$, $2x+3y-3z=\frac{-28+108-117}{37}=\frac{-37}{37}=-1$, $3x+y+3z=\frac{-42+36+117}{37}=\frac{111}{37}=3$.

類題 3. 余因子は $\Delta_{11}=5$, $\Delta_{12}=-3$, $\Delta_{21}=2$, $\Delta_{22}=1$, $|A|=5-(-2)\times3=11$ なので，(12) より，$A^{-1}=\frac{\mathrm{ad}\,A}{|A|}=\frac{1}{11}\begin{pmatrix} 5 & 2 \\ -3 & 1 \end{pmatrix}$. $A^{-1}\begin{pmatrix} 1 & 2 \\ 3 & 4 \end{pmatrix}=\frac{1}{11}\begin{pmatrix} 5 & 2 \\ -3 & 1 \end{pmatrix}\begin{pmatrix} 1 & 2 \\ 3 & 4 \end{pmatrix}=\frac{1}{11}\begin{pmatrix} 5+6 & 10+8 \\ -3+3 & -6+4 \end{pmatrix}=\begin{pmatrix} 1 & \frac{18}{11} \\ 0 & \frac{-2}{11} \end{pmatrix}$.

類題 4. 余因子は $\Delta_{11}=\cos\alpha$, $\Delta_{12}=-\sin\alpha$, $\Delta_{21}=\sin\alpha$, $\Delta_{22}=\cos\alpha$, $|A|=\cos^2\alpha+\sin^2\alpha=1$ なので，(12)より，$A^{-1}=\frac{\mathrm{ad}\,A}{|A|}=\begin{pmatrix} \cos\alpha & \sin\alpha \\ -\sin\alpha & \cos\alpha \end{pmatrix}=R(-\alpha)$.

類題 5. 余因子は $\Delta_{11}=2$, $\Delta_{12}=-3$, $\Delta_{21}=-1$, $\Delta_{22}=2$, $|A|=4-3=1$ なので，(12)より $A^{-1}=\frac{\mathrm{ad}\,A}{|A|}=\begin{pmatrix} 2 & -1 \\ -3 & 2 \end{pmatrix}$, $A^{-1}\begin{pmatrix} 5 \\ 8 \end{pmatrix}=\begin{pmatrix} 2 & -1 \\ -3 & 2 \end{pmatrix}\begin{pmatrix} 5 \\ 8 \end{pmatrix}=\begin{pmatrix} 10-8 \\ -15+16 \end{pmatrix}=\begin{pmatrix} 2 \\ 1 \end{pmatrix}$ が与える $x=2, y=1$ は3章の E-2 と一致．

類題 6. 余因子は $\Delta_{11}=\begin{vmatrix} 3 & -3 \\ 1 & 3 \end{vmatrix}=9+3=12$, $\Delta_{12}=-\begin{vmatrix} 2 & -3 \\ 3 & 3 \end{vmatrix}=-(6+9)=-15$, $\Delta_{13}=\begin{vmatrix} 2 & 3 \\ 3 & 1 \end{vmatrix}=2-9=-7$, $\Delta_{21}=-\begin{vmatrix} -1 & 2 \\ 1 & 3 \end{vmatrix}=-(-3-2)=5$, $\Delta_{22}=\begin{vmatrix} 3 & 2 \\ 3 & 3 \end{vmatrix}=9-6=3$, $\Delta_{23}=-\begin{vmatrix} 3 & -1 \\ 3 & 1 \end{vmatrix}=-(3+3)=-6$, $\Delta_{31}=\begin{vmatrix} -1 & 2 \\ 3 & -3 \end{vmatrix}=3-6=-3$, $\Delta_{32}=-\begin{vmatrix} 3 & 2 \\ 2 & -3 \end{vmatrix}=-(-9-4)=13$, $\Delta_{33}=\begin{vmatrix} 3 & -1 \\ 2 & 3 \end{vmatrix}=9+2=11$. 行列 A の行列式 $|A|$ を求めるには3行2列の要素が1である事に注目し，1行＋3行，2行－3×3行を求めると

$$|A|=\begin{vmatrix} 6 & 0 & 5 \\ -7 & 0 & -12 \\ 3 & 1 & 3 \end{vmatrix}=-\begin{vmatrix} 6 & 5 \\ -7 & -12 \end{vmatrix}=-(-72+35)=37.$$ 故に(12)より $A^{-1}=\frac{\mathrm{ad}\,A}{|A|}=\frac{1}{37}\begin{pmatrix} 12 & 5 & -3 \\ -15 & 3 & 13 \\ -7 & -6 & 11 \end{pmatrix}$.

従って $A^{-1}\begin{pmatrix} 0 \\ -1 \\ 3 \end{pmatrix}=\frac{1}{37}\begin{pmatrix} 12 & 5 & -3 \\ -15 & 3 & 13 \\ -7 & -6 & 11 \end{pmatrix}\begin{pmatrix} 0 \\ -1 \\ 3 \end{pmatrix}=\frac{1}{37}\begin{pmatrix} -5-9 \\ -3+39 \\ 6+33 \end{pmatrix}=\begin{pmatrix} \frac{-14}{37} \\ \frac{36}{37} \\ \frac{39}{37} \end{pmatrix}$ は類題2のクラメルの解法と一致．

Exercise 1. n 個の数字 $1, 2, \cdots, n$ の任意の順列 $(p_1p_2\cdots p_n)$ に対して，行列 $E(p_1, p_2, \cdots, p_n)$ を第1列は p_1 行目のみが1で他は0，第2列は p_2 行目のみが1で他は0，…，第 n 列は p_n 行目のみが1で他は0である様な行列とする．行列 $E(p_1, p_2, \cdots, p_n)$ は各行各列について正確に1個所が1で，他は0である様な行列である．もしも，第1列が p_1 列に，第2列が p_2 列に，…，第 n 列が p_n 列に来れば，単位行列 E になり，(iv) より $D(E)=1$. これを実現するのは列の入れ換えの繰り返しによるが，(i)より一回操作する度に D の符号が変る．従って，その回数の偶奇が問題であるが，それが丁度，$\mathrm{sgn}(p_1p_2\cdots p_n)$ なので，(i), (iv) より $D(E(p_1, p_2, \cdots, p_n))=\mathrm{sgn}(p_1p_2\cdots p_n)D(E)=\mathrm{sgn}$

$(p_1p_2\cdots p_n)$. 行列 $A=(a_{ij})$ の行列式 $|A|$ はその定義より $|A|=\sum \mathrm{sgn}(p_1,p_2,\cdots,p_n)a_{1p_1}a_{2p_2}\cdots a_{np_n}=\sum a_{1p_1}a_{2p_2}\cdots a_{nn}$ $D(E(p_1,p_2,\cdots,p_n))$. 行列 A の行と列の役割を入れ換えたのが転置行列 ${}^tA$ であり，その行列式 $|{}^tA|$ は，上の添字を入れ換えて，$|{}^tA|=\sum \mathrm{sgn}(p_1p_2\cdots p_n)a_{p_11}a_{p_22}\cdots a_{p_nn}$. しかし，問題5の終りで解説した様に $|A|=|{}^tA|$ なので，$|A|=\sum \mathrm{sgn}(p_1p_2\cdots p_n)a_{p_11}a_{p_22}\cdots a_{p_nn}$. 行列 $A(p_1,p_2,\cdots,p_n)$ を1列目は p_1 行目のみが a_{p_11} で他は0，2列目は p_2 行目のみが a_{p_22} で他は0, …, n 列目は p_n 行目のみが a_{p_nn} で他は0である様な行列とすると，(ii)より $|A|=\sum D(A(p_1,p_2,\cdots,p_n))$ を得るが，更に(iii)より $|A|=D(A)$.

A と B の積行列 $C=AB$ の (i,j) 要素は $c_{ij}=\sum_{k=1}^{n} a_{ik}b_{kj}$ で与えられるので，行列 C の各列を n 個に分割すると，D の持つ性質(iii)より

$$D(C)=D\begin{pmatrix} \sum_{p_1=1}^{n} a_{1p_1}b_{p_11} & \sum_{p_2=1}^{n} a_{1p_2}b_{p_22} & \cdots & \sum_{p_n=1}^{n} a_{1p_n}b_{p_nn} \\ \sum_{p_1=1}^{n} a_{2p_1}b_{p_11} & \sum_{p_2=1}^{n} a_{2p_2}b_{p_22} & \cdots & \sum_{p_n=1}^{n} a_{2p_n}b_{p_nn} \\ \cdots & \cdots & \cdots & \cdots \\ \sum_{p_1=1}^{n} a_{np_1}b_{p_11} & \sum_{p_2=1}^{n} a_{np_2}b_{p_22} & \cdots & \sum_{p_n=1}^{n} a_{np_n}b_{p_nn} \end{pmatrix}=\sum_{p_1,p_2,\cdots,p_n=1}^{n} D\begin{pmatrix} a_{1p_1}b_{p_11} & a_{1p_2}b_{p_22} & \cdots & a_{1p_n}b_{p_nn} \\ a_{2p_1}b_{p_11} & a_{2p_2}b_{p_22} & \cdots & a_{2p_n}b_{p_nn} \\ \cdots & \cdots & \cdots & \cdots \\ a_{np_1}b_{p_11} & a_{np_2}b_{p_22} & \cdots & a_{np_n}b_{p_nn} \end{pmatrix}$$

各列の和を取る際，添字 $p_1,p_2,\cdots,p_n$ は，夫々，独立に1から n 迄を動くので，この様に別の添字を用いねばならない．(ii)より

$$D(C)=\sum_{p_1,p_2,\cdots,p_n=1}^{n} b_{p_11}b_{p_22}\cdots b_{p_nn}D\begin{pmatrix} a_{1p_1} & a_{1p_2} & \cdots & a_{1p_n} \\ a_{2p_1} & a_{2p_2} & \cdots & a_{2p_n} \\ \cdots & \cdots & \cdots & \cdots \\ a_{np_1} & a_{2p_2} & \cdots & a_{np_n} \end{pmatrix}$$

添字 $p_1,p_2,\cdots,p_n$ は1から n 迄を，夫々，独立に動くが，その内の二つ，例えば p_i と p_j が一致すれば，D の中の行列の i 列と j 列が一致し，性質(i)よりその行列に対する D の値は0である．従って，$p_1,p_2,\cdots,p_n$ は $(p_1p_2\cdots p_n)$ が $1,2,\cdots,n$ の順列である様に動くと見なしてよい．この時，列の入れ換えを何回か行うと D の中の行列は行列 A に戻り，一回入れ換える毎に符号が変るので，その回数の偶奇だけが問題である．これを与えるのが $\mathrm{sgn}(p_1p_2\cdots p_n)$ なので，前半の議論より

$$D(C)=D(A)\sum \mathrm{sgn}(p_1,p_2,\cdots,p_n)b_{p_11}b_{p_22}\cdots b_{p_nn}=D(A)D(B).$$

Exercise 2. n 次の正方行列 A に対して，n 次の正方行列 X は n 次の単位行列を E とする時，$AX=E$ が成立する時，行列 A の右逆行列と呼ぶ．この時，前問より $|A||X|=|AX|=|E|=1$ なので，$|A|\neq 0$. n 次の正方行列 Y は $YA=E$ が成立する時，A の左逆行列と呼ぶが，前問より $|Y||A|=|YA|=|E|=1$ なので，$|A|\neq 0$. 逆に，$|A|\neq 0$ であれば，問題6の(12)で与えられる A^{-1} は $AA^{-1}=A^{-1}A=E$ を満し左右の逆行列である．しかも，X が右，Y が左の逆行列であれば，$X=EX=(YA)X=Y(AX)=YE=Y$. 従って，左右の逆行列を区別する必要はなく，それは問題6の(12)で一通りに与えられ，A の**逆行列**と呼ばれる．逆行列の存在と $|A|\neq 0$ は同値であり，この様な正方行列を**正則行列**と云う．

以上の予備知識の下で，本問を考察しよう．(i)の行列の行列式を，第2行－6×第1行，第3行－7×第1行として，第1列について展開し

$$\begin{vmatrix} 1 & 2 & 3 \\ 6 & 5 & 4 \\ 7 & 8 & 9 \end{vmatrix}=\begin{vmatrix} 1 & 2 & 3 \\ 0 & -7 & -14 \\ 0 & -6 & -12 \end{vmatrix}=\begin{vmatrix} -7 & -14 \\ -6 & -12 \end{vmatrix}=7\times 12-6\times 14=84-84=0$$

なので，この行列は，上の考察より，逆行列を持たない．

(ii)の行列の行列式を，第2行－8×第1行，第3行－7×第1行として，第1列について展開し

$$\begin{vmatrix}1&2&3\\8&9&4\\7&6&5\end{vmatrix}=\begin{vmatrix}1&2&3\\0&-7&-20\\0&-8&-16\end{vmatrix}=7\times16-8\times20=112-160=-48\neq 0$$

なので，この行列は正則行列であり，逆行列を持つ．余因子は

$$\Delta_{11}=\begin{vmatrix}9&4\\6&5\end{vmatrix}=45-24=21,\quad \Delta_{21}=-\begin{vmatrix}2&3\\6&5\end{vmatrix}=-(10-18)=8,\quad \Delta_{31}=\begin{vmatrix}2&3\\9&4\end{vmatrix}=8-27=-19$$

$$\Delta_{12}=-\begin{vmatrix}8&4\\7&5\end{vmatrix}=-(40-28)=-12,\quad \Delta_{22}=\begin{vmatrix}1&3\\7&5\end{vmatrix}=5-21=-16,\quad \Delta_{32}=-\begin{vmatrix}1&3\\8&4\end{vmatrix}=-(4-24)=20$$

$$\Delta_{13}=\begin{vmatrix}8&9\\7&6\end{vmatrix}=48-63=-15,\quad \Delta_{23}=-\begin{vmatrix}1&2\\7&6\end{vmatrix}=-(6-14)=8,\quad \Delta_{33}=\begin{vmatrix}1&2\\8&9\end{vmatrix}=9-16=-7$$

なので，逆行列 A^{-1} は $A^{-1}=\dfrac{\mathrm{ad}\,A}{|A|}=\dfrac{1}{-48}\begin{pmatrix}21&8&-19\\-12&-16&20\\-15&8&-7\end{pmatrix}$．時間に余裕が出たら，必ず検算して $AA^{-1}=\dfrac{1}{-48}$

$$\begin{pmatrix}1&2&3\\8&9&4\\7&6&5\end{pmatrix}\begin{pmatrix}21&8&-19\\-12&-16&20\\-15&8&-7\end{pmatrix}=\frac{1}{-48}\begin{pmatrix}21-24-45&8-32+24&-19+40-21\\168-108-60&64-144+32&-152+180-28\\147-72-75&56-96+40&-133+120-35\end{pmatrix}=\frac{1}{-48}\begin{pmatrix}-48&0&0\\0&-48&0\\0&0&-48\end{pmatrix}=\begin{pmatrix}1&0&0\\0&1&0\\0&0&1\end{pmatrix}.$$

不幸にして，答が違ったり，回答出来なくて，しかも幸にして，面接迄残されたら，筆記試験終了後，直ぐに準備して，面接の時，試問されたら，正しい回答をする事．答案に表現されていない美点を見る為に面接はあるのです．試

了後，帰宅して直ぐ寝て試験の答案の反省もせずに面接を受ける人は，熱意無しと見なされて不合格．ただし，これはボーダーラインの人々に対する話で，秀才にはその必要は全くない．もっとも，私の経験では，秀才程，ささいな誤りに気付いて正しますが．

Exercise 3．この行列式を与える行列の第 $(i+1)$ 行は $(x_1{}^i, x_2{}^i, x_3{}^i, \cdots, x_n{}^i, (i+1)x_1{}^i, (i+1)x_2{}^i, \cdots, (i+1)x_n{}^i)$ で第 i 行は $(x_1{}^{i-1}, x_2{}^{i-1}, x_3{}^{i-1}, \cdots, x_n{}^{i-1}, ix_1{}^{i-1}, ix_2{}^{i-1}, \cdots, ix_n{}^{i-1})$ なので，第 $(i+1)$ 行$-x_1\times$第 i 行は $(0, (x_2-x_1)x_2{}^{i-1}, (x_3-x_1)x_3{}^{i-1}, \cdots, (x_n-x_1)x_n{}^{i-1}, x_1{}^i, ((i+1)x_2-ix_1)x_2{}^{i-1}, \cdots, ((i+1)x_n-ix_1)x_n{}^{i-1})$ なので，この行列式において，先ず，第 $2n$ 行$-x_1\times$第 $(2n-1)$ 行，次に，第 $(2n-1)$ 行$-x_1\times$第 $(2n-1)$ 行と循環論法にならぬ様に注意しながら，後の行から始めて，次々と，ある行から $x_1\times$前の行を引くと

$$\begin{vmatrix}1&1&1&\cdots&1&1&1&\cdots&1\\0&x_2-x_1&x_3-x_1&\cdots&x_n-x_1&x_1&2x_2-x_1&\cdots&2x_n-x_1\\0&(x_2-x_1)x_2&(x_3-x_1)x_3&\cdots&(x_n-x_1)x_n&x^2&(3x_2-2x_1)x_1&\cdots&(3x_n-2x_1)x_n\\\cdots&\cdots&\cdots&\cdots&\cdots&\cdots&\cdots&\cdots&\cdots\\0&(x_2-x_1)x_2{}^{2n-3}&(x_3-x_1)x_3{}^{2n-3}&\cdots&(x_n-x_1)x_n{}^{2n-3}&x_1{}^{2n-2}&((2n-1)x_2-(2n-2)x_1)x_2{}^{2n-3}&\cdots&((2n-1)x_n-(2n-2)x)x_n{}^{2n-3}\\0&(x_2-x_1)x_2{}^{2n-2}&(x_3-x_1)x_3{}^{2n-2}&\cdots&(x_n-x_1)x_n{}^{2n-2}&x_1{}^{2n-1}&(2nx_2-(2n-1)x_1)x_2{}^{2n-2}&\cdots&(2nx_n-(2n-1)x_1)x_n{}^{2n-2}\end{vmatrix}.$$

この行列式を第1列について展開し，$(2n-1)$ 次の行列とし，1列より x_2-x_1，2列より $x_3-x_1, \cdots, (n-1)$ 列より x_n-x_1，n 列より x_1 を繰り出し

$$\begin{vmatrix}x_2-x_1&x_3-x_1&\cdots&x_n-x_1&x_1&2x_2-x_1&\cdots&2x_n-x_1\\(x_2-x_1)x_2&(x_3-x_1)x_3&\cdots&(x_n-x_1)x_n&x_1{}^2&(3x_2-2x_1)x_2&\cdots&(3x_n-2x_1)x_n\\\cdots&\cdots&\cdots&\cdots&\cdots&\cdots&\cdots&\cdots\\(x_2-x_1)x_2{}^{2n-3}&(x_3-x_1)x_3{}^{2n-3}&\cdots&(x_n-x_1)x_n{}^{2n-3}&x_1{}^{2n-3}&((2n-1)x_2-(2n-2)x_1)x_n{}^{2n-3}&\cdots&((2n-1)x_n-(2n-2)x_1)x_n{}^{2n-3}\\(x_2-x_1)x_2{}^{2n-2}&(x_3-x_1)x_3{}^{2n-2}&\cdots&(x_n-x_1)x_1{}^{2n-2}&x_1{}^{2n-1}&(2nx_2-(2n-1)x_1)x_2{}^{2n-2}&\cdots&(2nx_n-(2n-1)x_1)x_n{}^{2n-2}\end{vmatrix}$$

$$=(x_2-x_1)(x_3-x_1)\cdots(x_n-x_1)x_1$$

$$\begin{vmatrix} 1 & 1 & \cdots & 1 & 1 & 2x_2-x_1 & \cdots & 2x_n-x_1 \\ x_2 & x_3 & \cdots & x_n & x_1 & (3x_2-2x_1)x_2 & \cdots & (3x_n-2x_1)x_n \\ \cdots & \cdots & \cdots & \cdots & \cdots & \cdots & \cdots & \cdots \\ x_2{}^{2n-3} & x_3{}^{2n-3} & \cdots & x_n{}^{2n-3} & x_1{}^{2n-3} & ((2n-1)x_2-(2n-2)x_1)x_2{}^{2n-3} & \cdots & ((2n-1)x_n-(2n-2)x_1)x_n{}^{2n-3} \\ x_2{}^{2n-2} & x_3{}^{2n-2} & & x_n{}^{2n-2} & x_1{}^{2n-2} & (2nx_2-(2n-1)x_1)x_2{}^{2n-2} & \cdots & (2nx_n-(2n-1)x_1)x_n{}^{2n-2} \end{vmatrix}.$$

再び，最後の行から始めて，第 $(i+1)$ 行より $x_1\times$第 i 行を逐次引くと，$(i+1)x_j{}^i-ix_j{}^{i-1}x_1-x_1(ix_j{}^{i-1}-(i-1)x_j{}^{i-1}x_1)=((i+1)x_j{}^2-2ix_jx_1+(i-1)x_1{}^2)x_j{}^{i-2}=(x_j-x_1)((i+1)x_j-(i-1)x_1)x_j{}^{i-2}$ なので

$$=(x_2-x_1)^2(x_3-x_1)^2\cdots(x_n-x_1)^2x_1\begin{vmatrix} 1 & 1 & \cdots & 1 & 1 & 2x_2-x_1 & \cdots & 2x_n-x_1 \\ x_2-x_1 & x_3-x_1 & \cdots & x_n-x_1 & 0 & (x_2-x_1)(3x_2-x_1) & \cdots & (x_n-x_1)(3x_n-x_1) \\ \cdots & \cdots & \cdots & \cdots & \cdots & \cdots & \cdots & \cdots \\ (x_2-x_1)x_2{}^{2n-4} & (x_3-x_1)x_3{}^{2n-4} & \cdots & (x_n-x_1)x_n{}^{2n-4} & 0 & (x_2-x_1)((2n-1)x_2-(2n-3)x_1)x_2{}^{2n-4} & \cdots & (x_n-x_1)((2n-1)x_n-(2n-3)x_1) \\ (x_2-x_1)x_2{}^{2n-3} & (x_3-x_1)x_3{}^{2n-3} & \cdots & (x_n-x_1)x_n{}^{2n-3} & 0 & (x_2-x_1)(2nx_2-(2n-2)x_1)x_2{}^{2n-5} & \cdots & (x_n-x_1)(2nx_n-(2n-2)x_1) \end{vmatrix}.$$

第 n 列で展開し，第1列と n 列より x_2-x_1，2列と $(n+1)$ 列より $x_3-x_1,\cdots,(n-1)$ 列と $(2n-2)$ 列より x_n-x_1 を繰り出すと

$$=(-1)^{n-1}(x_2-x_1)^3(x_3-x_1)^3\cdots(x_n-x_1)^3x_1$$

$$\begin{vmatrix} 1 & 1 & \cdots & 1 & 3x_2-x_1 & \cdots & 3x_n-x_1 \\ x_2 & x_3 & \cdots & x_n & (4x_2-2x_1)x_2 & \cdots & (4x_n-2x_1)x_2 \\ \cdots & \cdots & \cdots & \cdots & \cdots & \cdots & \cdots \\ x_2{}^{2n-4} & x_3{}^{2n-4} & \cdots & x_n{}^{2n-4} & ((2n-1)x_2-(2n-3)x_1)x_2{}^{2n-4} & \cdots & ((2n-1)x_n-(2n-3)x_1)x_n{}^{2n-4} \\ x_2{}^{2n-3} & x_3{}^{2n-3} & \cdots & x_n{}^{2n-3} & (2nx_2-(2n-2)x_1)x_2{}^{2n-3} & \cdots & (2nx_n-(2n-2)x_1)x_n{}^{2n-3} \end{vmatrix}.$$

第 n 列$-2x_2\times$ 1 列，第 $(n+1)$ 列$-2x_3\times$ 2 列，$\cdots$，第 $(2n-2)$ 列$-2x_n\times(n-1)$ 列を作ると，これらの列より $x_2-x_1, x_3-x_1,\cdots,x_n-x_1$ を四度び繰り出せて

$$=(-1)^{n-1}(x_2-x_1)^3(x_3-x_1)^3\cdots(x_n-x_1)^3x_1$$

$$\begin{vmatrix} 1 & 1 & \cdots & 1 & x_2-x_1 & x_3-x_1 & \cdots & x_n-x_1 \\ x_2 & x_3 & \cdots & x_n & 2(x_2-x_1)x_2 & 2(x_3-x_1)x_3 & \cdots & 2(x_n-x_1)x_n \\ \cdots & \cdots & \cdots & \cdots & \cdots & \cdots & \cdots & \cdots \\ x_2{}^{2n-4} & x_3{}^{2n-4} & \cdots & x_n{}^{2n-4} & (2n-3)(x_2-x_1)x_2{}^{2n-4} & (2n-3)(x_3-x_1)x_3{}^{2n-4} & \cdots & (2n-3)(x_n-x_1)x_n{}^{2n-4} \\ x_2{}^{2n-3} & x_3{}^{2n-3} & \cdots & x_n{}^{2n-3} & (2n-2)(x_2-x_1)x_2{}^{2n-3} & (2n-2)(x_3-x_1)x_3{}^{2n-3} & \cdots & (2n-2)(x_n-x_1)x_n{}^{2n-3} \end{vmatrix}$$

$$=(-1)^{n-1}(x_2-x_1)^4(x_3-x_1)^4\cdots(x_n-x_1)^4x_1$$

$$\begin{vmatrix} 1 & 1 & \cdots & 1 & 1 & 1 & \cdots & 1 \\ x_2 & x_3 & \cdots & x_n & 2x_2 & 2x_3 & \cdots & 2x_n \\ \cdots & \cdots & \cdots & \cdots & \cdots & \cdots & \cdots & \cdots \\ x_2{}^{2n-4} & x_3{}^{2n-4} & \cdots & x_n{}^{2n-4} & (2n-3)x_2{}^{2n-4} & (2n-3)x_3{}^{2n-4} & \cdots & (2n-3)x_n{}^{2n-4} \\ x_2{}^{2n-3} & x_3{}^{2n-3} & \cdots & x_n{}^{2n-3} & (2n-2)x_2{}^{2n-3} & (2n-2)x_3{}^{2n-4} & \cdots & (2n-2)x_n{}^{2n-3} \end{vmatrix}.$$

ここで，今迄の成果を総括すると x_1 と関係がある物全てを行列式の外に追い出して，行列式の次数が 2 下り，しかも，得られた行列式をよく見ると，最初の行列式が $x_2, x_3,\cdots,x_n$ の $(n-1)$ 変数になっただけである．従って，この手段を $x_2, x_3,\cdots,x_n$ と各変数の順で繰り返すと，帰納的に

$$=(-1)^{(n-1)+(n-2)+\cdots+2+1}(x_2-x_1)^4(x_3-x_1)^4\cdots(x_n-x_1)^4(x_3-x_2)^4(x_4-x_2)^4\cdots(x_n-x_2)^4\cdots(x_n-x_{n-1})^4x_1x_2\cdots x_n$$

$$=(-1)^{\frac{n(n-1)}{2}}\left(\prod_{i=1}^{n}x_i\right)\left(\prod_{1\leq i<j\leq n}(x_i-x_j)^4\right).$$

に達する．この問題は極めて技巧的なので，この問題が出来なかったからと云って，自己の数学的才能に悲観するには及ばない．勿論，解答を見る前に分った人はテクニシャンで称賛に値する．この問題を通じて身に着ける事は

> 文字に関する行列式は列，又は，行間の和や差を適当に作ってある列，又は，行の要素がいっせいに同じ因数を持つ様に努力せよ！

どの様に努力するのか？　それは中学以来の因数分解と同じく，勘と経験であり，下手な鉄砲も数打てば当る式の試行錯誤による．試験場では試行錯誤は許されないので，試験の前の準備による．科学的でないと，因数分解が嫌いな人は，他の全て問題で満点を取ればよい．

Exercise 4．必らずしも $m=n$ でない時，数，又は，数を表す文字が長方形の形に

$$A=\begin{pmatrix} a_{11} & a_{12} & \cdots & a_{1n} \\ a_{21} & a_{22} & \cdots & a_{2n} \\ \multicolumn{4}{c}{\cdots\cdots\cdots\cdots} \\ a_{m1} & a_{m2} & \cdots & a_{mn} \end{pmatrix} \tag{1}$$

と並んだ物を，m 行 n 列の**行列**，又は $m\times n$ 行列や (m,n) 行列と云う．i 行 j 列の要素 a_{ij} を (i,j) 要素と云い，これを代表元として

$$A=(a_{ij}) \tag{2}$$

と表す事も，多い．別に，n 行 l 列の行列 $B=(b_{ij})$ が与えられた時，A の行ベクトルと B の列ベクトルの次元が同じなので，これらの間に内積を作る事が出来て，

$$c_{ij}=\sum_{k=1}^{n} a_{ik}b_{kj} \tag{3}$$

を (i,j) 要素とする (m,l) 行列を行列 A,B の**積**と云い，AB と書く．一般には，可換でない所か，BA が定義出来ない事もある．さて，馬鹿丁寧に書くと

$$AB=\begin{pmatrix} a_{11} & a_{12} & \cdots & a_{1n} \\ a_{21} & a_{22} & \cdots & a_{2n} \\ \multicolumn{4}{c}{\cdots\cdots\cdots\cdots} \\ a_{m1} & a_{m2} & \cdots & a_{mn} \end{pmatrix}\begin{pmatrix} b_{11} & b_{12} & \cdots & b_{1l} \\ b_{21} & b_{22} & \cdots & b_{2l} \\ \multicolumn{4}{c}{\cdots\cdots\cdots\cdots} \\ b_{n1} & b_{n2} & \cdots & b_{nl} \end{pmatrix}=\begin{pmatrix} \sum_{k=1}^{n} a_{1k}b_{k1} & \sum_{k=1}^{n} a_{1k}b_{k2} & \cdots & \sum_{k=1}^{n} a_{1k}b_{kl} \\ \sum_{k=1}^{n} a_{2k}b_{k1} & \sum_{k=1}^{n} a_{2k}b_{k2} & \cdots & \sum_{k=1}^{n} a_{2k}b_{kl} \\ \multicolumn{4}{c}{\cdots\cdots\cdots\cdots\cdots\cdots} \\ \sum_{k=1}^{n} a_{mk}b_{k1} & \sum_{k=1}^{n} a_{mk}b_{k2} & \cdots & \sum_{k=1}^{n} a_{mk}b_{kl} \end{pmatrix} \tag{4}$$

となるが，馬鹿さ加減を更に徹底させて，(4) の右辺の Σ を用いない時は，これは，ものすごい資源の浪費である．要は積 AB の (i,j) 要素は A の i 番目の行ベクトルと B の j 番目の列ベクトルの内積 $\sum_{k=1}^{n} a_{ik}b_{kj}$に，尽きる．

本問では，$l=m$ であるから，A や B は必らずしも正方行列ではないが，積 AB は m 次の正方行列であり，行列式 $|AB|$ を考察する事が出来る．$m=n$ の時は E-1 (Exercise-1 の略)の後半なので，$m\neq n$ の時を考察しよう．

$m>n$ の時，E-1 と同様に各列に対応する行列式の和になるが，

$$|AB|=\begin{vmatrix} \sum_{k=1}^{n} a_{1p_1}b_{p_11} & \sum_{p_2=1}^{n} a_{1p_2}b_{p_22} & \cdots & \sum_{p_m=1}^{n} a_{1p_m}b_{p_mm} \\ \sum_{p_1=1}^{n} a_{2p_1}b_{p_11} & \sum_{p_2=1}^{n} a_{2p_2}b_{p_22} & \cdots & \sum_{p_m=1}^{n} a_{2p_m}b_{p_mm} \\ \multicolumn{4}{c}{\cdots\cdots\cdots\cdots\cdots\cdots} \\ \sum_{p_1=1}^{n} a_{mp_1}b_{p_11} & \sum_{p_2=1}^{n} a_{mp_2}b_{p_22} & \cdots & \sum_{p_m=1}^{n} a_{mp_m}b_{p_mm} \end{vmatrix}=\sum_{p_1,p_2,\cdots,p_m=1}^{n}\begin{vmatrix} a_{1p_1}b_{p_11} & a_{1p_2}b_{p_2p} & \cdots & a_{1p_m}b_{p_mm} \\ a_{2p_1}b_{p_11} & a_{2p_2}b_{p_22} & \cdots & a_{2p_m}b_{p_mm} \\ \multicolumn{4}{c}{\cdots\cdots\cdots\cdots} \\ a_{mp_1}b_{p_11} & a_{mp_2}b_{p_22} & \cdots & a_{mp_m}b_{p_mm} \end{vmatrix}$$

$$=\sum_{p_1,p_2,\cdots,p_m=1}^{n} b_{p_11}b_{p_22}\cdots b_{p_mm}\begin{vmatrix} a_{1p_1} & a_{1p_2} & \cdots & a_{1p_m} \\ a_{2p_1} & a_{2p_2} & \cdots & a_{2p_m} \\ \multicolumn{4}{c}{\cdots\cdots\cdots\cdots} \\ a_{mp_1} & a_{mp_2} & \cdots & a_{mp_m} \end{vmatrix} \tag{5}$$

において m 個の $p_1,p_2,\cdots,p_m$ は m より小さい n 個の中を動くので，必らず，一組の $p_i=p_j$．すると最後の行列式

は i 列と j 列が一致し，零である．故に，$m>n$ の時は $|AB|=0$. $m=n$ の時は，E-1 より $|AB|=|A||B|$ である．

$m\leqq n$ の時，(5)の右辺の行列式は $p_1, p_2, \cdots, p_{1n}$ の中に同じ物があると，上に述べた様に零になるので，n 個の文字 $1, 2, \cdots, n$ の中から相異なる m 個の文字 $p_1, p_2, \cdots, p_m$ を取り出した順列の中を $p_1, p_2, \cdots, p_m$ が動くと考えてよい．従って，m 個の相異なる文字 $\alpha_1, \alpha_2, \cdots, \alpha_m$ を選び大きさの順に $\alpha_1<\alpha_2<\cdots<\alpha_m$ と並べよう．この様な $(\alpha_1, \alpha_2, \cdots, \alpha_m)$ は $\dfrac{n!}{(n-m)!m!}$ 個ある．この様な固定された $\alpha_1, \alpha_2, \cdots, \alpha_m$ に対して，これを大きさの順と無関係に並べて順列 $(p_1, p_2 \cdots, p_m)$ を得る方法は $m!$ 通りである．順列 $(\alpha_1\alpha_2\cdots\alpha_m)$ から互換を有限個行って順列 $(p_1p_2\cdots p_m)$ に達する回数が偶の時 $\mathrm{sgn}(p_1p_2\cdots p_m)=+1$, 奇の時 $\mathrm{sgn}(p_1p_2\cdots p_m)=-1$ と約束すると，(5)より

$$|AB|=\sum_{1\leqq\alpha_1<\alpha_2<\cdots<\alpha_m\leqq n}\left(\sum_{p_1,p_2,\cdots,p_m} b_{p_1}b_{2p_2}\cdots b_{mp_m}\begin{vmatrix} a_{1p_1} & a_{1p_2} & \cdots & a_{1p_m} \\ a_{2p_1} & a_{2p_2} & \cdots & a_{2p_m} \\ \cdots & \cdots & \cdots & \cdots \\ a_{mp_1} & a_{mp_2} & \cdots & a_{mp_m}\end{vmatrix}\right)$$

$$=\sum_{1\leqq\alpha_1<\alpha_2<\cdots<\alpha_m\leqq n}\left(\sum_{p_1,p_2,\cdots,p_m}\mathrm{sgn}(p_1p_2\cdots p_m)b_{1p_1}b_{2p_2}\cdots b_{mp_m}\right)\begin{vmatrix} a_{1\alpha_1} & a_{1\alpha_2} & \cdots & a_{1\alpha_m} \\ a_{2\alpha_1} & a_{2\alpha_2} & \cdots & a_{2\alpha_m} \\ \cdots & \cdots & \cdots & \cdots \\ a_{m\alpha_1} & a_{m\alpha_2} & \cdots & a_{m\alpha_m}\end{vmatrix}$$

$$=\sum_{1\leqq\alpha_1<\alpha_2<\cdots<\alpha_m\leqq n}\begin{vmatrix} b_{1\alpha_1} & b_{2\alpha_1} & \cdots & b_{m\alpha_1} \\ b_{1\alpha_2} & b_{2\alpha_2} & \cdots & b_{m\alpha_2} \\ \cdots & \cdots & \cdots & \cdots \\ b_{1\alpha_m} & b_{2\alpha_m} & \cdots & b_{m\alpha_m}\end{vmatrix}\begin{vmatrix} a_{1\alpha_1} & a_{1\alpha_2} & \cdots & a_{1\alpha_m} \\ a_{2\alpha_1} & a_{2\alpha_2} & \cdots & a_{2\alpha_m} \\ \cdots & \cdots & \cdots & \cdots \\ a_{m\alpha_1} & a_{m\alpha_2} & \cdots & a_{m\alpha_m}\end{vmatrix}$$

$$=\sum_{1\leqq\alpha_1<\alpha_2<\cdots<\alpha_m\leqq n}\begin{vmatrix} a_{1\alpha_1} & a_{1\alpha_2} & \cdots & a_{1\alpha_m} \\ a_{2\alpha_1} & a_{2\alpha_2} & \cdots & a_{2\alpha_m} \\ \cdots & \cdots & \cdots & \cdots \\ a_{m\alpha_1} & a_{m\alpha_2} & \cdots & a_{m\alpha_m}\end{vmatrix}\begin{vmatrix} b_{1\alpha_1} & b_{2\alpha_1} & \cdots & b_{m\alpha_1} \\ b_{1\alpha_2} & b_{2\alpha_2} & \cdots & b_{m\alpha_2} \\ \cdots & \cdots & \cdots & \cdots \\ b_{1\alpha_m} & b_{2\alpha_m} & \cdots & b_{m\alpha_m}\end{vmatrix}$$

を得るが，これは $m=n$ の時の $|AB|=|A||B|$ の一般化である．

5 章

類題 1. 1次変換，$x''=a'x'+b'y'$, $y''=c'x'+d'y'$ に1次変換 $x'=ax+by$, $y'=cx+dy$ を代入すると，1次変換 $x''=a'(ax+by)+b'(cx+dy)=(a'a+b'c)x+(a'b+b'd)y$, $y''=c'(ax+by)+d'(cx+dy)=(c'a+d'c)x+(c'b+d'd)y$ を得る．この合成写像が恒等写像 $x''=x, y''=y$ である為の必要十分条件は $a'a+b'c=1$, $a'b+b'd=0$, $c'a+d'c=0$, $c'b+d'd=1$. これは，a', b' に関する連立1次方程式 $aa'+cb'=1$, $ba'+db'=0$ と c', d' に関する連立1次方程式 $ac'+cd'=0$, $bc'+dd'=1$ が同時に解を持つ事であり，4章問題1の(2)－(3), (4)－(5)と同値であり，$ad-bc\neq0$ の時のみ，解

$$a'=\frac{d}{ad-bc},\ b'=\frac{-b}{ad-bc},\ c'=\frac{-c}{ad-bc},\ d'=\frac{a}{ad-bc}$$

を持ち，1次変換 $x'=a'x+b'y$, $y'=c'x+d'y$ は1次変換 $x'=ax+by$, $y'=cx+dy$ の逆変換である．

類題 2. 四点 $X_1(0,0)$, $X_2(1,0)$, $X_3(1,1)$, $X_4(0,1)$ は1次変換 (1) によって $X_1'(0,0)$, $X_2'(a,c)$, $X_3'(a+b, c+d)$, $X_4'(b,d)$ に写し，正方形 $X_1X_2X_4X_3$ は平行四辺形 $X_1'X_2'X_3'X_4'$ に写る．ベクトル $\overrightarrow{X_1'X_2'}=(a,c)$, $\overrightarrow{X_1'X_4'}=(b,d)$ のなす角を θ とすると，内積は $(\overrightarrow{X_1'X_2'}, \overrightarrow{X_1'X_4'})=ab+cd$, 大きさは $|\overrightarrow{X_1'X_2'}|^2=a^2+c^2$, $|\overrightarrow{X_1'X_4'}|^2=b^2+d^2$ で与えられるので，平行四辺形 $X_1'X_2'X_3'X_4'$ の面積 $S=|\overrightarrow{X_1'X_2'}||\overrightarrow{X_1'X_4'}|\sin\theta$ より，$S^2=|\overrightarrow{X_1'X_2'}|^2|\overrightarrow{X_1'X_4'}|^2-|\overrightarrow{X_1'X_2'}|^2|\overrightarrow{X_1'X_4'}|^2\cos^2\theta=|\overrightarrow{X_1'X_2'}|^2|\overrightarrow{X_1'X_4'}|^2-(\overrightarrow{X_1'X_2'}, \overrightarrow{X_1'X_4'})^2=(a^2+c^2)(b^2+d^2)-(ab+cd)^2=a^2d^2+b^2c^2-2abcd=(ad-bc)^2$ より，$S=|ad-bc|=$行列 A の行列式の絶対値．

類題 3. 四点は1次変換 $\begin{pmatrix} x' \\ y' \end{pmatrix}=\begin{pmatrix} 1 & 2 \\ 1 & 3 \end{pmatrix}\begin{pmatrix} x \\ y \end{pmatrix}$ により，順に，(0,0), (2,3), (3,4), (1,1)に写り，面積 $=3-2=1$ の平行四辺形に写る．$\begin{pmatrix} 1 & 2 \\ 1 & 3 \end{pmatrix}^{-1}=\begin{pmatrix} 3 & -1 \\ -2 & 1 \end{pmatrix}$ が逆変換に対応する行列である．

類題 4. 面積1の平行四辺形は面積 $|ad-bc|$ の平行四辺形に写るので，条件は $|ad-bc|=1$.

類題 5. 1次変換 $\begin{bmatrix} x' \\ y' \end{bmatrix}=\begin{bmatrix} a & b \\ o & c \end{bmatrix}\begin{bmatrix} x \\ y \end{bmatrix}$ は $x'=ax+by,\ y'=cy$ と同値であり，直線 $ax+by=c$ は直線 $x'=c$ に写る.

類題 6. 点 M の座標を $(2m, m)$ とする．点 P の座標を (x,y)，点 P′ の座標を (x',y') とすると，$\overrightarrow{\mathrm{PM}}=(2m-x, m-y)$，$\mathrm{MP}'=(x'-2m, y'-m)$ なので，$2\overrightarrow{\mathrm{PM}}=(4m-2x, 2m-2y)=\overrightarrow{\mathrm{MP}'}=(x'-2m, y'-m)$ より，$x'=6m-2x, y'=3m-2y$. $\overrightarrow{\mathrm{OM}}$ と $\overrightarrow{\mathrm{PM}}$ は直交するので，内積は0であり，$2m(2m-x)+m(m-y)=5m^2-m(2x+y)=0$. $m\neq 0$ であれば，$m=\dfrac{2x+y}{5}$ を x',y' に代入し，$x'=\dfrac{2x+6y}{5}$，$y'=\dfrac{6x-7y}{5}$. $m=0$ の時は，$\mathrm{O}=\mathrm{M}=(0,0)$ で取り，直線 OP は $x=2y$ に直交するので，点 $\mathrm{P}(x,y)$ は直線 $y=-2x$ 上にあり，やはり，$m=\dfrac{2x+y}{5}$ が成立し，同じ結果を得る．従って，$\begin{pmatrix} x' \\ y' \end{pmatrix}=\dfrac{1}{5}\begin{pmatrix} 2 & 6 \\ 6 & -7 \end{pmatrix}\begin{pmatrix} x \\ y \end{pmatrix}$.

類題 7. 1次変換 $\begin{pmatrix} x \\ y \end{pmatrix}=\begin{pmatrix} 2 & 1 \\ -3 & -1 \end{pmatrix}\begin{pmatrix} x' \\ y' \end{pmatrix}=\begin{pmatrix} 2x'+y' \\ -3x'-y' \end{pmatrix}$ は $x=2x'+y', y=-3x'-y'$ と同値であり，直線 $m: 2x-y+3=0$ の原像 l は $7x'+3y'+3=0$. l, m を同じ座標面の直線と**考えている様**であり，連立方程式 $\begin{pmatrix} 2x-y=-3 \\ 7x+3y=-3 \end{pmatrix}$ を解き，$x=-\dfrac{12}{13}$，$y=\dfrac{15}{13}$. $\begin{pmatrix} 2 & 1 \\ -3 & -1 \end{pmatrix}^{-1}=\begin{pmatrix} -1 & -1 \\ 3 & 2 \end{pmatrix}$，点 $(x,y)=\left(-\dfrac{12}{13}, \dfrac{15}{13}\right)$ の上の変換による原像 (x',y') を**求めている様**なので，$\begin{pmatrix} x' \\ y' \end{pmatrix}=\begin{pmatrix} -1 & -1 \\ 3 & 2 \end{pmatrix}\begin{pmatrix} x \\ y \end{pmatrix}=\begin{pmatrix} -1 & -1 \\ 3 & 2 \end{pmatrix}\begin{pmatrix} -\dfrac{12}{13} \\ \dfrac{15}{13} \end{pmatrix}=\dfrac{1}{13}\begin{pmatrix} 12 & -15 \\ -36 & +30 \end{pmatrix}=\dfrac{1}{13}\begin{pmatrix} -3 \\ -6 \end{pmatrix}$ より，$(x',y')=\left(\dfrac{-3}{13}, \dfrac{-6}{13}\right)$.

Exercise 1. $\begin{bmatrix} \frac{1}{\sqrt{2}} & -\frac{1}{\sqrt{2}} \\ \frac{1}{\sqrt{2}} & \frac{1}{\sqrt{2}} \end{bmatrix}^{-1}=\begin{bmatrix} \frac{1}{\sqrt{2}} & \frac{1}{\sqrt{2}} \\ -\frac{1}{\sqrt{2}} & \frac{1}{\sqrt{2}} \end{bmatrix}$ なので，1次変換 $\begin{bmatrix} u \\ v \end{bmatrix}=\begin{bmatrix} \frac{1}{\sqrt{2}} & -\frac{1}{\sqrt{2}} \\ \frac{1}{\sqrt{2}} & \frac{1}{\sqrt{2}} \end{bmatrix}\begin{bmatrix} x \\ y \end{bmatrix}$ を x,y について解き，$\begin{bmatrix} x \\ y \end{bmatrix}=\begin{bmatrix} \frac{1}{\sqrt{2}} & \frac{1}{\sqrt{2}} \\ -\frac{1}{\sqrt{2}} & \frac{1}{\sqrt{2}} \end{bmatrix}\begin{bmatrix} u \\ v \end{bmatrix}$ は $x=\dfrac{u+v}{\sqrt{2}}$，$y=\dfrac{-u+v}{\sqrt{2}}$ を $x^2-xy+y^2=1$ に代入すると，$x^2-xy+y^2=\dfrac{u^2+2uv+v^2}{2}-\dfrac{-u^2+v^2}{2}+\dfrac{u^2-2uv+v^2}{2}=\dfrac{3}{2}u^2+\dfrac{v^2}{2}$ なので，長円(だ円) $3u^2+v^2=2$ に写る．1次変換 $\begin{bmatrix} x \\ y \end{bmatrix}=\begin{bmatrix} \frac{1}{\sqrt{2}} & -\frac{1}{\sqrt{2}} \\ \frac{1}{\sqrt{2}} & \frac{1}{\sqrt{2}} \end{bmatrix}\begin{bmatrix} u \\ v \end{bmatrix}$ の意味であれば，$x=\dfrac{u-v}{\sqrt{2}}$，$y=\dfrac{u+v}{\sqrt{2}}$ を $x^2-xy+y^2=1$ に直ちに代入すると，$x^2-xy+y^2=\dfrac{u^2+v^2-2uv}{2}-\dfrac{u^2-v^2}{2}+\dfrac{u^2+v^2+2uv}{2}=\dfrac{u^2}{2}+\dfrac{3v^2}{2}$ より，長円（だ円）$u^2+3v^2=2$ に写る．次問から察すると，後者の意味の様である．これは，高校生諸君の方が筆者より詳しかろう．なお，大学の数学では，必らず，変数も明記するので，この様な曖昧さは残らない．類題5，7やこの問の様な出題では，大学の高学年に進む程，合格しにくくなる．高校数学の約束を忘れるからである．従って，優等生や大学院入試のトップ・クラスの合格者は不合格となり，大学に通わず，家庭教師や塾の先生をしている人の方が合格し易い．己を知り，敵を知れば百戦危うからず．**受験の折は大学の数学を忘れて，高校の数学の頭で臨むのが最善であろう**．筆者はとても合格しそうにない．

Exercise 2. $x=u\cos\theta-v\sin\theta, y=u\sin\theta+v\cos\theta$ を $3x^2+2xy+3y^2=2$ に代入すると，$3x^2+2xy+3y^2=3(u^2\cos^2\theta-2uv\cos\theta\sin\theta+v^2\sin^2\theta)+2(u^2\cos\theta\sin\theta+uv(\cos^2\theta-\sin^2\theta)-v^2\cos\theta\sin\theta)+3(u^2\sin^2\theta+2uv\cos\theta\sin\theta+v^2\cos^2\theta)=(3+\sin 2\theta)u^2+(2\cos 2\theta)uv+(3-\sin 2\theta)v^2$ なので，$(3+\sin 2\theta)u^2+(2\cos 2\theta)uv+(3-\sin 2\theta)v^2=2$ に写る．uv の係数は0なので，$\cos 2\theta=0, 0\leqq\theta\leqq\dfrac{\pi}{2}$ より $2\theta=\dfrac{\pi}{2}$，即ち，$\theta=\dfrac{\pi}{4}$. この時，$A=3+\sin 2\theta=4, B=3-\sin 2\theta=2$ なので，像曲線は，長(だ)円 $2u^2+v^2=1$. なお，xy 座標平面にて，u 軸が x 軸と角 θ をなす様に，次の様な新らしい座標軸 u, v を導入し，平面上の同じ点 P を xy, uv 座標で表した物を，夫々，$(x,y), (u,v)$ とする時，これらの間には，次頁の左図より

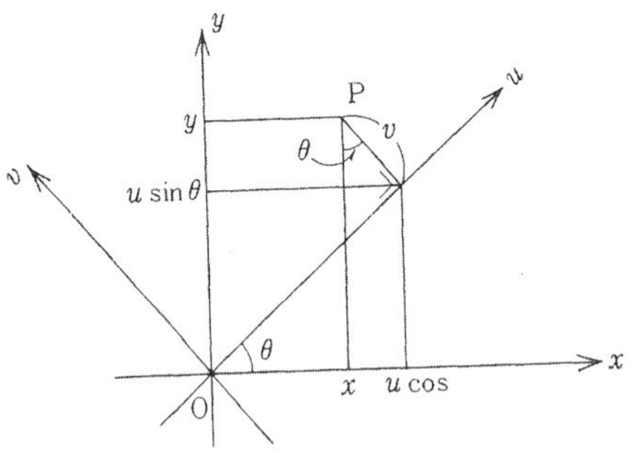

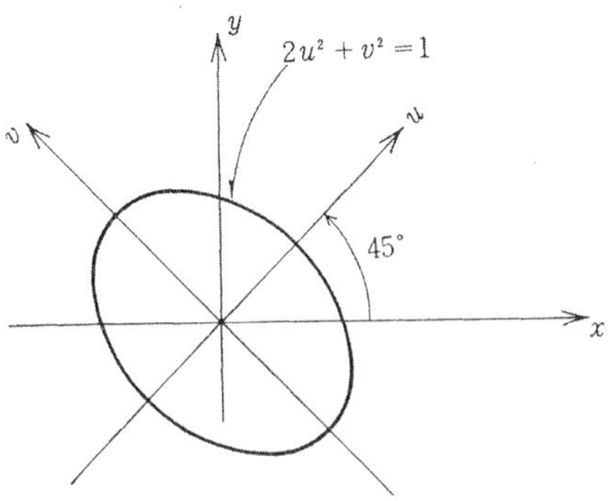

$x=u\cos\theta-v\sin\theta, y=u\sin\theta+v\cos\theta$ を得るので，1次変換 $\begin{pmatrix}x\\y\end{pmatrix}=\begin{pmatrix}\cos\theta & -\sin\theta\\ \sin\theta & \cos\theta\end{pmatrix}\begin{pmatrix}u\\v\end{pmatrix}$ は座標軸の角 θ だけの回転を表す．と見ると3章の問題3 は一目見ただけで角 $\alpha+\beta+\gamma$ だけの回転に対応する行列 $\begin{pmatrix}\cos(\alpha+\beta+\gamma) & -\sin(\alpha+\beta+\gamma)\\ \sin(\alpha+\beta+\gamma) & \cos(\alpha+\beta+\gamma)\end{pmatrix}$ である事が分る．筆者も含めて，中年は新境地を拓いたつもりでも，どうしても，愚息の評の様にワン・パターンに陥り易い様である．従って，2次曲線 $3x^2+2xy+3y^2=2$ を追跡すると，右上の図のだ円を得る．

Exercise 3. V の任意のベクトル x は e_1, e_2, e_3 の1次結合 $x=x_1e_1+x_2e_2+x_3e_3$ で表されるので，x を3次元の行ベクトル (x_1, x_2, x_3) や，それを縦に並べ変えた3次元の列ベクトルと同一視する事が出来る．$x'=f(x)=x_1'e_1+x_2'e_2+x_3'e_3$ とおくと，f は1次変換なので，$x'=f(x_1e_1+x_2e_2+x_3e_3)=x_1f(e_1)+x_2f(e_2)+x_3f(e_3)=x_1(e_1-e_2+e_3)+x_2(-e_1+e_2+e_3)+x_3(e_1-e_2+e_3)=(x_1-x_2+x_3)e_1+(-x_1+x_2-x_3)e_2+(x_1+x_2+x_3)e_3$ なので，$x_1'=x_1-x_2+x_3, x_2'=-x_1+x_2-x_3, x_3'=x_1+x_2+x_3$，従って，1次変換 $x'=f(x)$ は，行列を用いて

$$\begin{bmatrix}x_1'\\x_2'\\x_3'\end{bmatrix}=\begin{bmatrix}1 & -1 & 1\\ -1 & 1 & -1\\ 1 & 1 & 1\end{bmatrix}\begin{bmatrix}x_1\\x_2\\x_3\end{bmatrix} \tag{2}$$

と表され，その行列は (1) の行列の転置行列である．さて，V の1次元の部分空間 W は，ベクトル (l, m, n) に対して $W=\{x=x_1e_1+x_2e_2+x_3e_3;\ x_1=tl,\ x_2=tm,\ x_3=tn,\ -\infty<t<\infty\}$ で与えられる．$x=x_1e_1+x_2e_2+x_3e_3=tle_1+tme_2+tne_3$ に対して，$x'=f(x)=x_1'e_1+x_2'e_2+x_3'e_3$ は

$$\begin{bmatrix}x_1'\\x_2'\\x_3'\end{bmatrix}=\begin{bmatrix}1 & -1 & 1\\ -1 & 1 & -1\\ 1 & 1 & 1\end{bmatrix}\begin{bmatrix}tl\\tm\\tn\end{bmatrix}=t\begin{bmatrix}l-m+n\\ -l+m-n\\ l+m+n\end{bmatrix}$$

で与えられるので，$f(W)\subset W$ であるための必要十分条件は，スカラー s があって，連立1次方程式

$$\begin{cases}l-m+n=sl\\ -l+m-n=sm\\ l+m+n=sn\end{cases}\quad 即ち\quad \begin{cases}(1-s)l-m+n=0\\ -l+(1-s)m-n=0\\ l+m+(1-s)n=0\end{cases} \tag{3}$$

が成立する事である．(3)の第1式+第2式より $-s(l+m)=0$，即ち，$s=0$，又は，$l=-m$．$l=-m$ と第3式より $(1-s)n=0$，即ち，$s=1$，又は，$n=0$．先ず，$n=0$, $l=-m$ の時は $m=-1$ に対する $W=\{t(e_1-e_2);\ t\in \boldsymbol{R}\}$ は $s=2$ に対応する．$s=0$ の時は，$l=-n, m=0$ なので，$n=-1$ として，$W=\{x=t(e_1-e_3);\ t\in\boldsymbol{R}\}$．$s=1$ の時は，$l=-m$，$m=n$ なので，$m=-1$ として，$W=\{x=t(e_1-e_2-e_3);\ t\in\boldsymbol{R}\}$．

次に，任意の $x\in W$ に対して，$f(x)=x$ である為の必要十分条件は，連立方程式

$$\begin{cases}l-m+n=l\\ -l+m-n=m\\ l+m+n=n\end{cases}\quad 即ち\quad \begin{cases}-m+n=0\\ -l-n=0\\ l+m=0\end{cases} \tag{4}$$

が成立する事である．(4)より，$l=-m=-n$ となり，f-不変な W は上記の $s=1$ の場合に対応する，

最後に $f(x)=0$ である為の必要十分条件は，連立方程式

$$\begin{cases} l-m+n=0 \\ -l+m-n=0 \\ l+m+n=0 \end{cases} \tag{5}$$

が成立する事である．(5)の第2式＋第3式より，$m=0$．第1式に代入し，$l=-n$．$n=-1$ として，$l=1$, $W=\{x=t(e_1-e_3);\ t\in \boldsymbol{R}\}$．これは(i)にて $s=0$ に対応する物である．

以上の考察を要約すると，f-不変な1次元部分空間は $\{t(e_1-e_2);\ t\in\boldsymbol{R}\}$, $\{t(e_1-e_3);\ t\in\boldsymbol{R}\}$ と $\{t(e_1-e_2-e_3);\ t\in\boldsymbol{R}\}$, f-不動は $\{t(e_1-e_2-e_3);\ t\in\boldsymbol{R}\}$ f-零は $\{t(e_1-e_3);\ t\in\boldsymbol{R}\}$.

6　章

類題 1. $\begin{pmatrix} 2 & 1 & 1 & 0 \\ 3 & 2 & 0 & 1 \end{pmatrix} \xrightarrow{1行-2行} \begin{pmatrix} -1 & -1 & 1 & -1 \\ 3 & 2 & 0 & 1 \end{pmatrix} \xrightarrow{(-1)\times 1行} \begin{pmatrix} 1 & 1 & -1 & 1 \\ 3 & 2 & 0 & 1 \end{pmatrix} \xrightarrow{2行-3\times 1行} \begin{pmatrix} 1 & 1 & -1 & 1 \\ 0 & -1 & 3 & -2 \end{pmatrix}$

$\xrightarrow{(-1)\times 2行} \begin{pmatrix} 1 & 1 & -1 & 1 \\ 0 & 1 & -3 & 2 \end{pmatrix} \xrightarrow{1行-2行} \begin{pmatrix} 1 & 0 & 2 & -1 \\ 0 & 1 & -3 & 2 \end{pmatrix}$．故に，逆行列は $\begin{pmatrix} 2 & -1 \\ -3 & 2 \end{pmatrix}$.

類題 2. $\begin{pmatrix} 3 & -1 & 2 & 1 & 0 & 0 \\ 2 & 3 & -3 & 0 & 1 & 0 \\ 3 & 1 & 3 & 0 & 0 & 1 \end{pmatrix} \xrightarrow{1行-2行} \begin{pmatrix} 1 & -4 & 5 & 1 & -1 & 0 \\ 2 & 3 & -3 & 0 & 1 & 0 \\ 3 & 1 & 3 & 0 & 0 & 1 \end{pmatrix} \xrightarrow[3行-3\times 1行]{2行-2\times 1行} \begin{pmatrix} 1 & -4 & 5 & 1 & -1 & 0 \\ 0 & 11 & -13 & -2 & 3 & 0 \\ 0 & 13 & -12 & -3 & 3 & 1 \end{pmatrix}$

$\xrightarrow{2行-3行} \begin{pmatrix} 1 & -4 & 5 & 1 & -1 & 0 \\ 0 & -2 & -1 & 1 & 0 & -1 \\ 0 & 13 & -12 & -3 & 3 & 1 \end{pmatrix} \xrightarrow{3行+6\times 2行} \begin{pmatrix} 1 & -4 & 5 & 1 & -1 & 0 \\ 0 & -2 & -1 & 1 & 0 & -1 \\ 0 & 1 & -18 & 3 & 3 & -5 \end{pmatrix} \xrightarrow{2行と3行の入れかえ} \begin{pmatrix} 1 & -4 & 5 & 1 & -1 & 0 \\ 0 & 1 & -18 & 3 & 3 & -5 \\ 0 & -2 & -1 & 1 & 0 & -1 \end{pmatrix}$

$\xrightarrow{3行+2\times 2行} \begin{pmatrix} 1 & -4 & 5 & 1 & -1 & 0 \\ 0 & 1 & -18 & 3 & 3 & -5 \\ 0 & 0 & -37 & 7 & 6 & -11 \end{pmatrix} \xrightarrow{3行\div(-37)} \begin{pmatrix} 1 & -4 & 5 & 1 & -1 & 0 \\ 0 & 1 & -18 & 3 & 3 & -5 \\ 0 & 0 & 1 & -\frac{7}{37} & -\frac{6}{37} & \frac{11}{37} \end{pmatrix}$

$\xrightarrow{1行+4\times 2行} \begin{pmatrix} 1 & 0 & -67 & 13 & 11 & -20 \\ 0 & 1 & -18 & 3 & 3 & -5 \\ 0 & 0 & 1 & -\frac{7}{37} & -\frac{6}{37} & \frac{11}{37} \end{pmatrix} \xrightarrow[1行+67\times 3行]{2行+18\times 3行} \begin{pmatrix} 1 & 0 & 0 & \frac{12}{37} & \frac{5}{37} & \frac{-3}{37} \\ 0 & 1 & 0 & -\frac{15}{37} & \frac{3}{37} & \frac{13}{37} \\ 0 & 0 & 1 & -\frac{7}{37} & -\frac{6}{37} & \frac{11}{37} \end{pmatrix}$.

故に逆行列は $\begin{pmatrix} \frac{12}{37} & \frac{5}{37} & -\frac{3}{37} \\ -\frac{15}{37} & \frac{3}{37} & \frac{13}{37} \\ -\frac{7}{37} & -\frac{6}{37} & \frac{11}{37} \end{pmatrix}$．行基本変形では，一個所誤ると，後は全てパーであるが，余因子行列の方は，$|A|$ さえ誤らねば，後は，誤りを局所的に留め得る．行基本変形はコンピューター向きである．

類題 3. $\begin{pmatrix} 1 & 2 & 3 & 1 & 0 & 0 \\ 8 & 9 & 4 & 0 & 1 & 0 \\ 7 & 6 & 5 & 0 & 0 & 1 \end{pmatrix} \xrightarrow[3行-7\times 1行]{2行-8\times 1行} \begin{pmatrix} 1 & 2 & 3 & 1 & 0 & 0 \\ 0 & -7 & -20 & -8 & 1 & 0 \\ 0 & -8 & -16 & -7 & 0 & 1 \end{pmatrix} \xrightarrow{2行-3行} \begin{pmatrix} 1 & 2 & 3 & 1 & 0 & 0 \\ 0 & 1 & -4 & -1 & 1 & -1 \\ 0 & -8 & -16 & -7 & 0 & 1 \end{pmatrix}$

$\xrightarrow{3行+8\times 2行} \begin{pmatrix} 1 & 2 & 3 & 1 & 0 & 0 \\ 0 & 1 & -4 & -1 & 1 & -1 \\ 0 & 0 & -48 & -15 & 8 & -7 \end{pmatrix} \xrightarrow{3行\div(-48)} \begin{pmatrix} 1 & 2 & 3 & 1 & 0 & 0 \\ 0 & 1 & -4 & -1 & 1 & -1 \\ 0 & 0 & 1 & \frac{15}{48} & -\frac{8}{48} & \frac{7}{48} \end{pmatrix}$

$\xrightarrow{1行-2\times 2行} \begin{pmatrix} 1 & 0 & 11 & 3 & -2 & 2 \\ 0 & 1 & -4 & -1 & 1 & -1 \\ 0 & 0 & 1 & \frac{15}{48} & -\frac{8}{48} & \frac{7}{48} \end{pmatrix} \xrightarrow[1行-11\times 3行]{2行+4\times 3行} \begin{pmatrix} 1 & 0 & 0 & -\frac{21}{48} & -\frac{8}{48} & \frac{19}{48} \\ 0 & 1 & 0 & \frac{12}{48} & \frac{16}{48} & -\frac{20}{48} \\ 0 & 0 & 1 & \frac{15}{48} & -\frac{8}{48} & \frac{7}{48} \end{pmatrix}$．逆行列は，$\begin{pmatrix} -\frac{21}{48} & -\frac{8}{48} & \frac{19}{48} \\ \frac{12}{48} & \frac{16}{48} & -\frac{20}{48} \\ \frac{15}{48} & -\frac{8}{48} & \frac{7}{48} \end{pmatrix}$.

類題 4. $\begin{pmatrix} 1 & 2 & 3 & 1 & 0 & 0 \\ 2 & -1 & 4 & 0 & 1 & 0 \\ 0 & -2 & -5 & 0 & 0 & 1 \end{pmatrix} \xrightarrow{2行-2\times1行} \begin{pmatrix} 1 & 2 & 3 & 1 & 0 & 0 \\ 0 & -5 & -2 & -2 & 1 & 0 \\ 0 & -2 & -5 & 0 & 0 & 1 \end{pmatrix} \xrightarrow{2行-2\times3行} \begin{pmatrix} 1 & 2 & 3 & 1 & 0 & 0 \\ 0 & -1 & 8 & -2 & 1 & -2 \\ 0 & -2 & -5 & 0 & 0 & 1 \end{pmatrix}$

$\xrightarrow{(-1)\times2行} \begin{pmatrix} 1 & 2 & 3 & 1 & 0 & 0 \\ 0 & 1 & -8 & 2 & -1 & 2 \\ 0 & -2 & -5 & 0 & 0 & 1 \end{pmatrix} \xrightarrow{3行+2\times2行} \begin{pmatrix} 1 & 2 & 3 & 1 & 0 & 0 \\ 0 & 1 & -8 & 2 & -1 & 2 \\ 0 & 0 & -21 & 4 & -2 & 5 \end{pmatrix} \xrightarrow{3行\div(-21)} \begin{pmatrix} 1 & 2 & 3 & 1 & 0 & 0 \\ 0 & 1 & -8 & 2 & -1 & 2 \\ 0 & 0 & 1 & -\frac{4}{21} & \frac{2}{21} & -\frac{5}{21} \end{pmatrix}$

$\xrightarrow{1行-2\times2行} \begin{pmatrix} 1 & 0 & 19 & -3 & 2 & -4 \\ 0 & 1 & -8 & 2 & -1 & 2 \\ 0 & 0 & 1 & -\frac{4}{21} & \frac{2}{21} & -\frac{5}{21} \end{pmatrix} \xrightarrow[1行-19\times3行]{2行+8\times3行} \begin{pmatrix} 1 & 0 & 0 & \frac{13}{21} & \frac{4}{21} & \frac{11}{21} \\ 0 & 1 & 0 & \frac{10}{21} & -\frac{5}{21} & \frac{2}{21} \\ 0 & 0 & 1 & -\frac{4}{21} & \frac{2}{21} & -\frac{5}{21} \end{pmatrix}.$

逆行列は $\begin{pmatrix} \frac{13}{21} & \frac{4}{21} & \frac{11}{21} \\ \frac{10}{21} & -\frac{5}{21} & \frac{2}{21} \\ -\frac{4}{21} & \frac{2}{21} & -\frac{5}{21} \end{pmatrix}$. 人間は算術の機械ではないので，**検算**すると，$\frac{1}{21}\begin{pmatrix} 13 & 4 & 11 \\ 10 & -5 & 2 \\ -4 & 2 & -5 \end{pmatrix}\begin{pmatrix} 1 & 2 & 3 \\ 2 & -1 & 4 \\ 0 & -2 & -5 \end{pmatrix}$

$=\frac{1}{21}\begin{pmatrix} 13+8 & 26-4-22 & 39+16-55 \\ 10-10 & 20+5-4 & 30-20-10 \\ -4+4 & -8-2+10 & -12+8+25 \end{pmatrix}=\begin{pmatrix} 1 & 0 & 0 \\ 0 & 1 & 0 \\ 0 & 0 & 1 \end{pmatrix}.$

類題 5. $\begin{pmatrix} 1 & p & q & 1 & 0 & 0 \\ 0 & 1 & 0 & 0 & 1 & 0 \\ 0 & 0 & 1 & 0 & 0 & 1 \end{pmatrix} \xrightarrow{1行-p\times2行} \begin{pmatrix} 1 & 0 & q & 1 & -p & 0 \\ 0 & 1 & 0 & 0 & 1 & 0 \\ 0 & 0 & 1 & 0 & 0 & 1 \end{pmatrix} \xrightarrow{1行-q\times3行} \begin{pmatrix} 1 & 0 & 0 & 1 & -p & -q \\ 0 & 1 & 0 & 0 & 1 & 0 \\ 0 & 0 & 1 & 0 & 0 & 1 \end{pmatrix}.$

故に逆行列は $\begin{pmatrix} 1 & -p & -q \\ 0 & 1 & 0 \\ 0 & 0 & 1 \end{pmatrix}$. 検算すると $\begin{pmatrix} 1 & -p & -q \\ 0 & 1 & 0 \\ 0 & 0 & 1 \end{pmatrix}\begin{pmatrix} 1 & p & q \\ 0 & 1 & 0 \\ 0 & 0 & 1 \end{pmatrix}=\begin{pmatrix} 1 & p-p & q-q \\ 0 & 1 & 0 \\ 0 & 0 & 1 \end{pmatrix}=\begin{pmatrix} 1 & 0 & 0 \\ 0 & 1 & 0 \\ 0 & 0 & 1 \end{pmatrix}.$

類題 6. $\begin{pmatrix} 1 & 2 & 3 & 1 & 0 & 0 \\ 0 & 5 & 0 & 0 & 1 & 0 \\ 2 & 4 & 3 & 0 & 0 & 1 \end{pmatrix} \xrightarrow{3行-2\times1行} \begin{pmatrix} 1 & 2 & 3 & 1 & 0 & 0 \\ 0 & 5 & 0 & 0 & 1 & 0 \\ 0 & 0 & -3 & -2 & 0 & 1 \end{pmatrix} \xrightarrow[3行\div(-3)]{2行\div5} \begin{pmatrix} 1 & 2 & 3 & 1 & 0 & 0 \\ 0 & 1 & 0 & 0 & \frac{1}{5} & 0 \\ 0 & 0 & 1 & \frac{2}{3} & 0 & -\frac{1}{3} \end{pmatrix}$

$\xrightarrow{1行-2\times2行} \begin{pmatrix} 1 & 0 & 3 & 1 & -\frac{2}{5} & 0 \\ 0 & 1 & 0 & 0 & \frac{1}{5} & 0 \\ 0 & 0 & 1 & \frac{2}{3} & 0 & -\frac{1}{3} \end{pmatrix} \xrightarrow{1行-3\times3行} \begin{pmatrix} 1 & 0 & 0 & -1 & -\frac{2}{5} & 1 \\ 0 & 1 & 0 & 0 & \frac{1}{5} & 0 \\ 0 & 0 & 1 & \frac{2}{3} & 0 & -\frac{1}{3} \end{pmatrix}$. 逆行列は $\begin{pmatrix} -1 & -\frac{2}{5} & 1 \\ 0 & \frac{1}{5} & 0 \\ \frac{2}{3} & 0 & -\frac{1}{3} \end{pmatrix}$.

検算すると $\begin{pmatrix} -1 & -\frac{2}{5} & 1 \\ 0 & \frac{1}{5} & 0 \\ \frac{2}{3} & 0 & -\frac{1}{3} \end{pmatrix}\begin{pmatrix} 1 & 2 & 3 \\ 0 & 5 & 0 \\ 2 & 4 & 3 \end{pmatrix}=\begin{pmatrix} -1+2 & -2-2+4 & -3+3 \\ 0 & 1 & 0 \\ \frac{2}{3}-\frac{2}{3} & \frac{4}{3}-\frac{4}{3} & 2-1 \end{pmatrix}=\begin{pmatrix} 1 & 0 & 0 \\ 0 & 1 & 0 \\ 0 & 0 & 1 \end{pmatrix}.$

類題 7. $\begin{pmatrix} 3 & -1 & -2 \\ -1 & 2 & 3 \\ 1 & 3 & 4 \end{pmatrix} \xrightarrow[2行+3行]{1行-3\times3行} \begin{pmatrix} 0 & -10 & -14 \\ 0 & 5 & 7 \\ 1 & 3 & 4 \end{pmatrix} \xrightarrow{1行と3行の入れかえ} \begin{pmatrix} 1 & 3 & 4 \\ 0 & 5 & 7 \\ 0 & -10 & -14 \end{pmatrix} \xrightarrow{3行+2\times2行} \begin{pmatrix} 1 & 3 & 4 \\ 0 & 5 & 7 \\ 0 & 0 & 0 \end{pmatrix}$

$\xrightarrow{2列-3\times1列} \begin{pmatrix} 1 & 0 & 4 \\ 0 & 5 & 7 \\ 0 & 0 & 0 \end{pmatrix} \xrightarrow{3列-4\times1列} \begin{pmatrix} 1 & 0 & 0 \\ 0 & 5 & 7 \\ 0 & 0 & 0 \end{pmatrix} \xrightarrow[3列\div7]{2列\div5} \begin{pmatrix} 1 & 0 & 0 \\ 0 & 1 & 1 \\ 0 & 0 & 0 \end{pmatrix} \xrightarrow{3列-2列} \begin{pmatrix} 1 & 0 & 0 \\ 0 & 1 & 0 \\ 0 & 0 & 0 \end{pmatrix}.$

従って，この行列のランクは 2 であり，この行列を構成する 1 次独立な行，並びに，列ベクトルの個数は 2 である．

類題 8. λ が固有値であるとは，連立方程式 $\begin{matrix} 3x+2y=\lambda x \\ x+4y=\lambda y \end{matrix}$，即ち $\begin{matrix} (3-\lambda)x+2y=0 \\ x+(4-\lambda)y=0 \end{matrix}$ がノン・トリビヤルな解を持つ事を云うので，固有方程式 $\begin{vmatrix} 3-\lambda & 2 \\ 1 & 4-\lambda \end{vmatrix}=(3-\lambda)(4-\lambda)-2=\lambda^2-7\lambda+10=(\lambda-2)(\lambda-5)$ の解 $\lambda=2,5$ が固有値である．こ

の時，行列 $\begin{pmatrix} 3-\lambda & 2 \\ 1 & 4-\lambda \end{pmatrix}$ のランクは1なので，上の方程式の解は $2-1=1$ の自由度を持つ．

類題 9. 行列 A が正則行列である為の必要十分条件は $|A|=\begin{vmatrix} a & b \\ c & d \end{vmatrix}=ad-bc\neq 0$ であり，この条件は，同次方程式 $\begin{matrix} ax+by=0 \\ cx+dy=0 \end{matrix}$ がノン・トリビヤルな解を持たない事と同値である．

類題10.
$$\begin{pmatrix} 3 & -1 & 2 & 0 \\ 2 & 3 & -3 & -1 \\ 3 & 1 & 3 & 3 \end{pmatrix} \xrightarrow[3行-1行]{2行-1行} \begin{pmatrix} 3 & -1 & 2 & 0 \\ -1 & 4 & -5 & -1 \\ 0 & 2 & 1 & 3 \end{pmatrix} \xrightarrow{1行+3\times 2行} \begin{pmatrix} 0 & 11 & -13 & -3 \\ -1 & 4 & -5 & -1 \\ 0 & 2 & 1 & 3 \end{pmatrix}$$

$$\xrightarrow[て1行と入れかえ]{2行の符号を変え} \begin{pmatrix} 1 & -4 & 5 & 1 \\ 0 & 11 & -13 & -3 \\ 0 & 2 & 1 & 3 \end{pmatrix} \xrightarrow[2行-6\times 3行]{1行+2\times 3行} \begin{pmatrix} 1 & 0 & 7 & 7 \\ 0 & -1 & -19 & -21 \\ 0 & 2 & 1 & 3 \end{pmatrix} \xrightarrow{3行+2\times 2行} \begin{pmatrix} 1 & 0 & 7 & 7 \\ 0 & -1 & -19 & -21 \\ 0 & 0 & -37 & -39 \end{pmatrix}$$

$$\xrightarrow[2行\times(-1)]{3行\div(-37)} \begin{pmatrix} 1 & 0 & 7 & 7 \\ 0 & 1 & 19 & 21 \\ 0 & 0 & 1 & \frac{39}{37} \end{pmatrix} \xrightarrow[1行-7\times 3行]{2行-19\times 3行} \begin{pmatrix} 1 & 0 & 0 & -\frac{14}{37} \\ 0 & 1 & 0 & \frac{36}{37} \\ 0 & 0 & 1 & \frac{39}{37} \end{pmatrix}.$$

故に，方程式は $x+\frac{14}{37}=0$, $y-\frac{36}{37}=0$, $z-\frac{39}{37}=0$ に帰着される．この方法は，分数の計算が出るし，興奮すると循環論法に陥るので，入試の時は避けたがよい．一方，分数を嫌わぬコンピューターには，この方法がよい．いずれにせよ，受験の前に自分にはどの方法が相性が好いかを識っておくべきである．

類題11. この行列式はバンデルモンドの行列式として有名である．4章の E-3 はこの行列式を極めて難しくした物であるので，諸君には，この行列式は易しかろう．この行列式は n 個の文字 $x_1, x_2, \cdots, x_n$ に関する $1+2+\cdots+(n-1)=\frac{n(n-1)}{2}$ 次の多項式であり，$x_i=x_j$ の時，第 i 列と第 j 列が一致するので，0であり，剰余定理より x_i-x_j で割り切れる．従って，差積 $\Delta=\prod_{i<j}(x_i-x_j)$ で割り切れる．この差積の次数は $(n-1)+(n-2)+\cdots+1=\frac{n(n-1)}{2}$ なので，行列式を Δ で割った商は定数 C であり，行列式の値は $C\Delta$．所で，対角線の積 $x_2x_3{}^2\cdots x_n{}^{n-1}$ は差積では $(x_1-x_2)(x_1-x_3)\cdots(x_1-x_n)(x_2-x_3)(x_2-x_4)\cdots(x_2-x_n)\cdots(x_{n-1}-x_n)$ において，夫々の積を構成する二項の内のマイナスを係数に持つ物として現れるので，差積での係数は $(-1)^{1+2+\cdots+(n-1)}$．従って $C=(-1)^{\frac{n(n-1)}{2}}$ であり，公式

$$バンデルモンド=(-1)^{\frac{n(n-1)}{2}}\prod_{i<j}(x_i-x_j)$$

を得る．

類題12. これらの n 個の列ベクトルが作る行列の行列式は，前問のバンデルモンドであり，$x_i\neq x_j$ なので，この行列式は0でなく，行列のランクは n．従って，n 個のベクトルは1次独立である．

Exercise 1. 問題5で解説した様に，一般に $r(A)+r(B)\leqq n$ であって，等号が成立する事と同次方程式 $A\boldsymbol{x}=\boldsymbol{0}$ の任意の解 $\boldsymbol{x}$ が B の列ベクトル $\boldsymbol{b}_1, \boldsymbol{b}_2, \cdots, \boldsymbol{b}_n$ の1次結合で表される事である．(i)→(ii)は，行列 X が $AX=O$ を満せば，X の列ベクトル $\boldsymbol{x}_1, \boldsymbol{x}_2, \cdots, \boldsymbol{x}_n$ は $A\boldsymbol{x}_j=\boldsymbol{0}$ を満すので，各 j に対して，n 個のスカラー $y_{1j}, y_{2j}, \cdots, y_{nj}$ があって，

$$\boldsymbol{x}_j=\sum_{k=1}^{n}\boldsymbol{b}_k y_{kj} \quad (1\leqq j\leqq n) \tag{1}$$

ベクトル $\boldsymbol{x}_j$ と $\boldsymbol{b}_k$ の成分を $\boldsymbol{x}_j=(x_{ij})$, $\boldsymbol{b}_k=(b_{jk})$ と記し，$Y=(y_{ij})$ とおくと，(1)は $X=BY$ と同値である．逆に(ii)が成立すれば，$A\boldsymbol{x}=\boldsymbol{0}$ の任意の解 $\boldsymbol{x}$ は $\boldsymbol{b}_1, \boldsymbol{b}_2, \cdots, \boldsymbol{b}_n$ の1次結合で表わされ，この様な1次独立な $\boldsymbol{x}$ の数 $n-r(A)$ は $\boldsymbol{b}_1, \boldsymbol{b}_2, \cdots, \boldsymbol{b}_n$ の中の1次独立な物の数 $r(B)$ に等しくなる．

Exercise 2. 問題5で説明した様に，問題5，従って，E-1 は一般の型の行列 A, B に拡張される．しかし，E-2 は E-1 と掛け算の順序が逆である．この時は，転置行列を用いる．$AB=O$ と ${}^tB{}^tA=O$ は同値であり．$r({}^tA)=r(A)$, $r({}^tB)=r(B)$ であり，$XB=O$ と ${}^tB{}^tX=O$, $X=YA$ と ${}^tX={}^tA{}^tY$ は同値なので，この E-2 は転置行列を取れば，E-1 に帰着される，

Exercise 3. (i) A を (m,n) 行列，B を (n,l) 行列とし，A のランクを r, B のランクを t とする．B の列ベクトルを $\boldsymbol{b}_1, \boldsymbol{b}_2, \cdots, \boldsymbol{b}_l$ とする． その内の一つ，例えば，$\boldsymbol{b}_j$ が他の幾つかの1次結合 $\boldsymbol{b}_j=\sum\lambda_k\boldsymbol{b}_k$ で表されれば，この両辺に左から A を掛けて $A\boldsymbol{b}_j=\sum\lambda_k A\boldsymbol{b}_k$. 行列 AB の列ベクトルは $A\boldsymbol{b}_1, A\boldsymbol{b}_2, \cdots, A\boldsymbol{b}_l$ から成り，その内の $A\boldsymbol{b}_j$ が他の1次結合で表わされることを意味する．行列 B のランクが t と云う事は，列ベクトル $\boldsymbol{b}_1, \boldsymbol{b}_2, \cdots, \boldsymbol{b}_l$ の中には1次独立なものが t 個しかなく， 他の残りの $l-t$ 個はこれらの t 個の1次結合で表わされる事を意味する． 上の考察より，行列 AB の列ベクトル $A\boldsymbol{b}_1, A\boldsymbol{b}_2, \cdots, A\boldsymbol{b}_l$ において，$l-t$ 個の列ベクトルは t 個の列ベクトルの1次結合で表されるので，1次独立な列ベクトルの個数 t はを越える事はなく，不等式

$$r(AB)\leqq r(B) \tag{1}$$

を得る．A の行ベクトルを $\boldsymbol{a}_1, \boldsymbol{a}_2, \cdots, \boldsymbol{a}_m$ とする．$\boldsymbol{a}_1B, \boldsymbol{a}_2B, \cdots, \boldsymbol{a}_mB$ は行列 AB の行ベクトルを構成する．A のランクは r なので，$\boldsymbol{a}_1, \boldsymbol{a}_2, \cdots, \boldsymbol{a}_m$ の内の r 個だけが1次独立で，他の $m-r$ 個はこれらの r 個の1次結合で表される．右から B を掛けた $B\boldsymbol{a}_1, B\boldsymbol{a}_2, \cdots, B\boldsymbol{a}_m$ についても，$m-r$ 個は上の r 個に対する行ベクトルの1次結合で表される．従って，行列 AB の行ベクトルの中で，1次独立な物の個数は r を越える事はなく，不等式

$$r(AB)\leqq r(A) \tag{2}$$

を得る．

さて，本問では A, B は共に (n,n) 行列であって，$A=ABA$ が成立するので，(1), (2)より

$$r(A)=r(ABA)\leqq r(BA)\leqq r(A),$$

従って，$r(A)=r(BA)$ を得る．

(ii) 対角要素以外が0の正方行列を**対角行列**と云う． 行列 A のランクが r であれば， 行列 A は問題1で述べた様に，左上から r 個の対角要素が1で，他は全て0である様な対角行列

$$\varDelta=\begin{bmatrix} \overbrace{1 & 0 & \cdots & 0}^{r} & 0 & \cdots & 0 \\ 0 & 1 & \cdots & 0 & 0 & \cdots & 0 \\ \cdots & \cdots & \cdots & \cdots & \cdots & \cdots & \cdots \\ 0 & 0 & \cdots & 1 & 0 & \cdots & 0 \\ 0 & 0 & \cdots & 0 & 0 & \cdots & 0 \\ \cdots & \cdots & \cdots & \cdots & \cdots & \cdots & \cdots \\ 0 & 0 & \cdots & 0 & 0 & \cdots & 0 \end{bmatrix} \begin{matrix} \left.\vphantom{\begin{matrix}1\\1\\1\\1\end{matrix}}\right\} r \\ \\ \\ \\ \end{matrix} \tag{3}$$

と同値であり，問題1の基-1より，正則行列 P, Q があって

$$\varDelta=PAQ \tag{4}$$

が成立する．(3)の行列を二つ並べて書いて，掛算 $\varDelta^2$ を実行すると，$\rho=0$, 又は，1の時 $\rho^2=\rho$ が成立するので，$\varDelta^2=\varDelta$ を得る．正則行列 $B=QP$ に対して，(4)より

$$ABA=P^{-1}(PAQ)(PAQ)Q^{-1}=P^{-1}\varDelta\varDelta Q^{-1}=P^{-1}\varDelta Q=P^{-1}(PAQ)Q^{-1}=A.$$

Exercise 4. 前問の公式(1), (2)より，$1\leqq i$ の時，$r(A^{i+1})\leqq r(A^i)$ である．$1\leqq i\leqq m-1$ に対して，$r(A^{i+1})=r(A^i)=r$ が成立したとしよう．n 次の列ベクトル $\boldsymbol{x}$ が $A^i\boldsymbol{x}=\boldsymbol{0}$ を満せば，$A^{i+1}\boldsymbol{x}=\boldsymbol{0}$ の解であるが，逆は一般に真でない．所で，$r(A^i)=r$ なので，$A^i\boldsymbol{x}=\boldsymbol{0}$ を構成する1次独立な $n-r$ 個の列ベクトル $\boldsymbol{b}_1, \boldsymbol{b}_2, \cdots, \boldsymbol{b}_{n-r}$ があって，他の全ての $A^i\boldsymbol{x}=0$ の解 $\boldsymbol{x}$ は，$\boldsymbol{b}_1, \boldsymbol{b}_2, \cdots, \boldsymbol{b}_{n-r}$ の1次結合．

$$\boldsymbol{x}=\lambda_1\boldsymbol{b}_1+\lambda_2\boldsymbol{b}_2+\cdots+\lambda_{n-r}\boldsymbol{b}_{n-r} \tag{2}$$

で表される．これらは，勿論，$A^{i+1}\boldsymbol{x}=\boldsymbol{0}$ の解であるが，$n-r(A^{i+1})=n-r$ なので，$n-r$ 個の1次独立な $A^{i+1}\boldsymbol{x}=\boldsymbol{0}$ の解 $\boldsymbol{b}_1, \boldsymbol{b}_2, \cdots, \boldsymbol{b}_{n-r}$ 以外に1次独立な解を加える事は出来ず，$A^{i+1}\boldsymbol{x}=\boldsymbol{0}$ のすべての解 $\boldsymbol{x}$ は(2)の様に $\boldsymbol{b}_1, \boldsymbol{b}_2, \cdots, \boldsymbol{b}_{n-r}$ の1次結合で表される． 従って，$A^i\boldsymbol{x}=\boldsymbol{0}$ と $A^{i+1}\boldsymbol{x}=\boldsymbol{0}$ は同値である． この時，$A^{i+2}\boldsymbol{x}=A^{i+1}(A\boldsymbol{x})=\boldsymbol{0}$ と $A^{i+1}\boldsymbol{x}=A^i(A\boldsymbol{x})=\boldsymbol{0}$ も同値なので，$r(A^{i+2})=r(A^{i+1})$ を得る．故に，$r(A^{m-1})>r(A^m)$ の手前で，$r(A^i)=r(A^{i+1})$ $(0\leqq i<m-1)$

となったら，以後は $r(A^k)=r(A^i)$ $(k\geqq i)$．なので，$r(A^{m-1})=r(A^m)$ となり矛盾である．従って，$1\leqq i<m$ の時，$r(A^i)>r(A^{i+1})$ でなければならない．

$$r(A)>r(A^2)>r(A^3)>\cdots>r(A^m)=n-m$$

で，これらの $r(A^i)$ は負でない整数であるから，ベキが少なくなる度に，ランクは少なくとも一つ上り，$r(A)\geqq n-m+(m-1)=n-1$．$r(A)\leqq n$ なので，$r(A)=n-1$，又は，n．$r(A)=n$ と云う事は，A が正則行列である事を意味し，正則行列の積 A^m も正則行列なので，$r(A^m)=n$．これは，仮定(1)に反し，矛盾である．故に，正確に，$r(A)=n-1$ でなければならない．なお，この問題において，行列やベクトルの中味は複素数であるが，実数の場合と，理論の展開に変りはない．

7 章

類題 1. 環 A の任意の元 a と零元 0 に対して，左分配律より $a\cdot 0=a(0+0)=a\cdot 0+a\cdot 0$ が成立するので，$a\cdot 0=0$，特に，$0\cdot 0=0$ が成立する．単位元 e がある場合，$e\cdot e=e$ が成立する．環 A の元 x は $x^2=x$ が成立する時，**ベキ等**と呼ばれる．x が零元や単位元の場合に上に見た様に $x^2=x$ が成立する．体 K の元 x がベキ等であり，$x^2=x$ が成立したとしよう．x が零元でなければ，K は体なので，乗法に関する x の逆元 x^{-1} がある．これを $x^2=x$ の両辺に右から掛けると，$x^2x^{-1}=xx^{-1}$ なので，結合の法則と x^{-1} の定義より，$x=xe=x(xx^{-1})=(xx)x^{-1}=x^2x^{-1}=xx^{-1}=e$．従って，体 K は零元と単位元以外にはベキ等元がない．

類題 2. 自然数全体は加群でないので，環でも体でもない．整数全体は環であるが，体ではない．有理数全体は体であり，有理数体と呼ばれる．実数全体も体であり，実数体と呼ばれる．結局，環は b, c, d，体は c, d．体 K の二元 x, y に対して $xy=0$ が成立したとしよう．x が 0 でなければ，体 K において，乗法に関して逆元 x^{-1} を持つ．$xy=0$ の両辺に x^{-1} を左から掛けると，結合律と x^{-1} の定義より $y=ey=(x^{-1}x)y=x^{-1}(xy)=x^{-1}0=0$．故に，体 K は零因子を持たない．

類題 3. 整数全体は加法に関して可換群をなすので，a-ウ．有理数全体は体をなすので，イ，エ，オ．b-イ，b-エ，b-オのどれが最も関係が有るのか，筆者には回答不能．無理数はア．実数全体は体をなすので，イ．すると，d-イとなるので，b-イは除外されるが，なので，b-オがよかろう．

類題 4. 整数全体はアーベル群をなす．

類題 5. $\begin{pmatrix}1 & a\\ 0 & 1\end{pmatrix}\begin{pmatrix}1 & b\\ 0 & 1\end{pmatrix}=\begin{pmatrix}1 & a+b\\ 0 & 1\end{pmatrix}$ なので，S は積に関して閉じている．S の単位元は $\begin{pmatrix}1 & 0\\ 0 & 1\end{pmatrix}$ であり，$\begin{pmatrix}1 & a\\ 0 & 1\end{pmatrix}$ の逆元は $\begin{pmatrix}1 & -a\\ 0 & 1\end{pmatrix}$ である．従って，対応 $\boldsymbol{R}\in a\to\begin{pmatrix}1 & a\\ 0 & 1\end{pmatrix}\in S$ により，加法群としての $\boldsymbol{R}$ と行列の積を乗法に持つ群 S とは同型である．

類題 6. 2次の正方行列全体 $M_2(\boldsymbol{R})$ は環をなし，特に，行列の積に関して結合律を満すので，M とて同様である．掛け算 $A\times B$ を実行し，その行列 C を A の行，B の列の所に記すと，**乗積表**と呼ばれる九九の表を得る．一般に有限集合 G が積に関して閉じていて，その乗積表は対角線上に e が並ぶ時，**正規**と呼ばれ，この時，G は準群になる時が示される．一般に単位元 e を持つ準群 G は G の任意の二元 a, b に対して $ax=b, ya=b$ を満す G の元 x, y が存在する時に限り群をなす．G が有限集合の時は，上の様に九九の表を作った時，左からも右からも掛けても変らない元があり，即ち，行と列に最初の行や列と同じ物があり，更に，各行，各列に重複がない事と同値である．なお，この表は A, B, C がベキ等元である事を物語っている．

A \ B	E	A	B	C
E	E	A	B	C
A	A	E	C	B
B	B	C	E	A
C	C	B	A	E

類題 7. 前間の様に解答せよ.

類題 8. a, b が 1 であっても, 問題 2 で示した可換律, 結合律が成立する.

類題 9. 実数 e が単位元である為の必要十分条件は, $a*e=e*a=a$, 即ち, $a+e-2=e+a-2=a$ が成立する事であるので, $e=2$ が単位元である.

類題10. 実数 a, b について論じている様である. 実数 a, b, c に対して, 演算(1)については $a\circ b=a-b$, $b\circ a=b-a$ なので, $a-b=b-a$, 即ち, $a=b$ でない限り, 可換律 $a\circ b=b\circ a$ は成立しない. $(a\circ b)\circ c=a\circ b-c=a-b-c$, $a\circ(b\circ c)=a-b\circ c=a-(b-c)=a-b+c$ なので, $a-b-c=a-b+c$, 即ち, $c=0$ でない限り, 結合律は成立しない. つまり, (1) については, 可換律, 結合律は共に不成立. 演算(2)については, $a\circ b=a$, $b\circ a=b$ なので, $a=b$ でない限り, 可換律は不成立. $(a\circ b)\circ c=a\circ b=a$, $a\circ(b\circ c)=a$ なので, 結合律は成立. つまり, (2) については, 結合律のみ成立. 演算(3) は a, b について対称なので, 可換律は成立.

$$(a\circ b)\circ c=\frac{a\circ b+c}{1-(a\circ b)c}=\frac{\dfrac{a+b}{1-ab}+c}{1-\dfrac{a+b}{1-ab}\cdot c}=\frac{a+b+c-abc}{1-ab-bc-ca},$$

$$a\circ(b\circ c)=\frac{a+b\circ c}{1-a(b\circ c)}=\frac{a+\dfrac{b+c}{1-bc}}{1-a\dfrac{b+c}{1-bc}}=\frac{a+b+c-abc}{1-ab-bc-ca}$$

なので, 結合律も成立. つまり, (3)については, 可換律, 結合律は共に成立.

類題11. 演算(1)は a, b に関して対称であるので, 可換律が成立. $(a_1, b_1), (a_2, b_2)\in G$ に対して $(a_1, b_1)\circ(a_2, b_2)=(a_1a_2, b_1+b_2)$ は $a_1a_2\neq 0$ なので, G に属し, G は 0 について閉じている. もう一つの (a_3, b_3) に対して

$$((a_1, b_1)\circ(a_2, b_2))\circ(a_3, b_3)=(a_1a_2, b_1+b_2)\circ(a_3, b_3)=(a_1a_2a_3, b_1+b_3),$$

$$(a_1, b_1)\circ((a_2, b_2)\circ(a_3, b_3))=(a_1, b_1)\circ(a_2a_3, b_2+b_3)-(a_1a_2a_3, b_1+b_2+b_3)$$

が成立するので, 結合律が成立し, G は可換準群である. G の元 (e, f) が単位元である為の必要十分条件は G の任意の元 (a, b) に対して, $(a, b)\circ(e, f)=(e, f)\circ(a, b)=(a, b)$, 即ち, $(ae, b+f)=(ea, f+b)=(a, b)$ が成立する事である. これは $ae=a$, $b+f=b$ と同値なので, $(e, f)=(1, 0)$ が単位元である. (x, y) が (a, b) の逆元である為の必要十分条件は, $(a, b)\circ(x, y)=(x, y)\circ(a, b)=(1, 0)$, 即ち, $(ax, b+y)=(xa, y+b)=(1, 0)$ が成立する事である. これは $ax=1$, $b+y=0$ と同値なので, $(x, y)=\left(\dfrac{1}{a}, -b\right)$ が (a, b) の逆元である. この様にして, G は単位元と逆元のある可換準群, 即ち, アーベル群である.

類題12. 掛け算 $(f_i\circ f_j)(x)=f_i(f_j(x))$ を実行し, その関数を f_i の行, f_j の列の所に記すと, 九九の表を得る. f_1 の行と列は, その上の行, 左の列と同じなので, f_1 は G の単位元である. 一般に関数は合成に関して結合律を満すので Gは準群である. この表では, 各行, 各列に重複がないので, G は群をなす.

$\circ$	f_1	f_2	f_3	f_4	f_5	f_6
f_1	f_1	f_2	f_3	f_4	f_5	f_6
f_2	f_2	f_1	f_4	f_3	f_6	f_5
f_3	f_3	f_6	f_1	f_5	f_4	f_2
f_4	f_4	f_5	f_2	f_6	f_3	f_1
f_5	f_5	f_4	f_6	f_2	f_1	f_3
f_6	f_6	f_3	f_5	f_1	f_2	f_4

類題13. $u, v>0$ に対して,

$$(Tu)(Tv)=\begin{bmatrix}\dfrac{u+u^r}{2} & \dfrac{u-u^r}{2}\\ \dfrac{u-u^r}{2} & \dfrac{u+u^r}{2}\end{bmatrix}\begin{bmatrix}\dfrac{v+v^r}{2} & \dfrac{v-v^r}{2}\\ \dfrac{v-v^r}{2} & \dfrac{v+v^r}{2}\end{bmatrix}=\begin{bmatrix}\dfrac{uv+u^rv^r}{2} & \dfrac{uv-u^rv^r}{2}\\ \dfrac{uv-u^rv^r}{2} & \dfrac{uv+u^rv^r}{2}\end{bmatrix}=T(uv)$$

が成立する．正の実数全体の集合が数としての積に関してなす乗法群 $\boldsymbol{R}_+$ を考察すると，$u\in\boldsymbol{R}_+$ に $Tu\in G$ を対応させる対応は $T(uv)=(Tu)(Tv)$ と $\boldsymbol{R}_+$ の積を G の積に写す1対1対応なので，G は $\boldsymbol{R}_+$ と同型であり，群をなす．$\boldsymbol{R}_+$ の単位元1の像 $T1$ が G の単位元であり，$\boldsymbol{R}_+$ における $x>0$ の逆元 $\dfrac{1}{x}$ に対応する $T\left(\dfrac{1}{x}\right)$ が G における Tx の逆元である．$\boldsymbol{R}_+$ において結合律 $(uv)w=u(vw)$ が成立するので，G においても $T((uv)w)=T(u(vw))$ より，$T(uv)T(w)=TuT(vw)$，更に，$(TuTv)Tw=Tu(TvTw)$，即ち，結合律が成立する．

Exercise 1. $t\in S$ であれば，$0=t-t\in S$. $0, t\in S$ なので $-t=0-t\in S$. $s, -t\in S$ に対して，$s+t=s-(-t)\in S$. つまり S は加法についても閉じている．上の考察より，$s, t\in S$ に対して $s-t\in S$ と云う命題と $-s\in S$ かつ $s+t\in S$ と云う命題は同値であり，S は加法群をなしている．$T=\{s\in S;\ s>0\}$ は自然数全体の部分集合であり，公理より，最小元 m を持つ．S は群なので，$m\boldsymbol{Z}=\{mn;\ n=0, \pm1, \pm2, \cdots\}$ とおくと，$m\boldsymbol{Z}\subset S$. $m\boldsymbol{Z}=S$ を背理法によって示そう．$k\in S-m\boldsymbol{Z}$ があったとすると，S は群なので，$k, -k$ 共に S に属する．従って，$k>0$ と仮定してよい．自然数 k を自然数 m で割り，その商を n，剰余を r とすると，$k=mn+r$ が成立するが，$k\notin m\boldsymbol{Z}$ なので，$1\leqq r\leqq m-1$. k と m は共に群 S の元なので，$r=k-mn\in S$. $r>0$ なので，$s\in T$ となり，m が T の最小元であると云う事に反し，矛盾である．故に $S=m\boldsymbol{Z}$.

Exercise 2. 絶対値が1の複素数の偏角を θ とすると，$a=\cos\theta+i\sin\theta$. 複素変数 $z=x+iy$ に対して，複素数 $w=az$ を対応させる対応は，z の偏角を θ だけ増すので，丁度 z を角 θ だけ回転させた物になっている．$w=u+iv$ とおくと，$w=az=(\cos\theta+i\sin\theta)(x+iy)=(x\cos\theta-y\sin\theta)+i(x\sin\theta+y\cos\theta)$，即ち，回転 $\begin{bmatrix}u\\v\end{bmatrix}=T(\theta)\begin{bmatrix}x\\y\end{bmatrix}$，$T(\theta)=\begin{bmatrix}\cos\theta & -\sin\theta\\ \sin\theta & \cos\theta\end{bmatrix}$ を得る．二つの複素数 $a=\cos\theta+i\sin\theta$，$b=\cos\varphi+i\sin\varphi$ の積は $ab=\cos(\theta+\varphi)+i\sin(\theta+\varphi)$，行列 $T(\theta), T(\varphi)$ の積は，3章の問題3より $T(\theta)T(\varphi)=T(\theta+\varphi)$. $G=\{\cos\theta+i\sin\theta;\ \theta$ は実数$\}$，$R=\{T(\theta);\ \theta$ は実数$\}$ とおくと，上の対応により，乗法群 G は回転群 R の上に，$a=\cos\theta+i\sin\theta\to T(\theta)$ なる対応によって1対1に写され，しかも，この対応は積を積の上に写すので，同型対応である．$1=\cos 0+i\sin 0$，$w=\cos\dfrac{2\pi}{3}+i\sin\dfrac{2\pi}{3}$，$w^2=\cos\dfrac{4\pi}{3}+i\sin\dfrac{4\pi}{3}$ の集合 $M=\{1, w, w^2\}$ は乗法群 G の部分群であり，回転群 R の部分群 $\left\{T(0), T\left(\dfrac{2\pi}{3}\right), T\left(\dfrac{4\pi}{3}\right)\right\}$ と上の対応により同型である．

Exercise 3. 整数全体の集合を $\boldsymbol{Z}$ とし，$x, y\in\boldsymbol{Z}$ は $x-y$ が5の倍数である時，${}_xR_y$ であると称すると，R は $\boldsymbol{Z}$ 上の同値関係となり，A_0, A_1, A_2, A_3, A_4 は $\boldsymbol{Z}$ の同値類であり，商集合 $\boldsymbol{Z}/R$ を構成する．この商集合は普通 $\boldsymbol{Z}/5\boldsymbol{Z}$ と表され，${}_xR_y$ の代りに $x\equiv y(\mathrm{mod}\ 5)$，又は，$x\equiv y(5)$ と記されるが，$x\equiv y$ と略記しよう．さて，$x\equiv u, y\equiv v$ であれば，整数 m, n があって $x=u+5m, y=v+5n$. よって，$xy=uv+5\,(mv+nu+mn)$ が得られ，$xy\equiv uv$. 従って A_i と A_j の代表元 x, y の積を xy の剰余類にて，積 A_iA_j を定義すると，この積は代表元の取り方に関係なく旨く定義出来る．この時，米語で well-defined であると云う．もう一つの A_k の代表元を z とすると，$(A_iA_j)A_k$ と $A_i(A_jA_k)$ は共に xyz の剰余類なので等しく，結合律 $(A_iA_j)A_k=A_i(A_jA_k)$ が成立する．$A_0A_j=A_0$ なので，A_0 を入れると群にならない．A_0 を除いて，乗積表を作るとイが得られ，$\{A_1, A_2, A_3, A_4\}$ は A_1 を単位元とする可換群である．

イ

A_i \ A_j	A_1	A_2	A_3	A_4
A_1	A_1	A_2	A_3	A_4
A_2	A_2	A_4	A_1	A_3
A_3	A_3	A_1	A_4	A_2
A_4	A_4	A_3	A_2	A_1

ロ

A_i \ A_j	A_0	A_1	A_2	A_3	A_4
A_0	A_0	A^1	A_2	A_3	A_4
A_1	A_1	A_2	A_3	A_4	A_0
A_2	A_2	A_3	A_4	A_0	A_1
A_3	A_3	A_4	A_0	A_1	A_2
A_4	A_4	A_0	A_1	A_2	A_3

同様にして，A, A_j の代表元 x, y の和 $x+y$ の剰余類で以って，A_i+A_j を定義すると，この和も代表元の取り方に関係せず旨く定義出来，結合律が成立し，$\{A_0, A_1, A_2, A_3, A_4\}$ は準群をなす．和に関する表を作ると ロ を得るので，$\{A_0, A_1, A_2, A_3, A_4\}$ は加法に関して群をなす．A_0 はその零元であり，結局 $\mathbf{Z}/5\mathbf{Z}$ は体をなす．

Exercise 4. 線形空間の無限系はその任意の有限部分集合が１次独立な時，**１次独立**と云う．純虚数 iy に対する指数関数は「新修解析学」の４章等で論じる様に，**オイラーの公式**

$$e^{iy}=\cos y+i\sin y \tag{1}$$

で与えられ，$e^{iy}=1$ と $y=2\pi$ の整数倍とは同値である．指数の法則 $e^{ix}e^{iy}=e^{i(x+y)}$ は**ド・モアブルの公式** $(\cos x+i\sin x)(\cos y+i\sin y)=\cos(x+y)+i\sin(x+y)$ と同値である．我々の関数は

$$e^{nxi}=\cos nx+i\sin nx \tag{2}$$

なので，周期 2π である．周期 2π の複素数値連続関数全体を V とし，複素数 α, β と $f, g\in V$ に対して１次結合

$$(\alpha f+\beta g)(x)=\alpha f(x)+\beta g(x) \tag{3}$$

を定義すると，V は複素数体 $\boldsymbol{C}$ 上の線形空間で，その零元は恒等的に０なる関数である．さて，任意の自然数 n に対して，$\{e^{ikx};\ k=0, \pm1, \pm2, \cdots, \pm n\}$ の１次結合が次の様になるとしよう：

$$\sum_{k=-n}^{n} a_k e^{ikx}=0 \tag{4}$$

(4)はすべての実数 x に対して成立しているので，$2n+1$ 個の任意の点 $x_j\,(j=1, 2, \cdots, 2n+1)$ に対しても成立する．$x=x_j$ を代入し，e^{nxj} を掛けると

$$\sum_{k=1}^{2n+1} a_{k-n-1}e^{i(k-1)xj}=0 \quad (j=1, 2, \cdots, 2n+1) \tag{5}$$

を得る．(5)は $2n+1$ 個の元 $a_{-n}, a_{-n+1}, \cdots, a_{-1}, a_0, a_1, \cdots, a_{n-1}, a_n$ に関する同次連立１次方程式であり，その係数の行列式は，指数の法則 $e^{i(n+k)xj}=(e^{ixj})^{n+k}$ に注意すると，バンデルモンドの行列式であり，６章の類題11より

$$\begin{vmatrix} 1 & 1 & \cdots & 1 \\ e^{x_1 i} & e^{x_2 i} & \cdots & e^{x_{2n+1} i} \\ e^{2x_1 i} & e^{2x_2 i} & \cdots & e^{2x_{2n+1} i} \\ \cdots & \cdots & \cdots & \cdots \\ e^{2nx_1 i} & e^{2nx_2 i} & \cdots & e^{2nx_{2n+1} i} \end{vmatrix} = \prod_{j<k}(e^{x_j i}-e^{x_k i}) \tag{6}$$

を得る．$e^{x_j i}-e^{x_k i}=e^{x_j i}(1-e^{(x_k-x_j)i})$ なので，各 x_j-x_k が 2π の整数倍でない様に，云いかえれば，$x_j\not\equiv x_k \pmod{2\pi}$ である様に x_j を選べば，行列式(6)は０でない．従って，同次連立方程式(5)はノン・トリビヤルな解を持たず，$a_1=a_2=\cdots=a_{2n+1}=0$ を得る．故に $\{e^{ikx};\ k=0, \pm1, \pm2, \cdots, \pm n\}$，従って，$\{e^{ikx};\ k=0, \pm1, \pm2, \cdots\}$ は１次独立である．

もう一つのアプローチの方法に，内積による法がある．$f, g\in V$ に対して，$g(x)$ の共役複素数値 $\overline{g(x)}$ を用いて

$$\langle f, g\rangle=\int_0^{2\pi} f(x)\overline{g(x)}\,dx \tag{7}$$

によって，内積を定義すると，例えば，$|f(x)|^2=f(x)\overline{f(x)}$ であるから

$$\|f\|^2=\langle f, f\rangle=\int_0^{2\pi}|f(x)|^2 dx=0$$

より，$f(x)$ は $0\leqq x\leqq 2\pi$ で恒等的に零となり，周期が 2π なので $f(x)\equiv 0$．この様にして，内積の公理 (I1) が導かれる．(I2), (I3) も云えて，V は内積 $\langle f, g\rangle$ を持つ線形空間である．「新修解析学」で学ぶ様に，複素数値指数関数にも，実数値の場合と同じ，微積分の公式が成立し，$m\neq n$ の時，$e^{inx}=\cos nx+i\sin nx$ の共役複素数は $e^{-inx}=\cos nx-i\sin nx$ なので，(7)より

$$\langle e^{imx}, e^{imx}\rangle=\int_0^{2\pi} e^{imx}\overline{e^{inx}}\,dx=\int_0^{2\pi} e^{i(m-n)x}\,dx=\left[\frac{e^{i(m-n)x}}{i(m-n)}\right]_0^{2\pi}=\frac{e^{2\pi(m-n)}-1}{i(m-n)}=0 \quad (m\neq n)$$

が成立し，$\{e^{ikx};\ k=0, \pm1, \pm2, \cdots, \pm n\}$ は直交する．問題４の基-2より，$\{e^{ikx};\ k=0, \pm1, \pm2, \cdots, \pm n\}$ は１次独立

である．n は任意なので，$\{e^{ikx}; k=0, \pm1, \pm2, \cdots\}$ は1次独立である．よって，$\dim V=\infty$ である．

Exercise 5. 内積を持つ線形空間 X の元 $e_1, e_2, \cdots, e_n$ はノルムが1で互に直交している時，**正規直交系**と云う．X の次元が n であれば，これらは X の基底を構成するので，X の**正規直交基底**と呼ばれる．

この様に，X の元 x がこれらの1次結合

$$x=\sum_{j=1}^{n} a_j e_j \tag{1}$$

で表される時，各 e_k と x との内積を計算すると，$\langle e_k, e_j\rangle$ は $k=j$ の時のみ生残り，その時は1なので，

$$\langle x, e_k\rangle=\langle \sum_{j=1}^{n} a_j e_j, e_k\rangle=\sum_{j=1}^{n} a_j\langle e_j, e_k\rangle=a_j,$$

即ち，公式

$$a_k=\langle x, e_k\rangle \tag{2}$$

を得る．$a_1, a_2, \cdots, a_n$ を正規直交系 $e_1, e_2, \cdots, e_n$ に関する x の**フーリエ係数**と云う．

一般の $x\in X$ に対して，このフーリエ係数を用いて1次結合を作った

$$Px=\sum_{j=1}^{n} a_j e_j \tag{3}$$

を x の $e_1, e_2, \cdots, e_n$ の張る線形空間 V の上への**正射影**と云う．次元が低い時には，幾何学的な正射影を表すので，その抽象化である．この時，重要な事は，各 e_k に対して，上の計算を蒸し返すと

$$\langle x-Px, e_k\rangle=\langle x, e_k\rangle-\langle Px, e_k\rangle=a_k-a_k=0$$

が成立するので，$x-Px$ は V と直交している．

さて，必らずしも直交していない，1次独立な系 $x_1, x_2, \cdots, x_n$ を考える．$x_1=0$ であれば，$a_1=1$ の他は $a_2=\cdots=a_n=0$ とした1次結合 $a_1x_1+a_2x_2\cdots+a_nx_n=0$ となり，$x_1, x_2, \cdots, x_n$ は1次独立でなくなる．従って，$x_1\neq0$，公理 (I1) より $\|x_1\|=\sqrt{\langle x_1, x_1\rangle}>0$ である．従って

$$e_1=\frac{x_1}{\|x_1\|} \tag{4}$$

とおく事が出来て，$\|e_1\|=1$．x_2 の e_1 の張る線形空間 V_1 への正射影を y_1 とおくと，

$$y_1=a_1e_1, \quad a_1=\langle x_2, e_1\rangle \tag{5}.$$

$z_2=x_2-y_1=0$ であれば，$x_2=a_1e_1=\frac{a_1}{\|x_1\|}x_1$ となり，x_1 と x_2 は1次従属となる．従って，$z_2\neq0$ であって，z_2 は V_1 と直交している．

$$e_2=\frac{z_2}{\|z_2\|} \tag{5}$$

とおく事が出来て，$\|e_2\|=1$ であり，e_2 は V_1 と直交している．この操作を続け，$e_1, e_2, \cdots, e_{j-1}$ に達したとする．x_j の $e_1, e_2, \cdots, e_{j-1}$ の張る線形空間 V_{j-1} への正射影を y_{j-1} とすると，$z_j=x_j-y_{j-1}\neq0$ は V_{j-1} と直交している．

$$e_j=\frac{z_j}{\|z_j\|} \tag{6}$$

とおくと，e_j は大きさが1で，V_{j-1} と直交しており，勿論，$\langle e_j, e_1\rangle=\langle e_j, e_2\rangle=\cdots=\langle e_j, e_{j-1}\rangle=0$．この操作を n 回繰り返すと，正規直交系 $e_1, e_2, \cdots, e_n$ が取れて，e_j は $x_1, x_2, \cdots, x_j$ の，x_j は $e_1, e_2, \cdots, e_j$ の1次結合で表される．この方法で，1次独立系より正規直交系を作り出す方法を**グラムーシュミットの方法**と云う．

2章の問題4で論じたが，我々が住む空間の有向線分全体の集合 X の中に，問題3で解説した様な同値関係 R を導くと，商集合 X/R は空間ベクトル全体の集合であり，その元である所のベクトルは有向線分の同値類である．空間に定点Oを取り，Oを始点とし，長さが1で互に直交する有向線分 $\overrightarrow{OE_1}, \overrightarrow{OE_2}, \overrightarrow{OE_3}$ を取り，その剰余類を e_1, e_2, e_3 とすると，任意のベクトル x は e_1, e_2, e_3 の1次結合

$$x = x_1 e_1 + x_2 e_2 + x_3 e_3 \tag{7}$$

で表され，別の $y = y_1 e_1 + y_2 e_2 + y_3 e_3$ に対して，幾何学的に定義される内積は

$$\langle x, y \rangle = x_1 y_1 + x_2 y_2 + x_3 y_3 \tag{8}$$

を満す．3次元の行ベクトル (x_1, x_2, x_3) 全体の集合 $\boldsymbol{R}^3$ に行列としての1次結合を導くと $\boldsymbol{R}^3$ は線形空間となる．更に (y_1, y_2, y_3) との内積を(8)の右辺で定義すると $\boldsymbol{R}^3$ は内積を持つ線形空間となり，**3次元のユークリッド空間**と呼ばれる．幾何学的に，有向線分で表されるベクトルに対して，上の操作で3次元の行ベクトル (x_1, x_2, x_3) を対応させると，1次結合と内積を考える限りは $\boldsymbol{R}^3$ と同じである．そして，1次結合と内積以外には我々は興味を持たないので，空間のベクトル全体と行ベクトルのなすユークリッド空間 $\boldsymbol{R}^3$ とを同じとみる．$\boldsymbol{R}^3$ には1次独立な元は3個しかないので，$\boldsymbol{R}^3$ は3次元である．それなのに，大学の講義や本書で，一般の n 次元空間や n 個のベクトルの1次独立性を論じるのは何故か．それは，ひとえに，将来，前問や次問の様な∞次元の空間へ赴く為の道程である．幾何学的な有向線分の表すベクトルを論じる限りは，n 個のベクトルの1次独立性を論じるのはナンセンスである．それが意味を持つのは，少なくとも，n 次元の行ベクトル $(x_1, x_2, \cdots, x_n)$ が上と同じ方法で作る内積を持つ線形空間 $\boldsymbol{R}^n$ においてであり，$\boldsymbol{R}^n$ は n 次元のユークリッド空間と呼ばれる．$n \to \infty$ とすると∞次元の空間が得られ，それは数列や関数が作る線形空間であるが，前問や次問の様に，有限の場合に帰着されて，面白くはあるが，恐くはない．なお，ここいらから，ベクトルを太文字で表すのは止めにして，ラテン文字で表す．

さて，本問の後半では，$\|x_1\|^2 = 3^2 + 0^2 + 4^2 = 25$ なので，先ず

$$e_1 = \frac{x_1}{\|x_1\|} = \frac{x_1}{5} = \left(\frac{3}{5},\ 0\ ,\frac{4}{5}\right) \tag{9}$$

を作る．次に，x_2 の e_1 に関するフーリエ係数 α_1 は

$$\alpha_1 = \langle x_2, e_1 \rangle = (-1) \times \frac{3}{5} + 7 \times \frac{4}{5} = \frac{25}{5} = 5$$

なので，x_2 の正射影 $y_1 = 5e_1$．$z_2 = x_2 - 5e_1 = (-1, 0, 7) - (3, 0, 4) = (-4, 0, 3)$．やはり $\|z_2\| = 5$ なので，

$$e_2 = \frac{z_2}{\|z_2\|} = \frac{z_2}{5} = \left(\frac{-4}{5},\ 0\ ,\frac{3}{5}\right) \tag{10}$$

を作る．次に，x_3 の e_1, e_2 に関するフーリエ係数 β_1, β_2 は

$$\beta_1 = \langle x_3,\ e_1 \rangle = 2 \times \frac{3}{5} + 11 \times \frac{4}{5} = \frac{6 + 44}{5} = 10,$$

$$\beta_2 = \langle x_3,\ e_2 \rangle = 2 \times \left(-\frac{4}{5}\right) + 11 \times \frac{3}{5} = \frac{-8 + 33}{5} = 5$$

なので，x_3 の正射影 $y_2 = \beta_1 e_1 + \beta_2 e_2 = (6, 0, 8) + (-4, 0, 3) = (2, 0, 11)$．$z_3 = x_3 - y_2 = (2, 9, 11) - (2, 0, 11) = (0, 9, 0)$．$\|z_3\| = 9$，

$$e_3 = \frac{z_3}{\|z_3\|} = \frac{z_3}{9} = (0, 1, 0) \tag{11}$$

を作る．かくして，$e_1 = \left(\frac{3}{5},\ 0,\ \frac{4}{5}\right)$, $e_2 = \left(-\frac{4}{5},\ 0,\ \frac{3}{5}\right)$, $e_3 = (0,\ 1,\ 0)$ が求める正規直交基底である．

Exercise 6. $f, g \in V$ に対して fg は x の高々 $2n$ 次式なので，積分(1)は絶対収束し，(1)は旨く定義出来る．

$$\langle f, f \rangle = \int_0^\infty e^{-x}(f(x))^2 dx = 0 \tag{1}$$

が成立すれば，$0 \leqq x$ にて，非負連続関数 $e^{-x}(f(x))^2$ の積分が0なので，$f(x) = 0\ (x \geqq 0)$．$f(x) = \sum_{k=0}^{n} a_k x^k$ とすると，

$$a_k = \frac{f^{(k)}(0)}{k!} = \frac{1}{k!} \lim_{x \to +0} f^{(k)}(x) = 0 \quad (k \geqq 0) \tag{2}$$

なので，$f(x) \equiv 0$ となり(I1)が成立する．(I2), (I3) も成立し，$\langle f, g \rangle$ は内積である．

$$\langle 1,1\rangle=\int_0^\infty e^{-x}dx=\Big[-e^{-x}\Big]_0^\infty=1 \tag{3}$$

なので，定数関数1を用いて

$$e_1=1$$

とおく．x の e_1 に関するフーリエ係数 a_1 は

$$a_1=\langle x, e_1\rangle=\int_0^\infty xe^{-x}dx=\Big[-xe^{-x}-e^{-x}\Big]_0^\infty=1 \tag{4}$$

なので，正射影 $y_1=e_1$．$z_2=x-y_1=x-1$ に対して，部分積分と(3)，(4)より

$$||z_2||^2=\langle z_2, z_2\rangle=\int_0^\infty (x-1)^2 e^{-x}dx=\Big[-(x-1)^2e^{-x}\Big]_0^\infty+2\int_0^\infty xe^{-x}dx-2\int_0^\infty e^{-x}dx=1+2-2=1 \tag{5}$$

なので

$$e_2=\frac{z_2}{||z_2||}=z_2=x-1 \tag{6}$$

とおく．x^2 の e_1, e_2 に関するフーリエ係数 β_1, β_2 は，やはり部分積分と(3)，(4)より

$$\beta_1=\langle x^2, e_1\rangle=\int_0^\infty x^2e^{-x}dx=\Big[-x^2e^{-x}\Big]_0^\infty+2\int_0^\infty xe^{-x}dx=2 \tag{7},$$

$$\beta_2=\langle x^2, e_2\rangle=\int_0^\infty x^2(x-1)e^{-x}dx=\int_0^\infty (x^3-x^2)e^{-x}dx=\Big[-(x^3-x^2)e^{-x}\Big]_0^\infty+3\int_0^\infty x^2e^{-x}dx-2\int_0^\infty xe^{-x}dx$$
$$=3\cdot 2-2=4 \tag{8}$$

なので，正射影 $y_2=\beta_1e_1+\beta_2e_2=2x^2+4(x-1)=4x-2$．$z_3=x^2-y_2=x^2-4x+2$ に対して，部分積分と(3)，(4)より

$$||z_3||^2=\langle z^3, z^3\rangle=\int_0^\infty (x^2-4x+2)^2e^{-x}dx=\Big[-(x^2-4x+2)^2e^{-x}\Big]_0^\infty+4\int_0^\infty (x^3-6x^2+10x-4)e^{-x}dx$$
$$=4+4\Big[-(x^3-6x^2+10x-4)e^{-x}\Big]_0^\infty+4\int_0^\infty (3x^2-12x+10)e^{-x}dx$$
$$=4-4+12.2-48+40=16$$

なので

$$e_3=\frac{z_3}{||z_3||}=\frac{z_3}{4}=\frac{x^2-4x+2}{4} \tag{10}$$

とおくと，$\{e_1, e_2, e_3\}$ がグラム-シュミットの方法によって $\{1, x, x^2\}$ の1次結合として得られる正規直交系である．

8 章

類題 1. 任意に $c\in C$ を取る．$c=g(u(c))$ なので，$c\in \mathrm{Im}\, g$ であり，$C=\mathrm{Im}\, g$ を得，gは全射である．$c\in C$ に対して，$u(c)=0$ としよう．やはり $c=g(u(c))=g(0)=0$ なので，u は単射である．蛇足ながら，完全列(1)，(2)を $0\to A\xrightarrow{f} B\xrightarrow{g} C\to 0$, $0\to C\xrightarrow{u} B\xrightarrow{v} A\to 0$ と延せる事を示した事になる．合成写像 $vf\colon A\to A$ は準同型である．$a\in A$ に対して，$(vf)(a)=v(f(a))=0$ としよう．$\mathrm{Ker}\, v=\mathrm{Im}\, u$ なので，$c\in C$ があって，$f(a)=u(c)$．$c=g(u(c))=g(f(a))$ であるが，$\mathrm{Im} f=\mathrm{Ker}\, g$ なので，$c=g(f(a))=0$．$c=0$ なので，$f(a)=u(c)=0$．$0\to A\xrightarrow{f} B$ が A で完全とは，$\mathrm{Ker} f=0$ の事なので，$a=0$．かくして，vf は単射である．次に，任意の $a\in A$ を取る．$B\xrightarrow{u} A\to 0$ が A で完全とは，$\mathrm{Im}\, v=A$ の事であり，$b\in B$ があって，$a=v(b)$．$g(b)=g(u(g(b)))$ なので，$g(b-u(g(b)))=0$，即ち，$b-u(g(b))\in \mathrm{Ker}\, g$．$\mathrm{Ker}\, g=\mathrm{Im} f$ なので，$a'\in A$ があって，$b-u(g(b))=f(a')$．故に，$b=u(g(b))+f(a')$．v を冠せると，$\mathrm{Im}\, u=\mathrm{Ker}\, v$ なので，$v(u(g(b)))=0$ であって，$a=v(b)=v(u(g(b)))+v(f(a'))=v(f(a'))\in \mathrm{Im}\, vf$ なので，vf は全射である．か？　という時は大抵ダメであるが，成立しない事を云うには，成立しない例，即ち，反例を作らねばならぬ．$\boldsymbol{R}$ を実数全体の加法群，$\boldsymbol{R}^2$ を2次の行ベクトルのなす加法群とし，$A=C=\boldsymbol{R}$, $B=\boldsymbol{R}^2$, $f(x)=(-x, 0)$ $(x\in A)$, $g(x, y)=y$ $((x, y)\in B)$, $u(y)=(0, y)$ $(y\in C)$, $v(x, y)=x$ $((x, y)\in B)$ とおくと，$\mathrm{Ker} f=0$, $\mathrm{Im} f=\{(x, 0);\, x\in\boldsymbol{R}\}=\mathrm{Ker}\, g$, $\mathrm{Im}\, u=\{(0, y);\, x\in\boldsymbol{R}\}=\mathrm{Ker}\, v$, $g(u(y))=g(0, y)=y$ $(y\in C)$ が成立し，全ての条件が満されるが，$v(f(x))=v(-x, 0)=-x$ は恒等写像でなく，時に反例無き

にしも有らず.

類題 2. 列が $A_i'\oplus B_i, B_i'$ と A_{i+1} で完全である為には，そこで，核＝像を示さねばならぬ．核や像は集合である．二つの集合が等しい事を示すには，像⊂核と核⊂像の二つの不等式を三回，従って，合計六回，律気に計算しなければならぬ．しかし，一般に，像⊂核の証明の方が易しい．

(i) $\mathrm{Im}\,(a_i,f_i)\subset\mathrm{Ker}\,(f_i'-b_i)$ の証明．任意の $z\in\mathrm{Im}\,(a_i,f_i)$ に対して，$x\in A_i$ があって，$z=(a_i(x),f_i(x))$．故に，$(f_i'-b_i)(z)=f_i'(a_i(x))-b_i(f_i(x))$．図式(1)の可換性より $f_i'\circ a_i=b_i\circ f_i$ なので，$(f_i'-b_i)(z)=f_i'(a_i(x))-b_i(f_i(x))=0$．従って，$z\in\mathrm{Ker}\,(f_i'-b_i)$．$\mathrm{Im}\,(a_i,f_i)$ の任意の元 z が $\mathrm{Ker}\,(f_i'-b_i)$ に属するので，$\mathrm{Im}\,(a_i,f_i)\subset\mathrm{Ker}(f_i'-b_i)$．

(ii) $\mathrm{Ker}(f_i'-b_i)\subset\mathrm{Im}(a_i,f_i)$ の証明．任意の $(x,y)\in\mathrm{Ker}(f_i'-b_i)$ に対して，$(f_i'-b_i)(x,y)=f_i'(x)-b_i(y)=0$ なので，$f_i'(x)=b_i(y)$．$\mathrm{Im}\,f_i'=\mathrm{Ker}\,g_i'$ なので，$g_i'(b_i(y))=g_i'(f_i'(x))=0$．図式(1)は可換なので，$c_i\circ g_i=g_i'\circ b_i$．故に，$c_i(g_i(y))=g_i'(b_i(y))=0$．$c_i$ は同型なので，$g_i(y)=0$．故に，$y\in\mathrm{Ker}\,g_i$．条件反射の様に，核＝像に飛び付き，$y\in\mathrm{Ker}\,g_i=\mathrm{Im}\,f_i$．$x'\in A_i$ があって，$y=f_i(x')$．この $x'\in A$ を用いて，$(a_i,f_i)(x')=(a_i(x'),f_i(x'))=(a_i(x'),y)$．これは (x,y) と少し違うので，修正が要る．$f_i'(a_i(x'))=b_i(f_i(x'))=b_i(y)=f_i'(x)$．故に，$f_i'(a_i(x')-x)=0$．$a_i(x')-x\in\mathrm{Ker}\,f_i'=\mathrm{Im}\,h_{i-1}'$．$z\in C_{i-1}'$ があって，$a_i(x')-x=h_{i-1}'(z)$．c_{i-1} は同型なので，$z'\in C_{i-1}$ があって，$c_{i-1}(z')=z$．$x''=x'-h_{i-1}(z')\in A_i$ と修正し，今度こそはと計算すると，$(a_i,f_i)(x'')=(a_i(x''),\ f_i(x''))=(a_i(x')-a_i(h_{i-1}(z')),\ f_i(x')-f_i(h_{i-1}(z)))$．図式(1)の可換性より，$a_i\circ h_{i-1}=h'_{i-1}\circ c_{i-1}$ なので，$a_i(x')-a_i(h_{i-1}(z'))=a_i(x')-h_{i-1}'(c_{i-1}(z'))=a_i(x')-h_{i-1}'(z)=x$．$\mathrm{Im}\,h_{i-1}=\mathrm{Ker}\,f_i$ なので，$f_i(x')-h_{i-1}(f_i(z))=f_i(x')=y$．故に，首尾よく，$(a_i,f_i)(x'')=(a_i(x')-a_i(h_{i-1}(z')),\ f_i(x')-f_i(h_{i-1}(z)))=(x,y)$．故に，$(x,y)\in\mathrm{Im}(a_i,f_i)$．この x' で旨く行かぬ時，x'' に修正する技巧が，本問の目玉である．(i)と(ii)より，$\mathrm{Ker}(f_i-b_i)=\mathrm{Im}(a_i,f_i)$，即ち，$A_i'\oplus B_i$ での完全性が云えた．

(iii) $\mathrm{Im}(f_i'-b_i)\subset\mathrm{Ker}\,h_ic_i^{-1}g_i'$ の証明．任意の $z\in\mathrm{Im}(f_i'-b_i)$ に対して，$x\in A_i', y\in B_i$ があって，$z=(f_i'-b_i)(x,y)=f_i'(x)-b_i(y)$．$h_ic_i^{-1}g_i'(z)=h_ic_i^{-1}g_i'f_i'(x)-h_ic_i^{-1}g_i'b_i(y)$．$B_i'$ における完全性より，$\mathrm{Im}\,f_i'=\mathrm{Ker}\,g_i'$，即ち，$g_i'f_i'(x)=0$．図式(1)の可換性より $g_i'b_i=c_ig_i$．故に，$h_ic_i^{-1}g_i'(z)=-h_ic_i^{-1}c_ig_i(y)=-h_ig_i(y)$．$c_i$ における完全性より，$\mathrm{Im}\,g_i=\mathrm{Ker}\,h_i$，即ち，$h_ig_i(y)=0$．従って，$h_ic_i^{-1}g_i'(z)=0$．故に $z\in\mathrm{Ker}\,h_ic_i^{-1}g_i'$．

(iv) $\mathrm{Ker}\,h_ic_i^{-1}g_i'\subset\mathrm{Im}\,(f_i'-b_i)$ の証明．$z\in\mathrm{Ker}\,h_ic_i^{-1}g_i'$ とすると，$h_ic_i^{-1}g_i'(z)=0$．故に，$c_i^{-1}g_i'(z)\in\mathrm{Ker}\,h_i$．$C_i$ における完全性より，$\mathrm{Ker}\,h_i=\mathrm{Im}\,g_i$ なので，$y\in B_i$ があって，$c_i^{-1}g_i'(z)=g_i(y)$．よって，$g_i'(z)=c_ig_i(y)$．図式(1)の可換性より，$c_ig_i=g_i'b_i$ なので，$g_i'(z)=g_i'b_i(y)$, $g_i'(z-b_i(y))=0$ より $z-b_i(y)\in\mathrm{Ker}\,g_i'$．$B_i'$ における完全性より，$\mathrm{Ker}\,g_i'=\mathrm{Im}\,f_i'$ なので，$x\in A_i'$ があって，$z-b_i(y)=f_i'(x)$．従って，$z=f_i'(x)+b_i(y)=f_i'(x)-b_i(-y)=(f_i'-b_i)(x,-y)\in\mathrm{Im}\,(f_i-b_i)$ が，馬鹿の一つ覚え，芋中年のワン・パターン，可換と核＝像を唱えている内に，何時の間にか出て来た．(iii)と(iv)より $\mathrm{Im}\,(f_i'-b_i)=\mathrm{Ker}\,h_ic_i^{-1}g_i'$，即ち，$B_i'$ における，系列(2)の完全性が云えた．

(v) $\mathrm{Im}\,h_ic_i^{-1}g_i'\subset\mathrm{Ker}\,(a_{i+1},f_{i+1})$ の証明．任意の $z\in\mathrm{Im}\,h_ic_i^{-1}g_i'$ に対して，$y\in B_i'$ があって，$z=h_ic_i^{-1}g_i'(y)$．$(a_{i+1},f_{i+1})(z)=(a_{i+1}(z),f_{i+1}(z))=(a_{i+1}h_ic_i^{-1}g_i'(y),f_{i+1}h_ic_i^{-1}g_i'(y))$．図式(1)の可換性より，$h_i'c_i=a_{i+1}h_i$，即ち，$h_i'=a_{i+1}h_ic_i^{-1}$ なので，$a_{i+1}h_ic_i^{-1}g_i'(y)=h_i'g_i'(y)$．$C_i'$ における完全性より，$\mathrm{Im}\,g_i'=\mathrm{Ker}\,h_i'$，即ち，$h_i'g_i'(y)=0$．$A_{i+1}$ における完全性より，$\mathrm{Im}\,h_i=\mathrm{Ker}\,f_{i+1}$ なので，$f_{i+1}h_i(c_i^{-1}g_i'(y))=0$．従って，$(a_{i+1},f_{i+1})(z)=(a_{i+1}h_ic_i^{-1}g_i'(y),f_{i+1}h_ic_i^{-1}g_i'(y))=0$．

(vi) $\mathrm{Ker}\,(a_{i+1},f_{i+1})\subset\mathrm{Im}\,h_ic_i^{-1}g_i'$ の証明，$z\in\mathrm{Ker}\,(a_{i+1},f_{i+1})$ とすると，$(a_{i+1},f_{i+1})(z)=(a_{i+1}(z),f_{i+1}(z))=0$，即ち $a_{i+1}(z)=0$, $f_{i+1}(z)=0$．この辺の準同型は図式(1)の端なので再現すると，

$$
\begin{array}{ccccccccc}
B_i & \xrightarrow{g_i} & C_i & \xrightarrow{h_i} & A_{i+1} & \xrightarrow{f_{i+1}} & B_{i+1} & \xrightarrow{g_{i+1}} & C_{i+1} \\
\downarrow{\scriptstyle b_i} & & \downarrow{\scriptstyle c_i} & & \downarrow{\scriptstyle a_{i+1}} & & \downarrow{\scriptstyle b_{i+1}} & & \downarrow{\scriptstyle c_{i+1}} \\
B_i' & \xrightarrow{g_i'} & C_i' & \xrightarrow{h_i} & A_{i+1}' & \xrightarrow{f_{i+1}'} & B_{i+1}' & \xrightarrow{g'_{i+1}} & C_{i+1}'
\end{array} \qquad (1)
$$

において，本籍地 A_{i+1} の元が A_{i+1}' の $a_{i+1}(z)=0$ と B_{i+1} の $f_{i+1}(z)=0$ に転出して消えた訳である．同じ0でも，$a_{i+1}(z)=0$ は目下の所手掛りなしだが，$f_{i+1}(z)=0$ の方は，A_{i+1} における完全性に手掛りを求めて，$z\in \mathrm{Ker} f_{i+1}=\mathrm{Im}\, h_i$ なので，$y\in C_i$ があって，$z=h_i(y)$ と馬鹿の一つ覚え，核＝像を続ける事が出来る．所で，z の $h_ic_i^{-1}g_i'$ による原像は B_i' に本籍を置かねばならぬので，未だ，道は中途である．何れにせよ，図式(1)にて，更に左に偏り，下に下らねばならぬ．図式(1)の可換性より $a_{i+1}h_i=h_i'c_i$ なので，この $y\in C_i$ に対して，$a_{i+1}(h_i(y))=h_i'(c_i(y))$．$z=h_i(y)$ であった事を思い出すと，$h_i'(c_i(y))=a_{i+1}(z)=0$ と有難たや，核にしがみ付く大統領の心境で，核＝像の念仏を唱えつつ，$c_i(y)\in \mathrm{Ker}\, h_i'=\mathrm{Im}\, g_i'$ なので，$x\in B_i'$ があって，$c_i(y)=g_i'(x)$．遂に，B_i' に本籍を持つ $x\in B_i'$ を見出した．故に $z=h_i(y)=h_ic_i^{-1}c_i(y)=h_ic_i^{-1}g_i'(x)\in \mathrm{Im}\, h_ic_i^{-1}g_i'$．(v)と(vi)より，$\mathrm{Im}\, h_ic_i^{-1}g_i'=\mathrm{Ker}(a_{i+1}, f_{i+1})$，即ち，系列(2)の A_{i+1} における完全性が云えた．

この様にして，可換性と核＝像を用いながら，丹念に面倒を見て行くと，図式(2)が各群において完全である事，即ち，図式(2)の完全性が云える．その際，技術的な注意を少しすると，像⊂核の方は，像に準同型を合成させて，図式の可換性を用いて，水平線の連続する二つの準同型の合成に持ち込む．そうすると完全性である核＝像は，例えば(v)に見る様に $h_i'g_i'(y)=0$ として生かされる．こちらは強引に $h_i'g_i'$ の型に持ち込む様，可換性を駆使すればよい．一方，核⊂像の方は，例えば(vi)の様に，$c_i(y)\in$ 核 $\mathrm{Ker}\, h_i'=$ 像 $\mathrm{Im}\, g_i'$ として，$c_i(y)=g_i'(x)$ なる $x\in B_i'$ を見出さねばならぬ．場合によっては，(ii)の様に，更に，核＝像を用いて，修正を要する時もある．いずれにせよ．こちらは，発見を要するので，像⊂核より少し難かしいが，常用手段で解決する事に変りはない．

問題1の様な完全列 $0\to A\xrightarrow{\alpha}G\xrightarrow{\beta}B\to 0$ を short exact sequence と云う．これは，古典代数学における第1同型定理 $B\cong G/A$ のモダンな云い換えである．本問の様に無限に続く完全列を long exact sequence と云う．そして，本問の図式(1)を二つの水平線の完全列の準同型と云う．本問は二つの long exact sequence の homomorphism から，直和によって，一つの long exact sequence を作り出す操作を与える．空間にホモロジーやコホモロジーの群を対応させ，群を考察する事によって，空間を代数学的，幾何学的，解析学的に研究する事が出来る．その際，係数となる群の short exact sequence が与えられたら，空間のホモロジーやコホモロジー群の long exact sequence が自動的に作られる．これが，ホモロジーやコホモロジーの公理である．係数を色々変えると，空間の異なるコホモロジーが論じられる．例えば，線形微分方程式の局所同次解のなす層を係数とする空間のコホモロジーを研究すれば，その空間における大域的非同次解の存在を研究する事が出来る．故岡潔先生の難解極まるお仕事も，その可成りの部分は，コホモロジーによって，モダンかつ誰にも判る様に説明する事が出来る．いずれにせよ，本章で学ぶ，完全列の議論はホモロジー代数のサワリの部分である．このホモロジー代数は第2次大戦後興った分野であって，現代の代数学，幾何学，解析学，即ち，純粋数学の全分野に渉る基礎であるが，その心は，現在，諸君が入試問題によって体得しつつある様に，可換性と核＝像と云う，数学上の一定の，手筋，急所，定石を覚え，コツコツと努力すれば，解決出来るのである．なせばなる，なさねばならぬ何事も，ならぬは人のなさぬなりけり！ 努力すれば，誰でも出来ると云う普遍性こそ，自然科学で最も要請される事であり，それに答える一つの手段が，このホモロジー代数の様な，抽象数学である．この抽象数学での有難さは故岡潔先生の原論文と仏数学者の論文を比較しつつ読めば，自ら体得出来るであろう．

この様なホモロジー代数をプロの数学者は線形代数と称するので，注意を要する．読者諸君は，本書を通じて，高校1年の共通1次より，一挙に現代数学の入り口に達し，現代数学への入門へ丁重に招待されているのである．プロに入門する前に，本書や姉妹書「新修解析学」等で現代数学のメニューを見ておく事が賢明であろう．将棋のプロ入門の為の将励会入会試験に相当するのが，大学院入試であろう．勿論，多くの将棋愛好家がそうである様に，有段者になっても，プロになる必要はない．本書は数学を人生の楽しみとする人々の為に書かれている．

Exercise 1. (i) $0\to B_1\xrightarrow{\beta_1}B_2$ の完全性は $\mathrm{Ker}\,\beta_1=0$ と同値である．任意の $b\in \mathrm{Ker}\,\beta_1$ を取る．第1図の可換性よ

り，$\gamma_1\psi_1=\psi_2\beta_1$ が成立するので，$\gamma_1(\psi_1(b))=\psi_2(\beta_1(b))=\psi_2(0)=0$，即ち，$\psi_1(b)\in \mathrm{Ker}\,\gamma_1$．第3行が C_1 にて完全なので，$\mathrm{Ker}\,\gamma_1=0$．故に，$\psi_1(b)=0$，即ち，$b\in \mathrm{Ker}\,\psi_1$．第1列が B_1 にて完全なので，$\mathrm{Ker}\,\psi_1=\mathrm{Im}\,\varphi_1$ が成立し，$b\in \mathrm{Im}\,\varphi_1$ であり，$a\in A_1$ があって，$\varphi_1(a)=b$．第1図の可換性より，$\varphi_2\alpha_1=\beta_1\varphi_1$ が成立するので，$\varphi_2(\alpha_1(a))=\beta_1\varphi_1((a))=\beta_1(b)=0$，即ち，$\alpha_1(a)\in \mathrm{Ker}\,\varphi_2$．第2列は A_2 にて完全なので，$\mathrm{Ker}\,\varphi_2=0$ であり，$\alpha_1(a)=0$．第1行も A_1 で完全なので，$a=0$．従って $b=\varphi_1(a)=\varphi_1(0)=0$ が成立し，$\mathrm{Ker}\,\beta=0$．

次に，$B_2\overset{\beta_2}{\to}B_3\to 0$ の完全性は $\mathrm{Im}\,\beta_2=B_3$ と同値である．任意の $b_3\in B_3$ を取る．第3行が C_3 で完全なので，$\mathrm{Im}\,\gamma_2=C_3$．$\psi_3(b_3)\in C_3=\mathrm{Im}\,\gamma_2$ なので，$c_2\in C_2$ があって，$\gamma_2(c_2)=\psi_3(b_3)$．第2列が B_2 で完全なので，$\mathrm{Im}\,\psi_2=C_2$ が成立し，$b_2\in B_2$ があって，$\psi_2(b_2)=c_2$．第1図の可換性より，$\psi_3\beta_2=\gamma_2\psi_2$ が成立し，$\psi_3(\beta_2(b_2)=\gamma_2(\psi_2(b_2))=\gamma_2(c_2)=\psi_3(b_3)$．$\psi_3(b_3-\beta_2(b_2))=0$ より，$b_3-\beta_2(b_2)\in \mathrm{Ker}\,\psi_3$ となるが，第3列が B_3 で完全なので $\mathrm{Ker}\,\psi_3=\mathrm{Im}\,\varphi_3$ が成立し，$a_3\in A_3$ があって，$\varphi_3(a_3)=b_3-\beta_2(b_2)$．第1行が A_3 で完全なので，$A_3=\mathrm{Im}\,\alpha_2$ が成立し，$a_2\in A_2$ があって，$\alpha_2(a_2)=a_3$．b_2 では $\beta_2(b_2)=b_3$ に成功しなかったので，修正主義者と呼ばれる事を甘受し，この $a_2\in A_2$ を用いて，b_2 を修正する．第1図の可換性より，$\varphi_2\beta_2=\varphi_3\alpha_2$．$\beta_2(b_2+\varphi_2(a_2))=\beta_2(b_2)+\beta_2\varphi_2(a_2)=\beta_2(b_2)+\varphi_3(\alpha_2(a_2))=\beta_2(b_2)+\varphi_3(a_3)=b_3$ が得られ，芽出たく $b_3\in \mathrm{Im}\,\beta_2$．

(ii) $C_1\overset{\gamma_1}{\to}C_2\overset{\gamma_2}{\to}C_3\to 0$ の完全性を示す．（イ） $\mathrm{Im}\,\gamma_1\subset \mathrm{Ker}\,\gamma_2$．任意の $c_2\in \mathrm{Im}\,\gamma_1$ に対して，$c_1\in C_1$ があって，$\gamma_1(c_1)=c_2$．第1列が C_1 で完全なので，$C_1=\mathrm{Im}\,\psi_1$ が成立し，$b_1\in B_1$ があって，$c_1=\psi_1(b_1)$．第1図の可換性より $\gamma_2\gamma_1\psi_1=\psi_3\beta_2\beta_1$ なので，$\gamma_2(c_2)=\gamma_2\gamma_1\psi_1(b_1)=\psi_3(\beta_2\beta_1(b_1))$．第2行が B_2 で完全なので，$\mathrm{Im}\,\beta_1=\mathrm{Ker}\,\beta_2$ が成立し，$\beta_2\beta_1=0$ が導かれるので，$\gamma_2(c_2)=0$，即ち，$c_2\in \mathrm{Ker}\,\gamma_2$．ここでは，第1行迄達していない．

（ロ） $\mathrm{Ker}\,\gamma_2\subset \mathrm{Im}\,\gamma_1$．任意の $c_2\in \mathrm{Ker}\,\gamma_2$ に対して，第2列が C_2 にて完全なので，$C_2=\mathrm{Im}\,\psi_2$ が成立し，$b_2\in B_2$ があって，$c_2=\psi_2(b_2)$．第1図の可換性より $\psi_3\beta_2=\gamma_2\psi_2$ が成立し，$\psi_3(\beta_2(b_2))=\gamma_2(c_2)=0$．故に $\beta_2(b_2)\in \mathrm{Ker}\,\psi_3$ が成立するが，第3列が B_3 にて完全なので，$\mathrm{Ker}\,\psi_3=\mathrm{Im}\,\varphi_3$ であって，$a_3\in A_3$ があって，$\varphi_3(a_3)=\beta_2(b_2)$．第1行に達したので確信を深めつつ，$A_2$ ${}^{2}A_3\to 0$ の完全性，即ち，$A_3=\mathrm{Im}\,\alpha_2$ を用いて，$a_2\in A_2$ を取って $\alpha_2(a_2)=a_3$．第1図の可換性より $\beta_2\varphi_2=\varphi_3\alpha_2$ が成立するので，この $a_2\in A_2$ を用いて，$\beta_2(\varphi_2(a_2))=\varphi_3(\alpha_2(a_2))=\varphi_3(a_3)=\beta_2(b_2)$．我々の頼りは，第2行の B_2 における完全性，$\mathrm{Ker}\,\beta_2=\mathrm{Im}\,\beta_1$ なので，核兵器を入手すべく差を取り，$\beta_2(b_2-\varphi_2(a_2))=0$，即ち，$b_2-\varphi_2(a_2)\in \mathrm{Ker}\,\beta_2=\mathrm{Im}\,\beta_1$．$b_1\in B_1$ があって，$b_2-\varphi_2(a_2)=\beta_1(b_1)$．左へ移ったのは，$c_2\in \mathrm{Im}\,\gamma_1$ なる目標に対して，よき前兆で，第1図の可換性 $\gamma_1\psi_1=\psi_2\beta_1$ を用いて，この $b_1\in B_1$ に対して，$\gamma_1(\psi_1(b_1))=\psi_2(\beta_1(b_1))=\psi_2(b_2-\varphi_2(a_2))=\psi_2(b_2)-\psi_2\varphi_2(a_2)$ を得る．最初に導いた様に $c_2=\psi_2(b_2)$ であり，第2列が B_2 で完全なので，$\mathrm{Im}\,\varphi_2=\mathrm{Ker}\,\psi_2$ が成立し，$\psi_2\varphi_2=0$ を得るので，$c=\psi_2(b_2)=\gamma_1(\psi_1(b_1))\in \mathrm{Im}\,\gamma_1$．この段階で，条件 $A_2\to A_3\to 0$ の完全性を用いている．

（ハ） $C_3=\mathrm{Im}\,\gamma_2$．任意の $c_3\in C_3$ に対して，第3列が C_3 で完全なので，$C_3=\mathrm{Im}\,\psi_3$ が成立し，$b_3\in B_3$ があって，$c_2=\psi_3(b_3)$．第2行が B_3 で完全なので，$B_3=\mathrm{Im}\,\beta_2$ が成立し，$b_2\in B_2$ があって，$\beta_2(b_2)=b_3$．第1図の可換性より $\gamma_2\psi_2=\psi_3\beta_2$ が成立し，$\gamma_2(\psi_2(b_2)=\psi_3(\beta_2(b_2)=\psi_3(b_3)=c_3$ が成立し，$c_3\in \mathrm{Im}\,\gamma_2$．この段階でも，第1行には達していない．

（ニ） 必らずしも $\mathrm{Ker}\,\gamma_1=0$ でない事．反例を作る．整数全体の加法群 $\boldsymbol{Z}$ と，その部分群である2の倍数全体 $2\boldsymbol{Z}$ 4の倍数全体 $4\boldsymbol{Z}$，8の倍数全体 $8\boldsymbol{Z}$ を考え，次の様な群と準同型の可換図

$$
\begin{array}{ccccccccc}
 & & 0 & & 0 & & 0 & & \\
 & & \downarrow & & \downarrow & & \downarrow & & \\
0 & \longrightarrow & 8\boldsymbol{Z} & \overset{\alpha_1}{\longrightarrow} & 2\boldsymbol{Z} & \overset{\alpha_2}{\longrightarrow} & 2\boldsymbol{Z}/4\boldsymbol{Z} & \longrightarrow & 0 \\
 & & \varphi_1\downarrow & & \varphi_2\downarrow & & \varphi_3\downarrow & & \\
0 & \longrightarrow & 2\boldsymbol{Z} & \overset{\beta_1}{\longrightarrow} & \boldsymbol{Z} & \overset{\beta_2}{\longrightarrow} & \boldsymbol{Z}/2\boldsymbol{Z} & \longrightarrow & 0 \\
 & & \psi_1\downarrow & & \psi_2\downarrow & & \psi_3\downarrow & & \\
0 & \longrightarrow & 2\boldsymbol{Z}/8\boldsymbol{Z} & \overset{\gamma_1}{\longrightarrow} & \boldsymbol{Z}/2\boldsymbol{Z} & \overset{\gamma_2}{\longrightarrow} & 0 & \longrightarrow & 0 \\
 & & \downarrow & & \downarrow & & \downarrow & & \\
 & & 0 & & 0 & & 0 & &
\end{array}
$$

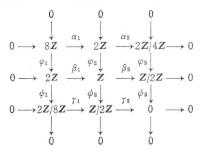

を作るべく，準同型を定義しよう．一般に，$A \subset B$ に対して，$f(x)=x\,(x \in A)$ とおき，写像 $f: A \to B$ を定義する時，f を**包含写像**，又は，**インゼクション**と云う．A が B の部分群の時，$g(x)=x+A\,(x \in B)$ とおき，写像 $f: B \to B/A$ を**標準写像**，又は，**カノニカル・マップ**と云う．前頁の図において，$\alpha_1, \varphi_1, \varphi_2, \beta_1$ は包含，$\alpha_2, \beta_2, \psi_1, \psi_2$ は標準写像であり，$\gamma_1(2n+8\mathbf{Z})=2\mathbf{Z}\,(n=0,2)$, $\gamma_1(2n+8\mathbf{Z})=1+2\mathbf{Z}\,(n=1,3)$ とおくと，$\mathrm{Im}\,\alpha_1=8\mathbf{Z} \neq 4\mathbf{Z}=\mathrm{Ker}\,\alpha_2$, $\mathrm{Ker}\,\gamma_1=\{2\mathbf{Z}, 4+2\mathbf{Z}\} \neq 0$ である事は除いては，上の行，及び列は完全である．$\mathrm{Ker}\,\gamma_1 \neq 0$ なので，この例は $C_1 \to C_2 \to C_3 \to 0$ 迄が完全で $0 \to C_1 \to C_2 \to C_3 \to 0$ と左へ延ばせない例を与える．故に，回答は上の如く，$C_1 \to C_2 \to C_3 \to 0$ の完全性である．ダメな事を主張するには，証明出来ませんでなく，反例を与えねばならない．只今，妻がこの原稿を覗いて云う：この様に難しいと，買い手が無く，また出版社から文句を云って来ますよ．確かに，この問題は学問的香りが高い．次章では，又，易しくして，高校の教材から出発しましょう．

Exercise 2. (i) $\mathrm{Ker}\,\alpha=0$. $m_{11} \in \mathrm{Ker}\,\alpha$ であれば，$g_{12}\circ f_{11}(m_{11})=0$. f_{11} と g_{12} は単射なので，$m_{11}=0$.

(ii) $\mathrm{Im}\,\alpha \subset \mathrm{Ker}\,\beta$. $m_{22} \in \mathrm{Im}\,\alpha$ であれば，$m_{11} \in M_{11}$ があって，$m_{22}=g_{12}\circ f_{11}(m_{11})$. よって $\beta(m_{22})=(f_{22}\circ g_{12}\circ f_{11}(m_{11}), -g_{22}\circ g_{12}\circ f_{11}(m_{11}))$. 可換性より $f_{22}\circ g_{12}\circ f_{11}(m_{11})=g_{13}\circ f_{12}\circ f_{11}(m_{11})$. 完全性より $f_{12}\circ f_{11}=0$ なので，$f_{22}\circ g_{12}\circ f_{11}(m_{11})=0$. 完全性より $g_{22}\circ g_{12}=0$ なので，$g_{22}\circ g_{12}\circ f_{11}(m_{11})=0$. よって $\beta(m_{22})=(0,0)$ なので，$m_{22} \in \mathrm{Ker}\,\beta$.

(iii) $\mathrm{Ker}\,\beta \subset \mathrm{Im}\,\alpha$. $m_{22} \in \mathrm{Ker}\,\beta$ であれば，$\beta(m_{22})=(f_{22}(m_{22}), g_{22}(-m_{22}))$ なので，$f_{22}(m_{22})=0$, $g_{22}(m_{22})=0$. 完全性より $\mathrm{Ker}\,g_{22}=\mathrm{Im}\,g_{12}$ なので，$m_{12} \in M_{12}$ があって，$m_{22}=g_{12}(m_{12})$. 可換性より $g_{13}\circ f_{12}=f_{22}\circ\ {}_{12}$ なので，$g_{13}(f_{12}(m_{12})=f_{22}(g_{12}(m_{22}))=f_{22}(m_{22})=0$. g_{13} の単射性より，$f_{12}(m_{12})=0$. 完全性より $\mathrm{Ker} f_{12}=\mathrm{Im} f_{11}$ なので，$m_{11} \in M_{11}$ があって，$m_{12}=f_{11}(m_{11})$. この $m_{11} \in M_{11}$ に対して，$m_{22}=g_{12}(m_{12})=g_{12}(f_{11}(m_{11}))=\alpha(m_{11})$ が成立し，$m_{22} \in \mathrm{Im}\,\alpha$.

(iv) $\mathrm{Im}\,\beta \subset \mathrm{Ker}\,\gamma$. $(m_{23}, m_{32}) \in \mathrm{Im}\,\beta$ に対して，$m_{22} \in M_{22}$ があって，$\beta(m_{22})=(f_{22}(m_{22}), g_{22}(-m_{22}))=(m_{23}, m_{32})$. $\gamma(m_{23}, m_{32})=g_{23}(m_{23})+f_{32}(m_{32})=g_{23}(f_{22}(m_{22}))+f_{32}(g_{22}(-m_{22}))$. 可換性より，$g_{23}\circ f_{22}=f_{32}\circ g_{22}$. 従って，$\gamma(m_{23}, m_{32})=(g_{23}\circ f_{22}-f_{32}\circ g_{22})(m_{22})=0$. よって，$(m_{23}, m_{32}) \in \mathrm{Ker}\,\gamma$.

(v) $\mathrm{Ker}\,\gamma \subset \mathrm{Im}\,\beta$. $(m_{23}, m_{32}) \in \mathrm{Ker}\,\gamma$ であれば，$\gamma(m_{23}, m_{32})=g_{23}(m_{23})+f_{32}(m_{32})=0$. g_{22} は全射なので，$m_{22} \in M_{22}$ があって，$m_{32}=g_{22}(m_{22})$. 可換性より，$f_{32}\circ g_{22}=g_{23}\circ f_{22}$ なので，$f_{32}(m_{32})=f_{32}(g_{22}(m_{22}))=g_{23}(f_{22}(m_{22}))$. 一方，$f_{32}(m_{32})=-g_{23}(m_{23})$ を既に得ていたので，$g_{23}(f_{22}(m_{22})-m_{23})=0$. 完全性より，$\mathrm{Ker}\,g_{23}=\mathrm{Im}\,g_{13}$ なので，$m_{13} \in M_{13}$ があって，$f_{22}(m_{22})-m_{23}=g_{13}(m_{13})$. f_{12} の全射性より，$m_{12} \in M_{12}$ があって，$m_{13}=f_{12}(m_{12})$. 可換性より，$g_{13}\circ f_{12}=f_{22}\circ g_{12}$ が成立するので，$f_{22}(m_{22})=m_{23}+g_{13}(m_{13})=m_{23}+g_{13}(f_{12}(m_{12}))=m_{23}+f_{22}(g_{12}(m_{12}))$ より，$m_{23}=f_{22}(m_{22}-g_{12}(m_{12}))$. そこで，この $m_{22}-g_{12}(m_{12}) \in M_{22}$ に帰依すべく，$g_{22}(m_{22}-g_{12}(m_{12}))=g_{22}(m_{22})-g_{22}(g_{12}(m_{12}))=m_{32}-g_{22}(g_{12}(m_{12}))$. 完全性より $g_{22}\circ g_{12}=0$ なので，$g_{22}(g_{12}(m_{12}))=0$. よって，$g_{22}(m_{22}-g_{12}(m_{12}))=m_{32}$ も云えて，$\beta(m_{22}-g_{12}(m_{12}))=(m_{23}, m_{32})$. 故に，$(m_{23}, m_{32}) \in \mathrm{Im}\,\beta$. この様に，始めに m_{22} を当て込んでいても，不都合が起きたら，修正主義者と云われようとも，敢えて修正する勇気が，科学する心である．

(vi) $M_{33}=\mathrm{Im}\,\gamma$. 任意の $m_{33} \in M_{33}$ を取る．g_{23}, f_{32} の全射性より，$m_{23} \in M_{23}$, $m_{23} \in M_{32}$ があって，$m_{33}=g_{23}(m_{23})=f_{32}(m_{32})$. これは欲張り過ぎたようで，一方の，例えば，$(m_{23}, 0)$ を用いて，$\gamma(m_{23}, 0)=g_{23}(m_{23})=m_{33}$. 故に，$m_{33} \in \mathrm{Im}\,\gamma$.

以上示した，(i)が M_{11} における，(ii)+(iii)が M_{22} における，(iv)+(v)が $M_{23} \oplus M_{32}$ における，(vi)が M_{33} における系列(2)の完全性を意味する．

くどくなるが，この様に，現代数学＝抽象数学＝純粋数学では，一切の邪心を捨てて，ただ定義を与えられた条件にのみ依拠して，ひたすら仕事をすれば，必らず成果が得られる．妄執を捨てる事が肝要である．本章は殆んど予備知識を必要としない．それ故，純粋数学への適性をテストするのに最適である．大学院入試問題ではあるが，高校生諸君の中にも，本章の問題を理解出来る人が，一校に数人はいる筈である．これらの人々は純粋数学への適性があるので，ぜひ，数学科を受験して，世界に冠する日本の数学会の次の世代の担い手となって貰いたい．大学はどの大学でもよいので，共通１次の結果を見て，入れそうなのに入学し，その大学にて，本書や姉妹書「新修解析学」にて大学院受験の準備をして，よき師に遭遇して欲しい．最後に笑う者が，最も好く笑う．逆に，本書を全く受け付けぬ高校生諸君は，間違っても数学科は志望しない事である．数学は機械的な計算とは全く無縁であるからである．名門校に多いが，その様な諸君は間違って入学しても，卒業なしに満期除隊は確実である．

9 章

類題 1. ヘッセの標準形に直すと $\frac{x}{\sqrt{3}}+\frac{y}{\sqrt{3}}+\frac{z}{\sqrt{3}}=\frac{1}{\sqrt{3}}$ であり，法線の方向余弦が $\left(\frac{1}{\sqrt{3}}, \frac{1}{\sqrt{3}}, \frac{1}{\sqrt{3}}\right)$，原点からの距離が $\frac{1}{\sqrt{3}}$ の平面であり，(x, y) を座標と見ると２次元の xy 座標平面と考えられる．

類題 2. 勿論 R は３次元のベクトル空間である．x_1, x_2, x_3 を係数とするベクトル $\vec{b_1}, \vec{b_2}, \vec{b_3}$ の１次結合が零であり，$x_1\vec{b_1}+x_2\vec{b_2}+x_3\vec{b_3}=0$ が成立すれば，左辺を整理して，基底 $\vec{a_1}, \vec{a_2}, \vec{a_3}$ の１次結合で表し，$(a_{11}x_1+a_{21}x_2+a_{31}x_3)\vec{a_1}+(a_{12}x_1+a_{22}x_2+a_{32}x_3)\vec{a_2}+(a_{13}x_1+a_{23}x_2+a_{33}x_3)\vec{a_3}=0$ を得る．$\vec{a_1}, \vec{a_2}, \vec{a_3}$ は基底なので，勿論，１次独立．その係数を全て０とすると，x_1, x_2, x_3 の線形連立同次１次方程式

$$\begin{cases} a_{11}x_1+a_{21}x_2+a_{31}x_3=0 \\ a_{12}x_1+a_{22}x_2+a_{32}x_3=0 \\ a_{13}x_1+a_{23}x_2+a_{33}x_3=0 \end{cases} \tag{2}$$

を得る．連立方程式(2)の係数の行列は(1)のそれの転置行列である点を注意しよう．$\vec{b_1}, \vec{b_2}, \vec{b_3}$ が１次独立である為の必要十分条件は１次結合 $x_1\vec{b_1}+x_2\vec{b_2}+x_3\vec{b_3}=0$ より $x_1=x_2=x_3=0$ が導かれる事，即ち，(2)の全ての解がトリビアルである事と同値なので，この条件は係数の行列式

$$\begin{vmatrix} a_{11} & a_{21} & a_{31} \\ a_{12} & a_{22} & a_{32} \\ a_{13} & a_{23} & a_{33} \end{vmatrix} = \begin{vmatrix} a_{11} & a_{12} & a_{13} \\ a_{21} & a_{22} & a_{23} \\ a_{31} & a_{32} & a_{33} \end{vmatrix} \neq 0 \tag{3}$$

で与えられる．１次独立性 ⇔ 行列式 $\neq 0$ が条件反射として出る事が望ましい．

類題 3. (i) M の任意の二点 x, y を結ぶ直線上の点を z とすると，ベクトル $z-x$ はベクトル $y-x$ のスカラー s 倍であって $z-x=s(y-x)$，即ち，$z=(1-s)x+sy$．M の定義より M_1 の二点 x_1, y_1，M_2 の二点 x_2, y_2 があって，x は x_1, x_2 を，y は y_1, y_2 を結ぶ直線上の点なので，同様にして，スカラー α, β があって $x=(1-\alpha)x_1+\alpha x_2$，$y=(1-\beta)y_1+\beta y_2$．従って，$z=((1-s)(1-\alpha)x_1+s(1-\beta)y_1)+((1-s)\alpha x_2+s\beta y_2)$．$z_i$ が x_i と y_i を結ぶ線分上にある為の必要十分条件は z_i-x_i が y_i-x_i のスカラー λ_i 倍である事であり，$z_i-x_i=\lambda_i(y_i-x_i)$，即ち，$z_i=(1-\lambda_i)x_i+\lambda_i y_i$ $(i=1, 2)$．更に，上の z が z_1 と z_2 を結ぶ直線上にある為の必要十分条件は $z-z_1$ が z_2-z_1 のスカラー μ 倍である事であり，$z-z_1=\mu(z_2-z_1)$，即ち，$z=(1-\mu)z_1+\mu z_2$．故に

$$z=(1-\mu)((1-\lambda_1)x_1+\lambda_1 y_1)+\mu((1-\lambda_2)x_2+\lambda_2 y_2)=((1-s)(1-\alpha)x_1+s(1-\beta)y_1)+((1-s)\alpha x_2+s\beta y_2) \tag{2}$$

の x_1, x_2, y_1, y_2 の係数が等しい為の必要十分条件は $\lambda_1, \lambda_2, \mu$ が

$$(1-\mu)(1-\lambda_1)=(1-s)(1-\alpha) \quad (3), \qquad (1-\mu)\lambda_1=s(1-\beta) \quad (4),$$

$$\mu(1-\lambda_2)=(1-s)\alpha \quad (5), \qquad \mu\lambda_2=s\beta \quad (6)$$

を満足する事である．(5)＋(6)より $\mu=(1-s)\alpha+s\beta$．(5)÷(6)より $\frac{1-\lambda_2}{\lambda_2}=\frac{(1-s)\alpha}{s\beta}$．故に，$\lambda_2=\frac{s\beta}{s\beta+(1-s)\alpha}$．(3)÷(4)より $\frac{1-\lambda_1}{\lambda_1}=\frac{(1-s)(1-\alpha)}{s(1-\beta)}$．故に，$\lambda_1=\frac{s(1-\beta)}{s(1-\beta)+(1-\alpha)(1-s)}$．これらの $\mu, \lambda_1, \lambda_2$ は(3)を自動的に満すので，z は M_1 の点 z_1 と M_2 の点 z_2 を結ぶ直線上にあり $z\in M$．勿論，今の考察は λ_1 や λ_2 の分母 $\neq 0$ の場合に正しいのであるが，例えば λ_2 の分母＝０は $y_2-x_2=\frac{1}{\lambda_2}(z_2-x_2)=0$ を意味するので，これらの特別な場合にも $z\in M$ が示

され，問題3の(i)—(ア)より，M は平面である．

(ii) M の任意の点の x は M_1 の点 x_1 と M_2 の点 x_2 を含む直線上にある．x_1, x_2 は平面 N に含まれるので，問題3の(i)より x_1 と x_2 を結ぶ直線，従って，$z\in N$．故に $M\subset N$．

Exercise 1． $m\times n$ 行列 A のランク $r(A)$ は，0でない小行列式の最高次数なので，一番高くて，m と n の小さい方であり，低い時は0で，$0\leqq r(A)\leqq \min(m, n)$ を満す整数である．$r(A)=\min(m, n)$ の時，講義や講演では，A はフル・ランクであると云うが，テキストには書かれない．さて，A は 2×2，B は 2×3 行列なので，このランクは $0\leqq r(A)\leqq 2$, $0\leqq r(B)\leqq 2$ であるが，条件 $r(A)=\frac{1}{2}r(B)$ なので，A がフル・ランクの $r(A)=2$ は，$r(B)=4$ を招くので，起り得ない．よって $r(A)=0$，又は，$r(A)=1$ の二通りが起り得る．行列のランクのもう一つの素顔は1次独立な行ベクトルの個数である．$r(A)=0$ と云う事は行ベクトル $(a_1, b_1), (a_2, b_2)$ が共に零ベクトルである事を意味し，この場合，l_1 と l_2 は直線にならない．従って，$r(A)=1, r(B)=2$ しか起り得ない．以上の事が瞬間的に閃くとしめたもので，更に論理を進めると，l_1, l_2 が直線を表すので，行ベクトル (a_1, b_1) と (a_2, b_2) は，共に零ベクトルであり得ない．$r(A)$ が1と云う事は，1次独立な行ベクトルの個数が1と云う事で，(a_1, b_1) と (a_2, b_2) のどちらか一つが他の1次結合で表される事と同値である．例えば，$(a_2, b_2)=\lambda(a_1, b_1)$ としよう．$\lambda=0$ であれば，$(a_2, b_2)=(0, 0)$ となり，くどく云う様に，l_2 が直線を表す事に反し，矛盾．故に，$\lambda\neq 0$ であり，l_1 の方向余弦に比例する (a_1, b_1) と l_2 の方向余弦に比例する (a_2, b_2) の間に，$\lambda\neq 0$ に対して，$(a_2, b_2)=\lambda(a_1, b_1)$ が成立するから，l_1 と l_2 は同じ方向を持つ．すると，l_1 と l_2 は一致して同じ直線を表すか，l_1 と l_2 が一致しなくて，相異なる二直線を表すかの何れかである．$l_1=l_2$ である為の必要十分条件は，$a_1x+b_1xy+c_1=0$ と $a_2x+b_2y+c_2=0$ が同値な方程式である事であり，それは行ベクトル (a_1, b_1, c_1) と行ベクトル (a_2, b_2, c_2) の何れかが他のスカラー倍であると云う事を意味する．これは行列 B の1次独立な行ベクトルの数が1である事，即ち，$r(B)=1$ を意味し，$r(B)=2$ に反し，矛盾である．逆に $l_1\neq l_2$ であれば，行ベクトル (a_1, b_1, c_1) と行ベクトル (a_2, b_2, c_2) は1次独立であり，$r(B)=2$．従って，(i), (iii), (v) はダメで，(ii)のマークシートを塗り潰せばよい．残る(iv)を吟味しよう．(iv)は $c_1=c_2=0$，即ち，$r(B)=r(A)=1$ を導き，これもダメ．気が付いて見ると，形式論理だけで，計算は何もしていませんね．**高級な理論を用いれば用いる程計算は楽になる**．この事をよく把み，学問に勤みましょう．この例から分る様に，方向余弦さえ把握し，直線ではその向き，平面ではその法線の向きを表す事を理解しておけば，直線や平面の幾何等は，行列やマトリクスの理論に含まれ，特に学習する必要はない．これが，教養1年の「代数及び幾何」が「線形代数」へ移行した精神である．人間の頭脳が極めて記憶容量が少ない事と，学生諸君の記憶能力が今から下降線を辿る事を意識して，下らぬ事はインプットしないがよい．

Exercise 2． $M\supset S$ なる平面 M があったとしよう．S の一点 a_0 を取り，固定すると，

$$V=\{x-a_0;\ x\in M\} \tag{1}$$

は $\boldsymbol{R}^n$ の線形部分空間であって，$M=a_0+V$ が成立する．$S\subset M$ なので，線形部分空間 V は集合

$$U_0=\{x-a_0;\ x\in S\} \tag{2}$$

を含まねばならない．もしも，U_0 が $\boldsymbol{R}^n$ の線形部分空間であれば，$S=a_0+U_0$ は $\boldsymbol{R}^n$ の平面となり，芽出たし，芽出たしであるが，現実は厳しく，一般には，U_0 は1次結合に関して閉じていず，線形部分空間とならない．この矛盾を，最もエネルギーを費さないで，解決するには，U_0 の任意な有限個の元の1次結合全体の集合 $L(U_0)$ を考察すればよい．$L(U_0)$ を **U_0 が張る $\boldsymbol{R}^n$ の線形部分空間**，面倒な時は，U_0 の**リニヤ・スパン**と呼ぶ．先ず，$L(U_0)$ が $\boldsymbol{R}^n$ の線形部分空間である事を示そう．m を任意の自然数，$u_1, u_2, \cdots, u_m$ を $L(U_0)$ の m 個の任意の元，$\alpha_1, \alpha_2, \cdots, \alpha_m$ を m 個の任意の実数とする．各 u_i は U_0 の元の1次結合であるが，その個数は u_i と共に変る可能性があるので，それを p_i とする．p_i 個の U_0 の元 $u_{i1}, u_{i2}, \cdots, u_{ip_i}$ と，実数 $\beta_{i1}, \beta_{i2}, \cdots, \beta_{ip_i}$ があって，$u_i=\sum_{j=1}^{p_i}\beta_{ij}u_{ij}$ が成立する．

よって，$\sum_{i=1}^{m} a_i u_i = \sum_{i=1}^{m}\left(\sum_{j=1}^{p_i} a_i\beta_{ij}u_{ij}\right)$ は U_0 の $p_1+p_2+\cdots+p_m$ 個の元 u_{ij} のスカラー $a_i\beta_{ij}$ を係数とする1次結合であり，やはり，U_0 のリニヤ・スパン $L(U_0)$ に含まれる．ここで，諸君及び印刷会社を悩ませるのは $u_{i1}, u_{i2}, \cdots, u_{ip_i}$ と云うケッタイな表記法であろうが，やはり慣れて頂きたい．そこで，$L(U_0)$ は U_0 を含む最小の線形部分空間である事が分った．ここで，V が，私も U_0 を含む部分空間なのをお忘れなく，と叫んでいるので，$V\supset L(U_0)$ に気付く．$V_0=a_0+L(U_0)$とおくと，$U_0\subset L(U_0)\subset V$ なので，$S=a_0+U_0\subset V_0=a_0+L(U_0)\subset M=a_0+V$ が成立する．$V_0=a_0+L(U_0)$ は平面であり，S を含むし，S を含む任意の平面 S に含まれるので，S を含む最小の平面である．作り方から，$L(U_0)$，従って，V_0 は一通りしかない．

Exercise 3．前問の様に $\boldsymbol{R}^n$ と太文字を利用する時は，$\boldsymbol{R}$ は実数全体の集合であるが，並のイタリック R を用いる時は，R は線形空間であって，$n=1$ の時の $\boldsymbol{R}$ ではないので間違わない様にされたい．勿論，その様な人物が出るので，別の記号を用いる方が親切であろうが，これは入試である．入試と云えば，平面に関する問題が又出て，ウンザリしている読者が多いのは重々承知の上である．これによって，各県教委，各大学，人事院等の出題者が皆，クセがあり，どうしてもそのくせから脱却出来ず，中年のベリ・スペシャル・ワン・パターンを繰り返すと云う事実を知って頂き，その上で，受験の際に，これらのパターンを知る事が，あたかも，国会議員選挙において，一定の組織票を得るのと同様な，有利に立つ事を肝に明記して頂きたい．備えあれば，憂なく，敵を知り，己を知れば，百戦危からず，である．

M_1+M_2 は $M_1\cup M_2$ を含む最小の平面なので，前問の $S=M_1\cup M_2$ に対する蒸し返しに過ぎない事を知る．

$$U_0=(M_1\cup M_2)-a_1=\{x-a_1;\ x\in M_1\cup M_2\} \tag{3}$$

のリニヤ・スパン $L(U_0)$ を用いると，$M_1+M_2=a_1+L(U_0)$ によって最小平面 M_1+M_2 は与えられる．従って(2)を示すには，

$$L(U_0)=L(a_2-a_1)+V_1+V_2 \tag{4}$$

を示せばよい．$M_1-a_1=V_1$, $M_2-a_1=(a_2-a_1)+(M_2-a_2)=a_2-a_1+V_2$ なので，$U_0=V_1\cup(a_2-a_1+V_2)$．U_0 を含む部分空間は a_2-a_1 と V_1 の元と V_2 の元の任意の1次結合を含むので，$L(U_0)\supset L(a_2-a_1)+V_1+V_2$．しかし，右辺は部分空間なので，$L(U_0)$ の最小性より，等号が成立し，(4)，従って(2)を得る．

$a_2-a_1\in V_1+V_2$ であれば，$v_1\in V_1$, $v_2\in V_2$ があって，$a_2-a_1=v_2-v_1=(-v_1)+v_2$ が成立する．従って，$a_1+v_1=a_2+v_2\in M_1\cap M_2$．逆に $M_1\cap M_2\neq\phi$ であれば，この逆を辿り，$a_2-a_1\in V_1+V_2$．故に $a_2-a_1\in V_1+V_2$ と $M_1\cap M_2\neq\phi$ とは同値であり，対偶を取り，$a_2-a_1\notin V_1+V_2$ と $M_1\cap M_2=\phi$ とは同値である．

教師をしているとくどくなり，我ながら愛想が尽きるが，教職試験，公務員試験，大学院入試，その他の試験に当っては，本書に述べた問題集により，よく傾向を調べて，対策を練り，万全を機さねばならぬ．人事を尽さずして，天命のみを待つのは厚顔過ぎる．学力の不足は，知恵で補わねばならない．人生は総合戦である．

10 章

類題 1． (i) $\det A=|A|=0$ であれば，連立方程式 $\sum_{j=1}^{n} a_{ij}x_j=0\ (i=1, 2, \cdots, n)$ はノン・トリビヤルな解 $(x_1, x_2, \cdots, x_n)$ を持つ．$|x_p|=\max_{1\leq i\leq n}|x_i|$ とすると，$|x_p|>0$ である．$a_{pp}x_p=-\sum_{j\neq p} a_{pj}x_j$ の両辺の絶対値を評価して，$|a_{pp}||x_p|=|\sum_{j\neq p} a_{pj}x_j|\leqq(\sum_{j\neq p}|a_{pj}|)|x_p|$ より，$0\leqq(|a_{pp}|-\sum_{j\neq p}|a_{pj}|)|x_p|\leqq 0$．$|a_{pp}|-\sum_{j\neq p}|a_{pj}|>0$ なので，$|x_p|=0$ となり矛盾．故に，A の行列式 $\det A\neq 0$．

(ii) $\det A\neq 0$ なので，A は正則行列であり，$A^{-1}=(b_{ij})$ がある．k を任意に取り固定して，$|b_{qk}|=\max_{1\leq j\leq n}|b_{jk}|$ なる q を取る．AB は単位行列なので，$q\neq k$ であれば，$\sum_{j=1}^{n} a_{qj}b_{jk}=0$．$a_{qk}b_{kk}=-\sum_{j\neq k} a_{qj}b_{jk}$ と移項して，両辺の絶対値を

評価し，$|a_{qk}||b_{kk}|=|a_{qq}b_{qk}+\sum_{j\neq q,k}a_{qj}b_{jk}|\geqq|a_{qq}||b_{qk}|-\sum_{j\neq q,k}|a_{qj}||b_{jk}|\geqq(|a_{qq}|-\sum_{j\neq q,k}|a_{qj}|)|b_{qk}|$．ここで $|a_{qq}|>\sum_{j\neq q}|a_{qj}|=|a_{qk}|+\sum_{j\neq q,k}|a_{qj}|$ なので，$|a_{qq}|-\sum_{j\neq q,k}|a_{qj}|>|a_{qk}|$ に注意して，正数 $|a_{qq}|-\sum_{j\neq q,k}|a_{pj}|$ で上の不等式の両辺を割って，$|b_{qk}|\leqq\dfrac{|a_{qk}|}{|a_{qq}|-\sum_{j\neq p,k}|a_{qj}|}|b_{kk}|\leqq|b_{kk}|$ を得るので，$|b_{jk}|\leqq|b_{kk}|\ (j,k=1,2,\cdots,n)$. (2)の右辺は $\sum_{j=1}^{n}a_{qj}b_{jq}=1$ に今の議論を繰り返す．この種の問題は，高級ではないが，一度解いた経験が無いと，先ず解けない．問題を見て，解答が見出せないのを，自分の才能がないかの様に錯覚し，悲観する事のない様にお願いする．勉強しなくて分る位ならば，この本を読む必要はないのだ．この様な，数学上のワザを身に着けて有段者になる為に本書はあるのだ．

類題 2. $x_{r+1},x_{r+2},\cdots,x_r$ の内の一つが1で，他は0にして，(3)より，$m-r$ 個の解

$$\begin{bmatrix}-a_{r+11}\\-a_{r+12}\\\vdots\\-a_{r+1r}\\1\\0\\\vdots\\0\end{bmatrix},\quad\begin{bmatrix}-a_{r+21}\\-a_{r+22}\\\vdots\\-a_{r+2r}\\0\\1\\\vdots\\0\end{bmatrix},\quad\cdots,\quad\begin{bmatrix}-a_{m1}\\-a_{m2}\\\vdots\\-a_{mr}\\0\\0\\\vdots\\1\end{bmatrix}$$

は1次独立であって，この $x_{r+1},x_{r+2},\cdots,x_m$ を係数とする1次結合が，丁度，一般の同次解(13)を与えるので，解空間の次元，従って，Ker$f$ の次元は $m-r$ である．

Exercise 1. この機会に，一般の内積を持つ線形空間 X におけるシュワルツの不等式を学ぼう．複素数体を係数体とする方が，少し難かしいので，こちらをやろう．集合 X の任意二元 x,y に対して複素数 $\langle x,y\rangle$ が対応して，内積の公理と呼ばれる．

(I1) $\langle x,x\rangle\geqq0$ であって，$\langle x,x\rangle=0$ と $x=0$ とは同値．

(I2) $\langle y,x\rangle=\overline{\langle x,y\rangle}=\langle x,y\rangle$ の共役複素数．

(I3) $\langle x+y,z\rangle=\langle x,z\rangle+\langle y,z\rangle,\ \langle ax,y\rangle=a\langle x,y\rangle$

が成立する時，X を**内積を持つ線形空間**，又は，**プレヒルベルト空間**と云う．$\|x\|=\sqrt{\langle x,x\rangle}$ をベクトル x の**ノルム**と云い，大きさと見なす．この時

(シュワルツの不等式) $|\langle x,y\rangle|\leqq\|x\|\,\|y\|$ (2)

が成立し，(2)において等号が成立するのは，x と y が1次従属に限る事を証明しよう．$\langle x,y\rangle$ は複素数なので，その絶対値を r，偏角を θ とすると，極形式 $\langle x,y\rangle=r(\cos\theta+i\sin\theta)=re^{i\theta}$ が成立し，勿論，$r=|\langle x,y\rangle|$. 又，$\langle y,x\rangle=\overline{\langle x,y\rangle}=r(\cos\theta-i\sin\theta)=re^{-i\theta}$ に注意しよう．さて，$x=0$ であれば，$\|x\|=0,\ |\langle x,y\rangle|=|\langle0,y\rangle|=0$ なので，(2)は等号として成立し，$1\cdot x+0\cdot y=1\cdot0+0\cdot y=0$ なので，x,y は1次従属．$x\neq0$ であれば，(I1)より $\|x\|^2=\langle x,x\rangle>0$. 任意の実数 t と上の θ に対して，(I1)より $0\leqq\|te^{-i\theta}x+y\|^2=\langle te^{-i\theta}x+y,\ te^{-i\theta}x+y\rangle=t^2\langle x,x\rangle+te^{-i\theta}\langle x,y\rangle+te^{i\theta}\langle y,x\rangle+\langle y,y\rangle=t^2\langle x,x\rangle+2t|\langle x,y\rangle|+\langle y,y\rangle=\|x\|^2t^2+2|\langle x,y\rangle|t+\|y\|^2$ は高校数学で懐しい，実変数 t の定符号2次関数で，t^2 の係数 $\|x\|^2>0$. 従って，お馴染の判別式$=|\langle x,y\rangle|^2-\|x\|^2\|y\|^2\leqq0$ より(2)を得る．(2)で等号が成立すれば，判別式$=0$．よって，上の2次式は，重根条件が満され，ある t に対して0となり，$\|te^{-i\theta}x+y\|^2=0$. 従って，(I1)より $te^{-i\theta x}+y=0$ が成立し，x と y は1次従属．

$\boldsymbol{R}^n$ の二元 $x=(x_1,x_2,\cdots,x_n),\ y=(y_1,y_2,\cdots,y_n)$ に対する内積は，

$$\langle x,y\rangle=\sum_{i=1}^{n}x_iy_i \tag{3}$$

で与えられるので，$\|x\|=\sqrt{\sum_{i=1}^{n}x_i^2}$ より，シュワルツの不等式は

(シュワルツの不等式) $\left|\sum_{i=1}^{n}x_iy_i\right|^2\leqq\left(\sum_{i=1}^{n}x_i^2\right)\left(\sum_{i=1}^{n}y_i^2\right)$ (4)

となる．

この予備知識を持って，本問を考察する．$x=(x_1, x_2, \cdots, x_n)$ の転置行列である列ベクトルの時，$Ax=\left(\sum_{j=1}^{n} a_{ij}x_j\right)$ なので，シュワルツの不等式(4)を(1)の中に適用し，x_j^2 の和は i に無関係なので，Σ の外に出して，

$$\|Ax\|^2=\sum_{i=1}^{m}\left(\sum_{j=1}^{n} a_{ij}x_j\right)^2 \leqq \sum_{i=1}^{m}\left(\sum_{j=1}^{n} a_{ij}^2 \sum_{j=1}^{n} x_j^2\right)=\left(\sum_{i=1}^{m}\sum_{j=1}^{n} a_{ij}^2\right)\left(\sum_{j=1}^{n} x_j^2\right),$$

即ち，(1)を得る．有限次元の線形空間 V から W への線形写像 f は，V と W に基底を導くと，本質的には，行列 $A=(a_{ij})$ と同じなので，(1)より，$M=\sqrt{\sum_{i,j} a_{ij}^2}$ を用いて，$\|f(x)\|\leqq M\|x\|$，この時，f は**有界**であると云う．無限次元の時は，この様に，旨くは運ばない．何れにせよ，合格者に出題委員が何を教育しようとしているかが分る．

Exercise 2. 任意の $x\in S$ を取ると，$x-Tx\in S^\perp$. $x\in S$ なので，$x\in S$ と $x-Tx\in S^\perp$ は直交し，内積 $\langle x, x-Tx\rangle=0$. $Tx\in S$ とも $x-Tx\in S^\perp$ は直交し，$\langle Tx, x-Tx\rangle=0$. 故に，$\|x-Tx\|^2=\langle x-Tx, x-Tx\rangle=\langle x, x-Tx\rangle-\langle Tx, x-Tx\rangle=0-0=0$. 内積の性質より $x-Tx=0$. 故に，$x=Tx\,(x\in S)$ が成立し，$S\subset \mathrm{Im}\,T$. 一方，仮定より $\mathrm{Im}\,T\subset S$ なので，$S=\mathrm{Im}\,T$. $\mathrm{Im}\,T$ は X の線形部分空間なので，S も X の線形部分空間である．線形写像 $T\colon X\to \mathrm{Im}\,T=S$ は $\mathrm{Im}\,T$ 上では恒等写像に一致する．この様な写像を X から $\mathrm{Im}\,T$ の上への**レトラクト**と云う．なお，この様な計算は，偏微分方程式論にルーツを持つ．また，類題1や問題2の $\sigma=e^D$ は数値解析学にルーツを持ち，出題委員の専門が分る．微積分や線形代数の専門家は存在しない．

Exercise 3. 8章の問題で解説した第1同型定理 $V/\mathrm{Ker}\,T\cong W$ の線形写像版である事に気付かれた読者は多かろう．既に見て来た様に，T の核 $\mathrm{Ker}\ T=\{x\in V;\ Tx=0\}$ は V の線形部分空間である．V の二つのベクトル x, y は $x-y\in \mathrm{Ker}\,T$ の時 $x\equiv y$ と定義すると，$\equiv$ は V 上の同値関係であって，この同値関係による V の商集合が考えられる．これを，代数の作法で V を $\mathrm{Ker}\,T$ で割った形の $V/\mathrm{Ker}\,T=V/U$ と書く．$V/\mathrm{Ker}\,T$ の元は V の元 x の剰余類であり，これを，やはり，代数の作法で $x+\mathrm{Ker}\,T$ と書く．V の二元である二つのベクトル x, y, K の二元である二つのスカラー α, β に対して，$\alpha(x+\mathrm{Ker}\,T)+\beta(y+\mathrm{Ker}\,T)$ を

$$\alpha(x+\mathrm{Ker}\,T)+\beta(y+\mathrm{Ker}\,T)=\alpha x+\beta y+\mathrm{Ker}\,T \tag{1}$$

で定義する．$x+\mathrm{Ker}\,T$ と $y+\mathrm{Ker}\,T$ の別の代表元を，夫々，x', y' とする．$x-x', y-y\in \mathrm{Ker}\,T$ なので，$\alpha(x-x')+\beta(y-y')\in \mathrm{Ker}\,T$ が成立し，

$$\alpha x+\beta y+\mathrm{Ker}\,T=\alpha x'+\beta x'+\alpha(x'-x)+\beta(y'-y)+\mathrm{Ker}\,T=\alpha x'+\beta y'+\mathrm{Ker}\,T \tag{2}$$

を得るので，(1)は旨く定義出来て，ボール·デヒニールト，従って $V/\mathrm{Ker}\,T$ は線形空間の構造を持つ．

写像 $\varphi\colon V/\mathrm{Ker}\,T\to W$ を，例によって，$x\in V$ に対して，

$$\varphi(x+\mathrm{Ker}\,T)=T(x) \tag{3}$$

によって定義する．$x+\mathrm{Ker}\,T$ の別の代表元 $x'\in V$ に対して，$x-x'\in \mathrm{Ker}\,T$ なので，$T(x-x')=0$. T は線形写像なので，

$$T(x)=T((x-x')+x')=T(x-x')+T(x')=T(x') \tag{4}$$

が成立し，代表元 x の取り方に関係なく(3)は旨く定義さて，ビヤン·デヒニである．V の二元 x, x' と二つのスカラー $\alpha, \beta\in K$ に対して，(1), (3)より

$$\begin{aligned}\varphi(\alpha(x+\mathrm{Ker}\,T)+\beta(y+\mathrm{Ker}\,T))&=\varphi(\alpha x+\beta y+\mathrm{Ker}\ T)=T(\alpha x+\beta y)=\alpha T(x)+\beta T(\,y)\\&=\alpha\varphi(x+\mathrm{Ker}\,T)+\beta\varphi(y+\mathrm{Ker}\,T)\end{aligned} \tag{5}$$

が成立し，φ は $V/\mathrm{Ker}\,T$ から W の中への線形写像である．

任意の $w\in W$ に対して，T が全射なので，$x\in V$ があって，$T(x)=w$. この x の剰余類 $x+\mathrm{Ker}\,T\in V/\mathrm{Ker}\,T$ に対して，$\varphi(x+\mathrm{Ker}\,T)=T(x)=w$ が成立し，φ は全射である，次に $x\in V$ に対して，$\varphi(x+\mathrm{Ker}\,T)=0$ であれば，

(3)より $T(x)=0$, 即ち, $x\in\mathrm{Ker}\,T$ が得られ, x の剰余類 $x+\mathrm{Ker}\,T=\mathrm{Ker}\,T$ は $V/\mathrm{Ker}\,T$ の零ベクトルであり, φ は単射である. 故に, 双射な線形写像 $V/\mathrm{Ker}\,T\to W$ は線形空間 $V/\mathrm{Ker}\,T$ と W の間の同型対応であり, $V/\mathrm{Ker}\,T$ と W は同型である.

Exercise 4. (i) V は $M_n(\boldsymbol{R})$ や $M(n,\boldsymbol{R})$ とも記される. $M_n(\boldsymbol{R})$ の元 X とは n 次の正方行列であり, その (i,j) 要素を代表的に用いて, $X=(x_{ij})$ と記されるが, $M_n(\boldsymbol{R})$ の二元 $X=(x_{ij})$, $Y=(y_{ij})$, 二つのスカラー α,β に対して1次結合は

$$\alpha X+\beta Y=(\alpha x_{ij}+\beta y_{ij}) \tag{6}$$

で与えられるので, 何の事はない, 対応 $M_n(\boldsymbol{R})\ni X\to(x_{11},x_{12},\cdots,x_{1n},x_{21},x_{22},\cdots,x_{2n},x_{n1},x_{n2},\cdots,x_{nn})\in\boldsymbol{R}^{n^2}$ によって, $M_n(\boldsymbol{R})$ は $\boldsymbol{R}^{n^2}$ と同型, 即ち, $M_n(\boldsymbol{R})\cong\boldsymbol{R}^{n^2}$ と達観すべきである. 勿論, $M_n(\boldsymbol{R})$ には1次結合の他に, (ii)で出て来る様な積の演算があるが, 1次結合を考える限りは, 即ち, 線形写像を考える限りは, $M_n(\boldsymbol{R})\cong\boldsymbol{R}^{n^2}$, $M_n(\boldsymbol{R})$ は n^2 次元の線形空間である. $\boldsymbol{R}^n$ の基底が一つの成分が1で他の全ての成分が0と云う n 個のベクトルから成る様に, $M_n(\boldsymbol{R})$の基底は, (i,j) 要素のみが1で他の全ての要素が0である様な行列を E_{ij} と記す時, $\{E_{ij};\,1\leq i,j\leq n\}$ によって与えられる. 即ち, 任意の $X=(x_{ij})\in M_n(\boldsymbol{R})$ は

$$X=\sum_{i,j=1}^{n}x_{ij}E_{ij} \tag{7}$$

と, (6)の約束の下でこれらの1次結合で表される. 従って, 線形写像 $f:V\to\boldsymbol{R}$ に対して

$$f(X)=\sum_{i,j=1}^{n}x_{ij}f(E_{ij}) \tag{8}$$

が成立し, f は各 E_{ij} における値で定まって終う. $f(E_{ij})$ は数なので

$$a_{ij}=f(E_{ji}) \tag{9}$$

と i,j の順序を入れ換えておく. 実は, 初め逆向きにして, 旨く行かなかったから試行錯誤で i と j を入れた迄で, この様な技巧を先生が講義で澱みなく用いる時, 感心する必要は全くない. さて, (9)を(8)に代入して

$$f(X)=\sum_{i,j=1}^{n}x_{ij}a_{ji} \tag{10}.$$

天下り的に,

$$A=(a_{ij}) \tag{11}$$

によって行列 $A\in M_n(\boldsymbol{R})$ を定義すると, 任意の $X=(x_{ij})\in M_n(R)$ に対して, 行列の積 AX の計算を実行して

$$AX=\left(\sum_{k=1}^{n}a_{ik}x_{kj}\right) \tag{12}.$$

行列 AX のトレース $\mathrm{tr}(AX)$ とは対角要素の和なので, $j=i$ にて和を取り, Σ の変数は j だろうと k だろうと同じなので,

$$\mathrm{tr}(AX)=\sum_{i=1}^{n}\left(\sum_{k=1}^{n}a_{ik}x_{ki}\right)=\sum_{i,k}a_{ik}x_{ki}=\sum_{i,j=1}^{n}x_{ij}a_{ji} \tag{13}$$

を得る. (10)と(13)より

$$f(X)=\mathrm{tr}(AX)\quad(X\in M_n(\boldsymbol{R})) \tag{14}.$$

(ii) 6章の問題1の行基本操作で触れた様に行列 X の i 行を一斉に α 倍する事は (i,i) 要素が α で残りは全て1である様な対角行列

$$I_i(\alpha)=\begin{bmatrix}1&&&\\&\ddots&&\\&&\alpha\cdots\cdots&\\&&1&\\&&&\ddots\\&&&&1\end{bmatrix}i\text{行} \tag{15}$$

を行列 X に左から掛ける事であり，i 列を一斉に a 倍する事は行列 $I_i(a)$ を行列 X に右から掛ける事である．特に X として (i,j) 要素が1で，その外は全て0である様な行列 X を取り，a としては0を取ると，$i\neq j$ であれば，行列 $I_n(0)X$ は行列 X の i 行が0倍されて，零行列となるので，$f(I(0)X)=f(0)=0$．一方，行列 $I_n(0)X$ は行列 X の i 列が0倍されるので，X と変りはなく，その (i,j) 成分のみが1で，後は全て0．従って，(10)の記号の下では，$f(X I_i(0))=a_{ji}$．仮定より，$a_{ji}=f(XI_i(0))=f(I_i(0)X)=0$．故に，この場合は，$i\neq j$ であれば，$a_{ji}=0$ となり，(10)は

$$f(X)=\sum_{i=1}^{n} a_{ii}x_{ii} \tag{16}$$

と云う形になる．更に，$i\neq j$ の時行列 X の i 行と j 行を入れ換えるのと云う事は，単位行列の i 行と j 行を入れ換えて得られる行列

$$I_{ij}=\begin{bmatrix}
1 & & & & & & & & & & \\
& \ddots & & & & & & & & & \\
& & 1 & & & & & & & & \\
& & & 0 & \cdots & \cdots & \cdots & 1 & \cdots & \cdots & \cdots \\
& & & \vdots & 1 & & & \vdots & & & \\
& & & \vdots & & \ddots & & \vdots & & & \\
& & & \vdots & & & 1 & \vdots & & & \\
& & & 1 & \cdots & \cdots & \cdots & 0 & \cdots & \cdots & \cdots \\
& & & & & & & & 1 & & \\
& & & & & & & & & \ddots & \\
& & & & & & & & & & 1
\end{bmatrix}
\begin{matrix} \\ \\ \\ i\text{行} \\ \\ \\ \\ j\text{行} \\ \\ \\ \\ \end{matrix} \tag{17}$$

（i 列，j 列は上図の第 i 列，第 j 列を示す）

を左から X に掛ける事であり，行列 X の i 列と j 列を入れ換えると云う事は，行列 X に右から I_{ij} を掛ける事である．やはり，X として (i,j) 要素のみが1で他は全て0である様な行列をとる．行列 $I_{ij}X$ は (j,j) 要素が1で他は全て0である様な行列であり，(16)の記号の下で，$f(I_{ij}X)=a_{jj}$．一方，行列 XI_{ij} は (i,j) 要素のみが1で残りは0であるので，(16)の記号の下で，$f(XI_{ij})=a_{ii}$．仮定より，$a_{jj}=f(XI_{ij})=f(I_{ij}X)=a_{ii}$ が得られ，定数 c があって，$a_{ii}=c(1\leqq i\leqq n)$．故に，(16)より

$$f(X)=c\sum_{i=1}^{n} x_{ii}=c\,\mathrm{tr}\,(X) \tag{18}$$

を得る．(18)で与えられる f は(ii)の条件を満す線形写像 $f\colon M_n(\boldsymbol{R})\to\boldsymbol{R}$ である．それなら，始めから $f(X)=c\,\mathrm{tr}\,(X)$ と云えばよいのにと感じる人は多いと思われるが，毛布のネームの様に，極く僅かな現場に残された証拠より，犯人の具体的像を科学的に割り出す，名刑事の様に，非常に抽象的な弱い条件より，f の具体像 $f(X)=c\,\mathrm{tr}\,(X)$ を突き止める所に抽象数学の面白さがある．なお，この問題は行や列基本変形と左右から行列を掛ける事との関連をよく把握しているかどうか，その到達度のテストを兼ねているが，基本変形を知っているからと云って，この問題に応用出来るとは限らない．その他の数学的素養も必要であろう．

Exercise 5．この問題も，現場に残された非常に僅かな手掛りより，犯人の全貌を浮び上らせる名刑事の冴えが必要である．もし，その様な g があれば，$f=1$ を代入して，$g=\varphi(1)$ でなければならない．この g に対して，$\varphi(f)=gf$ が条件を満すからと云って，$\varphi(f)=gf$ と断定しては，田舎の警察であり，疑わしきは罰せず，の精神に反する．関数空間 $C(\boldsymbol{R})$ において，$1, x, \cdots, x^n, \cdots$ は1次独立なので，$C(\boldsymbol{R})$ は無限次元であり，行列を頼りにする訳には行かない．$C(\boldsymbol{R})$ の任意の元 f を取る，即ち，数直線 $\boldsymbol{R}$ の上の任意の連続関数 f を取る．更に，数直線 $\boldsymbol{R}$ の任意の点 x_0，即ち，任意の実数 x_0 を取り，固定する．$\varphi(f)$ は $C(\boldsymbol{R})$ の元なので，数直線 $\boldsymbol{R}$ 上の連続関数であるが，その x_0 における値 $(\varphi(f))(x_0)$ が

$$(\varphi(f))(x_0)=g(x_0)f(x_0) \tag{1}$$

を満す事を示せば，証明終りである．関数 $h(x)$ を，$h(x)=f(x)\ (x\leqq x_0)$，$h(x)=f(x_0)\ (x\geqq x_0)$ で定義すると，そのグラフは次頁の図の様に x_0 から左は f のグラフ，右は直線 $y=f(x_0)$ のそれである．更に，補助的に定数関数 $k(x)=$

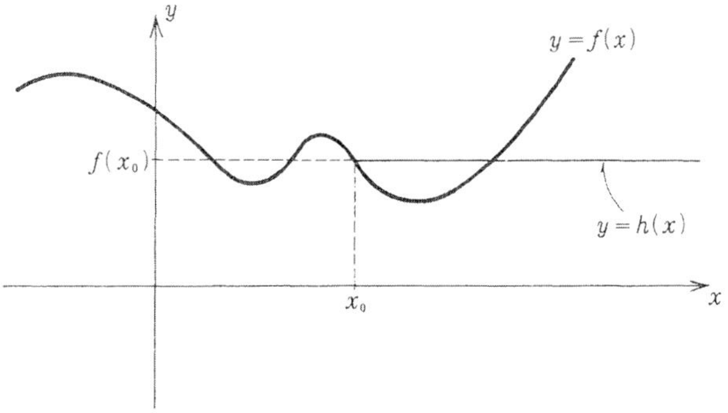

$f(x_0)$ を考えると，h, k は共に連続関数なので，線形空間 $C(\boldsymbol{R})$ の元である．$k(x)$ は定数関数1のスカラー $f(x_0)$ 倍なので，$\varphi: C(\boldsymbol{R}) \to C(\boldsymbol{R})$ の線形性より，

$$\varphi(k)=\varphi(f(x_0)1)=f(x_0)\varphi(1)=f(x_0)g(x) \tag{2}$$

を得て，(1) に一歩近づく．端点を含まない区間を開区間と云う．関数 $h(x)-k(x)$ は開区間 $x>x_0$ で恒等的に0なので，φ の性質よりその像 $\varphi(h-k)=\varphi(h)-\varphi(k)$ は同じ開区間 $x>x_0$ で恒区間で恒等的に0であるが，連続関数なので，端点 x_0 でも0であり，

$$(\varphi(h))(x)=(\varphi(k))(x)=f(x_0)g(x) \quad (x \geqq x_0) \tag{3}$$

を得る．一方，その区間の反対側の開区間 $x<x_0$ では関数 $f(x)-h(x)$ が恒等的に0なので，その φ による像 $\varphi(f-h)=\varphi(f)-\varphi(h)$ も同じ開区間 $x<x_0$ で恒等的に0であるが，連続性より，端点 x_0 でも0であり

$$(\varphi(f))(x)=(\varphi(h))(x) \quad (x \leqq x_0) \tag{4}$$

を得る．$x=x_0$ では(3)と(4)の両方が成立する所がミソで，

$$(\varphi(f))(x_0)=(\varphi(h))(x_0)=(\varphi(k))(x_0)=f(x_0)g(x_0) \tag{5}$$

を得て，目標(1)に達する．x_0 は任意の点なので，$\varphi(f)=fg$ を得る．

点 x を含む開区間 U で定義された関数 f に対して，U と f との組，(f, U) を考える．同じ点 x を含む別の開区間 V で定義された別の関数 g に対して，V と g との組 (g, V) が別に考えられるが，これらは点 x を含む開区間 $W \subset U \cap V$ があって，W 上で f と g とが恒等的に等しい時，二つの組 (f, U) と (g, V) とは同値であると定義する．U と f を動かした時の (f, U) 全体の集合をこの同値関係で割った商集合 S_x は線形空間の構造を持つ．x が動いた時の線形空間 S_x 全体の集合 S を関数の芽の層と呼ぶ．上の (f, U) の剰余類 f_x を点 x における関数の芽と呼ぶ．8章の完全列の議論を発展させたホモロジー代数は，関数の芽の層に応用すると，局所的なデータから，大域的な関数を構成するのに極めて有効である．賢明な読者諸君はお判りの様に，本問は層の理論にルーツを持つ．難解な故岡潔先生の算術的概念 notions arithmétiques はフランス流の解析的連接層 faisceaux analytiques cohérents の概念を用いると，並の数学者にも判る様になり，普遍性を持ったが，岡潔先生は私に，抽象化を幾ら進めても，コエランだよと仰っしゃった．仏語 cohérent の発音と，私を越えないと云う意味の両方を懸けられたのである．又，芽は仏語で germe と云うが，パリの中華料理店で germe と云う単語を含むメニューを目にして，感激して，germes と云う語のある全ての料理を注文したら，もやしのオンパレードとなったのには閉口した．確かに，豆の芽はもやしである．学術用語も，現地で生活しないと，その体臭を嗅ぐ事は出来ない．

本書を通じて，入試問題の中から，出題者が出題をする事を止める事の出来なかった現代数学の息吹を感じ取って下されば，著者として，これ以上の幸せはない．と云ったが，やはり志を遂げて下されば，更に嬉しい．

11 章

類題 1. 8章の問題1で解説した第1同型定理より，$N/\mathrm{Ker}\,g \cong M$. 従って，直和の片割れの有力候補は $\mathrm{Ker}\,g$ である．$x \in M$ に対して，$f(x)=0$ であれば，$x=g(f(x))=g(0)=0$ なので，f は単射である．即ち，f は M から N の中への同型対応で，M は N の部分群 $f(M)$ と同型であり，$M \cong f(M) \subset N$. 任意の $y \in f(M) \cap \mathrm{Ker}\,g$ を取る．$x \in M$ があって，$y=f(x)$. $x=g(f(x))=g(y)=0$ なので，$f(M) \cap \mathrm{Ker}\,g$ は0元しか要素を持たず，$f(M) \cap \mathrm{Ker}\,g=0$ と書く．さて任意の $z \in N$ を取る．$g(z-f(g(z)))=g(z)-(g\circ f)(g(z))=g(z)-g(z)=0$ なので，$y=z-f(g(z)) \in \mathrm{Ker}\,g$. よって，任意の $z \in N$ は $z=f(g(z))+y$ $(y \in \mathrm{Ker}\,g)$, と $f(M)+\mathrm{Ker}\,g$ の形に書ける．$f(M) \cap \mathrm{Ker}\,g=0$ なので，この和の表し方は一意的であり，$N=f(M) \oplus \mathrm{Ker}\,g \cong M \oplus \mathrm{Ker}\,g$ である．

類題 2. (i) 有限次元からの線形写像 f の像 $\mathrm{Im} f$ の次元 $\dim \mathrm{Im} f$ を写像 f の**階数**，又は，**ランク**と云う．$\mathrm{Im}\, g\circ f \subset \mathrm{Im}\, g$ なので，$\dim g\circ f \leqq \dim g$ であり，$\mathrm{rank}\,(g\circ f) \leqq \mathrm{rank}\,(g)$. V は有限次元なので，$\mathrm{rank}\,(g\circ f)=\dim \mathrm{Im}\, g\circ f=\dim \mathrm{Im}\, g=\mathrm{rank}\,(g)$ と $\mathrm{Im}\, g\circ f=\mathrm{Im}\, g$ とは同値である．$\mathrm{Im}\, g\circ f=\mathrm{Im}\, g$ の時，任意の $y \in V$ に対して，$x \in U$ があって，$g(y(x))=g(y)$. 従って，$z=y-f(x) \in \mathrm{Ker}\,g$ が成立し，$y=z+f(x) \in \mathrm{Ker}\,g+\mathrm{Im} f$. 故に，$V=g^{-1}(0)+f(0)$. 逆に $V=g^{-1}(0)+f(U)$ であれば，任意の $y \in V$ に対して，$z \in \mathrm{Ker}\,g$ と $x \in U$ があって，$y=z+f(x)$. 従って $g(y)=g(z)+g(f(x))=g(f(x)) \in \mathrm{Im}\, g\circ f$ が成立し，$\mathrm{Im}\, g=\mathrm{Im}\, g\circ f$. 故に，$\mathrm{rank}\,(g\circ f)=\mathrm{rank}\,(f)$ と $V=\mathrm{Ker}\,g+\mathrm{Im} f$ は同値であるが，後者は直和を意味しない．

(ii) 今度は，$\mathrm{Ker} f \subset \mathrm{Ker}\, g\circ f$ で，$\mathrm{rank} f=\dim U-\dim \mathrm{Ker} f \geqq \dim U-\dim \mathrm{Ker} f\circ g=\mathrm{rank} f\circ g$ であって，$\mathrm{rank} f=\mathrm{rank} f\circ g$ と $\mathrm{Ker} f=\mathrm{Ker} f\circ g$ とは同値である．$\mathrm{Ker} f=\mathrm{Ker} f\circ g$ であれば，任意の $y \in \mathrm{Ker}\,g \cap \mathrm{Im} f$ に対して，$x \in U$ があって，$y=f(x)$. $(g\circ f)(x)=g(y)=0$ であり，$x \in \mathrm{Ker}\, g\circ f=\mathrm{Ker} f$ なので，$y=f(x)=0$. 従って，$\mathrm{Ker}\, y \cap \mathrm{Im} f=0$ が成立する．逆に，$\mathrm{Ker}\, g \cap \mathrm{Im} f=0$ であれば，任意の $x \in \mathrm{Ker}\, g\circ f$ に対して，$g(f(x))=0$ が成立するので，$f(x) \in \mathrm{Ker} f \cap \mathrm{Im} f=0$ より $f(x)=0$, 即ち，$x \in \mathrm{Ker} f$ を得るので，$\mathrm{Ker} f\circ g=\mathrm{Ker} f$. 故に，$\mathrm{rank}\,(g\circ f)=\mathrm{rank}\,(f)$ と $\mathrm{Ker}\, g \cap \mathrm{Im} f=0$, 即ち，$g^{-1}(\{0\}) \cap f(U)=\{0\}$ とは同値である．

類題 3. $f \in \mathrm{Ker}\, T$ とは，f が微分方程式 $f''+f'=0$ の解の事．天下り的に $(f'e^x)'=(f''+f')e^x=0$ なる計算を行ない．$f'e^x=-c_1=$定数．故に $f'=-c_1e^{-x}$ より定数 c_2 を用いて $f=c_1e^{-x}+c_2$. f は多項式なので $c_1=0$, $c_2=$定数 c とした，$f=c$ が解．従って，$\dim \mathrm{Ker}\, f=1$. よって問題1の(5)より $\mathrm{rank} f=\dim V^n-\dim \mathrm{Ker} f=n-1$.

類題 4. A と $-B$ とを並べて出来る $n\times 2n$ 行列 D のランクは1次独立な列ベクトルの個数なので，A と B とを並べた行列 C のそれに等しく，$r(D)=r(C)$. n 次元の列ベクトル X と n 次元の列ベクトル Y を上下に並べて得られるベクトル Z 全体は $\boldsymbol{R}^{2n}$ なので，$\boldsymbol{R}^{2n}$ の部分空間 $U=\{Z \in \boldsymbol{R}^{2n};\ DZ=AX-BY=0\}$ は，問題1の(5)より，D を線形写像 $D: \boldsymbol{R}^{2n} \to \boldsymbol{R}^{2n}$ と見なして，$\dim U=\dim \mathrm{Ker}\, D=\dim \boldsymbol{R}^{2n}-\dim D\boldsymbol{R}^{2n}=\dim \boldsymbol{R}^{2n}-\dim C\boldsymbol{R}^{2n}=\dim \boldsymbol{R}^{2n}-r(C)=2n-r(C)$. U の元 Z に対して，$\boldsymbol{R}^n$ の元 X を対応させる線形写像を，$p: U \to \boldsymbol{R}^n$ と書くと，$W=\mathrm{Im} p$ が成立し，$\boldsymbol{R}^n$ の部分空間である．問題1の(5)より，$2n-r(C)=\dim U=\dim \mathrm{Im} p+\dim \mathrm{Ker} p=\dim W+\dim \mathrm{Ker} p$. 故に $\dim W=2n-r(C)-\dim \mathrm{Ker} p$ を得る．所で，$V=\{Y \in \boldsymbol{R}^n;\ BY=0\}$ とおくと，$\dim V=n-r(B)$ が成立するが，よく考えると，$\mathrm{Ker} p$ に属する Z は0と Y の組なので，$\mathrm{Ker} p \cong V$. 故に，$\dim \mathrm{Ker} p=\dim V=n-r(B)$ が成立し，$\dim W=2n-r(C)-(n-r(B))=n+r(B)-r(C)$.

類題 5. 行列 (a_{ij}) の最初の r 列が1次独立であると云う事は，$f(v_1), f(v_2), \cdots, f(v_r)$ が1次独立であると云う事を意味し，そのランクが r であると云う事はそれ以上に $f(V)$ の中には1次独立なベクトルはなく，これらが $f(V)$ を張り，$f(V)=f(W)$ である事を意味する．勿論，$\dim f(V)=\dim f(W)=r$. 任意の $x \in W \cap f^{-1}(0)$ に対して，スカラー $\alpha_1, \alpha_2, \cdots, \alpha_r$ があって，$x=\alpha_1e_1+\alpha_2e_2+\cdots+\alpha_re_r$. $0=f(x)=\alpha_1f(e_1)+\alpha_2f(e_2)+\cdots+\alpha_rf(e_r)$ が成立し，$f(e_1)$,

$f(e_2),\cdots,f(e_r)$ が1次独立なので，$a_1=a_2=\cdots=a_r=0$，即ち，$x=0$．故に $W\cap f^{-1}(0)=0$．従って，$W+f^{-1}(0)$ は直和 $W\oplus f^{-1}(0)$ をなし，V の部分空間であるが，問題1の(5)より $\dim W+\dim f^{-1}(0)=\dim V$ なので，$W\oplus f^{-1}(0)=V$.

類題 6. (i) 先ず，$y\in W_i$ であれば，$x\in V$ があって，$y=f_i(x)$．$f_i^2=f_i$ なので，$f_i(y)=f_i^2(x)=f_i(x)=y$．逆に $y=f_i(y)$ であれば，$y\in\operatorname{Im}f_i=W_i$．故に，$W_i=\operatorname{Im}f_i=\{x\in V; f_i(x)=x\}$．$i\neq j$ に対して，$x\in W_i\cap W_j$ であれば，$x=f_i(x)=f_j(x)$: $f_i^2=f_i, f_if_j=0$ なので，$x=f_i(x)=f_i^2(x)=f_if_j(x)=0$．故に，$W_i\cap W_j=0$．任意の $x\in V$ に対して，$y=x-f_1(x)-f_2(x)-f_2(x)-\cdots-f_s(x)$ とおくと，任意の $i\leqq s$ に対して，$f_i(y)=f_i(x)-f_if_1(x)-f_if_2(x)-\cdots-f_if_i(x)-\cdots-f_if_s(x)=f_i(x)-f_i(x)=0$．故に $y\in\bigcap_{i=1}^{s}\operatorname{Ker}f_i=U$．従って，$W_i\cap W_j=0\ (i\neq j)$ なので，直和 $W=W_1\oplus W_2\oplus\cdots\oplus W_s$ が考えられるが，$V=W+U$．$x\in W\cap U$ であれば，$x_i\in W_i$ があって，$x=x_1+x_2+\cdots+x_s$．$x_i=f_i(x_i)=f_i(x)=0$ なので，$x=0$．即ち，$W\cap U=0$ が成立する．よって，$V=W\oplus U=W_1\oplus W_2\oplus\cdots\oplus W_s\oplus U$.

(ii) $\dim U=n-s$ なので，U の1次独立な $n-s$ 個のベクトル $e_{s+1},e_{s+2},\cdots,e_n$ を取り，各 e_k のリニヤ・スパンを W_k とすれば，V から W_k への射影 f_k を用いると，$W_k\cap W_l=0\ (k\neq l)$ より，$f_k\circ f_l=\delta_{kl}f_k\ (k,l=s+1,s+2,\cdots,n)$ が先ず云えるが，$i,j=1,2,\cdots,n$ においても，$W\cap U=0$ なので，$f_i\circ f_j=\delta_{ij}f_j$ が成立する．この場合は f_i は V の直和因子である1次元の部分空間 $W_1,W_2,\cdots,W_n$ への射影である．

類題 7. $A=(a_{ij}), B=(b_{ij})$ とすると，$A+B=(a_{ij}+b_{ij})$ なので，$\operatorname{tr}(A+B)=\sum_{i=1}^{n}(a_{ii}+b_{ii})=\operatorname{tr}(A)+\operatorname{tr}(B)$．$AB=\left(\sum_{k=1}^{n}a_{ik}b_{kj}\right), BA=\left(\sum_{k=1}^{n}b_{ik}a_{kj}\right)$ なので，$\operatorname{tr}(AB)=\sum_{i=1}^{n}\left(\sum_{k=1}^{n}a_{ik}b_{ki}\right)=\operatorname{tr}(BA)$．$b_{ij}$ の余因子を $\triangle_{ij}$ とすると，余因子行列 $\operatorname{adj}B$ の (i,j) 要素は $\triangle_{ji}$ であり，$\operatorname{ad}B=(\triangle_{ji})$．従って，$(\operatorname{ad}B)AB=\left(\sum_{k,l=1}^{n}\triangle_{ki}a_{kl}b_{lj}\right)$ なので，$\operatorname{tr}((\operatorname{ad}B)AB)=\sum_{i,k,l=1}^{n}\triangle_{ki}a_{kl}b_{li}=\sum_{k,l=1}^{n}\left(\sum_{i=1}^{n}\triangle_{ki}b_{li}\right)a_{kl}=\sum_{k=1}^{n}|B|a_{kk}=|B|\operatorname{tr}(A)$，即ち，公式

$$\operatorname{tr}((\operatorname{ad}B)AB)=|B|\operatorname{tr}A$$

が成立し，$|B|\neq 0$ であれば，$B^{-1}=\dfrac{\operatorname{ad}B}{|B|}$ なので，$\operatorname{tr}(B^{-1}AB)=\operatorname{tr}(A)$.

Exercise 1. 任意の $x\in\operatorname{Ker}f, y\in\operatorname{Im}f$ に対して，$x'\in V$ があって，$y=f(x')$．(1)より，$\langle x,y\rangle=\langle x,f(x')\rangle=-\langle f(x),x'\rangle=0$．よって，部分空間 $\operatorname{Ker}f$ と $\operatorname{Im}f$ は直交し，$\operatorname{Ker}f\cap\operatorname{Im}f=0$．従って，直和 $\operatorname{Ker}f\oplus\operatorname{Im}f$ が考えられ，V の部分空間をなすが，その次元は成分空間の次元の和であり，$\dim(\operatorname{Ker}f\oplus\operatorname{Im}f)=\dim\operatorname{Ker}f+\dim\operatorname{Im}f$．しかし，線形写像 f に対して，問題1の(5)より $\dim\operatorname{Ker}f+\dim\operatorname{Im}f=\dim V$ が成立し，$\operatorname{Ker}f\oplus\operatorname{Im}f=V$．この問題では，核兵器と象さんだけで，究極兵器の標準形を用いないのは，入試的でなく物足りないと感じる人は御立派で，この問題は，実は，f の rank が偶数である事を示せと云うオマケが付いている．これは，標準形を用いて解決するが，この種の標準形は，未だ学んでおらぬので，16章の問題1へと繰り越そう．

Exercise 2. A と B のランクを r とすると，$r\leqq n$ であって，問題2の(10)より，A,B は正則行列 P_1,P_2 を用いて，同じ標準形

$$P_1^{-1}AP_1=P_2^{-1}BP_2=\begin{bmatrix}1&&&&&\\&1&&0&&\\&&\ddots&&&\\&&&1\cdots\cdots&&\\&&&&0&\\&0&&&&\ddots\\&&&&&0\end{bmatrix}r\text{行}$$

を得るので，$A=P_1P_2^{-1}B(P_1P_2^{-1})^{-1}$，即ち，正則行列 $P=P_1P_2$ に対して，$A=PBP^{-1}$ が成立する．

Exercise 3. 行列 A のランクを r とする．行列 A はベキ等であるので，正則行列 P を用いて，$P^{-1}AP$ を，始めの r 個が1で，残りの対角要素が0である様な対角行列に等しくし，標準形に持込む．この時，類題7より $r(A)=r(P^{-1}AP)=\operatorname{tr}(A)$．実数を要素とする行列 A は転置行列 ${}^tA$ に等しい時，**実対称**と云う．この問題では，対称性の仮定は不要であるが，対称行列の標準形の方が，ベキ等行列の標準形よりも，普遍的なので，前者の知識を用いて

解答出来る様に配慮してある.

Exercise 4. この配慮は本問でもなされている. 2次の行列 X は対称であって,

$$X=\begin{pmatrix} x & y \\ y & z \end{pmatrix}$$

で与えられるとしよう. X はベキ等行列なので, 前問より, $r(X)=\mathrm{tr}(X)=1$. X のランクが1なので, X の二つの行ベクトル $(x,y),(y,z)$ は1次従属であるので, どちらか一方が他方のスカラー倍となっている. 例えば, スカラー ξ があって, $(y,z)=\xi(x,y)$, 即ち, $y=\xi x$, $z=\xi^2 x$ が成立するとしよう. X はベキ等なので

$$X^2=\begin{pmatrix} x & y \\ y & z \end{pmatrix}\begin{pmatrix} x & y \\ y & z \end{pmatrix}=\begin{pmatrix} x^2+y^2 & xy+yz \\ xy+yz & y^2+z^2 \end{pmatrix}=\begin{pmatrix} x & y \\ y & z \end{pmatrix}=X \tag{2}$$

即ち,

$$x^2+y^2=x,\ xy+yz=y,\ y^2+z^2=z \tag{3}$$

が成立する. $y=\xi x$, $z=\xi^2 x$ を(3)に代入し, $(1+\xi^2)x^2=x$, $(1+\xi^2)\xi x^2=\xi x$, $(1+\xi^2)\xi^2 x^2=\xi^2 x$. $x=0$ であれば, X は零行列となり, ランク0となり矛盾である. 故に,

$$x=\frac{1}{\sqrt{1+\xi^2}},\ y=\frac{\xi}{\sqrt{1+\xi^2}},\ z=\frac{\xi^2}{\sqrt{1+\xi^2}} \tag{4}$$

が成立し, (x,y) は円周 $x^2+y^2=1$ 上にある. この場合は $x=0$ は除外されたが, $(x,y)=\eta(y,z)$ の時に, $x=0, y$ ± 1 の場合を得るので (つまり $\xi=\infty$ としてよいのだ), (1)の X の (x,y) 全体の集合は $x^2+y^2=1$ を画く. (x,y) が定めれば, (3), (4)によって, z は定るので, X 全体の集合 P^1 から円周 $S^1=\{(x,y);\ x^2+y^2\}=1$ の上への1対1写像 $f: P^1 \to S^1$ が $f(X)=(x,y)$ によって定義され, f, 及び, f^{-1} は連続である. この時, P^1 と S^1 とは**位相同型**であると云う.

12 章

類題 1. 固有多項式は $|A-\lambda E|=\begin{vmatrix} 1-\lambda & 4 \\ 2 & 3-\lambda \end{vmatrix}=(1-\lambda)(3-\lambda)-8=\lambda^2-4\lambda-5=(\lambda-5)(\lambda+1)$ なので, 固有方程式 $(\lambda-5)(\lambda+1)=0$ の根 $\lambda=-1, 5$ が固有値なので, (ii)のマーク・シートを塗り潰せばよい. なお, 固有値 λ に対する固有ベクトルは $(1-\lambda)x_1+4x_2=0$ の解であり, $\lambda=-1$ の時, $x_2=$ 任意定数 $c_1\neq 0$, $x_1=-2c_1$. $\lambda=5$ の時, $x_2=$ 任意定数 $c_2\neq 0$, $x_1=c_2$ が解でベクトルである. 即ち, $c_1\begin{pmatrix} -2 \\ 1 \end{pmatrix}$ が $\lambda=-1$, $c_2\begin{pmatrix} 1 \\ 1 \end{pmatrix}$ が $\lambda=5$ に対する固有ベクトル $(c_1, c_2\neq 0)$.

類題 2. 固有多項式は $|A-\lambda E|=\begin{vmatrix} 3-\lambda & 2 \\ 1 & 4-\lambda \end{vmatrix}=(3-\lambda)(4-\lambda)-2=\lambda^2-7\lambda+10=(\lambda-2)(\lambda-5)$ なので, 固有方程式 $(\lambda-2)(\lambda-5)=0$ の根が固有値 $\lambda=2, 5$. 固有値 λ に対して, 行列 $A-\lambda E$ のランクは1なので, 第1式のみで, 第2式は不要. 固有ベクトルは $(3-\lambda)x_1+2x_2=0$ の解. $\lambda=2$ の時, $x_2=$ 任意定数 $c_1\neq 0$ に対して, $x_1=-2c_1$. $\lambda=5$ の時, $x_2=$ 任意定数 $c_2\neq 0$ に対して, $x_1=c_2$. 即ち, $c_1\begin{pmatrix} -2 \\ 1 \end{pmatrix}$ が $\lambda=2$, $c_2\begin{pmatrix} 1 \\ 1 \end{pmatrix}$ が $\lambda=5$ に対する固有ベクトル $(c_1, c_2\neq 0)$.

類題 3. 固有多項式は $|A-\lambda E|=\begin{vmatrix} 2-\lambda & 1 \\ 2 & 3-\lambda \end{vmatrix}=(2-\lambda)(3-\lambda)-2=\lambda^2-5\lambda+4=(\lambda-1)(\lambda-4)$ なので, 固有方程式 $(\lambda-1)(\lambda-4)=0$ の根 $\lambda=1, 4$ が固有値. 固有値 λ に対して, 行列 $A-\lambda E$ のランクは1なので, 固有ベクトルは第1式 $(2-\lambda)x_1+x_2=0$ の解. $\lambda=1$ の時, $x_1=$ 任意定数 $c_1\neq 0$ に対して, $x_2=-c_1$. $\lambda=4$ の時, $x_1=$ 任意定数 $c_2\neq 0$ に対して, $x_2=2c_2$. 即ち, $c_1\begin{pmatrix} 1 \\ -1 \end{pmatrix}$ が $\lambda=1$, $c_2\begin{pmatrix} 1 \\ 2 \end{pmatrix}$ が $\lambda=4$ に対する固有ベクトルなので, $c_1=c_2=1$ とした(i)のマーク・シートを塗り潰す.

類題 4. 類題1では $P=\begin{bmatrix} -2 & 1 \\ 1 & 1 \end{bmatrix}$ なので, $|P|=-3$. $P^{-1}=\dfrac{\mathrm{ad}\,P}{|P|}=-\dfrac{1}{3}\begin{bmatrix} 1 & -1 \\ -1 & -2 \end{bmatrix}$ なので $P^{-1}AP=-\dfrac{1}{3}\begin{bmatrix} 1 & -1 \\ -1 & -2 \end{bmatrix}\begin{bmatrix} 1 & 4 \\ 2 & 3 \end{bmatrix}\begin{bmatrix} -2 & 1 \\ 1 & 1 \end{bmatrix}=-\dfrac{1}{3}\begin{bmatrix} 1 & -1 \\ -1 & -2 \end{bmatrix}\begin{bmatrix} 2 & 5 \\ -1 & 5 \end{bmatrix}=-\dfrac{1}{3}\begin{bmatrix} 3 & 0 \\ 0 & -15 \end{bmatrix}=\begin{bmatrix} -1 & 0 \\ 0 & 5 \end{bmatrix}$. 類題2では $P=\begin{bmatrix} -2 & 1 \\ 1 & 1 \end{bmatrix}$ は偶然, 上と同じで, $P^{-1}=-\dfrac{1}{3}\begin{bmatrix} 1 & -1 \\ -1 & -2 \end{bmatrix}$. $P^{-1}AP=-\dfrac{1}{3}\begin{bmatrix} 1 & -1 \\ -1 & -2 \end{bmatrix}\begin{bmatrix} 3 & 2 \\ 1 & 4 \end{bmatrix}\begin{bmatrix} -2 & 1 \\ 1 & 1 \end{bmatrix}=-\dfrac{1}{3}\begin{bmatrix} 1 & -1 \\ -1 & -2 \end{bmatrix}\begin{bmatrix} -4 & 5 \\ 2 & 5 \end{bmatrix}=-\dfrac{1}{3}\begin{bmatrix} -6 & 0 \\ 0 & -15 \end{bmatrix}=$

$\begin{bmatrix}2&0\\0&5\end{bmatrix}$. 類題3では，$P=\begin{bmatrix}1&1\\-1&2\end{bmatrix}$なので，$|P|=3$，$P^{-1}=\frac{\mathrm{ad}\,P}{|P|}=\frac{1}{3}\begin{bmatrix}2&-1\\1&1\end{bmatrix}$なので，$P^{-1}AP=\frac{1}{3}\begin{bmatrix}2&1\\-1&1\end{bmatrix}\begin{bmatrix}2&1\\2&3\end{bmatrix}$ $\begin{bmatrix}1&1\\-1&2\end{bmatrix}=\frac{1}{3}\begin{bmatrix}2&-1\\1&1\end{bmatrix}\begin{bmatrix}1&4\\-1&8\end{bmatrix}=\frac{1}{3}\begin{bmatrix}3&0\\0&12\end{bmatrix}=\begin{bmatrix}1&0\\0&4\end{bmatrix}$. 問題2の基-2で述べた様に，実行列 A の固有方程式の根が全て，単根かつ実根であれば，固有ベクトルを列ベクトルとして並べて得られる行列 P は，$P^{-1}AP$ を対角線に固有値が順に並ぶ，対角行列，即ち，標準形とする事が，上の計算によって確められる．これは一種の思考実験である．暇があって，金のない人は，固有値問題にこの様に取り込めば，暇を持て余す事はなかろう．そして，行列のカラクリを暴露するのが，固有値であり，固有ベクトルである．暴露されて裸になった姿が標準形である．以上の事を悟って欲しい．

Exercise 1. 先ず，n 次の正方行列 $A=(a_{ij})$ の固有多項式 $f(\lambda)=|A-\lambda E|$ を露骨に計算しよう．f の係数を

$$f(\lambda)=(-1)^n\lambda^n+a_1\lambda^{n-1}+\cdots+a_{n-1}\lambda+a_n \tag{1}$$

で定める．代数方程式 $f(\lambda)=0$ は代数学の基本定理より，虚根も根と考え，重根は重複して数えると，n 個の根 $\alpha_1,\alpha_2,\cdots,\alpha_n$ を持つ．剰余定理より f は $(\lambda-\alpha_1)(\lambda-\lambda_2)\cdots(\lambda-\alpha_n)$ で割り切れるが，最高次の係数は $(-1)^n$ なので，$f(\lambda)=(-1)^n(\lambda-\alpha_1)(\lambda-\alpha_2)\cdots(\lambda-\alpha_n)$．よって，根と係数の関係より

$$\alpha_1+\alpha_2+\cdots+\alpha_n=(-1)^{n-1}a_1=(-1)^{n-1}(a_{11}+a_{22}+\cdots+a_{nn})=(-1)^{n-1}\mathrm{tr}(A) \tag{2}$$

$$\alpha_1\alpha_2\cdots\alpha_n=f(0)=|A| \tag{3}$$

を得る．更に，λ^{n-k} の係数 a_k を求めるには行列式 $|A-\lambda E|$ の内容構造に立ち入らねばならぬ．行列式の定義より

$$f(\lambda)=|A-\lambda E|=\begin{vmatrix}a_{11}-\lambda & a_{12} & a_{1n}\\ a_{21} & a_{22}-\lambda & a_{2n}\\ \cdots\cdots & \cdots\cdots & \cdots\cdots\\ a_{n1} & a_{n2} & a_{nn}-\lambda\end{vmatrix}=\sum_{i_1<i_2<\cdots<i_n}\mathrm{sgn}\,(i_1i_2\cdots i_n)\,b_{1i_1}b_{2i_2}\cdots b_{ni_n} \tag{4}$$

が，$A-\lambda E$ の (i,j) 要素を b_{ij} と記すと成立し，要点は各行各列からもれなく，重複なく1つづつ取って来て，掛けて，符号 $\mathrm{sgn}\,(i_1i_2\cdots i_n)$ を付け加えた物である．所で λ^{n-k} の係数は，それらの b_{ij} の中に，丁度 $n-k$ 個の $a_{ii}-\lambda$ を持って来て，これらの積が作る λ^{n-k} の係数 $(-1)^{n-k}$ を，残りの因数に掛けた，全ゆる組合せの和である．それ故，$a_{ii}-\lambda$ を含まぬ，行と列を $i_1<i_2<\cdots<i_k$ とし，以上の事をよく考えると

$$a_k=(-1)^{n-k}\sum_{i_1<i_2<\cdots<i_k}\begin{vmatrix}a_{i_1i_1} & a_{i_1i_2} & \cdots & a_{i_1i_k}\\ a_{i_2i_1} & a_{i_2i_2} & \cdots & a_{i_2i_k}\\ \cdots\cdots & \cdots\cdots & \cdots & \cdots\cdots\\ a_{i_ki_1} & a_{i_ki_2} & \cdots & a_{i_ki_k}\end{vmatrix} \tag{5}$$

が得られ，勿論 $1\leqq i_1<i_2<\cdots<i_k\leqq n$ なる全ゆる組合せについての和である．

本問では，行列 AB と BA に，夫々，(1), (5) を適用すればよい．その際，参考になるのは，4章の E-4 で論じた，必らずしも正方行列でない行列の積の行列式の値の公式を導く方法である．さて

$C=AB=(c_{ij})$　(6),　　$D=BA=(d_{ij})$　(7)

としよう．

$m=n$ の時は，問題4より $|AB-\lambda E|=|BA-\lambda E|$ である．

$m>n$ の時を考察しよう．この時，AB は (m,m) 行列，BA は (n,n) 行列である．

$$|C-\lambda E|=(-1)^m\lambda^m+c_1\lambda^{m-1}+\cdots+c_m \tag{8},$$

$$|D-\lambda E|=(-1)^n\lambda^n+d_1\lambda^{n-1}+\cdots d_n \tag{9}$$

とおく．$|C-\lambda E|$ は m 次式，$|D-\lambda E|$ は n 次式なので，有らま欲しきは，$|C-\lambda E|=(-\lambda)^{m-n}|D-\lambda|$，即ち，

$$c_m=c_{m-1}=\cdots=c_{m-n+1}=0,\ c_i=(-1)^{m-n}d_i\quad(1\leqq i\leqq n) \tag{10}$$

が成立する事である．

$n+1\leqq k\leqq m$ の時は(5)と $c_{ik}=\sum a_{ij}b_{jk}$ より

$$c_k=(-1)^{m-k}\sum_{i_1<i_2<\cdots<i_k}\begin{vmatrix}c_{i_1i_2} & c_{i_1i_2} & \cdots & c_{i_1i_k}\\ c_{i_2i_1} & c_{i_2i_2} & \cdots & c_{i_2i_k}\\ \cdots & \cdots & \cdots & \cdots\\ c_{i_ki_1} & c_{i_ki_2} & \cdots & c_{i_ki_k}\end{vmatrix}=(-1)^{m-k}\sum_{i_1<i_2<\cdots<i_k}\sum_{j_1,j_2,\cdots,j_k}\begin{vmatrix}a_{i_1j_1}b_{j_1i_1} & a_{i_1j_2}b_{j_2i_2} & \cdots & a_{i_1j_k}b_{j_ki_k}\\ a_{i_2j_2}b_{i_1j_1} & a_{i_2j_2}b_{j_2i_2} & \cdots & a_{i_2j_k}b_{j_ki_k}\\ \cdots & \cdots & \cdots & \cdots\\ a_{i_kj_1}b_{j_1i_1} & a_{i_kj_2}b_{j_2i_2} & \cdots & a_{i_kj_k}b_{j_ki_k}\end{vmatrix}$$

$$=(-1)^{m-k}\sum_{i_1<i_2<\cdots<i_k}\sum_{j_1,j_2,\cdots,j_k} b_{j_1i_1}b_{j_2i_2}\cdots b_{j_ki_k}\begin{vmatrix}a_{i_1j_1} & a_{i_1j_2} & \cdots & a_{i_1j_k}\\ a_{i_2j_1} & a_{i_2j_2} & \cdots & a_{i_2j_k}\\ \cdots & \cdots & \cdots & \cdots\\ a_{i_kj_1} & a_{i_kj_2} & \cdots & a_{i_kj_k}\end{vmatrix} \quad (11)$$

が成立するが，行列 A の列の数は n なので，(11) の Σ の中の k 次の行列式の列の中に重複する物が必らずあり，$c_{m-k}=0\ (n+1\leqq k\leqq m)$ を得る．$1\leqq k\leqq n$ の時は，重複しない列に対する物が生残る．一つの順列 $j_1<j_2<\cdots<j_k$ を固定すると $j_1, j_2, \cdots, j_k$ の順列 $l_1, l_2, \cdots, l_k$ の個数 $k!$ だけ (11) の中に列の組合せが $j_1, j_2, \cdots, j_k$ である物が現われ，(11) の Σ の中の行列式を $j_1<j_2<\cdots<j_k$ に対する行列式に整理すると符号が $\mathrm{sgn}\,(l_1l_2\cdots l_k)$ だけ変り，$j_1<j_2<\cdots<j_k$ に対する行列式の係数は

$$\sum_{l_1,l_2,\cdots,l_k}\mathrm{sgn}\,(l_1l_2\cdots l_k)b_{l_1i_1}b_{l_2i_2}\cdots b_{l_ki_k}=\begin{vmatrix}b_{j_1i_1} & b_{j_2i_1} & \cdots & b_{j_ki_1}\\ b_{j_2i_2} & b_{j_2i_2} & \cdots & b_{j_ki_2}\\ \cdots & \cdots & \cdots & \cdots\\ b_{j_ki_k} & b_{j_ki_k} & \cdots & b_{j_ki_k}\end{vmatrix} \quad (12)$$

となるので，

$$c_k=(-1)^{m-k}\sum_{\substack{1\leqq i_1<i_2<\cdots<i_k\leqq m\\ 1\leqq j_1<j_2<\cdots<j_k\leqq n}}\begin{vmatrix}a_{i_1j_1} & a_{i_1j_2} & \cdots & a_{i_1j_k}\\ a_{i_2j_1} & a_{i_2j_2} & \cdots & a_{i_2j_k}\\ \cdots & \cdots & \cdots & \cdots\\ a_{i_kj_1} & a_{i_kj_2} & \cdots & a_{i_kj_k}\end{vmatrix}\begin{vmatrix}b_{j_1i_1} & b_{j_1i_2} & \cdots & b_{j_1i_k}\\ b_{j_2i_1} & b_{j_2i_2} & \cdots & b_{j_2i_k}\\ \cdots & \cdots & \cdots & \cdots\\ b_{j_ki_1} & b_{j_ki_2} & \cdots & b_{j_ki_k}\end{vmatrix} \quad (13)$$

を得る．同様な計算を固有多項式 $|D-\lambda E|$ に対して行って

$$d_k=(-1)^{n-k}\sum=(-1)^{n-m}c_k \quad (14)$$

に達するので，目標(10)を得る．これは，問題 4 の直接的証明を与える．

Exercise 2. 行列 $A-\lambda E$ の(i,j) 成分を仮に b_{ij} とすると，固有多項式は

$$|A-\lambda E|=\begin{vmatrix}1-\lambda & 1 & 1 & \cdots & 1\\ 1 & -\lambda & 0 & \cdots & 0\\ \cdots & \cdots & \cdots & \cdots & \cdots\\ 1 & 0 & 0 & \cdots & -\lambda\end{vmatrix}=\sum\mathrm{sgn}\,(i_1i_2\cdots i_n)b_{i_11}b_{i_22}\cdots b_{i_nn} \quad (1)$$

で与えられる．(1)の和にて，$i_1=1$ として，b_{i_11} として，第 1 列から第 1 行を選ぶと，もはや $i_2, \cdots, i_n$ には 1 を採用する事が出来ない．この時，生残るのは $i_2=2, i_3=3, \cdots, i_n=n$ の対角線要素のみで

$i_1=1$ に対する和$=(1-\lambda)(-\lambda)^{n-1}$ (2).

次に i_1 として，1 以外の i に対して，第 i 行から選ぶと，$k\neq 1, i$ であれば，$i_k=k$ の時のみ，b_{i_kk} は生き残り，その値は $b_{kk}=-\lambda$．この時，第 i 列は第 1 行から持って来る以外に生き残るすべはなく，

$i_1=i$ に対する和$=\mathrm{sgn}\,(i23\cdots i-1\ 1\ i+1\cdots n)(-\lambda)^{n-2}=(-1)(-\lambda)^{n-2}$ (3).

従って，(1), (2), (3)より

$$|A-\lambda E|=(1-\lambda)(-\lambda)^{n-1}+(n-1)(-1)(-\lambda)^{n-2}=(-1)^n\lambda^{n-2}(\lambda^2-\lambda-n+1) \quad (4)$$

が成立するので，判別式$=4n-3=$平方数の時，固有値は皆有理数である．

Exercise 3. 問題 2 の基-2は，行列 A の固有方程式が重根を持たなければ，複素数体 $\boldsymbol{C}$ においても成立し，正則行列 P があって，$\Lambda=P^{-1}AP$ は，行列 A の固有値 $\lambda_1, \lambda_2, \cdots, \lambda_n$ を用いて，対角行列

$$\Lambda=P^{-1}AP=\begin{bmatrix}\lambda_1 & & \\ & \lambda_2 & 0 \\ & & \ddots \\ 0 & & & \lambda_n\end{bmatrix} \quad (1)$$

となる．行列 $B\in M(n, \mathbf{C})$ に対して，$\chi_P(B)=P^{-1}BP$ とおき，線形空間 $M(n, \mathbf{C})$ の自己同型 $\chi_P: M(n, \mathbf{C})\to M(n, \mathbf{C})$ を考察すると，$B\in Z(A)$ である為の必要十分条件は

$$\Lambda\chi_P(B)=\chi_P(B)\Lambda \tag{2}$$

が成立する事である．そこで，

$$Z(\Lambda)=\{X\in M(n, \mathbf{C});\ \Lambda X=\Lambda X\} \tag{3}$$

を補助的に考察する．$X=(x_{ij})\in M(n, \mathbf{C})$ に対して，$\Lambda X=(\lambda_i x_{ij}),\ X\Lambda=(x_{ij}\lambda_j)$ が成立するので，$X=(x_{ij})\in Z(\Lambda)$ である為の必要十分条件は

$$(\lambda_i-\lambda_j)x_{ij}=0\quad (1\leqq i, j\leqq n) \tag{4}$$

であるが，固有値 λ_i は全て異なるので，(4)は対角要素以外が全て0と云う．

$$x_{ij}=0\quad (i\neq j)$$

と同値であり，$Z(\Lambda)$ はベクトル空間 $M(n, \mathbf{C})$ の n 次の対角行列全体のなす n 次元の線形部分空間である．同型対応 $\chi_P: M(n, \mathbf{C})\to M(n, \mathbf{C})$ によって，$\chi_P(Z(A))=Z(\Lambda)$ となる $Z(A)$ も $M(n, \mathbf{C})$ の n 次元の線形部分空間である．これによって，標準形(1)の威力を脳裏に焼付けられたい．

Exercise 4. 各 λ_k に対して，大きさ1の固有ベクトル $x_k=(x_i^{(k)})$ を取る．勿論，$\sum_{j=1}^{n} a_{ij}x_j^{(k)}=\lambda_k x_i^{(k)}$，$\sum_{i=1}^{n}|x_i^{(k)}|^2=1$ が成立している．シュワルツの不等式より

$$n\sum_{k=1}^{n}|\lambda_k|^2=\sum_{k=1}^{n}\sum_{i=1}^{n}|\lambda_k x_i^{(k)}|^2=\sum_{k=1}^{n}\sum_{i=1}^{n}|\sum_{j=1}^{n}a_{ij}x_j^{(k)}|^2\leqq\sum_{k=1}^{n}\sum_{i=1}^{n}\left(\sum_{j=1}^{n}|a_{ij}|^2\sum_{j=1}^{n}|x_j^{(k)}|^2\right)=\sum_{k,i,j=1}^{n}|a_{ij}|^2=n\sum_{i,j=1}^{n}|a_{ij}|^2.$$

Exercise 5. エルミート行列 A は $A^*=A$ なので，$AA^*=A^2=A^*A$ を満し，正規行列である．従って，問題6の最後で解説した様に，固有方程式 $|A-\lambda E|=0$ における固有値の根の重複度の数だけ，互に直交する固有ベクトルを選ぶ事が出来る．行列 A の固有値を根の重複度だけ重複して数えて，$\lambda_1, \lambda_2, \cdots, \lambda_n$ とし，夫々に対する固有ベクトルを $v_1, v_2, \cdots, v_n$ を互に直交する様に選ぶ，行列 $V=(v_1v_2\cdots v_n)$ はユニタリー行列であって，行列 $\Lambda=V^*AV$ を対角行列とする．(1)の方法ではなく，ベクトル x を下の(3)の様に列ベクトルで表す：

$$\Lambda=V^*AV=\begin{bmatrix}\lambda_1 & & \\ & \lambda_2 & 0\\ & \ddots & \\ 0 & & \lambda_n\end{bmatrix}\ (2),\qquad x=\begin{bmatrix}x_1\\ x_2\\ \vdots\\ x_n\end{bmatrix}\ (3),\qquad Ax=\begin{bmatrix}\sum_{j=1}^{n}a_{1j}x_j\\ \sum_{j=1}^{n}a_{2j}x_j\\ \sum_{j=1}^{n}a_{nj}x_j\end{bmatrix}\ (4).$$

Ax と x とは共に n 次元の列ベクトルなので，内積が定義出来るが，それは

$$\langle Ax, x\rangle=\sum_{i=1}^{n}\left(\sum_{j=1}^{n}a_{ij}x_j\right)\bar{x}_i=\sum_{i,j=1}^{n}a_{ij}\bar{x}_i x_j=Q(\bar{x}) \tag{5}$$

を満し，$Q(x)$ ではなく，x の成分 x_i の共役複素数 $\bar{x}_i$ を成分とするベクトル $\bar{x}$ に対する Q の値 $Q(\bar{x})$ である．エルミット行列 A に対して，$\langle Ax, x\rangle$ を**エルミート形式**と呼び，次章でも学ぶが，

$$y=\begin{bmatrix}y_1\\ y_2\\ \vdots\\ y_n\end{bmatrix}=V^{-1}x=V^*x,\ x=Vy \tag{6}$$

によって，新たなベクトル，新たな変数 $y_1, y_2, \cdots, y_n$ を導入すると，問題4の基-1がエルミート形式変形のコツで，エルミート形式 $\langle Ax, x\rangle$ は次の様に変形される：

$$\langle Ax, x\rangle=\langle AVy, Vy\rangle=\langle V^*AVy, y\rangle=\langle\Lambda y, y\rangle=\sum_{i=1}^{n}\lambda_i y_i\bar{y}_i=\sum_{i=1}^{n}\lambda_i|y_i|^2 \tag{7}.$$

問題1の基-1よりエルミート形式 A の固有値 $\lambda_1, \lambda_2, \cdots, \lambda_n$ は実数なので，最小固有値 m と最大固有値 M がある．

(7)より $m\sum_{i=1}^{n}|y_i|^2\leqq\langle Ax, x\rangle\leqq M\sum_{i=1}^{n}|y_i|^2$ を得る．所が，やはり，問題4の基-1と $V^*V=E$ より

$$\sum_{i=1}^{n}|y_i|^2=\langle y, y\rangle=\langle V^*x, V^*x\rangle=\langle x, VV^*x\rangle=\langle x, x\rangle=\sum_{i=1}^{n}|x_i|^2 \tag{8}$$

が成立し，ユニタリー変換 $x=Vy$ はノルム $\|x\|$ を不変にする．従って，

$$m\sum_{i=1}^{n}|x_i|^2\leqq\langle Ax, x\rangle\leqq M\sum_{i=1}^{n}|x_i|^2 \tag{8}$$

を得る．$\sum_{i=1}^{n}|x_i|^2=1$ であれば，$m\leqq\langle Ax, x\rangle\leqq M$ が成立する．$m=\lambda_\nu$, $M=\lambda_\mu$ とする時，$y_i=0\ (i\neq\nu), y_\nu=1$ なるベクトル y に対する $x=Vy$ は(7)より $\langle Ax, x\rangle=m$ とし，$y_i=0\ (i\neq\mu), y_\mu=1$ なるベクトル y に対して，$x=Vy$ は $\langle Ax, x\rangle=M$ とする．従って，$\|x\|=1$ の時，

$$\text{最小固有値}\leqq\langle Ax, x\rangle\leqq\text{最大固有値} \tag{9}$$

が成立し，m, M は，夫々，$\langle Ax, x\rangle$ の，従って，$Q(x)=\langle A\bar{x}, \bar{x}\rangle$ の最小，最大値である．

Exercise 6. エルミート形式 A の最大固有値を M とすると，前問の不等式(8)より，$x\in\boldsymbol{C}^n$ に対して，

$$\langle Ax, x\rangle\leqq M\|x\|^2 \tag{3}$$

が成立する．所で，A はエルミートなので，$a_{ij}=\overline{a_{ji}}\ (i, j=1, 2, \cdots, n)$. 両辺の実部を取り，$b_{ij}=b_{ji}\ (i, j=1, 2, \cdots, n)$. 従って，行列 $B=(b_{ij})$ は対称行列である．$x\in\boldsymbol{R}^n$ に対して，$\langle Bx, x\rangle$ を**2次形式**と云う．対称行列 B の最大固有値を L とする．2次形式 $\langle Bx, x\rangle$ に対して，実数体 $\boldsymbol{R}$ の範囲の中で，前問の議論を蒸し返すと，$x\in\boldsymbol{R}^n$ ではあるが，

$$\max_{\|x\|=1}\langle Bx, x\rangle=L \tag{4}$$

を得る．所で $x\in\boldsymbol{R}^n$ は $x\in\boldsymbol{C}^n$ と見なされる．この時，$\langle Bx, x\rangle=\mathrm{Re}\langle Ax, x\rangle$ だが，元来問題4の基-1より

$$\langle Ax, x\rangle=\overline{\langle x, Ax\rangle}=\overline{\langle A^*x, x\rangle}=\overline{\langle Ax, x\rangle} \tag{5}$$

が成立し，$\langle Ax, x\rangle$ は実数なので，$\|x\|=1, x\in\boldsymbol{R}^n$ の時，(3)より

$$\langle Bx, x\rangle=\langle Ax, x\rangle\leqq M \tag{6}$$

が成立し，(4)と併せて考えると，$L\leqq M$，即ち，(2)を得る．前問と本問で問われているのは，標準形の知識と $\langle Ax, x\rangle=\langle x, A^*x\rangle$ のテクニクである．何れにせよ，標準形を知っておれば，何が来ても恐くはない．次章では，これらの2次形式，エルミート形式について見直そう．

13 章

類題 1. (14) $x'=\dfrac{X-Y}{\sqrt{2}}$, $y'=\dfrac{X+Y}{\sqrt{2}}$ より，$f=5x'^2-2x'y'+5y'^2=5\dfrac{X^2-2X+Y^2}{2}-2\dfrac{X^2-Y^2}{2}+5\dfrac{X^2+2XY+Y^2}{2}$ $=4X^2+6Y^2$ が確かに成立している．次に，$P^*P=\dfrac{1}{9}\begin{bmatrix}2&2&-1\\1&-2&-2\\2&-1&2\end{bmatrix}\begin{bmatrix}2&1&2\\2&-2&-1\\-1&-2&2\end{bmatrix}=\dfrac{1}{9}\begin{bmatrix}4+4+1&2-4+2&4-2-2\\2-4-2&1+4+4&2+2-4\\4-2-2&2+2-4&4+1+4\end{bmatrix}$ $=\dfrac{1}{9}\begin{bmatrix}9&0&0\\0&9&0\\0&0&9\end{bmatrix}=\begin{bmatrix}1&0&0\\0&1&0\\0&0&1\end{bmatrix}$, $P^*AP=\dfrac{1}{9}\begin{bmatrix}2&2&-1\\1&-2&-2\\2&-1&2\end{bmatrix}\begin{bmatrix}6&-2&2\\-2&5&0\\2&0&7\end{bmatrix}\begin{bmatrix}2&1&2\\2&-2&-1\\-1&-2&2\end{bmatrix}=\dfrac{1}{9}\begin{bmatrix}2&2&-1\\1&-2&-2\\2&-1&2\end{bmatrix}\begin{bmatrix}6&6&18\\6&-12&-9\\-3&-12&18\end{bmatrix}$ $=\dfrac{1}{9}\begin{bmatrix}27&0&0\\0&54&0\\0&0&81\end{bmatrix}=\begin{bmatrix}3&0&0\\0&6&0\\0&0&9\end{bmatrix}$. 又，(9) $x=\dfrac{2X+Y+2Z}{3}$, $y=\dfrac{2X-2Y-Z}{3}$, $z=\dfrac{-X-2Y+2Z}{3}$ より，

$x^2=\dfrac{4X^2+Y^2+4Z^2+4XY+8XZ+4YZ}{9}$, $y^2=\dfrac{4X^2+4Y^2+Z^2-8XY-4XZ+4YZ}{9}$

$z^2=\dfrac{X^2+4Y^2+4Z^2+4XY-4XZ-8YZ}{9}$, $xy=\dfrac{4X^2-2Y^2-2Z^2-2XY+2XZ-5YZ}{9}$,

$xz=\dfrac{-2X^2-2Y^2+4Z^2-5XY+2XZ-2YZ}{9}$ なので，$Q=6x^2+5y^2+7z^2-4xy+4xz=\dfrac{6\cdot4+5\cdot4+7\cdot1-4\cdot4-4\cdot2}{9}X^2+$

$\frac{6\cdot1+5\cdot4+7\cdot4-4\cdot2-4\cdot2}{9}Y^2+\frac{6\cdot4+5\cdot1+7\cdot4+4\cdot2+4\cdot4}{9}Z^2+\frac{6\cdot4-5\cdot8+7\cdot4+4\cdot2-4\cdot5}{9}XY+\frac{6\cdot8-5\cdot4-7\cdot4-4\cdot2+4\cdot2}{9}XZ$
$+\frac{6\cdot4+5\cdot4-7\cdot8+4\cdot5-4\cdot2}{9}YZ=3X^2+6Y^2+9Z^2$ が確かに，計算によって確かめられる．確認と点検は全ての科学の基礎である．特に，試験では時間の許す限り検算を怠らぬこと．とは云っても，試験場では受験生の特性として，計算間違いを見付けたら，ノボセ上って，更に誤りを上塗りする．遅くともよいから，絶対に計算間違いをせぬ様，絶対に暗算をせず，一つ一つ，上の様に筆算をして，進むこと．これなら，検算の際の誤りの発見と，後の処理にも好都合である．算術の計算によって，合格するなら，こんなに有難い事はない．従って，計算問題に持ち込んだら，急ぐとも，心静かに落着けて，絶対に暗算をせず，一松先生が日本数学会の雑誌の校正にて提案されている様に，数値を正しくインプットしているか一つ一つ指先で確認しつつ，全ての過程の筆算を行い，答案に残して点検の為に備えること．計算問題は最終結果が合わなければ零点である．博多から東京迄行く様指示されて，東京の代りに熱海に行った人の方が，プサン経由の KAL で東京に向おうとしている人より，よいとは決して云えないからである．熱海の温泉に浸ってる人とプサン上空の機中の人と，どちらが東京に近いか分らないからである．

類題 2. 対応する行列 $A=\begin{pmatrix}3&1\\1&3\end{pmatrix}$ の固有値は，固有方程式 $|A-\lambda E|=\begin{vmatrix}3-\lambda&1\\1&3-\lambda\end{vmatrix}=(\lambda-3)^2-1=(\lambda-2)(\lambda-4)=0$ の根，$\lambda=2,4$．直交変換 $\begin{pmatrix}x\\y\end{pmatrix}=\begin{pmatrix}\cos\theta&-\sin\theta\\\sin\theta&\cos\theta\end{pmatrix}\begin{pmatrix}X\\Y\end{pmatrix}$ が $3x^2+2xy+3y^2$ を標準形 $4X^2+2Y^2$ に持込むならば，列ベクトル $\begin{pmatrix}\cos\theta\\\sin\theta\end{pmatrix}$ は $\lambda=4$ に対する，行列 A の固有ベクトルであり，$A\begin{pmatrix}\cos\theta\\\sin\theta\end{pmatrix}=4\begin{pmatrix}\cos\theta\\\sin\theta\end{pmatrix}$，即ち，$3\cos\theta+\sin\theta=4\cos\theta$, $\cos\theta+3\sin\theta=4\sin\theta$ が成立し，$\tan\theta=1$，つまり，$\theta=\frac{\pi}{4}=45°$ が得られ，(1) は標準形 $4X^2+2Y^2=2$，即ち，$2X^2+Y^2=1$，新座標系の X 軸の旧座標系の x 軸となす角が 45° のだ円である．なお，$\lambda=2$ とすると $\tan\theta=-1$ となり，$\theta=-\frac{\pi}{4}=-45°$．これでもよいが，子供が見て，虫を起こすといけないので，$\lambda=4$ として，θ を正にしておく．

類題 3. エルミート行列の場合に12章の E-5 にて解答したので，対称行列の場合の答案を清書せよ．

類題 4. 12章の問題 2 の基-1，問題 4 の基-2，問題 6 の基-1，グラム・シュミットの正規直交化法をまとめると解答が得られるので，これを清書せよ．

類題 5. 直交変換を

$$\begin{bmatrix}x'\\y'\\z'\\1\end{bmatrix}=P_1\begin{bmatrix}X\\Y\\Z\\1\end{bmatrix},\ P_1=\begin{bmatrix}P&0\\0&1\end{bmatrix} \qquad (23)$$

と解釈すると $A_1'={}^tP_1A_1P_1=P^{-1}{}_1A_1P_1$ なので，$r(A'_1)=r(A_1)=4$．所が A_1' は標準形(18)の拡大係数行列なので

$$A_1'=\begin{bmatrix}\lambda_1&0&0&l'\\0&\lambda_2&0&m'\\0&0&0&n'\\l'&m'&n'&p\end{bmatrix} \qquad (24)$$

であり，$|A'_1|=-\lambda_1\lambda_2n'^2\neq0$ なので，$n'\neq0$．ここが，この問題のサワリなのだ！

類題 6. (Ⅲ) $r(A)=2, r(A_1)=3$ の時．今度は (24) より $n'=0, p\neq0$．従って，標準形 (18) は z' を含まない．$\lambda_1\neq0, \lambda_2\neq0$ なので，平行移動 $X=x'+\frac{l'}{\lambda_1}$，$Y=y'+\frac{m'}{\lambda_2}$ により，

$$\lambda_1X^2+\lambda_2Y^2+p'=0 \qquad (25)$$

なる形となり，$p'\neq0$．

(Ⅲ-1) λ_1, λ_2 が同符号で，p' と異符号の時．$\alpha>0, \beta>0$ に対して

$$\frac{X^2}{\alpha^2}+\frac{Y^2}{\beta^2}=1 \qquad (26)$$

となり，**だ円柱面**を表す．

(Ⅲ-2)　λ_1, λ_2, p' が同符号の時．(26)の右辺が1の代りに -1 となり，**虚のだ円柱面**を表し，これを満足する点はない．

(Ⅲ-3)　λ_1, λ_2 が異符号で，$p' \neq 0$ の時，$\alpha>0, \beta>0$ に対して

$$\frac{X^2}{\alpha^2}-\frac{Y^2}{\beta^2}=1 \tag{27}$$

となり，**双曲柱面**を表す．

(Ⅳ)　$r(A)=2, r(A_1)=2$ の時．今度は $n'=p'=0$ である．

(Ⅳ-1)　λ_1, λ_2 が異符号の時．$\alpha>0$ に対して

$$Y=\pm\alpha X \tag{28}$$

を表し，**相交る二つの平面**を表す．

(Ⅳ-2)　λ_1, λ_2 が同符号の時，$Y=\pm\alpha iX$ となり，**相交わる虚の二平面**を表し，これを満足する点は直線 $X=Y=0$ 上にある．

(Ⅴ)　$r(A)=1, r(A_1)=3$ の時．0でない固有値は一つであり，$\lambda_1 \neq 0, \lambda_2=\lambda_3=0$ とする．(24)より，m', n' の内の一つは0でないので，$\alpha \neq 0$ に対して

$$Y=\alpha X^2 \tag{29}$$

と書け．**放物柱面**を表す．

(Ⅴ)　$r(A)=1, r(A_1)=2$ の時．$\lambda_1 \neq 0, \lambda_2=\lambda_3=0, m'=n'=0, p \neq 0$ となる事が，(24)と $r(A'_1)=r(A_1)=2$ をよく見ていると分る．この時，$\alpha \neq 0$ に対して

$$X^2=\alpha \tag{30}.$$

(Ⅴ-1)　$\alpha>0$ の時，**平行な二直線** $X=\pm\alpha$ を表す．

(Ⅴ-2)　$\alpha<0$ の時，**平行な虚の二直線** $X=\pm\alpha i$ を表す．

(Ⅵ)　$r(A)=1, r(A_1)=1$ の時．$\lambda_1 \neq 0, \lambda_2=\lambda_3=0, m'=n'=p'=0$ である．この時，$X^2=0$ であり，重なった実平面を表す．

$r(A)=0$ では2次形式の部分が0で，2次曲線とは云えない．これで全ての場合が尽せて，次の表を得る．

$r(A)$ ＼ $r(A_1)$	4	3	2	1
3 有心	だ円面(虚，実，点) 1葉双曲面 2葉双曲面	2次錐面		
2	楕円放物面 双曲放物面	だ円柱面 双曲柱面	相交る2平面 (虚，実)	
1		放物柱面	平行2平面 (虚，実)	重なった2平面

図形としてはトリビヤルだが，ランクとの関係を論じるのがシャーシイのは，表にて右へ右へ，下へ下へと行く方向である．一々，暗記するのは下らぬので，直交変換や，平行移動によって，$A'_1={}^tP_1A_1P_1$ なので，拡大係数行列のランクは不変である事を押えて，行列 A'_1 をつかめば十分である事を悟れば，何の不安も，迷いもない．問題4は上の表の2行1列の出題であった．i 行 j 列が出題されても，恐くありませんね．

類題 7．（**i**）係数行列 A とその固有多項式，固有値を次の様に順に，暗算せず，スロー・バット・ステジで計算し $A=\begin{bmatrix}5 & 1\\1 & 5\end{bmatrix}$，$|A-\lambda E|=\begin{vmatrix}5-\lambda & 1\\1 & 5-\lambda\end{vmatrix}=(\lambda-5)^2-1=(\lambda-4)(\lambda-6)$ なので，固有値 $\lambda=4, 6$．従って $|A|=24 \neq 0$ となり，有心2次曲線である．直交変換 $P=\begin{bmatrix}\cos\theta & -\sin\theta\\ \sin\theta & \cos\theta\end{bmatrix}$ により ${}^tPAP=\begin{bmatrix}4 & 0\\0 & 5\end{bmatrix}$ になったとすれば，列ベクトル

$\begin{bmatrix}\cos\theta\\ \sin\theta\end{bmatrix}$ は固有値 $\lambda=4$ に対する固有ベクトルなので，$\begin{bmatrix}5&1\\1&5\end{bmatrix}\begin{bmatrix}\cos\theta\\ \sin\theta\end{bmatrix}=4\begin{bmatrix}\cos\theta\\ \sin\theta\end{bmatrix}$，即ち，$\cos\theta+\sin\theta=0$ の解であり，座標軸の回転角は $\theta=-\dfrac{\pi}{4}=-45°$. 理論的にはこれでよいが，回転角が負だと教条主義者がカチンと来るので，回転角を正にすべく，4と6を入れ換えて ${}^tPAP=\begin{bmatrix}6&0\\0&4\end{bmatrix}$ となる直交変換 $P=\begin{bmatrix}\cos\theta&-\sin\theta\\ \sin\theta&\cos\theta\end{bmatrix}$ を求めると，今度は $A\begin{bmatrix}\cos\theta\\ \sin\theta\end{bmatrix}=6\begin{bmatrix}\cos\theta\\ \sin\theta\end{bmatrix}$ より $\cos\theta=\sin\theta$ と $\theta=\dfrac{\pi}{4}=45°$ なる正の回転角を得る．正の回転角を得る法がテキストにあるが，こんな事を，容量の少ない大切な頭脳の中に一々イン・プットするのは下らぬ．上の様に望めば，十分である．消しゴムを用い，4と6を入れ換えればすむ．この辺が，幾何のイヤらしい所であり，ある程度の人々には面白い所でもある．さて，中心 (x_0, y_0) は連立方程式 $\begin{cases}5x_0+y_0-7=0\\ x_0+5y_0-11=0\end{cases}$ の解なので，クラメルの解法より，$x_0=\dfrac{\begin{vmatrix}7&1\\11&5\end{vmatrix}}{\begin{vmatrix}5&1\\1&5\end{vmatrix}}=\dfrac{24}{24}=1$，$y_0=\dfrac{\begin{vmatrix}5&7\\1&11\end{vmatrix}}{\begin{vmatrix}5&1\\1&5\end{vmatrix}}=\dfrac{48}{24}=2$.

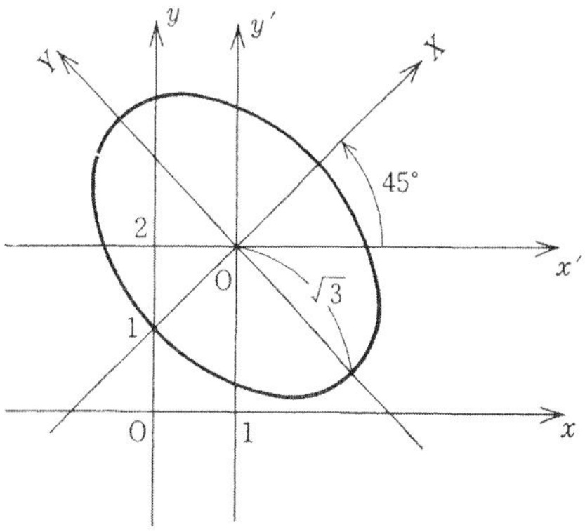

定数項は，公式等暗記せずに(頭脳はもっと大切な事に使え)，$f(1,2)=5+2\cdot2+5\cdot4-14-44+17=-12$ と暗算をせずに求め，標準形 $6X^2+4Y^2-12=0$，即ち，$\dfrac{X^2}{2}+\dfrac{Y^2}{3}=1$ を得る．回転角を正にすべく，ウジウジしたので，大きな固有値6が先にある．御馳走は先に食えと云う事．かくして，我々の2次曲線を図示すると，右図の様なだ円で，これで追跡は終了．

(ii) $A=\begin{bmatrix}1&-3\\-3&1\end{bmatrix}$，$|A-\lambda E|=\begin{vmatrix}1-\lambda&-3\\-3&1-\lambda\end{vmatrix}=(\lambda-1)^2-9=(\lambda+2)(\lambda-4)=0$ より，固有値 $\lambda=-2, 4$. 従って，$|A|=-8\neq0$ で，有心2次曲線である．直交変換 $P=\begin{bmatrix}\cos\theta&-\sin\theta\\ \sin\theta&\cos\theta\end{bmatrix}$ にて ${}^tPAP=\begin{bmatrix}-2&0\\0&4\end{bmatrix}$ となれば，$A\begin{pmatrix}\cos\theta\\ \sin\theta\end{pmatrix}=-2\begin{pmatrix}\cos\theta\\ \sin\theta\end{pmatrix}$，即ち，$\cos\theta=\sin\theta$ で，$\theta=\dfrac{\pi}{4}=45°$. よって，回転角は45°. 中心 (x_0, y_0) は連立方程式 $\begin{cases}x_0-3y_0+1=0\\ -3x_0+y_0+5=0\end{cases}$ の解であるが，クラメルの解法の分母は $|A|=-8$ なので．$x_0=\dfrac{\begin{vmatrix}-1&-3\\-5&1\end{vmatrix}}{-8}=\dfrac{-16}{-8}=2$，$y_0=\dfrac{\begin{vmatrix}1&-1\\-3&-5\end{vmatrix}}{-8}=\dfrac{-8}{-8}=1$. 標準形の定数項は $f(2,1)=4-12+1+4+10-11=-4$ なので，標準形は $-2X^2+4Y^2-4=0$. 我々の2次曲線は，中心 $(2,1)$，回転角45°，標準形 $-\dfrac{X^2}{2}+Y^2=1$ の右図の様な双曲線である事が追跡出来た．

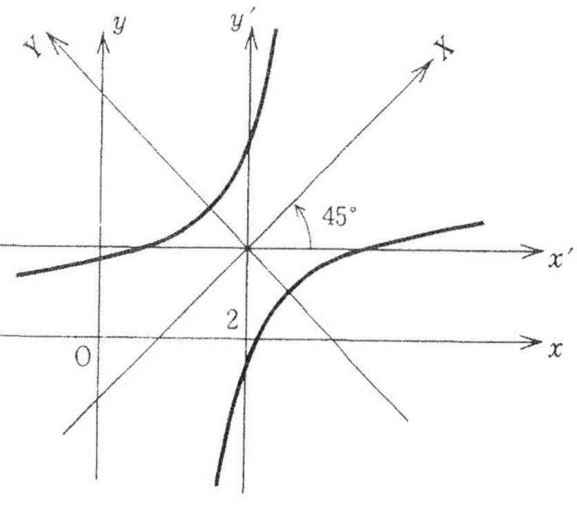

(iii) $A=\begin{bmatrix}1&-1\\-1&1\end{bmatrix}$，$|A-\lambda E|=\begin{vmatrix}1-\lambda&-1\\-1&1-\lambda\end{vmatrix}=(\lambda-1)^2-1=\lambda(\lambda-2)=0$ より，固有値 $\lambda=0, 2$. $|A|=0$ なので，無心であり，直ちに直交変換 $\begin{bmatrix}x\\y\end{bmatrix}=\begin{bmatrix}\cos\theta&-\sin\theta\\ \sin\theta&\cos\theta\end{bmatrix}\begin{bmatrix}x'\\y'\end{bmatrix}$ を行い，標準形へ持ち込む．その時 $A\begin{pmatrix}\cos\theta\\ \sin\theta\end{pmatrix}=0$ より，$\cos\theta=\sin\theta$，即ち，回転角 $\theta=\dfrac{\pi}{4}=45°$. $\cos\theta=\sin\theta=\dfrac{1}{\sqrt2}$ なので，$x=\dfrac{x'-y'}{\sqrt2}$，$y=\dfrac{x'+y'}{\sqrt2}$ を方程式に代入して，$y'^2-2\sqrt2x'+\sqrt2y'+\dfrac{25}{2}=0$. 完全平方の形にして，$\left(y'+\dfrac{\sqrt2}{2}\right)^2=2\sqrt2(x'-3\sqrt2)$. 平行移動 $Y=y'+\dfrac{\sqrt2}{2}$，$X=x'-3\sqrt2$ にて，標準形 $Y^2=2\sqrt2X$ に辿り着く．$X=Y=0$ の時，$x'=3\sqrt2$，$y'=-\dfrac{\sqrt2}{2}$ なので，$x=\dfrac{7}{2}$，$y=\dfrac{5}{2}$. 我々の2次曲線は，頂点 $\left(\dfrac{7}{2}, \dfrac{5}{2}\right)$，回転角45°，標準形 $Y^2=2\sqrt2X$ の右図の様な放物線である．この様に，2次曲線がスイスイと追跡出来ないと，人工衛星やミサイルの追跡は覚束なくなります．大局を人間が把握し，細かい所はコンピューターに委ねる．

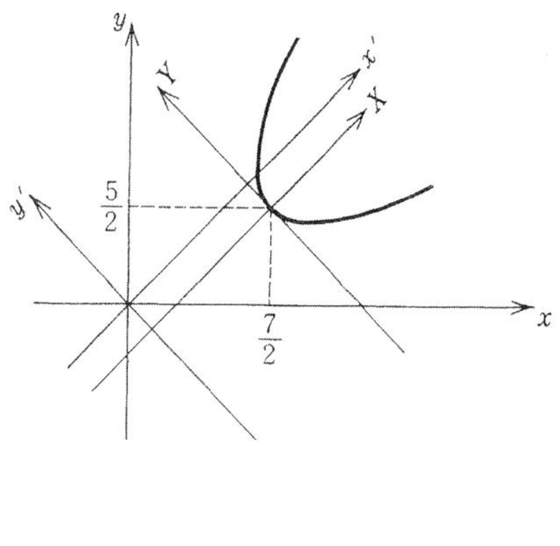

類 8. (i) 分数$\frac{1}{2}$は計算間違いの元なので，$2x^2+2y^2+2z^2+2yz+2zx+2xy+2x+2y+2z=0$ を考え，$A=\begin{pmatrix}2&1&1\\1&2&1\\1&1&2\end{pmatrix}$, $|A-\lambda E|=\begin{vmatrix}2-\lambda&1&1\\1&2-\lambda&1\\1&1&2-\lambda\end{vmatrix}\underset{2行-3行}{\overset{1行-(2-\lambda)\times3行}{=}}\begin{vmatrix}0&\lambda-1&-(\lambda-1)(\lambda-3)\\0&1-\lambda&\lambda-1\\1&1&2-\lambda\end{vmatrix}=(\lambda-1)^2\begin{vmatrix}1&3-\lambda\\-1&1\end{vmatrix}=(\lambda-1)^2(4-\lambda)$ $=0$ より，固有値 $\lambda=1,1,4$. $|A|=4$ なので，有心である．中心 (x_0,y_0,z_0) は連立方程式 $\begin{cases}2x_0+y_0+z_0+1=0\\x_0+2y_0+z_0+1=0\\x_0+y_0+2z_0+1=0\end{cases}$ の解 $x_0=\frac{1}{4}\begin{vmatrix}-1&1&1\\-1&2&1\\-1&1&2\end{vmatrix}=\frac{1}{4}\begin{vmatrix}-1&1&1\\0&1&0\\0&0&1\end{vmatrix}=-\frac{1}{4}$，対称性より，$x_0=y_0=z_0=-\frac{1}{4}$. 標準形の定数項$=f(x_0,y_0,z_0)=\frac{1}{16}\times 2\times6+\left(-\frac{1}{4}\right)\times2\times3=-\frac{3}{4}$. 従って，標準形 $X^2+Y^2+4Y^2-\frac{3}{4}=0$，中心 $\left(-\frac{1}{4}, -\frac{1}{4}, -\frac{1}{4}\right)$ の回転だ円面である．曲線の場合と違い，回転角は簡単でない．必要があれば，固有ベクトルのなす正規直交系による直交変換にて，新座標と旧座標の間の関係を求める以外にない．

(ii) $A=\begin{pmatrix}1&0&0\\0&3&-1\\0&-1&3\end{pmatrix}$, $|A-\lambda E|=\begin{vmatrix}1-\lambda&0&0\\0&3-\lambda&-1\\0&-1&3-\lambda\end{vmatrix}=(1-\lambda)((\lambda-3)^2-1)=(1-\lambda)(\lambda-2)(\lambda-4)=0$ より固有値 $\lambda=1,2,4$. $|A|=8\neq0$ なので，有心．中心 (x_0,y_0,z_0) は連立方程式 $\begin{cases}x_0=0\\3y_0-z_0-1=0\\-y_0+3z_0+3=0\end{cases}$ より $x_0=0, y_0=0, z_0=-1$. 定数項 $=f(0,0,-1)=3-6+2=-1$. 中心 $(0,0,-1)$，標準形 $X^2+2Y^2+4Z^2=1$ のだ円面．

(iii) $A=\begin{pmatrix}1&-2&0\\-2&2&-2\\0&-2&3\end{pmatrix}$, $|A-\lambda E|=\begin{vmatrix}1-\lambda&-2&0\\-2&2-\lambda&-2\\0&-2&3-\lambda\end{vmatrix}=(1-\lambda)((2-\lambda)(3-\lambda)-4)+2(-2(3-\lambda))=-\lambda^3+6\lambda^2-3\lambda-10$ $=-(\lambda+1)(\lambda-2)(\lambda-5)=0$ より，固有値 $\lambda=-1,2,5$ なので，$|A|=-10\neq0$ で有心２次曲面である．１次の項はないので，原点を中心とする標準形 $-X^2+2Y^2+5Z^2+2=0$ の２葉双曲面である．

(iv) $A=\begin{pmatrix}1&-1&-2\\-1&0&-1\\-2&-1&1\end{pmatrix}$, $|A-\lambda E|=\begin{vmatrix}1-\lambda&-1&-2\\-1&-\lambda&-1\\-2&-1&1-\lambda\end{vmatrix}\underset{3行-2\times2行}{\overset{1行+(1-\lambda)\times2行}{=}}\begin{vmatrix}0&\lambda^2-\lambda-1&-3+\lambda\\-1&-\lambda&-1\\0&2\lambda-1&3-\lambda\end{vmatrix}=\begin{vmatrix}\lambda^2-\lambda-1&\lambda-3\\2\lambda-1&3-\lambda\end{vmatrix}=$ $(3-\lambda)\begin{vmatrix}\lambda^2-\lambda-1&-1\\2\lambda-1&1\end{vmatrix}=(3-\lambda)(\lambda^2-\lambda-1+2\lambda-1)=(3-\lambda)(\lambda^2+\lambda-2)=(3-\lambda)(\lambda-1)(\lambda+2)=0$ より，固有値 $\lambda=-2,1,3$. $|A|=-6$ なので，有心である．中心 (x_0,y_0,z_0) は連立方程式 $\begin{cases}x_0-y_0-2z_0+1=0\\-x_0-z_0+2=0\\-2x_0-y_0+z_0-5=0\end{cases}$ より $x_0=-\frac{1}{6}\begin{vmatrix}-1&-1&-2\\-2&0&-1\\5&-1&1\end{vmatrix}=$ $-\frac{1}{6}\begin{vmatrix}-1&-1&-2\\-2&0&-1\\6&0&3\end{vmatrix}=-\frac{1}{6}\begin{vmatrix}-2&-1\\6&3\end{vmatrix}=0$, $y_0=-\frac{1}{6}\begin{vmatrix}1&-1&-2\\-1&0&-1\\-2&5&1\end{vmatrix}=-\frac{1}{6}\begin{vmatrix}1&-1&-2\\0&-3&-3\\0&3&-3\end{vmatrix}=-3$. $z_0=-\frac{1}{6}\begin{vmatrix}1&-1&-1\\-1&0&-2\\-2&-1&5\end{vmatrix}=$ $-\frac{1}{6}\begin{vmatrix}1&-1&-1\\-1&0&-2\\-3&0&5\end{vmatrix}=-\frac{1}{6}\begin{vmatrix}-1&-2\\-3&6\end{vmatrix}=2$. 定数項$=f(0,3,-2)=-2$ なので，中心 $(0,-3,2)$，標準形 $-2X^2+Y^2+3Z^2=2$ の１葉双曲面．

(v) $A=\begin{pmatrix}3&0&2\sqrt{2}\\0&3&-1\\2\sqrt{2}&-1&3\end{pmatrix}$, $|A-\lambda E|=\begin{vmatrix}3-\lambda&0&2\sqrt{2}\\0&3-\lambda&-1\\2\sqrt{2}&-1&3-\lambda\end{vmatrix}\underset{3列+(3-\lambda)\times2列}{\overset{1列+2\sqrt{2}\times2列}{=}}\begin{vmatrix}3-\lambda&0&2\sqrt{2}\\2\sqrt{2}(3-\lambda)&3-\lambda&\lambda^2-6\lambda+8\\0&-1&0\end{vmatrix}=(3-\lambda)$ $\begin{vmatrix}1&2\sqrt{2}\\2\sqrt{2}&\lambda^2-6\lambda+8\end{vmatrix}=\lambda(3-\lambda)(\lambda-6)=0$ より，固有値 $\lambda=0,3,6$. $|A|=0$ なので，無心である．これはエライ事です．直ちに，直交変換を行うべく，固有値 λ に対する固有ベクトル $\begin{cases}(3-\lambda)x+2\sqrt{2}z=0\\(3-\lambda)y-z=0\\2\sqrt{2}x-y+(3-\lambda)z=0\end{cases}$ の解を求める．$\lambda=0$ の時，$x=-\frac{2}{3}$, $y=\frac{1}{3\sqrt{2}}$, $z=\frac{1}{\sqrt{2}}$ は大きさ１の固有ベクトルを与える．$\lambda=3$ の時は，$x=\frac{1}{3}$, $y=\frac{2\sqrt{2}}{3}$, $z=0$ が，$\lambda=6$ の時

は，$x=\dfrac{2}{3}, y=-\dfrac{1}{3\sqrt{2}}, z=\dfrac{1}{\sqrt{2}}$が同じく大きさ1の固有ベクトルを与える．直交変換 $\begin{bmatrix} x \\ y \\ z \end{bmatrix}=\begin{bmatrix} \frac{1}{3} & \frac{2}{3} & -\frac{2}{3} \\ \frac{2\sqrt{2}}{3} & -\frac{1}{3\sqrt{2}} & \frac{1}{3\sqrt{2}} \\ 0 & \frac{1}{\sqrt{2}} & \frac{1}{\sqrt{2}} \end{bmatrix}$

$\begin{bmatrix} x' \\ y' \\ z' \end{bmatrix}$，即ち，$\begin{cases} x=\dfrac{x'+2y'-2z'}{3} \\ y=\dfrac{4x'-y'+z'}{3\sqrt{2}} \\ z=\dfrac{y'+z'}{\sqrt{2}} \end{cases}$ を f に代入し，$f=3\cdot\dfrac{x'^2+4y'^2+4z'^2+4x'y'-4x'z'-8y'z'}{9}$

$+3\cdot\dfrac{16x'+y'^2+z'^2-8x'y'+8x'z'-2y'z'}{18}+3\cdot\dfrac{y'^2+2y'z'+z'^2}{2}-2\cdot\dfrac{-y'^2+z'^2+4x'y'+4x'z'}{6}$

$+4\sqrt{2}\dfrac{2y'^2-2z'^2+x'y'+x'z'}{3\sqrt{2}}-12\dfrac{x'+2y'-2z'}{3}-6\sqrt{2}\dfrac{4x'-y'+z'}{3\sqrt{2}}+6\sqrt{2}\dfrac{y'+z'}{\sqrt{2}}-1=3x'^2+6y'^2-12x'+12z'-1$

$=3(x'-2)^2+6y'^2+12\left(z'-\dfrac{13}{12}\right)$ を得るが，2次形式の部分は理論的には分っている事の検算である．平行移動 $X=x'-2$, $Y=y'$, $Z=z'-\dfrac{13}{12}$ にて，標準形 $X^2+2Y^2+4Z=0$ を得る．$X=Y=Z=0$ に対して，$x'=2, y'=0, z'=\dfrac{13}{12}$, $x=-\dfrac{1}{18}$, $y=\dfrac{109}{36\sqrt{2}}$, $z=\dfrac{13}{12\sqrt{2}}$ なので，頂点 $\left(-\dfrac{1}{18}, \dfrac{109}{36\sqrt{2}}, \dfrac{13}{12\sqrt{2}}\right)$，標準形 $X^2+2Y^2+4Z=0$ のだ円放物面である．

(vi) $A=\begin{bmatrix} 1 & 1 & -2 \\ 1 & 1 & -2 \\ -2 & -2 & 0 \end{bmatrix}$, $|A-\lambda E|=\begin{vmatrix} 1-\lambda & 1 & -2 \\ 1 & 1-\lambda & -2 \\ -2 & -2 & -\lambda \end{vmatrix}\underset{3行+2\times 2行}{\overset{1行-(1-\lambda)\times 2行}{=}}\begin{vmatrix} 0 & \lambda(2-\lambda) & -2\lambda \\ 1 & 1-\lambda & -2 \\ 0 & -2\lambda & -\lambda-4 \end{vmatrix}=-\lambda\begin{vmatrix} 2-\lambda & -2\lambda \\ -2 & -\lambda-4 \end{vmatrix}=-\lambda$ $(\lambda^2-2\lambda-8)=-\lambda(\lambda+2)(\lambda-4)=0$ より，固有値 $\lambda=0, -2, 4$. $|A|=0$ なので，これ又は無心であり，直交変換を実行しなければならぬ．その為，固有ベクトルを求めよう．固有値 λ に対する固有ベクトルは，連立方程式 $\begin{cases} (1-\lambda)x+y-2z=0 \\ x+(1-\lambda)y-2z=0 \\ -2x-2y-\lambda z=0 \end{cases}$ の解である．$\lambda=0$ の時，$x=\dfrac{1}{\sqrt{2}}, y=-\dfrac{1}{\sqrt{2}}, z=0$, $\lambda=-2$ の時，$x=y=\dfrac{1}{\sqrt{6}}, z=\dfrac{2}{\sqrt{6}}$, $\lambda=4$ の時，$x=y=\dfrac{1}{\sqrt{3}}, z=-\dfrac{1}{\sqrt{3}}$ が，夫々，大きさ1の固有ベクトルである．$\lambda=0$ が Z^2 の係数となるべく，これらを列に並べて，直交変換 $\begin{bmatrix} x \\ y \\ z \end{bmatrix}=\begin{bmatrix} \frac{1}{\sqrt{6}} & \frac{1}{\sqrt{3}} & \frac{1}{\sqrt{2}} \\ \frac{1}{\sqrt{6}} & \frac{1}{\sqrt{3}} & -\frac{1}{\sqrt{2}} \\ \frac{2}{\sqrt{6}} & -\frac{1}{\sqrt{3}} & 0 \end{bmatrix}\begin{bmatrix} x' \\ y' \\ z' \end{bmatrix}$，即ち，$\begin{cases} x=\dfrac{x'+\sqrt{2}y'+\sqrt{3}z'}{\sqrt{6}} \\ y=\dfrac{x'+\sqrt{2}y'-\sqrt{3}z'}{\sqrt{6}} \\ z=\dfrac{2x'-\sqrt{2}y'}{\sqrt{6}} \end{cases}$ を代入すると，一般論より2次形式の部分は計算しなくても $-2x'^2+4y'^2$ である事は分っているが，検算と実証を兼ねて，この部分も真面目に計算する．$f=x^2+y^2-4yz-4zx+2xy-12x-16x+35=\dfrac{x'^2+2y'^2+3z'^2+2\sqrt{2}x'y'+2\sqrt{3}x'z'+2\sqrt{6}y'z'}{6}$

$+\dfrac{x'^2+2y'^2+3z'^2+2\sqrt{2}x'y'-2\sqrt{3}x'z'-2\sqrt{6}y'z'}{6}-4\dfrac{2x'^2-2y'^2+\sqrt{2}x'y'-2\sqrt{3}x'z'+\sqrt{6}y'z'}{6}$

$-4\dfrac{2x'^2-2y'^2+\sqrt{2}x'y'+2\sqrt{3}x'z'-\sqrt{6}y'z'}{6}+2\dfrac{x'^2+2y'^2-3z'^2+2\sqrt{2}x'y'}{6}-12\dfrac{x'+\sqrt{2}y'+\sqrt{3}z'}{\sqrt{6}}-16\dfrac{x'+\sqrt{2}y'-\sqrt{3}z'}{\sqrt{6}}$

$+35=-2x'^2+4y'^2-\dfrac{28}{\sqrt{6}}x'-\dfrac{28}{\sqrt{3}}y'+\dfrac{4}{\sqrt{2}}z'+35=-2\left(x'+\dfrac{7}{\sqrt{6}}\right)^2+4\left(y'-\dfrac{7}{2\sqrt{3}}\right)^2+\dfrac{4}{\sqrt{2}}\left(z'+\dfrac{35}{\sqrt{2}}\right)$．ここで，平行移動 $X=x'+\dfrac{7}{\sqrt{3}}$, $Y=y'-\dfrac{7}{2\sqrt{3}}$, $Z=z'+\dfrac{35}{\sqrt{2}}$ を施し，標準形 $-2X^2+4Y^2+\dfrac{4}{\sqrt{2}}Z=0$ に達する．従って，標準形 $-X^2+2Y^2+\sqrt{2}Z=0$ の双曲放物面である．なお，類題7, 8は，私が数年来，九州産業大学工学部1年生に対する講義において，テキストとして採用している，金沢一横手著，線形代数（森北出版株式会社）の問題の中から拝借した．ここに感謝の意を表する．なお，この辺が，学年末試験問題のヤマなのだ！ 先生は計算間違いをしたら，恥をかくだけだが，学生は留年する．慎重に計算しましょう．と何時も産大の学生に云っている，

類題 9. 1次の首座行列式は1自身で $\geqq 0$, 2次と3次の首座行列式は, 1行＝2行なので, $0\geqq 0$. $|A-\lambda E|=\begin{vmatrix}1-\lambda & 1 & 1\\ 1 & 1-\lambda & 1\\ 1 & 1 & -\lambda\end{vmatrix}=\begin{vmatrix}0 & \lambda & -\lambda^2+\lambda+1\\ 0 & -\lambda & \lambda+1\\ 1 & 1 & -\lambda\end{vmatrix}=\lambda\begin{vmatrix}1 & -\lambda^2+\lambda+1\\ -1 & \lambda+1\end{vmatrix}=\lambda(-\lambda^2+2\lambda+2)=0$ より, 固有値 $\lambda=0, 1\pm\sqrt{3}$ を得るので, 負の固有値を持つ A は $A\geqq 0$ ではない. 問題5の基-2では $A\geqq 0\Rightarrow$ 各首座行列式 $\geqq 0$ の逆は成立しない. 国家公務員上級職試験の落し穴に持って来いないので, 要注意.

類題10. (i) $z_x=3(x^2-ay)$, $z_y=3(y^2-ax)$, $z_{xx}=6x$, $z_{xy}=-3a$, $z_{yy}=6y$. 極値の候補者は $z_x=z_y=0$ より, $x^2=ay$, $y^2=ax$. 故に $(xy)^2=a^2xy$ より $xy=0$, 又は, $xy=a^2$. これより $x=y=0$, $x=y=a$. 点 $(0,0)$ では $\Delta=(z_{xy})^2-z_{xx}z_{yy}=9a^2>0$ なので, 問題6の基-3より, 極値を取らぬ. (a,a) では $\Delta=(z_{xy})^2-z_{xx}z_{yy}=-27a^2<0$, $z_{xx}=6a>0$ なので, 極小値 $z=-a^3$ を取る.

(ii) $z_x=y-\dfrac{a^3}{x^2}$, $z_y=x-\dfrac{a^3}{y^2}$, $z_{xx}=\dfrac{2a^3}{x^3}$, $z_{xy}=1$, $z_{yy}=\dfrac{2a^3}{y^3}$. 極値の候補者は $z_x=z_y=0$ より, $x=y=a$. 点 (a,a) にて, $\Delta=-3<0$, $z_{xx}=2>0$ なので, 極小値 $z=3a^2$ を取る.

(iii) $z_x=\cos x-\sin(x+y)$, $z_y=\cos y-\sin(x+y)$, $z_{xx}=-\sin x-\cos(x+y)$, $z_{xy}=-\cos(x+y)$, $z_{yy}=-\sin y-\cos(x+y)$. 極値の候補者は $z_x=z_y=0$ より $\cos x=\cos y=\sin(x+y)$. $\cos x-\cos y=2\sin\dfrac{x-y}{2}\sin\dfrac{x+y}{2}=0$ より, $y\pm x=2n\pi(n=0,\pm1,\pm2,)$. mod 2π で考えればよいので $0\leqq x,y\leqq 2\pi$ と仮定してよい. $y=x$ の時は, $\cos x=\sin 2x=2\sin x\cos x$ より $\sin x=\dfrac{1}{2}$, 又は, $\cos x=0$, 即ち, $x=\dfrac{\pi}{6}, \dfrac{5\pi}{6}, \dfrac{\pi}{2}, \dfrac{3\pi}{2}$. $y=2\pi-x$ の時は, やはり, $\cos x=0$ より $x=\dfrac{\pi}{2}, \dfrac{3\pi}{2}$. 従って $(x,y)=\left(\dfrac{\pi}{6},\dfrac{\pi}{6}\right), \left(\dfrac{5\pi}{6},\dfrac{5\pi}{6}\right), \left(\dfrac{\pi}{2},\dfrac{\pi}{2}\right), \left(\dfrac{3\pi}{2},\dfrac{3\pi}{2}\right), \left(\dfrac{\pi}{2},\dfrac{3\pi}{2}\right), \left(\dfrac{3\pi}{2},\dfrac{\pi}{2}\right)$, これらで, 夫々 $(\triangle, z_{xx})=\left(-\dfrac{3}{4},-1\right), \left(-\dfrac{3}{4},-1\right), (1,0), (-3,2), (-5,-2), (-1,0)$ なので, $\left(\dfrac{\pi}{6},\dfrac{\pi}{6}\right), \left(\dfrac{5\pi}{6},\dfrac{5\pi}{6}\right), \left(\dfrac{3\pi}{2},\dfrac{\pi}{2}\right)$ で極大値 $\dfrac{3}{2}$, $\left(\dfrac{3\pi}{2},\dfrac{3\pi}{2}\right)$ で極小値 -3 を取る. なお, $x=\dfrac{3\pi}{2}, y=\dfrac{\pi}{2}$ の時, 極値を取らない事が実証出来る.

類題11. $\det X$ は n^2 変数 $x_{ij}\ (i,j=1,2,\cdots,n)$ の関数であるが, 条件 $\sum_{i=1}^{n} x_{ij}^2=l_j^2\ (j=1,2,\cdots,n)$ の為独立変数は $x_{in}\ (i=1,2,\cdots,n)$ を除く $n(n-1)$ 個である. 各 i について, $x_i=(x_{i1},x_{i2},\cdots,x_{in})$ を n 次元の球面 $\sum_{i=1}^{n} x_{ij}^2=l_j^2$ 上の点と見なす事が出来る. $x=(x_{ij})$ は点と見なされ, n 次元の球面の直積である有界閉集合, 即ち, コンパンクト上を動く. 従って, 姉妹書「新修解析学」で説いたワイエルシュトラスの定理より最大, 最小値を取る. これらは皆, 上記, コンパクト球面の内点とみなせるから, 必要条件として, grad $\det X=0$, 即ち, 1次の偏導関数が全て0である. $\det X$ を第 i 行で展開すべく, x_{ij} の余因子を X_{ij} とおくと,

$$\det X=\sum_{j=1}^{n} x_{ij}X_{ij} \tag{2}$$

が成立し, X_{ij} は i 行 j 列を除く成分の多項式である. X_{ij} が $x_{i1}, x_{i2}, \cdots, x_{in}$ を含まぬ事と $x_{in}^2=l_i^2-x_{i1}^2-x_{i2}^2-\cdots-x_{in-1}^2$ を考慮に入れつつ, (2)を独立変数 $x_{i1}, x_{i2}, \cdots, x_{in-1}$ で偏微分して, 0とおき

$$\frac{\partial}{\partial x_{ij}}\det X=X_{ij}+\frac{\partial x_{in}}{\partial x_{ij}}X_{in}=X_{ij}-\frac{x_{ij}}{x_{in}}X_{in}=0 \quad (j=1,2,\cdots,n) \tag{3}$$

を得る. よって, 対称な命題

$$\frac{X_{i1}}{x_{i1}}=\frac{X_{i2}}{x_{i2}}=\cdots=\frac{X_{in}}{x_{2n}} \tag{4}$$

を得る. 余因子の性質

$$\sum_{i=1}^{n} x_{ik}X_{jk}=0 \quad (i\neq j) \tag{5}$$

に(4)を代入して

$$\sum_{i=1}^{n} x_{ik}x_{jk}=0 \quad (i\neq j) \tag{6}$$

と行列 X の列ベクトルが直交している場合に限る．この時，クロネッカーのデルタを用いて

$$X^t X=\left(\sum_{j=1}^{n} x_{ik}x_{jk}\right)=(\delta_{ij}l_i^2)$$

を得るので，両辺の行列式 det X を取ると，det ${}^tX=$det X なので，

$$(\det X)^2=l_1^2 l_2^2\cdots l_n^2 \tag{8}$$

が成立し，(8)の右辺が $(\det X)^2$ の最大値である事を知る．不等式(1)は**アダマールの不等式**として有名である．後半の線形代数的手法は勿論の事，連続関数は有界閉集合（＝コンパクト）上で最大値を取るので，それが曲面の縁でなく内点であれば，必要条件として grad が 0 でなければならない事が重要である．この様にして，問題6の様にヘシャンについて，4の5の云わずに，最大，最小値を取る技法を本問の様に身に着けて頂きたい．いきなり出題されては面喰うが，大学院は後継者の養成機関である．この様なテーマについて大学の講義がスラスラスイと行える人を院試において選ぶのは当然であろう．

Exercise 1. シャーシイので，直交行列 P を用いて ${}^tPAP=\Lambda$ を対角行列としょう．その際 Λ の対角要素はお馴染みの行列 A の固有値 $\lambda_1, \lambda_2, \cdots, \lambda_n$ であり，直交変換 $x=PX$ によって，2次形式 ${}^txAx={}^tX{}^tPAPX={}^tX\Lambda X=\lambda_1X_1^2+\lambda_2X_2^2+\cdots+\lambda_nX_n^2$ と標準形化され，この道は何時来た道となる．あ，そうだ $X_1, X_2, \cdots, X_n$ は列ベクトル X の成分である事の説明を忘れていた．この時，$\boldsymbol{R}^n$ の線形部分空間にしたい所の，未だ線形と云えていない集合 V は，$\boldsymbol{R}^n$ の部分集合 $W=\{X\in\boldsymbol{R}^n;\ \lambda_1X_1^2+\lambda_2X_2^2+\cdots+\lambda_nX_n^2=0\}$ に，正則行列 P が定義する線形写像によって写る．$\lambda_1, \lambda_2, \cdots, \lambda_n$ の内で 0 でない物を $\lambda_1, \lambda_2, \cdots, \lambda_m$ としよう．勿論 $W=\{X\in R^n;\ \lambda_1X_1^2+\lambda_2X_2+\cdots+\lambda_mX_m^2=0\}$ であるが，この中の最初の s 個が正で，後の t 個が負で，s, t 共に $\geqq 1$ であれば，$\mu_i=-\lambda_i\ (s+1\leqq i\leqq m)$ とおくと，$W=\{X\in\boldsymbol{R}^n;\ \lambda_1X_1^2+\lambda_2X_2^2+\cdots+\lambda_sX_s^2-\mu_{s+1}X^2{}_{s+1}-\cdots-\mu_mX_m^2=0\}$ は超曲面を表し，線形ではない．従って，$\lambda_1, \lambda_2, \cdots, \lambda_m$ は定符号でなければならない．逆に，この時，$W=\{X\in\boldsymbol{R}^n;\ \lambda_1X_1^2+\lambda_2X_2^2+\cdots+\lambda_mX_m^2\}=\{X\in\boldsymbol{R}^n;\ X_1=X_2=\cdots=X_m=0\}$ は $n-m$ 次元の $\boldsymbol{R}^n$ の線形部分空間である．従って，W と線形同形な $V=PW$ も $\boldsymbol{R}^n$ の線形部分空間である．固有値がマダラマダラに符号を取らず，定符号な時，$A\geqq 0$，又は，$A\leqq 0$ であり，これが求める必要十分条件である．

Exercise 2. これも面倒なりと，ユニタリー行列 U を選んで，$U^*HU=\Lambda$ を対角行列とする．その際，Λ の対角要素 $\lambda_1, \lambda_2, \cdots, \lambda_n$ は行列 H の固有値である．$x, y\in\boldsymbol{C}^n$ に対して $x=UX, y=UY$ とおくと，12章の問題4の基-1より，$\langle x, Hy\rangle=\langle UX, HUY\rangle=\langle X, {}^*UHUY\rangle=\langle X, \Lambda Y\rangle$．従って，$X, Y$ の成分を，夫々，$X_1, X_2, \cdots, X_n$，$Y_1, Y_2, \cdots, Y_n$ とすれば，$\langle x, Hy\rangle=\bar{\lambda}_1X_1\bar{Y}_1+\bar{\lambda}_2X_2\bar{Y}_2+\cdots+\bar{\lambda}_nX_n\bar{Y}_n$ と固有値の共役複素数が現れる．それは，大した事はなく，重要なのは，$\lambda_1, \lambda_2, \cdots, \lambda_n$ の内，0 でない物を $\lambda_1, \lambda_2, \cdots, \lambda_m$ とすると，$\langle x, Hy\rangle=\bar{\lambda}_1X_1\bar{Y}_1+\bar{\lambda}_2X_2\bar{Y}_2+\cdots+\bar{\lambda}_mX_m\bar{Y}_m$ となり，$\boldsymbol{C}^n$ の部分空間 W で，$X, Y\in W$ に対して，$0=\langle X, HY\rangle=\bar{\lambda}_1X_1\bar{Y}_1+\bar{\lambda}_2X_2\bar{Y}_2+\cdots+\bar{\lambda}_nX_m\bar{Y}_m$ が成立する為の必要十分条件は，前問同様，$W\subset\{X\in\boldsymbol{C}^n;\ X_1=X_2=\cdots=X_m=0\}$ である．従って，最大な物は $W=\{X\in\boldsymbol{C}^n;\ X_1=X_2=\cdots=X_m=0\}$ であり，線形空間 $V=UW$ が極大である．V は $n-m$ 次元である．m は行列 Λ の 0 でない固有値の数なので，$m=r(\Lambda)=r(U^{-1}HU)=r(H)$．従って，$\dim V=n-r(H)$ である．

Exercise 3. 重複を避ける為最初から，(1) の左辺の行列式の $(n+1, n+1)$ 要素を 0 の代りに任意の実数 y にした行列式 $D(y)$ を考察するが，これは後半の証明に備えた物である．行列式 $D(y)$ を最後の行で展開して

$$D(y)=\begin{vmatrix} a_{11} & \cdots & a_{1n} & x_1 \\ \vdots & & \vdots & \\ a_{n1} & \cdots & a_{nn} & x_n \\ x_1 & \cdots & x_n & y \end{vmatrix}=\sum_{i=1}^{n}(-1)^{n+1+i}x_i\begin{vmatrix} a_{11} & \cdots & a_{1n} \\ \vdots & & \vdots \\ a_{i-11} & \cdots & a_{i-1n} \\ a_{i+11} & \cdots & a_{i+1n} \\ \vdots & & \vdots \\ a_{n1} & \cdots & a_{nn} \\ x_1 & & x_n \end{vmatrix}+y|A| \tag{2}$$

を得る．ここからが，大学院入試的であって，行列 $A>0$ に持込むべく技巧を弄する．行列 A の (i, j) 要素 a_{ij} の余因子を $\triangle_{ij}$ とし，(2)の各行列を最後の行について展開し，2 次式

$$D(y)=|A|y+\sum_{i,j=1}^{n}(-1)^{n+1+i}x_i(-1)^{n+j}x_j\begin{vmatrix} a_{11} & \cdots & a_{1j-1} & a_{1j+1} & \cdots & a_{1n} \\ \vdots & & \vdots & \vdots & & \vdots \\ a_{i-11} & \cdots & a_{i-1j-1} & a_{i-1j+1} & \cdots & a_{i-1n} \\ a_{i+11} & \cdots & a_{i+1j-1} & a_{i+1j+1} & \cdots & a_{i+1n} \\ \vdots & & \vdots & \vdots & & \vdots \\ a_{n1} & \cdots & a_{nj-1} & a_{nj+1} & \cdots & a_{nn} \end{vmatrix}=|A|y-\sum_{i,j=1}^{n}\triangle_{ij}x_ix_j \tag{3}$$

に達する．所で，行列 A の固有値は皆正なので，その積である $|A|$ も正．又，直交変換 P を見繕って

$$P^{-1}AP=\Lambda=\begin{bmatrix} \lambda_1 & & \\ & \lambda_2 & 0 \\ & 0 \ddots & \\ & & \lambda_n \end{bmatrix} \tag{4}$$

と対角行列に出来る．(4)の両辺の逆行列を作り

$$P^{-1}A^{-1}P=\Lambda^{-1}=\begin{bmatrix} \frac{1}{\lambda_1} & & \\ & \frac{1}{\lambda_2} & 0 \\ & \ddots & \\ 0 & & \frac{1}{\lambda_n} \end{bmatrix} \tag{5}.$$

(5)は，**正値行列** A の**逆行列** A^{-1} が**正値**である事を告げている．$\mathrm{ad}\, A=|A|A^{-1}$ なので，$\mathrm{adj}\, A$ も正値であり，(3)の $|A|y$ を外した 2 次形式は負値である．従って，前半の場合は始めから $y=0$ となっているので，$D(0)\leqq 0$，即ち，(1)を得る．後半は，(3)と $\mathrm{ad}\, A>0$，より，$D(y)-|A|y\leqq 0$，即ち，公式

$$D(y)\leqq |A|y \tag{6}$$

を得る．そこで命令に忠実に従い，数学的帰納法により

$$|A|\leqq a_{11}a_{22}\cdots a_{nn} \tag{7}$$

を証明しよう．$n=1$ の時は，(7)は等号として成立している．n の時正しいと仮定し，$(n+1)$ 次の対称行列 $A=(a_{ij})$ を考察しよう．A の首座行列を A_n とすると，$(n+1)$ 次の行列式 $|A|$ は我々の $D(y)$ にて，$x_i=a_{in+1}\ (i=1, 2, \cdots, n)$ $y=a_{n+1n+1}$ を代入した物に他ならない事，及び，帰納法の仮定 $|A_n|\leqq a_{11}a_{22}\cdots a_{nn}$ に注意しつつ，(6)を適用し，$|A|\leqq |A_n|a_{n+1\,n+1}\leqq a_{11}a_{22}\cdots a_{nn}a_{n+1\,n+1}$，即ち，(7)が $n+1$ の時も，正しい事が云えて，数学的帰納法が完結する．

本問の論理的な美しさは，不等式(7)にある．しかし，幾ら何でも，これをノー・ヒントで導ける人はなかろう．しかし，不等式(1)を与えれば，ドンコの前に餌を差した時の如く，石垣の中から顔を出して，変数 x_i につられて展開し，腕力を用いて，暴力的にカブリ付いて，(3)に到達するであろう．然らば，よしんば，正値行列の逆行列も正値行列である事を知らなくとも，他に仕事が無い以上，無理矢理標準形の逆行列を作り，(5)，即ち，$A^{-1}>0$ に達し，$D(0)\leqq 0$ を得よう．かくなれば，帰納法によれとの指令に忠実に従う人は，アホでない限り，(1)の左辺の行列式と比べて，$D(y)$ を作る事を見出し，同じ論法で，(6)に達し，形式論理で(7)を得るであろうとの，出題委員の教育的配慮，即ち，親心を染染と感じる．と同時に本問は類題11とセットで出題されており，大学院は後継者の養成機関であり，その修了者は，研究者としても，大学の講義をしなければ食って行けません．これ位のヒントによってスラスラと講義が出来る様でないと，入院はお断りとの本音も窺える．私も(7)は自信がないが，(1)を見て，教養の学生の頃の余因子を想い出してどうにか合格．出題委員は，私程度の学力を受験生に求めている．読者＝著者と目を剝かないで欲しい．斉藤別当実盛が平氏に語った様に，子は親の死骸を乗り越えて敵陣に突入するのが，坂東武者の慣いである．読者諸君も，数年を経ずして，この私を超えた数学者になるであろう．それなくしては，我国の学問の発展は覚束ない．私も国家の為，白髪を振り乱して，若殿原に伍して，実盛同様ハッスルしましょう．

Exercise 4. 任意の $y\in W$ に対して，W の定義より，$a\in \boldsymbol{R}^n$ があって，$y=\mathrm{grad}\, f(a)$．$\boldsymbol{R}^n$ の任意の点 a を取

り，$h=x-a$ とおき，問題6の公式(5)で，関数 f を a において2次の項迄テイラー展開すると，$0<\theta<1$ があって

$$f(x)=f(a+h)=f(a)+\sum_{i=1}^{n}\frac{\partial f}{\partial x_i}(a)h_i+\frac{1}{2}\sum_{i,j=1}^{n}\frac{\partial^2 f(a+\theta h)}{\partial x_i\partial x_j}h_ih_j \tag{1}$$

を得るが，$y_i=\dfrac{\partial f}{\partial x_i}(a)$ である事と f のヘシャンが点 $a+\theta h$ で正である事より，$x\neq a$ であれば，(1)より

$$f(x)-\langle x,y\rangle>f(a)+\langle x-a,y\rangle-\langle x,y\rangle=f(a)-\langle a,y\rangle \tag{2}$$

を得て，x の関数 $f(x)-\langle x,y\rangle$ は点 a において最小値を取り，しかも，$x\neq a$ であれば，$f(x)-\langle x,y\rangle$ はこの最小値より真に大きい．従って，最小値を取る点 a，即ち，$y=\mathrm{grad}\,f(a)$ なる点 $a\in\boldsymbol{R}^n$ の存在は一意的である．故に

$$g(y)=\underset{x\in\boldsymbol{R}^n}{\mathrm{Min}}\,(f(x)-\langle x,y\rangle)=\mathrm{grad}\,f=y \text{ となる点 } a \text{ における } f(a)-\langle a,y\rangle \tag{3}$$

が成立している．$x\in\boldsymbol{R}^n$ に対して，$f(x)-\langle x,y\rangle\geqq g(y)$ なので，$f(x)\geqq\langle x,y\rangle+g(y)$，従って

$$f(x)\geqq \mathrm{Max}\,(g(y)+\langle x,y\rangle) \tag{4}$$

が成立する．一方，任意の $a\in\boldsymbol{R}^n$ を取り，$b=\mathrm{grad}\,f(a)$ とおくと，(3)より，$g(b)+\langle a,b\rangle=f(a)-\langle a,b\rangle+\langle a,b\rangle=f(a)$ を得るので，$\boldsymbol{R}^n$ の任意の点 a において(4)の不等号の逆向きが得られ，(4)は等式として成立し，目的を達する．幾何学的に申せば，ヘシャンが正な f は，狭義凸関数で，$z=f(a)+\langle\mathrm{grad}\,f(a),x-a\rangle$ は点 a における接平面で，$y=f(x)$ はその上にある．この問題は凹凸数学，即ち，計画数学にルーツを持ち，その専門家の出題である．なお，全くの蛇足ながら，ヘシャンの代りに，レビ形式＞0としたのが，故岡潔先生の強擬凸関数，ルロン先生の強多重劣調和関数であり，岡先生はこの関数を縦横に駆使して多変数の最難題レビの問題を解決された．その線形代数的基礎は，本問の2次形式の代りに，エルミット形式を用いる事にあるが，その心は同じである．と云うよりも，その目的に邁進すべく，我々は，エルミット形式を勉強するのだ．我々は，正に，現代数学の関門に立つ．なお，東大院を受験される方は，レビ形式についても学ばれる事をおすすめする．ここで敵機の識別法

Max は計画数学で，凹凸と関係あり！

Exercise 5. 先ず，ウォーミング・アップが必要なので，次の入試問題から始める．

> **(東京都立大学，熊本大学，慶応大学大学院入試問題)** 積分 $I=\displaystyle\int_{-\infty}^{+\infty}e^{-x^2}dx$ を求めよ．

I^2 を次の様に累次積分と考える所がミソで，正値関数の累次積分は2重積分に等しく，極座標を用いて

$$I^2=\left(\int_{-\infty}^{+\infty}e^{-x^2}dx\right)\left(\int_{-\infty}^{+\infty}e^{-y^2}dy\right)=\int_{-\infty}^{+\infty}\left(\int_{-\infty}^{+\infty}e^{-x^2-y^2}dx\right)dy=\iint e^{-x^2-y^2}dxdy=\iint e^{-r^2}rdrd\theta$$

$$=\int_0^{\infty}\left(\int_0^{2\pi}e^{-r^2}rd\theta\right)dr=2\pi\int_0^{\infty}e^{-r^2}rdr=\pi\Big[-e^{-r^2}\Big]_0^{\infty}=\pi,\quad I=\sqrt{\pi} \tag{1}$$

と，初体験の人には絶対求められない，幻想的な計算をする．積分 I はその原始関数が初等関数で表されないが，無限区間の積分 I は求まる面白い例の中の，留数定理を用いないで求める更に面白い例である．多変数では

> **(九州大学大学院入試問題)** $A=(a_{ij})$ は n 次の実対称行列とする．この時
>
> $$\int_{\boldsymbol{R}^n}\exp\left(-\sum_{i,j=1}^{n}a_{ij}x_ix_j\right)dx_1\,dx_2\cdots dx_n<+\infty \tag{2}$$
>
> である為の必要十分条件は A が正定値である事である．これを証明せよ．

対称行列 A の固有値を $\lambda_1,\lambda_2,\cdots,\lambda_n$ とすると，直交行列 P があって，${}^tPAP=\Lambda$ は $\lambda_1,\lambda_2,\cdots,\lambda_n$ を対角要素とする対角行列である．直交変換

$$\begin{bmatrix}x_1\\x_2\\\vdots\\x_n\end{bmatrix}=P\begin{bmatrix}X_1\\X_2\\\vdots\\X_n\end{bmatrix} \tag{3}$$

を施すと，丁度，関数行列 $\left(\frac{\partial x_i}{\partial X_j}\right)$ は行列 P である．${}^tPP=E$ の両辺の行列式を取り $|P|^2=1$. 関数行列の行列式の値が**ヤコビヤン**で，その絶対値が $dx_1dx_2\cdots dx_n$ を $dX_1dX_2\cdots dX_n$ で表す時の係数で，この場合は直ぐ上の考察より 1. よって，変数変換の公式より

$$(2)\text{の左辺}=\int_{R^n}\exp(-\lambda_1X_1{}^2-\lambda_2X_2{}^2-\cdots-\lambda_nX_n{}^2)dX_1dX_2\cdots dX_n=\sqrt{\frac{\pi^n}{\lambda_1\lambda_2\cdots\lambda_n}}=\sqrt{\frac{\pi^n}{|A|}} \tag{3}$$

の第1式と第2式は等しく，これは，$\lambda_i>0\ (i=1,2,\cdots,n)$ の時に限り収束し，この時，累次積分して，公式(1)を用いると $|A|=\lambda_1\lambda_2\cdots\lambda_n$ なので(3)を得る．

確率変数 X があって

$$P(X\leqq x)=\frac{1}{\sqrt{2\pi}\sigma}\int_{-\infty}^{x}\exp\left(-\frac{(t-\mu)^2}{2\sigma^2}\right)dt \tag{4}$$

が成立する時，X は**正規分布** $N(\mu,\sigma^2)$ に従うと云い，μ を**平均**，σ^2 を**分散**と云う．積分(1)は $P(X<+\infty)=1$ を保証している．なお指数関数の中がゴチャゴチャする時は，上の様に exp とかく．かくして，

2次関数と指数関数の合成が正規分布である／

なるスローガンを得て，上の二つの入試も統計学者の出題であると識別出来る．多変数(多変量)でも同様である．

2次元確率変数 $Z=(X,Y)$ がある時，

$$F(x,y)=P(X\leqq x,\ Y\leqq y) \tag{5}$$

を**確率変数** Z の**分布関数**と云う．F が絶対連続であれば，

$$F(x,y)=\iint_{s\leqq x,\leqq y} f(s,t)dsdt \tag{6}$$

なる関数 f があるが，f を**密度関数**と云う．この時，Y が如何なる値を取るかは不問にして，兎に角 $X\leqq x$ となる確率 $F_1(x)$ をセッカチに求めて

$$F_1(x)=\iint_{s\leqq x} f(s,t)dsdt \tag{7}$$

を得るが，$F_1(x)$ を X の**周辺分布関数**と云う．この時，

$$F_1(x)=\int_{-\infty}^{x}f_1(s)ds,\ f_1(x)=\int_{-\infty}^{+\infty}f(x,t)dt \tag{8}$$

が成立するので，$f_1(x)$ を X の**周辺密度関数**と云う．これに対して，ミミッチク，確率変数 Y の実現値が y に等しいとの条件の下で，確率変数 X が $a<x<b$ なる実現値 x を持つ確率が

$$P(a<X<b|Y=y)=\int_a^b f(x|y)dx \tag{9}$$

となる時，$f(x|y)$ を X の**条件付密度関数**と云う．所で，少し考え，積にすると分るが，統計学のどのテキストにもある様に公式

$$f(x|y)=\frac{f(x,y)}{f_2(y)},\ f_2(y)=\int_{-\infty}^{+\infty}f(s,y)ds \tag{10}$$

が成立するので，役者は全部揃って，後は，2次関数の議論のお出ましとなる．

さて，本問にて，X でなく，Y の周辺密度関数は有難や，上の(10)の $f_2(y)$ であって

$$f_2(y)=\int_{-\infty}^{+\infty}\frac{1}{2\pi\sigma_x\sigma_y\sqrt{1-\rho^2}}\exp\left(-\frac{1}{2(1-\rho^2)}\left(\frac{s^2}{\sigma_x{}^2}-2\rho\frac{sy}{\sigma_x\sigma_y}+\frac{y^2}{\sigma_y{}^2}\right)\right)ds \tag{11}$$

2次関数は完全平方，2次形式は標準形／

が，我々が高校以来，又は，本書にて体得した所であって，公式(1)に倒れ込むべく，e の肩をセセル．

$$-\frac{1}{2(1-\rho^2)}\left(\frac{s^2}{\sigma_x{}^2}-2\rho\frac{sy}{\sigma_x\sigma_y}+\frac{y^2}{\sigma_y{}^2}\right)=-\frac{1}{2(1-\rho^2)\sigma_x{}^2}\left(s-\frac{\rho\sigma_x}{\sigma_y}y\right)^2-\frac{y^2}{2\sigma_y{}^2},\quad S=\frac{s-\frac{y\sigma_{xy}}{\sigma_y}}{\sqrt{2(1-\rho^2)}\sigma_x} \tag{12}$$

と変形し，新変数 S を導入し，変数変換して，(1)を用いると，$ds=\sqrt{2(1-\rho^2)}\sigma_x dS$ なので，

$$f_2(y)=\frac{1}{\sqrt{2\pi}\sigma_y}\exp\left(-\frac{y^2}{2\sigma_y{}^2}\right) \tag{13}$$

を得，こは如何に $N(0,\sigma_y{}^2)$ ではないか．委細構わず，(10)に代入し

$$f(x|y)=\frac{1}{\sqrt{2\pi}\sigma_x\sqrt{1-\rho^2}}\exp\left(-\frac{1}{2(1-\rho^2)\sigma_x{}^2}\left(x-\rho\frac{\sigma_x}{\sigma_y}y\right)^2\right) \tag{14}$$

を得て，ハハン $N\left(\rho\frac{\sigma_x}{\sigma_y}y,\ (1-\rho^2)\sigma_x{}^2\right)$ と見る．

Exercise 6. n 個の確率変数 $X_1, X_2, \cdots, X_n$ の組 $Z=(X_1, X_2, \cdots, X_n)$ に対して，$\boldsymbol{R}^n$ の領域 Ω に Z の実現値が入る確率が

$$P((X_1, X_2, \cdots, X_n)\in\Omega)=\int\cdots_{\Omega}\int f(x_1, x_2, \cdots, x_n)dx_1dx_2\cdots dx_n \tag{2}$$

となる時，$f(x_1, x_2, \cdots, x_n)$ を $X_1, X_2, \cdots, X_n$ の**結合密度関数**と云う．各 X_i の密度関数を $f_i(x_i)$ とすると，幸にして

$$f(x_1, x_2, \cdots, x_n)=f_1(x_1)f_2(x_2)\cdots f_n(x_n) \tag{3}$$

が成立する時，確率変数 $X_1, X_2, \cdots, X_n$ は**独立**であると云う．これは共通1次テストの確率変数の独立と同じ精神である．

さて，本問にて P＝単位行列とすれば，$Y_1=X_1,\ Y_2=X_2, \cdots, Y_n=X_n$ なので，**標本変量**と云う統計学の修辞法**では**，確率変数 $X_1, X_2, \cdots, X_n$ は始めから，**独立**と仮定されているらしい．ここさえ分れば，後は線形代数の普通の学力で解ける．そこで，$(Y_1, Y_2, \cdots, Y_n)$ が $\boldsymbol{R}^n$ の領域 Ω に入る確率は

$$P((Y_1, Y_2, \cdots, Y_n)\in\Omega)=P((X_1, X_2, \cdots, X_n)\in P^{-1}(\Omega)) \tag{4}$$

であり，確率変数 $X_1, X_2, \cdots, X_n$ は独立なので，その結合密度関数は(3)で与えられ，$X_i\in N(0,1)$ なので，

$$P(X_1, X_2, \cdots, X_n)\in P^{-1}(\Omega))=\int\cdots_{P^{-1}\Omega}\int\frac{1}{\sqrt{(2\pi)^n}}\exp\left(-\frac{x_1{}^2}{2}-\frac{x_2{}^2}{2}-\cdots-\frac{x_n{}^2}{2}\right)dx_1dx_2\cdots dx_n \tag{5}$$

を得る．そこで，直交変換

$$\begin{bmatrix} y_1 \\ y_2 \\ \vdots \\ y_n \end{bmatrix}=P^{-1}\begin{bmatrix} x_1 \\ x_2 \\ \vdots \\ x_n \end{bmatrix} \tag{6}$$

を施すと前問の考察より，この変数変換はヤコビヤンは1であり，しかも直交変換はノルムを不変にし，$x_1{}^2+x_2{}^2+\cdots+x_n{}^2=y_1{}^2+y_2{}^2+\cdots+y_n{}^2$ が成立するので，

$$P((Y_1, Y_2, \cdots, Y_n)\in\Omega)=\int\cdots_{\Omega}\int\frac{1}{\sqrt{(2\pi)}}\exp\left(-\frac{y_1{}^2}{2}\right)\frac{1}{\sqrt{2\pi}}\exp\left(-\frac{y_2{}^2}{2}\right)$$
$$\cdots\frac{1}{\sqrt{2\pi}}\exp\left(-\frac{y_n{}^2}{2}\right)dy_1dy_2\cdots dy_n \tag{7}$$

を得るので，$Y_1, Y_2, \cdots, Y_n$ は独立であって，Y_i は $N(0,1)$ に従う．Ω を用いると，$P^{-1}\Omega$ を具体的に書かなくてすむので，この方がよい．よって

多変量の正規分布の理論は2次形式と指数の合成関数の理論と見たり！

かくして，諸君は現代統計学へも丁重に招待されており，正に引く手，数多ですぞ．

14 章

Exercise 1. $\mathrm{Ker}\,\psi\cap\mathrm{Im}\,\psi=\{0\}$ なので，V の線形部分空間として，直和 $\mathrm{Ker}\,\psi\oplus\mathrm{Im}\,\psi$ が考察されるが，10章の問題3は複素多様体でもそのまま成立し，$\dim V=\dim \mathrm{Ker}\,\psi+\dim \mathrm{Im}\,\psi$ なので，$V=\mathrm{Ker}\,\psi\oplus\mathrm{Im}\,\psi$ なる直和分解を得る．$n=\dim V, r=\dim \mathrm{Ker}\,\psi$ とおくと，r は固有値 λ に対する φ の固有空間の次元である．その基底を $e_1, e_2, \cdots, e_r$ とすると，$V=\mathrm{Ker}\,\psi\oplus\mathrm{Im}\,\psi$ なので，$\mathrm{Im}\,\psi$ の基底 $e_{r+1}, e_{r+2}, \cdots, e_n$ を取ると，$e_1, e_2, \cdots, e_n$ が V の基底となる．$e_1, e_2, \cdots, e_r$ は $\mathrm{Ker}\,\psi$ の元，即ち，固有値 λ に対する φ の固有ベクトルであり，$\varphi(e_j)=\lambda e_j\ (1\leqq j\leqq r)$．$y\in\mathrm{Im}\,\psi$ であれば，$x\in V$ があって，$y=\psi(x)=\varphi(x)-\lambda x$．この時 $\varphi(y)=\varphi^2(x)-\lambda\varphi(x)=(\varphi-\lambda)(\varphi(x))\in\mathrm{Im}\,\psi$ なので，$\mathrm{Im}\,\psi$ は φ によって不変である．従って，$\varphi(e_j)=\sum_{i=r+1}^{n} a_{ij}e_i\ (j=r+1, r+2, \cdots, n)$ の成立する様なスカラー，$a_{ij}\ (i, j=r+1, r+2., \cdots, n)$ が存在する．V の任意の元 x を基底で $x=\sum_{j=1}^{n} x_j e_j$ と表現し，$x_1, x_2, \cdots, x_n$ を成分とする複素列ベクトル x と同一視すると，対角要素が全て λ である r 次の対角行列 Λ と $B=(a_{ij})\ (i, j=r+1, r+2, \cdots, n)$ である様な $(n-r)$ 次の複素正方行列に分解される行列

$$A=\begin{bmatrix}\Lambda & 0\\ 0 & B\end{bmatrix} \tag{1}$$

に対して，$\varphi(x)=Ax$ が成立し，行列 A は線形写像 $\varphi: V\to V$ の V の基底 $e_1, e_2, \cdots, e_n$ に対する表現である．さて，行列 A の固有多項式 $f(x)$ と最小多項式 $g(x)$ を求めるべく

$$xE-A=\begin{bmatrix}x-\lambda & & & \\ & \ddots & & 0\\ & & x-\lambda & \\ 0 & & & xE-B\end{bmatrix} \tag{2}$$

を作る．行列 $xE-A$ において，最初の r 個の対角要素の余因子は符号を度外視すると，$(x-\lambda)^{r-1}|xE-B|$ である．仮定より，$V=\mathrm{Ker}\,\psi\oplus\mathrm{Im}\,\psi$ なので，もはや $|xE-B|$ は $x-\lambda$ を因数には持ち得ない．行列 $xE-A$ の対角線以外の要素の余因子は0なので，カウントの外．行列 $xE-B$ の余因子は (2) をよく眺めると少なくとも $(x-\lambda)^r$ を因数に持つ．くどくなるが，$|xE-B|$ は $x-\lambda$ を因数に持たぬので，行列 $xE-A$ の $n-1$ 次の小行列式全体にて共有な $(x-\lambda)^m$ の型の最大の因数は，ジャスト，$(x-\lambda)^{r-1}$ である．問題2の基-1は $f(x)=(x-\lambda)^r|xE-B|$ を $(n-1)$ 次の小行列式の最大公約式で割った物が最小多項式 $g(x)$ であると教えてくれるので，$g(x)$ は行列 A の固有値 λ を単根としてしか持たない．

次に逆を証明しよう．手掛りがない時は，男らしくないが背理法による．線形写像 $\varphi: V\to V$ が与える行列の最小多項式(それは問題4の基-1より基底の取り方には無関係なので御安心を)が λ を単根として持つのに，$\psi=\varphi-\lambda$ は $\mathrm{Ker}\,\psi\cap\mathrm{Im}\,\psi\neq\{0\}$ としよう．$n=\dim V, r=\dim \mathrm{Ker}\,\psi$ とおき，やはり $\mathrm{Ker}\,\psi$ の基底 $e_1, e_2, \cdots, e_r$ を取る．各 $e_i\in\mathrm{Ker}\,\psi$ なので，勿論，$\varphi(e_j)=\lambda e_j\ (1\leqq j\leqq r)$ が成立している．11章の問題1の基-1より，$V-\mathrm{Ker}\,\psi$ の $(n-r)$ 個のベクトル $e_{r+1}, e_{r+2}, \cdots, e_n$ を見繕って，$e_1, e_2, \cdots, e_n$ を V の基底となす事が出来る．$r+1\leqq j\leqq n$ に対する $\varphi(e_j)$ の方は，$e_1, e_2, \cdots, e_n$ の1次結合としか分らない．即ち，スカラー $(a_{ij})\ (r+1\leqq i\leqq n, 1\leqq j\leqq n)$ があって，$\varphi(e_j)=\sum_{i=1}^{n} a_{ij}e_i\ (r+1\leqq j\leqq n)$．$(n-r)\times r$ 行列 $C=(a_{ij})\ (1\leqq i\leqq r, r+1\leqq j\leqq n)$ と $(n-r)\times(n-r)$ 行列 $B=(a_{ij})\ (r+1\leqq i, j\leqq n)$ とを定義する．V の任意の元 $x=\sum_{j=1}^{n} x_j e_j$ に対して，$\varphi(x)=\lambda\sum_{i=1}^{r} x_i e_i+\sum_{i=1}^{n}\left(\sum_{j=r+1}^{n} a_{ij}x_j\right)e_i$ なので，1次変換 $\varphi: V\to V$ を基底 $e_1, e_2, \cdots, e_n$ で表現すると，今度は行列

$$A=\begin{bmatrix}\Lambda & C\\ O & B\end{bmatrix} \tag{3}$$

によって表現される．所で，$0\neq y\in\mathrm{Ker}\,\psi\cap\mathrm{Im}\,\psi$ が存在しているので，$x\in V$ があって，$y=\psi x, \psi y=0$．x の最初の r 成分の表す，r 次の複素列ベクトルを u，終りの $(n-r)$ 成分の表すそれを v と書けば，

$$(A-\lambda E)x=\begin{bmatrix}0 & C\\ 0 & B-\lambda E\end{bmatrix}\begin{bmatrix}u\\ v\end{bmatrix}=\begin{bmatrix}Cv\\ (B-\lambda E)v\end{bmatrix} \tag{4}$$

が成立するが，$y=(A-\lambda E)x\in \operatorname{Ker}\psi$ なので，$(B-\lambda E)v=0$ である．$y\neq 0$ であるから，$Cv\neq 0$ が成立している．ベクトル$\begin{bmatrix}0\\ v\end{bmatrix}$は $e_{r+1}, e_{r+2}, \cdots, e_n$ の１次結合で表されているので，$e_1, e_2, \cdots, e_r, \begin{bmatrix}0\\ v\end{bmatrix}$ は１次独立であるから，この$\begin{bmatrix}0\\ v\end{bmatrix}$を改めて e_{r+1} として採用する事が出来るし，その為一般性を失なうものでもない．この時，$A\begin{bmatrix}0\\ v\end{bmatrix}=\begin{bmatrix}\wedge & C\\ O & B\end{bmatrix}\begin{bmatrix}0\\ v\end{bmatrix}=\begin{bmatrix}C & v\\ B & v\end{bmatrix}=\begin{bmatrix}C & v\\ \lambda & v\end{bmatrix}$ なので，スカラー (a_{ir+1}) $(1\leqq i\leqq r)$ が存在して，$\varphi(e_{r+1})=\sum_{i=1}^{r}a_{ir+1}e_i+\lambda e_{r+1}$ が成立し，V の任意の元 $x=\sum_{i=1}^{r}x_ie_i+x_{r+1}e_{r+1}+\sum_{j=r+2}^{n}x_je_j$ は $\varphi(x)=\sum_{i=1}^{r}x_i\varphi(e_i)+x_{r+1}\varphi(e_{r+1})+\sum_{j=r+2}^{n}x_j\varphi(e_j)=\sum_{i=1}^{r+1}\lambda x_ie_i+\sum_{i=1}^{r}a_{ir+1}x_{r+1}e_i+\sum_{i=1}^{n}\Bigl(\sum_{j=r+2}^{n}a_{ij}x_j\Bigr)e_i$ に移るので，１次変換 $\varphi: V\to V$ は，基底 $e_1, e_2, \cdots, e_n$ に関して，$(r+1)\times(n-r-1)$ 行列 $C'=(a_{ij})$ $(1\leqq i\leqq r+1,\ r+2\leqq j\leqq n)$，$(n-r-1)\times(n-r-1)$ 行列 $B'=(a_{ij})$ $(r+2\leqq i, j\leqq n)$ を用いて行列

$$A=\begin{bmatrix} & a_{1r+1} & \\ \wedge & \vdots & \\ & a_{rr+1} & C'\\ & \lambda & \\ 0 & 0 & \\ & \vdots & B'\\ & 0 & \end{bmatrix} \tag{5}$$

によって表現される．(5)より

$$A-xE=\left[\begin{array}{ccc:c} x-\lambda & & 0 & a_{1r+1} \\ & \ddots & & \vdots \\ & & x-\lambda & a_{rr+1} \\ & & & x-\lambda \\ \hdashline & & & 0 \\ & 0 & & \vdots \\ & & & 0 \end{array}\ \begin{array}{c} \\ C' \\ \\ \\ \hdashline \\ B' \\ \\ \end{array}\right] \tag{6}$$

を得るので，行列 A の固有多項式は $f(x)=(x-\lambda)^{r+1}|xE-B'|$ で与えられ，固有方程式 $f(x)=0$ が $x=\lambda$ を s 重根とすれば，$r+1\leqq s\leqq n$ である．$Cv=\sum_{i=1}^{r}a_{ir+1}e_i\neq 0$ なので，$1\leqq i\leqq r$ があって $a_{ir+1}\neq 0$．行列 $xE-A$ における $(r+1, i)$ 要素の余因子は下の図にて，第 $(r+1)$ 行と第 i 列を除いて得られる $r-1$ 次の小行列式掛け $(-1)^{i+r+1}$ であり，対角線の $(r+1)$ 個の $x-\lambda$ の内二つの $x-\lambda$ が除かれており，

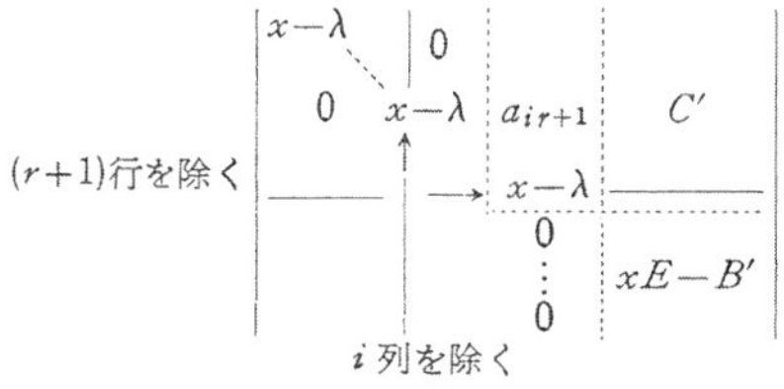

$$=(-1)^{i-r}a_{ir+1}(x-\lambda)^{r-1}|xE-B'|$$

となるので，$|xE-B'|$ は $(x-\lambda)^m$ の型の因数としては $(x-\lambda)^{s-r-1}$ しか持つないので，行列 $(xE-A)$ の $(n-1)$ 次の小行列式の最大公約式はせいぜい $(x-\lambda)^{s-2}$ を因数とし持つに留まる．従って，問題２の基-1より $f(x)$ をその多項式で割った物が最小多項式 $g(x)$ であり，それは少なくとも $(x-\lambda)^2$ を因数に持ち，$x-\lambda$ は $g(x)=0$ の重根となり矛盾である．本問により，$\operatorname{Ker}\psi\cap\operatorname{Im}\psi$ こそ，標準形の固有値 λ の上に０でない元をもたらす元凶であり，それは最小多項式によって判定出来る事が分った．かくして，一歩一歩，我々は標準形に近づいている．

Exercise 2. $\operatorname{Im}T^k\subset\operatorname{Im}T^j$ $(k>j)$ なので，$\dim T^kV=r(T^k)\leqq r(T^j)$ $(k>j)$．もしも，$r(T^{j+1})<r(T^j)$ であれば，６章の E-4 の考察より，$n=\dim V>r(T)>r(T^2)>\cdots>r(T^j)>r(T^{j+1})$ を得るので，$j+1\leqq n$ でなければならない．従って，常に，$r(T^n)=r(T^{n+j})$ $(j\geqq 0)$，即ち，$\operatorname{Im}T^n=\operatorname{Im}T^{n+j}$ $(j\geqq 0)$ が成立する．又，10章の問題３より，$\dim\operatorname{Ker}T^j=n-\dim T^jV$ なので，やはり，$\dim\operatorname{Ker}(T^n)=\dim\operatorname{Ker}(T^{n+j})$ $(j\geqq 0)$，即ち，$\operatorname{Ker}T^n=\operatorname{Ker}T^{n+j}(j\geqq 0)$ を得て，写像 T の固有値０に対する拡張された固有空間 U は，$U=\operatorname{Ker}T^{n+j}$ $(j\geqq 0)$ で与えられる事が分る．この時，$W=T^{n+j}V$ $(j\geqq 0)$ も j の取り方には無関係である．さて，$y\in U\cap W$ としよう．$y\in U$ なので，$T^ny=0$．$y\in W$

なので，$x\in V$ があって，$y=T^nx$．従って，$T^{2n}x=T^ny=0$ が成立し，$x\in\mathrm{Ker}\,T^{2n}=\mathrm{Ker}\,T^n$．故に，$y=T^nx=0$ が成立し，$U\cap W=\{0\}$．これより，直和 $U\oplus W$ が考えられるが，10章の問題 3 より，$n=\dim\mathrm{Ker}\,T^n+\dim\mathrm{Im}\,T^n=\dim V+\dim W$ が成立するので，$V=U\oplus W$ なる直和分解を得る．

Exercise 3．$n=\dim V$ とし，前問に従い，$W=\mathrm{Im}\,T^n$, $W'=\mathrm{Ker}\,T^n$ とすればよい．なお，証明すべき，目標の命題が，本問の様に定かでなく，直接的には与えられていず，その命題も同時に課すのが，東北大の習性である．関連受験生は，平素から，定理を正しく述べて，その後，証明する習慣を身に着けて置く事．

Exercise 4．$\dim W=1$ なる任意の部分空間に対して，$f(W)\subset W$ としよう．$e_1, e_2, \cdots, e_n$ を V の基底とする．各 e_i 一つで張られる部分空間 $L(e_i)$ は f－不変なので，$f(e_i)\in L(e_i)$，即ち，スカラー λ_i があって $f(e_i)=\lambda_ie_i$．早く云えば，任意のベクトル$\neq 0$ は全て固有ベクトルなのだ．よって，f は対角要素が $\lambda_1, \lambda_2, \cdots, \lambda_n$ である様な対角行列で表現される．ただ，それだけではない．任意の $i\neq j$ に対して，$e_i-e_j\neq 0$ で張られる，$L(e_i-e_j)$ も f－不変なので，$f(e_i-e_j)=f(e_i)-f(e_j)=\lambda_ie_i-\lambda_je_j=$(一つのスカラー)$\times(e_i-e_j)$ が成立せざるを得ない．故に $\lambda_i=\lambda_j$ を得て，これを λ とすると，$f(v)=\lambda v\ (v\in V)$．

$\dim W=2$ の時 $f(W)\subset W$，ではどうか．任意の i, j に対して，e_i, e_j で張られる 2 次元の部分空間 $L(e_i, e_j)$ は f－不変なので，$f(e_i), f(e_j)\in L(e_i, e_j)$．従って，スカラー $a_{ij,k}$ があって，$f(e_i)=a_{ij,i}\,e_i+a_{ij,j}e_j$．$f(e_j)=a_{ji,j}e_j+a_{ji,i}e_i$．$\dim V=2$ の時は，これ以上進展しないが，$\dim V\geqq 3$ であれば，もう一つ e_k を取れる．$L(e_i, e_j)$，$L(e_i, e_k)$, $L(e_j, e_k)$ にて，今の議論を蒸し返すと

$$L(e_i, e_j)\ \text{に対して}\ f(e_i)=a_{ij,i}e_i+a_{ij,j}e_j,\ f(e_j)=a_{ji,j}e_j+a_{ji,i}e_i \tag{1}$$

$$L(e_i, e_k)\ \text{に対して}\ f(e_i)=a_{ik,i}e_i+a_{ik,k}e_k,\ f(e_k)=a_{ki,k}e_k+a_{ki,i}e_k \tag{2}$$

$$L(e_j, e_k)\ \text{に対して}\ f(e_j)=a_{jk,j}e_j+a_{jk,k}e_k,\ f(e_k)=a_{kj,k}e_k+a_{kj,j}e_j \tag{3}$$

例えば，(1) と (2) の $(f(e_i))$ は等しいので，$(a_{ij,i}-a_{ik,i})e_i+a_{ij,j}e_j-a_{ik,k}e_k=0$．$e_i, e_i, e_k$ は勿論 1 次独立なので，$a_{ij,i}-a_{ik,i}=0$, $a_{ij,j}=a_{ik,k}=0$ を得る．従って，f は対角化される．$L(e_i-e_k, e_j-e_k)$ を考察すると，$\dim W=1$ と同じ結果を得る．$\dim W=n-1$ の時も，$L(e_1, e_2, \cdots, e_{i-1}, e_{i+1}, \cdots, e_n)$ を考えて，同じ精神で進めばよい．

Exercise 5．(i)　1 次元の部分空間 W は一つのベクトル $e\neq 0$ で生成され，$f(W)\subset W$ であれば，前問同様 e は f の固有値 λ に対する固有ベクトルなのだ．さて，f を基底で表せば，n 次の実正方行列 A となる．その固有多項式 $|xE-A|$ は実係数の多項式である．$|xE-A|=0$ が虚根 $\alpha+i\beta$ を持てば，必らず，共役複素数との番 $\alpha\pm i\beta$ を虚根に持つので，これらの寄与は偶数になり，少なくとも一つの席は実根 λ に指定されている．この λ に対する固有ベクトル e で生成される $L(e)$ は，勿論，1 次元の f－不変部分空間である．(ii) n が偶数の時，実根 λ があれば，重複度を込めてその虚根の数は上述の様に偶数なので，実根の数も偶数である．

(ii-ア)　相異なる二実根 λ_1, λ_2 がある時，λ_1, λ_2 に対する固有ベクトルを e_1, e_2 とすると，e_1, e_2 によって張られる二次元の部分空間 $L(e_1, e_2)$ は勿論 f－不変である．

(ii-イ)　実根が一つだけあり，それが偶数重根の時，問題 6 の(14)より，V の基底を旨く取り，f を行列

$$A=\left[\begin{array}{c|c|c} \begin{matrix}\lambda & & \\ & \lambda & * \\ & & \ddots \\ 0 & & \lambda\end{matrix} & 0 & 0 \\ \hline 0 & \ddots & 0 \\ \hline 0 & 0 & \end{array}\right] \tag{1}$$

で表現する事が出来る．固有値 λ に対する f の拡張された固有空間 $W(\lambda)$ の次元を r とし，$W(\lambda)$ の (1) を与える基底を $e_1, e_2, \cdots, e_r$ とすると，e_{r-1}, e_r で張られる 2 次元の線形部分空間 $L(e_{r-1}, e_r)$ の元 $x=x_{r-1}e_{r1}+x_re_r$ に対して，

$f(x)=(\lambda x_{r-1}+\mu x_r)e_{r-1}+\lambda x_r e_r$ が成立し，$L(e_{r-1}, e_r)$ は f—不変である．

(ii-ウ) 実根がない時．この時，勿論，虚根 $\lambda\pm i\mu$ が番で現れる．我々の係数体が複素数体であれば，(ii-ア) はそのまま適用するが，係数体は実数体なので，12章の E-5 と同じ配慮を要する．V の基底を $e_1, e_2, \cdots, e_n$ とし，V の元を $x=x_1e_1+x_2e_2+\cdots+x_ne_n$ と基底で表し，x を $x_1, x_2, \cdots, x_n$ を成分とする列ベクトルと同一視すると，線形写像 $f: V\to V$ は n 次の実行列 A を用いて，$f(x)=Ax$ と表され，行列 A と同じである．さて，$\lambda+i\mu$ は固有方程式 $|xzE-A|=0$ の根なので，n 次元の複素ベクトル z があって，$Az=(\lambda+i\mu)z, z\neq 0$ が成立している．z の成分の実部と虚部を成分とする実ベクトルを x,y とすると，$z=x+iy$ が成立している．$(\lambda+i\mu)z=(\lambda+i\mu)(x+iy)=\lambda x-\mu y+i(\mu x+\lambda y)$，が成立するので，$A$ が実である事に注意しつつ，$Az=(\lambda+i\mu)z$ を実部と虚部に分けて，$Ax=\lambda x-\mu y, Ay=\mu x+\lambda y$ を得る．従って，ベクトル x,y で張られる2次元の部分空間 $L(x,y)$ は f—不変である．この問題は解答の際に，(ii-イ) と (ii-ウ) の何れかを失念しそうである．

15 章

類題 1. 1次変換 T は，V の基底で表現すると n 次の正方行列 A と同一視される．$T^m=0$ と $A^m=0$ は同値であり，問題1の終りで解説した様に，$A^m=0$ より $A^n=0$，即ち，$T^n=0$ が導かれる．

類題 2. 上でも述べたが，A がベキ零とは，m があって，$A^m=0$ を意味し，これは $A^n=0$ を導くので，問題2の(2)より，A のベキ零性は A の固有値が全て0である事と同値である．

類題 3. $A^{n-1}\neq 0, A^n=0$ であれば，問題1でも述べた様に，$n=r(A^0)>r(A^1)>\cdots>r(A^{n-1})>r(A^n)=0$ が成立する．ギップが n 個所あるので，$n=r(A^0)$ と $r(A)=r(A^1)$ の差は1なので，$r(A^i)$ と $r(A^{i+1})$ の差も1であって，$r(A)=n-1$ でないと具合が悪い．

類題 4. この問題はベキ零とは関係ないが，この機会に解こう．4次の正則行列とその逆行列

$$P=\begin{bmatrix}1 & -i & 0 & 0\\ -i & 1 & 0 & 0\\ 0 & 0 & 1 & -i\\ 0 & 0 & -i & 1\end{bmatrix},\ P^{-1}=\frac{1}{2}\begin{bmatrix}1 & i & 0 & 0\\ i & 1 & 0 & 0\\ 0 & 0 & 1 & i\\ 0 & 0 & i & 1\end{bmatrix} \tag{1}$$

を考察する．D の元を A とすると

$$P^{-1}AP=\frac{1}{2}\begin{bmatrix}1 & i & 0 & 0\\ i & 1 & 0 & 0\\ 0 & 0 & 1 & i\\ 0 & 0 & i & 1\end{bmatrix}\begin{bmatrix}a & -b & -c & d\\ b & a & -d & -c\\ c & d & a & b\\ -d & c & -b & a\end{bmatrix}\begin{bmatrix}1 & -i & 0 & 0\\ -i & 1 & 0 & 0\\ 0 & 0 & 1 & -i\\ 0 & 0 & -i & 1\end{bmatrix}$$

$$=\frac{1}{2}\begin{bmatrix}1 & i & 0 & 0\\ i & 1 & 0 & 0\\ 0 & 0 & 1 & i\\ 0 & 0 & i & 1\end{bmatrix}\begin{bmatrix}a+bi & -i(a-bi) & -(c+di) & i(c-di)\\ -i(a+bi) & a-bi & i(c+di) & -(c-di)\\ c-di & -i(c+di) & a+bi & -i(a+bi)\\ -i(c-di) & c+di & -i(a-bi) & a+bi\end{bmatrix}$$

$$=\begin{bmatrix}a+bi & 0 & (-c+di) & 0\\ 0 & a-bi & 0 & -(c-di)\\ c-di & 0 & a+bi & 0\\ 0 & c+di & 0 & a+bi\end{bmatrix}=\begin{bmatrix}z & 0 & -w & 0\\ 0 & \bar{z} & 0 & -\bar{w}\\ \bar{w} & 0 & \bar{z} & 0\\ 0 & w & 0 & \bar{z}\end{bmatrix}\begin{pmatrix}z=a+bi\\ w=c-di\end{pmatrix} \tag{2}$$

を得る．二組の複素数 $(z_1, w_1), (z_2, w_2)$ に対して，行列の積

$$\begin{bmatrix}z_1 & 0 & -w_1 & 0\\ 0 & \bar{z}_1 & 0 & -\bar{w}_1\\ \bar{w}_1 & 0 & \bar{z}_1 & 0\\ 0 & w_1 & 0 & z_1\end{bmatrix}\begin{bmatrix}z_2 & 0 & -w_2 & 0\\ 0 & \bar{z}_2 & 0 & -\bar{w}_2\\ \bar{w}_2 & 0 & \bar{z}_2 & 0\\ 0 & w_2 & 0 & z_2\end{bmatrix}=\begin{bmatrix}z_1z_2-w_1\bar{w}_2 & 0 & -z_1w_2-w_1\bar{z}_2 & 0\\ 0 & \bar{z}_1\bar{z}_2-\bar{w}_1w_2 & 0 & -\bar{z}_1\bar{w}_2-\bar{w}_1z_2\\ \bar{w}_1z_2+\bar{z}_1\bar{w}_2 & 0 & -\bar{w}_1w_2+\bar{z}_1\bar{z}_2 & 0\\ 0 & w_1\bar{z}_2+z_1w_2 & 0 & -w_1\bar{w}_2+z_1z_2\end{bmatrix} \tag{3}$$

は $z=z_1z_2-w_1\bar{w}_2, w=z_1w_2+w_1\bar{z}_2$ とおくと同じタイプである事が分り，乗法に関して，閉じている．これが単位行

列になる為の必要十分条件は，$z_1z_2-w_1\bar{w}_2=1,\ z_1w_2+w_1\bar{z}_2=0$ である．z_1 の w_1 のどちらか，例えば，$z_1\neq 0$ であれば，$w_2=-\dfrac{w_1}{z_1}\bar{z}_2$ を前の式に代入して，$z_1z_2+\dfrac{w_1\bar{w}_1}{\bar{z}_1}z_2=1$．故に，$z_2=\dfrac{\bar{z}_1}{|z_1|^2+|w_1|^2}$，$w_2=-\dfrac{w_1}{|z_1|^2+|w_1|^2}$ を得る．これは $w_1\neq 0$ の時も成立する．$(z,w)\neq(0,0)$ である限り，(2)の型の 4 次の行列，従って $A\neq 0$ は逆行列を持つ．ここの部分が一番難しく，後は，(2)と(3)をよく眺めると自然に解ける．

Exercise 1. (必要性) $A^3-A=0$ が成立しているから，n 次の正方行列 A の最小多項式 $\varphi(x)$ は多項式 $f(x)=x^3-x$ を割る．$f(x)=x(x-1)(x+1)$ なので，$\varphi(x)$ の因数は $x, x-1, x+1$ しかなく，行列 A の固有値となり得るのは，0, 1, -1 だけである．何れにせよ，最小多項式 $\varphi(x)$ は重根を持たないので，14章の問題 4 の基-2より A は対角化可能であり正則行列 P があって，$\Lambda=P^{-1}AP$ は対角行列である．Λ の最初の r 個の対角要素 $\lambda_1,\lambda_2,\cdots,\lambda_r$ が 1 で，次の s 個が -1 で，残りの t 個が 0 とすると，$0\leqq r,s,t\leqq n,\ r+s+t=n$，かつ，$r(A)=r+s=n-t$ である．Λ^2 は Λ の対角要素を二乗して得られる対角行列なので，最初の $s+t$ 個の対角要素が 1 で，残りの t 個が 0 である．従って，そのランクは $r+s$ であり，$A^2=(P\Lambda P^{-1})(P\Lambda P^{-1})=P\Lambda^2P^{-1}$ もランク $r+s$ である．故に，$r(A^2)=r(A)$ である．又，Λ^4 は Λ の対角要素を四乗して得られる対角行列なので，Λ^2 に一致する．故に，$A^4=(P\Lambda P^{-1})(P\Lambda P^{-1})(P\Lambda P^{-1})(P\Lambda P^{-1})=P\Lambda^4P^{-1}=P\Lambda^2P^{-1}=A^2$.

(十分性) $A^4=A^2$ なので，行列 A の最小多項式 $\varphi(x)$ は $f(x)=x^4-x^2=x^2(x-1)(x+1)$ で割り切れる．従って，$\varphi(x)$ の因数は $x, x-1, x+1$ のみであり，行列 A の固有値となり得るのは 0, 1, -1 のみである．$x=0$ は $\varphi(x)=0$ の二重根となる可能性があるが，$x=\pm 1$ はあく迄も単根である．従って，14章の E-1 より ± 1 に対する固有空間は直和因子であり，ジョルダンの標準形にて，ここの右肩にアクセサリーの 1 は付かぬ．しかし，0 に対して，$x=0$ が $\varphi(x)$ の二重根の時のみ，一回 1 が付く可能性がある．$x=1, -1, 0$ が，夫々，固有方程式の r,s,t 重根であれば，$0\leqq r,s,t\leqq n,\ r+s+t=n$ であって，正則行列 P があって，$B=P^{-1}AP$ はジョルダンの標準形

$$B=P^{-1}AP=\begin{pmatrix}\lambda_1 & & & & & & & 0\\ & \ddots & & & & & & \\ & & \lambda_r & & & & & \\ & & & \mu_1 & & & & \\ & & & & \ddots & & & \\ & & & & & \mu_s & & \\ & & & & & & \nu_1 \varepsilon & \\ 0 & & & & & & \nu_2 & \\ & & & & & & & \ddots \\ & & & & & & & & \nu_t\end{pmatrix}\quad (\lambda_1=\cdots=\lambda_r=1,\ \mu_1=\cdots=\mu_s=-1,\ \nu_1=\cdots=\nu_t=0) \tag{1}$$

となる．くどくなるが $x=0$ が $\varphi(x)=0$ の二重根の時のみ，(1) にて ν_1 の右，ν_2 の上の ε が 1 となり，他の場合は $\varepsilon=0$ である．$\varepsilon=1$ が気に入らぬので，この場合を背理法により除外したい．$x=0$ が $\varphi(x)=0$ の 2 重根で $\varepsilon=1$ としよう．(1) の行列 B のランクとは，0 でない小行列式の最高次数である．対角線の $\lambda_1,\cdots,\lambda_r,\mu_1,\cdots,\mu_s$ と ε を含む $r+s+1$ 次の小行列式が 0 でない最高次なので，$r(B)=r+s+1$．一方 B^2 を露骨に計算する際，サワリの部分が

$$\begin{bmatrix}\cdots\nu_1 & \varepsilon\cdots\\ \cdots 0 & \nu_2\cdots\end{bmatrix}\begin{bmatrix}\cdots\nu_1 & \varepsilon\cdots\\ \cdots 0 & \nu_2\cdots\end{bmatrix}=\begin{bmatrix}\cdots\nu_1^2 & \nu_1\varepsilon+\varepsilon\nu_2\cdots\\ \cdots 0 & \nu_2^2\ \cdots\end{bmatrix}=\begin{bmatrix}\cdots 0 & 0\cdots\\ \cdots 0 & 0\cdots\end{bmatrix} \tag{2}$$

と 0 になるので，B^2 は対角要素が順に $\lambda_1^2,\lambda_2^2,\cdots,\lambda_r^2,\mu_1^2,\mu_2^2,\cdots,\mu_s^2,0,0,\cdots,0$ となる対角行列であり，そのランクは $r+s$ である．$A^2=(PBP^{-1})(PBP^{-1})=PB^2P^{-1}$ なので，$r(A^2)=r+s$．一方 $r(A)=r(B)=r+s+1$ なので，$r(A^2)=r+s>r+s+1=r(A)$ となり矛盾である．故に $\varepsilon=0$ でなければならない．従って，行列 A のジョルダンの標準形 B は対角行列である．その三乗は対角要素 1, -1, 0 の三乗 1, -1, 0 を対角要素とする対角行列であり，三乗しても不変であり，$B^3=B$．故に，$A^3=(PBP^{-1})(PBP^{-1})(PBP^{-1})=PB^3P^{-1}=PBP^{-1}=A$．かくして，くどくなるが，ここで，次の教訓を確認しておこう．

行列を口説き落す方法が見当らぬ時は，ジョルダンの標準形でシー・スルーにして強引に云い寄れ．

Exercise 2. $A=\begin{pmatrix}a & b\\ c & d\end{pmatrix}$ の固有多項式 $f(x)=|xE-A|=x^2-(a+d)x+ad-bc$．固有方程式 $f(x)=0$ が単根を持

たねば，12章の問題-2より，A は対角化出来て，セミ・シンプル．$A\in V$ である為には，判別式$=(a+d)^2-4(ad-bc)=(a-d)^2+4bc=0$ が必要条件である．判別式$=0$ の時，行列 A の固有値 λ は $\lambda=\frac{a+d}{2}$ で重複しているが，この時，$A\in V$ である為の必要十分条件は，A の最小多項式 $\varphi(x)$ が $x=\lambda$ を単根に持たぬ事，即ち，$\varphi(x)=(x-\lambda)^2$ である．この時，$f(x)=(x-\lambda)^2$ なので，問題2の基-1より，行列 $xE-A=\begin{bmatrix} x-a & -b \\ -c & x-d \end{bmatrix}$ の1次の小行列式 $x-a, -b, -c, x-d$ の最大公約式が $x-\lambda$ を因数に持たぬ事が必要十分である．$(\lambda-a)^2=\frac{(d-a)^2}{4}=-bc, (\lambda-d)^2=\frac{(a-d)^2}{4}=-bc$ なので，この事は，$bc\neq 0, b\neq 0, c\neq 0$ のいずれか一つ，即ち，$b\neq 0$，又は，$c\neq 0$ である事が必要十分条件である．故に，

$$V=\{A\in M(2, \boldsymbol{C})|(a-d)^2+4bc=0, b\neq 0, \text{又は } c\neq 0\}$$

となり，V は $b\neq 0$ であれば，$c=-\frac{(a-d)^2}{4b}$ なる，三複素変数 a, b, d の正則関数のグラフであり，$c\neq 0$ であれば，三複素変数 a, c, d の正則関数のグラフ $b=-\frac{(a-d)^2}{4c}$ で与えられ，V は3次元の**複素解析的多様体**を形成する．従って，四複素変数 a, b, c, d の空間 $\boldsymbol{C}^4$ と同一視される複素4次元空間 $M(4, \boldsymbol{C})$ において，V は到る所疎な，俗に云えば，ヤセタ集合である．と云う事は，対角化出来る行列の方が圧倒的に多いと云う事である．

Exercise 3. $M_n(\boldsymbol{C})$ の任意の元 $A=(a_{ij})$，即ち，任意の n 次の複素平方行列を取る．行列 A の固有多項式 $f(x)=|xE-A|$ に対して，固有方程式 $f(x)=0$ が重根を持たねば，12章の問題2の基-2より，A は対角化出来て，A 自身が $D_n(\boldsymbol{C})$ に属する．重根を持つ時は，行列 A の固有値の一つは $f'(x)=0$ の解である．$f(x)=x^n+c_1x^{n-1}+\cdots+c_{n-1}x+c_n$ の係数 c_k は12章の E-1 の公式(5)より行列 A の係数 a_{ij} の多項式である．$f'(x)=nx^{n-1}+(n-1)c_1x^{n-2}+\cdots+c_{n-1}$. $f(x)=0$ の重根 λ は，同次連立1次方程式

$$\begin{aligned}
x_0+c_1x_1+\cdots+c_nx_n &=0\\
x_1+\cdots+c_{n-1}x_n+c_nx_{n+1} &=0\\
&\vdots\\
x_{n-2}+\cdots+c_nx_{2n-2} &=0\\
nx_0+(n-1)x_1c_1+\cdots+c_{n-1}x_{n-1} &=0\\
nx_0+\cdots+c_nx_n &=0\\
&\vdots\\
nx_{n-1}+(n-1)c_1x_{n-2}+\cdots+c_nx_{2n-2} &=0
\end{aligned}$$

の非単純解 $x_0=\lambda^{2n-2}, x_1=\lambda^{2n-3}, \cdots, x_{2n-3}=\lambda, x_{2n-2}=1$ を与えるので，関流和算の極意よりその係数の行列式

$$p(A)=\begin{vmatrix}
1 & c_1 & \cdots & c_n & & 0 \\
 & 1 & c_1 & \cdots & c_n & \\
 & & \cdots & & & \\
0 & & & 1 & c_1 \cdots & c_n \\
n(n-1)c_1 & \cdots & c_{n-1} & & 0 & \\
 & n(n-1)c_1 & \cdots & c_{n-1} & & \\
 & & & \cdots & & \\
0 & & & n(n-1)x_1 & \cdots & c_n
\end{vmatrix}$$

は0でなければならぬ．各 c_k は a_{ij} の多項式なので，$p(A)$ も a_{ij} の多項式である．かくして

$$\{A\in M(n, \boldsymbol{C}); p(A)\neq 0\}\subset D_n(\boldsymbol{C})$$

が成立する．さて，行列 $A^{(0)}=(a^{(0)}{}_{ij})\notin D_n(\boldsymbol{C})$ であれば，$p(A^{(0)})=0$. A を n^2 個の複素変数 a_{ij} の空間 $\boldsymbol{C}^{n^2}$ の点と見なし，p をその多項式と考える．点列 $A^{(r)}=(a^{(r)}{}_{ij})$ があって，$A^{(\nu)}\to A^{(0)}$ $(\nu\to\infty)$，即ち，各 i, j について，$a_{ij}{}^{(\nu)}\to a_{ij}{}^{(0)}$ であって，$p(a_{ij}{}^{(\nu)})\neq 0$ が成立する事を背理法で示そう．もし，その様な $A^{(\nu)}$ がなければ，$A^{(0)}$ の十分近くの A に対して，多項式 $p(A)$ は恒等的に0である．p を $A^{(0)}$ でテイラー展開すると，その係数は点 $A^{(0)}$ における p の偏導関数の値であり，これらは $A^{(0)}$ の近くの A に対する p の値にしか関係しないので，0である．よって，$p(A)=p(A^{(0)})=0$ が成立し，多項式 p が恒等的に0となり矛盾である．故に，$p(A^{(\nu)})\neq 0, A^{(\nu)}\to A^{(0)}$ $(\nu\to\infty)$ なる点列 $A^{(\nu)}$，即ち，$A^{(\nu)}\in D_n(D)$ かつ，$A^{(\nu)}\to A^{(0)}$ なる行列 $A^{(\nu)}$ が，$M_n(\boldsymbol{C})$ の任意の行列 $A^{(0)}$ に対して取れる．この様

な時, $D_n(\boldsymbol{C})$ は $M_n(\boldsymbol{C})$ で**稠密**, デンスであると云う.

Exercise 4. 行列 A の固有多項式は $|xE-A|=\begin{vmatrix} x-a & 0 & -1 \\ 0 & x-1 & 0 \\ -1 & 0 & x \end{vmatrix}=\begin{vmatrix} 0 & 0 & x^2-ax-1 \\ 0 & x-1 & 0 \\ -1 & 0 & x \end{vmatrix}=(x-1)(x^2-ax-1).$

固有値は $x=1$, $x=\dfrac{a\pm\sqrt{a^2+4}}{2}$. $\dfrac{a\pm\sqrt{a^2+4}}{2}=1$ となるのは $a\pm\sqrt{a^2+4}=2$, $a^2\pm2a\sqrt{a^2+4}+a^2+4=4$, $2a(a\pm\sqrt{a^2+4})=0$ より, $a=0$, 又は, $a=\mp\sqrt{a^2+4}$, 後者は, $a^2=a^2+4$ で起り得ない. 固有方程式が重根を持つのは, $a=0$ の時の $|xE-A|=(x-1)^2(x+1)$ と $a=\pm2i$ の時の $|xE-A|=(x-1)\left(x-\dfrac{a}{2}\right)^2$. $a=0$ の時, $xE-A=\begin{bmatrix} x & 0 & -1 \\ 0 & x-1 & 0 \\ -1 & 0 & x \end{bmatrix}$ の2次の

小行列式の最大公約式は $x-1$ なので, 14章の問題2の基-1より, 行列 A の最小多項式 $\varphi(x)$ は $\varphi(x)=(x-1)(x+1)$ であり, 重根を持たぬので, 14章の問題4の基-2より, A は対角化可能である. $a=\pm2i$ の時.

$$xE-A=\begin{bmatrix} x\mp2i & 0 & -1 \\ 0 & x-1 & 0 \\ -1 & 0 & x \end{bmatrix}$$

の2次の行列の最大公約式は1なので, $\varphi(x)=(x-1)\left(x-\dfrac{a}{2}\right)^2=(x-1)(x\mp i)^2$ であり, $x=1$ は単根, $x=\pm i$ は二重根なので, 問題4の議論より, 正則行列 P があって,

$$P^{-1}AP=\begin{bmatrix} 1 & 0 & 0 \\ 0 & \pm i & 1 \\ 0 & 0 & \pm i \end{bmatrix}$$

がジョルダンの標準形である.

Exercise 5. $(A^3-E)^2=0$ なので, 14章の問題1の基-2より, 多項式 $g(x)=(x^3-1)^2$ は行列 A の最小多項式 $\varphi(x)$ で割り切れる. 更に, 14章の問題1より, 行列 A の固有値は $x^3=1$ の解しかない. $x^3-1=(x-1)(x^2+x+1)$ より $x=1$, $x=\dfrac{-1\pm\sqrt{3}}{2}$ が固有値の候補者である. 行列 A の固有値を $\lambda_1,\lambda_2,\lambda_3,\lambda_4,\lambda_5,\lambda_6$ とすると, $\operatorname{tr}A=\sum_{i=1}^{6}\lambda_i=0$ なので $1,1,\dfrac{-1+\sqrt{3}i}{2},\dfrac{-1+\sqrt{3}i}{2},\dfrac{-1-\sqrt{3}i}{2},\dfrac{-1-\sqrt{3}i}{2}$ が固有値の場合しか起り得ない. この時, 正則行列 P があって, ジョルダンの標準形

$$P^{-1}AP=\begin{pmatrix} 1 & \varepsilon_1 & 0 & 0 & 0 & 0 \\ 0 & 1 & 0 & 0 & 0 & 0 \\ 0 & 0 & \dfrac{-1+\sqrt{3}}{2} & \varepsilon_2 & 0 & 0 \\ 0 & 0 & 0 & \dfrac{-1+\sqrt{3}i}{2} & 0 & 0 \\ 0 & 0 & 0 & 0 & \dfrac{-1-\sqrt{3}i}{2} & \varepsilon_3 \\ 0 & 0 & 0 & 0 & 0 & \dfrac{-1-\sqrt{3}i}{2} \end{pmatrix}$$

になる. 問題4の議論より, 行列 A の最小多項式 $\varphi(x)=(x-1)^{\varepsilon_1+1}\left(x-\dfrac{-1+\sqrt{3}i}{2}\right)^{\varepsilon_2+1}\left(x-\dfrac{-1-\sqrt{3}i}{2}\right)^{\varepsilon_3+1}$ にて, $\varepsilon_i=0,1$ であり, これが丁度, 上のジョルダンの標準形における上のヤッカイ物を与える.

Exercise 6. $X\in\mathfrak{M}$ であれば, $X^3+E=0$ なので, 14章の問題1の基-2より, 多項式 $g(x)=x^3+1$ は行列 X の最小多項式 $\varphi(x)$ で割り切れる. 従って, 行列 X の固有値の候補者は $x^3+1=(x+1)(x^2-x+1)=0$ の根 $\lambda_1=-1$, $\lambda_2=\dfrac{1+\sqrt{3}i}{2}$, $\lambda_3=\dfrac{1-\sqrt{3}i}{2}$ しかない. 一方, $n=3m$ とおくと, $3m$ 次の行列 X のトレースとは固有値の和なので, X の $3m$ 個の固有値は $\lambda_1,\lambda_2,\lambda_3$ を仲良く m 回づつ用いた $\lambda_1,\lambda_1,\cdots,\lambda_1,\lambda_2,\lambda_2,\cdots,\lambda_2,\lambda_3,\lambda_3,\cdots,\lambda_3$ しかない. 従って, 行列 X の固有多項式 $f(x)$ は $f(x)=(x-\lambda_1)^m(x-\lambda_2)^m(x-\lambda_3)^m=(x^3+1)^m$ である. 一方, 最小多項式は $g(x)$ の約数であり, 他方, 少なくとも $(x-\lambda_1)(x-\lambda_2)(x-\lambda_3)=x^3+1=g(x)$ を因数に持つので, $\varphi(x)=x^3+1$. 従って, 固有値 λ_i は皆最小多項式の単根であり, 14章の問題4の基-2より, 対角化可能である. n 次の正則行列全体を $GL\,(n,\boldsymbol{C})$

と書くと，$P\in GL(n,\mathbf{C})$ があって，$P^{-1}XP$ は対角線上に最初に m 個の λ_1，次に m 個の λ_2，最後に m 個のλ_3 が並ぶ対角行列

$$P^{-1}XP=\Lambda=\begin{bmatrix}\lambda_1 & & & & & & \\ & \ddots & & & 0 & & \\ & & \lambda_1 & & & & \\ & & & \lambda_2 & & & \\ & & & & \ddots & & \\ & & & & & \lambda_2 & \\ & 0 & & & & \lambda_3 & \\ & & & & & & \ddots \\ & & & & & & & \lambda_3\end{bmatrix} \tag{2}$$

である．$GL(n,\mathbf{C})$ を n^2 個の複素変数の空間 $\mathbf{C}^{n^2}$ の部分集合と考えると，それは，行列式が0と云う，複素一次元，実二次元下った一つの曲面を除いて得られる集合である．複素平面は実2次元なので，そこで一点を除いた集合は連結であるのと同様に，$\mathbf{C}^{n^2}$ から複素一次元下った曲面を除いて得られる集合 $GL(n,\mathbf{C})$ は連結である．$P\in GL(n,\mathbf{C})$ に対して，$\rho(P)=P\Lambda P^{-1}$ とおく．$\Lambda^3=-E$, $\mathrm{tr}(\Lambda)=0$ なので，$(\rho(P))^3=P\Lambda^3P^{-1}=P(-E)P^{-1}=-E$，11章の類題7より $\mathrm{tr}(\rho(P))=\mathrm{tr}(\Lambda)=0$. 従って，$\rho$ は $GL(n,\mathbf{C})$ から $\mathfrak{M}$ の中への写像であるが，上の考察より，$\mathfrak{M}$ は ρ の像に一致する．$\rho(P)$ の各成分は P の各成分の多項式を P の行列式で割って得られるので，連続である．$GL(n,\mathbf{C})$ は上に述べた様に連結なので，連結な $GL(n,\mathbf{C})$ の連続写像 ρ による像 $\mathfrak{M}$ は，「新修解析学」の12章の問題2の基-4より連結である．X_ν が $\mathfrak{M}$ の点列で，$X_\nu\to X$ $(\nu\to\infty)$，即ち，X_ν の各成分が行列 X の各成分に収束したとしよう．$X_\nu^3+E=0$, $\mathrm{tr}(X_\nu)=0$ にて $\nu\to\infty$ として，$X^3+E=0$, $\mathrm{tr}(X)=0$ を得る．この様な意味で，$\mathfrak{M}$ は $M(n,\mathbf{C})$ の閉集合でもある．なお，この問題には，$\mathfrak{M}$ が $M(n,\mathbf{C})$ の特異点を持たぬ複素部分多様体である事を示せと云うオマケが付いている．$f(x)=(x^3+1)^m$ なので，12章の E-1 で与えられる固有多項式 $|xE-X|$ の係数を $(x^3+1)^m$ のそれに等しいとおけば，m 個の x_{ij} の多項式$=0$ と云う式を得る．更に，$\varphi(x)=x^3+1$ を12章問題2の基-1より行列 $(xE-X)$ の $(m-1)$ 次の全ての小行列式の最大公約式が $(x^3+1)^{m-1}=(x-\lambda_1)^{m-1}(x-\lambda_2)^{m-1}(x-\lambda_3)^{m-1}$ である事と結び付けて，やはり，x_{ij} の多項式$=0$ を得る事が出来る．従って $M(n,\mathbf{C})$ の部分集合 $\mathfrak{M}$ は $X=(x_{ij})$ の有限個の多項式の零点の集合として与えられている．一般に，局所的に l 複素変数 $x_1,x_2,\cdots,x_l$ の ν 個の整級数の零点 $f_1,f_2,\cdots,f_\nu$ の集合となる集合 Aを解析的集合と云い，$l\times\nu$ 行列である関数行列 $\left(\dfrac{\partial f_i}{\partial x_j}\right)$ のランクが ν である様な点を**通常点**と云い，そうでない点を**特異点**と云う．そうすると，特異点の集合は ν 次の全ての行列式の零点の集合であり，次元が下ったヤセタ集合である．この問題では，上に述べた多項式の零点の集合である $\mathfrak{M}$ は $M(n,\mathbf{C})$ の解析的集合であり，関数行列のランクを攻めれば，特異点や次元が分りそうであるが尤大な計算を要し，とても入試には間に合いそうではない．そこで，カラメ手から攻める．

$X\in\mathfrak{M}$ とは，上に見た様に $P\in GL(n,\mathbf{C})$ に対する $\rho(P)=P\Lambda P^{-1}$ に他ならぬ．もう一つの $Q\in GL(n,\mathbf{C})$ に対して，$\rho(P)=\rho(Q)$，即ち，$P\Lambda P^{-1}=Q\Lambda Q^{-1}$ であれば，$Q^{-1}P\Lambda=\Lambda Q^{-1}P$. $C(\Lambda)=\{Y\in GL(n,\mathbf{C});\ Y\Lambda=\Lambda Y\}$ としよう．$Y=(y_{ij})$ と成分で表し，Λ も，$\Lambda=(\lambda_{ij})$ と成分で表す．$\lambda_{ij}=0\ (i\neq j)$ であるから，$Y\Lambda=(y_{ij}\lambda_{jj})$, $\Lambda Y=(\lambda_{ii}y_{ij})$ である．$Y\in C(\Lambda)$ である為の必要十分条件は，$y_{ij}\lambda_{jj}=\lambda_{ii}y_{ij}$ $(1\leqq i,j\leqq n)$ が成立する事である．所で，$1\leqq i\leqq m$ の時，$\lambda_{ii}=\lambda_1$, $m+1\leqq i\leqq 2m$ の時，$\lambda_{ii}=\lambda_2$, $2m+1\leqq i\leqq 3m$ の時，$\lambda_{ii}=\lambda_3$ なので，$(\lambda_{ii}-\lambda_{jj})y_{ij}=0$ なる条件は，i と j とが $\{1,2,\cdots,m\}$, $\{m+1,m+2,\cdots,2m\}$, $\{2m+1,2m+2,\cdots,3m\}$ の異なるクラスに入る時のみ $a_{ij}=0$，即ち，$Y=Y_1\oplus Y_2\oplus Y_3$ と Y が三つの m 次の正方行列の直和で表され

$$Y=\begin{bmatrix}Y_1 & 0 & 0\\ 0 & Y_2 & 0\\ 0 & 0 & Y_3\end{bmatrix} \tag{3}$$

と云う型になる事が必要十分である．従って，$C(\Lambda)$ は複素 $3m^2$ 次元の空間と同型な群である．よって，$\mathfrak{M}$ は商集合 $GL(n,\mathbf{C})/C(\Lambda)$ と同型，即ち，

$$M \cong GL(n, \mathbf{C})/C(\Lambda),\ \dim \mathfrak{M} = \dim GL(n, \mathbf{C}) - \dim C(\Lambda) = n^2 - 3m^2 = 9m^2 - 3m^2 = 6m^2 \quad (4)$$

とチャント次元迄求められる．次に，特異点の件であるが，上述の様に，解析的集合 $\mathfrak{M}$ の通常点 $X_0 = P_0 \Lambda P_0^{-1}$ がある．$GL(n, \mathbf{C})$ の任意の P_1 を取り，$X_1 = P_1 \Lambda P_1^{-1}$ を考える事と，$\mathfrak{M}$ の任意の点 X_1 を考える事とは同じである．P_0, P_1 は定まった行列，即ち，$GL(n, \mathbf{C})$ の定点である．なお，$\mathfrak{M}$ の点 X と $GL(n, \mathbf{C})/C(\Lambda)$ の元 $PC(\Lambda)$ とは，$X = P\Lambda P^{-1}$ の時，ベクトルと有向線分の類と同様，同一視する．$PC(\Lambda) \in GL(n, \mathbf{C})/C(\Lambda)$ に対して，$h(PC(\Lambda)) = P_1 P_0^{-1} PC(\Lambda)$ とおくと，$h: GL(n, C)/C(\Lambda) \to GL(n, C)/VC(\Lambda)$ は同型対応であり，この対応は，$\mathfrak{M}$ から $\mathfrak{M}$ の上への複素解析的な同型対応を惹き起す．$h(X_0) = h(P_0 C(\Lambda)) = P_1 P_0^{-1} P_0 C(\Lambda) = P_1 C(\Lambda) = X$ なので，h は，$\mathfrak{M}$ の通常点 X_0 を，$\mathfrak{M}$ の任意に取って，固定して，その後は定点となった X_1 の上に同型に写す．従って，X_0 の近傍での $\mathfrak{M}$ の行動は忠実に X_1 の近傍での $\mathfrak{M}$ の行動に写り，$\mathfrak{M}$ は X_1 をも通常点とする．通常点ばかりからなる解析的集合は**複素多様体**の一種である．本問を立派に解答するには，勿論，本書以上の数学的素養を必要とするが，主要な計算技術は本書のサワリの部分である，最小多項式とジョルダンの標準形にあり，(2)と(3)の計算を理解して頂ければ十分である．しかし，本問によって，諸君の勉強の方向が理解出来たと思う．なお，本問の $\mathfrak{M}$ の様に，任意の二点 P_0, P_1 に対し，P_0 を P_1 に写す同型写像がある時，$\mathfrak{M}$ を**等質空間**と云う．勿論，学部，又は，大学院のカリキュラムであり，本問がスラスラと分る読者は，学問的には，もはや，私より上である．これしきの学問が出来ぬと云って，首を吊っていては，生命が幾らあっても足りない．念の為注意しておく．数学が行き詰ったと自殺する学生，院生，助手等がいるが，その指導教官は，先生にも解けない事の方が多いのを教えない事だろうか．

Exercise 7. この機会に**単因子論**を総括しよう．A, B が二つの正方行列の時，変数 x を伴う二つの行列，$xE - A, xE - B$ に14章の問題 3 で述べた様な基本変形を施して，その(14)の型に対角化し，その要素である余因子が一致したとしよう．基本変形の性質より，x の多項式を要素とする行列 $P(x), Q(x)$ があって，$P(x)(xE - A)Q(x) = xE - B$ が成立するだけでなく，行列 $P(x), Q(x)$ の行列式は x に無関係な 0 でないスカラーである．$P(x)$ は x の多項式を成分とするので，$P(x) = P_0 x^m + P_1 x^{m-1} + \cdots + P_m$ と表されるが，この式の両辺から $x^{m-1}(xE - B)P_0$ を引けば，$P(x) - x^{m-1}(xE - B)P_0 = P_0 x^m + P_1 x^{m-1} + \cdots + P_m - x^m P_0 + x^{m-1} B P_0 = (P_1 + BP_0)x^{m-1} + \cdots + P_m$ と次数は着実に x の 1 次以上の一つ下る．この操作を繰り返し，$P(x) = (xE - B)P_1(x) + R$ が成立する様な，行列 $P_1(x)$ と x に無関係な行列 R を見出す事が出来る．行列式 $|Q(x)|$ は 0 でないスカラーなので，$Q^{-1}(x) = \dfrac{1}{|Q(x)|} \mathrm{ad}\, Q(x)$ も x の多項式を成分とする行列であり，やはり，行列 $Q_1(x), S$ が取れて，$Q^{-1}(x) = Q_1(x)(xE - A) + S$. $P(x) = (xE - B)P_1(x) + R$ と共に，$P(x)(xE - A) = (xE - B)Q^{-1}(x)$ に代入し，$(xE - B)(P_1(x) - Q_1(x))(xE - A) = (xE - B)S - R(xE - A)$ と整理出来る．右辺は x について 1 次以下なので，左辺もそうであって，$P_1(x) - Q(x) = 0$. よって，$(xE - B)S = R(xE - A)$.
ここで，三度び，上の手法で x の 1 次以上の行列 $P_2(x)$ と x に無関係な T を見出し $P^{-1}(x) = (xE - A)P_2(x) + T$ と出来て，$((xE - B)P_1(x) + R)((xE - A)P_2(x) + T) = P(x)P^{-1}(x) = E$. 左辺を $(xE - B)S = R(xE - A)$ を用いて展開して，$(xE - B)(P_1(x)(xE - A)P_2(x) + P_1(x)T + SP_2(x)) = E - RT$. 右辺は x を含まず，左辺の $P_1(x), P_2(x)$ は x の 1 次以上なので，両辺は共に零となり，$RT = E$. 行列 R は正則行列で，一次式 $(xE - B)S = R(xE - A)$ の係数を比較し，$S = R, BS = RA$ を得るので，$A = R^{-1}BR$ が成立している．

さて，本問の A に基本変形を施して，単因子を得れば，その基本変形の行と列の役割を入れ換えて，B の単因子が得られる．従って，A と B の単因子は完全に一致し，上述の議論より，$P^{-1}AP = B$ なる正則行列が存在する事が，何の計算もせずに，一瞥して分る．全く，学問は有難い．

高級な理論を使えば使う程，計算なしに同じ結果が瞬間的に洞察出来る．

我々はその為に学問をするのだ．上の単因子論を用いてジョルダンの標準形を求める事も出来る．

即ち，n 次の正方行列 A の単因子を $e_1(x), e_2(x), \cdots, e_n(x)$ で，$e_1 = \cdots = e_{h-1} = 1, e_h \neq 1$ としよう．行列 A の相異な

る固有値を $a_1, a_2, \cdots, a_r$ とすると，e_i は e_{i+1} を割るので，

$$e_i(x)=(x-a_1)^{s_1}(x-a_2)^{s_2}\cdots(x-a_r)^{s_r} \quad (h\leqq i\leqq n) \tag{1}$$

とおくと，$0\leqq s_i\leqq s_{i+1}$ であり，$\nu_i=s_1+s_2+\cdots+s_r$ が多項式 $e_i(x)$ の次数である．a_i と $s_i\geqq 1$ に対し**ジョルダン型行列**と呼ばれる対角線に a_i が s_i 個並び，その一路右上の斜めの線に 1 が s_i-1 並び，外は全て 0 の s_i 次の上三角形行列

$$J(a_i, s_i)=\begin{bmatrix} a_i & 1 & & 0 \\ & a_i & 1 & \\ & & \ddots & \ddots \\ & 0 & a_i & 1 \\ & & & a_i \end{bmatrix} \tag{2}$$

を考え，多項式 $e_i\neq 1$ に対して(1)において $s_j\geqq 1$ なる a_j と s_j に対する，直和 $A_i=\sum_{s_j\geqq 1} J(a_j s_j)$，即ち，

$$A_j=\begin{bmatrix} J(a_1, s_1) & & 0 \\ & \ddots & \\ 0 & & J(a_r, s_r) \end{bmatrix} \tag{3}$$

で与えられる ν_i 次の行列を対応させ，更に，直和 $J=\sum_{i\geqq 1} A_i$ を対応させると，行列 J の単因子は丁度，$e_1, e_2, \cdots, e^u$ になり，A のそれと一致するので，この J が行列 A の**ジョルダンの標準形**である．$|xE-A|=e_h(x)e_{h+1}(x)\cdots e_n(x)$ が行列 A の固有多項式であり，$e_n(x)$ が最小多項式である．単因子 e_i の 0 でない指数 s_i マイナス 1 の s_i-1 がジョルダン型(2)の対角線より上の 1 の数である．$e_1=e_2=\cdots=e_{n-1}=1$ であれば，J は最小多項式 $e_n(x)$ のみで表現出来る．

例えば，本問の行列 B に対して

$$xE-B=\begin{bmatrix} x & 0 & 0 & 0 & 0 & \cdots & 0 \\ -1 & x & 0 & 0 & 0 & \cdots & 0 \\ 0 & -1 & x & 0 & 0 & \cdots & 0 \\ \cdots & & & & & & \cdots \\ 0 & 0 & 0 & 0 & 0 & \cdots & 0 \\ 0 & 0 & 0 & 0 & 0 & \cdots & x \end{bmatrix} \xrightarrow{\text{第1行}+x\times\text{第2行}} \begin{bmatrix} 0 & x^2 & 0 & 0 & 0 & \cdots & 0 \\ -1 & x & 0 & 0 & 0 & \cdots & 0 \\ 0 & -1 & x & -1 & 0 & \cdots & 0 \\ \cdots & & & & & & \cdots \\ 0 & 0 & 0 & 0 & 0 & \cdots & 0 \\ 0 & 0 & 0 & 0 & 0 & \cdots & x \end{bmatrix}$$

$$\xrightarrow{\text{第2列}+x\times\text{第1列}} \begin{bmatrix} 0 & x^2 & 0 & 0 & 0 & \cdots & 0 \\ -1 & 0 & 0 & 0 & 0 & \cdots & 0 \\ 0 & -1 & x & 0 & 0 & \cdots & 0 \\ \cdots & & & & & & \cdots \\ 0 & 0 & 0 & 0 & 0 & \cdots & 0 \\ 0 & 0 & 0 & 0 & 0 & \cdots & x \end{bmatrix} \xrightarrow{\text{第1行}+x^2\times\text{第3行}} \begin{bmatrix} 0 & 0 & x^3 & 0 & 0 & \cdots & 0 \\ -1 & 0 & 0 & 0 & 0 & \cdots & 0 \\ 0 & -1 & x & 0 & 0 & \cdots & 0 \\ \cdots & & & & & & \cdots \\ 0 & 0 & 0 & 0 & 0 & \cdots & 0 \\ 0 & 0 & 0 & 0 & 0 & \cdots & x \end{bmatrix}$$

$$\xrightarrow{\text{これを繰り返すと}} \begin{bmatrix} 0 & 0 & 0 & 0 & 0 & \cdots & 0 \\ -1 & 0 & 0 & 0 & 0 & \cdots & 0 \\ 0 & -1 & 0 & 0 & 0 & \cdots & 0 \\ \cdots & & & & & & \cdots \\ 0 & 0 & 0 & 0 & 0 & \cdots & 0 \\ x^n & 0 & 0 & 0 & 0 & \cdots & x \end{bmatrix} \xrightarrow{\text{第}n\text{列}+x\times\text{第}(n-1)\text{列}} \begin{bmatrix} 0 & 0 & 0 & 0 & 0 & \cdots & x^n \\ -1 & 0 & 0 & 0 & 0 & \cdots & 0 \\ 0 & -1 & 0 & 0 & 0 & \cdots & 0 \\ \cdots & & & & & & \cdots \\ 0 & 0 & 0 & 0 & 0 & \cdots & 0 \\ 0 & 0 & 0 & 0 & 0 & \cdots & 0 \end{bmatrix}$$

$$\xrightarrow{\text{第2行以降に}(-1)\text{を掛け第1行を最後の行に}} \begin{vmatrix} 1 & 0 & 0 & 0 & \cdots & 0 \\ 0 & 1 & 0 & 0 & \cdots & 0 \\ 0 & 0 & 1 & 0 & \cdots & 0 \\ \cdots & & & & & \cdots \\ 0 & 0 & 0 & 0 & \cdots & 0 \\ 0 & 0 & 0 & 0 & \cdots & x^n \end{vmatrix}$$

を得るので，単因子は $e_1=e_2=\cdots=e_{n-1}=1$, $e_n(x)=x^n$ なので，最小多項式は x^n であり，ジョルダンの標準形が求まり，正則行列 P があって，

$$P^{-1}BP=\begin{bmatrix} 0 & 1 & 0 & \cdots & 0 \\ 0 & 0 & 1 & \cdots & 0 \\ \cdots & & & & \cdots \\ 0 & 0 & 0 & \cdots & 1 \\ 0 & 0 & 0 & \cdots & 0 \end{bmatrix}=A \tag{4}.$$

くどくなるが，上の操作で，行の代りに列，列の代りに行基本操作を行うと，A の単因子も同じで，$e_1=e_2=\cdots=e_{n-1}=1$, $e_n(x)=x^n$ であるが，ジョルダンの標準形も同じで，A 自身である．

特別の極端な場合として，行列 A の相異なる固有値 $\alpha_1, \alpha_2, \cdots, \alpha_r$ に対して，最小多項式 $e_n(x)=(x-\alpha_1)(x-\alpha_2)\cdots(x-\alpha_n)$ ならば，$1\leqq i\leqq n-1$ に対する e_i も二重根は持ち得ず，(2), (3)，従って，ジョルダンの標準形 J は対角行列である．一般の場合は，e_n だけからは，ジョルダンの標準形の全貌はうかがえない．

16 章

類題 1. n に関する帰納法による．n 次のセミ・シンプルな行列の族 F を考え，F の任意の二元 F, G に対し $FG=GF$ が成立し，F は可換であるとする．F の全ての元が対角行列であれば，単位行列 E に対して，$P=E$ とすると，$P^{-1}FP=F$ は全ての $F\in\mathrm{F}$ に対して，対角行列なので，話は済んでいる．従って，$F_0\in\mathrm{F}$ があって，F_0 は対角行列ではない場合を考える．F_0 の相異なる固有値を $\alpha_1, \alpha_2, \cdots, \alpha_s$ とすると，行列 F_0 は対角化可能なので，14章の問題4の基-2より，$\boldsymbol{C}^n$ は各固有値 α_ν に対する行列 F_0 の固有空間 $W(\alpha_\nu)$ の直和に分解され，

$$\boldsymbol{C}^n=W(\alpha_1)\oplus W(\alpha_2)\oplus\cdots\oplus W(\alpha_s) \tag{1}$$

が成立する．任意の $F\in\mathrm{F}$ と F_0 は可換であるから，各固有空間 $W(\alpha_\nu)$ の任意の元 x に対して，

$$F_0(Fx)=F(F_0x)=F(\alpha_\nu x)=\alpha_\nu Fx \tag{2}$$

が成立し，Fx は固有値 α_ν に対する行列 F_0 の固有空間に属する．云い換えれば，行列 F が与える線形写像は $\boldsymbol{C}^n$ の部分空間 $W(\alpha_\nu)$ を不変にする．$W(\alpha_\nu)$ の次元を n_ν とすると，仮定より，$1\leqq n_\nu\leqq n-1$ $(\nu=1, 2, \cdots, s)$．$W(\alpha_\nu)$ の基底を $e_{m_{\nu-1}+1}, e_{m_{\nu-1}+2}, \cdots, e_{m_\nu}$, $m_\nu=n_1+n_2+\cdots+n_\nu$ $(1\leqq\nu\leqq s)$ とすると，$e_1, e_2, \cdots, e_n$ は勿論 $\boldsymbol{C}^n$ の基底を構成する．F の任意の行列 F に対して，e_j を列ベクトルと考えると，ベクトルとしての積 Fe_j について，$Fe_{m_{\nu-1}+1}, Fe_{m_{\nu-1}+2}, \cdots, Fe_{m_\nu}$ は固有値 α_ν に対する行列 F_0 の固有空間 $W(\alpha_\nu)$ に属し，$e_{m_{\nu-1}+1}, e_{m_{\nu-1}+2}, \cdots, e_{m_\nu}$ の1次結合で表される．

$$Fe_j=\sum_{k=1}^{n_\nu} f_{j m_{\nu-1}+k}\, e_{m_{\nu-1}+k} \quad (j=m_{\nu-1}+1, m_{\nu-1}+2, \cdots, m_\nu) \tag{3}.$$

一方，$Q=(q_{ij})\in GL(n, \boldsymbol{C})$ があって，その逆行列を $Q^{-1}=(r_{ij})$ としておくが，

$$u_i=\begin{bmatrix}0\\ \vdots\\ 0\\ 1\\ 0\\ \vdots\\ 0\end{bmatrix}=\sum_{j=1}^{n} q_{ij}e_j \quad (1\leqq i\leqq n) \tag{4}.$$

が成立する．従って，任意の $x=\sum_{i=1}^{n} x_iu_i$ に対して，

$$Fx=\sum_{i=1}^{n} x_iFu_i=\sum_{i,j=1}^{n} x_iq_{ij}Fe_j=\sum_{i=1}^{n}\Biggl(\sum_{\nu=1}^{s}\Biggl(\sum_{j=m_{\nu-1}+1}^{m_\nu}\Biggl(\sum_{k=1}^{n_\nu} x_iq_{ij}f_{jm_{\nu-1}+k}e_{m_{\nu-1}+k}\Biggr)\Biggr)\Biggr)$$

$$=\sum_{i=1}^{n}\Biggl(\sum_{\nu=1}^{s}\Biggl(\sum_{j=m_{\nu-1}+1}^{m_\nu}\Biggl(\sum_{k=1}^{m_\nu}\Biggl(\sum_{l=1}^{n} x_iq_{ij}f_{jm_{\nu-1}+k}r_{m_{\nu-1}+k\,l}u_l\Biggr)\Biggr)\Biggr)\Biggr) \tag{5}$$

を得る．(5)はゴチャゴチャした計算であるが，原理は単純で，要するに，一つの定まった正則行列 Q によって，一斉に，

$$Q^{-1}FQ=F_1\oplus F_2\oplus\cdots\oplus F_s=\begin{bmatrix}F_1 & & 0\\ & F_2 & \\ & & \ddots \\ 0 & & & F_s\end{bmatrix} \tag{6},$$

$$F_\nu=\begin{bmatrix}f_{m_{\nu-1}+1\,m_{\nu-1}+1} & \cdots & f_{m_{\nu-1}+1\,m_\nu}\\ \vdots & & \vdots\\ f_{m_{\nu-1}+1\,m_\nu} & \cdots & f_{m_\nu m_\nu}\end{bmatrix} \quad (1\leqq\nu\leqq s) \tag{7}$$

と，$F\in\mathrm{F}$ が次数が n_ν と下った，n_ν 次の正方行列の直和に分解される事を意味する．各 $n_\nu\leqq n-1$ なので，帰納法の

仮定より，各 ν に対して，定まった正則行列 $R_\nu \in GL(n_\nu, \boldsymbol{C})$ があって，全ての $F \in \mathrm{F}$ の ν 成分 F_ν が同時に，

$$R_\nu^{-1}F_\nu R_\nu = \text{対角行列 } \varLambda_\nu \tag{8}$$

と対角化される．正則行列 $P \in GL(n, \boldsymbol{C})$ を

$$P = QR,\ R = R_1 \oplus R_2 \oplus \cdots \oplus R_s \tag{9}$$

で定義すると

$$P^{-1}FP = R^{-1}(Q^{-1}FQ)R = R_1^{-1}F_1R_1 \oplus R_2^{-1}F_2R_2 \oplus \cdots \oplus R_s^{-1}F_sR_s = \varLambda_1 \oplus \varLambda_2 \oplus \cdots \oplus \varLambda_s \tag{10}$$

と $F \in \mathrm{F}$ は，一つに P よって同時に対角行列 $\varLambda = \varLambda_1 \oplus \varLambda_2 \oplus \cdots \oplus \varLambda_s$ に対角化される．勿論，この $\varLambda$ は F が変れば変るが，P の方は不変である．

さて，この基本事項を知っていると，$F(z)F(w) = F(zw) = F(w)F(z)$ なので，$\mathrm{F} = \{F(z);\ z \in \boldsymbol{C}^*\}$ は可換な族であり，直ぐに基-2が適用出来ると早合点をして，(i)を急ぐと，不合格へ走った事になる．一筋縄では行かぬ所が東大入試であって，$T = \{z \in \boldsymbol{C}^*;\ F(z)$ が対角化可能$\}$ とおくと，F の部分族 $\{F(z);\ z \in T\}$ に対してのみ，(i)が云えるのである．$z=1$ やその p 乗根 ω は，$(F(\omega)^p = F(\omega^p)$ が成立し，ベキ等なので T に属するので，$T \neq \phi$. ここで最小多項式や「新修解析学」の8章の問題7の一致の定理を動員すると，$\varDelta = \boldsymbol{C}^* - T$ は $\boldsymbol{C}^*$ の孤立点のみからなる事が示され，高々可算である．任意の $z \in \boldsymbol{C}^*$ に対して，w と zw が $\varDelta$ に属する w は高々可算である．そうでない w を取ると，$F(z) = F(zw)F(w)^{-1}$ にて $F(zw)$ と $F(w)$ は同時に対角化されていて，$P^{-1}F(zw)P$ と $P^{-1}F(w)P$ は共に対角行列である．これより，$P^{-1}F(z)P = P^{-1}F(zw)P(P^{-1}F(w)P)^{-1} =$ 対角行列，従って，$\varDelta = \phi$ と証明を進めねばならぬ．ついでに，対角行列 $P^{-1}F(z)P$ の対角要素 $f_i(z)$ は $0 < |z| < \infty$ で正則なので，「新修解析学」の9章留数定理の問題2より $f_i(z) = \sum_{l=-\infty}^{\infty} c_{il}z^l$ と $f_i(z)$ を z の正並びに負のベキにローラン展開し，$F(z)F(w) = F(zw)$ より $f_i(z)f_i(w) = f_i(zw)$ を得るので，f_i が単項である事を導く解法はより高級で，殆んで計算を要しない．何れにせよ，基-2が本質的である．

類題 2. 本問の多肢選択欄は (i) $\dfrac{d}{dt}A^{-1} = -A^{-1}\dfrac{dA}{dt}A^{-1}$ (ii) $\dfrac{d}{dt}A^{-1} = A^{-1}\dfrac{dA}{dt}A^{-1}$ (iii) $\dfrac{d}{dt}A^{-1} = A^{-1}\dfrac{dA}{dt}A$ (iv) $\dfrac{d}{dt}A^{-1} = -A\dfrac{dA}{dt}A^{-1}$ (v) $\dfrac{d}{dt}A^{-1} = A\dfrac{dA}{dt}A^{-1}$ と与えてあるが，目移りがし，間違う様に細工されているし，コンピューター人間になるのは更によくないので，答が出る迄，見ない事が肝要である．さて，$AA^{-1} = A^{-1}A = E$ の両辺を基-1に従って，あたかもスカラーであるかの様に微分し（と云う事は何も暗記しなくてよいと云う事ですぞ！）

$\dfrac{dA}{dt}A^{-1} + A\dfrac{dA^{-1}}{dt} = \dfrac{dA^{-1}}{dt}A + A^{-1}\dfrac{dA}{dt} = 0$ より，$A\dfrac{dA^{-1}}{dt} = -\dfrac{dA}{dt}A^{-1}$，や $\dfrac{dA^{-1}}{dt}A = -A^{-1}\dfrac{dA}{dt}$ より $\dfrac{dA^{-1}}{dt} = -A^{-1}\dfrac{dA}{dt}A^{-1}$ を得るので，(i)のマーク・シートを塗り潰せばよい．この様に，一番答らしくない冒頭の(i)が答えなので，くどくなるが，多肢選択欄を回答前に見てはいけない．

Exercise 1. 問題1の標準形(14)を眺めると，実の固有値は0だけであり，単根か重根かのどちらかである．3重根であれば，標準形(14)は零行列なので，A も零行列となり題意に反し矛盾である．従って，0は固有方程式の単根で，交代行列 A のランクは2である．固有ベクトル x は同次方程式 $Ax=0$ の解なので，12章の問題1で与えた公式(9)が生きて，

$$\frac{x_1}{\begin{vmatrix} a_{1n} & a_{12} & \cdots & a_{1n-1} \\ a_{2n} & a_{22} & \cdots & a_{2n-1} \\ \cdots & \cdots & \cdots & \cdots \\ a_{n-1n} & a_{n+12} & \cdots & a_{n-1n-1} \end{vmatrix}} = \cdots = \frac{x_{n-1}}{\begin{vmatrix} a_{11} & \cdots & a_{1n-2} & a_{1n} \\ a_{21} & \cdots & a_{2n-2} & a_{2n} \\ \cdots & \cdots & \cdots & \cdots \\ a_{n+1} & \cdots & a_{n-1n-2} & a_{n-1n} \end{vmatrix}} = \frac{-x_n}{\begin{vmatrix} a_{11} & a_{12} & \cdots & a_{1n-1} \\ a_{21} & a_{22} & \cdots & a_{2n-1} \\ \cdots & \cdots & \cdots & \cdots \\ a_{n+1} & a_{n-12} & \cdots & a_{n-1n-1} \end{vmatrix}}$$

と最初の $(n-1)$ 行だけで，露骨に表現出来る．本問は勿論 $n=3$ の時である．

Exercise 2. (イ)は f を表現する行列が対称行列である事を意味する．(ロ)は任意の基底に関して，f を表現した行列を A，これらの正規直交固有ベクトルを並べた行列を T とすると，T は直交行列で，$T^{-1}AT = {}^tTAT$ は A の固

有値を対角線に並べた対角行列 Λ に等しい事を意味する．12章の問題6で論じた様に(イ)→(ロ)．逆に $T^{-1}AT=\Lambda$ ならば，$A=T\Lambda T^{-1}$ であり，${}^tA={}^t(T^{-1}){}^t\Lambda{}^tT$．ここで，$T$ は直交行列なので，${}^tT=T^{-1}$ である事を用いると，${}^t(T^{-1})={}^t({}^tT)=T$, ${}^tT=T^{-1}$ より，${}^tA=T\Lambda T^{-1}=A$．即ち，(ロ)→(イ)．(ハ)は f を表す行列 A が対角化可能であると云っている．従って，勿論(ハ)→(ロ)はダメだが，宣言するのではなく反例を与えねばならぬ．直交しない $T\in GL(2,\boldsymbol{R})$ と対角行列 Λ に対して，$T\Lambda T^{-1}$ を旨く作れば，対称でなかろうかと見当付けて，なるべくデタラメかつ計算し易く，

$$T=\begin{bmatrix}1&1\\0&1\end{bmatrix},\quad T^{-1}=\begin{bmatrix}1&-1\\0&1\end{bmatrix},\quad \Lambda=\begin{bmatrix}1&0\\0&2\end{bmatrix},\quad T\Lambda T^{-1}=\begin{bmatrix}1&1\\0&1\end{bmatrix}\begin{bmatrix}1&0\\0&2\end{bmatrix}\begin{bmatrix}1&-1\\0&1\end{bmatrix}$$

$$=\begin{bmatrix}1&1\\0&1\end{bmatrix}\begin{bmatrix}1&-1\\0&2\end{bmatrix}=\begin{bmatrix}1&1\\0&2\end{bmatrix}=A$$

で与えられる行列 A は $T^{-1}AT=\Lambda$ なので対角化可能である．$AT=T\Lambda$ は T の列のベクトル $\begin{bmatrix}1\\0\end{bmatrix}$, $\begin{bmatrix}1\\1\end{bmatrix}$ が A の固有値1，2に対する固有ベクトルである事を意味し，$|T|=1\neq0$ なのでこれらは $\boldsymbol{R}^2$ の基底を構成するが，行列 A は対称でなく(イ)，従って，同値な(ロ)もダメな反例を得，思わく通りに事が進む．

Exercise 3. $E+A=\begin{bmatrix}1&\tan\frac{\theta}{2}\\-\tan\frac{\theta}{2}&1\end{bmatrix}$, $|E+A|=1+\tan^2\frac{\theta}{2}$, $(E+A)^{-1}=\dfrac{1}{1+\tan^2\frac{\theta}{2}}\begin{bmatrix}1&-\tan\frac{\theta}{2}\\\tan\frac{\theta}{2}&1\end{bmatrix}$,

$$(E-A)(E+A)^{-1}=\frac{1}{1+\tan^2\frac{\theta}{2}}\begin{bmatrix}1&-\tan\frac{\theta}{2}\\\tan\frac{\theta}{2}&1\end{bmatrix}\begin{bmatrix}1&-\tan\frac{\theta}{2}\\\tan\frac{\theta}{2}&1\end{bmatrix}=\frac{1}{1+\tan^2\frac{\theta}{2}}\begin{bmatrix}1-\tan^2\frac{\theta}{2}&-2\tan\frac{\theta}{2}\\2\tan\frac{\theta}{2}&1-\tan^2\frac{\theta}{2}\end{bmatrix}$$

$$=\begin{bmatrix}\dfrac{\cos^2\frac{\theta}{2}-\sin^2\frac{\theta}{2}}{\cos^2\frac{\theta}{2}+\sin^2\frac{\theta}{2}}&\dfrac{-2\sin\frac{\theta}{2}\cos\frac{\theta}{2}}{\cos^2\frac{\theta}{2}+\sin^2\frac{\theta}{2}}\\\dfrac{2\sin\frac{\theta}{2}\cos\frac{\theta}{2}}{\cos^2\frac{\theta}{2}+\sin^2\frac{\theta}{2}}&\dfrac{\cos^2\frac{\theta}{2}-\sin^2\frac{\theta}{2}}{\cos^2\frac{\theta}{2}+\sin^2\frac{\theta}{2}}\end{bmatrix}=\begin{bmatrix}\cos\theta&-\sin\theta\\\sin\theta&\cos\theta\end{bmatrix}.$$

を得る．この様に，大学のカリキュラムを眺めながら出題されているのが，埼玉県教職試験である．

Exercise 4. $A^2+E=0$, $B^2+E=0$ なので，行列 A, B の最小多項式は $t^2+1=(t-i)(t+i)$ で割り切れる．14章の問題1の基-3より，これらの最小多項式 $\varphi(t)$ は $(t-i)(t+i)=t^2+1$ で割り切れる．しかし，例えば，$\varphi(t)=t-i$ であれば，$A=iE$ となり，A が実であると云う事に反し矛盾である．故に，$\varphi(t)=t^2+1$ であり，最小多項式の根 $\pm i$ は単根なので，14章問題4の基-2より，A, B は対角化可能である．しかも，A, B は可換なので，問題5の基-2より同時に対角化可能であり，正則行列 P があって $P^{-1}AP=\begin{bmatrix}i&0\\0&-i\end{bmatrix}$ であるが，この時，B の方は固有値の順序が，九産大の学生諸君がよく心配する様に変るかも知れず，$P^{-1}BP=\begin{bmatrix}i&0\\0&-i\end{bmatrix}$ 又は $P^{-1}BP=\begin{bmatrix}-i&0\\0&i\end{bmatrix}$ のどちらかが成立する．前者では $A=B$, 後者では $A=-B$ が成立する．究極兵器である，最小多項式，ジョルダンの標準形，可換行列の同時対角化を総動員して解決した後の爽やかさは，正に，「学びて時に之を習う，亦，楽しからずや」である．

Exercise 5. 「新修解析学」の4章級数と指数関数の問題4で論じた様に行列等を含むバナッハ代数にて指数関数は級数 $e^x=\sum\dfrac{x^k}{k!}$ で与えられる．例えば，本問では

$$A=\begin{bmatrix}0&-1\\1&0\end{bmatrix},\ A^2=\begin{bmatrix}0&-1\\1&0\end{bmatrix}\begin{bmatrix}0&-1\\1&0\end{bmatrix}=\begin{bmatrix}-1&0\\0&-1\end{bmatrix},\ A^3=\begin{bmatrix}-1&0\\0&-1\end{bmatrix}\begin{bmatrix}0&-1\\1&0\end{bmatrix}=\begin{bmatrix}0&1\\-1&0\end{bmatrix},$$

$$A^4=\begin{bmatrix}0&1\\-1&0\end{bmatrix}\begin{bmatrix}0&-1\\1&0\end{bmatrix}=\begin{bmatrix}1&0\\0&1\end{bmatrix}$$

と A^k が 4 を法にして決定されるので，余弦や正弦関数のテイラー展開より

$$e^{xA}=\begin{bmatrix}1&0\\0&1\end{bmatrix}+\begin{bmatrix}0&\dfrac{-x}{1!}\\\dfrac{x}{1!}&0\end{bmatrix}+\begin{bmatrix}\dfrac{-x^2}{2!}&0\\0&\dfrac{-x^2}{2!}\end{bmatrix}+\begin{bmatrix}0&\dfrac{x^3}{3!}\\\dfrac{-x^3}{3!}&0\end{bmatrix}+\begin{bmatrix}\dfrac{x^4}{4!}&0\\0&\dfrac{x^4}{4!}\end{bmatrix}+\begin{bmatrix}0&\dfrac{-x^5}{5!}\\\dfrac{x^5}{5!}&0\end{bmatrix}+\cdots$$

$$=\begin{bmatrix}1-\dfrac{x^2}{2!}+\dfrac{x^4}{4!}-\cdots & -\left(\dfrac{x}{1!}-\dfrac{x^3}{3!}+\dfrac{x^5}{5!}-\cdots\right)\\\dfrac{x}{1!}-\dfrac{x^3}{3!}+\dfrac{x^5}{5!}-\cdots & 1-\dfrac{x^2}{2!}+\dfrac{x^4}{4!}\end{bmatrix}=\begin{bmatrix}\cos x&-\sin x\\\sin x&\cos x\end{bmatrix}\tag{1}$$

を得，正値直交行列は交代行列 xA の指数である事を知る．

Exercise 6. $X\in SO(2)$ は実数 x を用いて，前問の(1)の右辺で表されるので，前問の交代行列 xA に対して，$\exp xA=X$ である，更に，ハッスルすると，問題 2 の (12) より，任意の直交行列 $T\in O(n)$ に対して，直交行列 U があって，$X={}^tUTU=U^{-1}TU$ は標準形

$$X=U^{-1}TU=\begin{bmatrix}1&&&&&&&\\&\ddots&&&&&&\\&&1&&&&0&\\&&&-1&&&&\\&&&&\ddots&&&\\&&&&&-1&&\\&&&&&&\begin{matrix}\cos\theta_1&-\sin\theta_1\\\sin\theta_1&\cos\theta_1\end{matrix}&\\&&0&&&&\ddots&\\&&&&&&&\begin{matrix}\cos\theta_s&-\sin\theta_s\\\sin\theta_s&\cos\theta_s\end{matrix}\end{bmatrix}$$

となる．行列

$$A=\begin{bmatrix}0&&&&&&\\&\ddots&&&&&\\&&0&&&&\\&&&\pi i&&&\\&&&&\ddots&&\\&&&&&\pi i&&\\&&&&&&\begin{matrix}0&-\theta_1\\\theta_1&0\end{matrix}&\\&&&&&&&\ddots&\\&&&&&&&&\begin{matrix}0&-\theta_s\\\theta_s&0\end{matrix}\end{bmatrix}$$

に対して，前問と同様の計算を行うと，$\exp A=X$ となり，

$$\exp(UAU^{-1})=\sum_{k=0}^{\infty}\frac{(UAU^{-1})^k}{k!}=U\left(\sum_{k=0}^{\infty}\frac{A^k}{k!}\right)U^{-1}=U(\exp A)U^{-1}=UXU^{-1}=T$$

を得るので，任意の直交行列は写像 exp の像である．なお，T が正値の時は πi は用いなくてよい．数日前，九大の幾何学担当の後藤守邦教授よりお聞きした所では，お弟子さんの Lai 教授が，任意の連結複素リー群 L のリー環を $\mathfrak{l}$ とすると，$L-\exp\mathfrak{l}$ は次元が小さくとも 2 下る解析的集合に含まれる事を示されたそうです．これは，L の殆んどの元が指数の像である事を意味する．いずれにせよ，読者諸君は，今や，現代数学の入口を覗いており，私共との学力の差も余りない．早く，著者を追い越して欲しい．

Exercise 7. $X=\begin{pmatrix}\alpha&0\\0&\alpha\end{pmatrix}$，$Y=\begin{pmatrix}0&\beta\\-\beta&0\end{pmatrix}$ とおくと $XY=YX$ が成立し，X と Y とは可換である．一般に，可換な行列 X, Y に対しては二項定理が成立するので，指数の法則

$$e^{X+Y}=\sum_{l=0}^{\infty}\frac{(X+Y)^l}{l!}=\sum_{l=0}^{\infty}\sum_{m+n=0}\frac{(m+n)!}{m!n!}\cdot\frac{X^mY^n}{l!}=\left(\sum_{m=0}^{\infty}\frac{X^m}{m!}\right)\left(\sum_{n=0}^{\infty}\frac{Y^n}{n!}\right)=e^Xe^Y\tag{1}$$

を得る．所で，対角行列 X の m 乗は対角要素の m 乗なので，

$$e^X=\sum_{m=0}^{\infty}\frac{X^m}{m!}=\sum_{m=0}^{\infty}\frac{1}{m!}\begin{pmatrix}\alpha^m & 0\\ 0 & \alpha^m\end{pmatrix}=\begin{pmatrix}\sum_{m=0}^{\infty}\frac{\alpha^m}{m!} & 0\\ 0 & \sum_{m=0}^{\infty}\frac{\alpha^m}{m!}\end{pmatrix}=\begin{pmatrix}e^\alpha & 0\\ 0 & e^\alpha\end{pmatrix} \qquad (2)$$

を得るし，e^Y は E-5 で求めているので

$$e^A=e^{X+Y}=e^Xe^Y=\begin{pmatrix}e^\alpha & 0\\ 0 & e^\alpha\end{pmatrix}\begin{pmatrix}\cos\beta & -\sin\beta\\ \sin\beta & \cos\beta\end{pmatrix}=\begin{pmatrix}e^\alpha\cos\beta & -e^\alpha\sin\beta\\ e^\alpha\sin\beta & e^\alpha\cos\beta\end{pmatrix} \qquad (3)$$

を得る．なお，一般の n 次の正方行列 A に対しては，15章の問題4より対角化可能な行列 S とベキ零行列 N に分解し，$SN=NS$ かつ，一つの正則行列 P で以って同時に

$$P^{-1}SP=\begin{bmatrix}\lambda_1 & & \\ & \lambda_2 & 0\\ & \ddots & \\ 0 & & \lambda_n\end{bmatrix}=X \quad (3), \qquad P^{-1}NP=\begin{bmatrix}0 & \varepsilon_1 & 0 & \cdots & 0\\ 0 & 0 & \varepsilon_2 & \cdots & 0\\ \cdots & \cdots & \cdots & \cdots & \vdots\\ 0 & 0 & 0 & \cdots & \varepsilon_{n-1}\\ 0 & 0 & 0 & \cdots & 0\end{bmatrix}=Y \quad (4)$$

と標準形化出来る．この時，e^A は同様にして

$$e^A=e^{S+N}=e^Se^N=e^{PXP^{-1}}e^{PYP^{-1}}=(Pe^XP^{-1})(Pe^YP^{-1})=Pe^Xe^YP^{-1},$$

$$e^X=\begin{bmatrix}e^{\lambda_1} & & \\ & e^{\lambda_2} & 0\\ & \ddots & \\ 0 & & e^{\lambda_n}\end{bmatrix},\quad e^Y=\begin{bmatrix}1 & \frac{\varepsilon_1}{1!} & \cdots & \frac{\varepsilon_1\varepsilon_2}{2!} & \cdots & \frac{\varepsilon_1\varepsilon_2\cdots\varepsilon_{n-1}}{(n-1)!}\\ 0 & 1 & \cdots & \frac{\varepsilon_2}{1!} & \cdots & \frac{\varepsilon_2\cdots\varepsilon_{n-1}}{(n-2)!}\\ \cdots & \cdots & \cdots & \cdots & \cdots & \cdots\\ 0 & 0 & \cdots & 0 & \cdots & \frac{\varepsilon_{n-1}}{1!}\\ 0 & 0 & \cdots & 0 & \cdots & 1\end{bmatrix} \qquad (5)$$

と計算出来る．$\lambda_1, \lambda_2, \cdots, \lambda_n$ は行列 A の固有値で直ぐ求まるし，ε_i は0，又は，1で，行列 A の単因子を求めて，15章の E-7 で解説した様に定める事が出来る．

Exercise 8. 行列 N はベキ零なので，正則行列 P があって，$Y=P^{-1}NP$ は E-7の(4)の型のジョルダンの標準形となり，e^Y は(5)の上三角行列となる．$E+Y$ と(5)とは対角線の一路上まで同じで，それから先が異なる上三角行列である．従って，行列 $(xE-(E+Y))$ と $(xE-e^Y)$ の単因子を具体的に計算すると等しく，15章の E-7 で論じた様に，正則行列 Q があって，$Q^{-1}(E+Y)Q=e^Y$．$Y=P^{-1}NP$，$E+Y=P^{-1}(E+N)P$, $e^Y=P^{-1}e^NP$ なので，$(PQ)^{-1}(E+N)(PQ)=Q^{-1}(P^{-1}(E+N)P)Q=Q^{-1}(E+Y)Q=e^Y=P^{-1}e^NP$. よって $(PQP^{-1})^{-1}(E+N)(PQP^{-1})=e^N$．$PQP^{-1}$ は正則行列であり，この状態を $E+N$ と e^N は**共役**と云う様である．

問題の出題別分類

1. 国立大学入学試験共通一次テスト並びに試行テストより3題を掲載した．以下の出題別分類において，点線の右の数字は掲載頁を表す．その数字が重複する時は，その重複数だけ掲載した事を意味する．

2. 中学校や高等学校の教員採用試験における数学専門の問題については，**78題**を

一ツ橋書店と**協同出版**発行の問題集

の中から選んだ．その多くは高校一年，乃至は二年の数学一般，数学I，IIのカリキュラムに基いており，高校の一，二年生の格好の演習問題である．勿論，例外もあり，大学のカリキュラムを尊重されて出題されている問題もあるので，誤解のない様，一言する．いずれにせよ，受験予定者は，上述の問題集で直接研究される様，おすすめする．これらは市販されているので，書店，又は，生協を通じて購入されたい．

3. 国家公務員上級職理工系専門試験問題については，**16題**を

一ツ橋書店と**法学書院**発行の問題集

の中から選んだ．その多くは大学一年，乃至は二年の線形代数のカリキュラムに基いており，大学の一，二年生の格好の演習問題である．受験予定者は，上述の問題集で直接研究される様おすすめする．これらは市販されており，書店や大学生協で購入されたい．

4. 全国の大学院入学試験問題については，**133題**を

日本数学教育学会（〒171 東京都豊島区雑司が谷２の１の３）発行の

大学院入学試験数学問題集

から選んだ．大学一年，乃至は二年の線形代数のカリキュラムに基いており，大学の一，二年生が実力を付ける絶好の演習問題である．この問題集は市販されていないので，希望の向きは，直接上の学会に手紙を出せば，料金後払いで，郵送して下さる．その際，昭和何年度分が欲しいのか，明記されるのが望ましい．Basic 数学に「解析学周遊」を連載中，上のアドレスだけ記したら，どの様にすれば，本が入手出来るかとの問合せが全国から殺到して驚いた．大学の幼稚園化は極めて深刻であり，この様にくどく書かざるを得ない．

索　　　引

著者紹介：

梶原壌二（かじわら・じょうじ）

1934年長崎県に生まれる．1956年九州大学理学部数学科卒

九州大学名誉教授

九州大学白菊会理事長

理学博士

専攻　多変数関数論　無限次元複素解析学

主著　複素関数論（森北出版）

解析学序説（森北出版）

関数論入門──複素変数の微分積分学，微分方程式入門（森北出版）

大学テキスト関数論，詳解関数論演習（小松勇作と共著）（共立出版）

新修解析学，独修微分積分学，大学院入試問題演習──解析学講話，大学院入試問題解説──理学・工学への数学の応用，新修応用解析学，新修文系・生物系数学，Macintosh などによるパソコン入門 Mathematica と Theorist での大学院入試への挑戦，Elite 数学（現代数学社）

新装版　**新修線形代数**

1980年 6月20日　初　版第1刷発行

2023年10月21日　新装版第1刷発行

著　者　梶原 壌二

発行者　富田　淳

発行所　株式会社　現代数学社

〒606-8425 京都市左京区鹿ヶ谷西寺ノ前町1

TEL 075 (751) 0727　FAX 075 (744) 0906

https://www.gensu.jp/

装　幀　中西真一（株式会社 CANVAS）

印刷・製本　有限会社 ニシダ印刷製本

ISBN 978-4-7687-0619-0　　2023 Printed in Japan